河南省小麦审定品种SSR指纹数据图谱

刘丽华　任雪贞　李宏博　刘阳娜　常萍　主编

中国农业科学技术出版社

图书在版编目（CIP）数据

河南省小麦审定品种SSR指纹数据图谱 / 刘丽华等主编. -- 北京：中国农业科学技术出版社，2025. 1.
ISBN 978-7-5116-7224-7

Ⅰ. S512.103.7-64

中国国家版本馆CIP数据核字第 2024B8P546 号

责任编辑 贺可香
责任校对 李向荣
责任印制 姜义伟 王思文

出 版 者 中国农业科学技术出版社
北京市中关村南大街 12 号 邮编：100081
电 话 （010）82106638（编辑室） （010）82106624（发行部）
（010）82109709（读者服务部）
网 址 https: // castp.caas.cn
经 销 者 各地新华书店
印 刷 者 北京建宏印刷有限公司
开 本 210 mm × 297 mm 1/16
印 张 18.25
字 数 500 千字
版 次 2025 年 1 月第 1 版 2025 年 1 月第 1 次印刷
定 价 120.00 元

《河南省小麦审定品种SSR指纹数据图谱》

编委会

主　编： 刘丽华　任雪贞　李宏博　刘阳娜　常　萍

副主编： 杨国航　景　琦　张明明　屈平平　庞斌双

编　者： 金石桥　晋　芳　赵建宗　孙　全　徐宇辰

冉午玲　李亚会　魏南南　贾松羽　张月坤

刘彩霞　徐　映　焦爱通　刘水源清

前　言

种子是农业生产的基础，其质量好坏是保证良种优良遗传特性充分发挥的前提。品种真实性是评价种子质量的重要指标，其在种子生产、加工、储藏及贸易中具有重要的价值和意义。农业行业标准《主要农作物品种真实性SSR分子标记检测　普通小麦》（NY/T 2859—2015）是评价小麦品种真实性的主要依据。河南省作为我国小麦种植大省，审定了数百个小麦新品种，为加强我国小麦品种的有效保护与管理，维护公平竞争的种子市场秩序，北京市农林科学院杂交小麦研究所与全国农业技术推广服务中心和河南省种业发展中心联合，利用该技术系统开展了河南省小麦审定品种标准样品的DNA指纹数据库构建工作，完成了251份河南省审定小麦品种标准样品的SSR指纹图谱，涵盖了2001年至2021年有标准样品的河南省审定小麦品种。该指纹图谱近年来已经在全国小麦种子质量监督抽查、区域试验、品种权保护、行政执法等领域中广泛应用，可为我国小麦品种真实性鉴定、近似品种筛查、特异性鉴定、检测机构规范SSR指纹数据读取等提供有力的技术支撑，对于准确打击小麦品种套牌侵权和保障小麦生产用种安全具有重要意义。希望本书能够为从事小麦科研、育种、生产、种子管理等相关领域的工作者提供有益的参考和借鉴。本书编写过程中，得到了全国农业技术推广服务中心和河南省种业发展中心的大力支持，在此表示衷心感谢！由于该书涉及品种数量多，编制中不当之处在所难免，敬请读者批评指正。

北京市农林科学院杂交小麦研究所、北京小麦种子检测中心

2024年10月

目　录

1. 偃师16

审定编号：豫审麦2001006

选育单位：偃师市农业科学研究所

品种来源：偃师85（1）-0-3-1/豫麦10号

特征特性：弱春性中晚熟品种，生育期234 d，耐寒性较好，分蘖力强，株型松散，株高83 cm，灌浆速度快，成熟落黄好，具有一定的耐旱性。籽粒长圆，半角质，饱满度较好，亩成穗34万左右，穗粒数38粒左右，千粒重40 g左右。缺点是亩成穗少，群体大时易发生倒伏。中抗条锈病、叶锈病和叶枯病，中感白粉病和纹枯病粗。蛋白质13.92%，湿面筋30.6%，沉降值30%，吸水率60.2%，形成时间3.5 min，稳定时间5.5 min，拉伸面积52.8 cm^2，评价值51。

产量表现：1998—1999年度参加河南省高肥春水组区域试验，亩产481.1 kg，比对照豫麦18号增产8.13%。1999—2000年度试验，亩产510.6 kg，比对照豫麦18号增产0.15%。2000—2001年度生产试验，平均亩产455.3 kg，比豫麦18号增产0.6%。

栽培技术要点：10月10—15日播种，亩播种量6~7 kg。氮、磷、钾肥配比为2.6：1：3。控制群体，防止倒伏，注意防治病害，浇好越冬水、孕穗水，搞好“一喷三防”。

适宜种植区域：适宜河南省中北部和西部高水肥地中晚茬种植。

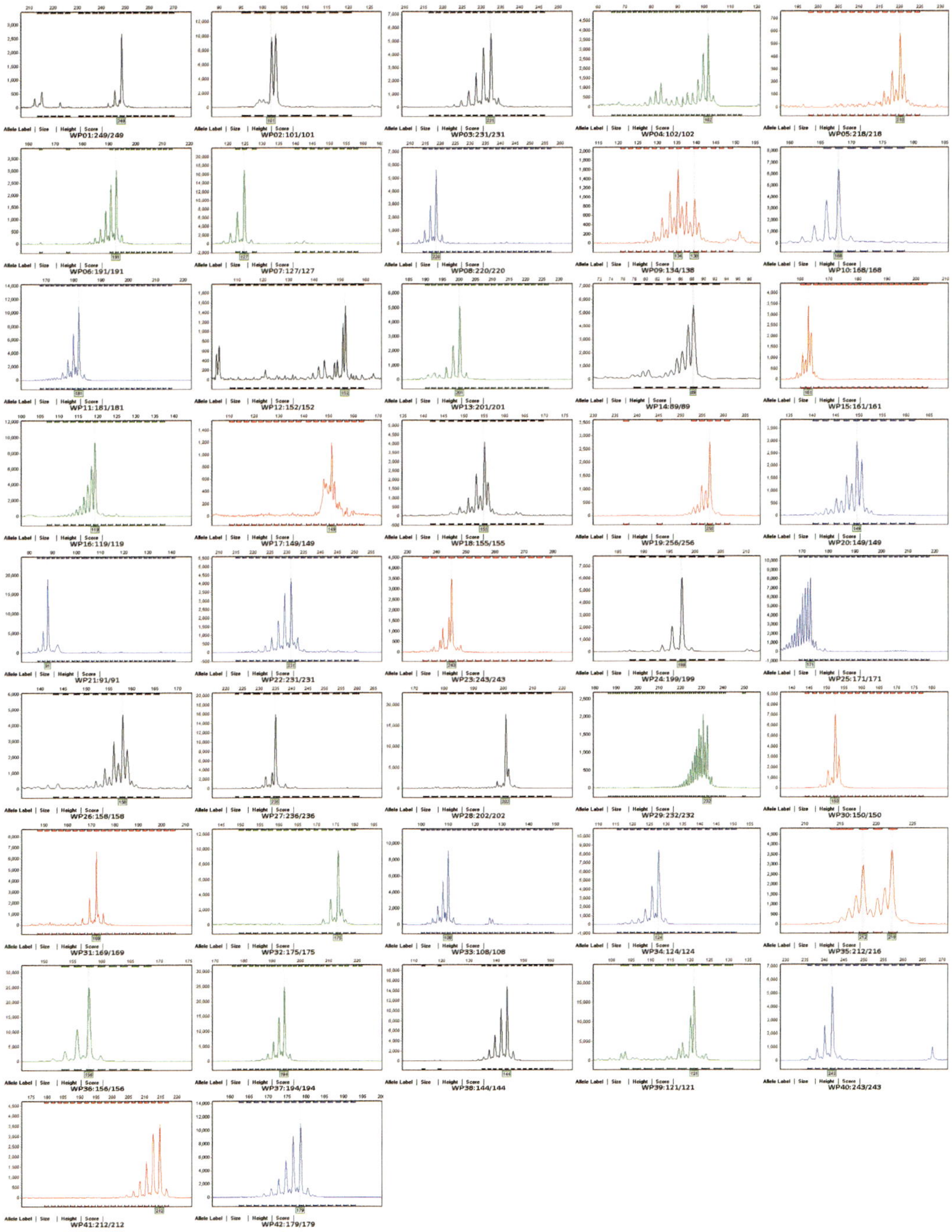

2. 偃高1号

审定编号：豫审麦2002001

选育单位：偃师市高龙镇农技站

品种来源：[806/B16]F3//洛阳7602

特征特性：弱春性中熟中筋品种，全生育期227 d。幼苗半匍匐，分蘖力较强，成穗率高，冬前生长较慢，返青后拔节快，抽穗后叶色转深绿。株型紧凑，叶片小而上冲，长相较清秀，株高80 cm左右，茎秆弹性好，抗倒伏，穗层整齐，穗长方形，码密，结实性好。活秆成熟，抗干热风，落黄好。籽粒偏小，黑胚率低，综合性状好，产量三要素较协调，平均亩成穗数40.6万，穗粒数39粒，千粒重38.8 g。中抗叶锈病和条锈病，中感白粉病、纹枯病和叶枯病。容重823 g/L，粗蛋白（干基）含量15.83%，沉淀值37.4 mL，湿面筋含量36.6%，吸水率59.6%，形成时间3.5 min，稳定时间3.2 min。

产量表现：1999—2000年度参加河南省超高产春水组区域试验，平均亩产564.15 kg，比对照豫麦18号增产0.41%。2000—2001年度继试，平均亩产606.8 kg，比对照豫麦18号增产4.41%。2001—2002年度参加河南省小麦生产试验，平均亩产419.4 kg，比对照豫麦18号增产5.86%。

栽培技术要点：播种期10月15—11月上旬，最佳播种期10月15—25日。播种量：高水肥地6~7 kg/亩，中水肥地7~9 kg/亩，播种期推迟可适当加大播种量。氮、磷、钾肥配比为2.6：1：3，注意浇好越冬、孕穗水，后期搞好“一喷三防”。

适宜种植区域：适宜河南省中北部中上等肥力中晚茬地块种植。

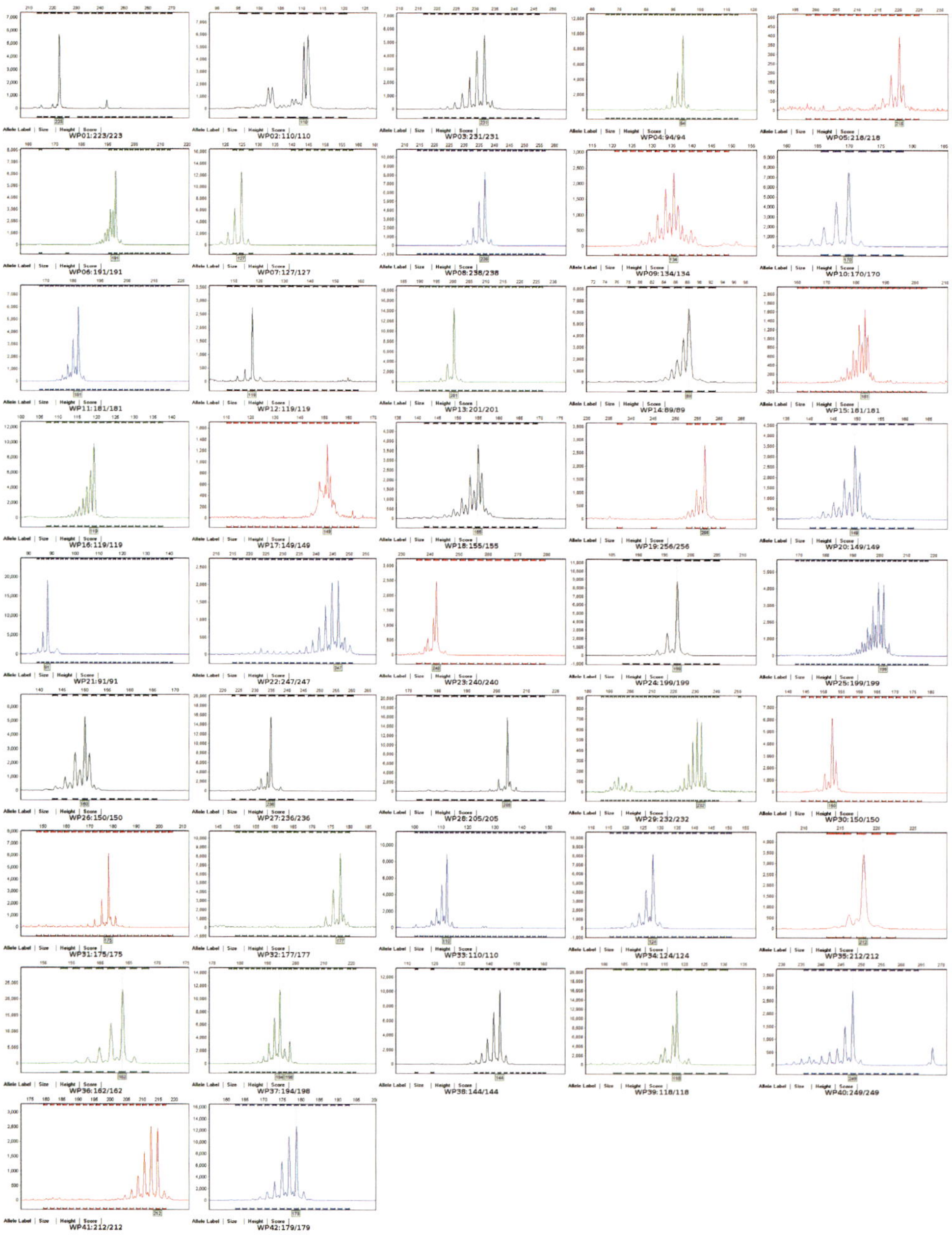

3. 新麦3306

审定编号： 豫审麦2003002

选育单位： 新乡市农业科学研究所

品种来源： 豫麦2号//郑州891/内乡82C6 F_1诱变

特征特性： 半冬性中熟品种，幼苗直立，苗壮，分蘖力一般，返青起身快，成穗率较高，株型松散，株高适中，叶片浅绿，穗下节长，长相清秀，穗近长方形，结实性较好。产量三要素协调，丰产性好，灌浆快，熟期较早，活秆成熟。籽粒粉质，大小较均匀。中抗叶锈病、叶枯病，中感条锈病、纹枯病，感白粉病。经检测：容重804 g/L，粗蛋白质含量（干基）13.73%，湿面筋含量31.8%，沉降值19.7 mL，吸水率57.42%，稳定时间1.0 min，降落值362 s。

产量表现： 2000—2001年度参加河南省超高产冬水组区域试验，平均亩产638.2 kg，比对照豫麦49增产4.06%。2001—2002年度继试，平均亩产571.8 kg，比对照种豫麦49增产11.27%，极显著。2002—2003年度参加河南省高肥组生产试验，平均亩产432.5 kg，比对照种豫麦49增产3.10%。

栽培技术要点： 适播种期为10月5日以后播种。每亩13万~15万基本苗。底肥以氮、磷、钾、锌、有机肥配合使用。氮肥分底肥和拔节末期追肥两次施入。晚浇拔节水、灌浆水，不浇孕穗水。在孕穗期、灌浆期分别用氧化乐果加粉锈宁防治白粉病、叶枯病与蚜虫。秸秆还田的地块，起身至拔节期用氧化乐果加井冈霉素防治一次病虫。

适宜种植区域： 适宜河南省北中部旱中茬中上等肥力地块种植。

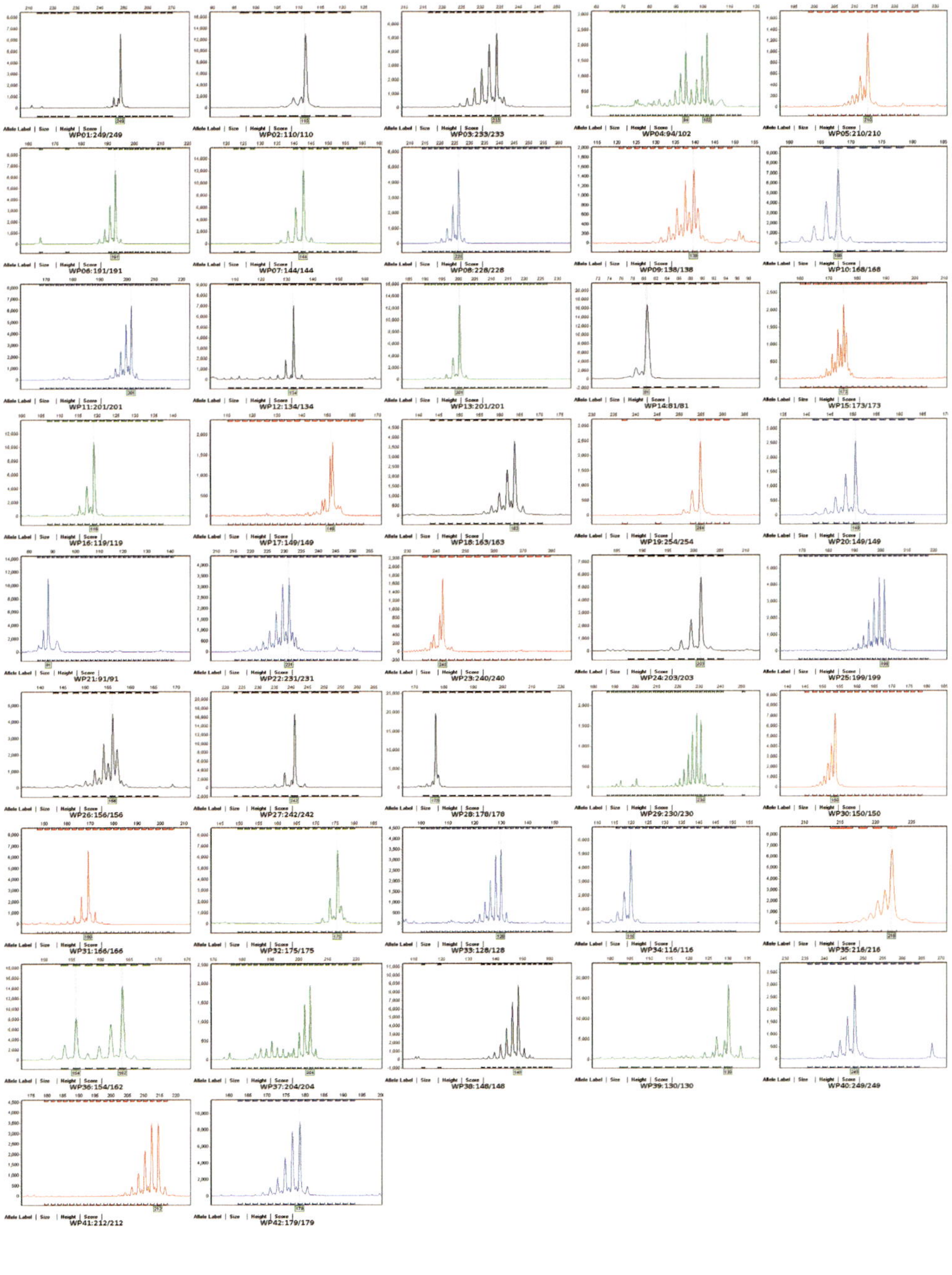

4. 济麦3号

审定编号：豫审麦2003003

选育单位：济源市农业科学研究所

品种来源：86115/郑州8329

特征特性：半冬性矮秆中熟品种。幼苗半匍匐，叶片深绿、较宽，分蘖力中等，分蘖成穗率高，亩成穗较多，旗叶宽厚上举，有干尖，茎节粗壮，株型紧凑，较抗倒，穗层一致，结实性好，产量三要素较协调，籽粒半角质，饱满度较好，黑胚率低，外观商品性较好。中抗白粉病、叶锈病、条锈病，中感叶枯病、纹枯病。经检测：容重814 g/L，粗蛋白质（干基）13.92%，沉降值25.7 mL，湿面筋30.9%，吸水率65.74%，稳定时间2.7 min，降落值298 s。

产量表现：2000—2001年度参加河南省高肥冬水组区域试验，平均亩产519.7 kg，比对照豫麦49减产1.1%，不显著。2001—2002年度继试，平均亩产492.1 kg，比对照种豫麦49增产5.27%，达显著水平。2002—2003年度参加河南省高肥组生产试验，平均亩产434.6 kg，比对照种豫麦49增产3.60%。

栽培技术要点：适宜播种期为10月5—15日。亩播种量为5~7 kg，晚播应适当加大播种量。注意氮、磷、钾的合理搭配，每亩施农家肥3 m^3或玉米秸秆掩青，尿素20 kg，磷酸二铵25 kg，硫酸钾或氯化钾10 kg，注意浇好越冬水、拔节水，中后期注意防治纹枯病、赤霉病及穗蚜等病虫害。

适宜种植区域：适宜河南省北中部早中茬高肥水地种植。

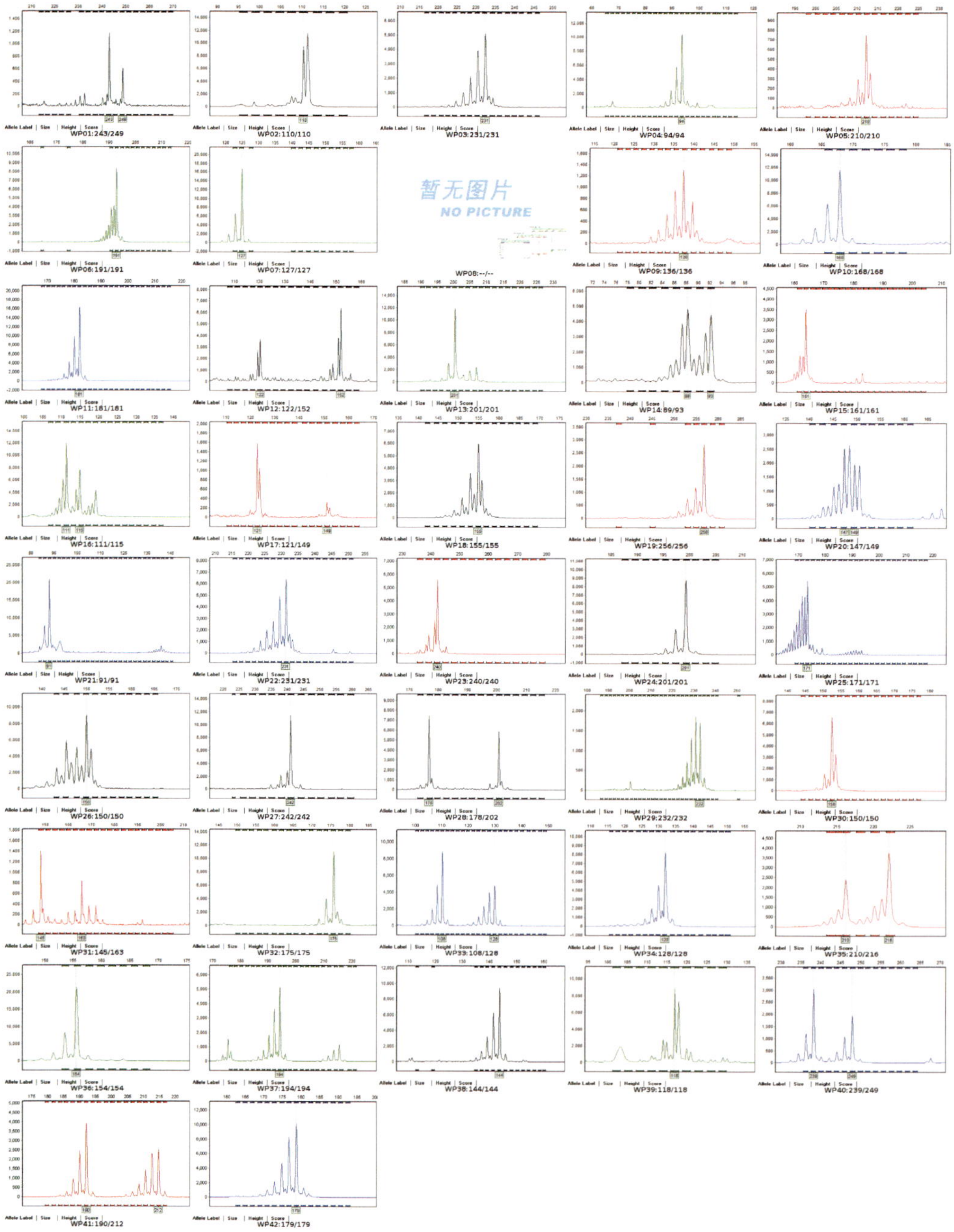

5. 信阳234

审定编号： 豫审麦2003004

选育单位： 信阳市农业科学研究所

品种来源： 丰抗29/豫麦21

特征特性： 弱春性中晚熟品种。植株78~80 cm，茎秆蜡质层较厚，旗叶宽厚略披，落黄较好。穗长方形，籽粒半角质，饱满度较好，抗逆性较强，耐旱性较好。抗土传花叶病，中抗叶锈病、叶枯病、白粉病，中感条锈病、纹枯病。经检测：容重778 g/L，粗蛋白（干基）14.03%。湿面筋29.3%，吸水率62.66%，稳定时间2.0 min，沉降值23.1 mL，降落值254 s。

产量表现： 2000—2001年度参加河南省信阳组区域试验，平均亩产356.5 kg，比对照豫麦18增产4.82%。2001—2002年度继试，平均亩产356.6 kg，比对照豫麦18增产8.33%。2002—2003年度参加河南省晚播早熟组南片生产试验，平均亩产285.4 kg，比对照豫麦18减产2.59%。

栽培技术要点： 适宜播种期为10月15—25日。亩播种量8~10 kg。高肥地应控制群体，防止倒伏，中后期应做好田间排水除湿和防治病虫害。注意及时收获，防止穗发芽。

适宜种植区域： 适宜河南省信阳稻茬麦区亩产300 kg左右的田块种植。

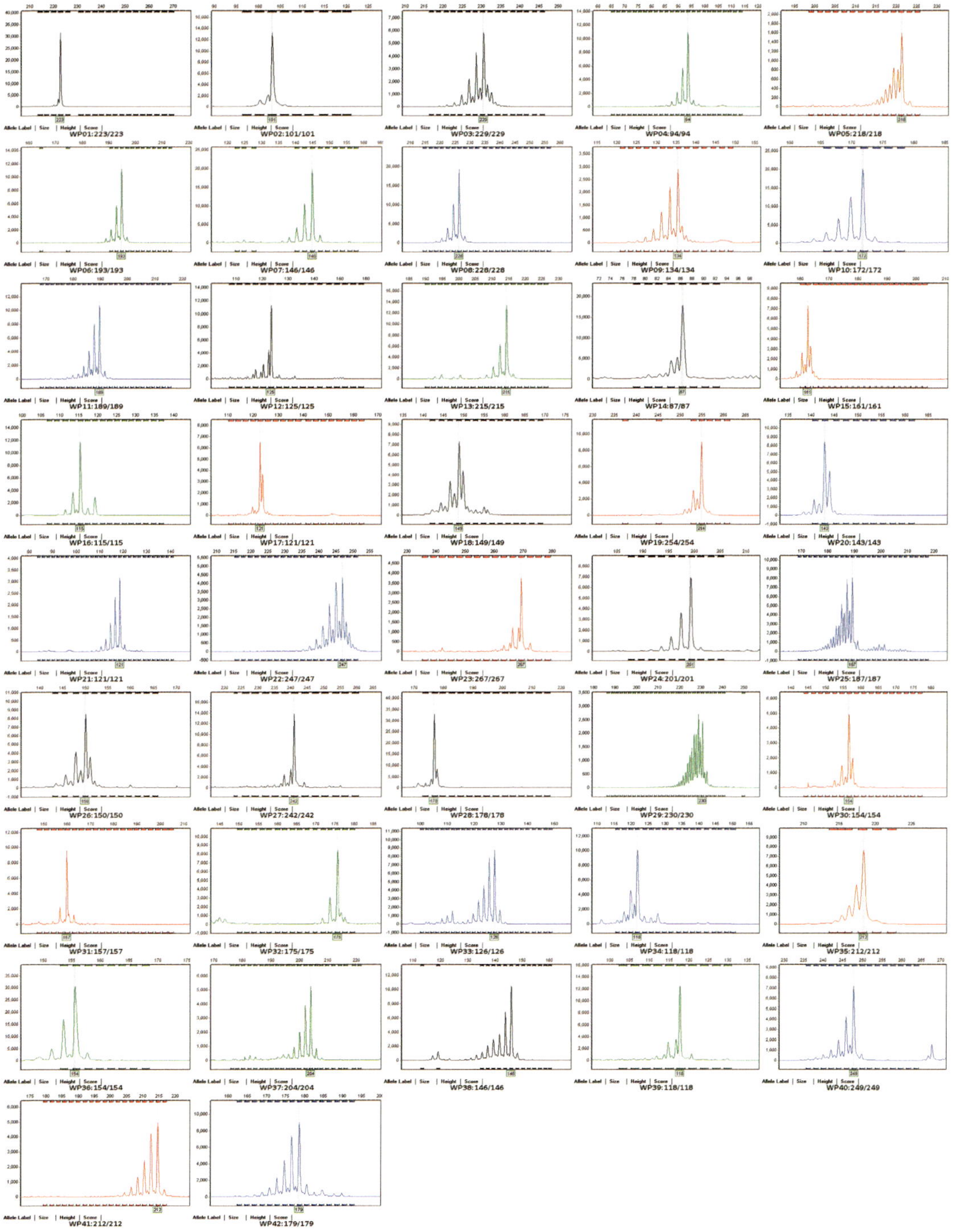

6. 太空六号

审定编号： 豫审麦2003005

选育单位： 河南省农业科学院小麦研究所

品种来源： “豫麦49号”航天诱变

特征特性： 弱春性中早熟多穗型品种。幼苗半直立，长势壮，叶色深绿，抗寒性较好，分蘖力中等，成穗率高。株型紧凑，株高中等，抗倒伏，后期旗叶有干尖，叶色发灰，熟相稍差。籽粒半角质，饱满度好，均匀，黑胚率低。中抗叶锈病、叶枯病、条锈病、白粉病，中感纹枯病及赤霉病。经检测：容重796 g/L，粗蛋白（干基）14.81%。湿面筋34.2%，吸水率57.08%，稳定时间1.8 min，沉降值27.7 mL，降落值366 s。

产量表现： 2001—2002年度参加河南省高肥春水组区域试验，平均亩产468.5 kg，比对照种豫麦18增产3.74%，不显著。2002—2003年度续试，平均亩产476.5 kg，比对照豫麦18增产3.57%，不显著。2002—2003年度参加河南省晚播早熟组北片生产试验，平均亩产428.4 kg，比对照种豫麦18增产1.98%。其中豫北3点汇总，平均亩产432.9 kg，比对照种豫麦18增产5.41%。

栽培技术要点： 适播种期10月上中旬，中部麦区10月10日前后。亩播种量4~6 kg，播种期推迟适当加大播种量。一般亩施农家肥3~4 m^3，尿素12~15 kg，磷酸二铵20~25 kg，氯化钾6~10 kg，氮、磷、钾肥配合施用。春季亩追5~10 kg尿素，中后期注意孕穗水和灌浆水。拔节前每亩可用20%三唑酮乳液70~80 mL喷施小麦基部，防治纹枯病。4月下旬或扬花盛期喷施多菌灵防治赤霉病。

适宜种植区域： 适宜河南省北中部中晚茬高肥水地种植。

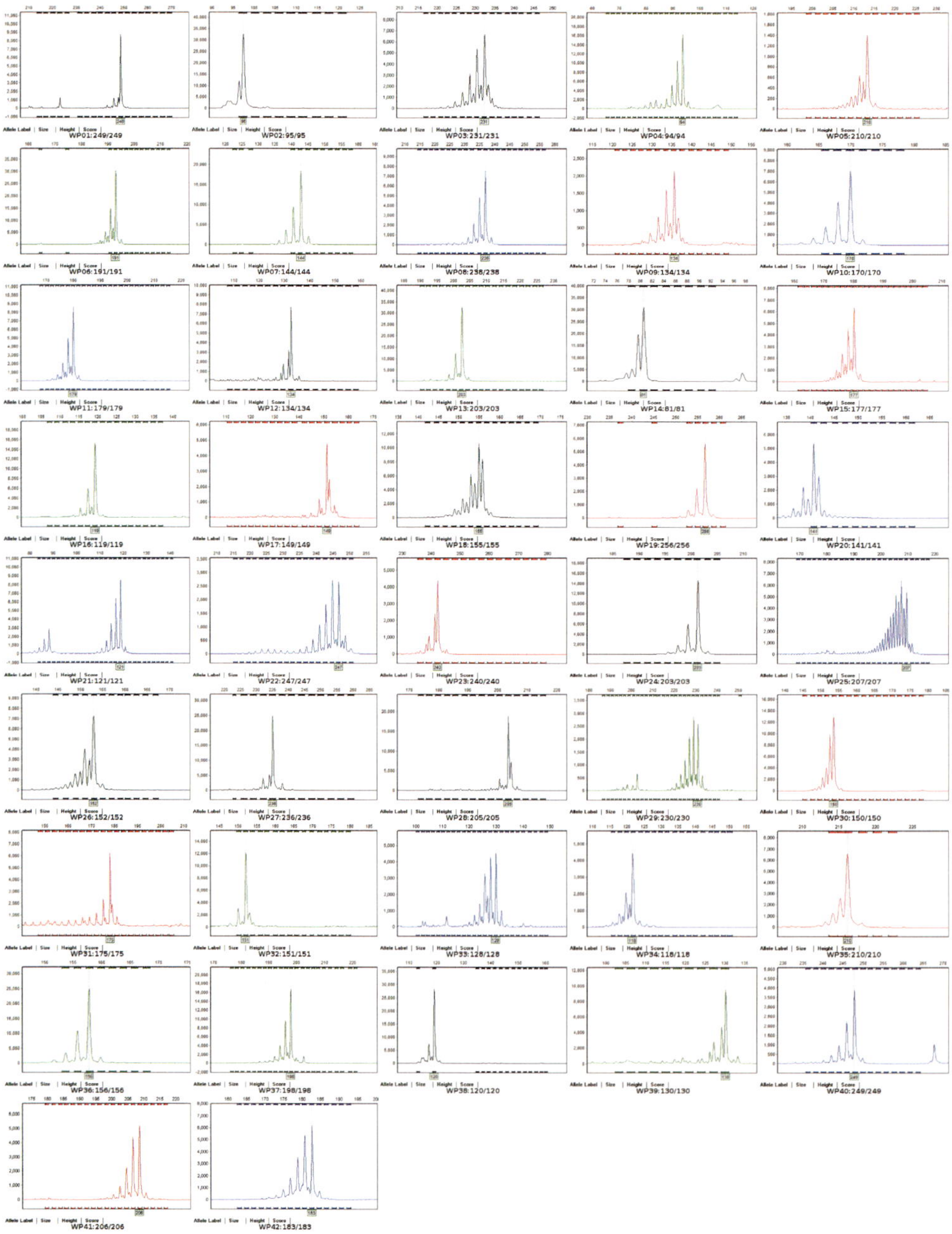

7. 豫麦18-99系

审定编号：豫审麦2003009

选育单位：河南省豫西农作物品种展览中心

品种来源：豫麦18号选系（郑州761／偃师4号）

特征特性：豫麦18-99系是豫麦18号改良而成的新品种。弱春性早熟品种，幼苗半匍匐，叶绿色，抗寒性好，冬季分蘖发生集中，春季两极分化快，分蘖力强，亩成穗多。株型松紧适中，长相清秀，穗层整齐。旗叶稍宽、下披，旗叶与穗子分层明显。根系活力强，耐旱，耐渍，灌浆快，成熟早，落黄好。籽粒粉质，饱满度好，容重高，黑胚率低。中抗条锈和叶枯病，中感白粉、叶锈和纹枯病。经检测：容重807 g/L，粗蛋白质（干基）13.6%，沉降值17.8 mL，湿面筋28.9%，吸水量58.43%，形成时间1.2 min，稳定时间1.0 min，降落值356 s。

产量表现：2002—2003年度豫麦18-99系与豫麦18号对比鉴定试验，平均亩产489.7 kg，比豫麦18增产8.75%。该品种继承了豫麦18号的高产稳产、早熟避灾、适应性广等优良特性，并在抗寒性、抗病性和产量水平上有明显提高。

栽培技术要点：一般从10月10日至11月下旬均可播种。高水肥地每亩12万~14万基本苗，中水肥地14万~16万基本苗，随播种期推迟，适当增加播种量。施足底肥，氮、磷、钾科学搭配，足墒下种，一播全苗，注意浇好越冬水、返青水、灌浆水，看苗、看墒、看天灵活追肥掌握，中后期注意防治病虫害。

适宜种植区域：适宜河南省原豫麦18号种植区中晚茬中上等肥力地种植。

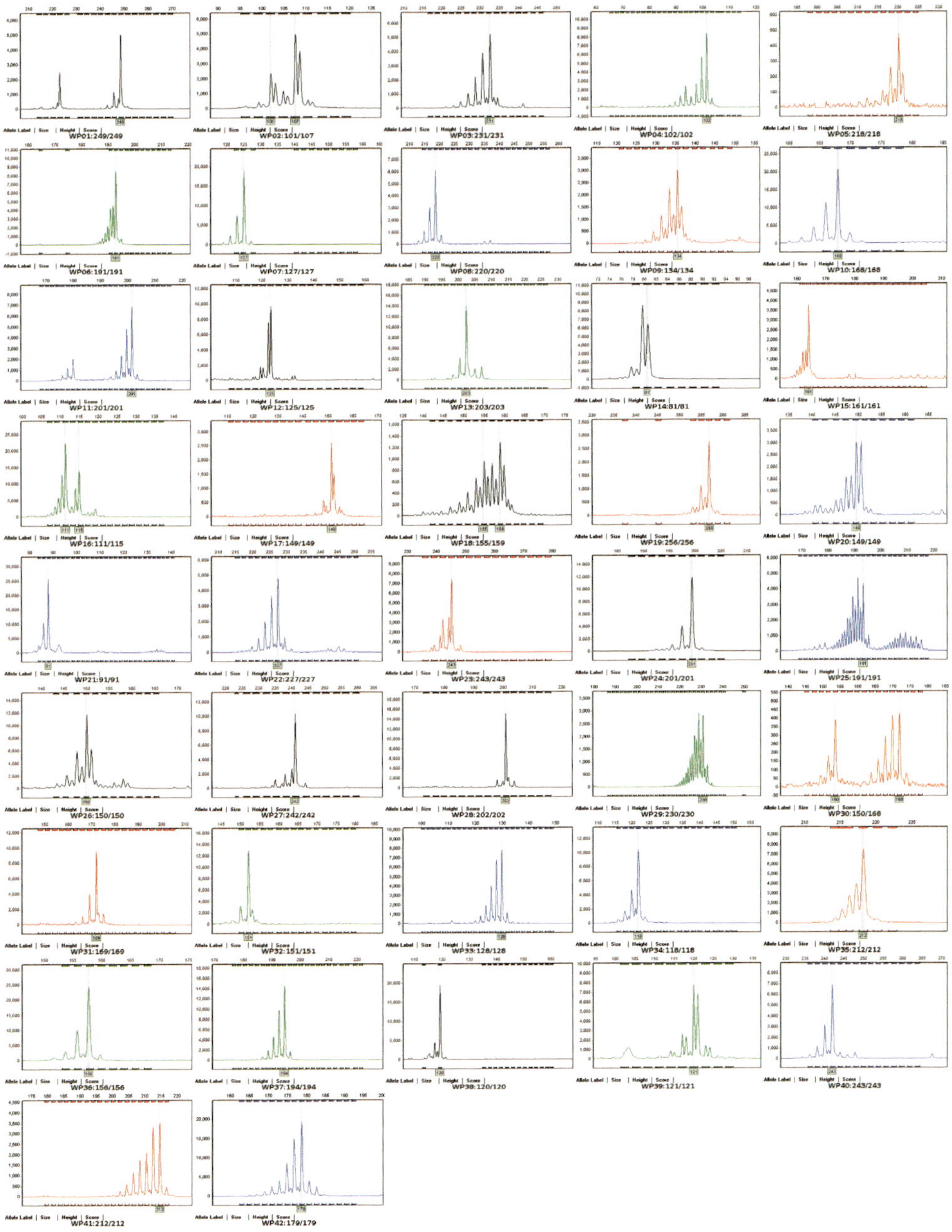

8. 豫农9901

审定编号：豫审麦2004001

选育单位：河南农业大学

品种来源：咸阳超大穗/豫农8923

特征特性：弱春性早熟品种。幼苗直立，春季长势旺，较抗寒。株型紧凑，长相清秀，茎秆弹性好，抗倒伏。起身拔节快，叶功能期长。穗层整齐，成熟早，落黄好，小穗排列稀，籽粒饱满，半角质，容重高。亩成穗35万~40万，穗粒数35粒左右，千粒重45 g左右。

产量表现：2001—2002年度参加河南省高肥冬水组区域试验，17点汇总，平均亩产489.4 kg，比对照豫麦49增产4.69%，达显著水平，居10个参试品种第4位。2002—2003年度续试，平均亩产435.3 kg，比对照豫麦18减产5.39%，居14个参试品种第12位。

栽培技术要点：播种期以10月8—20日为宜。每亩7~9 kg，晚播应适当增加播种量。施足底肥，每亩施有机肥2 m^3，尿素15 kg，磷酸二铵25 kg，氯化钾10 kg，结合冬灌，每亩追施尿素5~8 kg，促进年前大分蘖，提高亩成穗数。返青拔节期结合浇水追肥，以提高粒重和产量，注意防治蚜虫和纹枯病。

适宜种植区域：适宜在黄淮麦区南片中高肥地种植。

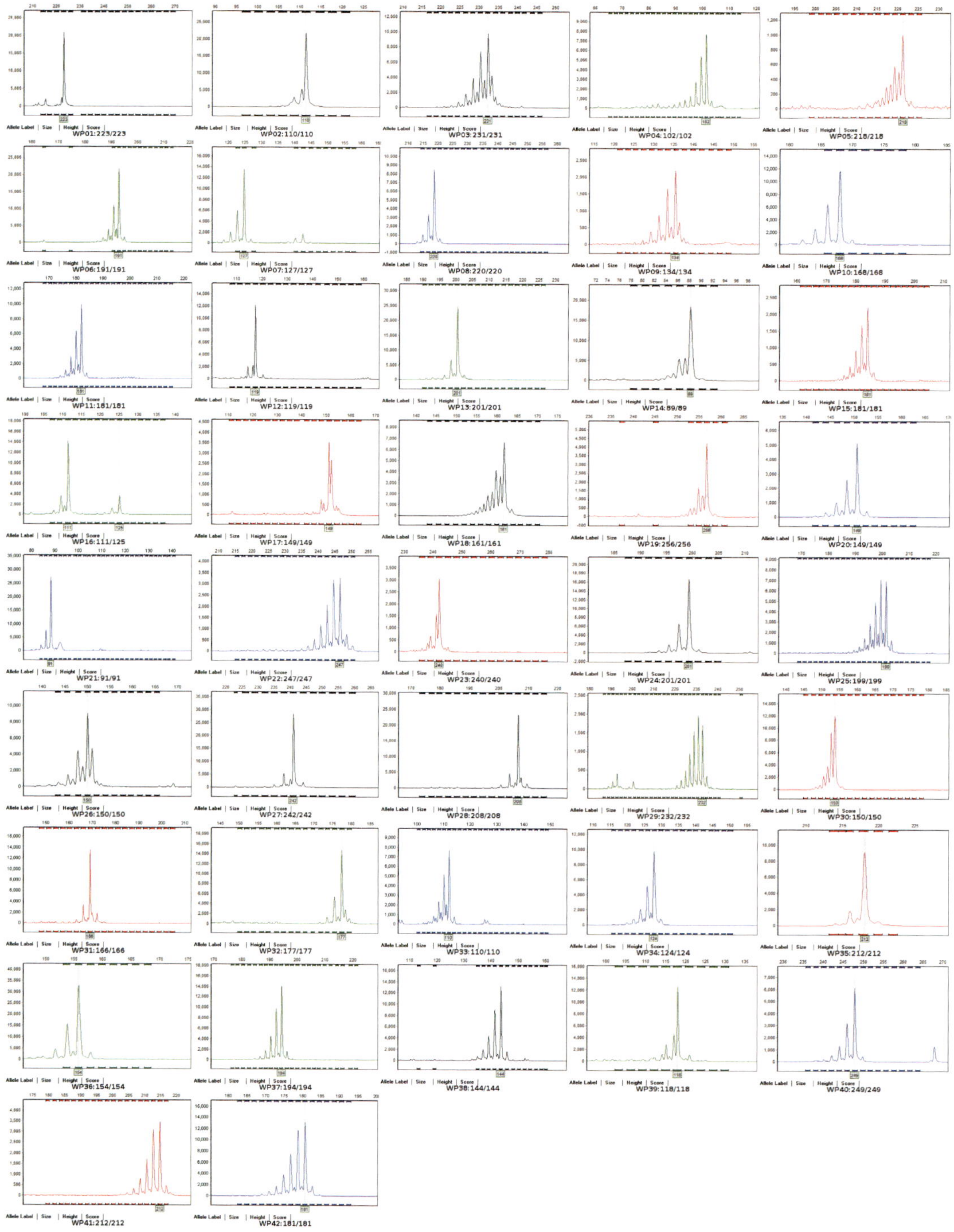

9. 温麦18

审定编号：豫审麦2004010

选育单位：温县农科所

品种来源：豫麦21/豫麦41

特征特性：弱春性大穗型中早熟品种。幼苗半直立，分蘖力中等，成穗率高。冬前生长慢，返青起身快，抗寒性好。叶片上举，旗叶短宽上冲，株型紧凑，株高75 cm，抗倒性一般。穗长方形，穗长10 cm左右，长芒，小穗排列适中，籽粒饱满、半角质，容重高。亩成穗40万~45万穗，穗粒数35~38粒，千粒重40~45 g，黑胚率高。丰产性好，抗干热风，落黄好。

产量表现：2002—2003年度参加河南省高肥春水组区域试验，平均亩产518.3 kg，比对照豫麦18增产4.99%，居12个参试品种第2位。2003—2004参加河南省高肥春水Ⅱ组区域试验，平均亩产575.3 kg，比对照豫麦18增产8.79%，极显著，居13个参试品种第3位。2003—2004年度参加河南省高肥春水Ⅰ组生产试验，平均亩产491.4 kg，比对照豫麦18增产7.4%，居5个参试品种第2位。

栽培技术要点：适播种期为10月10—20日。亩播种量7~8 kg。冬前不追肥，拔节末期肥水一齐攻，孕穗至灌浆期喷洒粉锈宁、多菌灵防治纹枯病、白粉病、叶锈病和条锈病。

适宜种植区域：适宜黄淮冬麦区中、高水肥晚茬种植。

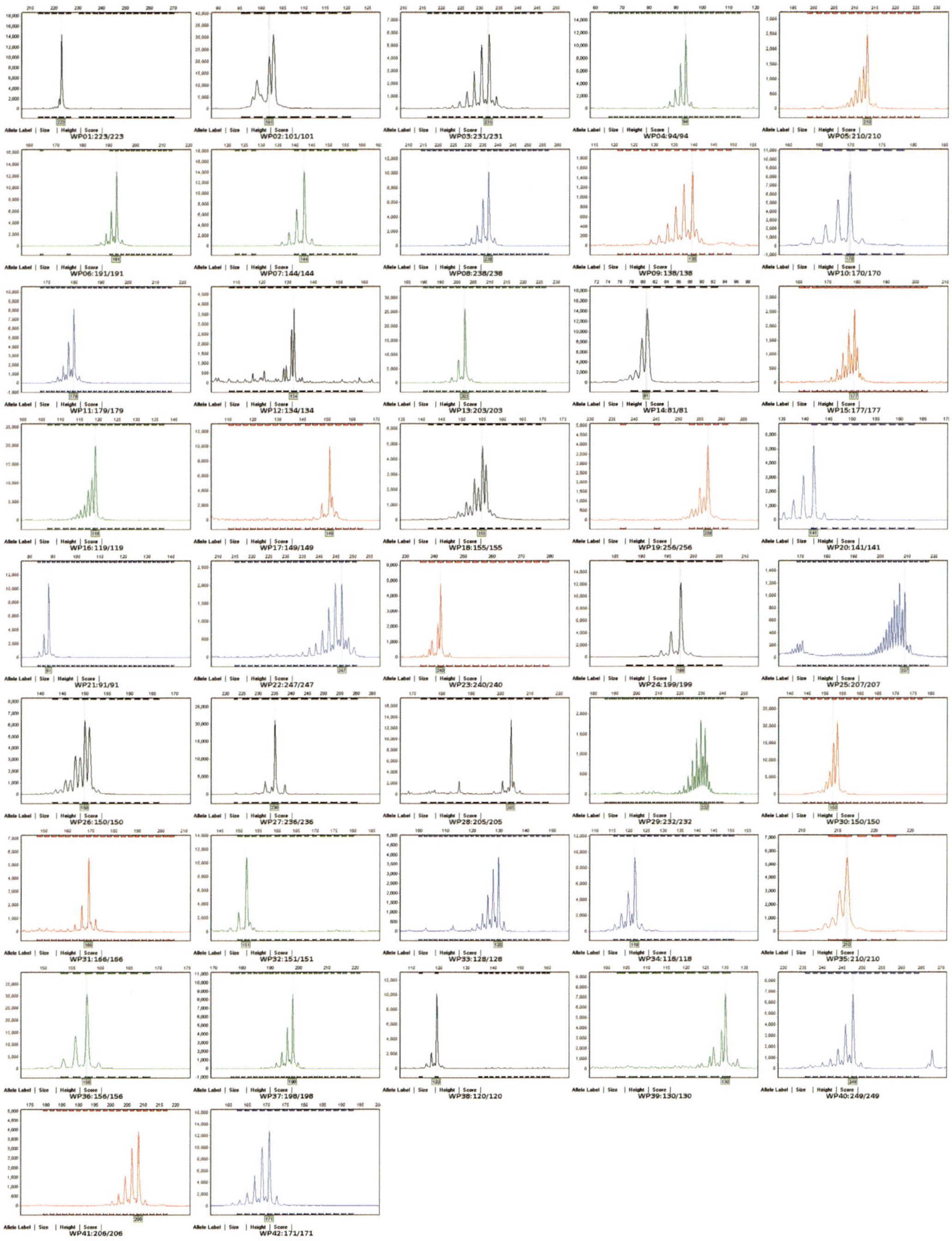

10. 神麦1号

审定编号：豫审麦2004012

选育单位：河南黄泛区农场农科所

品种来源：豫同843/苏麦3号

特征特性：半冬性大穗型中早熟品种。叶色深绿，幼苗半匍匐，长势弱，中后期长势壮，分蘖力中等，成穗率较高。株型紧凑，矮秆，拔节后叶片上举，茎秆粗壮，有蜡质，弹性一般。穗长方形，大穗，短芒，穗层整齐，长相好，籽粒半角质，黑胚率较低。亩成穗40万，穗粒数42粒左右，千粒重40 g左右，落黄一般。

产量表现：2001—2002年参加河南省高冬组区域试验，17点汇总，平均亩产487.6 kg，比对照豫麦49增产4.32%，达显著水平。2002—2003年参加河南省高冬组区域试验，平均亩产461.9 kg，比对照豫麦49减产4.57%。2002—2003年参加河南省高冬肥组生产试验，平均亩产432 kg，比对照种豫麦49增产2.98%。2003—2004年度续试，平均亩产512.5 kg，比对照豫麦49增产6.7%。

栽培技术要点：适播种期为豫北10月初，豫中10月上中旬。基本苗为高水肥地10万~12万，中低产区15万左右。增施有机肥，氮、磷、钾肥配合，一般底施尿素15 kg、过磷酸钙50 kg、氯化钾10 kg、铁锰锌肥2.5 kg，拔节初亩追施尿素10 kg。搞好“一喷三防”，于 3 月底和 4 月底用三唑酮加氧化乐果防治白粉病、条锈病和纹枯病。

适宜种植区域：适宜河南省北部及中南部中等肥力地早中茬种植。

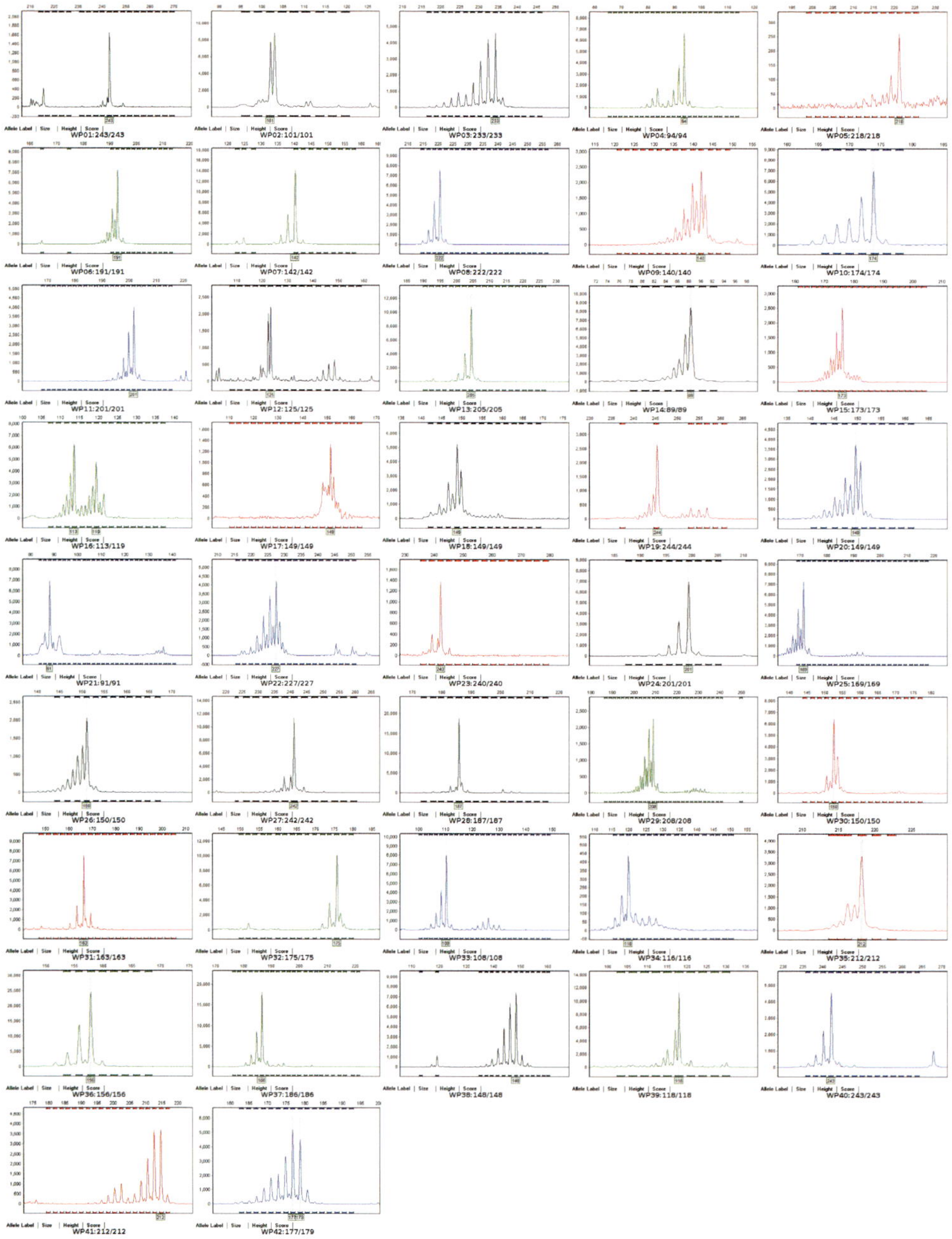

11. 神麦2号

审定编号：豫审麦2004013

选育单位：河南省黄泛区农场农科所

品种来源：冀5418/京泛309//周麦13

特征特性：弱春性中晚熟品种。幼苗半直立，叶片蜡层厚，抗寒性好，分蘖力强，起身拔节快，亩成穗率高。旗叶上举，叶功能期长。株型稍松散，株高80 cm，茎秆弹性好，较抗倒伏。穗纺锤形，穗下节长，穗粒数较多，籽粒饱满、半角质，容重高，黑胚率低。亩成穗42万，穗粒数38粒左右，千粒重42 g左右。丰产性好，成熟较早，落黄好。

产量表现：2002—2003年度参加河南省高肥春水组区域试验，平均亩产515.4 kg，比对照豫麦49增产4.40%。2003—2004年度参加河南省高肥春水Ⅱ组区域试验，平均亩产576.0 kg，比对照豫麦49增产8.51%，达极显著。2003—2004年度参加省高肥春水Ⅰ组生产试验，平均亩产520.4 kg，比对照豫麦18增产13.3%。

栽培技术要点：适播种期为10月上中旬。基本苗为高水肥地10万~12万/亩，中低产区15万/亩左右。增施有机肥，氮、磷、钾肥配合，一般底施尿素15 kg、过磷酸钙50 kg、氯化钾10 kg、铁锰锌肥2.5 kg。拔节始期亩追施尿素10 kg，3月底和4月底搞好“一喷三防”，用三唑酮加氧化乐果防治条锈病和蚜虫。

适宜种植区域：适宜河南省中北部及东南部中上等肥力地中晚茬种植。

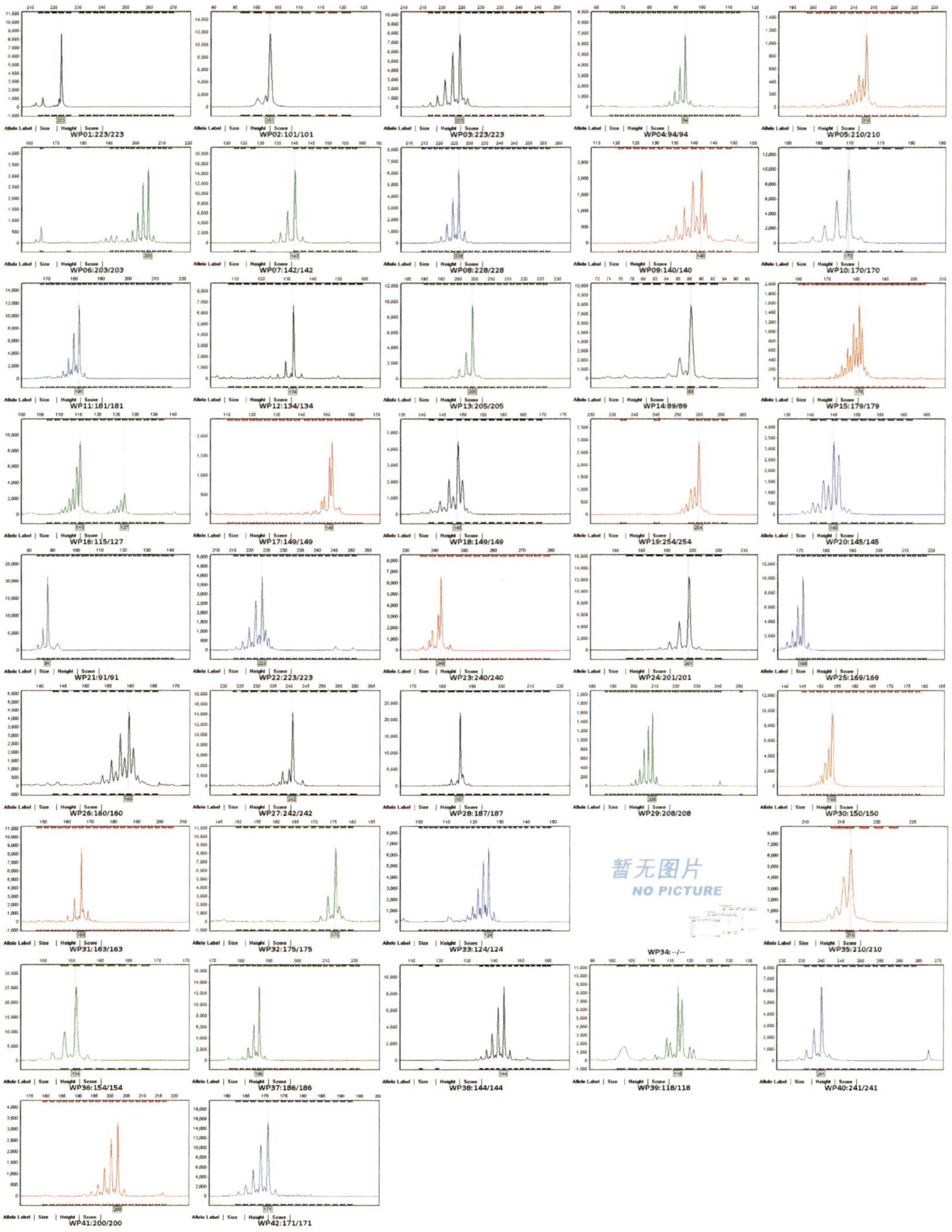

12. 驻麦4号

审定编号：豫审麦2004014

选育单位：驻马店市农科所

品种来源：89中170/汴8539-2

特征特性：半冬性中晚熟品种。幼苗半直立，生长势较强，叶片宽大，叶色深绿，分蘖力强，成穗率中等。旗叶上举，长相清秀，株型半紧凑，株高80~85 cm，茎秆粗壮，有弹性，抗倒性好。穗长方形，大穗，穗层整齐，籽粒均匀，较饱满，角质，黑胚率高。亩成穗28.9万~34.1万穗，穗粒数35.9~37.7粒，千粒重48.9~53.6 g。耐湿性好，抗干热风，落黄较好。

产量表现：2000—2001年度参加河南省高肥冬水组区域试验，平均亩产507.9 kg，比对照豫麦49减产3.35%。2001—2002年度高肥冬水组区域试验，平均亩产471.9 kg，比对照豫麦49增产0.97%。2002—2003年15点汇总，平均亩产464.6 kg，比照豫麦49减产4.02%。2002—2003年度参加晚播南片生产试验，平均亩产277.0 kg比照豫麦18减产5.45%。2003—2004年度续试，平均亩产387.0 kg，比对照豫麦18增产3.86%。

栽培技术要点：适播种期10月8—15日。亩播种量8~9 kg，晚播适当增加播种量。播种亩施基肥氮9~10 kg，冬前适量追肥，促进冬前分蘖，拔节末期追肥浇水，促进有效穗数，实现稳产、丰产，中后期用粉锈宁防治白粉病。

适宜种植区域：适宜河南省中南部旱中茬地块种植。

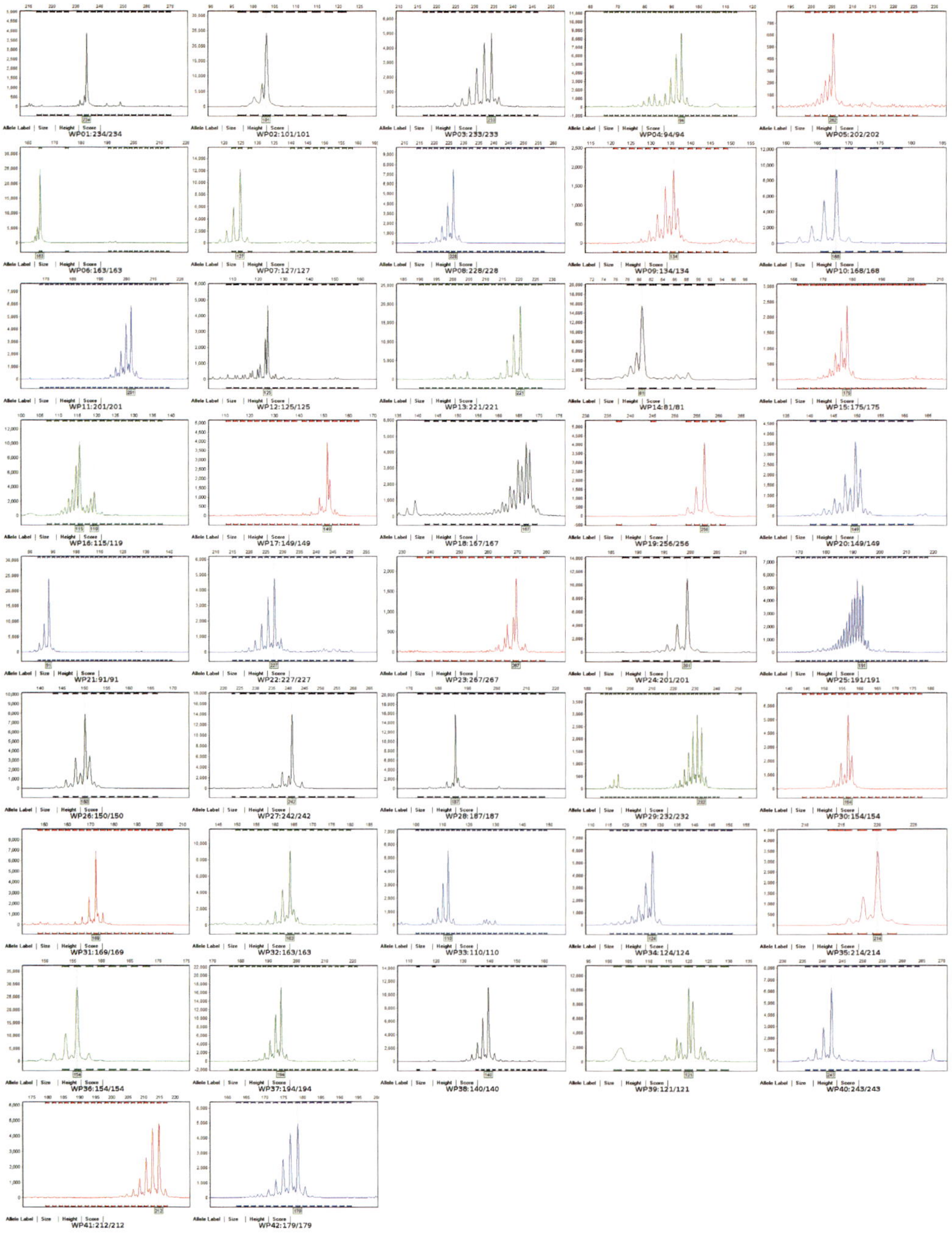

13. 豫麦70-36

审定编号：豫审麦2004015

选育单位：内乡县农业科学研究所

品种来源：从豫麦70中系选

特征特性：弱冬性中早熟品种。幼苗半匍匐，叶色青绿，生长健壮，抗寒性好，分蘖力较强，成穗率高，春季起身快。旗叶窄长，株型略松散，株高80 cm，茎秆弹性好，抗倒性好。穗长方形，穗层整齐，长芒，白壳，白粒，籽粒均匀，饱满度好，角质，容重高，黑胚率低。亩成穗40万左右，穗粒数35粒左右，千粒重42 g左右。

产量表现：2003—2004年度在周口、濮阳、漯河和洛阳市安排性状改良对比试验，平均亩产495.7 kg，比豫麦70增产0.85%。与豫麦70性状比较。千粒重提高2 g，容重增加10 g，产量提高0.85%，湿面筋含量提高3%，形成时间延长2.6 min，稳定时间延长2.4 min，出粉率提高3%，籽粒由偏粉质变为角质，商品性变好。

栽培技术要点：10月10—11月中旬以前播种，最适播种期为10月15—25日。播种量不宜过大，基本苗12万~15万/亩。施足底肥，重施农家肥，氮、磷、钾科学配方，防治地下害虫，足墒下种，一播全苗。浇好越冬水、返青水和灌浆水，结合浇水适当追肥，控制氮肥量，中后期注意防治白粉病、赤霉病。

适宜种植区域：适宜河南省高水肥地中早茬种植。

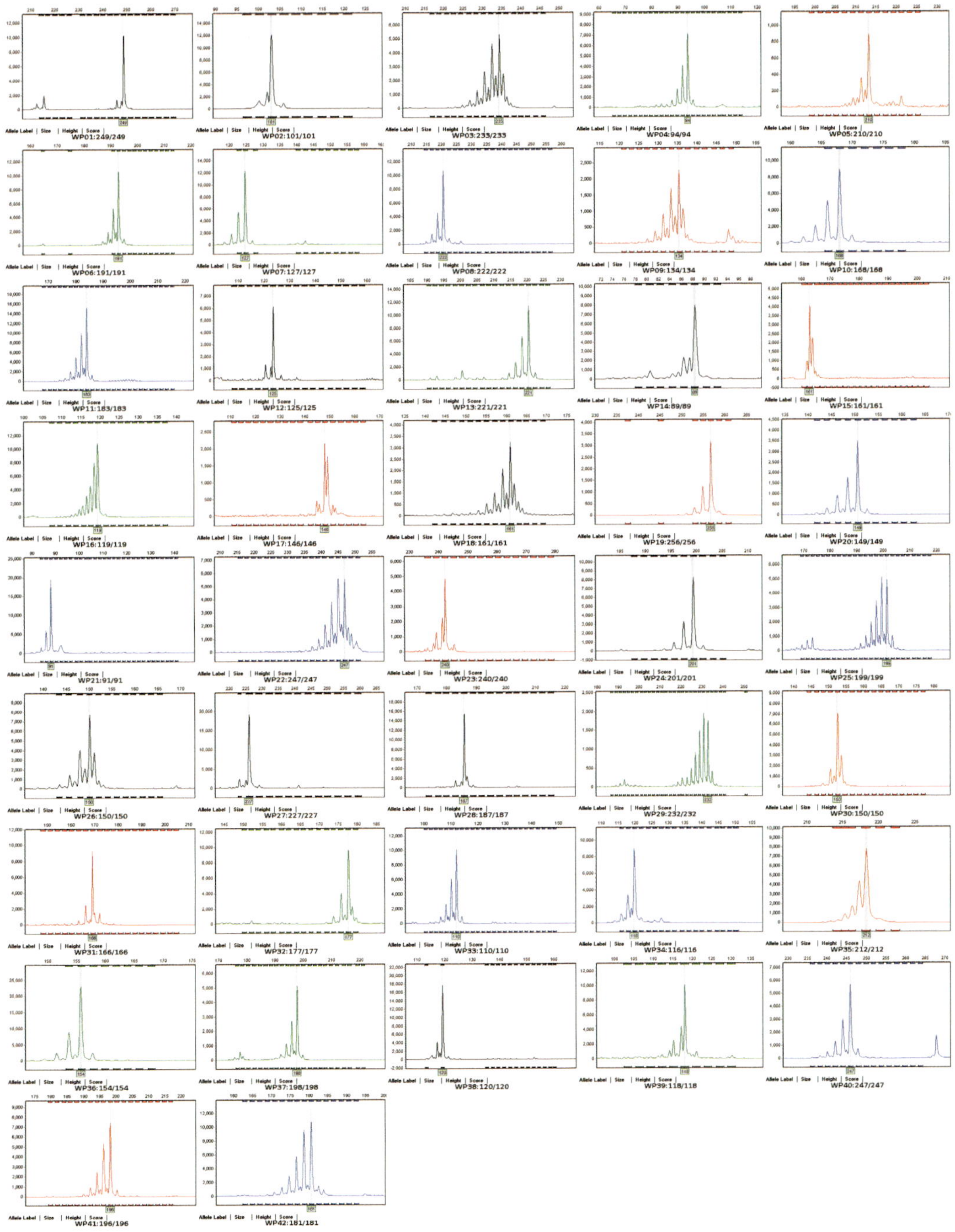

14. 开麦18号

审定编号：豫审麦2004018

选育单位：开封市农林科学研究所

品种来源：开麦64／89中170 // 开麦1003／温2540

特征特性：半冬性大穗型中熟品种。幼苗半直立，长势健壮，叶色浓绿，抗寒性好，起身拔节快，分蘖成穗率较高，亩成穗数适中。株型略松散，叶较披，株高80 cm，旗叶上举，叶功能期长，根系活力差，抗倒性一般。穗层厚，穗长方形，大穗，籽粒灌浆快，半角质，有黑胚。一般亩成穗35万~40万穗，穗粒数45粒左右，千粒重45 g。成熟期中等，抗干热风能力强，落黄好。

产量表现：2002—2003年度参加河南省高肥冬水组区域试验，平均亩产501.4 kg，比对照豫麦49增产3.57%。2003—2004年度参加河南省高肥冬水组Ⅰ组区域试验，平均亩产638.0 kg，比对照豫麦49增产8.58%，达极显著。2003—2004年度参加河南省高肥冬水Ⅱ组生产试验，平均亩产521.3 kg，比对照豫麦49增产8.6%。

栽培技术要点：播种期为10月5日至11月上旬，最佳播种期10月7日前后，豫南10月10日以后为宜。播种量为高水肥地每亩5~7 kg，中水肥地每亩7~8 kg为宜，随播种期推迟适当增加播种量。施足底肥，氮、磷、钾科学搭配，看苗追肥，控制群体，防止倒伏，注意防治白粉病、条锈病。

适宜种植区域：适宜河南省北中部、东南部中等以上肥力地早中茬种植。

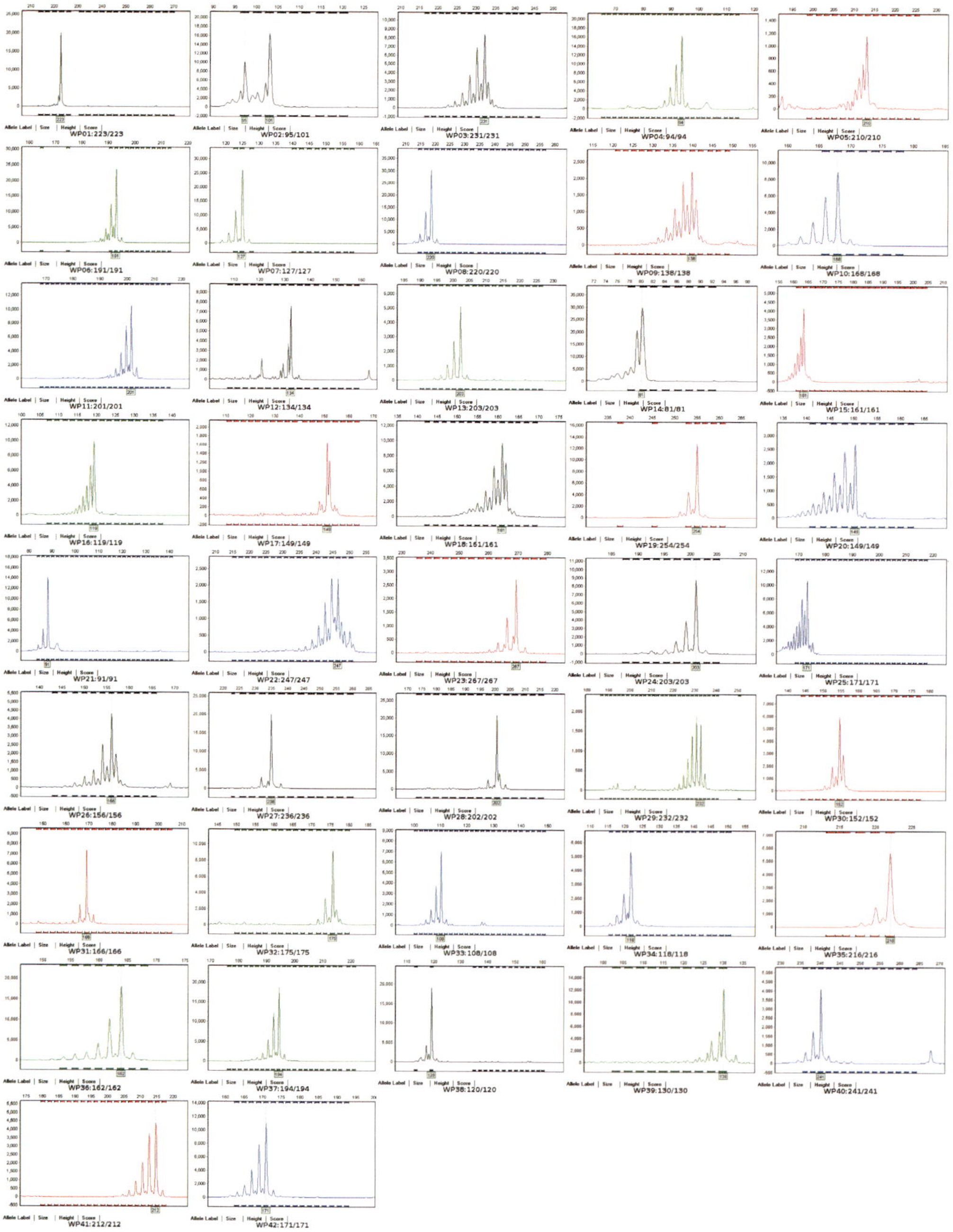

15. 众麦1号

审定编号：豫审麦2004019

选育单位：河南睢县农科所

品种来源：漯麦4号/西北矮秆选系（97-26）

特征特性：半冬性中晚熟品种。幼苗半匍匐，长势壮，叶色深绿，分蘖力强，抗寒性好，春季两极分化慢，分蘖成穗率一般。旗叶宽大上举，长相清秀，叶片功能期长。株型紧凑，株高70~75 cm，茎秆粗壮，抗倒性好。穗层较厚，穗长方形，小穗排列较密，穗粒数较多，饱满度好，黑胚率高。亩成穗39万左右，穗粒数38~44粒，千粒重41 g左右。丰产、稳产性好，成熟落黄好。

产量表现：2002—2003年参加河南省高肥冬水组区域试验，平均亩产521.8 kg，比对照豫麦49增产1.22%。2003—2004年度参加河南省高肥冬水Ⅱ组区域试验，平均亩产548.7 kg，比对照豫麦49增产0.17%。2003—2004年参加河南省高肥冬Ⅰ组生产试验，平均亩产517.6 kg，比对照豫麦49增产7.5%。

栽培技术要点：播种期10月8—15日。亩播种量6~8 kg。精细整地，施足底肥，氮、磷、钾配合补施硼锌肥。前氮后移加强春季管理，拔节前中耕划锄为主，拔节后肥水调控，以保穗数促大穗，4月上中旬进行“一喷三防”，注意防治白粉病、条锈病和纹枯病。

适宜种植区域：适宜河南省北中部中上等肥力地块旱中茬种植。

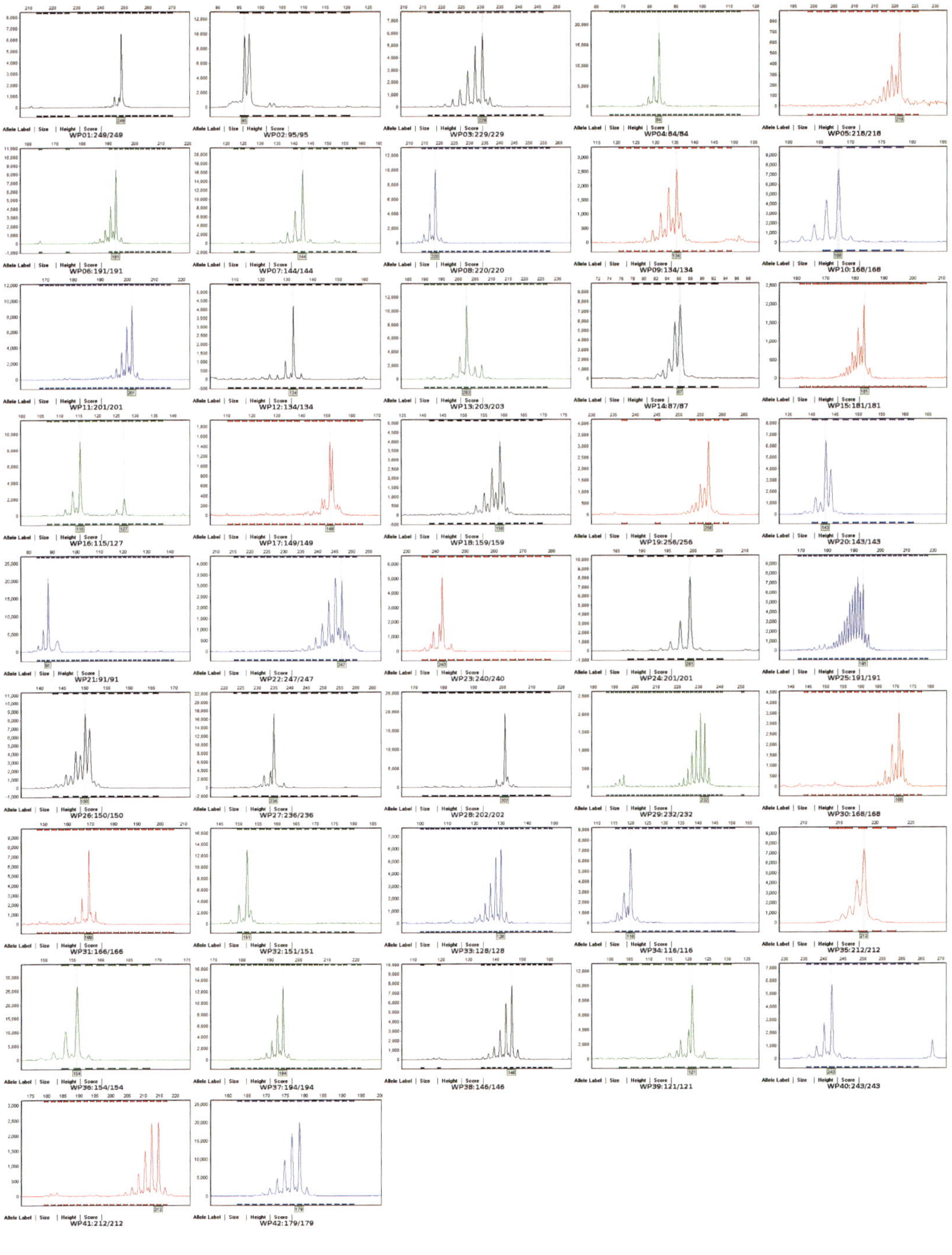

16. 金丰3号

审定编号：豫审麦2005003

选育单位：河南科技大学农学院

品种来源：Ta1C_7秒//（豫麦25/郸选912）F_1

特征特性：弱春性多穗型品种，生育期226 d。幼苗直立，叶色深绿，抗寒性一般，分蘖力中等，成穗率高。株型紧凑，旗叶稍披有干尖，叶片细长，株高75 cm左右，茎秆坚韧抗倒。穗纺锤形，穗层整齐，大穗，遇“倒春寒”穗上部有不育小穗。后期不耐高温，熟相较好。籽粒饱满、半角质，黑胚率较低，外观商品性好。亩成穗数43.7万，穗粒数38.5粒，千粒重39.4 g。中抗条锈病、叶锈病和叶枯病，中感纹枯病、白粉病。容重770 g/L，粗蛋白含量（干基）14.20%，降落值380 s，沉降值66.0 mL，湿面筋含量32.4%，吸水率54.6%，形成时间3.5 min，稳定时间5.6 min。

产量表现：2003—2004年度参加河南省高肥春水Ⅱ组区域试验，平均亩产566.9 kg，比对照豫麦18增产6.81%，达极显著。2004—2005年度续试，平均亩产467.7 kg，比对照豫麦18增产6.17%，达极显著。同年参加河南省高肥春水组生产试验，平均亩产482.9 kg，比对照豫麦18增产8.2%。

栽培技术要点：适宜播种期为10月中下旬。亩播种量为6~7.5 kg，基本苗在12万~15万/亩为宜。高产栽培的主攻方向为配方施肥、均衡营养、前氮后移，科学管理，防病治虫，提高粒重。

适宜种植区域：适宜河南省中晚茬地块种植，黄河以北宜适当晚播，防止冻害。

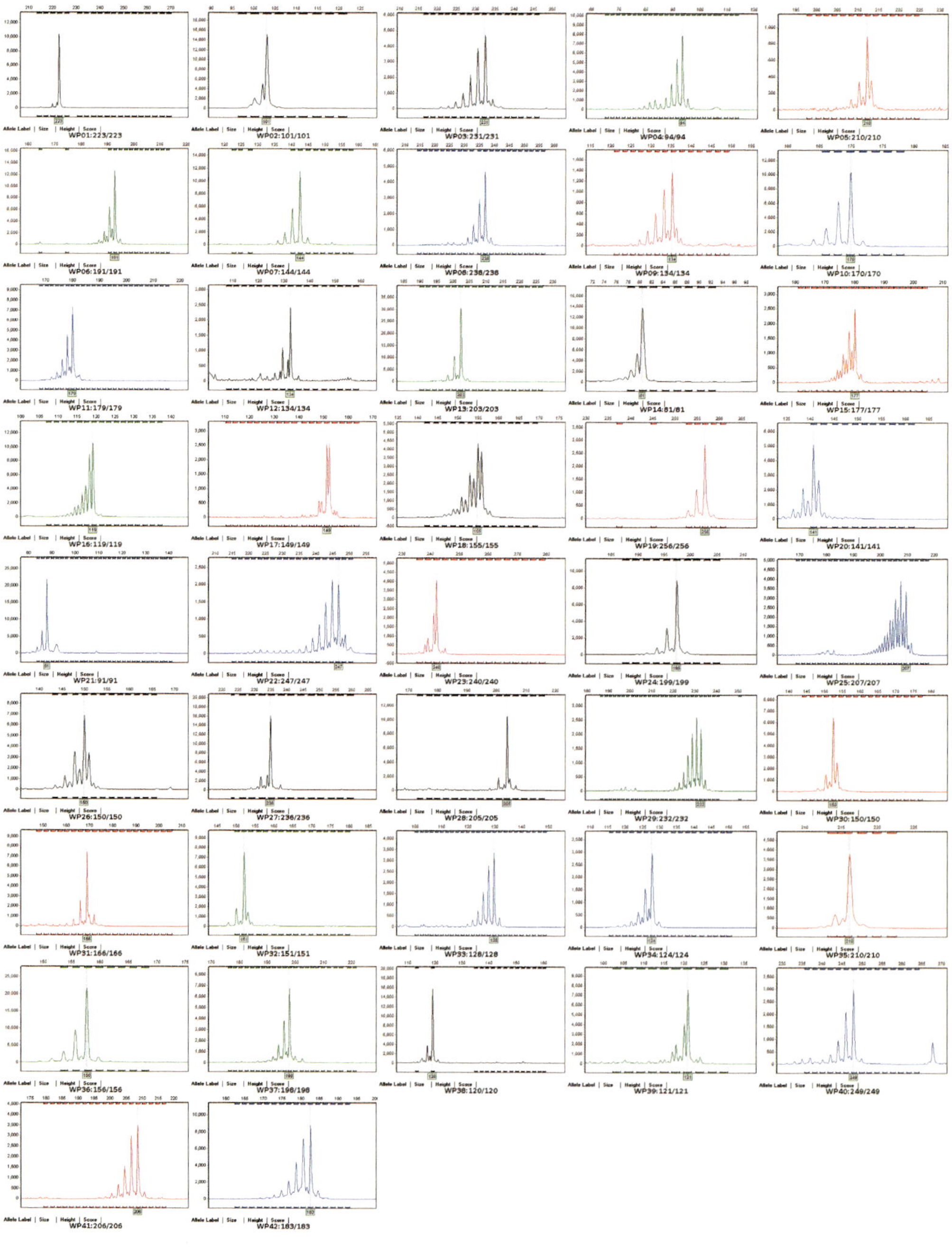

17. 豫麦49-198

审定编号：豫审麦2005004

选育单位：温县平安农业科技开发有限公司

品种来源：豫麦49改良

特征特性：半冬性品种，生育期227 d。幼苗生长健壮，叶色深绿，分蘖成穗率高，抗寒性好。株型紧凑，长相清秀。旗叶半直立，稍卷曲，根系活力强，耐旱。穗层整齐，通风透光好，灌浆速度快。籽粒饱满，半角质，容重高，黑胚率低。亩成穗数45.0万，穗粒数34.3粒，千粒重40.9 g。与豫麦49相比，农艺性状基本一致，在产量、抗病性方面有改良。高抗叶枯病，中抗条锈病，中感白粉病、纹枯病、叶锈病和赤霉病。容重822 g/L，粗蛋白含量（干基）14.03%，降落值367 s，湿面筋含量31.2%，吸水率55.0%，形成时间2.6 min，稳定时间2.4 min。

产量表现：2003—2004年度在周口和濮阳安排性状改良品种对比试验，平均亩产558.3 kg，比豫麦49增产3.11%。2004—2005年度全省10点性状改良对比试验，平均亩产497.6 kg，比豫麦49增产4.52%。

栽培技术要点：最佳播种期10月5—15日，15日以后每晚播2 d加大0.5 kg播种量。高水肥地亩播种量4~7 kg，中水肥地亩播种量5~8 kg。施底肥氮、磷、钾合理配比，追肥在两极分化中后期根据苗情进行并结合浇水，纹枯病防治应在11月下旬和返青期用粉锈宁和井冈霉素混合喷打基部防治纹枯病，“一喷三防”应在扬花初期和5月上旬进行。

适宜种植区域：适宜河南省早中茬中高产水肥地种植。

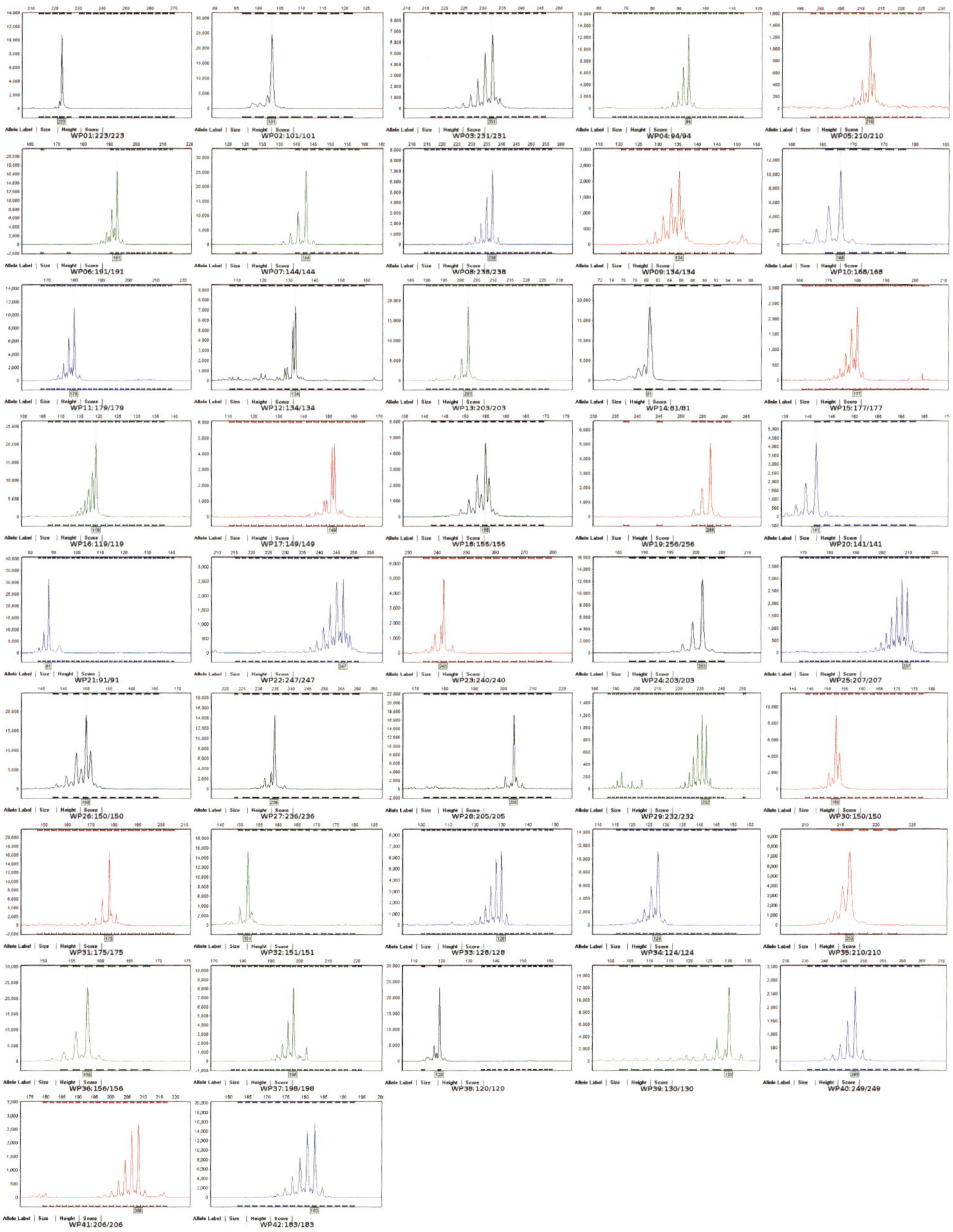

18. 鑫麦1998

审定编号： 豫审麦2005007

选育单位： 河南省豫鑫种业股份有限公司

品种来源： 陕229/豫麦34

特征特性： 弱春性多穗型品种，生育期226 d。幼苗直立，叶色淡，苗期抗寒性差，返青拔节快，分蘖成穗率高。株高75 cm左右，株型紧凑，抗倒性一般，旗叶上冲有干尖，成熟落黄好。穗层较厚，穗长方形，小穗较多。籽粒较小，半角质，黑胚率。亩成穗数45万左右，穗粒数30粒左右，千粒重38 g左右。中抗条锈、白粉和叶锈病，中感纹枯、叶枯病。容重800 g/L，粗蛋白含量（干基）15.90%，降落值324 s，沉降值61.2 mL，湿面筋含量34.6%，吸水率55.9%，形成时间4.3 min，稳定时间6.3 min。

产量表现： 2003—2004年度参加河南省高肥春水Ⅱ组区域试验，平均亩产558.5 kg，比对照豫麦18增产5.22%，达显著水平。2004—2005年度续试，平均亩产467.1 kg，比对照豫麦18增产6.04%，达极显著。同年度参加河南省高肥春水组生产试验，平均亩产482.8 kg，比对照豫麦18增产8.2%。

栽培技术要点： 适宜播种期为10月中下旬，最佳播种期10月15日前后。亩播种量6~8 kg，晚播播种量适当加大。施肥原则为稳氮、增磷、补钾，施足底肥，追肥掌握氮肥后移。拔节后期每亩追施尿素5~7.5 kg，在籽粒灌浆初期喷施磷酸二氢钾及速效氮肥。抽穗前喷施粉锈宁预防白粉病和条锈病。注意防治赤霉病、纹枯病、叶锈病，灌浆期搞好“一喷三防”，重点防治穗蚜。

适宜种植区域： 适宜河南省中晚茬地种植，黄河以北种植应适当晚播，防止冻害。

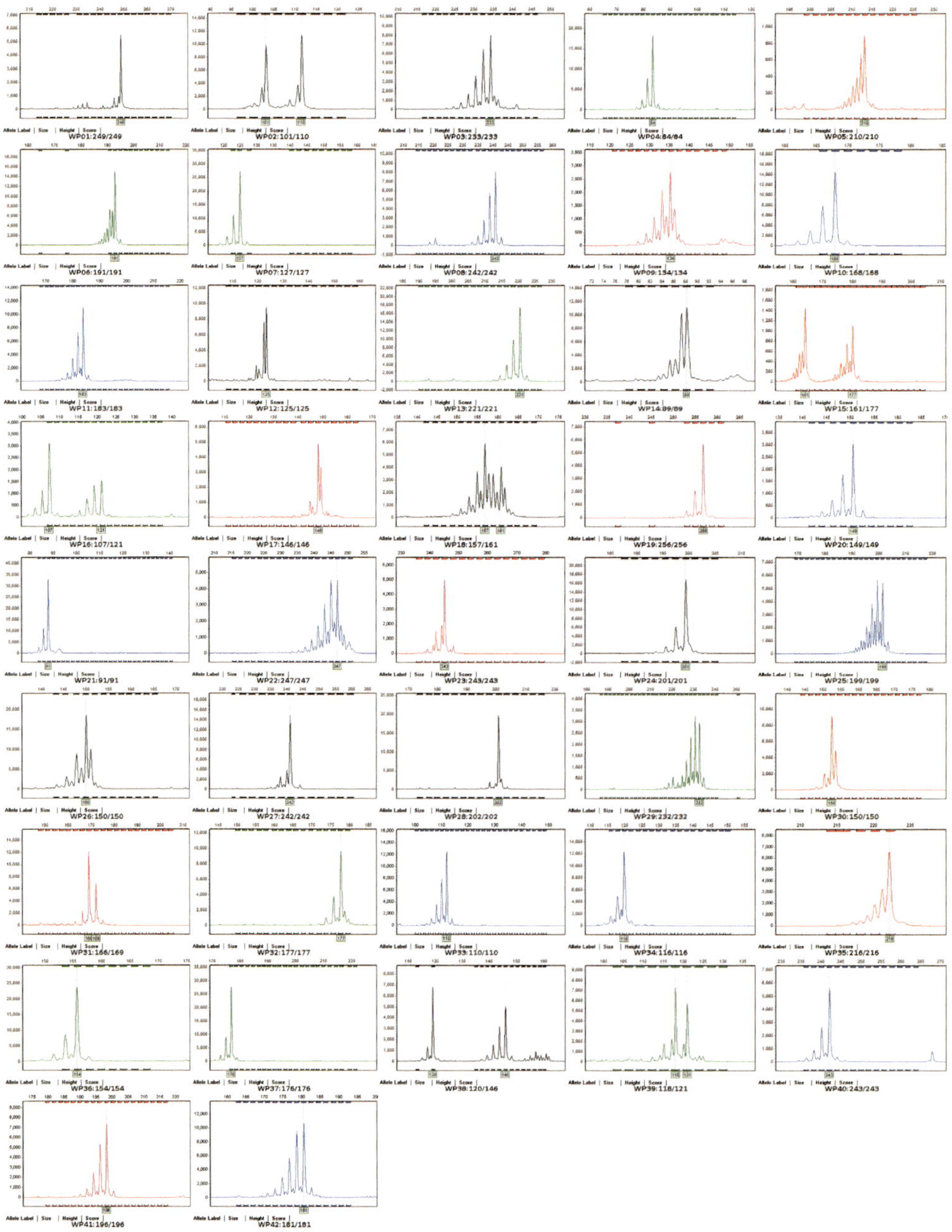

19. 新原958

审定编号：豫审麦2005008

选育单位：新乡县原种一场

品种来源：豫麦34/新麦9号

特征特性：弱春性品种，生育期226 d。幼苗半直立，抗寒性好，两极分化快，分蘖力强，成穗率较高。株型松散，旗叶平展，株高75~80 cm，茎秆有弹性，抗倒性中等，成熟落黄好。穗长方形，穗层整齐，小穗排列密，结实性好，穗粒数多。籽粒均匀，半角质，千粒重高，黑胚率高。亩成穗数47.0万，穗粒数39.9粒，千粒重41.6 g。中抗条锈、叶锈和叶枯病，中感纹枯病、白粉病。容重795 g/L，粗蛋白含量（干基）14.59%，降落值354 s，沉降值49.8 mL，湿面筋含量32.1%，吸水率60.3%，形成时间4.0 min，稳定时间3.4 min。

产量表现：2003—2004年度参加河南省高肥春水Ⅱ组区域试验，2点减产，平均亩产564.3 kg，比对照豫麦18增产6.31%，达极显著。2004—2005年度续试，平均亩产478.6 kg，比对照豫麦18增产8.65%，达极显著。同年参加河南省高肥春水组生产试验，平均亩产487.4 kg，比对照豫麦18增产10.7%。

栽培技术要点：播种期以10月10—30日为宜。亩播种量控制在6~12.5 kg。底肥为氮15 kg、磷10 kg、钾5 kg。冬前分蘖应控制在50万以内，并视田间情况浇越冬水，开春拔节后视群体大小一次性追施尿素10~20 kg，后期结合治虫防病，适当喷施磷酸二氢钾及其他叶面肥。

适宜种植区域：适宜河南省中晚茬地种植，黄河以北种植应适当晚播，防止冻害。

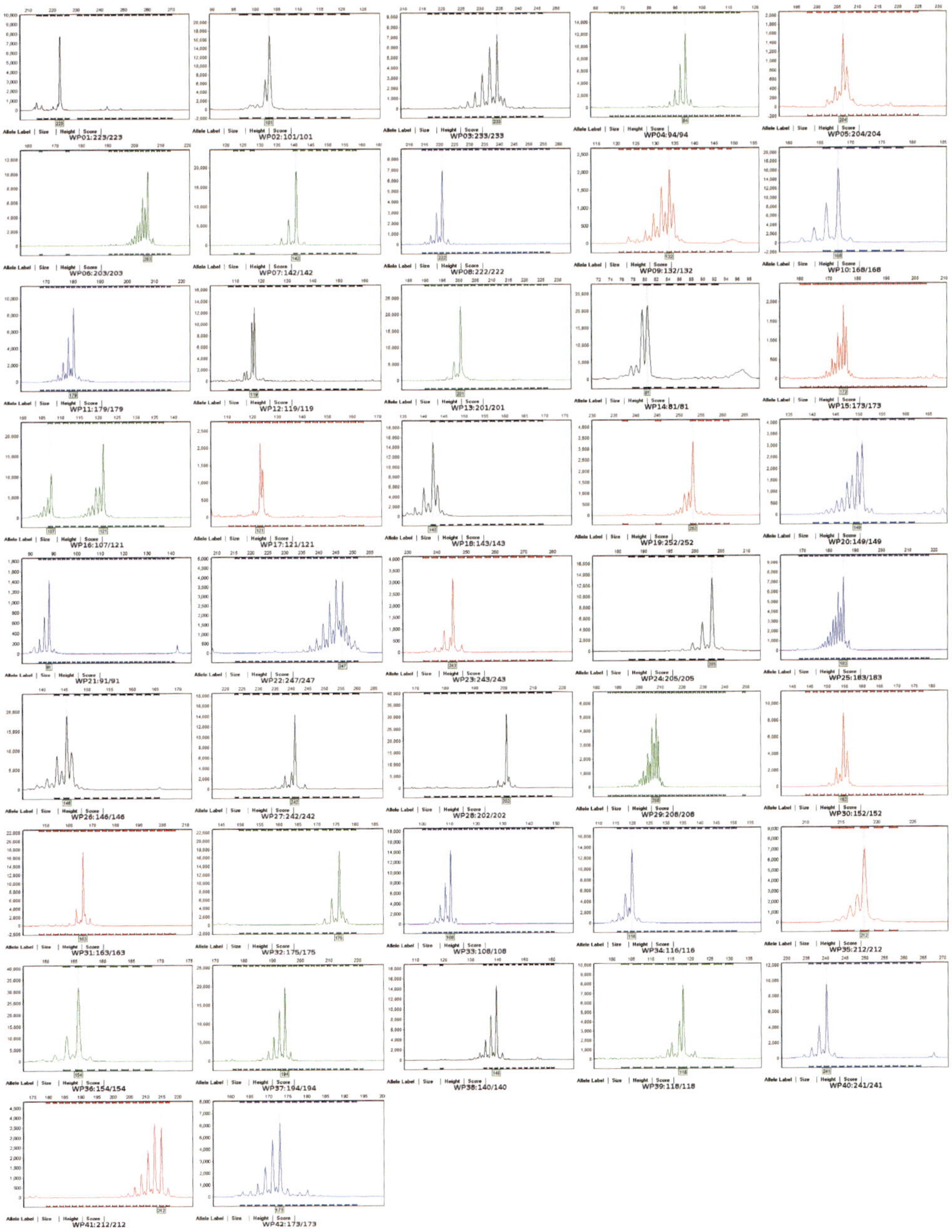

20. 平安3号

审定编号：豫审麦2006003

选育单位：河南平安种业有限公司

品种来源：（兰考8679×豫麦18）F_1/祥8820

特征特性：半冬性多穗型中熟品种，全生育期217 d，与对照豫麦49相当。幼苗半直立，苗期长势壮，抗寒性好。分蘖力强，抽穗较早，亩成穗数较多；株型略松散，株高83 cm，抗倒性一般；旗叶上举，后期有干尖，成熟落黄好；穗纺锤形，白粒，半角质，黑胚率低。亩穗数46万左右，每穗粒数35粒左右，千粒重42 g左右。

产量表现：2003—2004年度河南省高密度组区域试验，平均亩产599.8 kg，较对照豫麦49增产3.66%，不显著。2004—2005年度河南省高密度组区域试验，平均亩产507.4 kg，较对照豫麦49增产6.87%，不显著。2005—2006年度河南省高肥冬水Ⅰ组生产试验，平均亩产487.4 kg，比对照豫麦49增产7.6%。

栽培技术要点：10月5—25日均可播种，最佳播种期10月15日左右。高肥力地块亩播种量6~8 kg，中低肥力可适当增加播种量，如延期播种，以每推迟两天增加0.5 kg为宜。施足底肥，注意有机肥和无机肥相结合，一般亩施氮12 kg、磷7.5 kg、钾7.5 kg；两极分化中后期视苗情结合浇水追肥；纹枯病防治在11月下旬和返青期进行，“一喷三防”在扬花初期和5月上旬进行。小麦灌浆期叶面喷施磷酸二氢钾，后期结合天气情况及时防治白粉病。

适宜种植区域：河南省高肥力地块早中茬种植（南部稻茬麦区除外）。

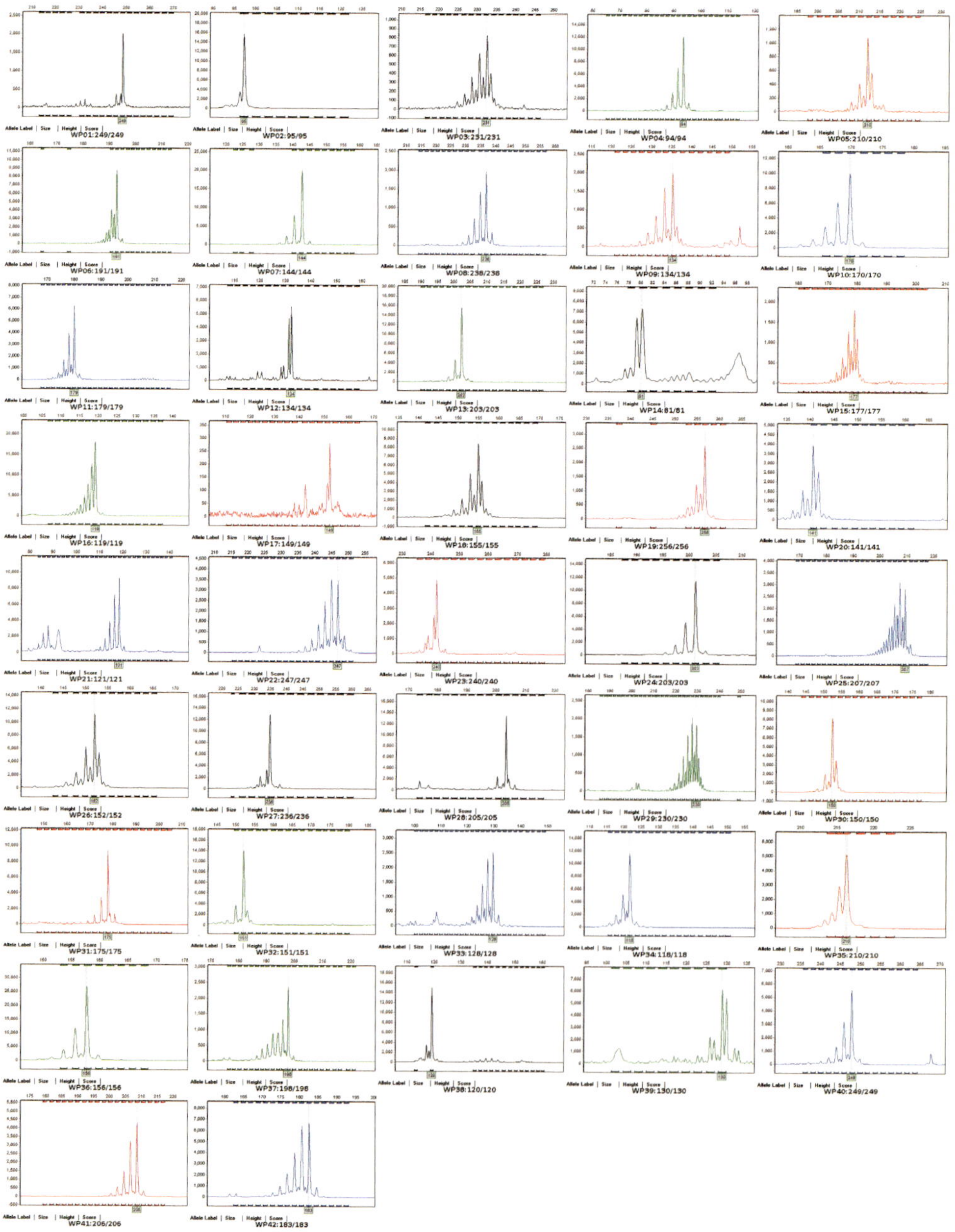

21. 郑麦9694

审定编号：豫审麦2006005

选育单位：河南省农业科学院小麦研究所

品种来源：豫麦21/豫麦18//豫麦21

特征特性：半冬性大穗型中早熟品种，全生育期216 d，比对照豫麦49早熟1 d。幼苗半匍匐，苗期长势弱，抗寒性稍差。返青拔节快，分蘖力中等，成穗率偏高。株型较松散，叶色较浅，旗叶稍宽下披，有蜡质，株高79 cm，抗倒性一般。长相清秀，成熟落黄好。穗层较厚，穗纺锤形，穗较大，受冻害影响顶部有不育小穗；籽粒半角质，均匀度好，黑胚率5%~9%。亩穗数40万左右，穗粒数37粒左右，千粒重43 g左右。

产量表现：2002—2003年度河南省超高产冬水组区域试验，平均亩产522.8 kg，比对照豫麦49增产1.42%，不显著。2003—2004年度河南省高肥冬水Ⅱ组区域试验，平均亩产545.9 kg，比对照豫麦49减产0.34%，不显著。2004—2005年度河南省高肥冬水Ⅱ组区域试验，平均亩产491.3 kg，比对照豫麦49增产5.77%，增产显著。

栽培技术要点：10月5—15日均可播种，最佳播种期10月10日左右。高肥力地块亩播种量6~9 kg。中低肥力可适当增加播种量。一般亩施肥量为氮12~14 kg、磷8~9 kg、钾5 kg，其中氮肥作底肥与作追肥的比例为2：1，在施足底肥的基础上，返青拔节期结合浇地每亩追施尿素7.5~10 kg，注意防治穗蚜病和白粉病。

适宜种植区域：河南省中北部麦区中高肥力地块早中茬种植。

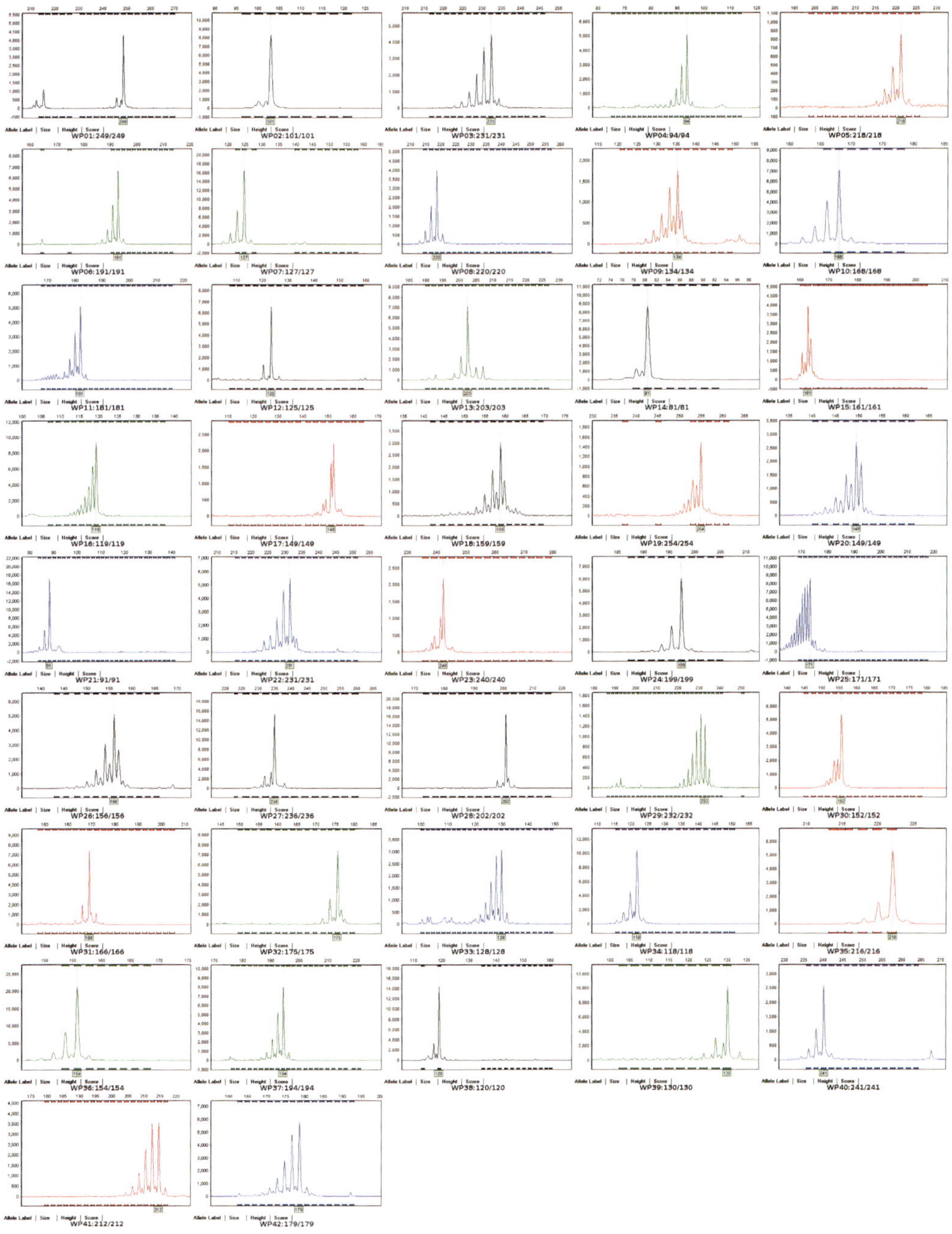

22. 豫农201

审定编号：豫审麦2006006

选育单位：河南农业大学

品种来源：内乡182/818036//泰910989/石6021

特征特性：半冬性中熟品种，全生育期219 d，比对照豫麦49晚熟2 d。幼苗半匍匐，抗寒性好。分蘖力强，成穗率中等。前期发育稍慢，田间长相清秀；株型紧凑，叶片窄长上冲，行间利落，株高80 cm，茎秆弹性好，较抗倒伏。穗层整齐，穗纺锤形，穗粒数偏少。耐后期高温，成熟落黄好。籽粒长圆形，角质，黑胚率低，商品性好。亩成穗42万左右，穗粒数34粒左右，千粒重42 g左右。

产量表现：2003—2004年度河南省高密度组区域试验平均亩产579.7 kg，比对照豫麦49增产0.19%，增产不显著。2004—2005年度河南省高密度组区域试验，平均亩产480.8 kg，比对照豫麦49增产1.26%，不显著。2005—2006年度河南省高肥冬水Ⅰ组生产试验，平均亩产478.3 kg，比对照豫麦49增产5.6%。

栽培技术要点：适播种期10月5—15日，播种量为7~8 kg，晚播适当增加播种量。底肥每亩施有机肥3 m^3、尿素18 kg、磷酸二铵20 kg、氯化钾7 kg；在返青至拔节期每亩追施尿素5~8 kg；最高群体应控制在每亩80万~85万；注意防治蚜虫和纹枯病。

适宜种植区域：河南省沙河以北麦区中高肥力地块早中茬种植。

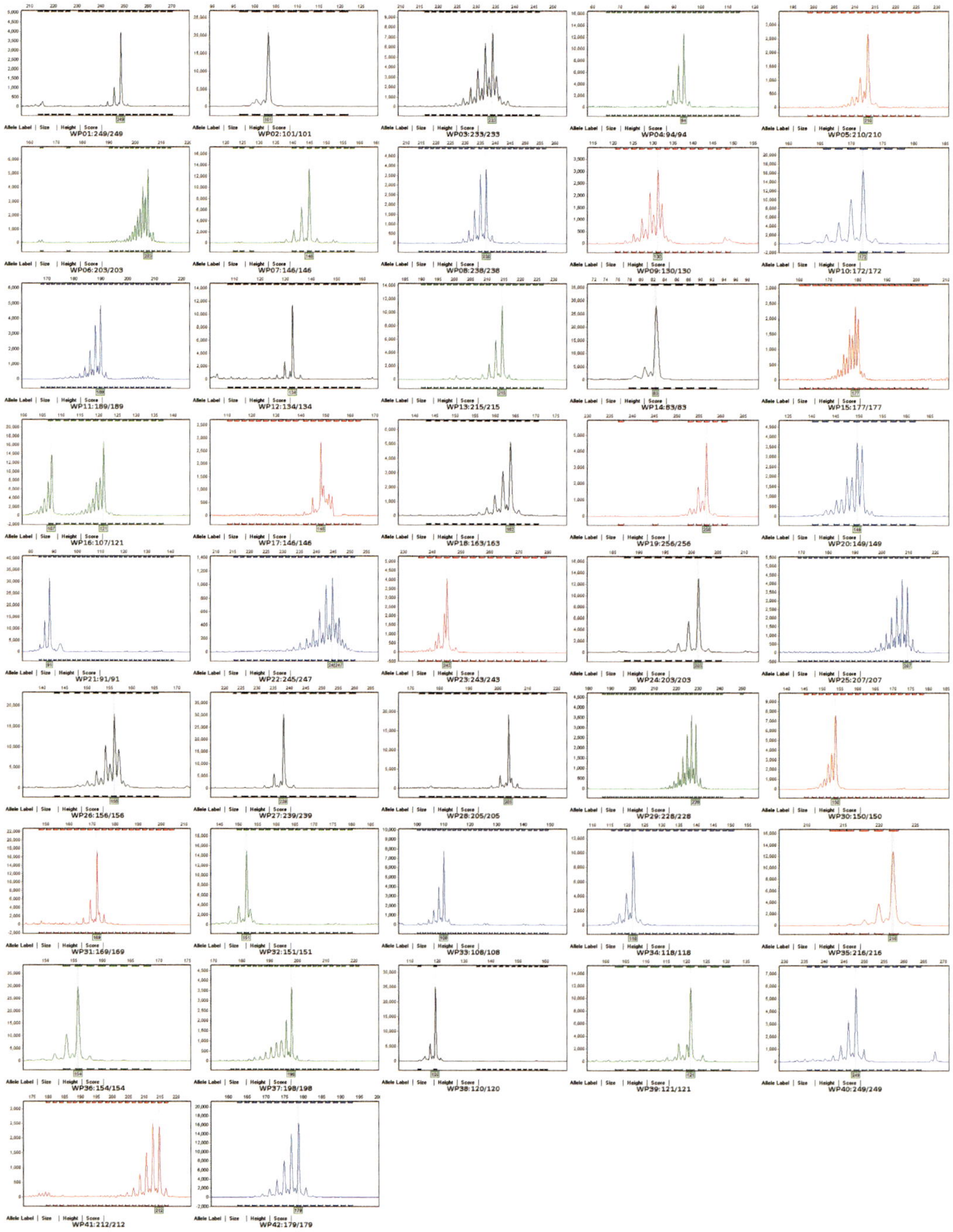

23. 郑农17号

审定编号：豫审麦2006007

选育单位：郑州市农林科学研究所

品种来源：豫麦51号/优繁5号

特征特性：半冬性中晚熟品种，全生育期220 d，比对照豫麦49晚熟3 d。幼苗半直立，苗期长势壮，抗寒性好；起身拔节快，分蘖力中等，亩成穗数一般。株型紧凑，旗叶上举，穗下节短，株高83 cm，茎秆粗壮，抗倒性较好。成熟偏晚，落黄一般。穗层整齐，穗纺锤形，小穗排列紧密，结实性好。籽粒半角质，黑胚率低，商品性好。亩成穗数37万左右，穗粒数34粒左右，千粒重46 g左右。

产量表现：2004—2005年度河南省高肥冬水Ⅰ组区域试验，平均亩产501.3 kg，比对照豫麦49增产7.55%，极显著。2005—2006年度河南省高肥冬水Ⅰ组区域试验，平均亩产517.2 kg，比对照豫麦49增产5.14%，达显著水平。2005—2006年度河南省高肥冬水Ⅱ组生产试验，平均亩产487.4 kg，比对照豫麦49增产6.9%。

栽培技术要点：10月8—20日均可播种，中高肥力地亩播种量6~9 kg，若地力较低或延期播种，应适当加大播种量。施足底肥，以农家肥为主，一般亩施氮13 kg、磷7.5 kg、钾7.5 kg，拔节后每亩追施尿素5~6 kg，并结合田间化学除草，同时进行纹枯病防治。灌浆期喷施磷酸二氢钾，后期注意结合天气情况及时防治蚜虫及白粉病。

适宜种植区域：河南省沙河以北麦区中高肥力地块中早茬种植。

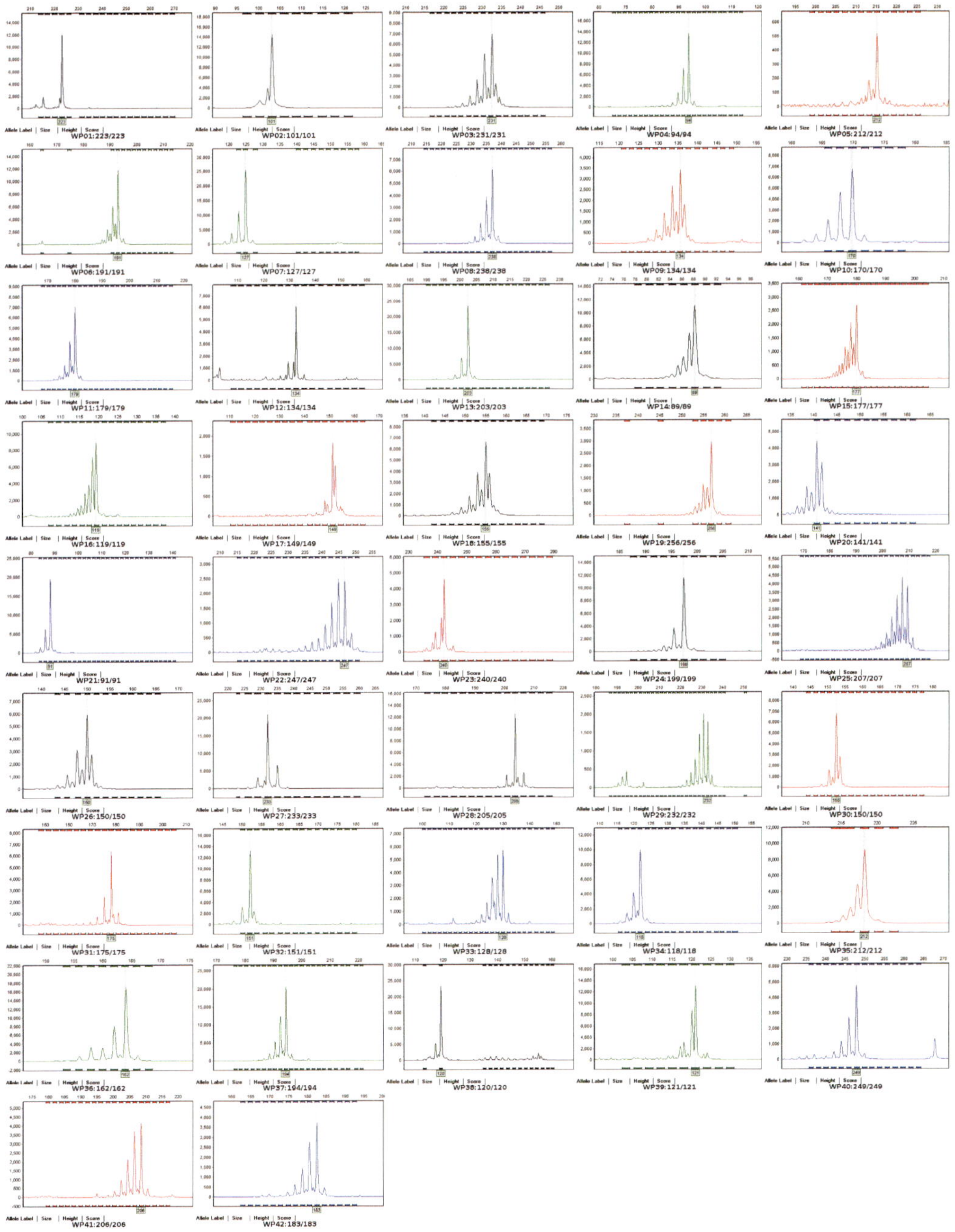

24. 焦麦668

审定编号： 豫审麦2006008

选育单位： 焦作市鑫源遗传育种研究所

品种来源： 咸阳84（加）79-3-2-1/赵农89-1

特征特性： 半冬性大穗型中熟品种，全生育期219 d，比对照豫麦49晚熟2 d。幼苗半直立，苗势壮，抗寒性好，抗倒春寒能力偏弱。分蘖力中等，亩成穗一般；春季起身期两极分化快，苗脚利索。株型紧凑，株高83 cm，叶色黄绿，茎秆有蜡质。落黄正常；穗长方形，穗层整齐，颖壳紧，不易落粒。白粒，籽粒饱满，商品性好。亩成穗39万左右，穗粒数31粒左右，千粒重46 g左右。

产量表现： 2003—2004年度河南省高肥冬水Ⅲ组区域，平均亩产560.9 kg，比对照豫麦49增产0.92%，不显著。2004—2005年度河南省高肥冬水Ⅲ组区域试验，平均亩产467.7 kg，比对照豫麦49增产3.75%，不显著。2005—2006年度河南省高肥冬水Ⅱ组生产试验，平均亩产483.0 kg，比对照豫麦49增产6.0%。

栽培技术要点： 10月2—15日播种，高肥力地亩播种量8~9 kg，中低肥力可适当增加播种量，如晚播，以每推迟3 d增加0.5 kg播种量为宜。亩基本苗应在15万。施足底肥，应注意氮、磷、钾科学配比，拔节后结合浇水，追施尿素5~10 kg，早浇灌浆水，中后期搞好小麦“一喷三防”工作。

适宜种植区域： 河南省沙河以北麦区中高肥力地块早中茬种植。

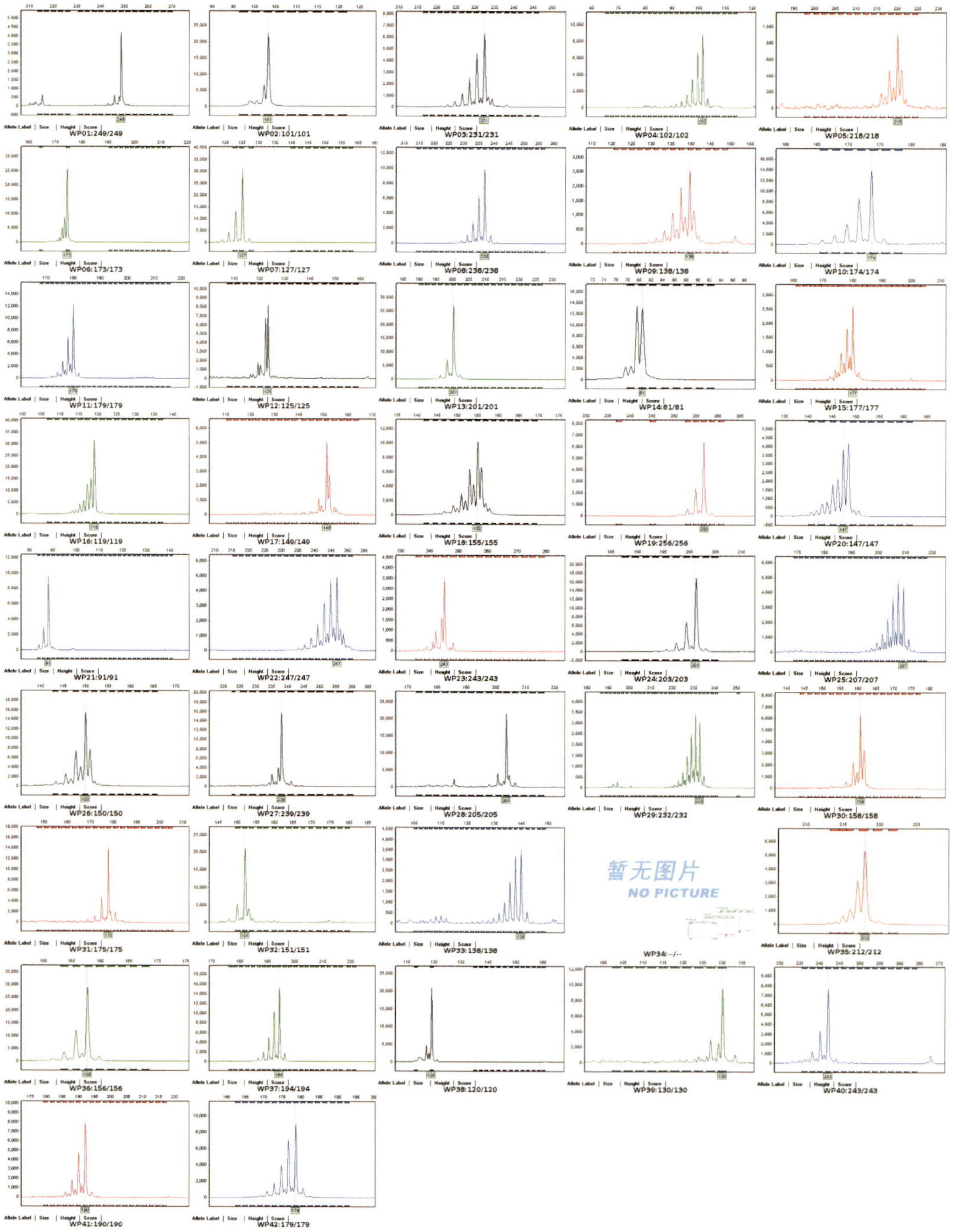

25. 驻麦6号

审定编号：豫审麦2006010

选育单位：驻马店市农业科学研究所

品种来源：〔（矮败/84-141）//85中33〕/汴8539-2

特征特性：半冬性多穗型中熟品种，全生育期218 d，比对照豫麦49晚熟1 d。幼苗匍匐，叶细短，色浅，分蘖力较强，亩成穗数自身调节能力强。株型紧凑，旗叶宽大，株高87 cm，茎秆细，弹性差，抗倒性一般。穗层厚，穗纺锤形，穗粒数较少，成熟落黄好，籽粒角质。亩成穗48万左右，穗粒数35粒左右，千粒重35 g左右。

产量表现：2004—2005年度河南省高肥冬水Ⅲ组区域试验，平均亩产491.4 kg，比对照豫麦49增产9.01%，达极显著水平。2005—2006年度河南省高肥冬水Ⅲ组区域试验，平均亩产489.0 kg，比对照豫麦49增产3.65%，增产不显著。2005—2006年度河南省高肥冬水Ⅱ组生产试验，平均亩产487.6 kg，比对照豫麦49增产5.0%。

栽培技术要点：适播种期在10月8—15日，亩播种量6~7.5 kg，严格控制播种量，以免后期群体过大而倒伏，晚播可适当增加播种量。冬前适量追肥，返青拔节期前适量控水，拔节末期追肥浇水；在孕穗期、开花期、灌浆期分别用乐斯本、粉锈宁防治病虫害；在灌浆期亩施磷酸二氢钾200~250 g、尿素1 000 g，加水50 kg进行叶面喷施。

适宜种植区域：河南省沙河以北麦区中高肥力地块早中茬种植。

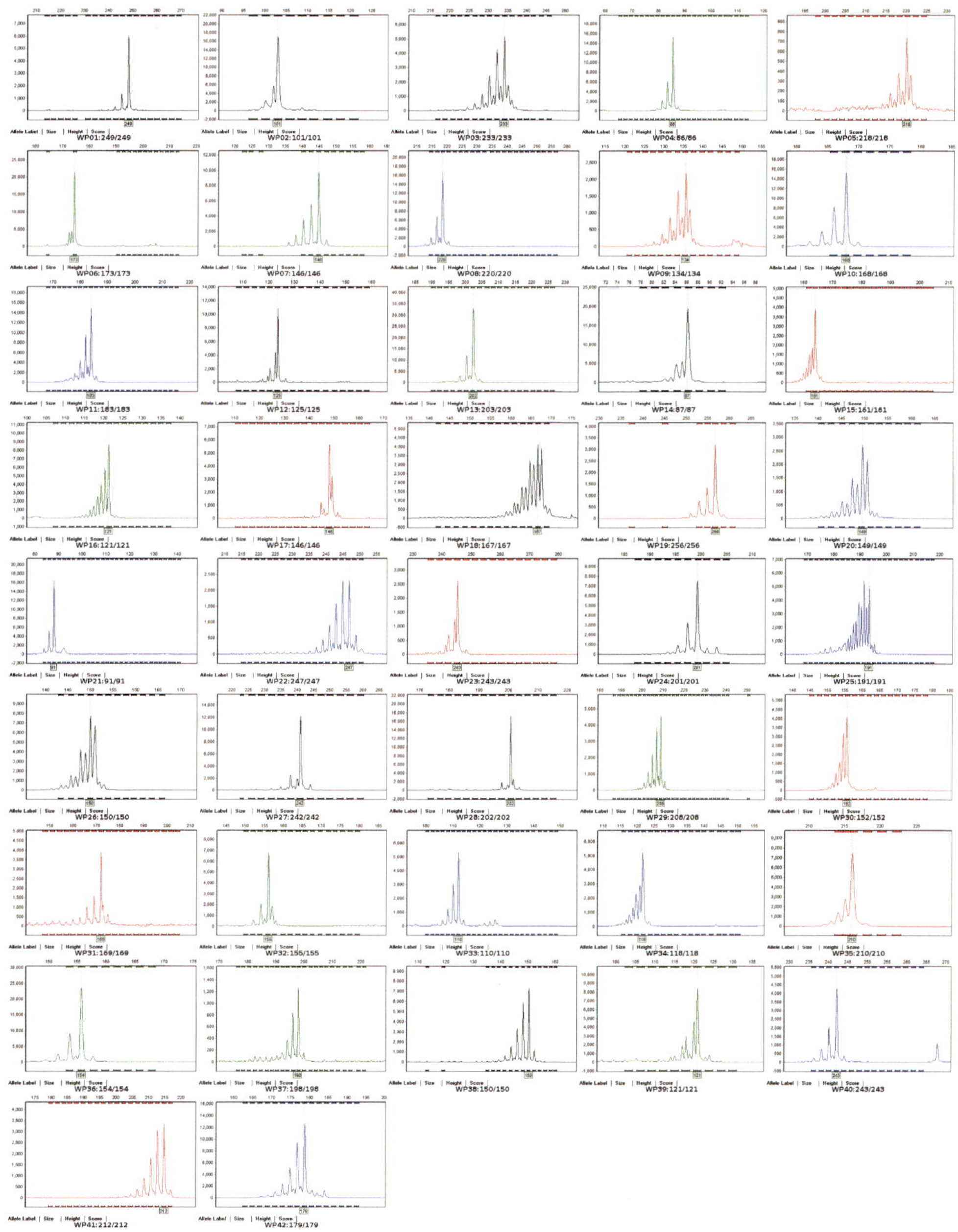

26. 郑丰5号

审定编号：豫审麦2006015

选育单位：河南省农业科学院小麦研究所

品种来源：Ta900274i郑州891

特征特性：弱春性大穗型中早熟品种，全生育期218 d，与对照豫麦18熟期相当。幼苗直立，苗期生长健壮，抗寒性较好。起身拔节快，分蘖适中，分蘖成穗率一般；株型松紧适中，穗下节长，株高85 cm，茎秆弹性弱，抗倒性差。穗层整齐，穗纺锤形，小穗排列稀；后期耐高温，成熟较早，落黄一般。籽粒较长，半角质，黑胚率低，籽粒商品性好。亩成穗40万左右，穗粒数34粒左右，千粒重40 g左右。

产量表现：2003—2004年度河南省高肥春水Ⅰ组区域试验，平均亩产561.2 kg，比对照豫麦18增产2.44%，不显著。2004—2005年度河南省高肥春水Ⅰ组区域试验，平均亩产448.3 kg，比对照豫麦18增产3.82%，不显著。2005—2006年度河南省高肥春水Ⅱ组生产试验，平均亩产459.3 kg，比对照豫麦18增产5.0%。

栽培技术要点：适于中晚茬地块种植，适播种期为10月中下旬。在适播种期内，基本苗以每亩14万~18万为宜，晚播适当增加播种量。施足底肥；施肥原则是以底肥为主，春季及生育后期一般不追肥；拔节期结合田间化学除草适当进行化控，以降低株高；抽穗至灌浆期结合"一喷三防"正常防治病虫害即可，注意防治蚜虫，特别是穗蚜。

适宜种植区域：河南省中南部弱筋麦区中晚茬地块种植。

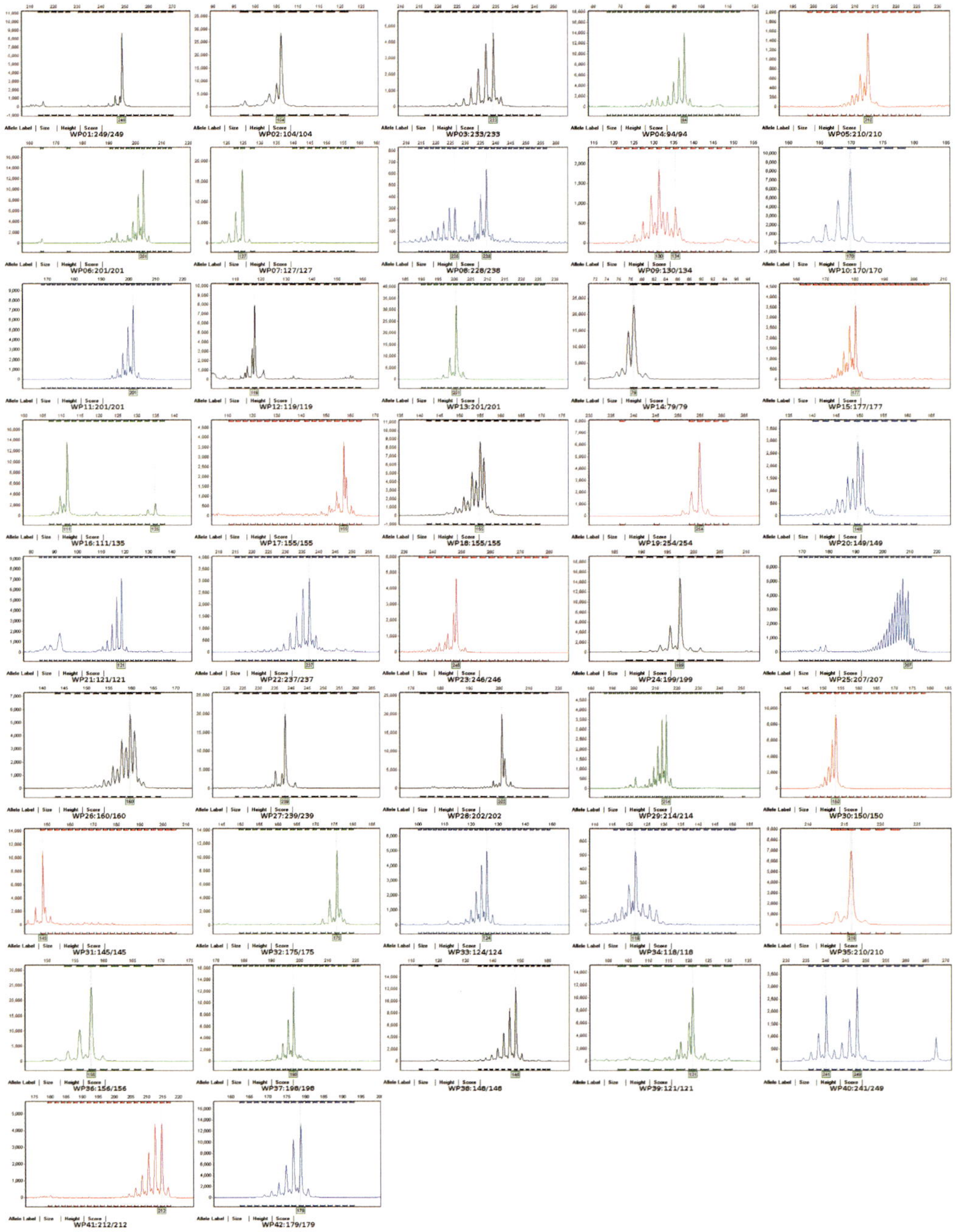

27. 豫展4号

审定编号：豫审麦2006016

选育单位：河南省农作物品种展览中心

品种来源：百农64/周麦13号

特征特性：弱春性大穗型中晚熟品种，全生育期220 d，比对照豫麦18晚熟2 d。幼苗直立，苗色深绿，抗寒性较好。起身拔节快，抽穗期略迟。分蘖力较强，成穗率一般。株型紧凑，叶片上冲，蜡质层厚，株高79 cm，茎秆弹性强，较抗倒。成熟晚，后期耐高温，落黄一般。穗长方形，较大，结实性好。籽粒半角质，较饱满，千粒重高，黑胚率5%左右。亩成穗数36万左右，穗粒数38粒左右，千粒重45 g左右。

产量表现：2002—2003年度河南省超高产春水组区域试验，平均亩产495.0 kg，比对照豫麦18增产0.27%，不显著。2003—2004年度河南省高肥春水Ⅱ组区域试验，平均亩产560.5 kg，比对照豫麦18增产5.98%，达极显著水平。2004—2005年度河南省高肥春水组生产试验，平均亩产460.0 kg，比对照豫麦18增产3.1%。

栽培技术要点：适宜播种期为10月15—25日。高肥力地块亩播种量7~9 kg，中低肥力可适当加大播种量，晚播适当加大播种量，以每推迟1 d增加0.2 kg播种量为宜。施足底肥，一般亩施氮15 kg、磷9 kg、钾7 kg。拔节孕穗期亩追施尿素8 kg，并浇孕穗水（4月初），以争取更多的粒数；灌浆期喷施磷酸二氢钾，同时注意防治病虫害。

适宜种植区域：河南省沙河以北麦区中高肥力地块中晚茬种植。

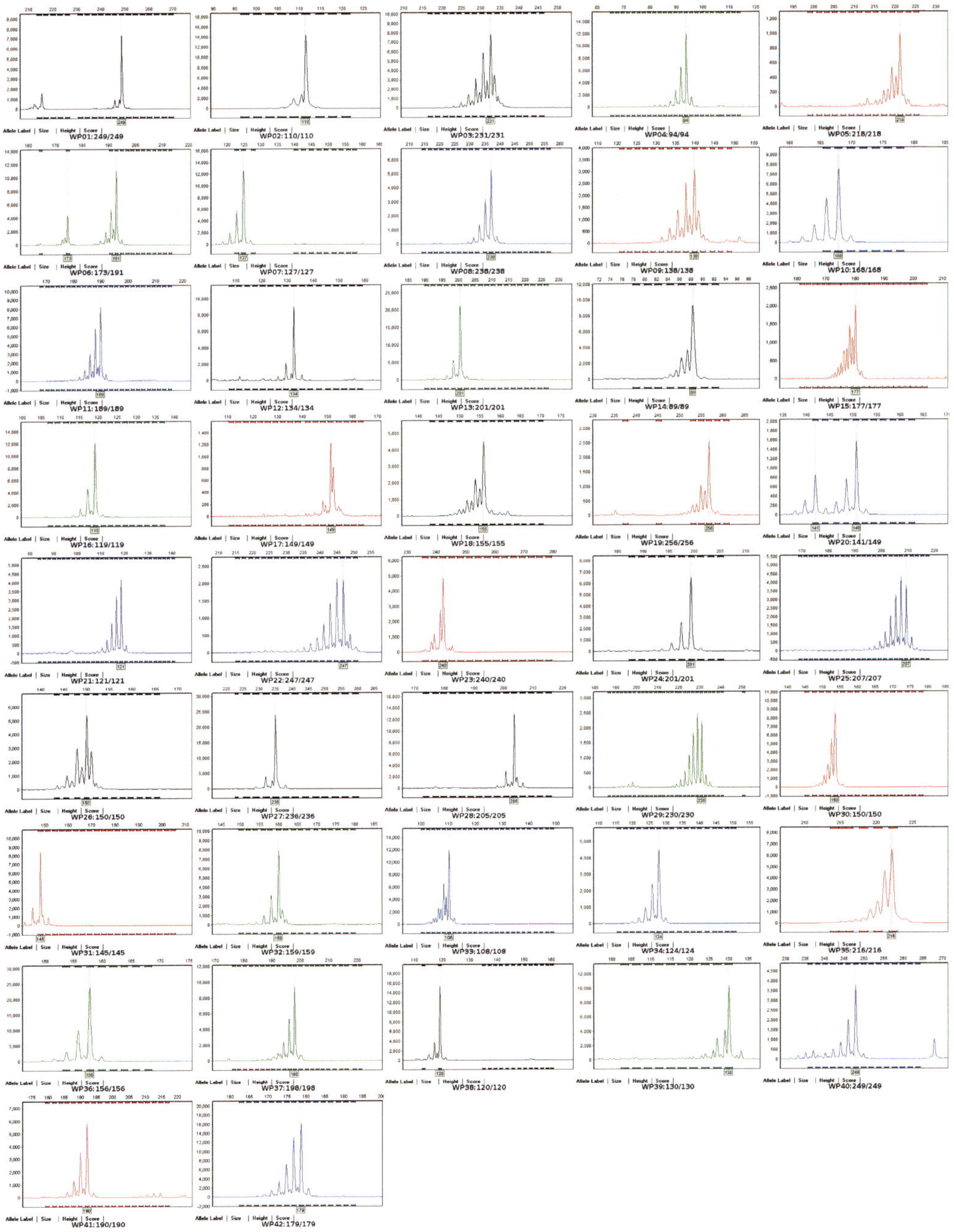

28. 源育3号

审定编号：豫审麦2006017

选育单位：河南省金囤种业有限公司

品种来源：百农64/周麦11

特征特性：弱春性多穗型中早熟品种，全生育期218 d，与对照豫麦18熟期相当。幼苗直立，叶色浓绿，抗寒性差；分蘖力一般，春季拔节抽穗早，成穗率高。株型紧凑，旗叶上举，株高78 cm左右，较抗倒伏。穗层整齐，穗纺锤形，受倒春寒的影响顶部有少量不育小穗。中后期长相清秀，耐后期高温，灌浆充分，成熟落黄好；籽粒卵圆形，半角质，黑胚率低，商品性好。亩成穗数41万左右，穗粒数33粒左右，千粒重43 g左右。

产量表现：2003—2004年参加河南省高春Ⅰ组区试，平均亩产560.4 kg，比对照豫麦18增产2.30%，不显著。2004—2005年继续参加河南省高春Ⅰ组区试，平均亩产451.9 kg，比对照豫麦18增产4.65%，不显著。2005—2006年参加河南省高肥春水Ⅰ组生产试验，平均亩产461.0 kg，比对照豫麦18增产5.4%。

栽培技术要点：南部10月18—28日均可播种，高肥力地块亩播种量7~9 kg，中低肥力可适当增加播种量，如延期播种应适量加大播种量，保证亩基本苗18万左右。重施底肥，注意氮、磷、钾配合使用；春季返青拔节期结合浇水追肥、田间化学除草适当化控，以降低株高；抽穗后及时浇灌浆水和叶面喷施磷酸二氢钾；前期注意防治纹枯病，后期喷施多菌灵、粉锈宁预防赤霉病、白粉病，喷施氧化乐果预防穗蚜。

适宜种植区域：河南省黄河以南麦区中晚茬地块种植。

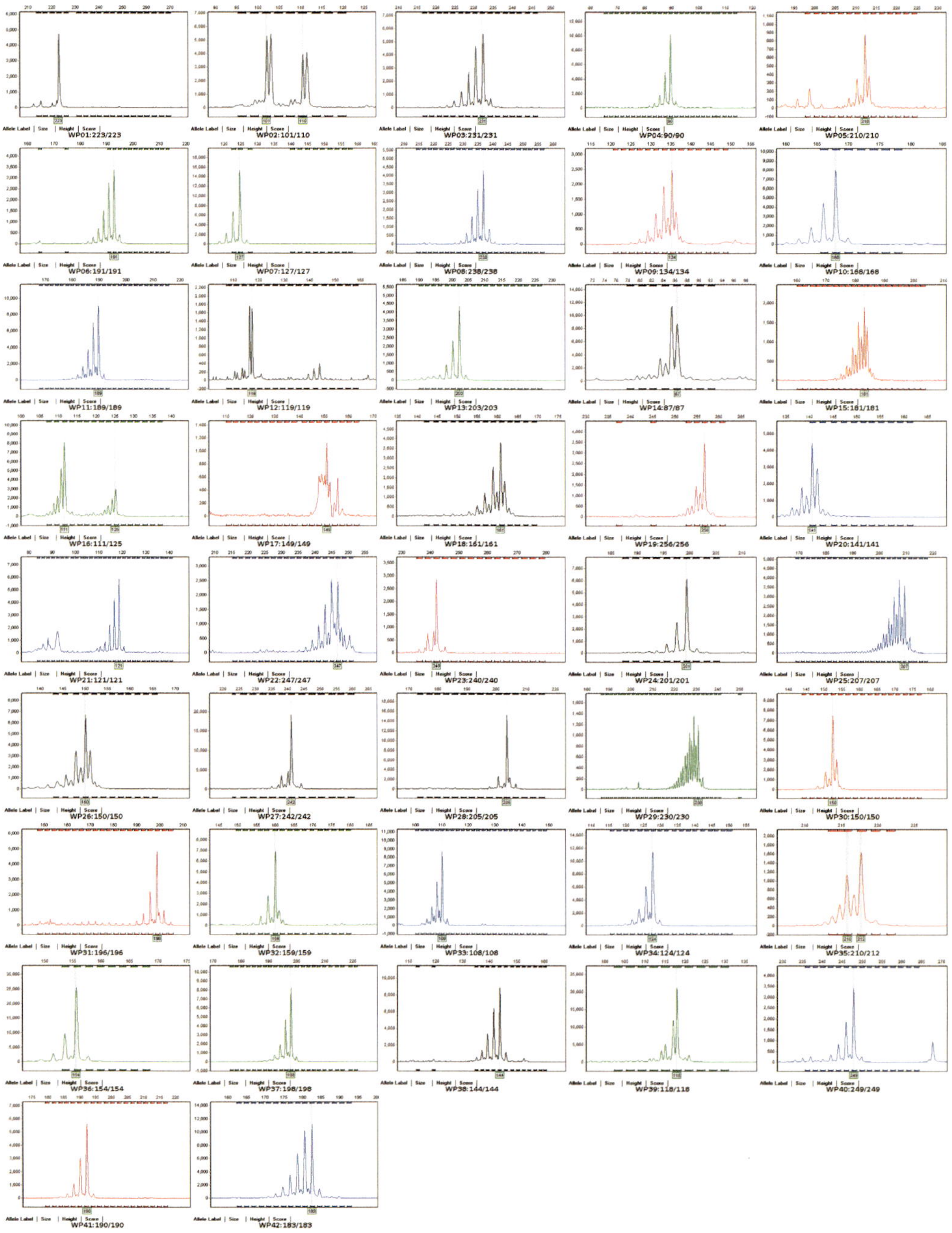

29. 项麦969

审定编号：豫审麦2006018

选育单位：项城市农业科学研究所

品种来源：周麦9号/豫麦18//豫麦18

特征特性：弱春性多穗型中早熟品种，生育期219 d，比对照豫麦18晚熟1 d。幼苗直立，苗期长势壮，叶黄绿色，抗寒性较弱。春季起身拔节快，抽穗较迟。分蘖力中等，成穗率较高，亩成穗数较多。株型紧凑，株高70 cm，叶片上举，长相清秀，抗倒性一般；穗层整齐，穗纺锤形，受倒春寒影响顶部有少量不育小穗。较耐后期高温，成熟落黄好。籽粒偏粉质。产量构成的三要素：亩成穗数43万左右，穗粒数32粒左右，千粒重41 g左右。

产量表现：2004—2005年度河南省高肥春水Ⅱ组区域试验，平均亩产473.7 kg，比对照豫麦18增产7.54%，极显著。2005—2006年度河南省高春Ⅱ组区域试验，平均亩产509.4 kg，比对照豫麦18增产7.96%，极显著，比新对照偃展4110增产0.73%，不显著。2005—2006年度河南省高肥春水Ⅱ组生产试验，平均亩产475.1 kg，比对照豫麦18增产8.1%。

栽培技术要点：最适播种期为10月中下旬，播种量为10 kg/亩，播种期推迟应适当加大播种量。一般底施农家肥3~4 m^3，尿素12~15 kg，磷酸二铵20~25 kg，氯化钾6~10 kg。春季每亩追施5~10 kg尿素，3月底至4月初浇一次孕穗水，5月初浇一次灌浆水。拔节前每亩可用20%三唑酮乳液70~80 mL喷施基部防治纹枯病，4月下旬或扬花期结合防治病虫害，再喷一次三唑酮以防锈病和白粉病。

适宜种植区域：河南省中北部麦区中高肥力地块中晚茬种植。

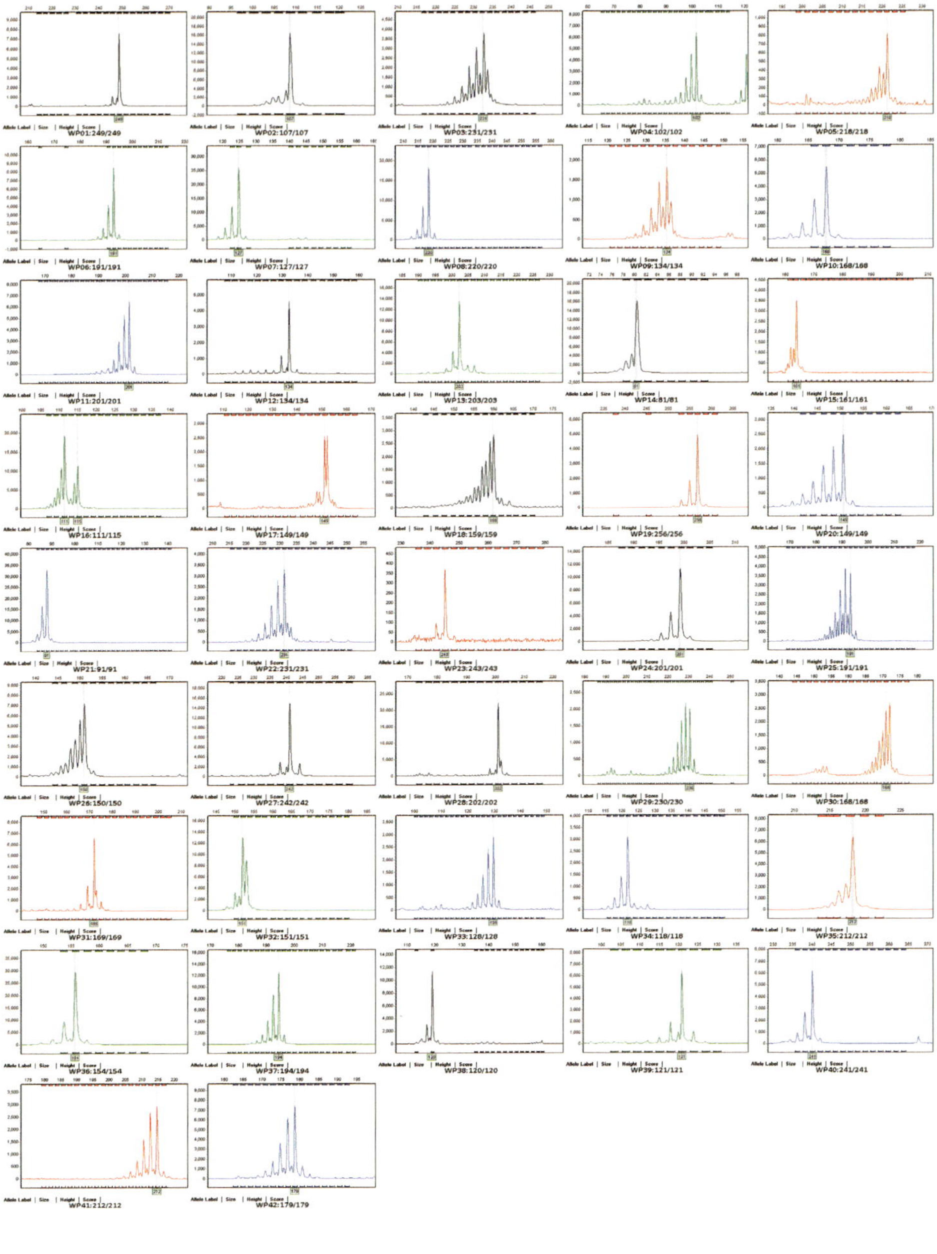

30. 04中36

审定编号：豫审麦2006019

选育单位：中国农业科学院棉花研究所小麦室

品种来源：百农64/周麦11

特征特性：弱春性大穗型中早熟品种，生育期219 d，与对照豫麦18熟期相当。幼苗直立，苗势一般，抗寒性好；春季返青拔节快，分蘖集中，成穗率较高，亩成穗较多。株型紧凑，长相清秀，旗叶较宽上举，株高77 cm，茎秆有弹性，较抗倒伏；穗长方形，穗较大，耐后期高温，落黄好。籽粒半角质，较饱满，粒重较高。亩成穗数38万左右，穗粒数35粒左右，千粒重40 g左右。

产量表现：2004—2005年度河南省高肥春水Ⅰ组区域试验，平均亩产470.6 kg，比对照豫麦18增产8.99%，极显著。2005—2006年度河南省高肥春水Ⅰ组区域试验，平均亩产514.7 kg，比新对照偃展4110增产2.86%，不显著，比对照豫麦34增产7.95%，极显著。2005—2006年度河南省高肥春水Ⅱ组生产试验，平均亩产475.0 kg，比对照豫麦18增产8.1%。

栽培技术要点：最适播种期为10月中下旬，播种量为10 kg/亩，播种期推迟应适当加大播种量，豫北10月10日前后，豫中10月15日左右，豫南10月20日为宜。高水肥地每亩6~7 kg，中水肥地每亩7~8 kg为宜，随播种期推迟，应适当增加播种量。施足底肥，氮、磷、钾肥科学搭配；浇好越冬水、返青水、灌浆水；看苗、看墒灵活追肥，中后期注意防治病虫害。

适宜种植区域：河南省北中高肥力地块中晚茬种植。

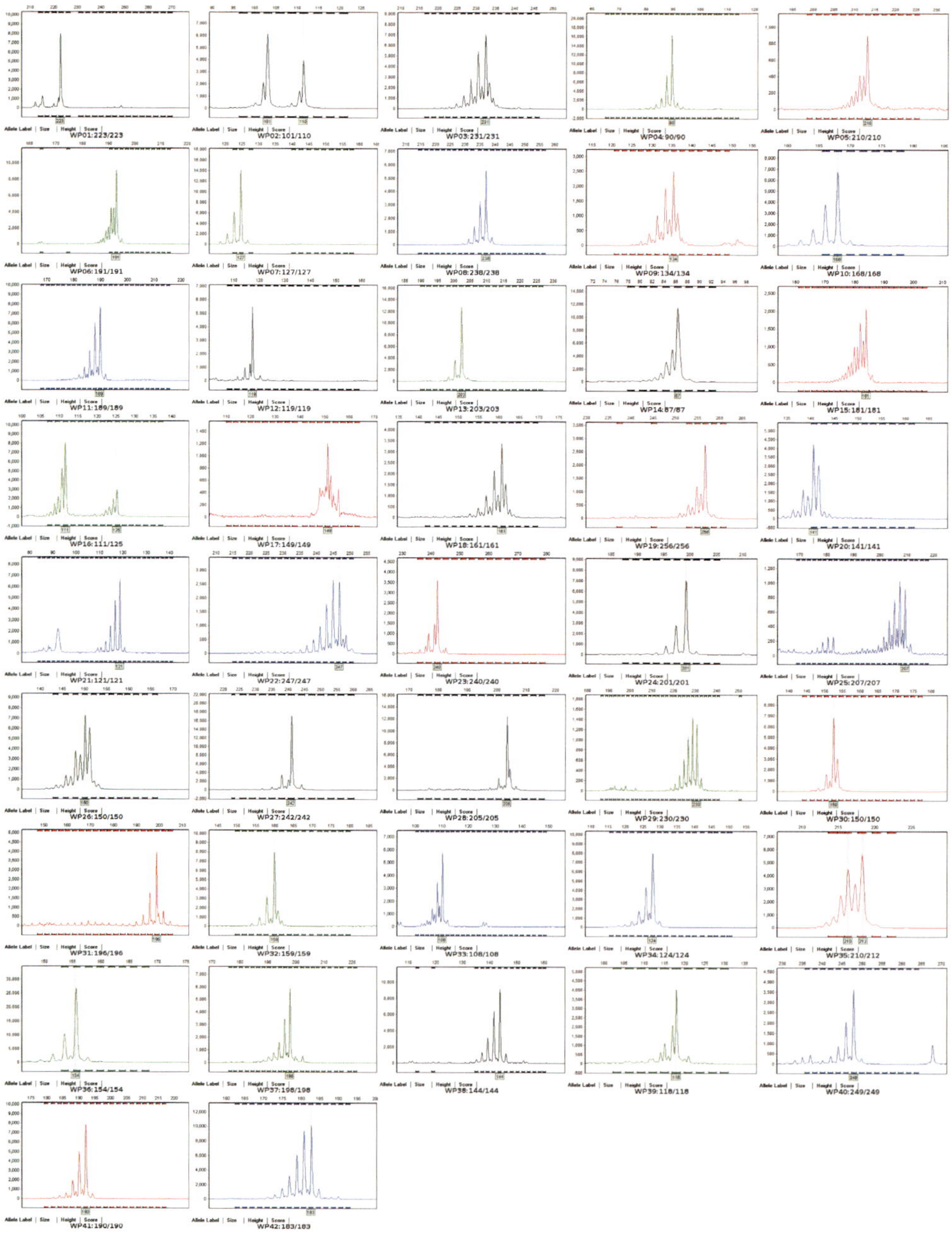

31. 丰抗38

审定编号：豫审麦2006022

选育单位：信阳市农业科学研究所

品种来源：偃展1号/豫麦18

特征特性：弱春性多穗型早熟品种，全生育期197 d，比对照豫麦18早熟2 d。幼苗直立，生长健壮。分蘖力强，成穗率高。株型半紧凑，叶片宽大上举，穗下节长，株高75 cm，茎秆弹性好，抗倒性好。穗纺锤形，中穗，受倒春寒影响顶部有少量不育小穗。成熟期较早，落黄好。籽粒半角质，白粒，饱满度较好，容重高，黑胚率低。亩成穗数39万左右，穗粒数31粒左右，千粒重43 g左右。

产量表现：2003—2004年度河南省南部组区域试验，平均亩产422.7 kg，比对照豫麦18增产1.68%，其中信阳组平均亩产408.4 kg，比对照豫麦18增产2.92%。2004—2005年度信阳组区域试验，平均亩产319.5 kg，比对照豫麦18增产6.96%；南阳组平均亩产365.8 kg，比对照豫麦18减产0.68%。

栽培技术要点：播种期10月12日—11月5日，最佳播种期10月15—25日。高肥力田块亩播种量9~10 kg，中低肥力田块及稻茬可适当增加播种量，一般亩播种量10~13 kg，如延期播种，以每推迟3 d增加0.5 kg播种量为宜。施足底肥，一般亩施氮9~12 kg、磷7~8 kg、钾7~8 kg，尽量多施农家肥，一般每亩2~3 m^3。春节前后视苗情长势酌情追肥，一般亩追尿素6~10 kg。中后期做好病虫害防治，孕穗至扬花前喷施多菌灵等广谱杀菌药防治赤霉病。

适宜种植区域：河南省南部稻茬麦区种植。

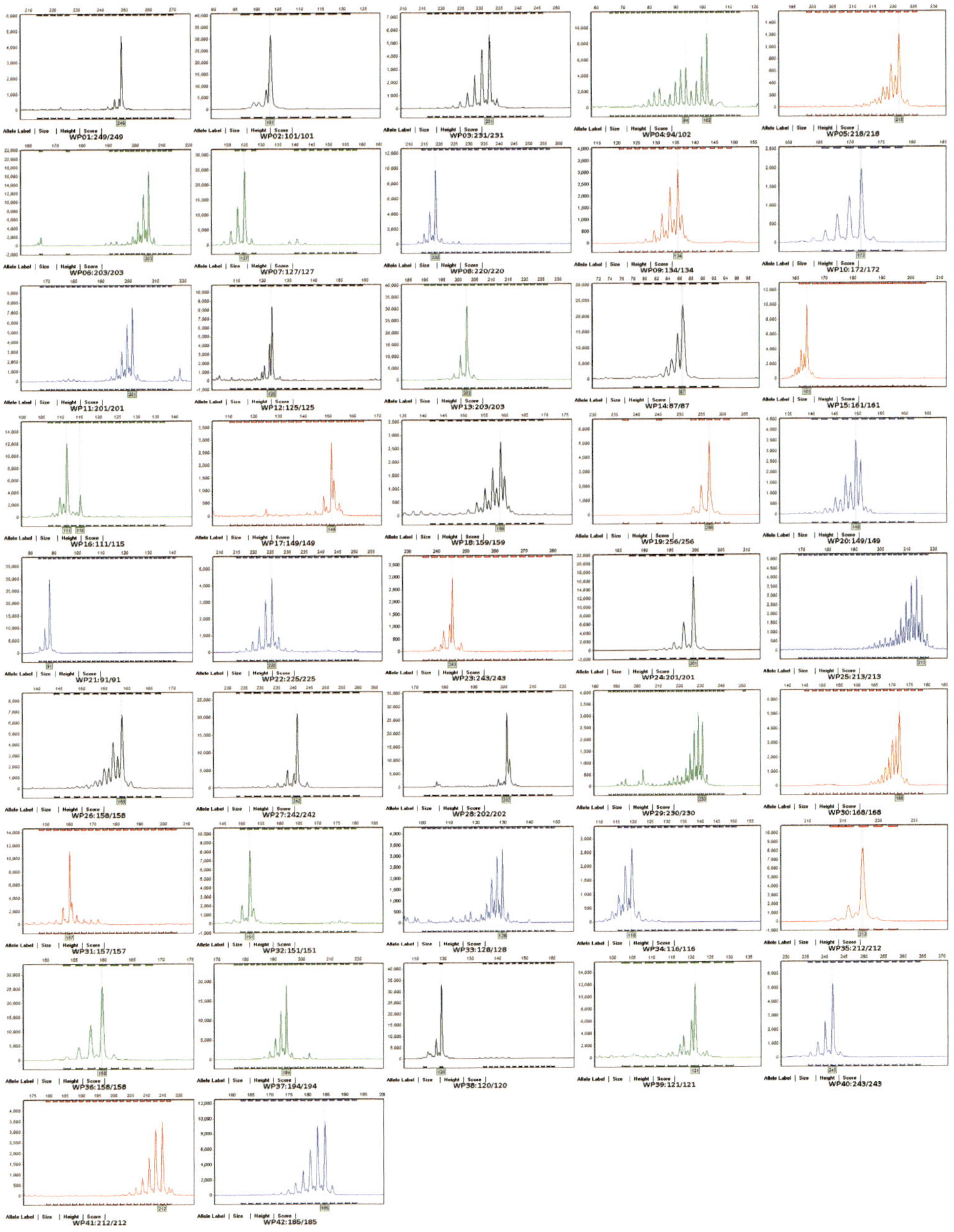

32. 源育2号

审定编号： 豫审麦2006023

选育单位： 河南省金囤种业有限公司

品种来源： 西安83-29/自选系89-2

特征特性： 弱春性中穗型早熟品种，生育期198 d，比对照豫麦18早熟1 d。幼苗半直立，叶色淡绿，春季返青快，拔节早。分蘖力强，亩成穗较多；株型紧凑，株高78 cm左右，旗叶上举，长相清秀，抗倒性较好。穗纺锤形，穗层整齐，穗粒数较多，成熟落黄好。籽粒半角质，白粒，较饱满。亩成穗数37万左右，穗粒数33粒左右，千粒重36 g左右。

产量表现： 2002—2003年度河南省南部组区域试验，南阳平均亩产375.3 kg，比对照豫麦18增产0.1%；信阳平均亩产255.3 kg，比对照减产8.7%。2003—2004年度河南省南部组区域试验，南阳平均亩产454.9 kg，比对照豫麦18增产1%；信阳比对照增产2.6%，居9个参试品种第4位。

栽培技术要点： 10月10—25日均可播种；高肥力地块亩播种量6~9 kg，中低肥力可适当增加播种量，如延期播种应适量加大播种量，保证基本苗13万左右。重施底肥，注意氮、磷、钾肥配合；春季返青拔节期结合浇水追肥、田间化学除草适当进行化控；抽穗后及时浇灌浆水和叶面喷施磷酸二氢钾，以促进灌浆、提高粒重；拔节期注意防治纹枯病，后期可喷施多菌灵、粉锈宁预防赤霉病、白粉病，喷施氧化乐果预防穗蚜。

适宜种植区域： 河南省南部稻茬麦区种植。

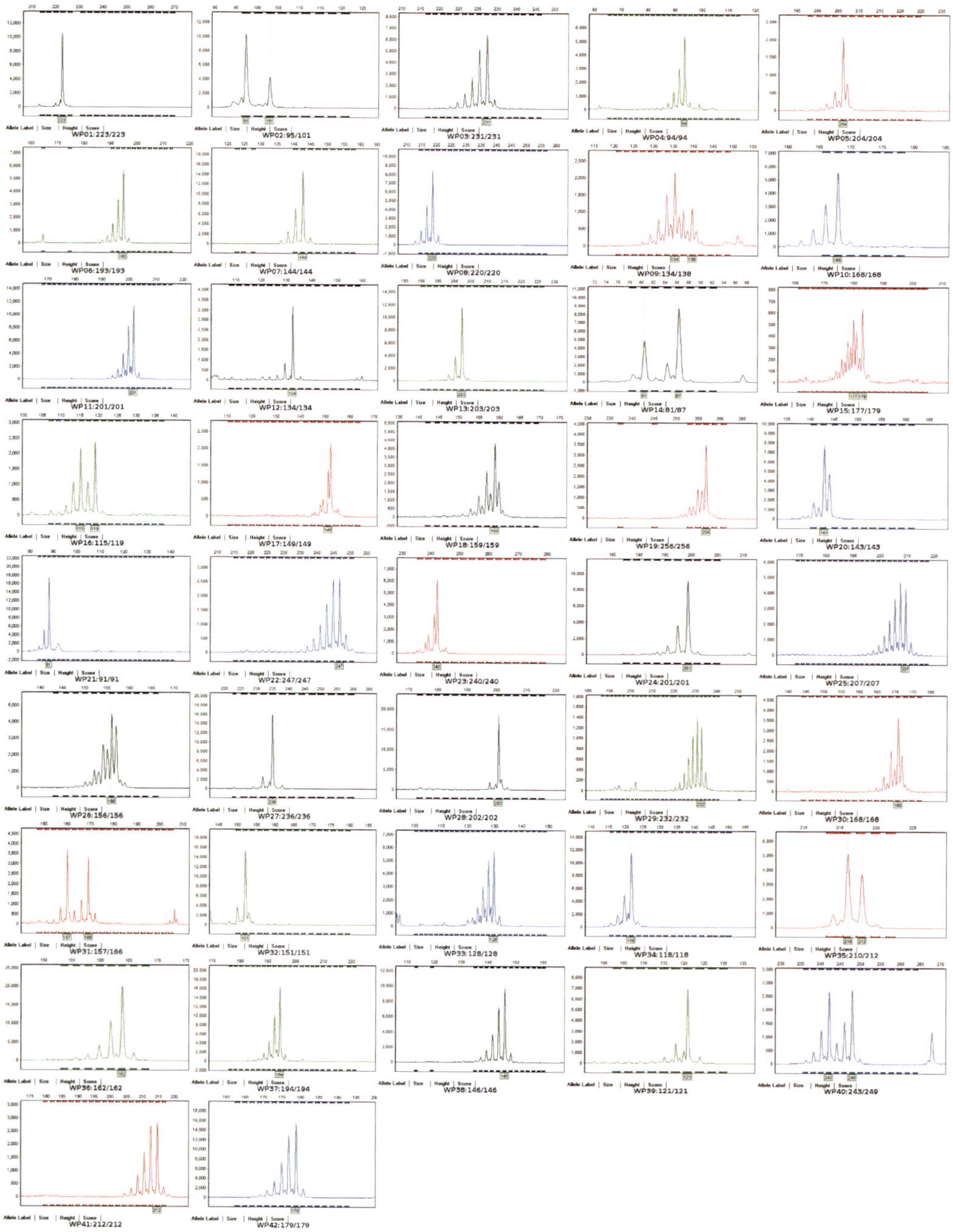

33. 豫农202

审定编号：豫审麦2007002

选育单位：河南农业大学

品种来源：豫农21/豫农127

特征特性：半冬性中早熟品系，全生育期227 d，比对照豫麦49早熟2 d。幼苗直立，苗脚利落，抗寒性好，分蘖力较强，成穗率高。植株77 cm，茎秆弹性好，抗倒。株型紧凑，叶片上冲，穗长方形、穗层整齐，穗粒数较多，受倒春寒影响，穗上部虚尖，有缺位。籽粒半角质、均匀、饱满，容重高，成熟落黄好。亩穗数35.1万，穗粒数41.0粒，千粒重42.7 g。容重810 g/L，粗蛋白质含量14.56%，湿面筋含量31.8%，降落值432 s，吸水率62.1%，形成时间2.7 min，稳定时间1.4 min，沉淀值46.8 mL。对白粉病、条锈病、叶枯病中抗，对叶锈病、纹枯病中感。

产量表现：2004—2005年度参加河南省小麦品种冬水Ⅱ组区域试验，平均亩产481.2 kg，比对照豫麦49增产3.6%。2005—2006年度参加河南省小麦品种冬水Ⅱ组区域试验，平均亩产513.5 kg，比对照豫麦49号增产5.3%。2006—2007年度参加河南省小麦品种冬水Ⅰ组生产试验，平均亩产538.2 kg，比对照豫麦49增产6.6%。

栽培技术要点：适宜播种期为10月8—20日，适宜播种量为每亩6~8 kg，行距以20 cm左右为宜。播种前要根据土壤肥力状况进行氮、磷、钾配方施肥，浇好底墒水，精细整地，确保播种质量。冬前适宜群体60万左右，最高适宜群体70万~80万，根据群体情况进行水肥调控。注意防治蚜虫和赤霉病以及纹枯病（高发年份以及群体过大时）。

适宜种植区域：河南省旱中茬中高肥力地（南部稻茬麦区除外）种植。

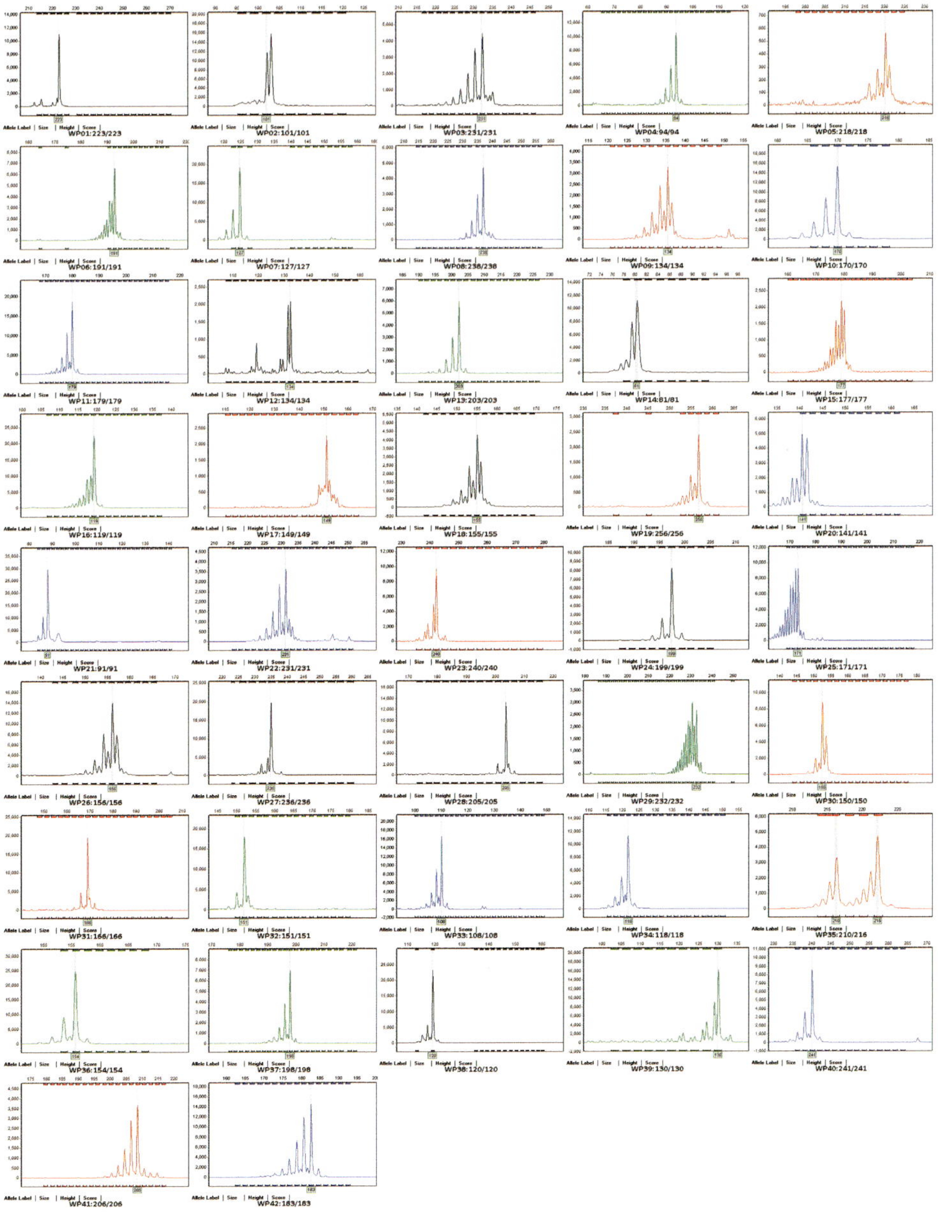

34. 百农160

审定编号：豫审麦2007004

选育单位：河南科技学院

品种来源：多抗893/温麦6号//百农64/温麦6号

特征特性：半冬性多穗型中晚熟品系，全生育期230 d，比对照豫麦49晚熟1 d。幼苗半匍匐，苗势壮，抗冬寒性较强，抗倒春寒性一般。起身拔节迟，抽穗略迟，分蘖力一般，成穗率高。植株72 cm，抗倒性好。株型紧凑，旗叶上举，穗层整齐，穗下节短，穗小码密，灌浆速度快，耐后期高温能力较弱，落黄一般。穗纺锤形，长芒、白壳、白粒，籽粒角质，饱满度好，容重高。亩穗数38.5万，穗粒数34.6粒，千粒重42.3 g。容重775 g/L，粗蛋白质含量15.33%，湿面筋含量32%，降落值412 s，吸水率55.2%，形成时间3.2 min，稳定时间3.3 min，沉淀值60.5 mL。对条锈病高抗，对白粉病、叶枯病和纹枯病中抗，对叶锈病中感。

产量表现：2004—2005年度参加河南省小麦品种高密度组区域试验，平均亩产519.1 kg，比对照豫麦49增产9.3%，达显著水平。2005—2006年度参加河南省小麦品种冬水Ⅳ组区域试验，平均亩产480.3 kg，比对照豫麦49号增产2.4%，不显著。2006—2007年度参加河南省小麦品种冬水Ⅱ组生产试验，平均亩产520.2 kg，比对照豫麦49增产5.4%。

栽培技术要点：播种期以适期偏早为好，黄河以北地区10月5日—15日播种，黄河以南地区10月10—20日播种，高肥地块亩播种量8~9 kg，中肥地块9~10 kg，窄行种植更能增产。精细整地，亩施磷酸二铵25 kg，尿素30 kg，氯化钾15 kg。抽穗前后防治蚜虫，灌浆期遇连续阴雨应注意防治赤霉病。

适宜种植区域：河南省早中茬中高肥力地（南部稻茬麦区除外）种植。

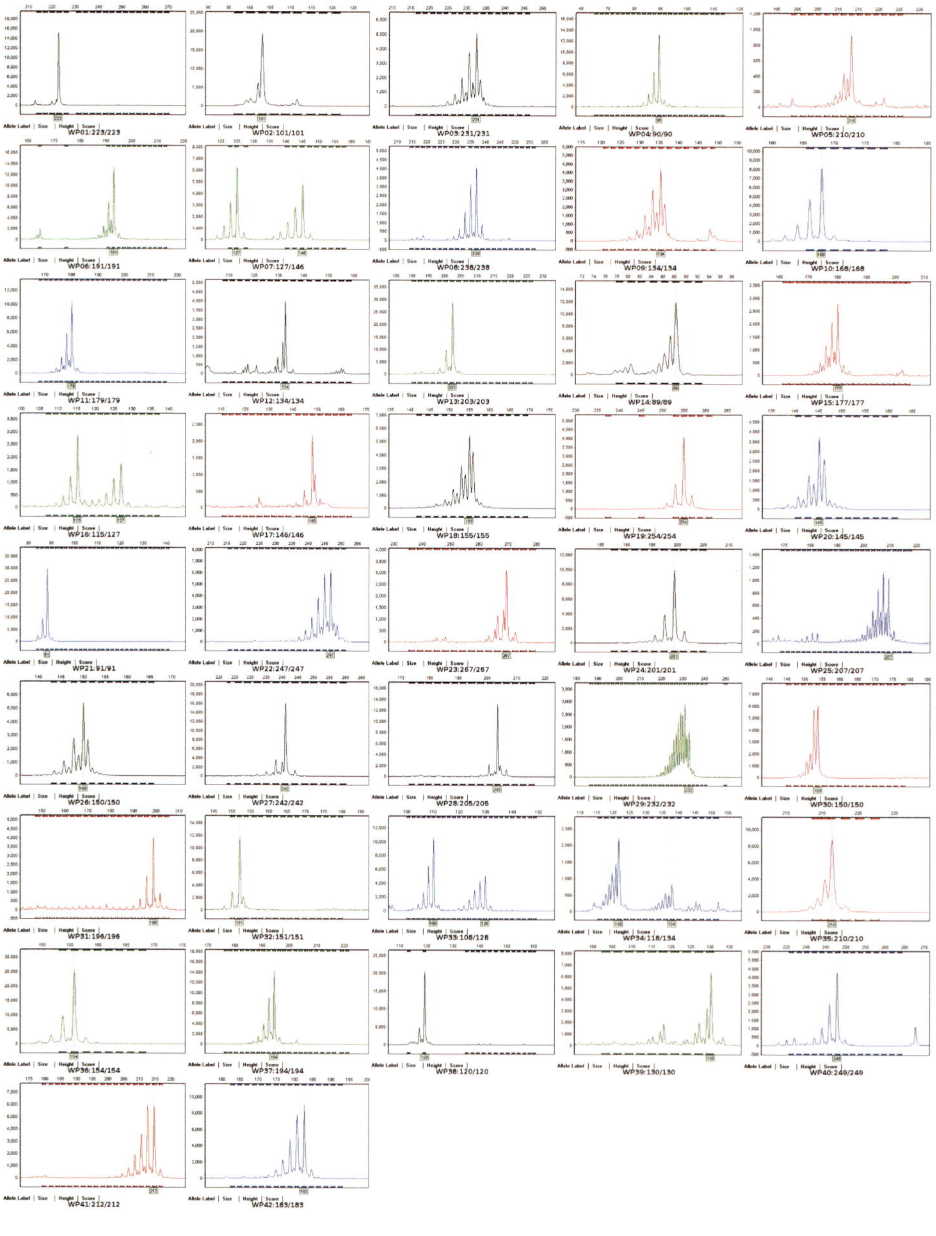

35. 中育10号

审定编号：豫审麦2007005

选育单位：中国农科院棉花研究所

品种来源：豫麦41/宝丰94-24//豫麦49

特征特性：半冬性中早熟品系，全生育期228 d，较对照豫麦49早熟1 d。幼苗半匍匐，苗势壮，色浓绿，抗寒性一般。起身拔节快，两极分化较快，抽穗略迟，分蘖能力强，亩成穗适中。株高80 cm，茎秆弹性弱，抗倒性一般。株型半紧凑，旗叶宽长上举，有轻微干尖，穗下节长，穗层整齐，成熟落黄好。穗纺锤形，穗较大，长芒、白壳、白粒，籽粒较小，半角质，饱满度好。亩穗数38.6万，穗粒数35.4粒，千粒重37.6 g。容重780 g/L，粗蛋白质含量15.07%，湿面筋含量33.7%，降落值452 s，吸水率62.4%，形成时间4 min，稳定时间3.4 min，沉淀值54 mL。对条锈病、叶锈病中抗，对白粉病、叶枯病和纹枯病中感。

产量表现：2004—2005年度参加河南省小麦品种冬水Ⅲ组区域试验，平均亩产480.0 kg，比对照豫麦49增产6.5%，达显著水平。2005—2006年度参加河南省小麦品种冬水Ⅲ组区域试验，平均亩产472.5 kg，比对照豫麦49号增产0.2%，不显著。2006—2007年度参加河南省小麦品种冬水Ⅱ组生产试验，平均亩产511.7 kg，比对照豫麦49增产3.7%。

栽培技术要点：10月5—20日均可播种，最佳播种期10月15日左右。高肥力地块亩播种量6~9 kg，中低肥力可适当增加播种量。延期播种时以每推迟3 d增加0.5 kg播种量为宜。施足底肥，一般亩施肥量：氮12 kg、磷7.5 kg、钾7.5 kg。拔节后，每亩追施尿素6 kg。拔节期结合田间化学除草适当进行化控，以降低株高，同时进行纹枯病的防治，多雨年份注意防治白粉病，灌浆期喷施磷酸二氢钾，后期注意结合天气情况及时防治叶锈病。

适宜种植区域：河南省早中茬中高肥力地（南部稻茬麦区除外）种植。

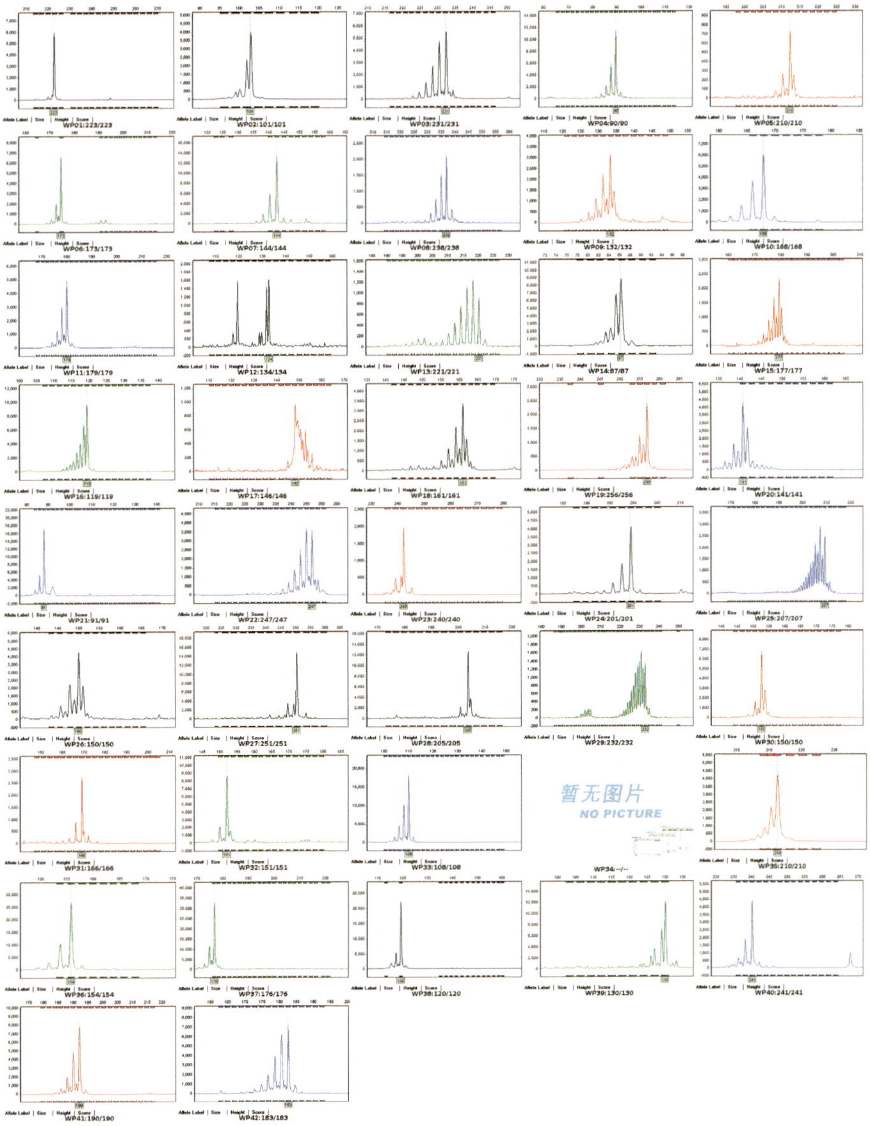

36. 漯麦4-168

审定编号：豫审麦2007006

选育单位：漯河市农科院

品种来源：漯麦4号系统选育

特征特性：属半冬性大穗型中熟品系，生育期225 d，与对照漯麦4号熟期相同。幼苗半直立，叶色深绿，抗寒性较好，春季起身快，分蘖力强，亩成穗较多。株高82 cm，茎秆粗壮，较抗倒伏。植株半紧凑，长相清秀，成熟落黄好。穗长方形，大穗、长芒、白粒，粉质，小穗排列密，千粒重高。亩穗数41.72万，穗粒数36.22粒，千粒重43.34 g。容重786 g/L，粗蛋白质含量14.89%，湿面筋含量28.6%，降落值346 s，吸水率52.6%，形成时间5.6 min，稳定时间8.6 min。对条锈病、叶枯病和纹枯病中抗，对叶锈病、白粉病中感。

产量表现：2006—2007年度参加河南省小麦品种性状改良鉴定试验，平均亩产553.4 kg，比第一对照漯麦4号增产5.6%，比第二对照豫麦49增产8.4%。与对照漯麦4号相比：该品种继承了漯麦4号综合抗性优、产量高的特点，主要特征与漯麦4号基本一致，但株型略紧，产量比漯麦4号提高5.6%，容重提高16.6 g/L，黑胚率下降5.08%。

栽培技术要点：10月3—25日均可播种，最佳播种期10月8—15日。高肥力地块亩播种量5~6.5 kg，中等肥力可适当增加播种量，延期播种时，以每推迟3 d增加0.5 kg播种量为宜。精细整地、施足底肥，一般亩施肥量：氮12 kg，磷7.5 kg，钾7.5 kg。前氮后移，重施拔节肥，拔节后，每亩追施尿素6 kg。及时防治病虫害，拔节期间结合田间化学除草，适当进行化控和纹枯病的防治，后期注意天气情况及时防治白粉病和叶锈病。灌浆期喷施磷酸二氢钾或叶面肥，以增加粒重，夺取高产。

适宜种植区域：河南省旱中茬中高肥力地（南部稻茬麦区除外）种植。

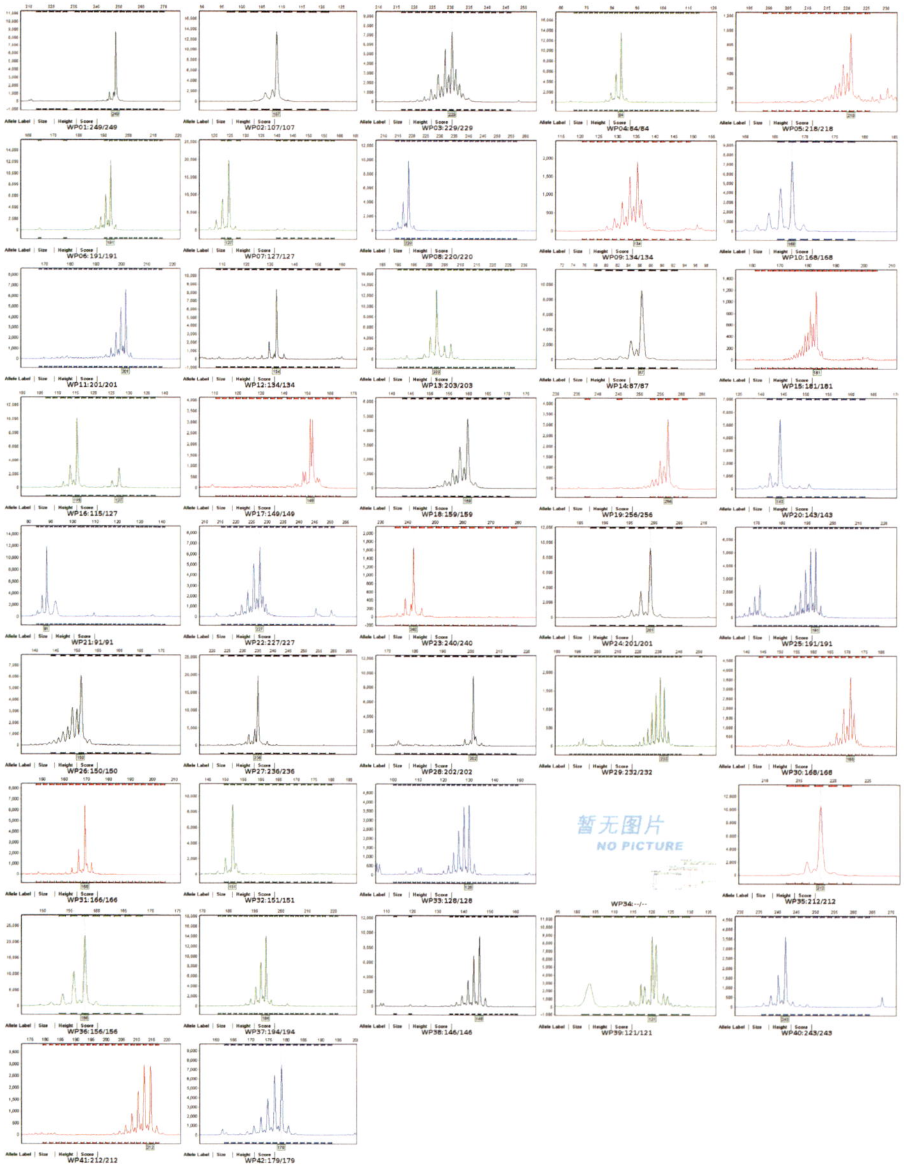

37. 偃育898

审定编号：豫审麦2007007

选育单位：偃师市小麦育种研究所

品种来源：贵农25-8/豫麦18

特征特性：弱春性大穗型早熟品系，全生育期202 d，比对照豫麦18早熟2 d。幼苗直立，生长健壮，色浅、叶长、宽、披，春季起身拔节快，两极分化较早，抽穗早，成穗少。株高87 cm，株型松散，抗倒性一般。穗下节长，成熟落黄好。穗长方形，大穗、大粒、白粒、半角质，饱满度较好，容重高。亩穗数28.96万，穗粒数55.23粒，千粒重43.8 g。容重786 g/L，粗蛋白质含量13.48%，湿面筋含量29.3%，降落值293 s，吸水率55.2%，形成时间2.2 min，稳定时间1.8 min，沉淀值50 mL。对白粉病、条锈病、叶锈病中抗，对叶枯病、纹枯病中感。

产量表现：2004—2005年度参加河南省小麦品种高密组区域试验，平均亩产491.9 kg，比对照豫麦49增产3.6%，不显著。2005—2006年度参加河南省小麦品种南阳、信阳组区域试验，平均亩产384.5 kg，比对照豫麦18号增产3.4%，不显著。2006—2007年度参加河南省小麦品种南部组生产试验，平均亩产478.5 kg，比对照豫麦18增产8.0%。

栽培技术要点：10月15—25日均可播种。高肥力地块亩播种量8~9 kg，中低肥力地块可适当增加播种量，如延期播种，以每推迟3 d增加0.5 kg播种量为宜（高肥地要控制播种量预防倒伏）。按照稳氮、增磷、补钾及补微的原则，重点是增施粗肥和磷钾及微肥。施肥量按纯含量计算，可每亩施氮10~11 kg、磷6~7 kg、钾7~8 kg。采取分层施肥，即2/3作底肥施用，1/3用于撒施，利于控制群体，注重肥水调控，防止倒伏。搞好播前药剂拌种和中后期“一喷三防”，重点防治地下害虫、蚜虫、红蜘蛛，防治纹枯病、赤霉病及叶枯病等。

适宜种植区域：河南省南部稻麦两熟区种植。

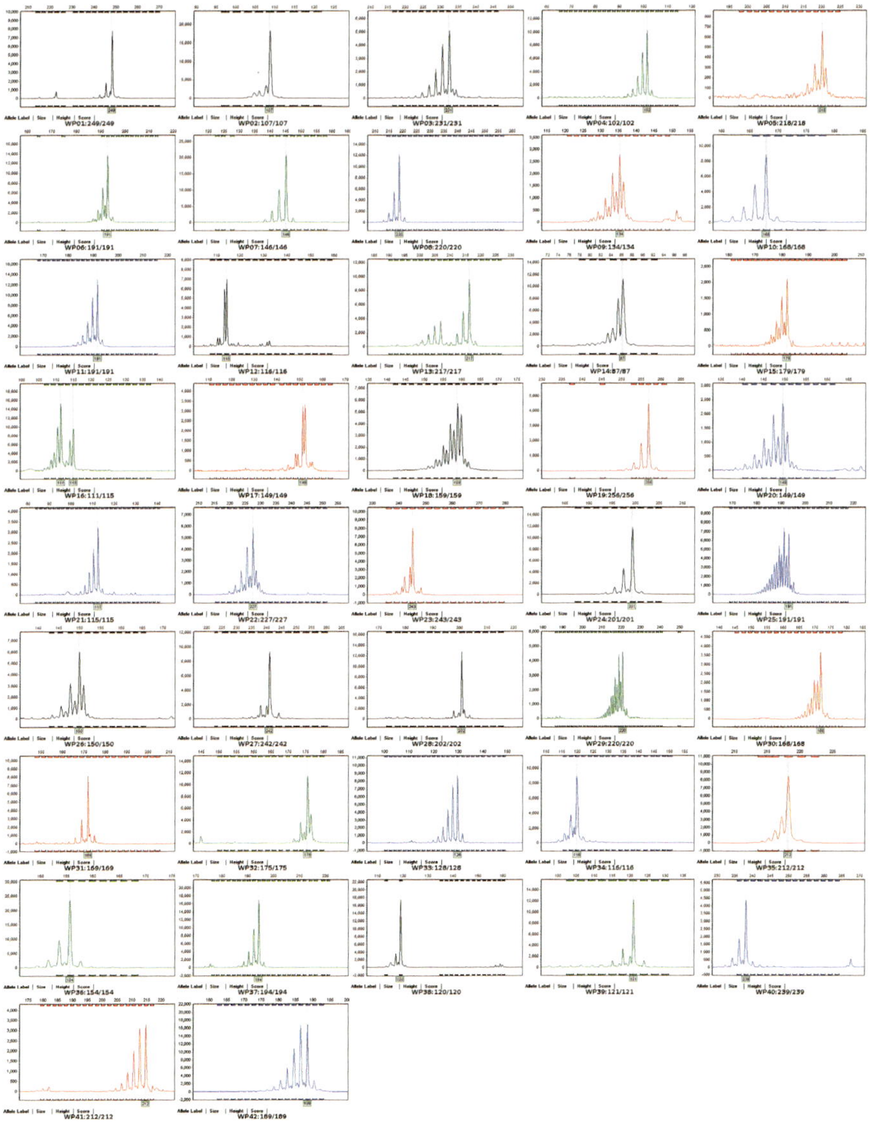

38. 邓麦996

审定编号：豫审麦2007008

选育单位：河南先天下种业有限公司

品种来源：周麦11号变异株系选

特征特性：弱春早熟品系，生育期204 d，与对照豫麦18熟期相同。幼苗半直立，抗寒性好，分蘖力中等，成穗率一般。株高84 cm，茎秆弹性好，较抗倒伏。株型紧凑，旗叶上举，长相清秀，穗层整齐，成熟落黄好。穗纺锤形，长芒、白粒，半角质，较饱满，容重高，黑胚率高。亩穗数39.76万，穗粒数38.8粒，千粒重39.4 g。容重809 g/L，粗蛋白质含量14.9%，湿面筋含量33.2%，降落值374 s，吸水率61.5%，形成时间3.5 min，稳定时间3.4 min，沉淀值42.5 mL。对叶枯病、条锈病、叶锈病中抗，对白粉病、纹枯病中感。

产量表现：2004—2005年度参加河南省小麦品种信阳组区域试验，平均亩产306.4 kg，比对照豫麦18增产2.6%，不显著。南阳组平均亩产359.9 kg，比对照减产2.3%，不显著。2005—2006年度参加河南省小麦品种南阳、信阳组区域试验，平均亩产381.6 kg，比对照豫麦18增产2.6%，不显著。2006—2007年度参加河南省小麦品种南部组生产试验，平均亩产476.4 kg，比对照豫麦18增产7.5%。

栽培技术要点：适宜播种期为10月15—28日。高肥力地块亩适宜播种量为8~9 kg，中低肥力地块适当加大播种量，如延期播种，每推迟3 d亩播种量增加0.5 kg。施足底肥，一般亩施农家肥3~4 m^3，碳酸氢铵65 kg，磷酸钙65 kg，硫酸钾15 kg，硫酸锌、硼酸各1 kg。拔节前亩追尿素5~8 kg。返青期前及时进行化除。注意防治病虫草害。抽穗至灌浆期及时喷洒磷酸二氢钾，促进粒大、粒饱。

适宜种植区域：河南省南部稻麦两熟区种植。

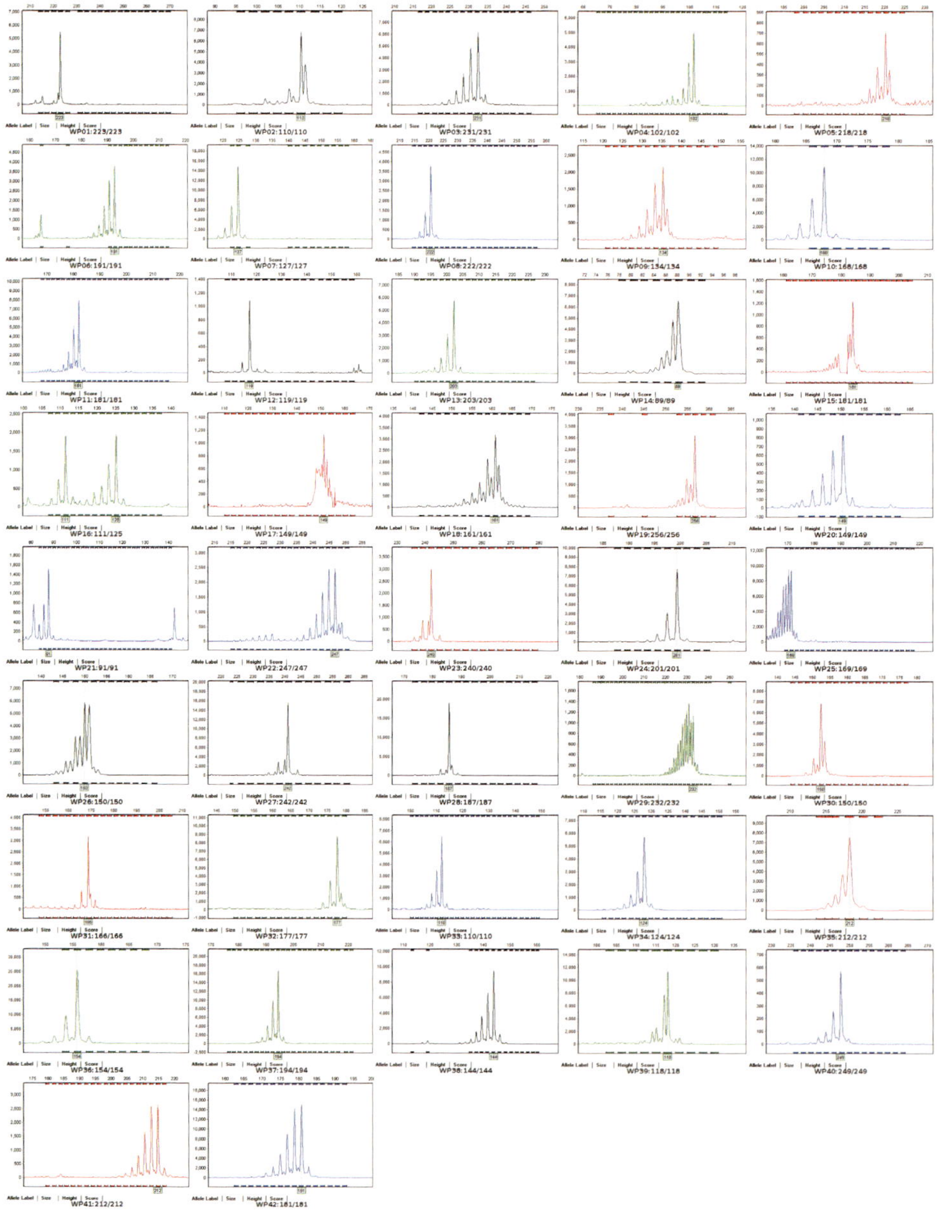

39. 内农科201

审定编号：豫审麦2007009

选育单位：内乡县农科所

品种来源：（8941/94C20）F_1/豫麦49

特征特性：半冬性中晚熟品系，生育期206 d。幼苗匍匐，抗寒性强，叶细短，分蘖力强，亩成穗多。植高77 cm，株型略散，抗倒性好。旗叶上举有干尖，穗层整齐，成熟落黄好。穗长方形，中穗、长芒、白粒，半角质、籽粒饱满。亩穗数41.26万，穗粒数35.5粒，千粒重37.2 g。容重780 g/L，粗蛋白质含量14.47%，湿面筋含量30.5%，降落值363 s，吸水率52.5%，形成时间4.3 min，稳定时间6.4 min，沉淀值50.8 mL。对叶锈病、条锈病高抗，对叶枯病中抗，对白粉病、纹枯病中感。

产量表现：2004—2005年度参加河南省小麦品种南阳组区域试验，平均亩产393.6 kg，比对照豫麦18号增产6.9%，不显著。2005—2006年度参加河南省小麦品种南阳组区域试验，平均亩产393.1 kg，比对照豫麦18增产3.2%，不显著。2006—2007年度参加河南省小麦品种南部组生产试验，平均亩产459.6 kg，比对照豫麦18增产3.7%，其中南阳平均亩产464.8 kg，比对照豫麦18增产6.1%。

栽培技术要点：10月10—25日均可播种，最佳播种10月15日左右。高中肥水地块亩播种量6~8 kg，岗坡旱薄地可适当增加播种量，可晚播至11月中旬，但播种量需适当加大，亩基本苗在12万左右为宜。精细整地，施足底肥，一般亩施肥量：氮12 kg、磷8 kg、钾6 kg，增施有机肥。播前种子翻晒，足墒下种，注意视墒补浇越冬水，孕穗灌浆水，拔节期要根据苗情适当追肥，后期及时做好“一喷三防”，确保丰产丰收。

适宜种植区域：河南省南阳盆地、驻马店南部稻麦两熟区推广种植。

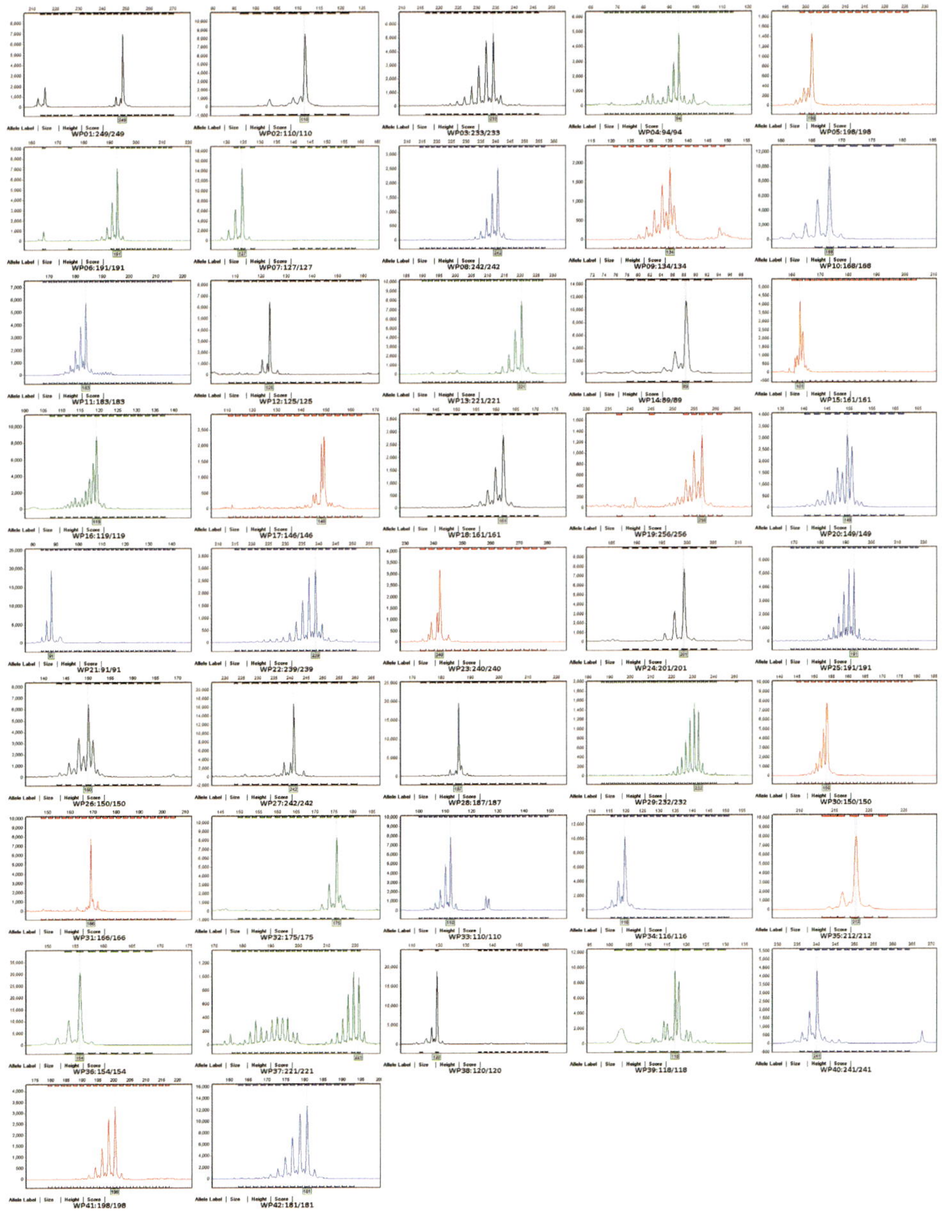

40. 漯优7号

审定编号：豫审麦2007011

选育单位：漯河市农科院

品种来源：豫同843/周麦9号//豫麦2号/千斤早

特征特性：半冬性大穗型中熟品系，生育期228 d。幼苗半直立，苗势壮，苗脚利落，抗寒性一般，返青起身快，分蘖力强，成穗数中等。株高83 cm，株型较紧凑，茎秆粗壮，抗倒性好。旗叶短上举，穗层整齐，成熟落黄好。穗长方形，长芒、白粒，半角质，商品性好。亩穗数37.6万，穗粒数39.2粒，千粒重38.8 g。容重796 g/L，粗蛋白质含量14.31%，湿面筋含量29.2%，降落值358 s，吸水率56%，形成时间2.2 min，稳定时间1.6 min，弱化度142，沉淀值65.2 mL。对条锈病高抗，对叶锈病、叶枯病中抗，对白粉病高感，对纹枯病中感。

产量表现：2003—2004年度河南省小麦品种旱地组区域试验，平均亩产380.7 kg，比对照品种豫麦2号增产5.7%，达显著水平。2004—2005年度河南省小麦品种旱地区域试验，平均亩产350.6 kg，比对照品种洛旱2号增产5.8%，不显著。2005—2006年度河南省小麦品种旱地区域试验，平均亩产360.1 kg，比对照品种洛旱2号增产7.5%，达显著水平。2006—2007年度参加河南省小麦品种旱地组生产试验，平均亩产380.2 kg，比对照洛旱2号增产6.5%。

栽培技术要点：播种期为10月15—25日，最佳播种期为10月15日左右。高肥力地块亩播种量6~7 kg，中低肥力可适当增加播种量，每推迟3 d亩播种量增加0.5 kg为宜。施足底肥，一般每亩施肥量：氮12 kg、磷7.5 kg、钾7.5 kg。冬前保证全苗、壮苗，浇越冬水，及时划锄，松根除草，或化学除草。返春拔节后看苗情每亩追施尿素3~5 kg。4月上中旬喷施粉锈宁，防治白粉病，灌浆期喷施磷酸二氢钾，可以增加粒重。

适宜种植区域：河南省京广线以西丘陵及旱地麦区种植。

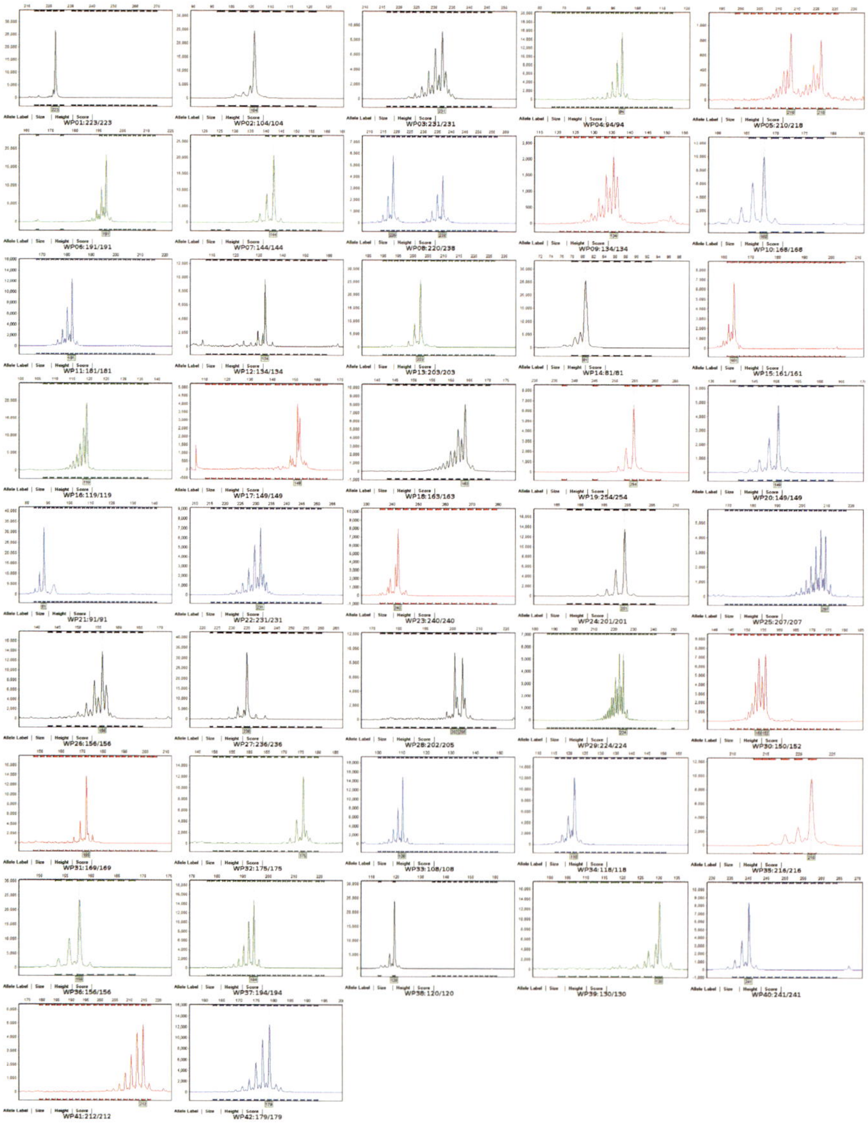

41. 中育12号

审定编号：豫审麦2008003

选育单位：中国农业科学院棉花研究所、中国农业科学院作物科学研究所

品种来源：矮败小麦轮选群体

特征特性：半冬性多穗型中熟品种，全生育期226 d。幼苗半直立，叶片短宽直，苗势壮，冬季抗寒性较好。分蘖力强，成穗率中等，春季起身拔节早，两极分化较快，抽穗较迟。株高86 cm，茎秆较粗壮，秆质硬，抗倒性好。株型紧凑，旗叶直立，穗层整齐，长相清秀。耐后期高温，成熟落黄好。长方形大穗，穗较匀称，结实性好，穗粒数多。受倒春寒的影响，穗上部有缺粒现象。长芒、白壳、白粒，籽粒半角质，较饱满。平均亩成穗37.8万，穗粒数35.0粒，千粒重47.2 g。中抗白粉、叶枯病，中感条锈、叶锈、纹枯病。容重784 g/L，粗蛋白质含量15.76%，湿面筋含量35.2%，降落值424 s，吸水量59.9 mL/100 g，形成时间2.7 min，稳定时间2.5 min，沉淀值49.2 mL。

产量表现：2006—2007年度参加河南省高肥冬水Ⅱ组区域试验，平均亩产532.9 kg，比对照豫麦49增产7.94%，达显著水平。2007—2008年度参加河南省高肥冬水Ⅱ组区域试验，平均亩产520.2 kg，比对照周麦18增产0.81%，不显著。2007—2008年度参加河南省高肥冬水Ⅰ组生产试验，平均亩产535.6 kg，比对照豫麦49号增产6.8%。

栽培技术要点：适宜播种期10月5—20日。最佳播种量每亩6~7 kg。施足底肥，一般亩施氮12 kg，磷7.5 kg，钾7.5 kg，拔节后每亩追施尿素6 kg。拔节期结合田间化学除草适当进行化控，以降低株高，同时进行纹枯病的防治。多雨年份注意防治白粉病，灌浆期喷施磷酸二氢钾，后期结合天气情况及时防治叶锈病、蚜虫和麦蜘蛛。

适宜种植区域：河南省（南部稻茬麦区除外）早中茬中高肥力地种植。

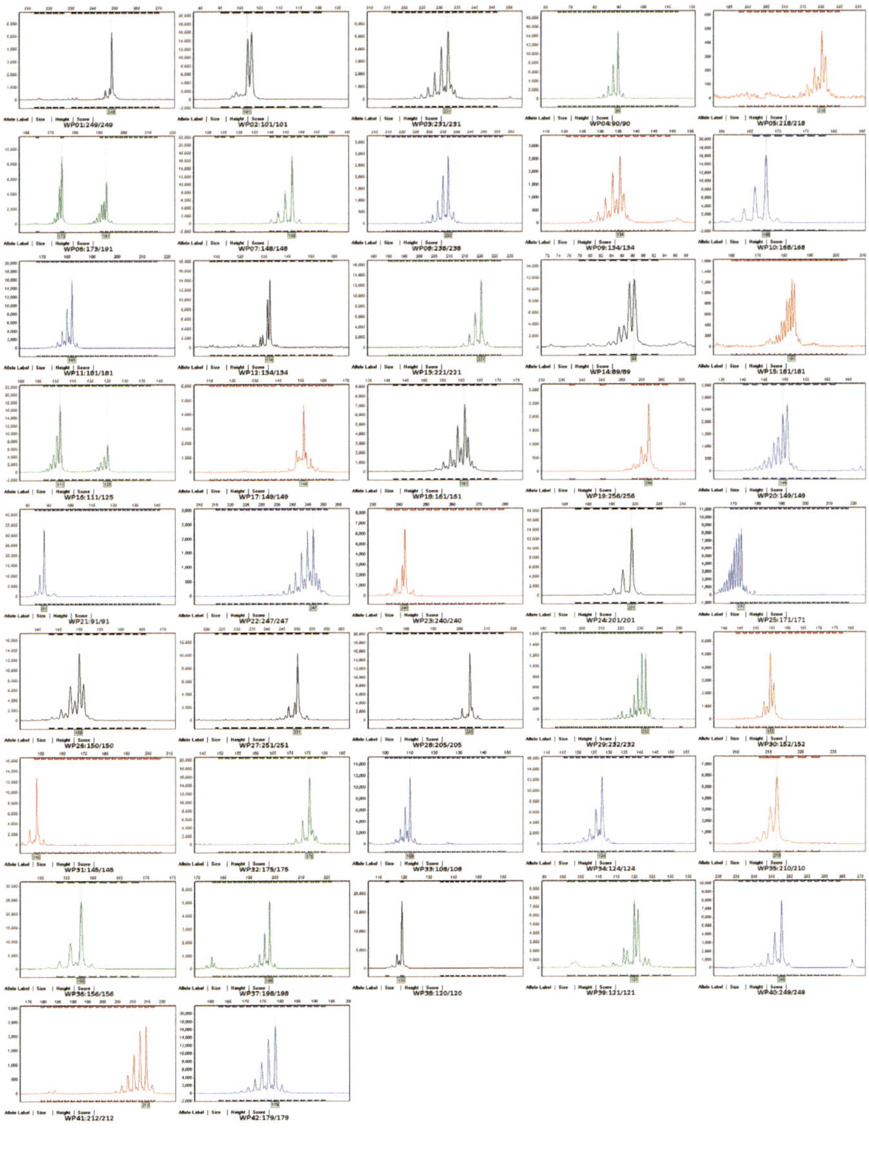

42. 济麦4号

审定编号：豫审麦2008004

选育单位：济源市农业科学研究所

品种来源：济5159/9411-4

特征特性：半冬性多穗型中熟品种，全生育期225 d。幼苗半直立，苗势较壮，抗寒性较好。分蘖力强，成穗率高，春季起身拔节偏晚，抽穗偏迟。株高79 cm，茎秆较细，弹性较好，较抗倒伏。株型紧凑，旗叶上举，干尖较明显。穗层较厚，穗下节弯曲。穗纺锤形，小穗排列稀，穗粒数偏少。长芒、白壳、白粒，籽粒角质，较饱满，无黑胚，外观商品性好。平均亩成穗数46.1万，穗粒数29.2粒，千粒重45.2 g。高抗叶锈病，中抗条锈病、纹枯病、叶枯病，高感白粉病。容重791 g/L，粗蛋白质含量15.87%，湿面筋含量34.1%，降落值504 s，吸水量56.6 mL/100 g，形成时间9.3 min，稳定时间19.0 min，沉淀值72.2 mL，属强筋小麦品种。

产量表现：2005—2006年度参加河南省高肥冬水Ⅱ组区域试验，平均亩产478.2 kg，比对照豫麦49减产1.95%，不显著。2006—2007年度参加河南省冬水Ⅱ组区域试验，平均亩产511 kg，比对照豫麦49增产3.5%，不显著。2007—2008年度参加河南省高肥冬水Ⅰ组生产试验，平均亩产521.4 kg，比对照豫麦49增产3.9%。

栽培技术要点：适宜播种期10月8—20日，最佳播种期10月10日左右。高肥力地块亩播种量6~9 kg，中低肥力可适当增加播种量。施足底肥，一般亩施氮10~12 kg、磷8 kg、钾9 kg、硫酸锌1 kg。追施氮肥应掌握在药隔（倒二叶露尖）期结合浇水进行，每亩追施尿素5 kg。适时浇好拔节孕穗水。适时防治病虫害，搞好根外喷肥。

适宜种植区域：河南省（南部稻茬麦区除外）旱中茬中高肥力地种植。

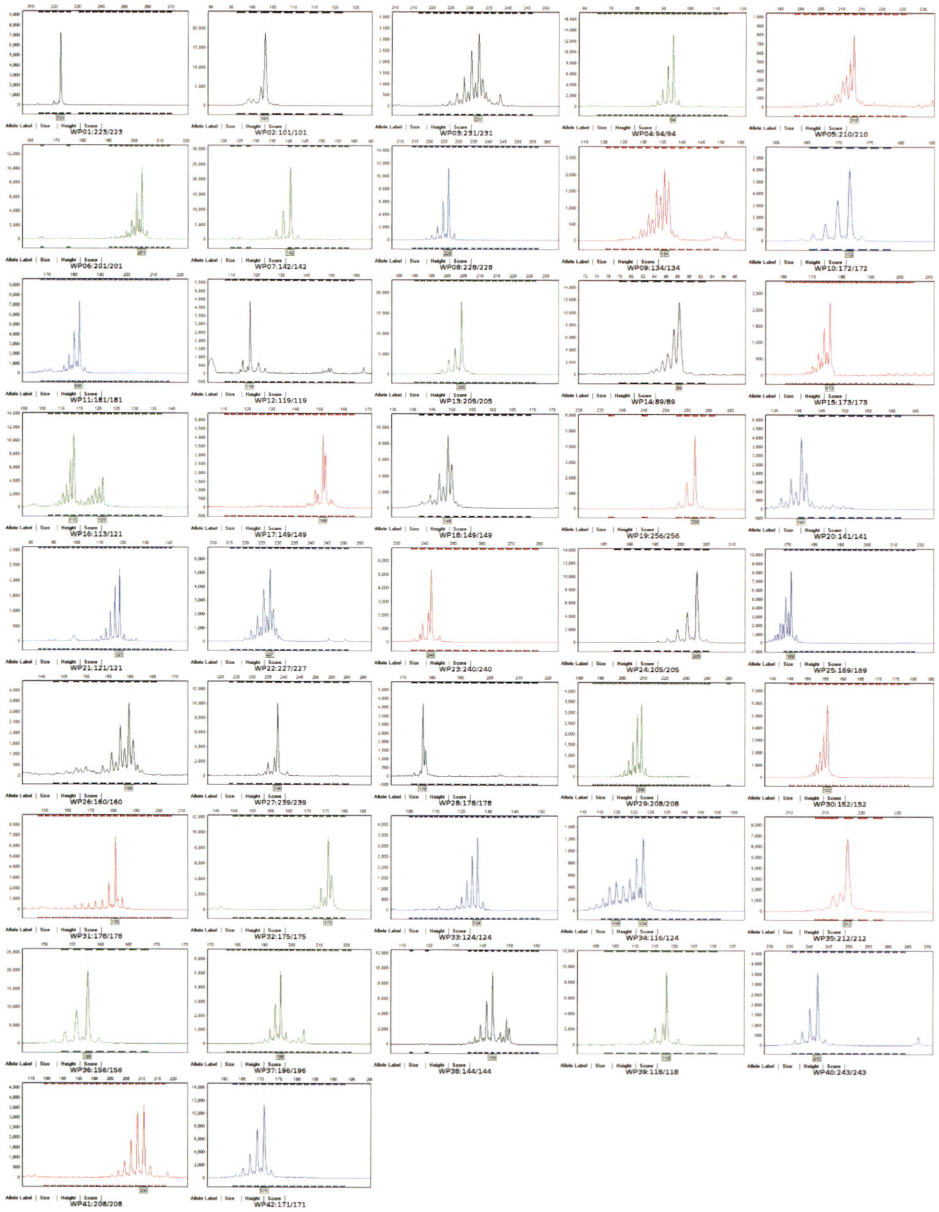

43. 豫保1号

审定编号： 豫审麦2008005

选育单位： 河南省农业科学院植物保护研究所

品种来源： 豫麦2号/周8826

特征特性： 半冬性多穗型中熟品种，全生育期226 d。幼苗直立，叶色灰绿，抗寒性较好。分蘖力强，成穗率低，亩成穗数偏低。株高81 cm，较抗倒伏。株型略松散，叶片较大，穗层整齐。耐高温能力弱，有轻度早衰，熟相一般。结实性好，长方形大穗，长芒、白壳、白粒，籽粒半角质，饱满。平均亩成穗数31.9万，穗粒数45.5粒，千粒重46.7 g。中抗白粉病、条锈病、纹枯病、叶枯病，中感叶锈病。容重782 g/L，粗蛋白质含量14.54%，湿面筋含量27.0%，降落值320 s，吸水量56.3 mL/100 g，形成时间3.2 min，稳定时间3.3 min，沉淀值55.0 mL。

产量表现： 2005—2006年度参加河南省高肥冬水Ⅲ组区域试验，平均亩产471.5 kg，比对照豫麦49减产0.06%，不显著。2006—2007年度河南省高肥冬水Ⅲ组区域试验，平均亩产531.5 kg，比对照豫麦49增产7.79%，达极显著水平。2007—2008年度参加河南省高肥冬水Ⅰ组生产试验，平均亩产531.1 kg，比对照豫麦49增产5.9%。

栽培技术要点： 适宜播种期10月中下旬，亩播种量9~12 kg。播前施足底肥，一般每亩施氮14 kg、磷8 kg、钾8 kg。拔节期追施尿素8~10 kg。前期根据情况防治蚜虫，扬花期注意防治叶锈病和蚜虫等，可用12.5%烯唑醇（禾果利）每亩30 g与菊酯类杀虫剂混合喷雾一次即可。

适宜种植区域： 河南省（南部稻茬麦区除外）早中茬中高肥力地种植。

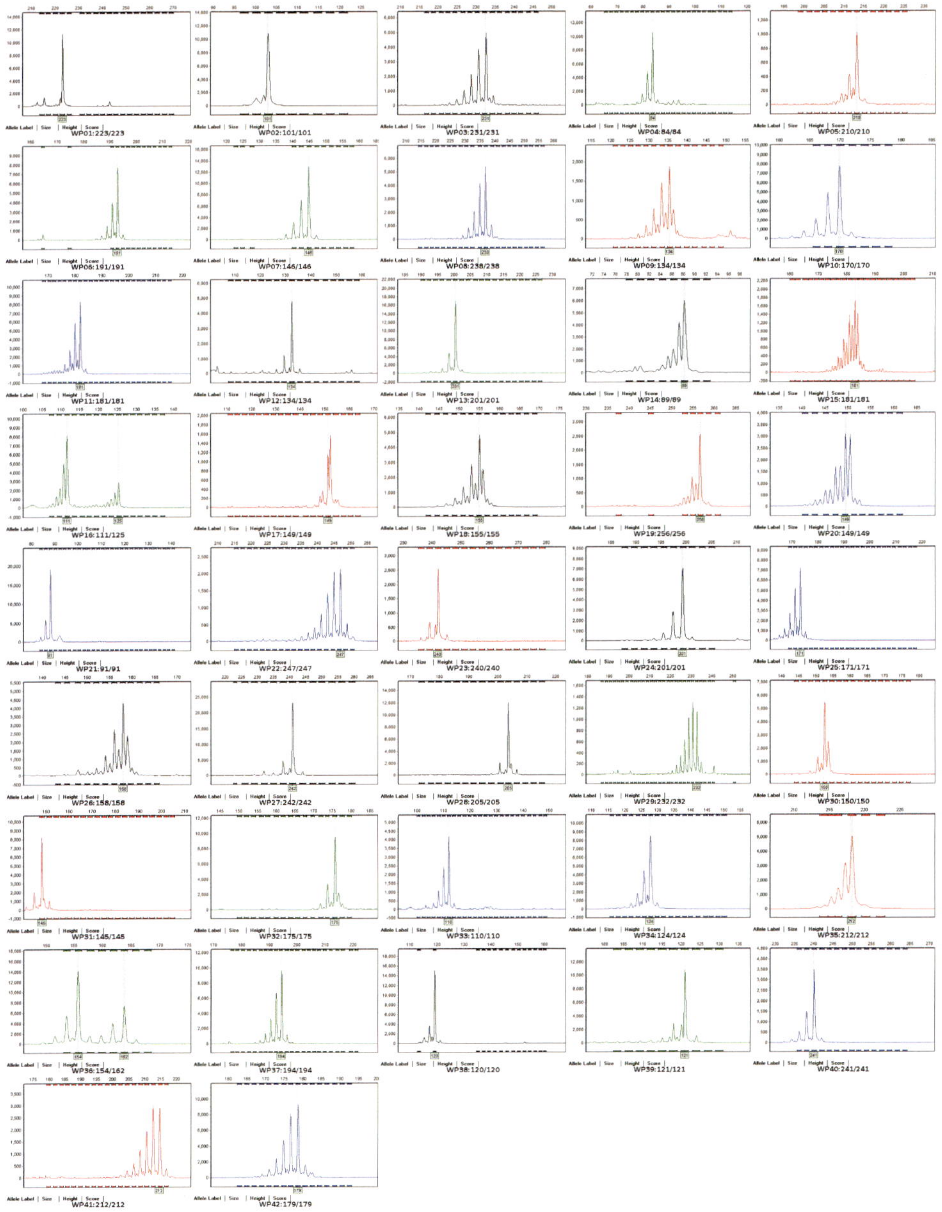

44. 花培6号

审定编号：豫审麦2008006

选育单位：河南省农作物新品种重点试验室

品种来源：豫麦21/豫麦2号//漯麦4号

特征特性：半冬性中晚熟品种，全生育期230 d。幼苗直立，叶片宽大，长势较强，两极分化快，分蘖成穗率中等，抗寒能力弱，成熟期偏晚。株高77 cm，株型半紧凑，茎秆粗壮，抗倒性较好。长方形大穗，穗层厚，小穗排列密，穗粒数多，籽粒半角质，饱满，千粒重高。平均亩成穗数32.4万，穗粒数39.3粒，千粒重54.7 g。中抗叶枯病、白粉病，中感条锈病、叶锈病、纹枯病。容重808 g/L，粗蛋白质含量13.95%，湿面筋含量29.9%，降落值362 s，吸水量60.1 mL/100 g，形成时间2.8 min，稳定时间2.3 min，沉淀值49.8 mL。

产量表现：2006—2007年度参加河南省高肥冬水Ⅳ组区域试验，平均亩产540.6 kg，比对照豫麦49增产8.38%，达极显著水平。2007—2008年度河南省高肥冬水Ⅳ组区域试验，平均亩产551.2 kg，比对照周麦18增产0.49%，不显著。2007—2008年度参加河南省高肥冬水Ⅱ组生产试验，平均亩产544.3 kg，比对照豫麦49增产9.4%。

栽培技术要点：适宜播种期为10月8—15日。亩播种量8 kg左右。施足底肥，一般每亩施氮12 kg、磷7.5 kg、钾7.5 kg。起身期前后进行春季水肥管理，亩施尿素7.5~10 kg。浇好孕穗、灌浆水，春季注意防治纹枯病，后期及时防治蚜虫。

适宜种植区域：河南省（南部稻茬麦区除外）早中茬中高肥力地种植。

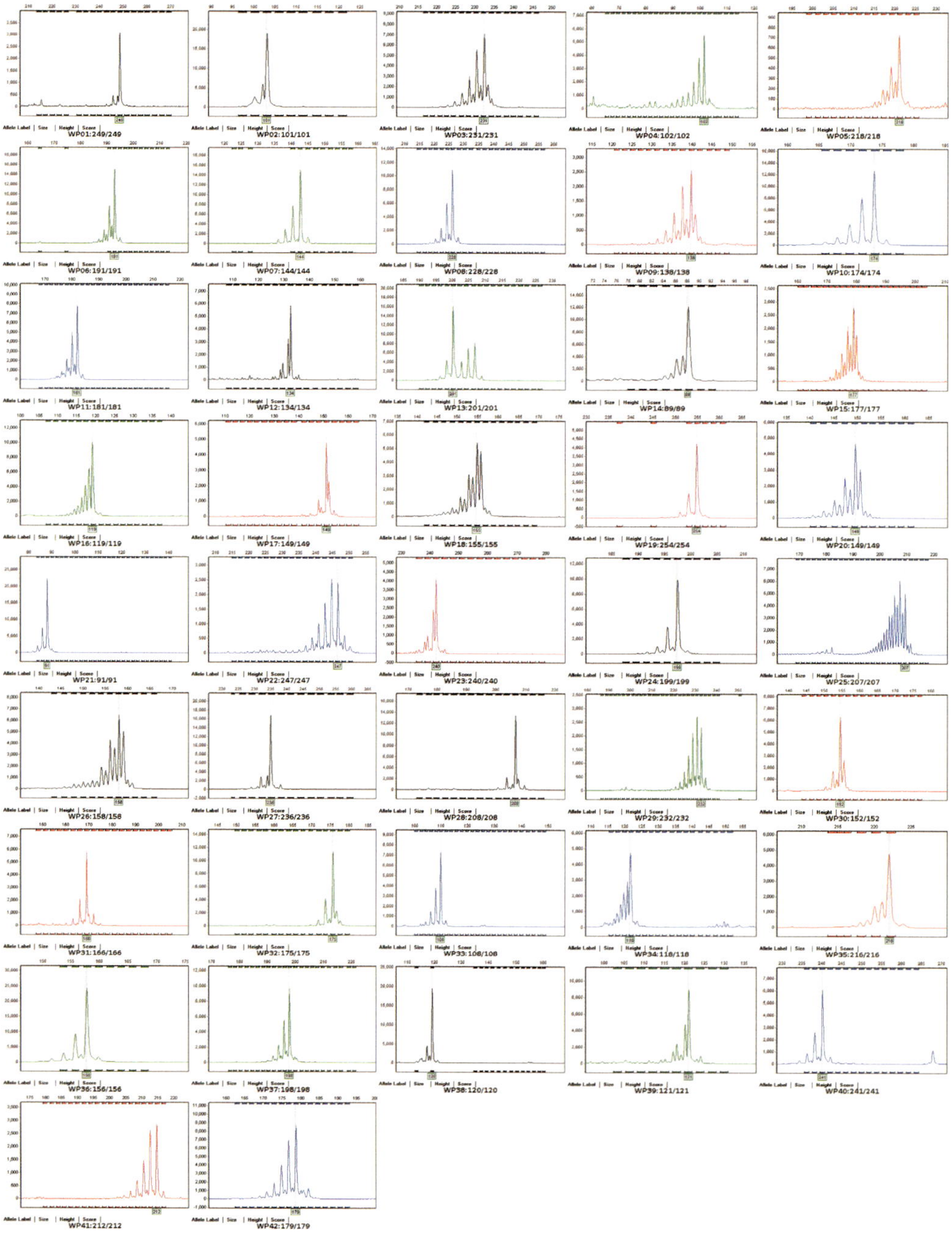

45. 泛麦8号

审定编号：豫审麦2008007

选育单位：河南黄泛区地神种业农科所

品种来源：泛矮2号/原泛3号

特征特性：半冬性中熟品种，全生育期228 d。幼苗匍匐，抗寒性一般，分蘖成穗率高。起身拔节慢，抽穗晚。株高73 cm，较抗倒伏。株型略松散，叶片较大，穗层整齐，穗子大、均匀，成熟落黄好。穗纺锤形，长芒、白粒，籽粒半角质，饱满。平均亩成穗数39.5万，穗粒数37.4粒，千粒重43.5 g。高抗叶锈病，中抗条锈病、叶枯病，中感白粉病、纹枯病。容重796 g/L，粗蛋白质含量15.42%，湿面筋含量27.9%，吸水量53.4 mL/100 g，降落值381 s，形成时间7.2 min，稳定时间10.4 min，沉淀值73.5 mL。

产量表现：2005—2006年度参加河南省高肥冬水Ⅲ组区域试验，平均亩产474.5 kg，比对照豫麦49增产0.57%，不显著。2006—2007年度河南省高肥冬水Ⅲ组区域试验，平均亩产521.7 kg，比对照豫麦49增产5.8%，达显著水平。2007—2008年度参加河南省高肥冬水1组生产试验，平均亩产531.4 kg，比对照豫麦49增产6.8%。

栽培技术要点：适宜播种期10月5—25日，最佳播种期10月12日左右。高肥力地块每亩6~7.5 kg，中低肥力可适当增加播种量。亩施底肥尿素15 kg、过磷酸钙75 kg和氯化钾15 kg，拔节初期亩追施尿素15 kg。中后期及时防治病虫害。

适宜种植区域：河南省（南部稻茬麦区除外）早中茬中高肥力地种植。

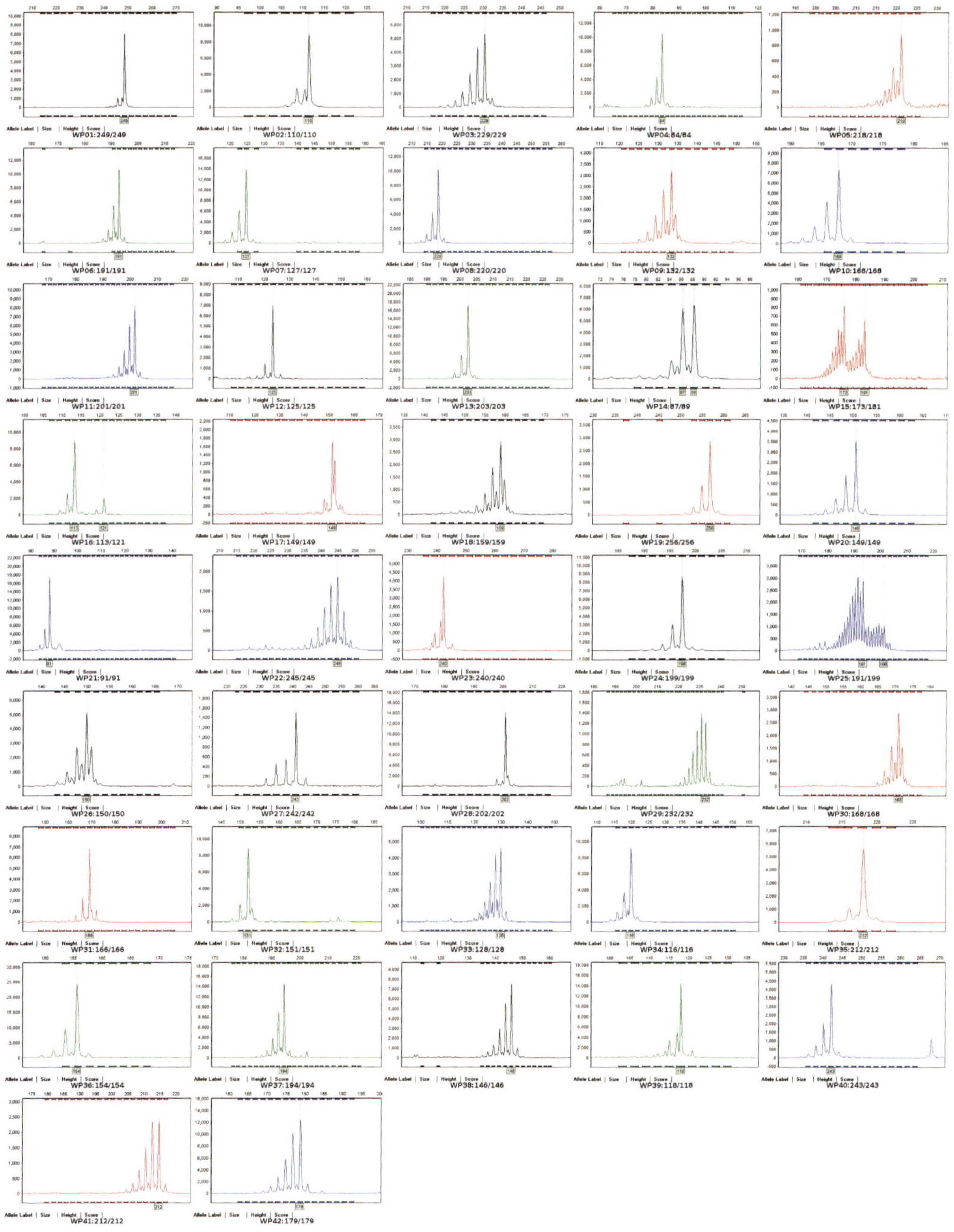

46. 平麦998

审定编号：豫审麦2008008

选育单位：平顶山市农业科学院

品种来源：陕225/周麦9号

特征特性：半冬性中熟品种，全生育期228 d。幼苗半匍匐，苗势强壮，抗寒性一般。春季起身拔节慢，分蘖力强，抽穗迟，成穗率一般。株高76 cm，抗倒性好，株型半松散，叶片上冲，茎秆有蜡质，穗下节间短。穗纺锤形，穗层整齐，成熟落黄好。长芒、白粒，籽粒半角质，较饱满。平均亩成穗数41.1万，穗粒数35.3粒，千粒重43.3 g。中抗叶枯病，中感白粉病、条锈病、叶锈病、纹枯病。容重774 g/L，粗蛋白质含量15.36%，湿面筋含量33.0%，吸水量62.0 mL/100 g，降落值380 s，形成时间4.2 min，稳定时间4.6 min，沉淀值55.0 mL。

产量表现：2005—2006年度参加河南省高肥冬水Ⅱ组区域试验，平均亩产498.7 kg，比对照豫麦49增产2.07%，不显著。2006—2007年度河南省高肥冬水Ⅱ组区域试验，平均亩产513.1 kg，比对照豫麦49增产3.93%，达显著水平。2007—2008年度参加河南省高肥冬水2组生产试验，平均亩产527.9 kg，比对照豫麦49增产6.1%。

栽培技术要点：适播种期10月5—15日，最佳播种期10月10日左右。高肥力地亩播种量6~9 kg，中低肥力可适当增加播种量。施足底肥，一般亩施氮13 kg、磷7.5 kg、钾7.5 kg。拔节始期，每亩追施尿素6~8 kg，及时中耕和田间化学除草，同时进行病虫害防治。灌浆期进行二次以上叶面喷肥，防后期干热风、增加粒重。

适宜种植区域：河南省（南部稻茬麦区除外）早中茬中高肥力地种植。

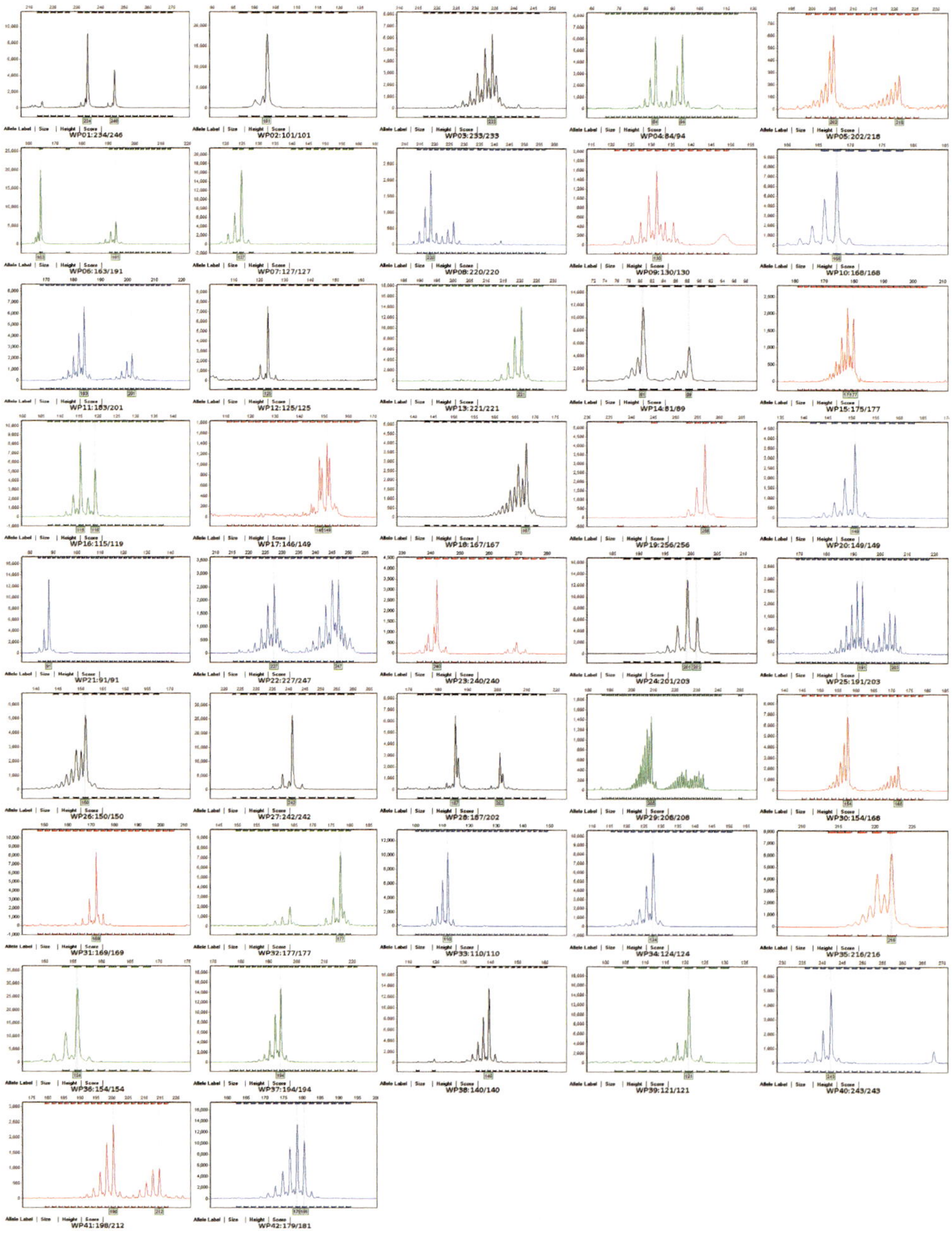

47. 众麦998

审定编号：豫审麦2008010

选育单位：新安县科协郭根

品种来源：百农71-22/豫麦18//温2540/洛芙林10号

特征特性：半冬性中熟品种，全生育期227 d。幼苗直立，叶片细长，长势较强，抗寒能力弱。起身拔节早，两极分化慢，分蘖成穗率中等。株高78 cm，株型半紧凑，长相清秀，茎秆弹性好，抗倒性好。长方形大穗，穗层整齐，小穗排列密，白粒、籽粒半角质，饱满度一般。平均亩成穗数32.4万，穗粒数38.8粒，千粒重49.4 g。中抗白粉病、纹枯病、叶枯病，中感条锈、叶锈病。容重774 g/L，粗蛋白质含量15.17%，湿面筋含量33.0%，降落值326 s，吸水量59.4 mL/100 g，形成时间3.0 min，稳定时间2.3 min，沉淀值57.0 mL。

产量表现：2006—2007年度参加河南省高肥冬水Ⅳ组区域试验，平均亩产552.5 kg，比对照豫麦49增产10.77%，达极显著水平。2007—2008年度河南省高肥冬水Ⅳ组区域试验，平均亩产545.9 kg，比对照周麦18减产0.48%，不显著。2007—2008年度参加河南省高肥冬水2组生产试验，平均亩产523.1 kg，比对照豫麦49增产5.1%。

栽培技术要点：适播种期10月5—25日。播种量每亩7~8 kg，中水肥地8~9 kg。施足底肥，浇好越冬、拔节和灌浆水，增磷肥和钾肥，补锌肥和硼肥。及时防治小麦蚜虫和病虫害。

适宜种植区域：河南省（南部稻茬麦区除外）早中茬中高肥力地种植。

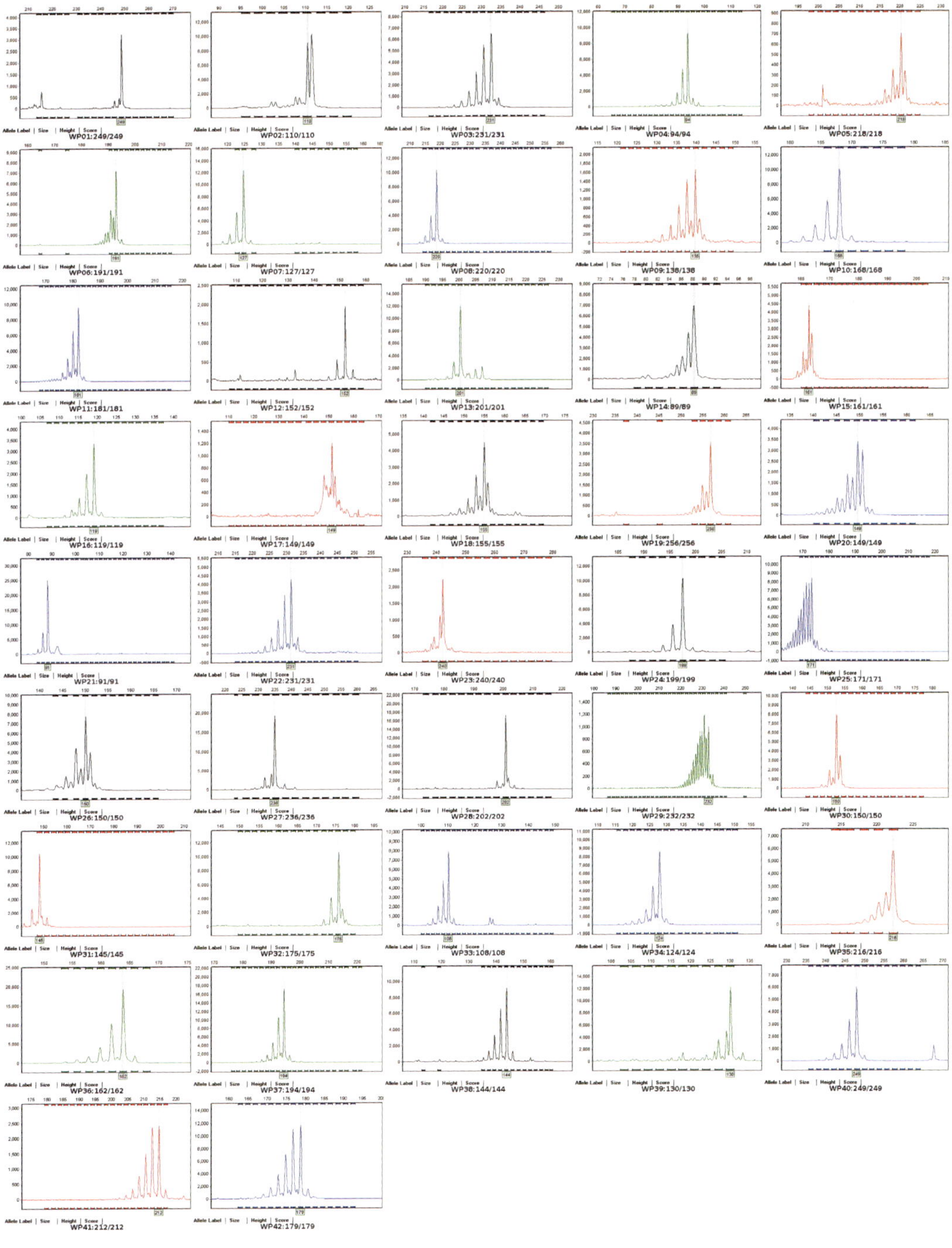

48. 平安7号

审定编号：豫审麦2008012

选育单位：驻马店市农业科学研究所、河南省豫安小麦研究所

品种来源：漯麦4号//990111/WS89-5422

特征特性：弱春性中早熟品种，全生育期219 d。幼苗直立，苗势壮，耐寒性好，分蘖力强，成穗数一般。春季起身拔节慢，抽穗晚。株高82 cm，抗倒性一般。株型略松散，旗叶平展，根系活力强，耐后期高温，成熟落黄好。穗长方形，小穗排列密，穗层较齐。白粒、半角质，较饱满，黑胚率偏高。平均亩成穗数34.7万，穗粒数36.3粒，千粒重46.5 g。中抗纹枯病、叶枯病，中感叶锈病，高感白粉病、条锈病。容重784 g/L，粗蛋白质含量14.4%，湿面筋含量28.7%，降落值398 s，吸水量53.0 mL/100 g，形成时间2.8 min，稳定时间3.2 min，沉淀值58.0 mL。

产量表现：2006—2007年度参加河南省高肥春水Ⅱ组区域试验，平均亩产531.0 kg，比对照偃展4110增产6.07%，达极显著水平。2007—2008年度参加河南省高肥春水Ⅱ组区域试验，平均亩产508.2 kg，比对照偃展4110增产4.78%，达极显著水平。2007—2008年度参加河南省高肥春水组生产试验，平均亩产525.0 kg，比对照偃展4110增产7.1%。

栽培技术要点：适播种期10月10—25日，最佳播种期在10月12—15日。每亩播种量7.0~7.5 kg，中低肥力地块可适当增加播种量。亩施氮5~6 kg，磷9 kg，钾8 kg作底肥。拔节末期亩追施氮4 kg，可促进有效穗数的增加。灌浆期亩施磷酸二氢钾200 g、尿素1 000 g兑水50 kg进行叶面喷施。

适宜种植区域：河南省（南部稻茬麦区除外，条锈病易发区慎用）中晚茬中高肥力地种植。

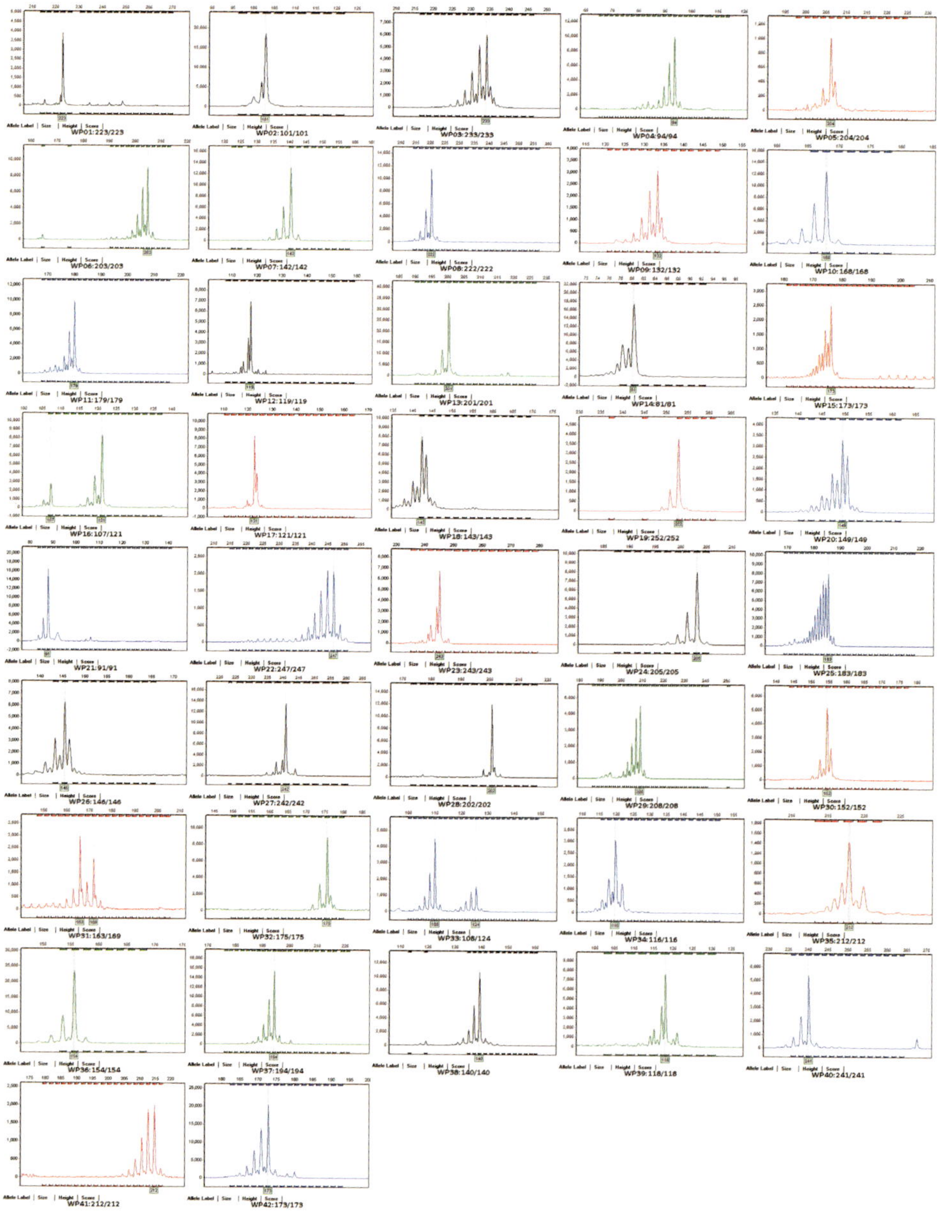

49. 洛旱8号

审定编号：豫审麦2008013

选育单位：洛阳市农业科学院

品种来源：温麦6号/豫麦48

特征特性：半冬性多穗型中熟品种，全生育期223 d。幼苗半直立，长势壮，苗脚利落，分蘖成穗率高，抗寒性一般，返青起身早，两极分化快。株高76 cm，秆低粗壮，抗倒性好。株型较紧凑，旗叶略披，穗层整齐，成熟早，落黄好。穗长方形，穗偏小，穗码较密，长芒。白粒、偏粉质、饱满度好。亩成穗数36.3万，穗粒数33.7粒，千粒重36.5 g。中抗叶枯病中感白粉病、条锈病、叶锈病、纹枯病。容重774 g/L，粗蛋白质含量15.16%，湿面筋含量34.7%，降落值365 s，吸水量53.8 mL/100 g，形成时间3.7 min，稳定时间4.4 min，沉淀值72.2 mL。

产量表现：2005—2006年度参加河南省旱地组区域试验，平均亩产352.96 kg，比对照洛旱2号增产5.32%，不显著。2006—2007年度河南省旱地组区域试验，平均亩产350.71 kg，比对照洛旱2号增产6.59%，不显著。2007—2008年度参加河南省旱地组生产试验，平均亩产366.0 kg，比对照洛旱2号增产10.6%。

栽培技术要点：播种期9月28日至10月25日，最佳播种期10月5—15日。亩播种量8~9 kg，晚播可适当加大播种量。底肥应有机肥和化肥配合施用，重点增施粗肥和磷钾肥，每亩施氮9 kg、磷6 kg、钾6 kg。播种前药剂拌种。小麦拔节孕穗期可用氧化乐果、粉锈宁和磷酸二氢钾混合喷施，防治穗蚜、锈病和干热风危害。

适宜种植区域：河南省丘陵旱地早中茬地种植。

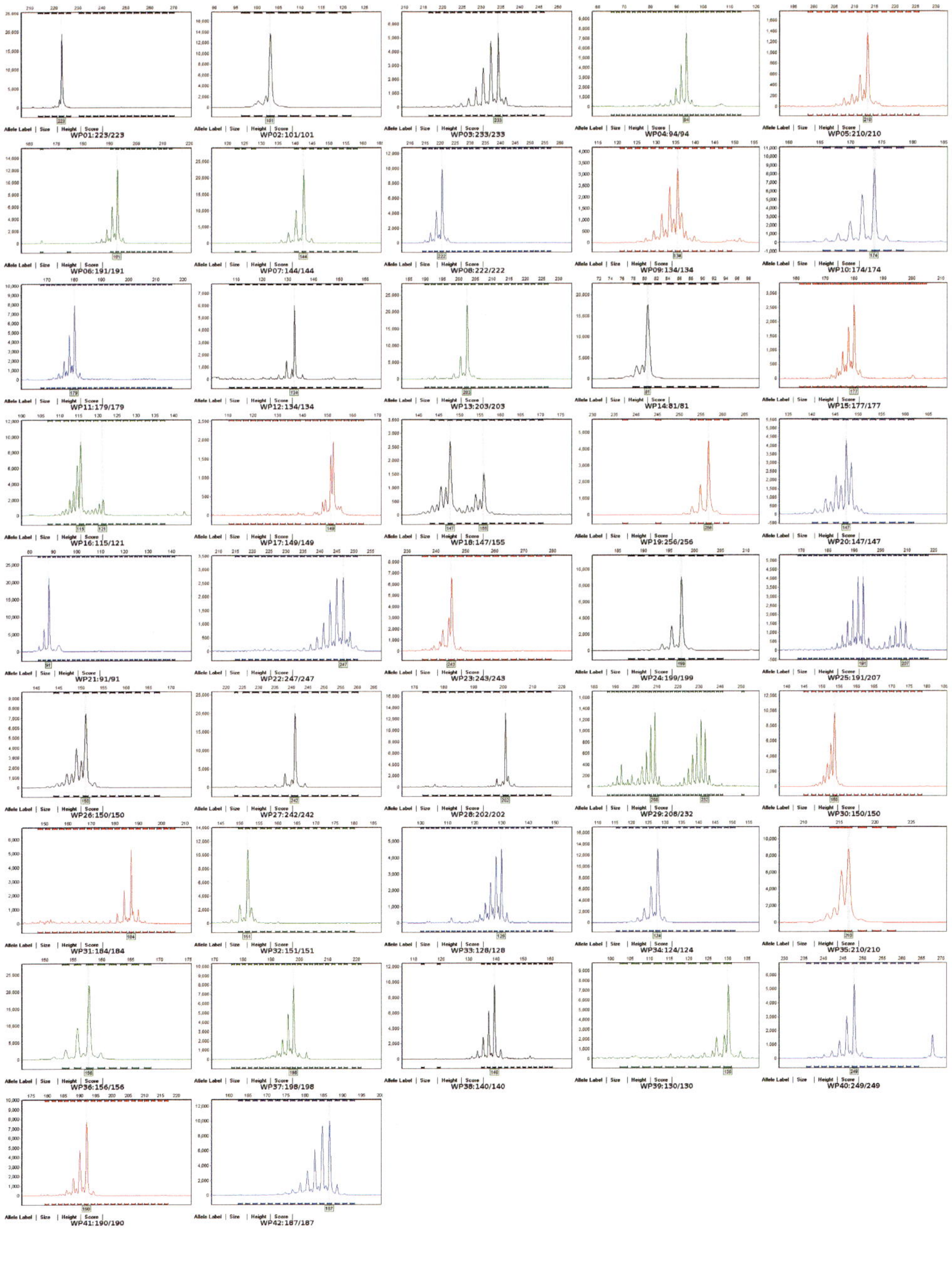

50. 济麦6号

审定编号：豫审麦2008014

选育单位：济源市农业科学院

品种来源：百农64/豫麦21

特征特性：半冬性中熟品种，全生育期228 d。幼苗半匍匐，长势壮，苗脚利落，抗寒性一般。返青起身早，两极分化快，分蘖成穗率高。株高76 cm，茎秆细、弹性好，较抗倒伏。株型半紧凑，旗叶较短、平展，成熟略晚，落黄好。穗纺锤形，穗层整齐，短芒、小粒、半角质，较饱满。亩成穗数36.3万，穗粒数33.7粒，千粒重36.5 g。中抗条锈病、叶锈病、叶枯病，中感纹枯、白粉病。容重790 g/L，粗蛋白质含量15.08%，湿面筋含量33.3%，降落值387 s，吸水量58.4 mL/100 g，形成时间3.5 min，稳定时间3.8 min，沉淀值67.0 mL。

产量表现：2005—2006年度参加河南省旱地组区域试验，平均亩产351.77 kg，比对照洛旱2号增产4.97%，不显著。2006—2007年度河南省旱地组区域试验，平均亩产348.82 kg，比对照洛旱2号增产6.02%，不显著。2007—2008年度参加河南省旱地组生产试验，平均亩产356.3 kg，比对照洛旱2号增产7.6%。

栽培技术要点：适宜播种期10月1—10日，亩播种量8~10 kg。施足底肥，一般亩施氮12 kg、磷7.5 kg、钾7.5 kg。注意防治纹枯病、白粉病及蚜虫等。

适宜种植区域：河南省丘陵旱地早中茬地种植。

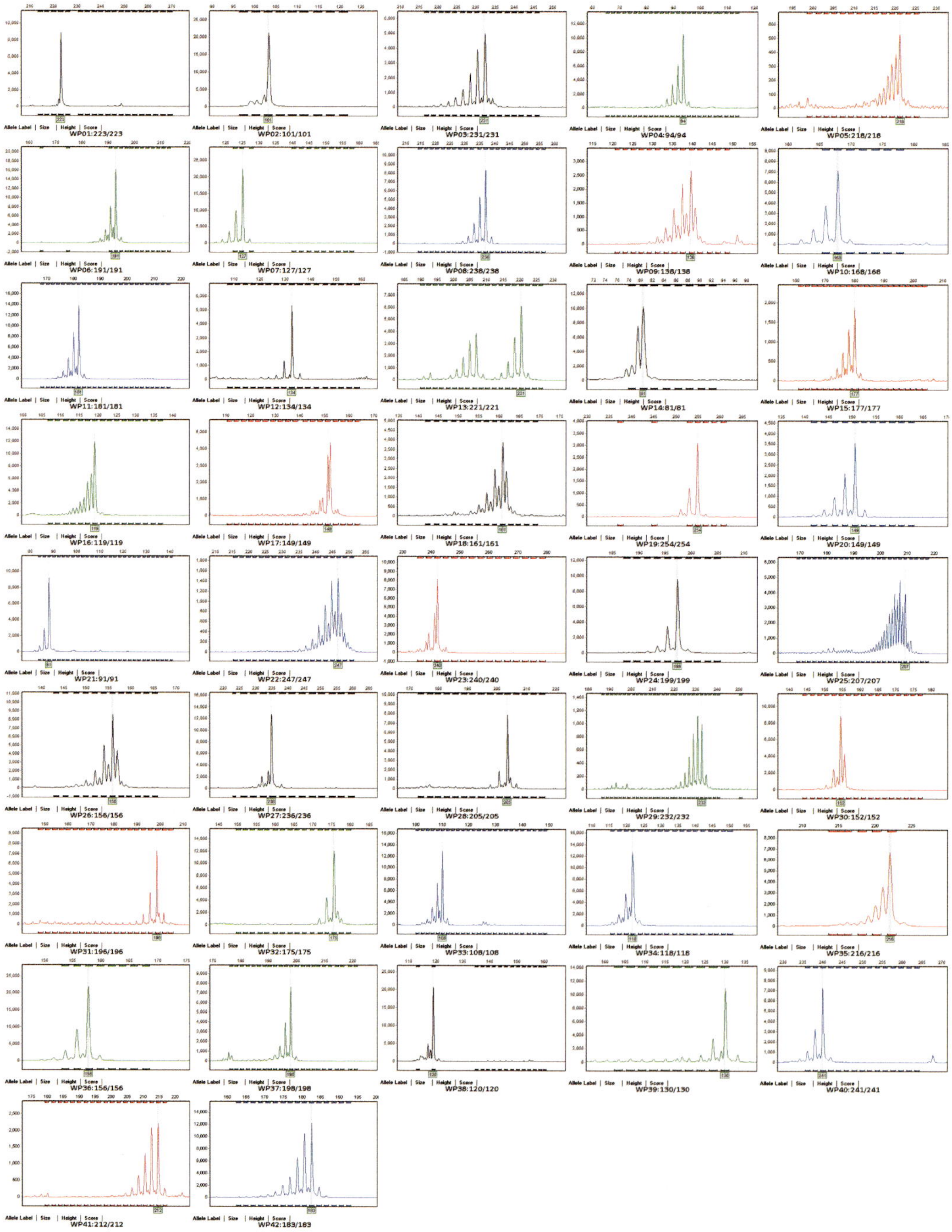

51. 河科大9612

审定编号：豫审麦2008015

选育单位：河南科技大学农学院、河南地圣农业科技发展有限公司

品种来源：偃师117/偃师80//洛阳117/洛阳8715

特征特性：弱春性大穗型早熟品种，生育期206 d。幼苗半匍匐，春季起身快，分蘖力强，亩成穗数多。株高78 cm，茎秆弹性好，较抗倒伏。株型紧凑，长相清秀，旗叶宽大、下披，成熟早，落黄好。穗纺锤形，长芒、白粒，半角质，千粒重高。亩成穗数34.9万，穗粒数33.3粒，千粒重51.5 g。中抗叶枯病，中感白粉、叶锈、纹枯病，高感条锈病。容重764 g/L，粗蛋白质含量14.89%，湿面筋含量34.7%，降落值427 s，吸水量56.9 mL/100 g，形成时间3.2 min，稳定时间2.7 min，沉淀值56.2 mL。

产量表现：2004—2005年度参加和河南省南部组区域试验，平均亩产373.25 kg，比对照豫麦18增产12.67%，达极显著水平。2005—2006年度续试河南省南部组区域试验，平均亩产375.1 kg，比对照豫麦18增产1.82%，不显著。2006—2007年度参加河南省南部组生产试验，平均亩产475.7 kg，比对照豫麦18增产7.3%。2007—2008年度续试，平均亩产457.3 kg，比对照豫麦18增产5.9%。

栽培技术要点：适宜播种期为10月中下旬，亩播种量7.5 kg，亩基本苗保持在12万~15万为宜。施足底肥，亩施钙镁磷肥50 kg、农家肥4 000 kg，缺钾地区配合施入硫酸钾20 kg。加强冬灌和小麦中后期肥水管理，拔节期每亩追施磷酸二铵20 kg，灌浆期每亩施尿素5 kg，4月中下旬用磷酸二氢钾、多菌灵和粉锈宁混合喷洒，防治病害。

适宜种植区域：河南省南部稻茬麦区（条锈病易发区慎用）中晚茬地种植。

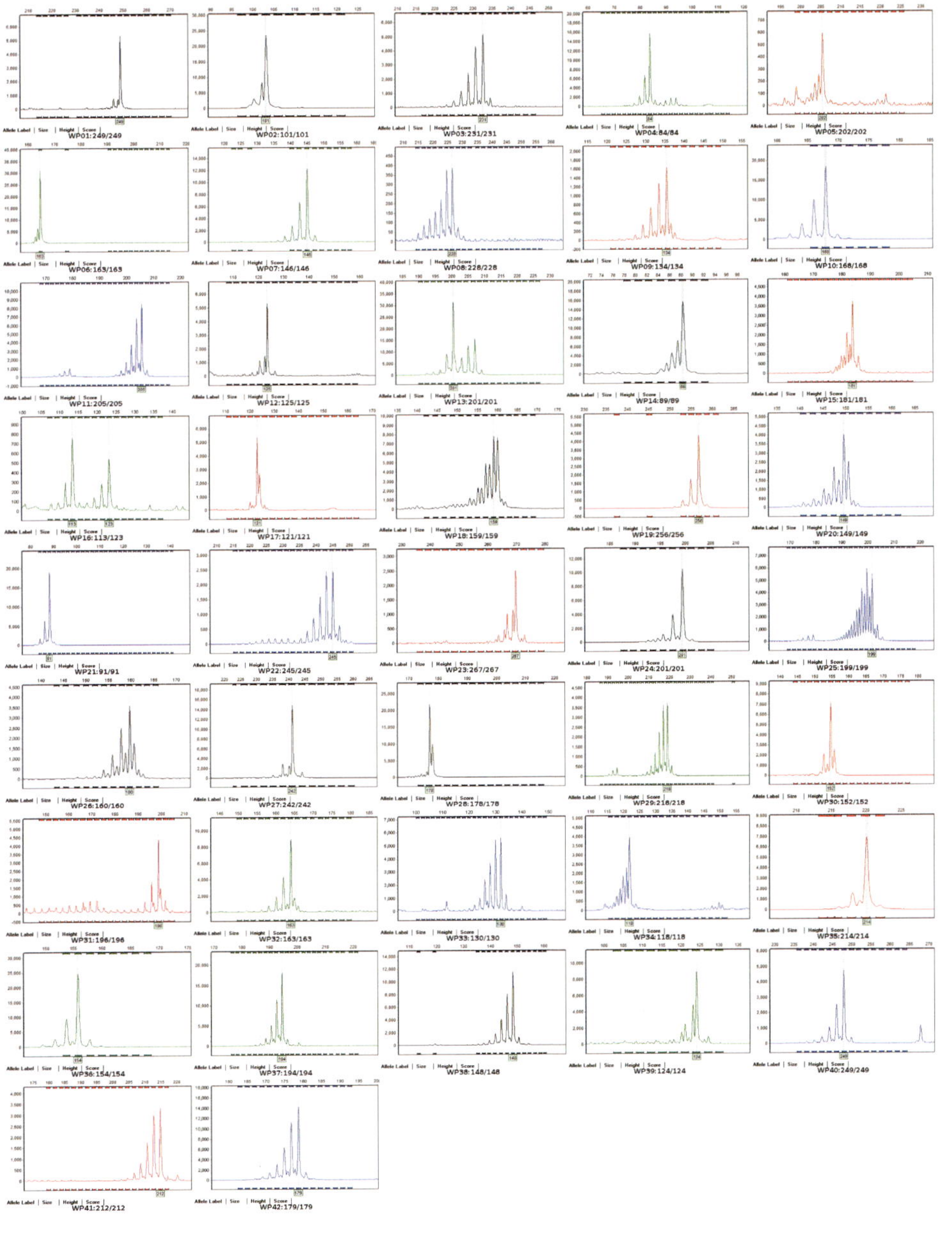

52. 宛麦16

审定编号：豫审麦2008016

选育单位：南阳市农业科学研究所

品种来源：莱州953/温2540

特征特性：弱春性早熟品种，全生育期206 d。幼苗半直立，叶色深绿、宽短，抗寒性强，分蘖成穗率中等。株型较紧凑，长相清秀，株高86 cm，茎秆弹性弱，抗倒性一般。长方形大穗，穗层整齐，成熟落黄好。籽粒角质，饱满。亩成穗数30.7万，穗粒数36.3粒，千粒重50.0 g。中抗叶枯病，中感条锈病、叶锈病、纹枯病，高感白粉病。容重784 g/L，粗蛋白质含量15.05%，湿面筋含量32.9%，降落值451 s，吸水量64.0 mL/100 g，形成时间3.4 min，稳定时间3.6 min，沉淀值60.2 mL。

产量表现：2005—2006年度参加河南省南阳组区域试验，平均亩产395.3 kg，比对照豫麦18增产3.84%，不显著。2006—2007年度河南省南阳组区域试验，平均亩产439.8 kg，比对照豫麦18增产4.91%，不显著。2007—2008年度参加河南省南部组生产试验，平均亩产465.0 kg，比对照豫麦18增产7.7%。

栽培技术要点：适宜播种期10月10—30日，亩播种量7~10 kg。施足底肥，氮、磷、钾合理配比，并增施硼肥和锌肥。拔节后每亩追施尿素5 kg。适时中耕、除草，浇好越冬、拔节、孕穗和灌浆水。重视白粉病的防治，抽穗前用三唑酮+氧化乐果防治白粉病和蚜虫。中后期喷施磷酸二氢钾提高千粒重。

适宜种植区域：河南省南部稻茬麦区中晚茬地种植。

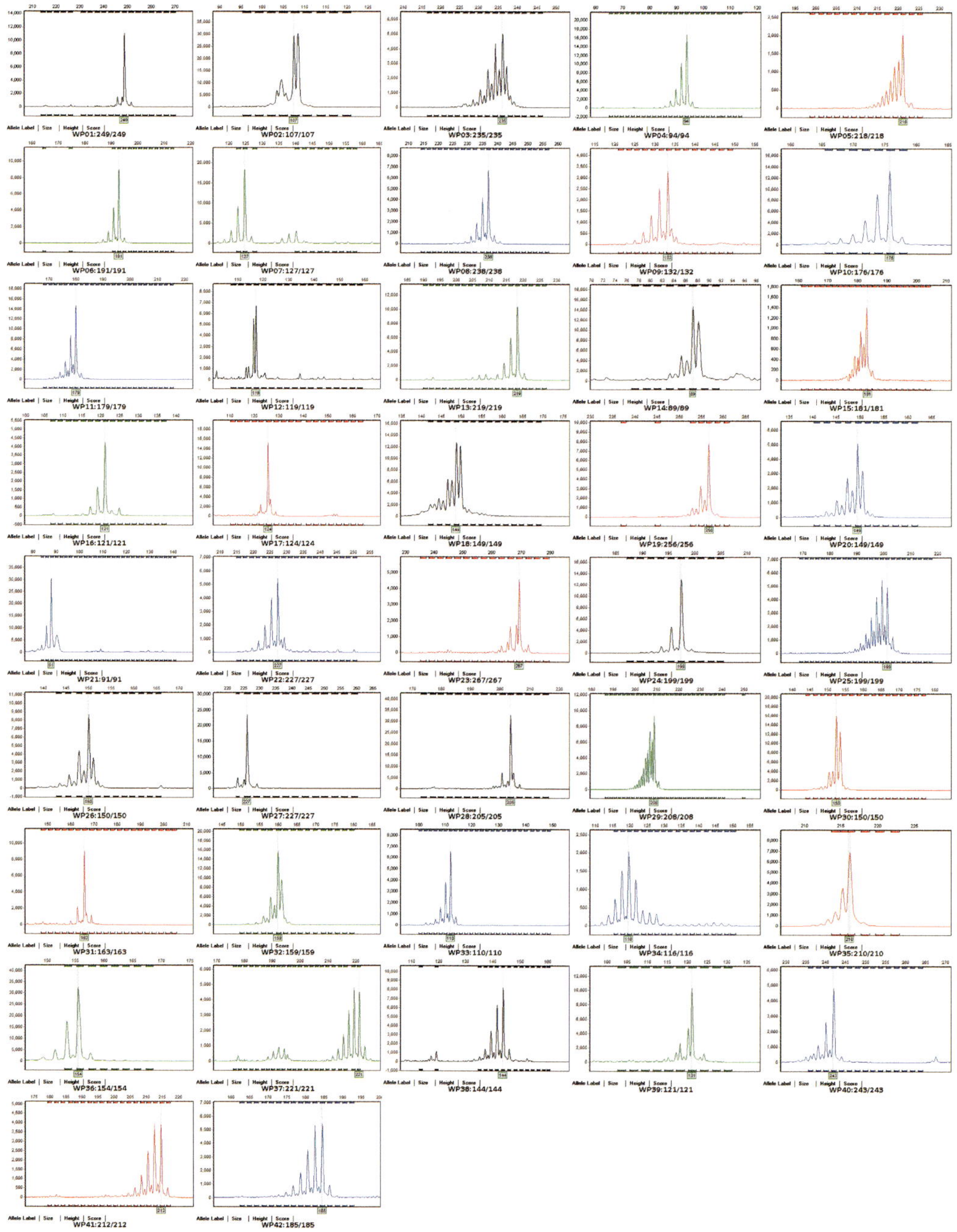

53. 宛麦18

审定编号：豫审麦2008017

品种来源：Taiwk43/豫麦18

选育单位：南阳市农业科学研究所

特征特性：弱春性早熟品种，全生育期206 d。幼苗直立，苗势壮，分蘖成穗率中等。起身拔节快，抽穗较早。株高81 cm，株型较松散，叶片下披，茎秆弹性好，较抗倒伏。纺锤形大穗，码稀，穗层较厚，成熟落黄好。籽粒角质，饱满。平均亩成穗数32.7万，穗粒数32.4粒，千粒重46.3 g。高抗纹枯病，中抗条锈病、叶锈病、叶枯病，中感白粉病。容重798 g/L，粗蛋白质含量15.17%，湿面筋含量31.6%，降落值301 s，吸水量63.2 mL/100 g，形成时间3.0 min，稳定时间2.7 min，沉淀值45.0 mL。

产量表现：2005—2006年度参加河南省春水组区域试验，平均亩产485.7 kg，与对照偃展4110相比，减产3.95%，达显著水平。与对照豫麦18相比，增产3.0%，不显著。2006—2007年转组参加河南省南阳、信阳组区域试验，平均亩产427.75 kg，比对照豫麦18增产2.77%，不显著。2007—2008年度参加河南省南部稻茬麦区组生产试验，平均亩产459.2 kg，比对照豫麦18增产6.4%。

栽培技术要点：适宜播种期10月15—25日，高肥力地块亩播种量6~8 kg，中低肥力地可适当增加播种量。施足底肥，一般中等以上肥力田块每亩施农家肥4 000 kg，碳酸氢铵50 kg，磷肥40~50 kg，硫酸钾10 kg，硫酸锌、硼酸各1 kg。进入幼穗分化期，每亩施5~6 kg尿素。在赤霉病重发区，加强对赤霉病的防治。

适宜种植区域：河南省南部稻茬麦区中晚茬地种植。

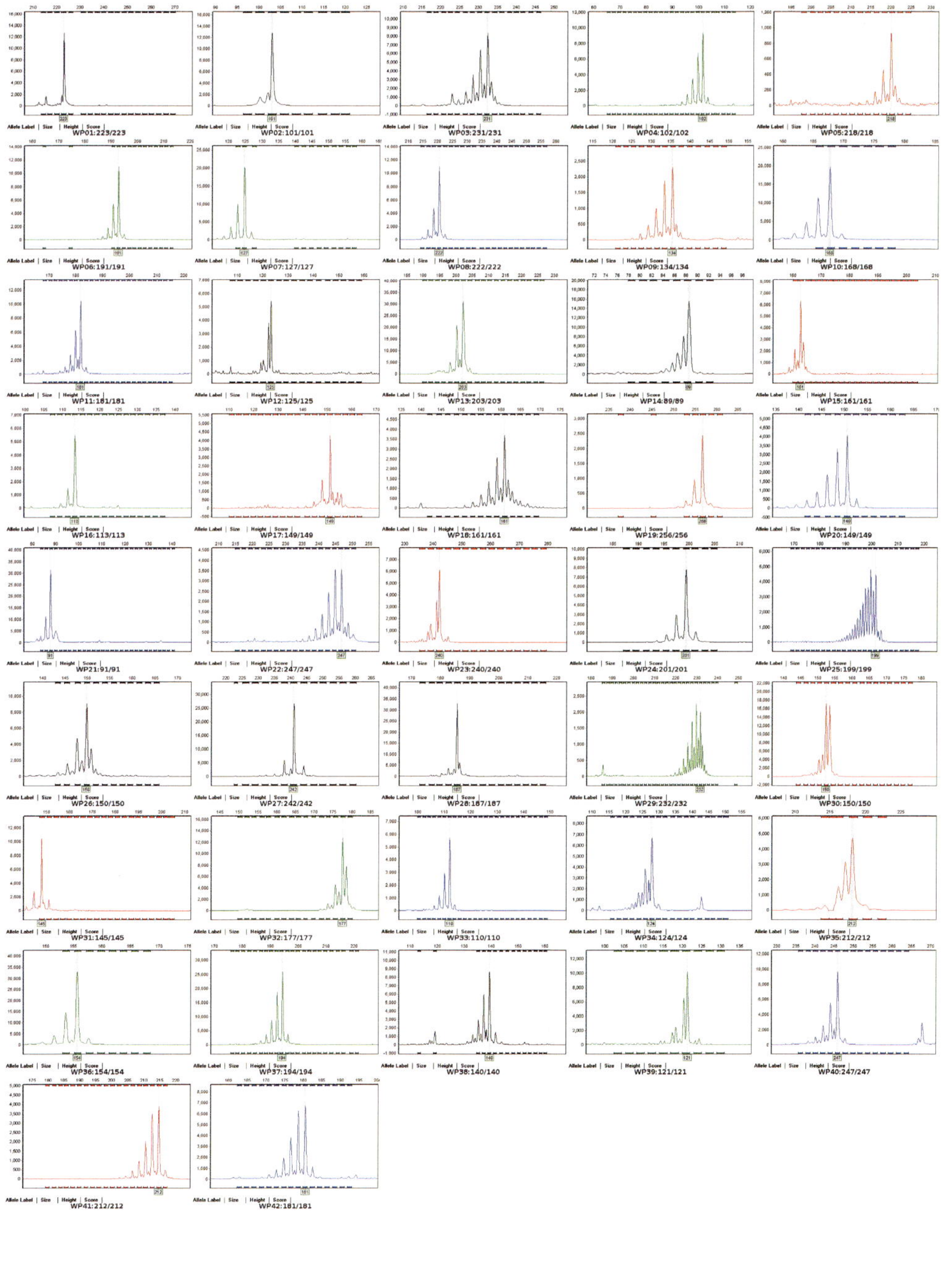

54. 豫农416

审定编号： 豫审麦2009001

选育单位： 河南农业大学

品种来源： 豫麦49//豫麦21/豫麦35

特征特性： 半冬性多穗型中熟品种，全生育期225 d。幼苗半匍匐，苗势壮，分蘖力强，抗寒性较好。春季起身快，拔节抽穗早，长势偏旺，春季抗寒性一般。株高84 cm，株型偏松散，抗倒性一般。穗层较厚，对春季低温较敏感，受倒春寒的影响，穗上部结实性下降。纺锤形大穗，长芒，护颖白色，籽粒白粒，角质，饱满，成熟落黄好。平均亩穗数38.0万，穗粒数34.6粒，千粒重48.6 g。对白粉病中抗，对纹枯病中感，对条锈病中抗，对叶锈病中感，对叶枯病中抗。容重780 g/L，粗蛋白质含量14.32%，湿面筋含量27.3%，降落值410 s，吸水量55.5 mL/100 g，形成时间6.0 min，稳定时间7.9 min，沉淀值63.8 mL，出粉率70.8%。

产量表现： 2006—2007年度河南省高肥冬水Ⅱ组区域试验，平均亩产523.1 kg，比对照豫麦49增产5.96%，差异极显著。2007—2008年度河南省高肥冬水Ⅱ组区域试验，10点汇总，平均亩产532.5 kg，比对照周麦18增产3.19%，差异不显著。2008—2009年度河南省高肥冬水1组生产试验，平均亩产575.0 kg，比对照周麦18增产7.4%。

栽培技术要点： 10月5—20日均可播种，最适播种期10月8—13日。亩播种量7~8 kg，高肥地严格控制播种量，晚播时可适当增加播种量。一般亩施有机肥3~5 m^3，氮14~16 kg、磷8 kg、钾7~8 kg。有机肥和磷、钾肥全部底施，氮肥60%底施、40%氮肥拔节期追施。做到足墒下种，均匀播种。对于群体较大、肥力较高的地块，起身期可结合化学除草进行化控，防止倒伏。拔节前注意防治纹枯病，孕穗后适时防治白粉病、锈病和蚜虫。

适宜种植区域： 河南省（南部稻茬麦区除外）旱中茬中高肥力地种植。

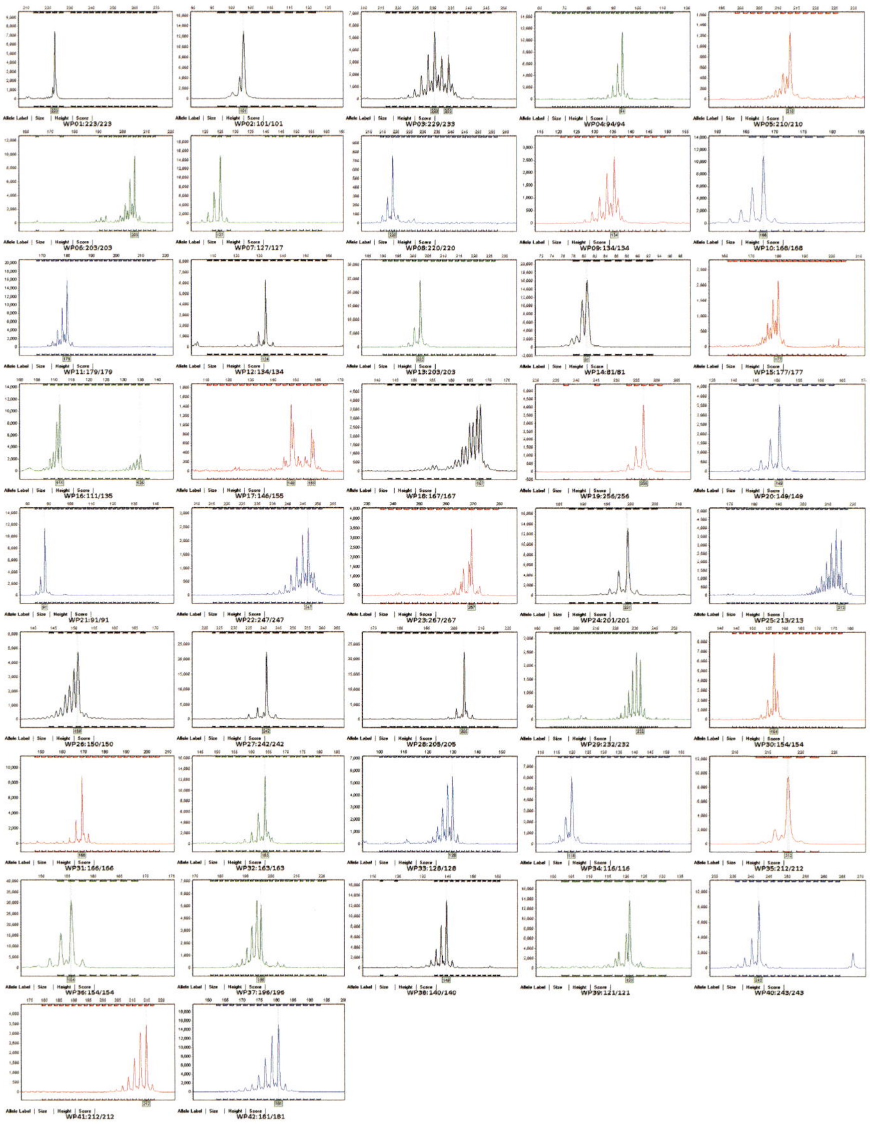

55. 汝麦0319

审定编号：豫审麦2009003

选育单位：汝州市农业科学研究所

品种来源：太谷核不育系轮回

特征特性：半冬性多穗型中熟品种，全生育期225 d。幼苗半直立，叶片长宽，苗势较健壮，分蘖成穗率中等，春季起身拔节快，抽穗较早。株高78 cm，株型半紧凑，叶片上举，植株蜡质重，茎秆弹性好，较抗倒伏。穗纺锤形，穗层整齐，小穗排列密。穗粒数较多，耐后期高温，籽粒灌浆快，落黄好。长芒、白粒，籽粒半角质，饱满，黑胚率偏高。平均亩穗数35.0万，每穗粒数39.2粒，千粒重46.4 g。对白粉病高感，对条锈病中抗，对叶锈病中抗，对纹枯病中感，对叶枯病中抗。容重796 g/L，粗蛋白质含量14.36%，湿面筋含量27.2%，降落值406 s，吸水量52.7 mL/100 g，形成时间3.2 min，稳定时间4.5 min，沉淀值54.0 mL。

产量表现：2006—2007年度河南省高肥冬水Ⅰ组区域试验，平均亩产545.4 kg，比对照豫麦49增产8.71%，差异极显著。2007—2008年度河南省高肥冬水Ⅰ组区域试验，平均亩产513.9 kg，比对照周麦18减产3.52%，差异显著。2007—2008年度河南省高肥冬水1组生产试验，平均亩产529.8 kg，比对照豫麦49增产5.6%。

栽培技术要点：10月10—25日均可播种，最佳播种期10月15日左右。中高肥力地块播种量6~8 kg/亩，中低肥力地块适当增加播种量，如延期播种，以每推迟3 d增加0.5 kg播种量为宜。施足底肥，追肥宜在拔节后进行，一般每亩施尿素5~10 kg，浇好拔节水和灌浆水。苗期和拔节前搞好田间除草。前期主要防治地下害虫，保证全苗，后期搞好“一喷三防”，注意防治白粉病和纹枯病。

适宜种植区域：河南省（南部稻茬麦区除外）早中茬中高肥力地种植。

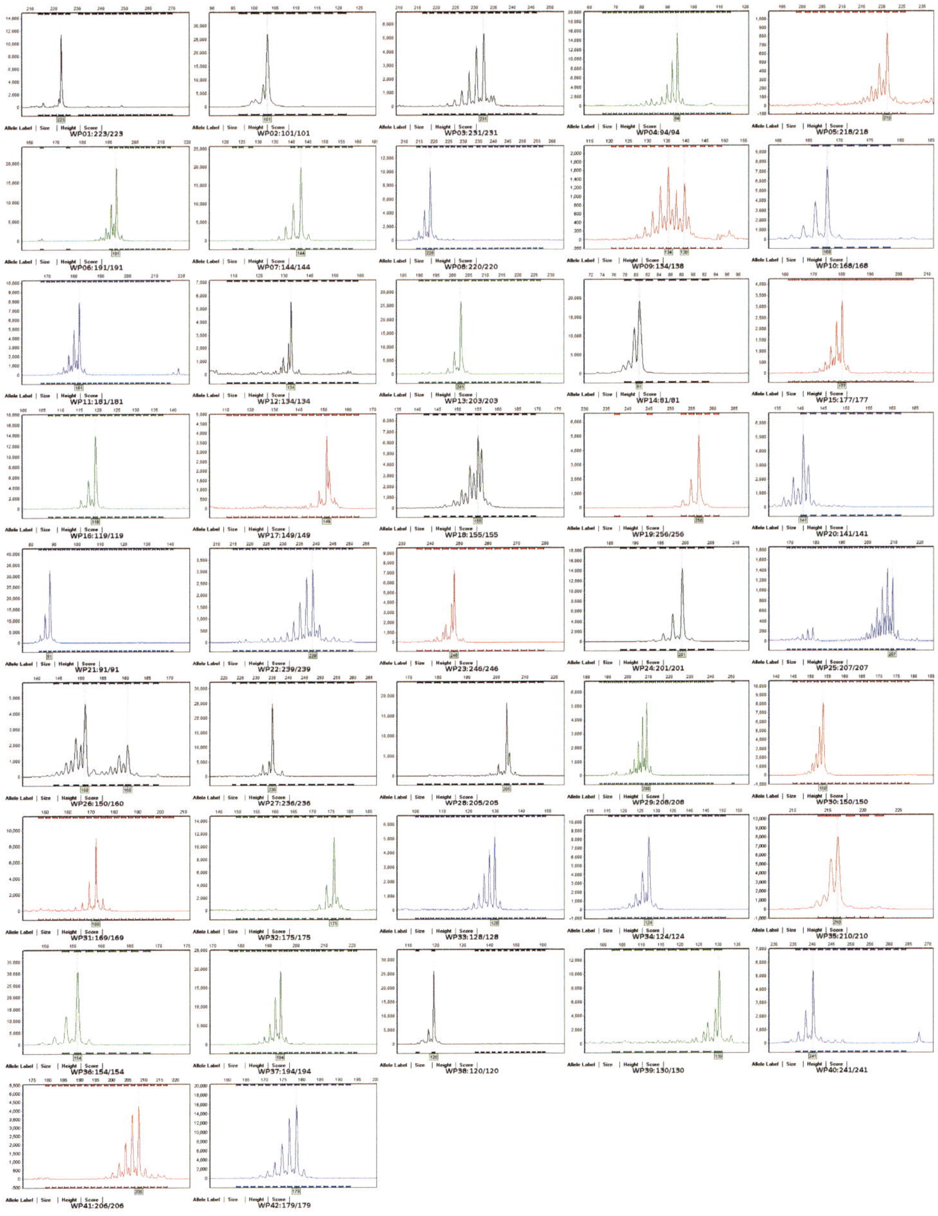

56. 郑麦9962

审定编号：豫审麦2009004

选育单位：河南省农业科学院小麦研究中心

品种来源：豫麦18/Ta971832

特征特性：弱春性中早熟品种，全生育期219 d。幼苗直立，苗势壮，叶色浅黄，冬季抗寒能力强，抗倒春寒能力弱，分蘖力中等。春季起身拔节快，抽穗较早。株高79 cm，株型半紧凑，旗叶下披，抗倒性一般。穗纺锤形，主茎穗突出，穗层较厚，籽粒白粒、角质，较饱满。平均亩穗数40.9万，穗粒数30.4粒，千粒重47.9 g。对白粉病中抗，对条锈病中抗，对叶锈病中感，对纹枯病中感，对叶枯病中抗。容重826 g/L，粗蛋白质含量13.9%，降落值484 s，湿面筋含量27.1%，吸水量59.2 mL/100 g，形成时间1.4 min，稳定时间1.0 min，沉淀值47.2 mL。

产量表现：2006—2007年度河南省高肥春水Ⅱ组区域试验平均亩产540.4 kg，比对照偃展4110增产7.95%，差异极显著。2007—2008年度河南省高肥春水Ⅱ组区域试验，平均亩产491.0 kg，比对照偃展4110增产1.24%，差异不显著。2007—2008年度河南省春水组生产试验，平均亩产501.1 kg，比对照偃展4110增产2.2%。2008—2009年度春水组生产试验，平均亩产496.6 kg，比对照偃展4110增产6.9%。

栽培技术要点：适于中晚茬地种植，适宜播种期为10月中下旬。适宜播种量每亩8~9 kg，基本苗以每亩14万~18万为宜，晚播适当增加播种量。施足底肥，一般亩施农家肥3~4 m^3，氮、磷、钾科学搭配，以1∶1∶0.8为宜。抽穗至灌浆期结合“一喷三防”防治病虫害，特别是要及时防治穗蚜。

适宜种植区域：河南省（南部稻茬麦区除外）中晚茬中高肥力地种植。

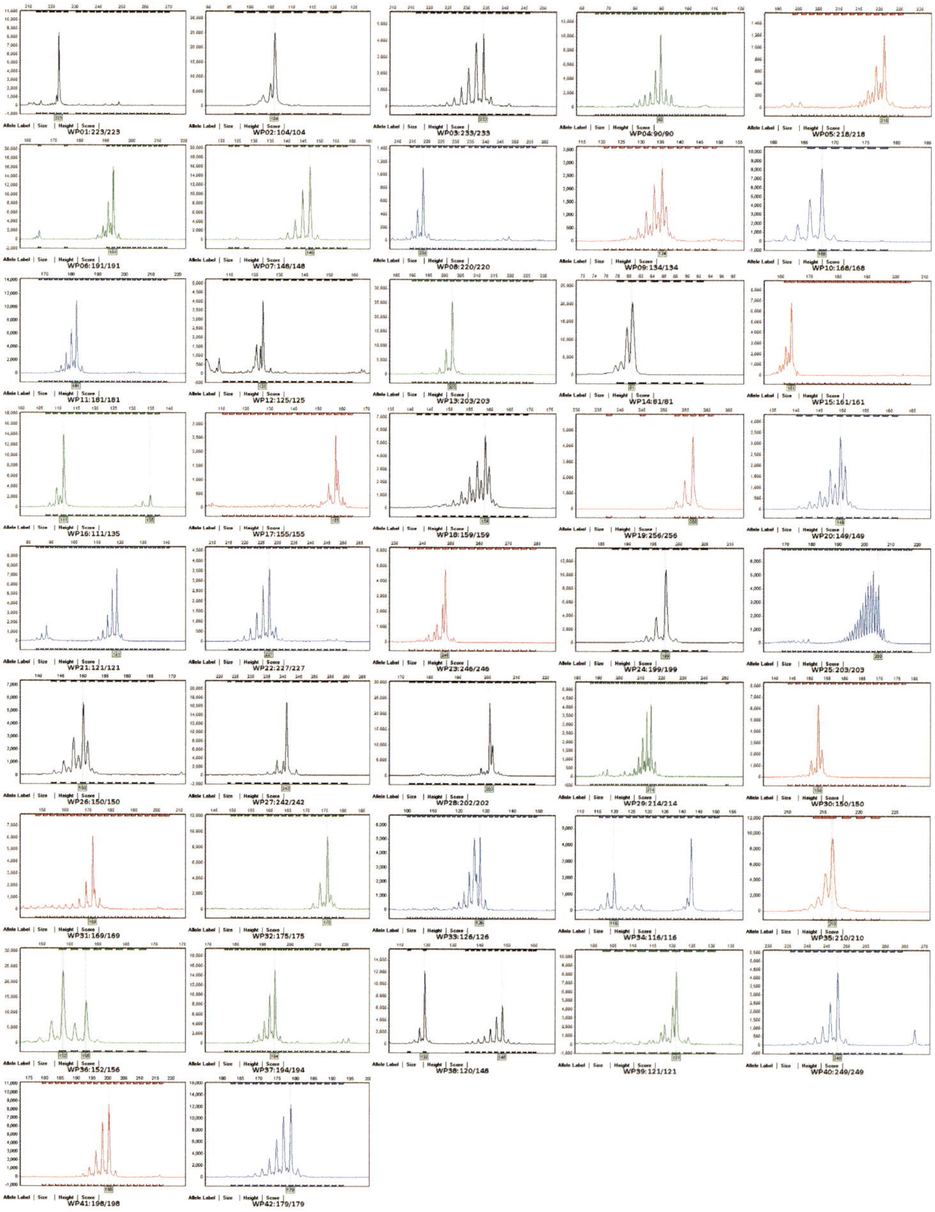

57. 花培8号

审定编号：豫审麦2009005

选育单位：河南省农业科学院重点试验室

品种来源：9824 H-1-2/91138//91138

特征特性：弱春性多穗型中晚熟品种，全生育期222 d。幼苗直立，苗势壮，抗寒性较好。分蘖力强，成穗率一般，春季起身拔节较快。株高81 cm，株型紧凑，茎秆弹性强，抗倒伏。旗叶直立，穗下节长，株行间通风透光好。耐后期高温，成熟落黄好。长方形大穗，结实性好，籽粒偏粉质，饱满。平均亩穗数41.0万，穗粒数34.5粒，千粒重44.5 g。对白粉病中抗，对纹枯病中感，对条锈病中感，对叶锈病中抗，对叶枯病中抗。容重795 g/L，粗蛋白质含量13.27%，湿面筋含量28.4%，降落值367 s，吸水量54.0 mL/100 g，形成时间2.0 min，稳定时间1.7 min，沉淀值44.0 mL，出粉率71.8%。

产量表现：2007—2008年度河南省春水Ⅰ组区域试验，平均亩产538.1 kg，比对照偃展4110增产6.37%，差异极显著。2008—2009年度河南省春水Ⅰ组区域试验，平均亩产489.9 kg，比对照偃展4110增产6.15%，差异显著。两年区域试验平均比对照增产6.26%。2008—2009年度河南省春水组生产试验，平均亩产501.8 kg，比对照偃展4110增产8.1%。

栽培技术要点：适宜播种期为10月15日左右。适宜播种量每亩7~8 kg。群体动态变化以基本苗14万~15万/亩、最高分蘖80万~90万/亩、亩成穗38万~40万为最好。施足底肥，一般每亩施肥量氮12 kg、磷7.5 kg、钾7.5 kg。春季水肥管理可适当提前到起身期前后进行，亩施尿素7.5~10 kg。春季注意防治纹枯病，根据天气变化可浇孕穗水和灌浆水，后期注意防治蚜虫。

适宜种植区域：河南省（南部稻茬麦区除外）中晚茬中高肥力地种植。

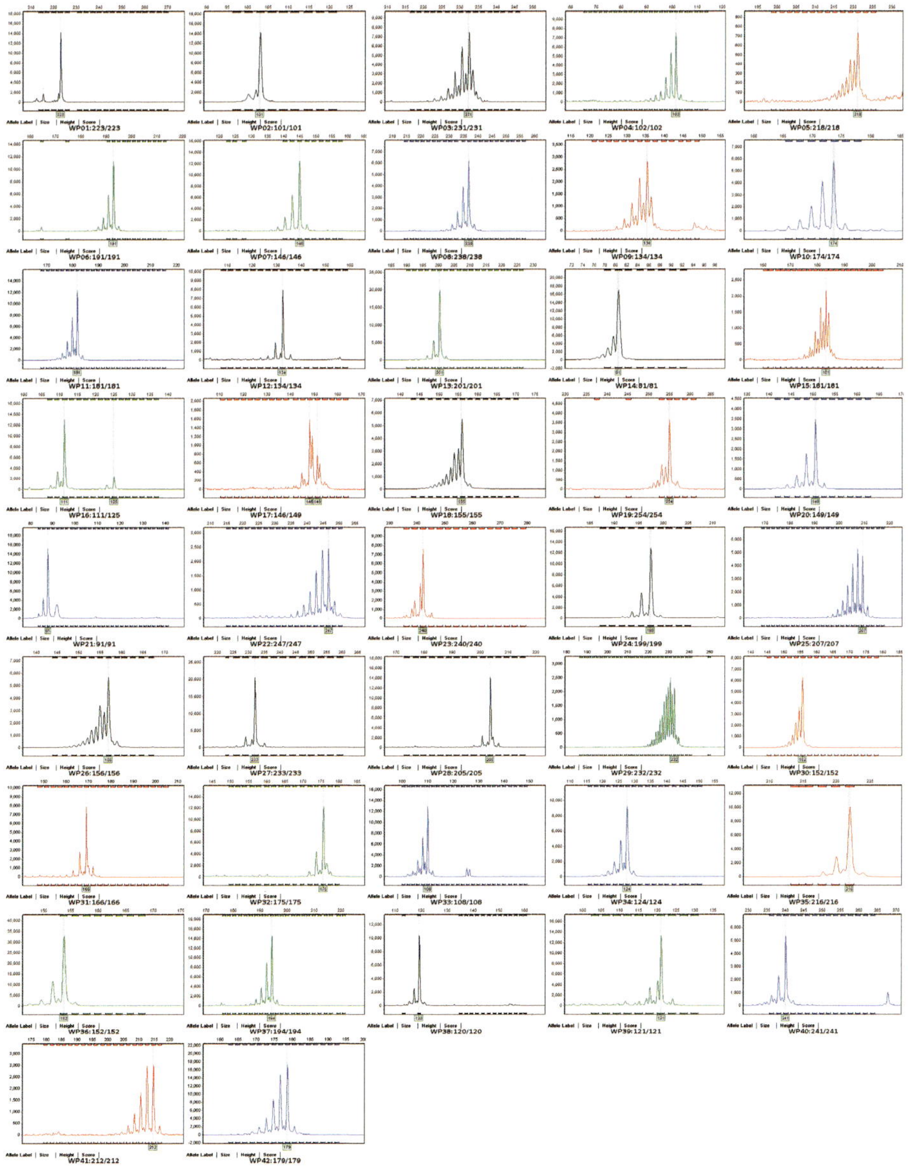

58. 内麦988

审定编号：豫审麦2009007

选育单位：内乡县农业科学研究所

品种来源：兰考906变异株/汾33

特征特性：弱春性早熟品种，全生育期206 d。幼苗半直立，苗势壮，叶片细长、浅绿，抗寒性强。分蘖成穗率高。株高79 cm，株型半紧凑，长相清秀。茎秆弹性好，较抗倒伏。穗层整齐，穗长方形，籽粒半角质，灌浆速度快，较饱满，成熟落黄好。平均亩穗数34.7万，穗粒数35.3粒，千粒重44.7 g。对白粉病中感，对条锈病中抗，对叶锈病中感，对纹枯病中抗，对叶枯病中抗。容重800 g/L，粗蛋白质含量13.6%，降落值360 s，湿面筋含量27.8%，吸水量53.8 mL/100 g，形成时间4.4 min，稳定时间5.4 min，沉淀值51.2 mL。

产量表现：2005—2006年参加河南省南阳组区域试验，平均亩产393.5 kg，比对照豫麦18增产3.36%，差异不显著。2006—2007年参加河南省南阳组区域试验，平均亩产443.7 kg，比对照豫麦18增产5.84%，差异显著。2005—2006年参加河南省信阳组区域试验，平均亩产371.5 kg，比对照豫麦18增产4.3%，差异不显著。2006—2007年参加河南省信阳组区域试验，平均亩产416.0 kg，比对照豫麦18增产0.68%，差异不显著。2007—2008年度河南省南部组生产试验，平均亩产470.8 kg，比对照豫麦18增产9.1%。

栽培技术要点：10月18—25日为最佳播种期。亩播种量5~7 kg，亩基本苗10万~12万为宜。精细整地，适墒深耕细耙。一般基肥亩施氮12 kg、磷8 kg、钾6 kg，同时配合施入农家土杂肥3 m^3和当地缺乏的微量元素。及时中耕松土，实施控促结合，对群体大、分蘖达到100万以上的麦田要深耕控蘖，对分蘖偏低的田块要补肥水促壮苗、促分蘖。在小麦生长后期注意防病治虫。

适宜种植区域：河南省南部稻茬麦区中晚茬地种植。

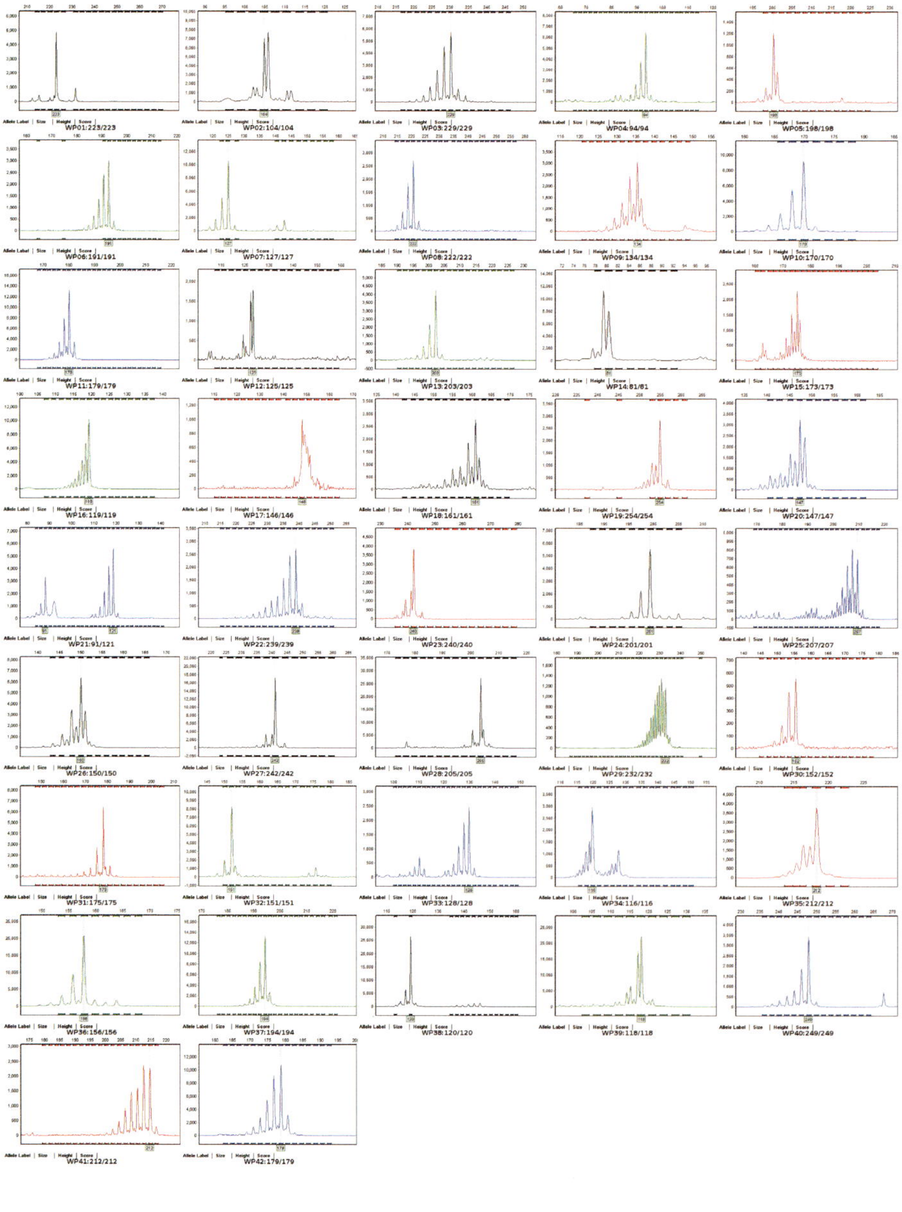

59. 许科316

审定编号：豫审麦2011001

选育单位：河南省许科种业有限公司

品种来源：周麦16号/百农64

特征特性：半冬性大穗型中熟品种，平均全生育期234.3 d。幼苗半直立，苗壮，叶宽长披，抗寒性较好，分蘖成穗率一般。春季起身拔节较早，两极分化快。成株期叶色浓绿，旗叶较小，上冲，穗下节较长，穗层不整齐。株高82.8 cm，株型紧凑，茎秆粗，但弹性一般，抗倒伏能力较弱。穗大，均匀，籽粒半角质，有黑胚，饱满度较好。根系活力强，耐后期高温，成熟落黄好。亩穗数35.8万，穗粒数38.9粒，千粒重48.3 g。中感白粉病和条锈病，中抗叶锈病、叶枯病和纹枯病。容重750 g/L，蛋白质（干基）14.29%，湿面筋31.9%，降落数值361 s，吸水量56.0 mL/100 g，形成时间2.7 min，稳定时间1.9 min，沉淀值47.2 mL，硬度62 HI，出粉率71.1%。

产量表现：2007—2008年度参加河南省冬水Ⅰ组区域试验，平均亩产538.6 kg，比对照周麦18号增产1.11%，差异不显著。2008—2009年度续试，平均亩产506.9 kg，比对照周麦18号增产0.69%，差异不显著。2009—2010年度河南省冬水1组生产试验，全部增产，平均亩产518.9 kg，比对照周麦18号增产7.6%。

栽培技术要点：10月5—20日播种，最佳播种期10月10日左右。高肥力地块亩播种量6~8 kg，中低肥力8~10 kg，如延期播种，以每推迟3 d增加0.5 kg播种量为宜。一般亩施底肥尿素20 kg，磷酸二铵25 kg，硫酸钾15 kg或三元素复合肥（15：15：15）50 kg，春节前后每亩追施尿素7~10 kg。拔节前进行化学除草，并适当化控，以降低株高。灌浆期喷施磷酸二氢钾，结合天气情况及时防治白粉病和穗蚜。

适宜种植区域：河南省（南部稻茬麦区除外）早中茬中高肥力地种植。

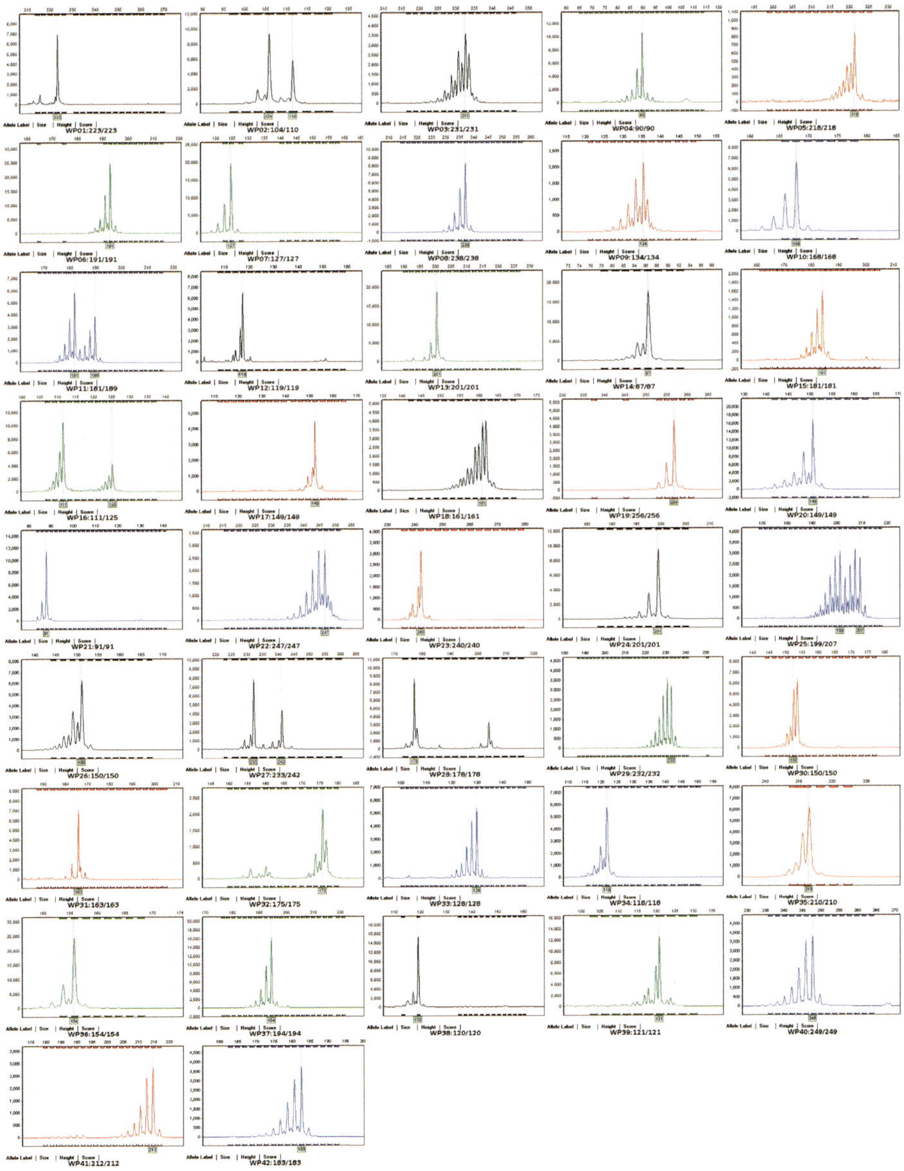

60. 豫教5号

审定编号：豫审麦2011002

选育单位：河南教育学院

品种来源：郑91138/豫麦49号

特征特性：半冬性中晚熟品种，平均全生育期237.8 d。幼苗半匍匐，苗势壮，叶宽短披，黄绿色，冬季抗寒性较好，分蘖力强，春季起身拔节早。株高75.5 cm，株型松散，抗倒伏能力一般。旗叶宽大上举，叶色灰绿。穗长方形，小穗排列较密，穗层整齐，穗下节短，抽穗偏迟，受倒春寒影响，有虚尖现象，不耐后期高温。籽粒半角质，均匀，饱满度较好，外观商品性较好。亩穗数37.2万，穗粒数34.4粒，千粒重47.5 g。中感白粉病、条锈病和叶枯病，中抗叶锈和纹枯病。容重802 g/L，蛋白质（干基）14.77%，湿面筋31.3%，降落数值408 s，吸水量51.6 mL/100 g，形成时间2.8 min，稳定时间3.0 min，沉淀值46.8 mL，硬度47 HI，出粉率71.3%。

产量表现：2007—2008年度参加河南省冬水Ⅱ组区域试验，平均亩产528.6 kg，比对照周麦18号增产2.44%，差异不显著。2008—2009年度续试平均亩产522.6 kg，比对照周麦18号增产2.98%，差异不显著。2009—2010年度河南省冬水2组生产试验，平均亩产483.8 kg，比对照周麦18号增产6.4%。

栽培技术要点：适播种期10月5—20日。播种量每亩7~9 kg，早播和足墒播种时宜降低播种量，晚播和底墒不足时宜提高播种量。施足底肥，有机肥与化学肥料配合，酌情、适量追施冬肥和春肥及灌水。扬花后用磷酸二氢钾、粉锈宁加氧化乐果间隔7 d田间喷雾两次，防病治虫，延长叶片功能期。适当控制群体，防止倒伏。

适宜种植区域：河南省（南部稻茬麦区除外）早中茬中高肥力地种植。

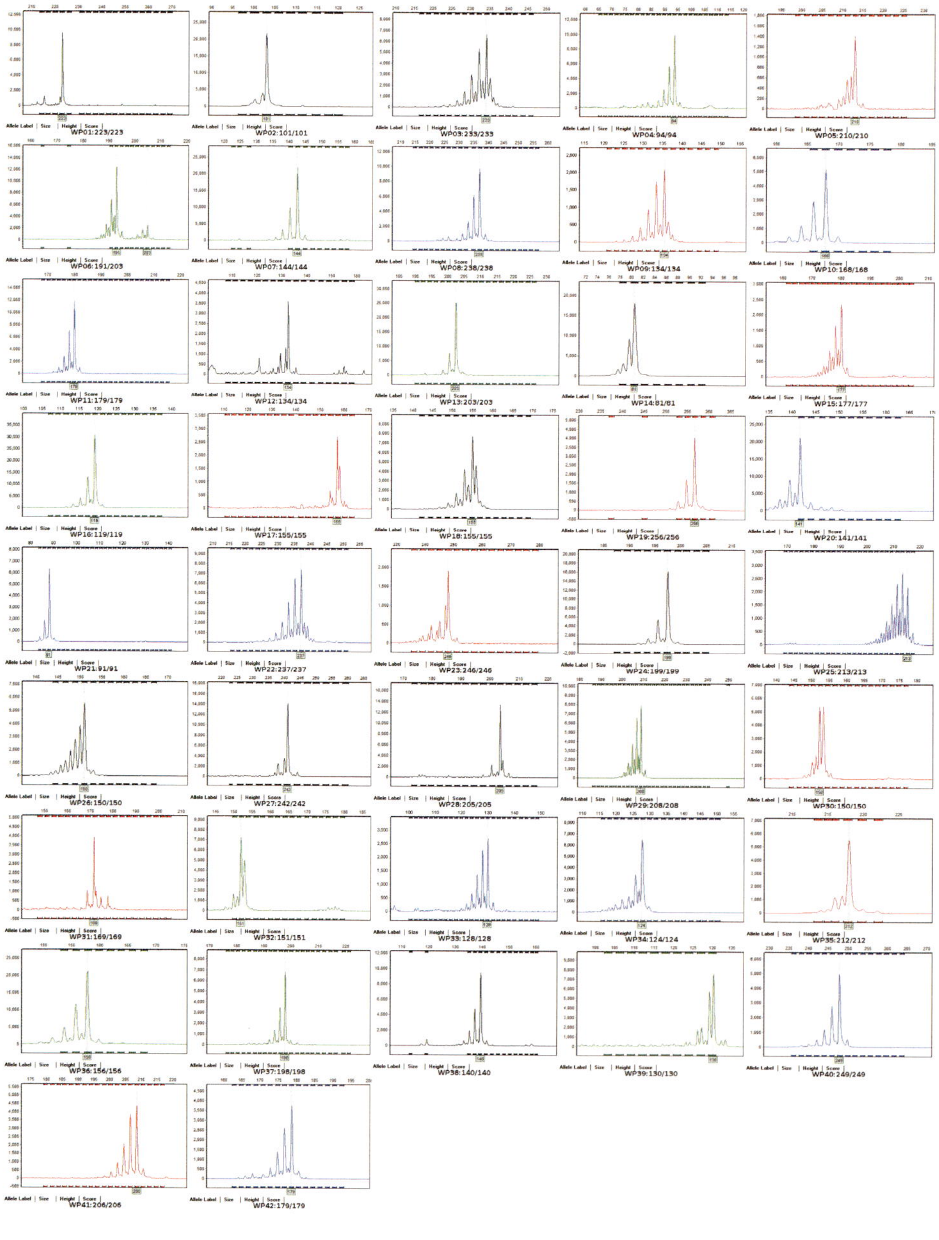

61. 群喜麦4号

审定编号：豫审麦2011003

选育单位：河南省新农种业有限公司

品种来源：农大82056/豫麦18//中育5号

特征特性：弱春性多穗型早熟品种，平均全生育期229.3 d。幼苗直立，苗势壮，冬季耐寒性较好，分蘖力一般，成穗率较高。春季起身拔节早，两极分化快，抽穗较早。株高72 cm左右，株型较松散，茎秆弹性弱，抗倒伏能力一般。旗叶偏长，穗层整齐，长芒，春季受倒春寒影响，穗顶端结实性降低。籽粒角质，饱满度较好，黑胚少。根系活力强，较耐后期高温，成熟落黄好。亩成穗数37.7万，穗粒数30.3粒，千粒重46.2 g。中感白粉病、条锈病和叶锈病，中抗叶枯病和纹枯病。容重803 g/L，蛋白质（干基）13.62%，湿面筋29.0%，降落数值390 s，吸水量56.1 mL/100 g，形成时间2.4 min，稳定时间1.9 min，沉淀值46.8 mL，硬度58 HI，出粉率71.8%。

产量表现：2007—2008年度参加河南省春水Ⅰ组区域试验，平均亩产511.1 kg，比对照偃展4110增产1.02%，差异不显著。2008—2009年度续试，平均亩产485.6 kg，比对照偃展4110增产5.22%，差异显著。2009—2010年度河南省春水组生产试验，平均亩产490.6 kg，比对照偃展4110增产8.0%。

栽培技术要点：适播种期为10月中下旬。高肥力地块亩播种量8~10 kg，中低肥力地可适当增加播种量，如延期播种或秸秆还田地块，应适当增加播种量。施足底肥，一般亩施底肥农家肥3~4 m^3，尿素12~15 kg，磷酸二铵20~25 kg，氯化钾6~10 kg。春季亩追施5~10 kg尿素。拔节前每亩可用20%三唑酮乳液100~150 mL喷施基部防治纹枯病，4月下旬或抽穗扬花期结合防治病虫害，再喷1次三唑酮，防治锈病和白粉病。

适宜种植区域：河南省（南部稻茬麦区除外）中晚茬中高肥力地种植。

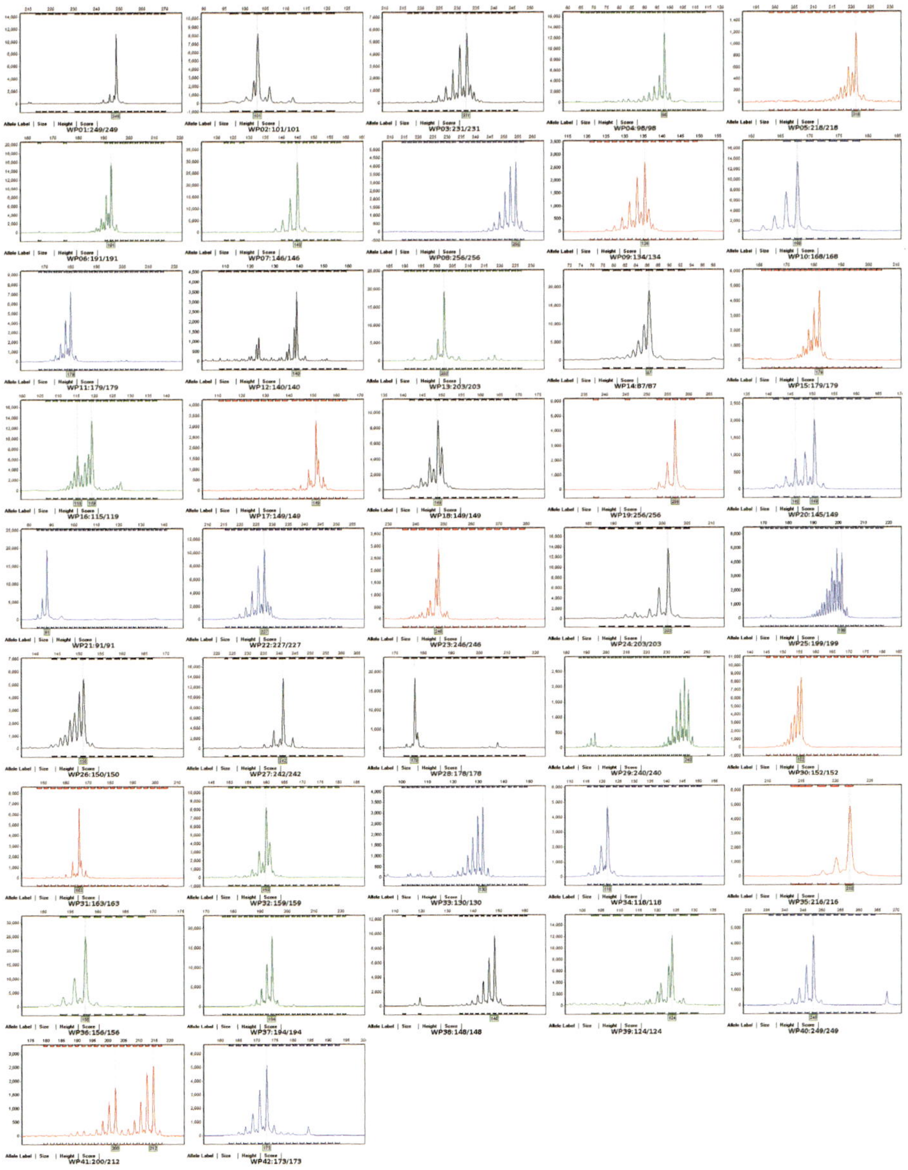

62. 浚2016

审定编号：豫审麦2011004

选育单位：浚县王庄乡农业科普站、河南浚原种业有限公司

品种来源：豫麦52号/郑麦9023//周麦13号

特征特性：弱春性大穗型早熟品种，平均全生育期229.8 d。幼苗半直立，苗势一般，冬季耐寒性较好，春季起身拔节晚，抽穗迟。株高70 cm左右，株型偏紧凑，茎秆弹性好，较抗倒伏。旗叶上冲，长相清秀，长方形中穗，均匀，籽粒半角质，饱满。根系活力强，耐后期高温。亩成穗数32.9万，穗粒数33.6粒，千粒重50.1 g。中抗白粉病、叶枯病，中感条锈病、叶锈病和纹枯病。容重788 g/L，蛋白质（干基）13.82%，湿面筋31.3%，降落数值401 s，吸水量58.1 mL/100 g，形成时间2.5 min，稳定时间2.2 min，沉淀值41.8 mL，硬度64 HI，出粉率67.8%。

产量表现：2007—2008年度参加河南省春水Ⅱ组区域试验，平均亩产497.5 kg，比对照偃展4110增产2.58%，差异不显著。2008—2009年度续试，平均亩产473.7 kg，比对照偃展4110增产4.1%，差异显著。2009—2010年度河南省春水组生产试验，平均亩产486.3 kg，比对照偃展4110增产7.0%。

栽培技术要点：播种期10月10—15日为宜。亩播种量8~10 kg，基本苗15万~20万为宜。平衡施肥，有机肥与无机肥相结合，氮、磷、钾与微肥相结合。适时浇好底墒水、越冬水、孕穗水和灌浆水，做到足墒播种和孕穗、灌浆期的需水保证。地下害虫防治可采用小麦种衣剂包衣的方法，早春纹枯病防治应在返青至拔节前喷药1~2次，在4月中旬至5月上旬喷雾防治锈病、赤霉病和穗蚜2次。为促进灌浆，提高粒重，可叶面喷施磷酸二氢钾200 g/亩。

适宜种植区域：河南省（南部稻茬麦区除外）中晚茬中高肥力地种植。

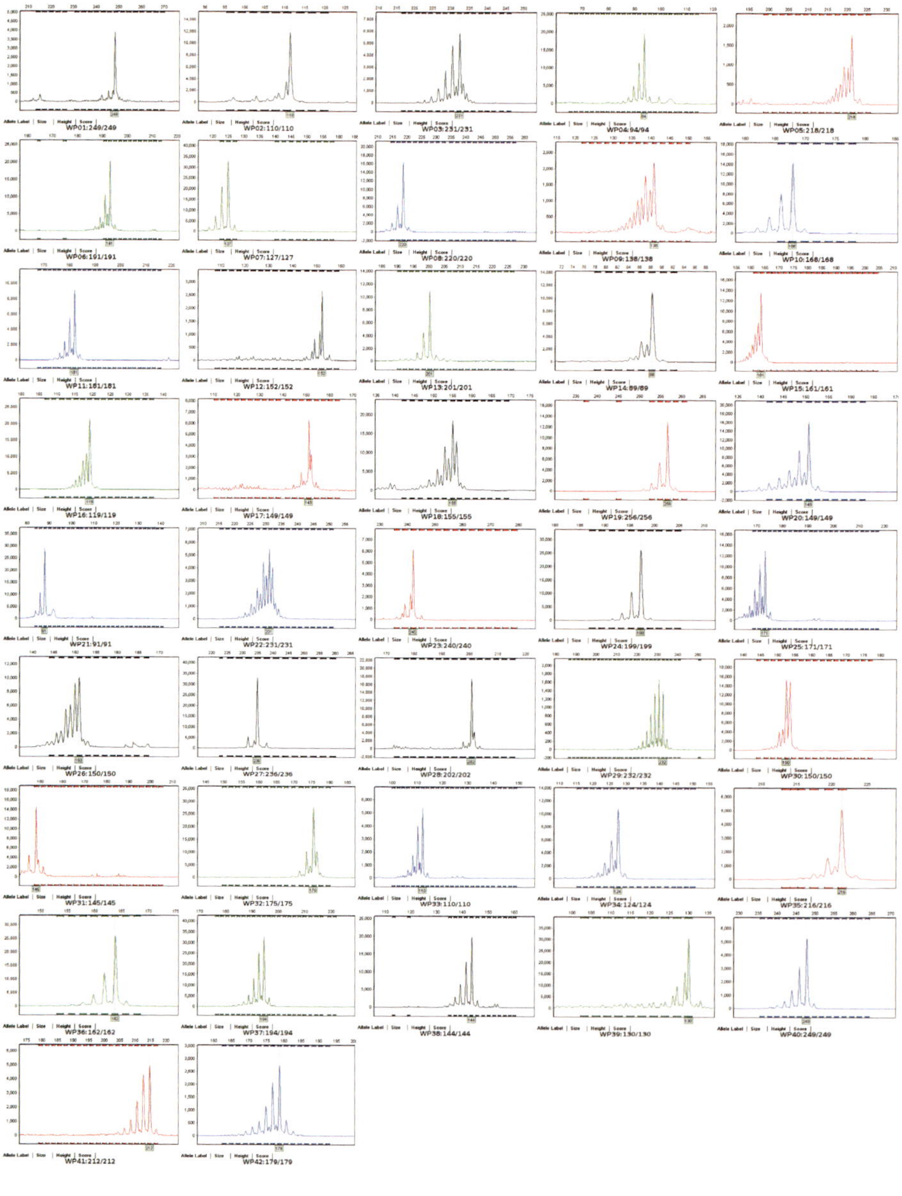

63. 洛麦24

审定编号：豫审麦2011005

选育单位：洛阳市农业科学研究院

品种来源：洛太911/淮麦18

特征特性：弱春性大穗型早熟品种，平均全生育期229.8 d。幼苗直立，苗势壮，叶短宽、浓绿色，耐寒性较好，分蘖力一般。春季起身拔节快，抽穗较早。株高78.8 cm左右，株型偏松散，茎秆蜡质重，旗叶偏大上举，茎秆弹性好，抗倒伏能力强。长方形大穗，均匀，结实性好。籽粒偏粉质，饱满度较好，均匀，外观商品性好。根系活力强，较耐后期高温，成熟落黄好。亩穗数41.8万，穗粒数36.6粒，千粒重36.9 g。中感白粉病、条锈病、叶枯病和纹枯病，中抗叶锈病。容重809 g/L，蛋白质（干基）13.97%，湿面筋29.9%，降落数值397 s，吸水量53.0 mL/100 g，形成时间2.5 min，稳定时间2.5 min，沉淀值44.2 mL，硬度38 HI，出粉率65.2%。

产量表现：2007—2008年度参加河南省春水Ⅰ组区域试验，平均亩产520.7 kg，比对照偃展4110增产2.93%，差异不显著。2008—2009年度续试，平均亩产493.1 kg，比对照偃展4110增产6.83%，差异极显著。2009—2010年度河南省春水组生产试验，平均亩产485.6 kg，比对照偃展4110增产6.9%。

栽培技术要点：适宜播种期为10月10—25日，最佳播种期为10月15日左右。高肥力地块亩播种量7~8 kg，中低肥力地可适当增加播种量，如延期播种，以每推迟3 d增加0.5 kg播种量为宜。一般亩施肥量：氮12 kg，磷7.5 kg，钾7.5 kg。拔节后，每亩追施尿素6 kg。小麦播种前要进行晒种和药剂拌种防治地下害虫和苗期蚜虫。小麦拔节孕穗期，要进行“一喷三防”，可用氧化乐果、粉锈宁和磷酸二氢钾混合喷施，重点防治穗蚜病、白粉病、纹枯病。适时收获，人工收获的地块要在蜡熟期进行，机械收割可适当推迟。

适宜种植区域：河南省（南部稻茬麦区除外）中晚茬中高肥力地种植。

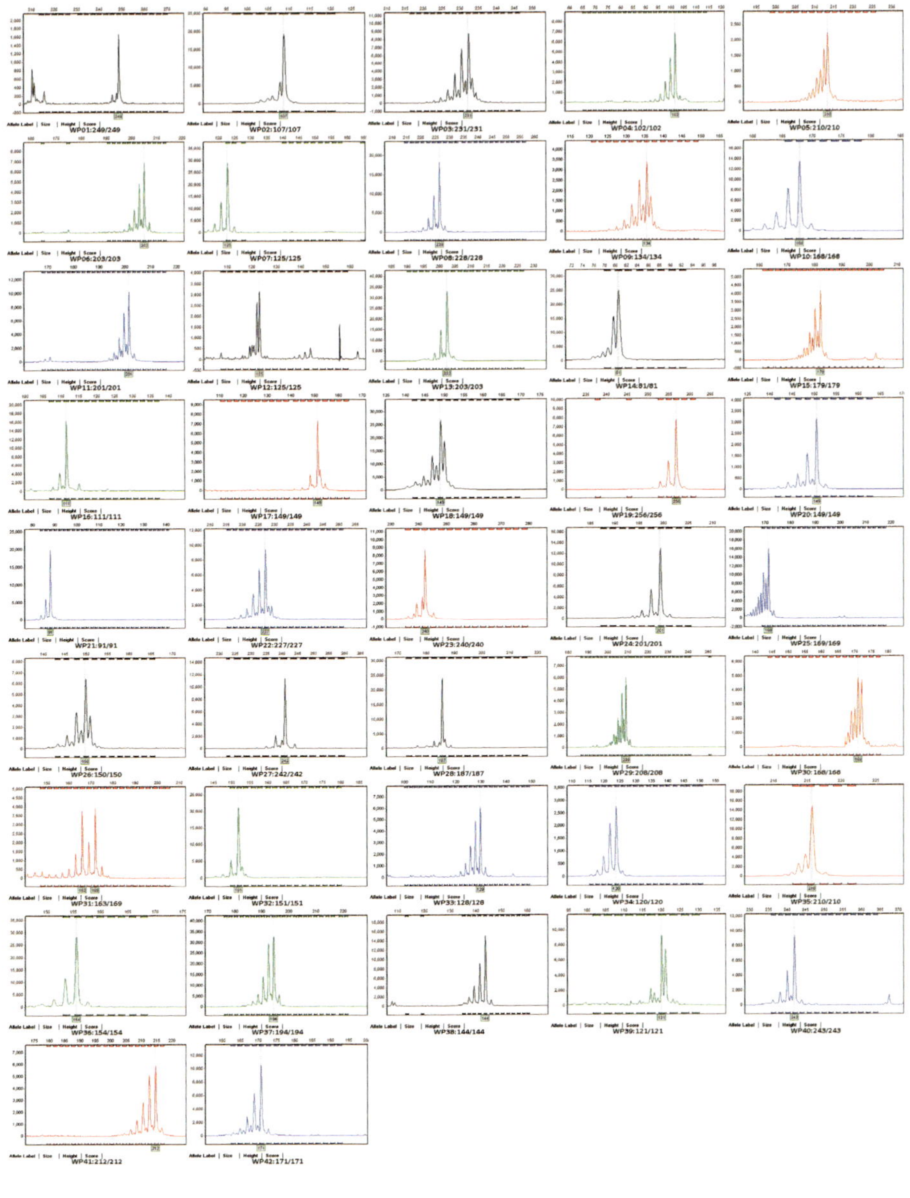

64. 开麦20

审定编号：豫审麦2011006

选育单位：开封市农林科学研究院

品种来源：矮开79/开麦14

特征特性：弱春性中早熟品种，平均全生育期229.5 d。幼苗直立，苗势壮，冬季耐寒性好，春季起身拔节早，抽穗较早。对倒春寒较敏感，有虚尖现象。株高76.7 cm左右，株型偏紧凑，抗倒性一般。旗叶较宽上举，结实性好。穗层较整齐，小穗较密，籽粒半角质，黑胚率偏高。后期灌浆速度快，成熟落黄好。亩穗数37.5万，穗粒数33.3粒，千粒重44.2 g。中抗白粉病和叶枯病，中感条锈病、叶锈病和纹枯病。容重806 g/L，蛋白质（干基）14.68%，湿面筋31.3%，降落数值377 s，吸水量54.5 mL/100 g，形成时间2.9 min，稳定时间2.7 min，沉淀值54.2 mL，硬度56 HI，出粉率70.6%。

产量表现：2007—2008年度参加河南省春水Ⅱ组区域试验，平均亩产510.2 kg，比对照偃展4110增产5.19%，差异显著。2008—2009年度续试，平均亩产487.4 kg，比对照偃展4110增产7.11%，差异极显著。2009—2010年度河南省小麦春水组生产试验，平均亩产485.2 kg，比对照偃展4110增产6.8%。

栽培技术要点：10月10—30日均可播种，最佳播种期10月15日左右。高肥力地块亩播种量8~9 kg，中低肥力或晚播地块可适当加大播种量。施足底肥，注意有机肥和氮、磷、钾合理配比，拔节后每亩追施尿素8 kg。精细整地，足墒下种，生育期间浇好拔节水和灌浆水。起身期结合田间化学除草适当进行化控，以降低株高，同时进行纹枯病的防治，防病壮秆增粒。5月上旬注意及时防治条锈、白粉病和蚜虫，灌浆期喷施磷酸二氢钾。

适宜种植区域：河南省（南部稻茬麦区除外）中晚茬中高肥力地种植。

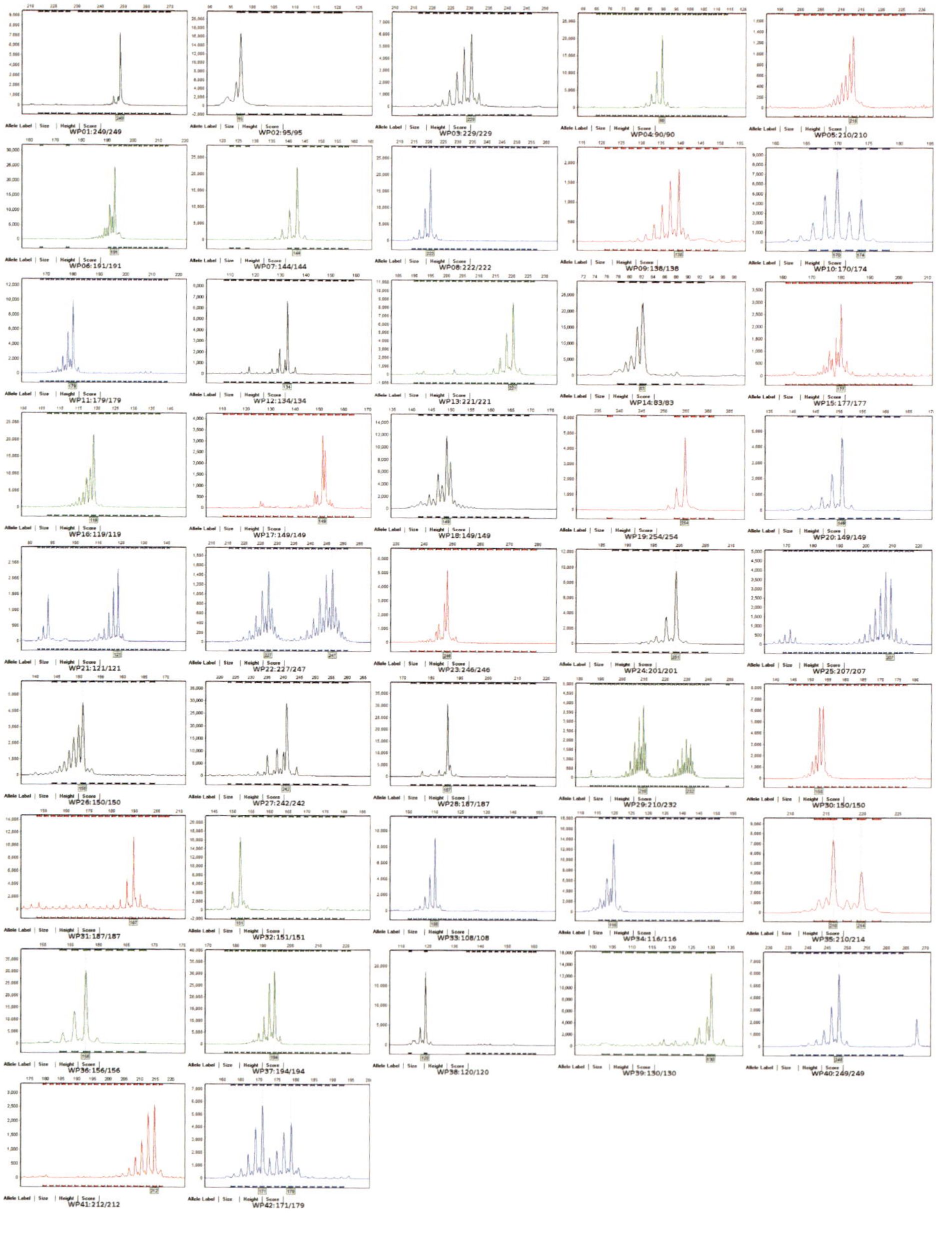

65. 宛麦19

审定编号：豫审麦2011007

选育单位：南阳市农业科学研究所

品种来源：（陕优225/南阳75-6）F_3Co^{60}辐射

特征特性：弱春性大穗型早熟稻茬麦区品种，平均全生育期214 d。幼苗半直立，苗壮，耐寒性一般，分蘖力一般。春季起身较慢，两极分化慢。株高79.4 cm左右，成株有蜡质，茎秆弹性好，抗倒伏能力强。旗叶偏长，下披，叶片稍卷曲，穗下节较长。穗长方形，长芒，结实性好，亩穗数偏多，穗层整齐，籽粒角质，饱满度较好。耐后期高温，成熟落黄较好。亩穗数40.1万，穗粒数33.2粒，千粒重42.8 g。中感条锈病、叶锈病和纹枯病，中抗白粉病和叶枯病。容重799 g/L，蛋白质（干基）15.64%，湿面筋34.3%，降落数值440 s，吸水量65.5 mL/100 g，形成时间2.2 min，稳定时间1.6 min，沉淀值46.8 mL，硬度64 HI，出粉率67.8%。

产量表现：2007—2008年度参加河南省信阳稻茬组区域试验，平均亩产430.1 kg，比对照豫麦18号增产1.87%，差异不显著。2008—2009年度续试，平均亩产392.7 kg，比对照豫麦18号增产9.94%，差异显著。2009—2010年度河南省南部稻茬组生产试验，平均亩产440.2 kg，比对照偃展4110增产5.0%。

栽培技术要点：10月15—30日均可播种，最佳播种期10月20日左右。亩播种量7~10 kg，10月30日后播种，每推迟3 d，亩增加播种量0.5 kg为宜，中低肥力地块适当增加播种量。精细整地，施足底肥，氮磷钾合理配比，并增施硼肥和锌肥。根据小麦长势注意适量追肥。适时中耕、除草，在小麦越冬、拔节、灌浆期如遇干旱及时浇水。重视小麦病虫害防治，抽穗前后喷施粉锈宁和氧化乐果，能有效防治小麦白粉病、锈病、蚜虫及黏虫。

适宜种植区域：河南省南部稻茬麦区中晚熟中高肥力地种植。

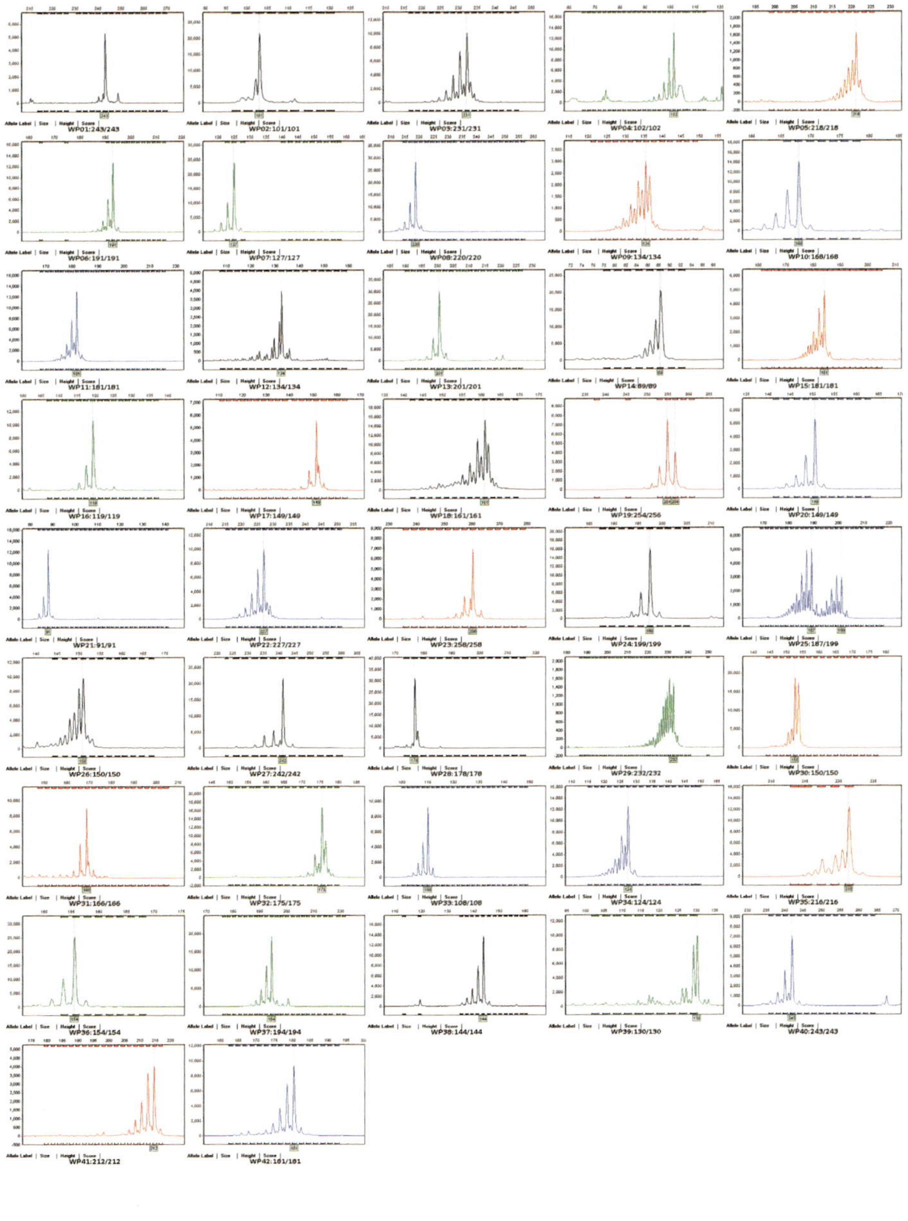

66. 洛旱10号

审定编号：豫审麦2011009

选育单位：洛阳市农业科学研究院

品种来源：豫麦49号/山农45

特征特性：半冬性中熟旱地品种。平均全生育期233 d。幼苗半匍匐，叶色浓绿，冬前大分蘖多，幼苗冬季抗寒性好，返青偏早，起身拔节速度较快。株高90.7 cm，株型半紧凑，抗倒性一般。旗叶上举，茎叶有蜡质。长方形大穗，穗下节长，穗层整齐，白壳，白粒，半角质，黑胚率偏高。灌浆速度快，千粒重高，成熟落黄好。亩穗数34.6万，穗粒数28.9粒，千粒重48.3 g。中抗白粉病、叶锈病和叶枯病，中感纹枯病，高感条锈病。容重783 g/L，蛋白质（干基）14.79%，湿面筋32.6%，降落数值494 s，吸水率60.3%，形成时间2.5 min，稳定时间1.8 min，沉淀值50.0 mL，硬度67 HI，出粉率69.2%。

产量表现：2007—2008年度参加河南省旱地组区域试验，平均亩产375.60 kg，比对照洛旱2号增产5.80%，差异不显著。2008—2009年度续试，平均亩产332.81 kg，比对照洛旱2号增产9.10%，差异极显著。2009—2010年度河南省旱地组生产试验，平均亩产433.4 kg，比对照洛旱2号增产8.7%。

栽培技术要点：10月1—20日均可播种，适宜播种期为10月10日左右。适时播种，最佳播种量每亩8~10 kg，晚播可适当加大播种量。可采用一炮轰的方法，把有机肥和化肥配合使用，一次深耕掩底。小麦播种前要进行晒种和药剂拌种，防治地下害虫和苗期蚜虫，预防黄矮病。小麦拔节孕穗期要进行“一喷三防”，可用氧化乐果、粉锈宁和磷酸二氢钾混合喷施，重点防治穗蚜、锈病和干热风危害。适时收获。

适宜种植区域：河南省丘陵旱肥地早中茬种植。

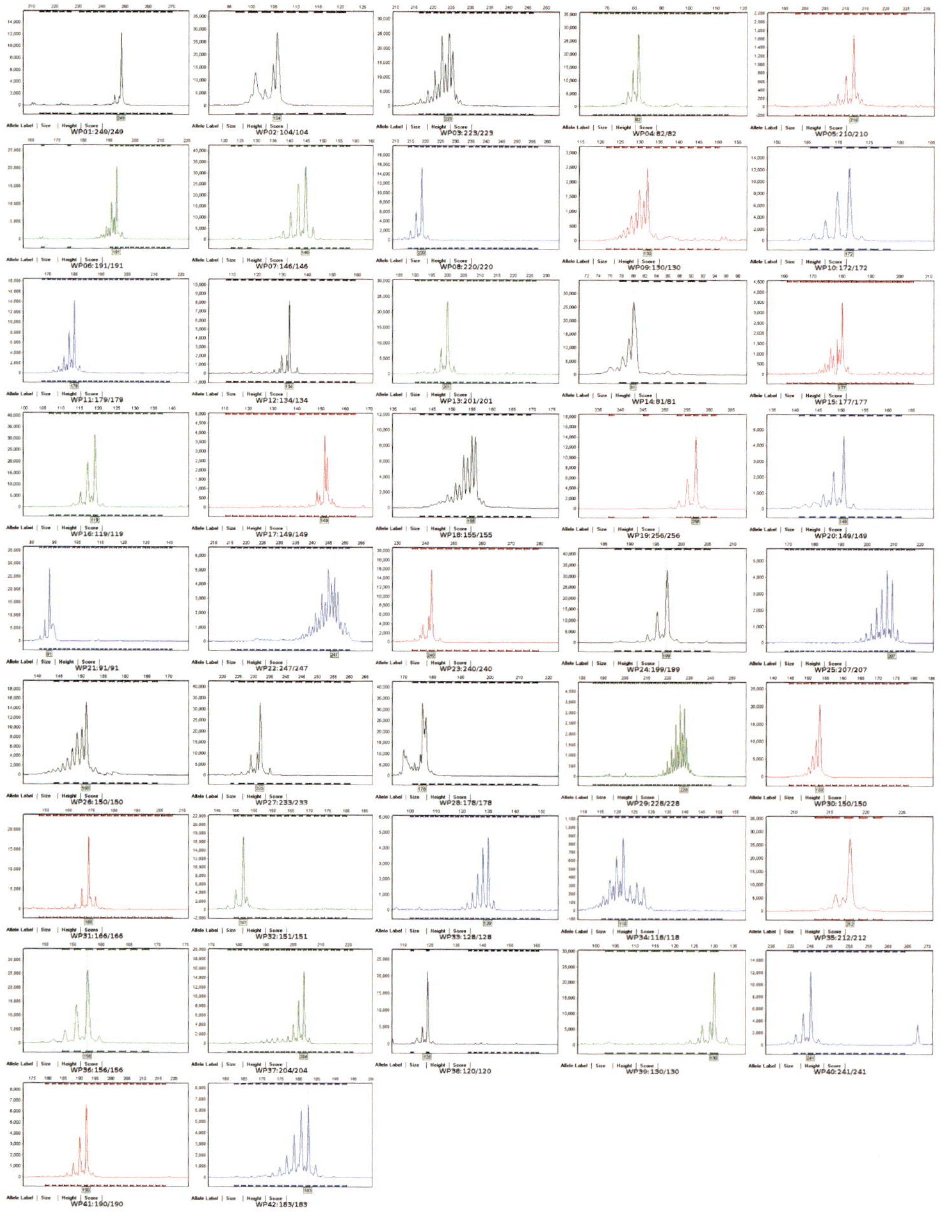

67. 鹤麦2号

审定编号：豫审麦2011010

选育单位：鹤壁市农业科学院

品种来源：西农881/豫农69号

特征特性：半冬性中熟旱地类型品种，平均全生育期232.3 d。幼苗半直立，长势壮，耐瘠性差，分蘖力较弱，冬季冻害较重，拔节起身早，两极分化快。株高80.6 cm，株型半紧凑，茎秆粗壮，抗倒性好。茎秆蜡质厚，旗叶下披，叶片较大。长方形大穗，穗层整齐，长芒，白粒，半角质，成熟落黄一般。产量构成三要素：亩穗数36.8万，穗粒数33.7粒，千粒重42.3 g。中感白粉病和纹枯病，高感条锈病，中抗叶锈病和叶枯病。容重786 g/L，蛋白质（干基）15.78%，湿面筋35.8%，降落数值413 s，吸水率54.7%，形成时间2.7 min，稳定时间2.3 min，沉淀值48.2 mL，硬度53 HI，出粉率64.8%。

产量表现：2007—2008年度河南省旱地组区域试验，平均亩产368.31 kg，比对照洛旱2号增产3.70%，差异不显著。2008—2009年度续试，平均亩产313.86 kg，比对照洛旱2号增产2.89%，差异不显著。

2009—2010年度河南省旱地组生产试验，平均亩产428.7 kg，比对照洛旱2号增产7.6%。

栽培技术要点：播种期9月28日至10月10日，最佳播种期10月3日左右。播种量以每亩12~16 kg为宜，保证基本苗13万~18万/亩。亩施有机肥2 000 kg，尿素20 kg，过磷酸钙50~70 kg，氯化钾7.5~10 kg。沉实土壤，小麦播后要及时镇压，出苗后及时查苗补苗，春季以镇压中耕为主。后期注意防治蚜虫、红蜘蛛和条锈病。

适宜种植区域：河南省丘陵旱肥地早中茬种植。

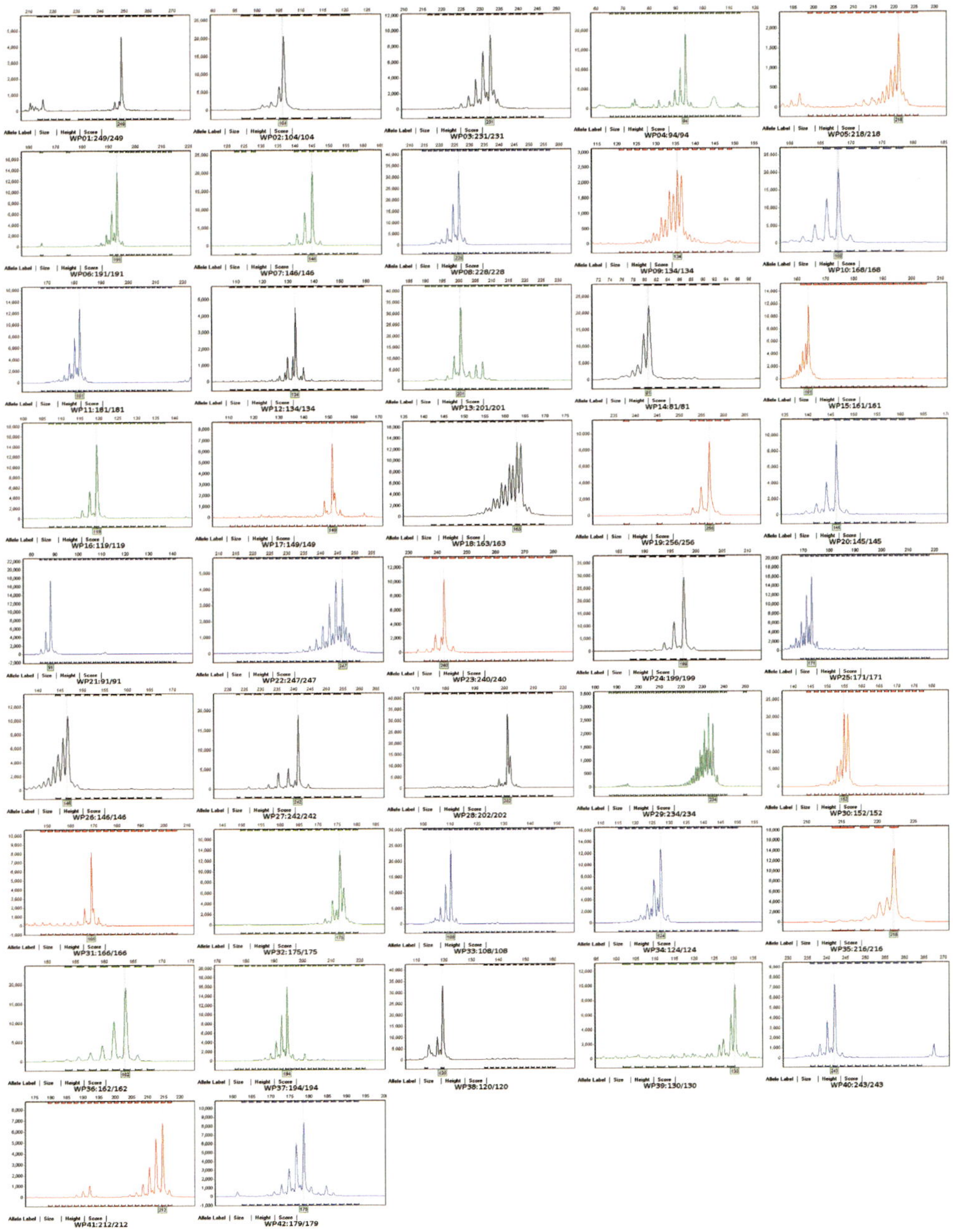

68. 洛旱12

审定编号：豫审麦2011011

选育单位：洛阳市农业科学研究院

品种来源：洛旱2号/西（15）

特征特性：半冬性中晚熟旱地类型品种，平均全生育期232.7 d。幼苗半匍匐，长势壮，分蘖力强，起身返青早，两极分化快，春季生长发育速度较快。株高89.9 cm，株型半松散，基部节间短，茎秆弹性好，较抗倒伏。叶色浅绿，旗叶平举，后期旗叶倒挂，叶片功能期较长。穗下节长，抗干热风能力强，落色黄亮。长方形大穗，穗层整齐，受春季倒春寒影响，穗顶部结实性差。白壳，白粒，半角质。亩穗数40.6万，穗粒数31.2粒，千粒重37.1 g。中抗叶锈病和叶枯病，中感白粉病和纹枯病，高感条锈病。容重788 g/L，蛋白质（干基）14.50%，湿面筋32.4%，降落数值445 s，吸水率57.5%，形成时间2.2 min，稳定时间1.6 min，沉淀值53.8 mL，硬度68 HI，出粉率66.1%。

产量表现：2007—2008年度参加河南省旱地组区域试验，平均亩产367.29 kg，比对照洛旱2号增产3.50%，差异不显著。2008—2009年度续试，平均亩产312.89 kg，比对照洛旱2号增产2.57%，差异不显著。2009—2010年度河南省旱地组生产试验，平均亩产424.0 kg，比对照洛旱2号增产6.4%。

栽培技术要点：播种期10月1—15日，最适宜播种期10月8日左右。播种量8~10 kg/亩，晚播可适当加大播种量。可采用一炮轰的方法，施肥可按稳氮增磷补钾的原则，每亩施氮9 kg、磷6 kg、钾6 kg。重点防治蚜虫危害。要注意适时收获，防止遇雨发芽。

适宜种植区域：河南省丘陵旱肥地早中茬种植。

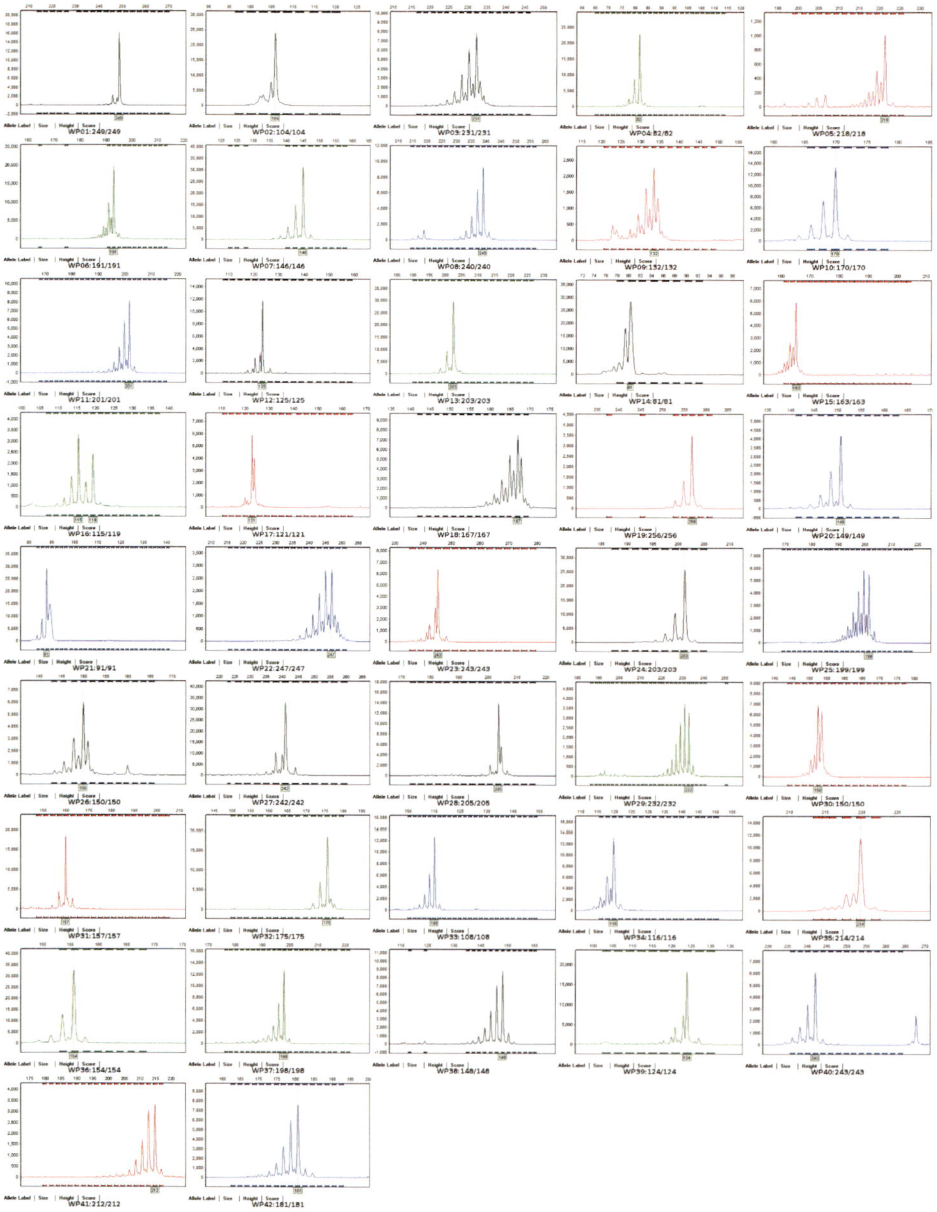

69. 宛麦20

审定编号：豫审麦2011012

选育单位：南阳市农业科学研究所

品种来源：漯珍1号/豫麦18号//漯珍1号

特征特性：弱春性中熟黑色类型品种，平均全生育期232.3 d。幼苗半直立，叶色深绿，长势旺，分蘖力一般，成穗率较高。株高81.7 cm，株型较紧凑，茎秆弹性一般，抗倒性一般。叶片较大，上举，成熟后叶片下披。穗层较整齐，小穗排列较密，无芒，黑粒，籽粒小。受倒春寒影响，有虚尖缺位现象。根系活力好，耐后期高温，成熟落黄好。亩穗数38.5万，穗粒数26.3粒，千粒重37.8 g。中感白粉病和叶枯病，中抗条锈病、叶锈病和纹枯病。

产量表现：2006—2007年度参加河南省特色组区域试验，平均亩产424.4 kg，比对照漯珍1号增产8.88%，差异不显著。2007—2008年度续试，平均亩产452.4 kg，比对照漯珍1号增产13.79%，差异极显著。2008—2009年度续试，平均亩产422.6 kg，比对照漯珍1号增产13.21%，差异显著。2009—2010年度河南省特色组生产试验，平均亩产409.0 kg，比对照漯珍1号增产13.1%。

栽培技术要点：10月15—30日均可播种，最佳播种期10月20日左右，最晚可延迟到11月10日播种。亩播种量8~10 kg，10月30日后每推迟3 d增加0.5 kg播种量为宜，中低肥力地块适当增加播种量。精细整地，施足底肥，重施氮肥并注意氮、磷、钾的配合。追肥应掌握氮肥后移原则。抽穗后注意防治吸浆虫、蚜虫、条锈病、白粉病，灌浆中后期注意喷施叶面微肥、磷酸二氢钾与尿素水溶液，连喷2~3次，提高千粒重。

适宜种植区域：作为特用类型品种以订单农业形式在河南省麦区（南部稻茬麦区除外）中晚茬地种植。

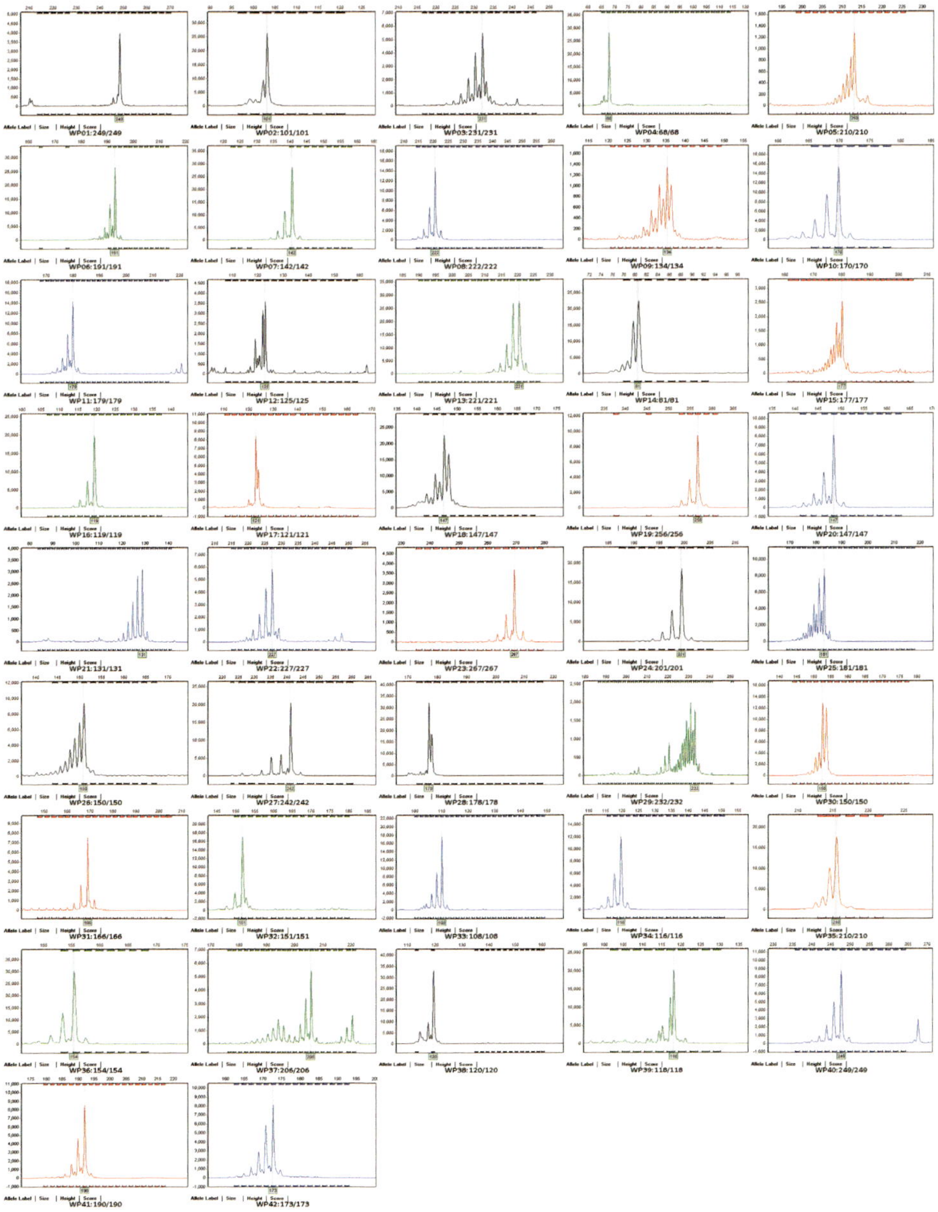

70. 周黑麦1号

审定编号：豫审麦2011013

选育单位：周口市农业科学院

品种来源：周麦9号/漯珍1号

特征特性：半冬性中熟黑色类型品种，平均全生育期232.3 d。幼苗半匍匐，苗期叶色深绿，分蘖力强，成穗率一般。返青拔节后叶色变浅，两极分化慢。株高79 cm，旗叶上举，有干尖，茎秆弹性好，抗倒伏能力较强。穗层整齐，籽粒黑色，半角质，饱满度好，容重较高。较耐后期高温，熟相一般。亩穗数38.1万，穗粒数30.6粒，千粒重38.1 g。中抗条锈病和纹枯病，中感叶锈病、白粉病和叶枯病。

产量表现：2007—2008年度参加河南省特色组区域试验，平均亩产460.5 kg，比对照漯珍1号增产15.82%，差异极显著。2008—2009年度续试，平均亩产414.0 kg，比对照漯珍1号增产10.89%，差异不显著。2009—2010年度河南省特色组生产试验，平均亩产407.0 kg，比对照漯珍1号增产12.5%。

栽培技术要点：10月5—25日均可播种，最佳播种期10月10日左右。适宜播种量每亩8~10 kg。全生育期每亩施肥量为氮12~14 kg，磷6~10 kg，钾5~7 kg，氮肥底肥与追肥的比例为6：4。在4月中旬至5月上旬重点防治白粉病和叶锈病2次。中后期叶面喷施磷酸二氢钾200 g/亩两次，提高千粒重。

适宜种植区域：作为特用类型品种以订单农业形式在河南省麦区（南部稻茬麦区除外）早中茬地种植。

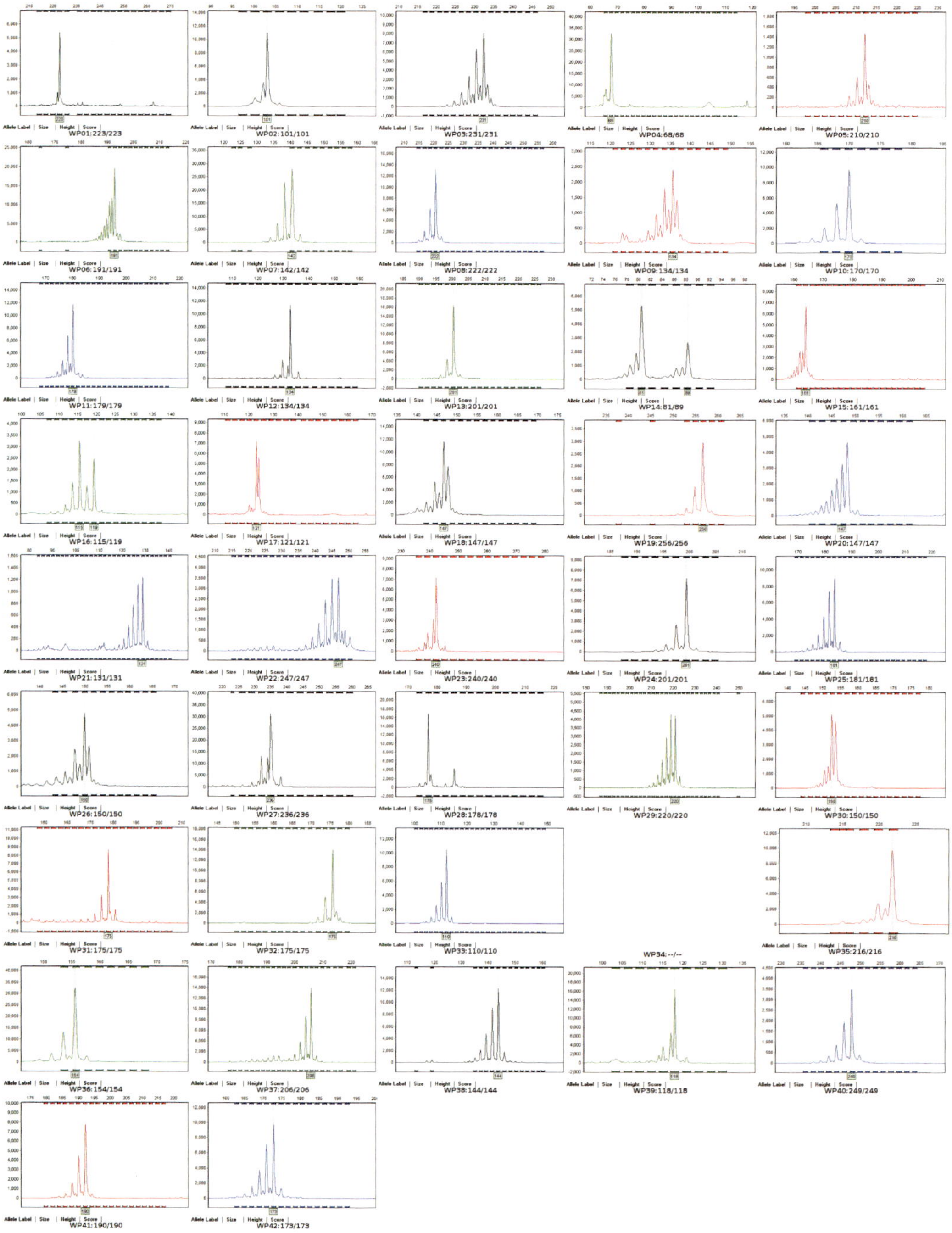

71. 豫教黑1号

审定编号：豫审麦2011014

选育单位：河南教育学院

品种来源：漯珍1号/周麦9号

特征特性：半冬性中晚熟黑色类型品种，全生育期233.7 d。幼苗半直立，苗期长势壮，分蘖力强，抗寒性好。株高72.7 cm，株型半紧凑，抗倒性一般，旗叶上举，干尖重，熟相一般。穗层较厚，受倒春寒影响，有虚尖缺位现象。籽粒黑色，角质，饱满度一般。亩穗数38.4万，穗粒数26.3粒，千粒重39.3 g。中感白粉病和叶锈病，中抗条锈病、叶枯病和纹枯病。

产量表现：2007—2008年度参加河南省特色组区域试验，平均亩产434.1 kg，比对照漯珍1号增产9.19%，差异显著。2008—2009年度续试，平均亩产402.9 kg，比对照漯珍1号增产7.93%，差异不显著。2009—2010年度河南省特色组生产试验，平均亩产398.9 kg，比对照漯珍1号增产10.3%。

栽培技术要点：适播种期10月5—20日，亩播种量7~9 kg。施足底肥，有机肥与化学肥料配合，根据土壤肥力、墒情和苗情，酌情、适量追施冬肥和春肥及灌水。小麦扬花后用磷酸二氢钾、粉锈宁加氧化乐果间隔7 d田间喷雾两次，防病治虫，延长叶片功能期，增加千粒重。生产上利用时应适当控制群体，防止倒伏。蜡熟末期及时收割。

适宜种植区域：作为特用类型品种以订单农业形式在河南省麦区（南部稻茬麦区除外）早中茬地种植。

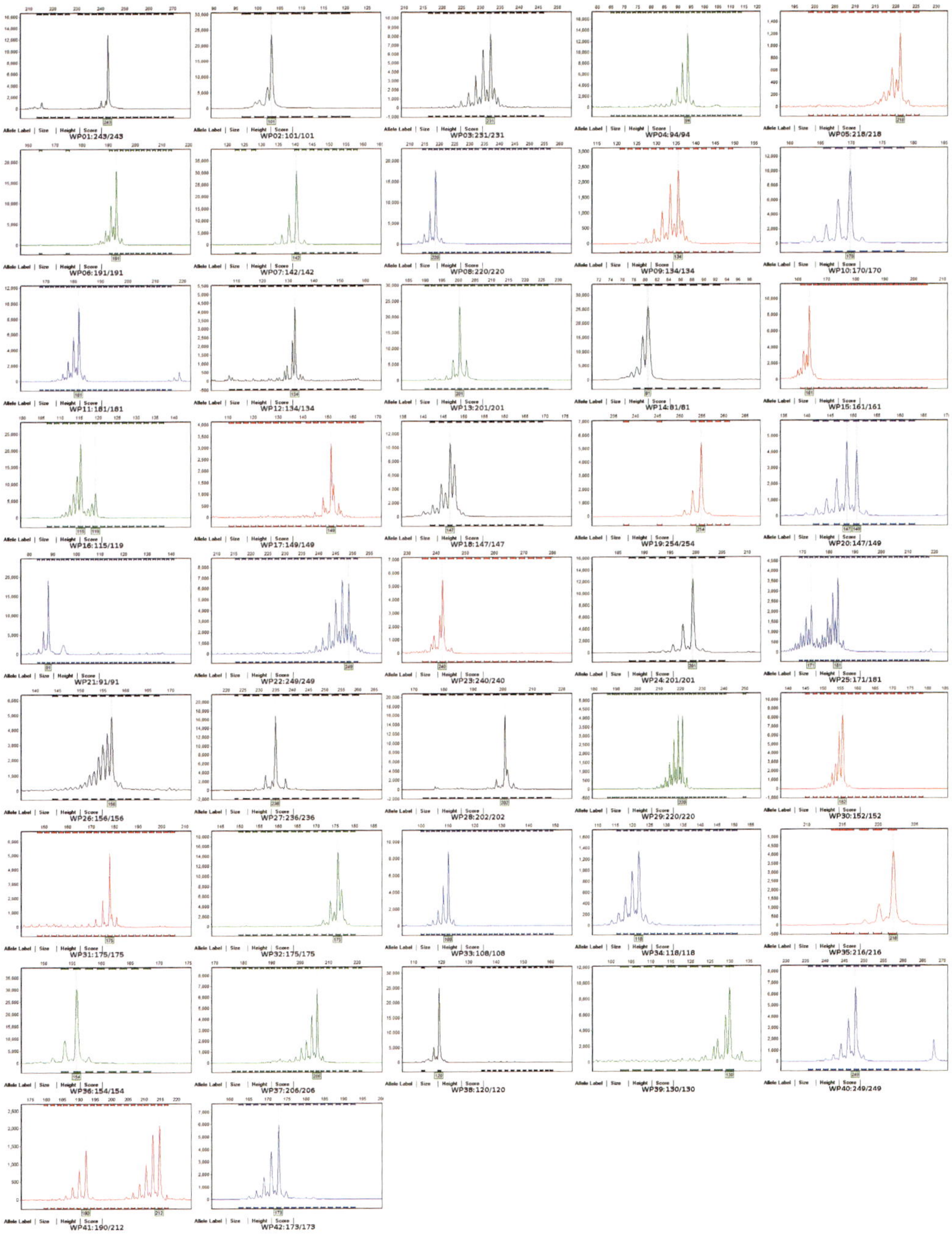

72. 济糯1号

审定编号：豫审麦2011015

选育单位：济源市农业科学研究所

品种来源：全糯小麦/济麦3号

特征特性：弱春性早熟糯质类型品种，平均全生育期230 d。春季起身拔节早，两极分化快。株高64.7 cm，株型松散，茎秆有蜡质，叶片细长下披。纺锤形穗，小穗排列较密，顶部不孕小穗明显，白粒，偏粉质，饱满度较好。不耐后期高温，有早衰现象。亩穗数40.0万，穗粒数30.6粒，千粒重39.0 g。中抗白粉病、条锈病、叶锈病和纹枯病，中感叶枯病。容重801 g/L，蛋白质（干基）15.85%，湿面筋34.4%，降落数值65 s，吸水量77.1 mL/100 g，形成时间4.0 min，稳定时间2.1 min，沉淀值38.5 mL，粉质质量指数54 mm，直链淀粉含量（占淀粉）0.48%，出粉率71.2%，评价值45。

产量表现：2007—2008年度参加河南省特色组区域试验，平均亩产454.7 kg，比对照漯珍1号增产14.36%，差异极显著。2008—2009年度续试，平均亩产442.3 kg，比对照漯珍1号增产18.50%，差异极显著。2009—2010年度河南省特色组生产试验，平均亩产403.3 kg，比对照漯珍1号增产11.5%。

栽培技术要点：10月5—22日均可播种，最佳播种期10月15日左右。高肥力地块亩播种量6~9 kg，中低肥力可适当增加播种量，如延期播种，以每推迟3 d增加0.5 kg播种量为宜。施足底肥，拔节后每亩追施尿素6 kg。从小麦拔节期开始，注意防治纹枯病、白粉病及蚜虫等。搞好根外喷肥，于开花期和灌浆期进行2~3次叶面喷肥，喷施微肥、磷酸二氢钾、尿素等，以提高小麦产量和品质。

适宜种植区域：作为特用类型品种以订单农业形式在河南省麦区（南部稻茬麦区除外）中晚茬种植。

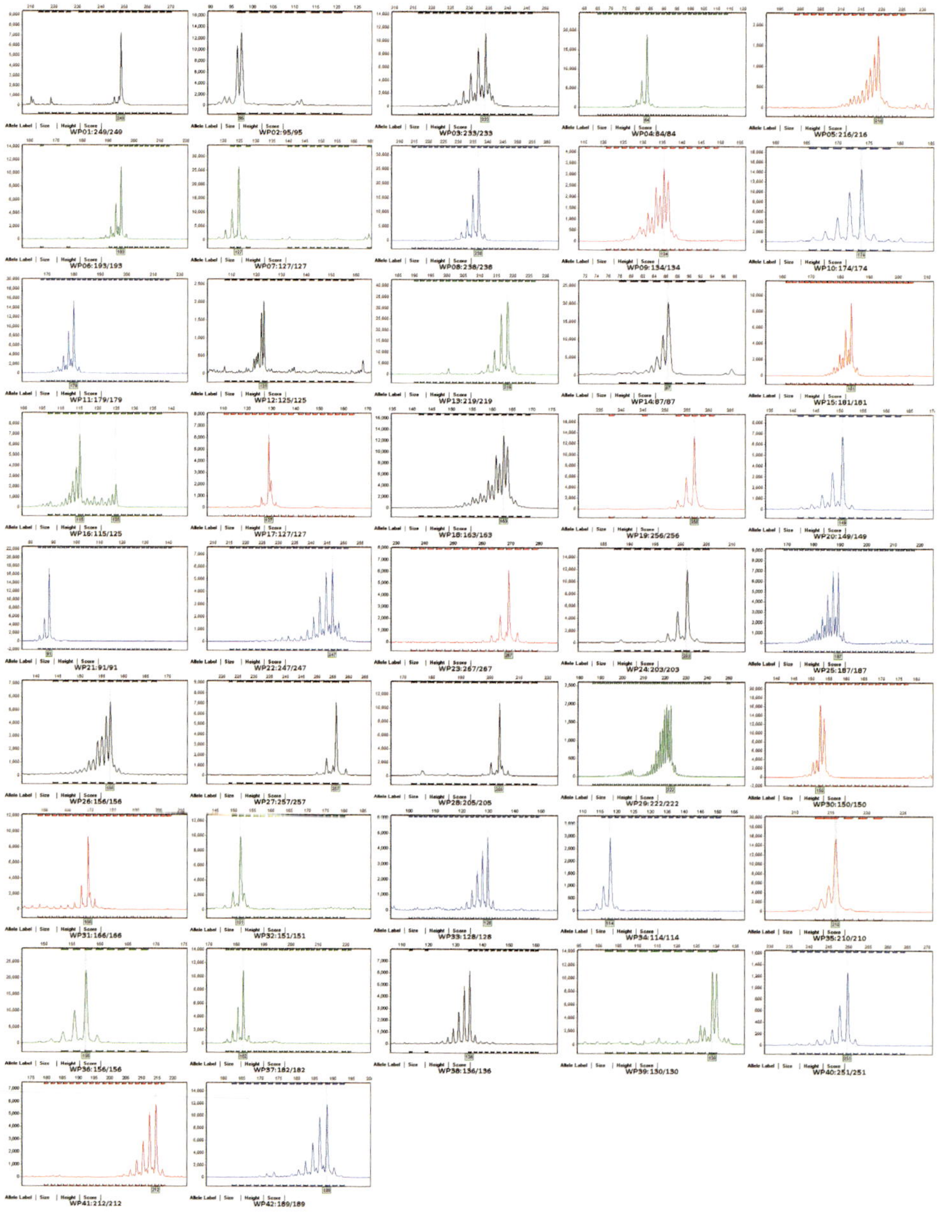

73. 天糯158

审定编号：豫审麦2011016

选育单位：漯河天翼生物工程有限公司

品种来源：郑麦9023//（Ike/河南白火麦）

特征特性：弱春性早熟糯质类型品种，平均全生育期231.7 d。幼苗直立，长势旺，深绿，冬季有冻害。拔节抽穗早，分蘖成穗率高。株高85 cm，株型偏紧凑，抗倒伏能力一般。旗叶宽大上举，穗下节间长。长方形大穗，小穗排列较稀，受倒春寒影响，穗上部有虚尖缺粒现象，成熟早，落黄好。籽粒半角质，饱满度好，千粒重高。亩穗数34.2万，穗粒数27.7粒，千粒重47.0 g。中感白粉病和叶锈病，中抗条锈病、叶枯病和纹枯病。容重818 g/L，蛋白质（干基）15.62%，湿面筋32.4%，降落数值63 s，吸水率73.4%，形成时间4.3 min，稳定时间2.8 min，沉淀值44.5 mL，弱化度178 F.U.，粉质质量指数61 mm，出粉率73.1%，评价值47。

产量表现：2007—2008年度参加河南省特色组区域试验，平均亩产451.0 kg，比对照漯珍1号增产13.42%，差异极显著。2008—2009年度续试，平均亩产421.1 kg，比对照漯珍1号增产12.80%，差异显著。2009—2010年度河南省特色组生产试验，平均亩产384.2 kg，比对照漯珍1号增产6.3%。

栽培技术要点：10月15—25日均可播种，适宜播种期为10月20日。高肥力地块播种量7~8 kg，中低肥力可适当增加播种量，每亩基本苗15万为宜。施足底肥，3月中下旬追施尿素7.5~10.0 kg。拔节期结合田间化学除草适当进行化控，以降低株高，增强抗倒伏能力。灌浆期喷施磷酸二氢钾，结合天气情况及时防治白粉病、叶锈病及蚜虫。

适宜种植区域：作为特用类型品种以订单农业形式在河南省麦区（南部稻茬麦区除外）中晚茬种植。

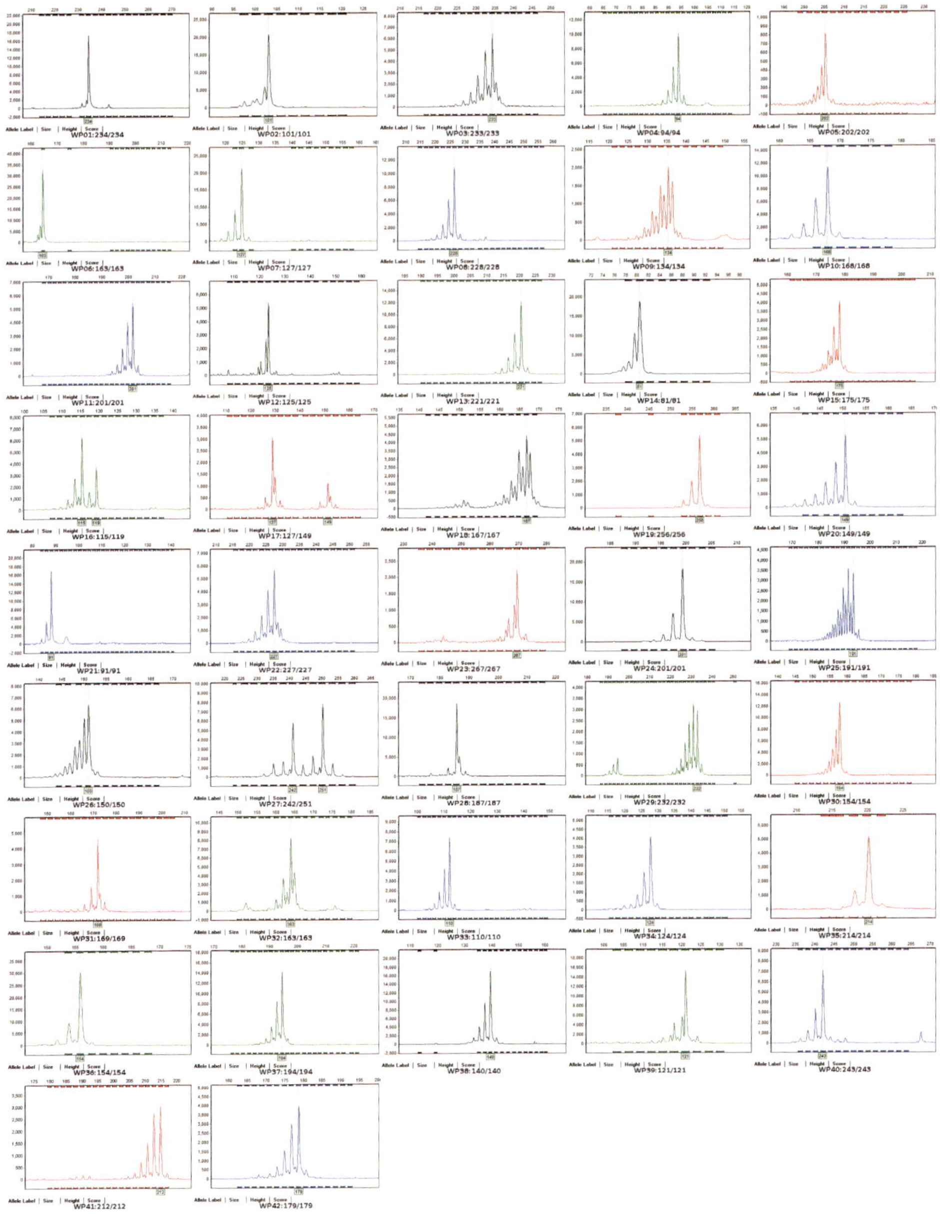

74. 开麦21

审定编号：豫审麦2011017

选育单位：开封市农林科学研究院、河南农科院种业有限公司

品种来源：鲁D9401/开麦16

特征特性：半冬性大穗型中晚熟品种，平均生育期231.2 d。幼苗半直立，叶色浓绿，长势偏旺。成株期株型偏松散，蜡质层厚，穗下节较长，平均株高75.0~87.2 cm，茎秆弹性一般，抗倒能力偏差。旗叶偏长上冲，下部叶片偏小，株行间通风透光性好。穗纺锤形，穗层整齐，短芒，穗粗大，均匀，结实性较好，受倒春寒影响有缺粒现象。籽粒半角质，饱满度好，黑胚率低。2009年、2010年产量构成三要素：亩穗数38.8万、38.4万，穗粒数38.6粒、38.4粒，千粒重39.6 g、44.3 g。中抗条锈病、叶枯病，中感白粉病、叶锈病、纹枯病。2009年、2010年检测：蛋白质（干基）15.16%、14.0%，容重736 g/L、810 g/L，湿面筋35.0%、31.5%，降落数值403 s、374 s，吸水量57.1 mL/100 g、57.9 mL/100 g，面团形成时间2.7 min、2.9 min，稳定时间1.8 min、2.3 min，沉淀值64.8 mL、66.2 mL，硬度66 HI、63 HI，出粉率71.9%、70.3%。

产量表现：2008—2009年度参加河南省冬水Ⅰ组区域试验，平均亩产517.7 kg，比对照品种周麦18号增产2.84%，不显著。2009—2010年参加河南省冬水Ⅱ组区域试验，平均亩产545.0 kg，比对照品种周麦18号增产7.82%，达到极显著水平。2010—2011年度参加河南省冬水Ⅰ组生产试验，平均亩产568.3 kg，比对照品种周麦18号增产5.8%。

栽培技术要点：10月8—20日播种，最佳播种期10月10日左右。高肥力地块亩播种量7~8 kg，中低肥力8~10 kg，如延期播种，以每推迟3 d增加0.5 kg播种量为宜。一般亩施底肥尿素20 kg，磷酸二铵25 kg，硫酸钾15 kg或三元素复合肥（15：15：15）50 kg，春节前后每亩追施尿素7~10 kg。拔节前进行化学除草，灌浆期喷施磷酸二氢钾，结合天气情况及时防治白粉病和小麦穗蚜。

适宜种植区域：河南省（南部稻茬麦区除外）中高肥力地早中茬种植。

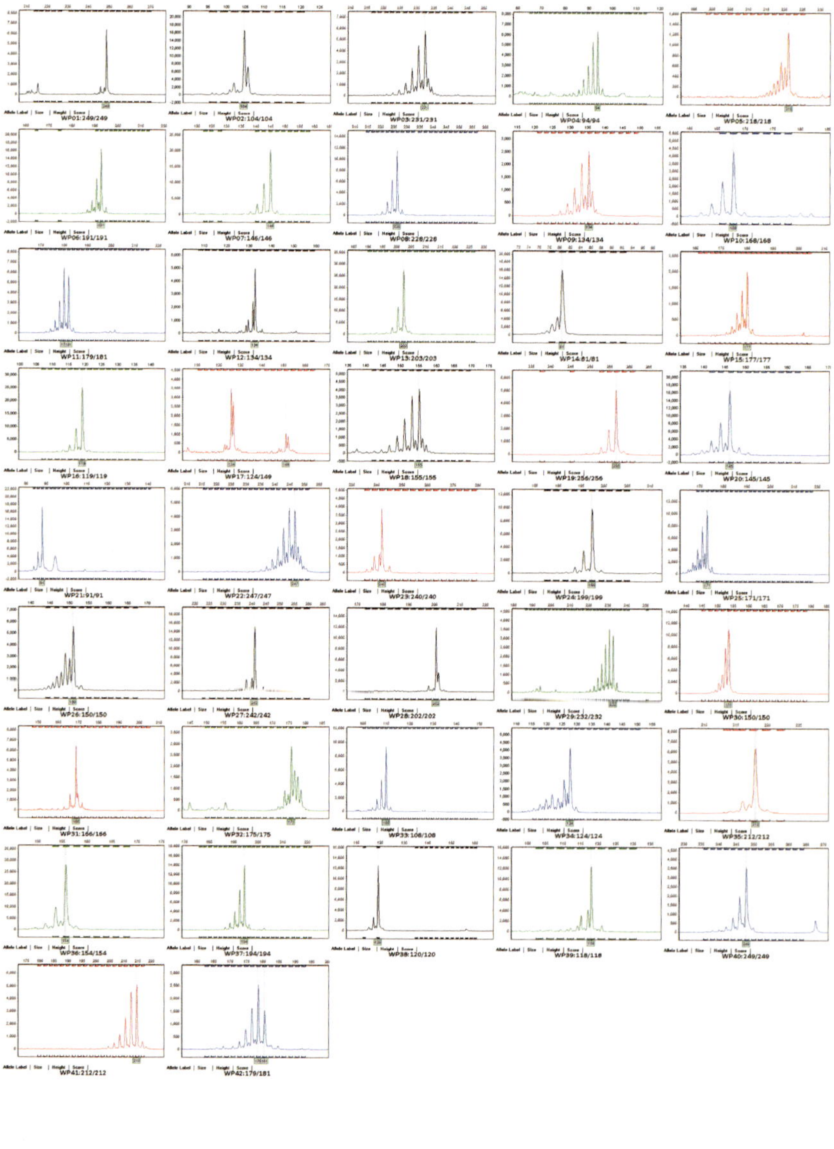

75. 周麦25号

审定编号：豫审麦2011018

选育单位：周口市农业科学院

品种来源：升A95021/周麦12号

特征特性：半冬性多穗型中晚熟品种，平均全生育期230.9 d。幼苗半匍匐，苗期叶片小，叶色深绿，冬季抗寒能力强，分蘖成穗率较高。株型松紧适中，蜡质层厚，株高78.3~88.7 cm，茎秆偏细，弹性较好。旗叶小、上冲，株行间通风透光性好，边行优势强。穗纺锤形，籽粒卵圆形，角质，饱满度好，容重高，黑胚率低。根系活力好，成熟落黄好，抗穗发芽。2009年、2010年产量构成三要素：亩穗数44.4万、40.5万，穗粒数34.4粒、33.2粒，千粒重41.3 g、43.0 g。中抗白粉病、叶锈病、叶枯病，中感条锈病和纹枯病。2009年、2010年经检测：蛋白质（干基）14.55%、14.68%，容重816 g/L、825 g/L，湿面筋33.0%、33.0%，降落数值435 s、422 s，吸水量61.2 mL/100 g、62.3 mL/100 g，面团形成时间3.2 min、4.8 min，稳定时间3.6 min、7.3 min，弱化度114 F.U.、92 F.U.，沉淀值55.0 mL、60.2 mL，硬度67 HI、63 HI，出粉率71.8%、70.0%。

产量表现：2008—2009年度参加河南省冬水Ⅱ组区域试验，平均亩产518.5 kg，比对照品种周麦18号增产2.18%，不显著。2009—2010年度参加河南省冬水Ⅰ组区域试验，平均亩产522.0 kg，比对照品种周麦18号增产1.31%，不显著。2010—2011年度参加省冬水1组生产试验，平均亩产567.9 kg，比对照品种周麦18号增产5.7%。

栽培技术要点：10月5—25日播种，最佳播种期10月10日左右。高肥力地块亩播种量6~8 kg，中低肥力8~12 kg，如延期播种，以每推迟3 d增加0.5 kg播种量为宜。在返青、起身期防治纹枯病。根据病害发生情况，在4月中旬至5月上旬喷雾重点防治条锈病和蚜虫2次。生长中后期叶面喷施2次磷酸二氢钾200 g/亩。

适宜种植区域：河南省（南部稻茬麦区除外）中高肥力地旱中茬种植。

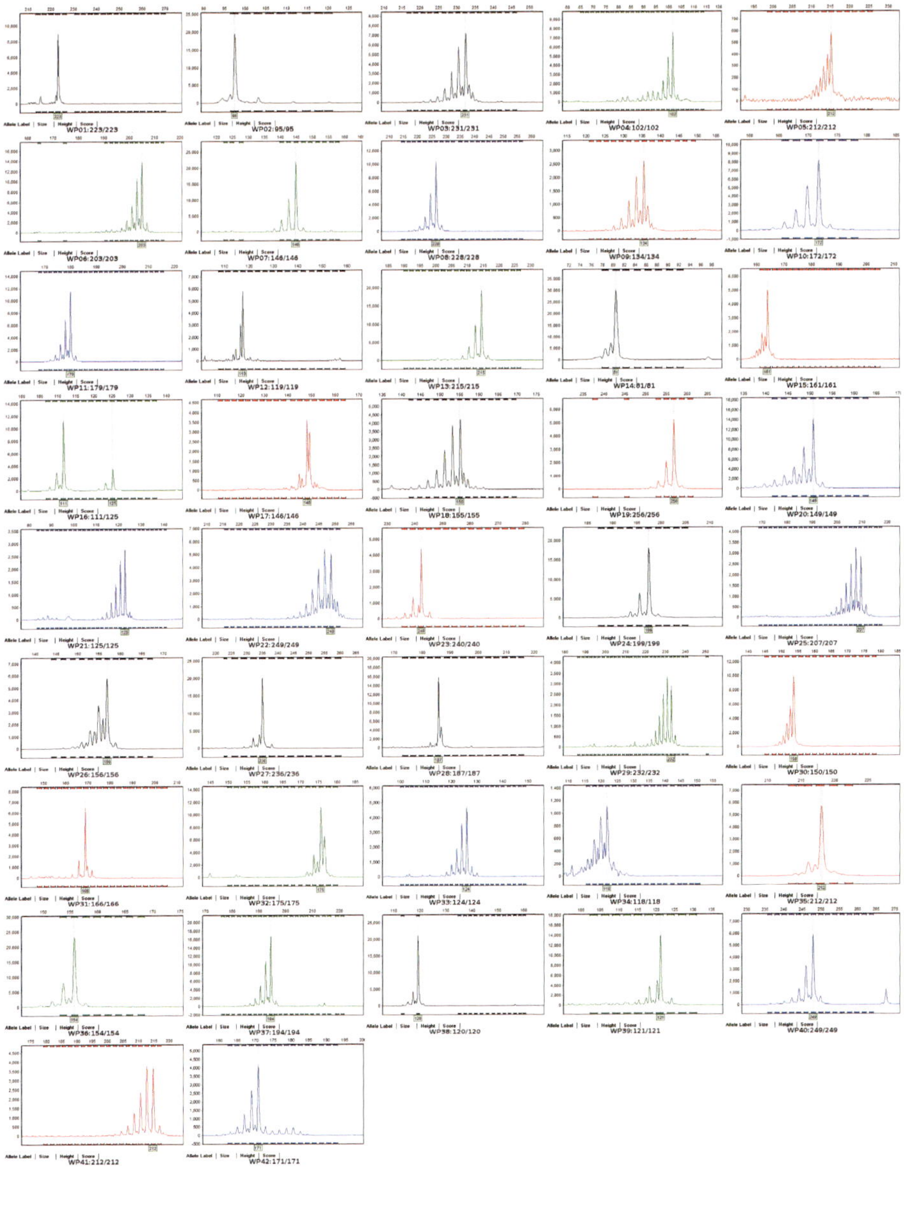

76. 太学7号

审定编号：豫审麦2011019

选育单位：洛阳太学农作物研究所、河南瑞德福种子科技有限公司

品种来源：豫麦57/周麦16

特征特性：半冬性多穗型中晚熟品种，平均生育期231.9 d。幼苗半匍匐，叶色浓绿，苗期长势壮。成株期株型略松散，旗叶及下部叶片较小，蜡质厚，穗下节长，株行间通风透光性好，株高79.7~91.9 cm，茎秆偏细，抗倒性中等。穗长方形，穗层厚，短芒，穗较大，结实性好，受倒春寒影响有缺粒现象。熟期偏晚，成熟落黄一般。籽粒白色，半角质，饱满度较好，有黑胚。2009年、2010年产量构成三要素：亩成穗数39.0万、40.7万，穗粒数32.6粒、28.2粒，千粒重45.1 g、49.7 g。中抗纹枯病和叶枯病，中感白粉病、条锈病、叶锈病。2009年、2010年经检测：蛋白质（干基）14.72%、14.12%，容重764 g/L、794 g/L，湿面筋30.8%、28.2%，降落数值280 s、271 s，吸水量52.0 mL/100 g、53.7 mL/100 g，面团形成时间2.2 min、2.0 min，稳定时间1.8 min、1.5 min，弱化度163 F.U.、186 F.U.，沉淀值47.2 mL、43.0 mL，硬度42 HI、39 HI，出粉率65.5%、67.6%。

产量表现：2008—2009年度参加河南省冬水Ⅰ组区域试验，平均亩产508.4 kg，比对照品种周麦18号增产0.99%，不显著。2009—2010年度续试，平均亩产526.4 kg，比对照品种周麦18号增产2.17%，不显著。

2010—2011年度参加河南省冬水Ⅰ组生产试验，平均亩产568.4 kg，比对照品种周麦18号增产5.8%。

栽培技术要点：10月5—20日播种，最佳播种期10月10日左右。高肥力地块亩播种量6~8 kg，中低肥力8~10 kg，如延期播种，以每推迟3 d增加0.5 kg播种量为宜。一般亩施底肥尿素20 kg，磷酸二铵25 kg，硫酸钾15 kg或三元素复合肥（15：15：15）50 kg，春节前后每亩追施尿素7~10 kg。注意控制群体，防止倒伏。灌浆期及时防治白粉病和小麦穗蚜。后期喷施磷酸二氢钾，预防干热风。

适宜种植区域：河南省（南部稻茬麦区除外）中高肥力地早中茬种植。

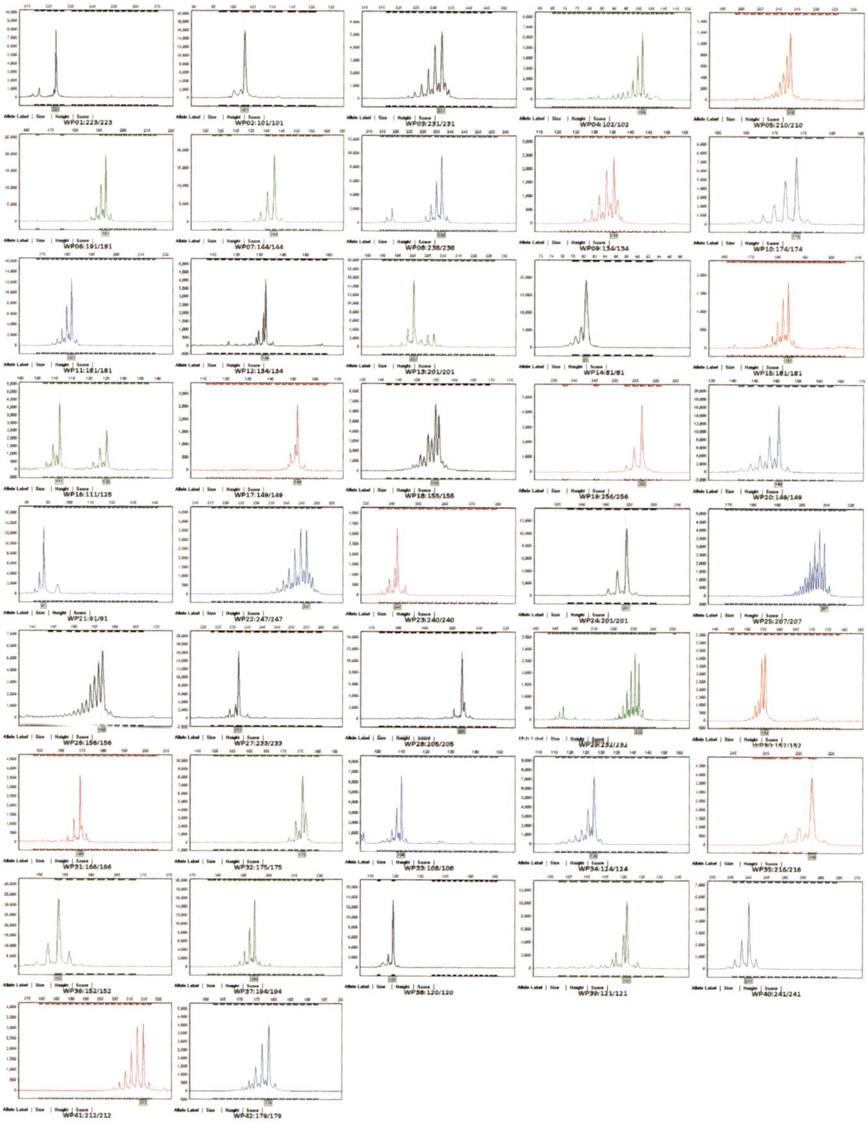

77. 亿麦6号

审定编号：豫审麦2011021

选育单位：河南省亿源种业有限公司

品种来源：周麦9号系选/豫麦18系选

特征特性：半冬性大穗型中晚熟品种，平均生育期231 d。幼苗半匍匐，苗期叶片稍长，叶色浅绿，冬季抗寒能力差。分蘖力弱，成穗率一般，穗层整齐。成株期株型松紧适中，长相清秀，旗叶上冲，下部叶片小，株行间通风透光性好，株高66.9~76.9 cm，茎秆弹性好，抗倒性较好。穗偏大，均匀，结实性好，籽粒半角质，饱满度好，大小不匀，黑胚率高。叶功能期长，灌浆速度慢，成熟落黄好。2009年、2010年产量构成三要素：亩穗数37.9万、36.9万，穗粒数36.8粒、34.4粒，千粒重43.2 g、48.9 g。中抗叶锈病、叶枯病，中感白粉病、条锈病、纹枯病。2009年、2010年经检测：蛋白质（干基）13.81%、14.31%，容重744 g/L、785 g/L，湿面筋28.5%、29.3%，降落数值434 s、319 s，吸水量58.6 mL/100 g、59.7 mL/100 g，面团形成时间3.3 min、3.7 min，稳定时间4.3 min、5.5 min，弱化度138 F.U.、94 F.U.，沉淀值54.5 mL、60.8 mL，硬度67 HI、65 HI，出粉率68.8%、69.1%。

产量表现：2008—2009年度参加河南省冬水Ⅲ组区域试验，平均亩产515.0 kg，比对照品种周麦18号增产1.04%，不显著。2009—2010年度续试，平均亩产521.3 kg，比对照品种周麦18号增产0.93%，不显著。2010—2011年度参加河南省冬水Ⅱ组生产试验，平均亩产563.7 kg，比对照品种周麦18号增产5.2%。

栽培技术要点：10月10—25日播种，亩播种量10~12 kg，随播种期推迟适当增加播种量。施肥方法按照稳氮、增磷、补钾的原则，重点增施粗肥和磷钾肥。中后期注意防治病虫害，小麦孕穗期和灌浆中期要进行"一喷三防"，可用氧化乐果、粉锈宁和磷酸二氢钾混合喷施，重点防治蚜虫。主要浇越冬水、返青拔节水和孕穗水，后期不要浇"送黄水"。机械收割在蜡熟末期进行。

适宜种植区域：河南省（南部稻茬麦区除外）中高肥力地早中茬种植。

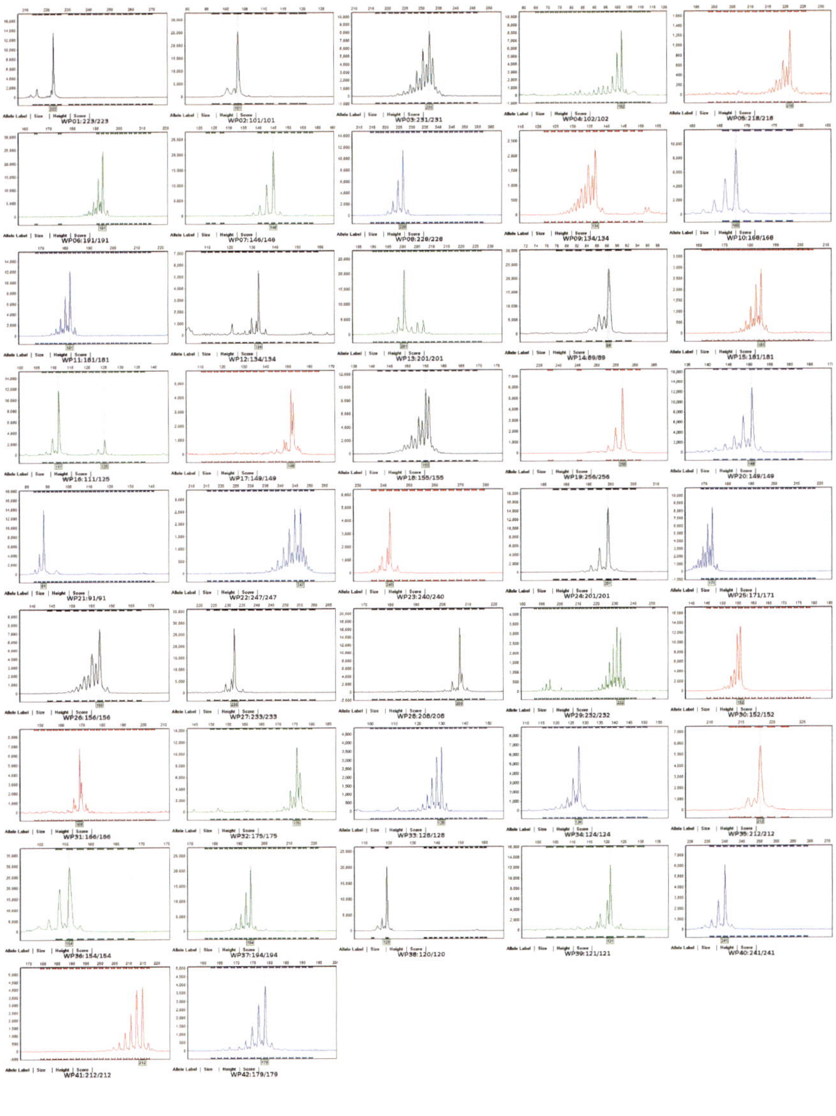

78. LK198

审定编号：豫审麦2011023

选育单位：河南天民种业有限公司

品种来源：R81/百农64//偃展4110

特征特性：弱春性大穗型早熟品种，平均生育期224.6 d。幼苗半直立，长势壮，苗期叶色浓绿，冬季抗寒性好，分蘖力强，成穗率一般。成株期株型松紧适中，长相清秀，旗叶小而上举，倒二叶窄长，穗下节略短，株行间通风透光性好，株高67.0~80.5 cm，茎秆弹性好，抗倒伏能力强。穗长方形，蜡质层厚，穗粗码稀，结实性一般。籽粒半角质，卵圆形，饱满度好，黑胚少。根系活力强，成熟落黄好。2009年、2010年产量构成三要素：亩穗数38.6万、39.0万，穗粒数36.8粒、32.6粒，千粒重38.7 g、45.0 g。中抗叶锈病、叶枯病，中感白粉病、条锈病、纹枯病。2009年、2010年经检测：蛋白质（干基）14.1%、14.37%，容重767 g/L、804 g/L，湿面筋34.3%、32.0%，降落数值264 s、337 s，吸水量52.7 mL/100 g、54.4 mL/100 g，形成时间2.2 min、2.4 min，稳定时间2.0 min、2.5 min，弱化度159 F.U.、98 F.U.，沉淀值60.8 mL、66.0 mL，硬度44 HI、43 HI，出粉率65.7%、66.6%。

产量表现：2008—2009年度参加省春水Ⅰ组区域试验，平均亩产485.4 kg，比对照品种偃展4110增产5.16%，达显著水平。2009—2010年度续试，平均亩产519.6 kg，比对照品种偃展4110增产6.73%，达极显著水平。2010—2011年度参加省春水组生产试验，平均亩产534.3 kg，比对照品种偃展4110增产5.7%。

栽培技术要点：10月15—30日播种，最佳播种期10月15—20日。高肥力地块亩播种量10 kg，中等肥力地块12.5 kg，如延期播种，以每推迟3 d增加0.5 kg播种量为宜。一般亩施底肥尿素20 kg，磷酸二铵25 kg，硫酸钾20 kg，拔节开始每亩追施尿素15 kg。冬前分蘖盛期进行化学除草。齐穗期及时喷洒粉锈宁、抗蚜威防治白粉病和穗蚜。

适宜种植区域：河南省（南部稻茬麦区除外）中高肥力地中晚茬种植。

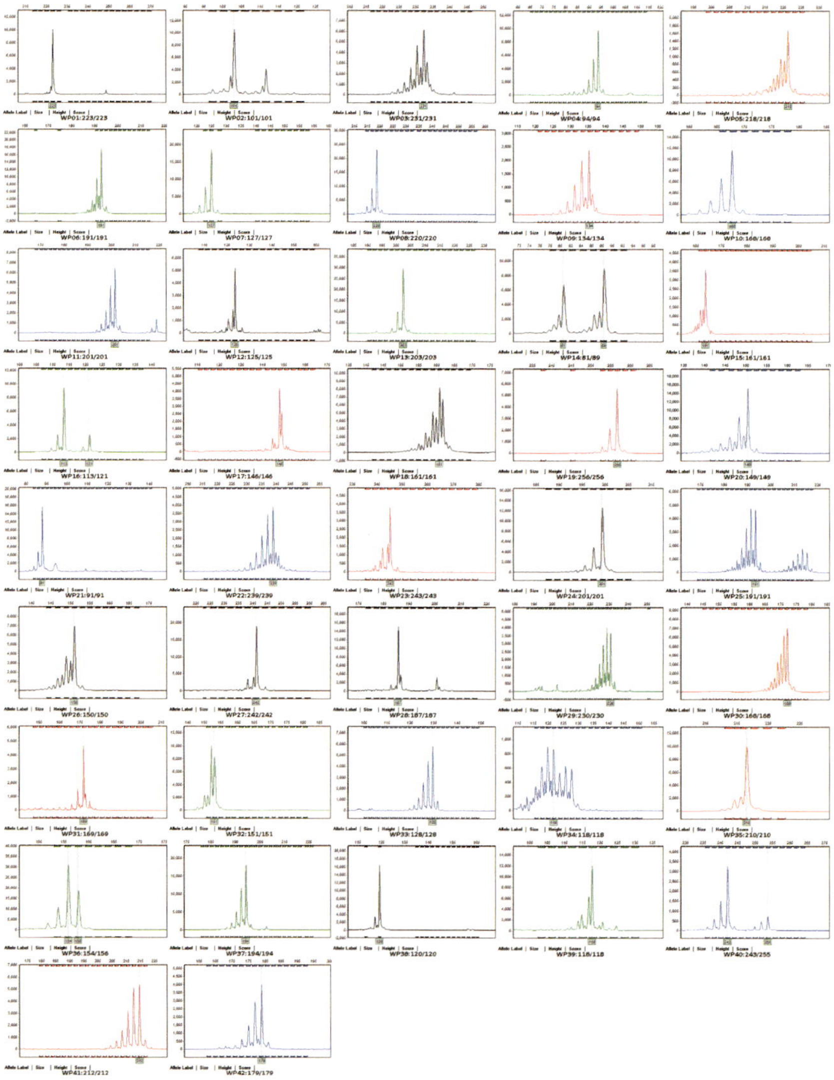

79. 怀川916

审定编号：豫审麦2011024

选育单位：河南怀川种业有限责任公司

品种来源：豫麦47//小偃54

特征特性：弱春性多穗型早熟强筋品种，平均生育期224.9 d。幼苗匍匐，苗期叶小、耐寒性好，分蘖成穗率一般。成株期株型偏松散，旗叶偏小、上冲，略卷，穗下节短，株高64.5~82.9 cm，茎秆弹性一般，抗倒性中等。纺锤形穗，穗层整齐，短芒，穗短粗，码密，受春季低温影响有缺粒现象。籽粒角质，饱满度中等，黑胚率低。耐高温能力中等成熟落黄较差。2009年、2010年产量构成三要素为：亩穗数43.5万、38.8万，穗粒数33.4粒、29.3粒，千粒重38.9 g、46.4 g。中抗叶锈病、叶枯病，中感白粉、条锈病、纹枯病。2009年、2010年经检测：蛋白质（干基）14.56%、14.67%，容重750 g/L、806 g/L，湿面筋30%、31.2%，降落数值303 s、187 s，吸水量59.2 mL/100 g、62.9 mL/100 g，面团形成时间1.7 min、3.0 min，稳定时间10.9 min、8.9 min，弱化度36 F.U.、54 F.U.，沉淀值75.2 mL、74.8 mL，硬度69 HI、70 HI，出粉率70.8%、69.7%。

产量表现：2008—2009年度参加河南省春水Ⅰ组区域试验，平均亩产477.0 kg，比对照品种偃展4110增产3.35%，不显著。2009—2010年度参加河南省春水Ⅱ组区域试验，平均亩产465.3 kg，比对照品种偃展4110增产1.42%，不显著。2010—2011年度参加河南省春水组生产试验，平均亩产535.7 kg，比对照品种偃展4110增产5.8%。

栽培技术要点：10月8—20日播种，最佳播种期10月12日左右，黄河以南可适当向后推迟3~4 d。高肥力地块亩播种量6~8 kg，中低肥力8~10 kg，如延期播种，以每推迟3 d增加0.5 kg播种量为宜。一般亩施底肥尿素20 kg、磷酸二铵25 kg、硫酸钾15 kg或三元素复合肥50 kg，适时冬灌，酌情春灌。春节前后追施尿素10~15 kg/亩，拔节前化学除草。灌浆期喷施磷酸二氢钾，结合天气情况及时防治病虫害，切实搞好“一喷三防”工作。

适宜种植区域：河南省（南部稻茬麦区除外）中高肥力地中晚茬种植。

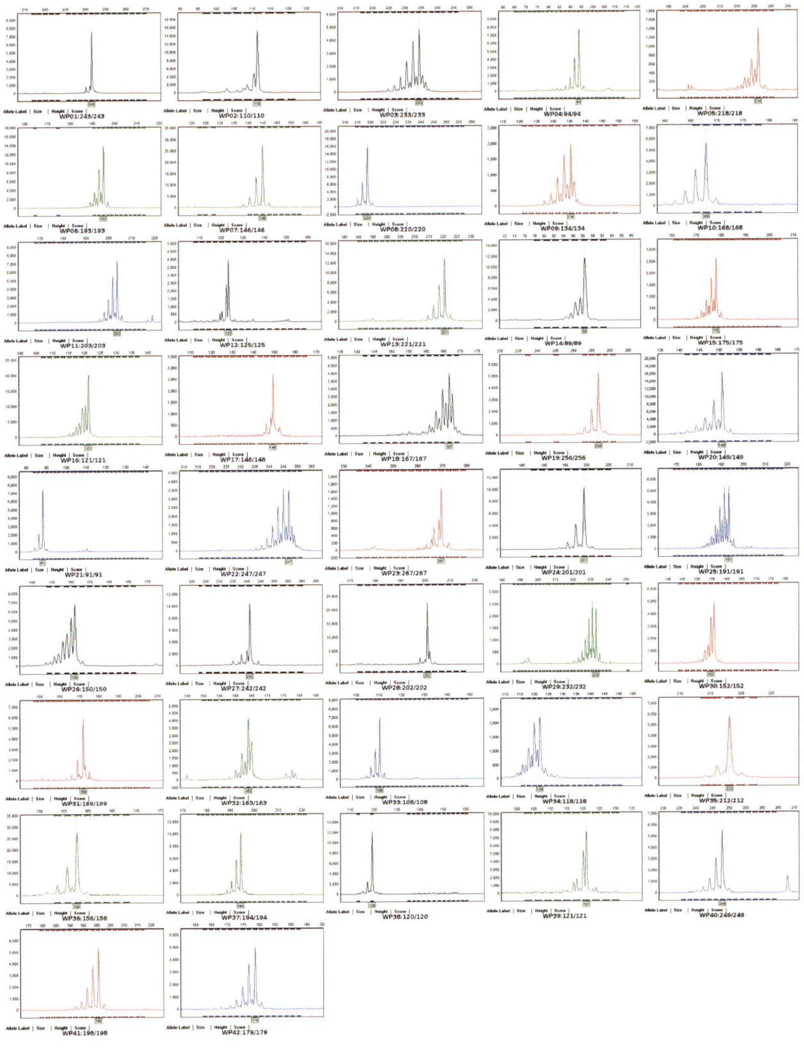

80. 中洛08-2

审定编号：豫审麦2011025

选育单位：中国农业科学院作物科学研究所、洛阳农林科学院

品种来源：偃展1号/济南17

特征特性：弱春性多穗型早熟品种，平均全生育期212.4 d。幼苗直立，叶色浓绿，苗期叶细长，抗寒性中等，春季返青起身快，分蘖力强，抽穗较早，成穗率高。成株期株型较松散，穗下节间长，旗叶上冲，蜡质层厚，株高77~86.9 cm，茎秆偏细，抗倒性中等。穗纺锤形，短芒，小穗，码稀，穗粒数偏少，成熟早，落黄好，受倒春寒影响穗上部有缺粒现象。籽粒半角质，饱满度中等，黑胚率低。2009年、2010年产量构成三要素：亩穗数37.2万、39.3万，穗粒数29.6粒、32.9粒，千粒重39.4 g、38.6 g。中抗叶锈病、叶枯病，中感白粉病、条锈病、纹枯病。2009年、2010年经检测：蛋白质（干基）12.84%、14.61%，容重768 g/L、800 g/L，湿面筋29%、31.8%，降落数值310 s、445 s，吸水量58 mL/100 g、61.2 mL/100 g，面团形成时间3.2 min、4.4 min，稳定时间3.4 min、5.6 min，弱化度130 F.U.、52 F.U.，沉淀值64.5 mL、67 mL，硬度67 HI、66 HI，出粉率69.2%、71.9%。

产量表现：2008—2009年度参加河南省信阳组区域试验，平均亩产386.5 kg，比对照品种豫麦18-99增产8.18%，不显著。2009—2010年度续试，平均亩产390.9 kg，比对照品种豫麦18-99增产10.91%，达极显著水平。2010—2011年度参加河南省南部稻茬麦组生产试验，平均亩产396.9 kg，比对照品种偃展4110增产6.4%。

栽培技术要点：10月15—25日播种，最佳播种期10月20日左右。高肥力地块亩播种量6~8 kg，中低肥力8~10 kg，如延期播种，以每推迟3 d增加0.5 kg播种量为宜。一般亩施底肥尿素20 kg，磷酸二铵25 kg，硫酸钾15 kg或三元素复合肥（15：15：15）50 kg，春节前后每亩追施尿素7~10 kg。拔节前进行化学除草，并适当化控，以降低株高。灌浆期喷施磷酸二氢钾，结合天气情况及时防治白粉病和小麦穗蚜。

适宜种植区域：河南省南部稻茬麦区中晚茬中高肥力地种植。

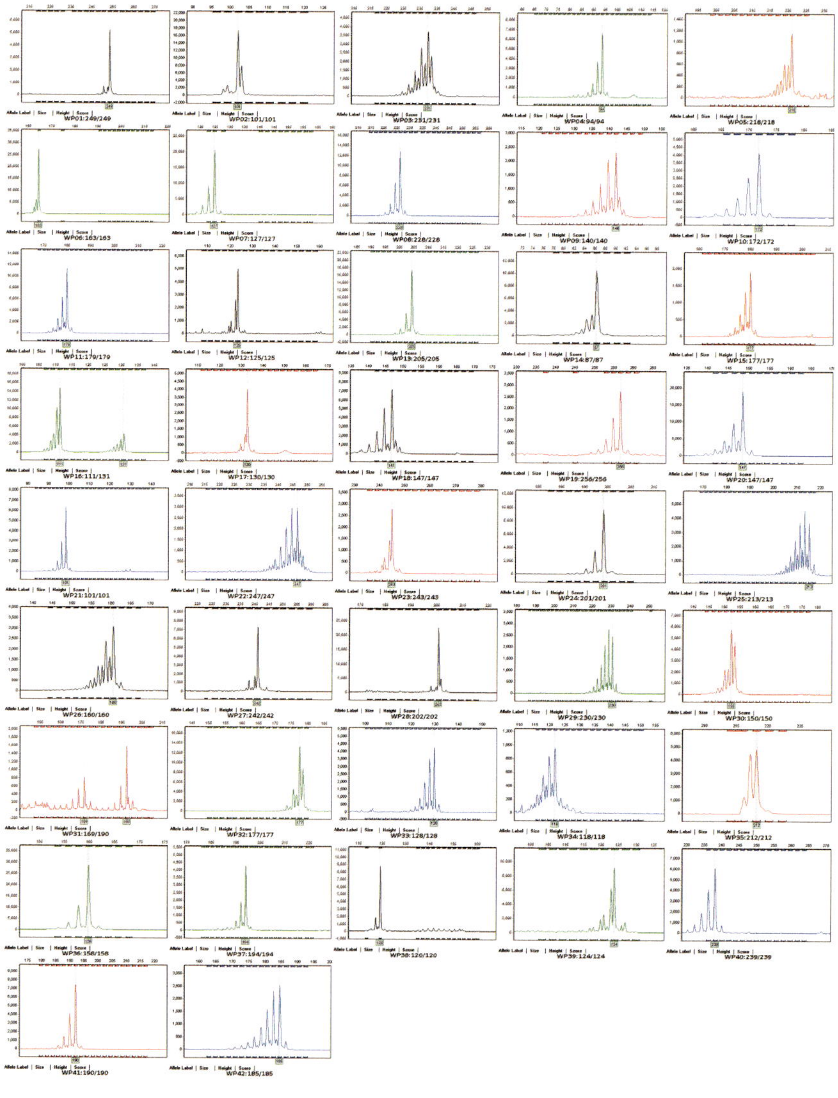

81. 偃高006

审定编号：豫审麦2011026

选育单位：偃师市金高种业有限公司、北京市中农良种有限责任公司

品种来源：（郑州8329×豫麦18）F6稳定系×（温2540×偃展4110）F2

特征特性：弱春性多穗型早熟品种，平均全生育期212.8 d。幼苗半直立，叶色浅绿，苗期生长健壮，冬季耐寒性较好。分蘖成穗率高。株型较松散，旗叶上冲，穗下节间长，长相清秀，下部通风透光性好，株高74.9~82.7 cm，茎秆弹性一般。穗长方形，长芒、穗层厚，耐后期高温，灌浆快，落黄好。籽粒粉质，白粒，饱满度好，黑胚少。2009年、2010年产量构成三要素：亩穗数38.1万、37.9万，穗粒数27.3粒、33.5粒，千粒重42.1 g、42.3 g。中抗叶锈病、叶枯病，中感白粉病、条锈病、纹枯病。2009年、2011年经检测：蛋白质（干基）12.91%、13.71%，容重772 g/L、818 g/L，湿面筋25.7%、26.3%，降落数值286 s、356 s，吸水量53.4 mL/100 g、55.8 mL/100 g，面团形成时间1.5 min、1.7 min，稳定时间1.29 min、1.9 min，弱化度271 F.U.、193 F.U.，沉淀值35.2 m、44.2 m，硬度37 HI、39 HI，出粉率65.8%、64.4%。

产量表现：2008—2009年度参加河南省信阳组区域试验，平均亩产384.5 kg，比对照品种豫麦18-99增产7.63%，不显著。2009—2010年度续试，平均亩产390.8 kg，比对照品种豫麦18-99增产10.88%，达极显著水平。2010—2011年度参加河南省南部稻茬麦组生产试验，平均亩产398.8 kg，比对照品种偃展4110增产6.9%。

栽培技术要点：10月15—31日。亩播种量9~12 kg，早播和足墒播种时宜低播种量，晚播和底墒不足时加大播种量。施足底肥，足墒下种，有机肥与化学肥料配施。根据土壤肥力、墒情适量追施冬肥、适时灌水，抽穗前后用磷酸二氢钾、粉锈宁加氧化乐果田间喷雾两次，延长叶片功能期，增加千粒重，提高产量。

适宜种植区域：河南省南部稻茬麦区中晚茬中高肥力地种植。

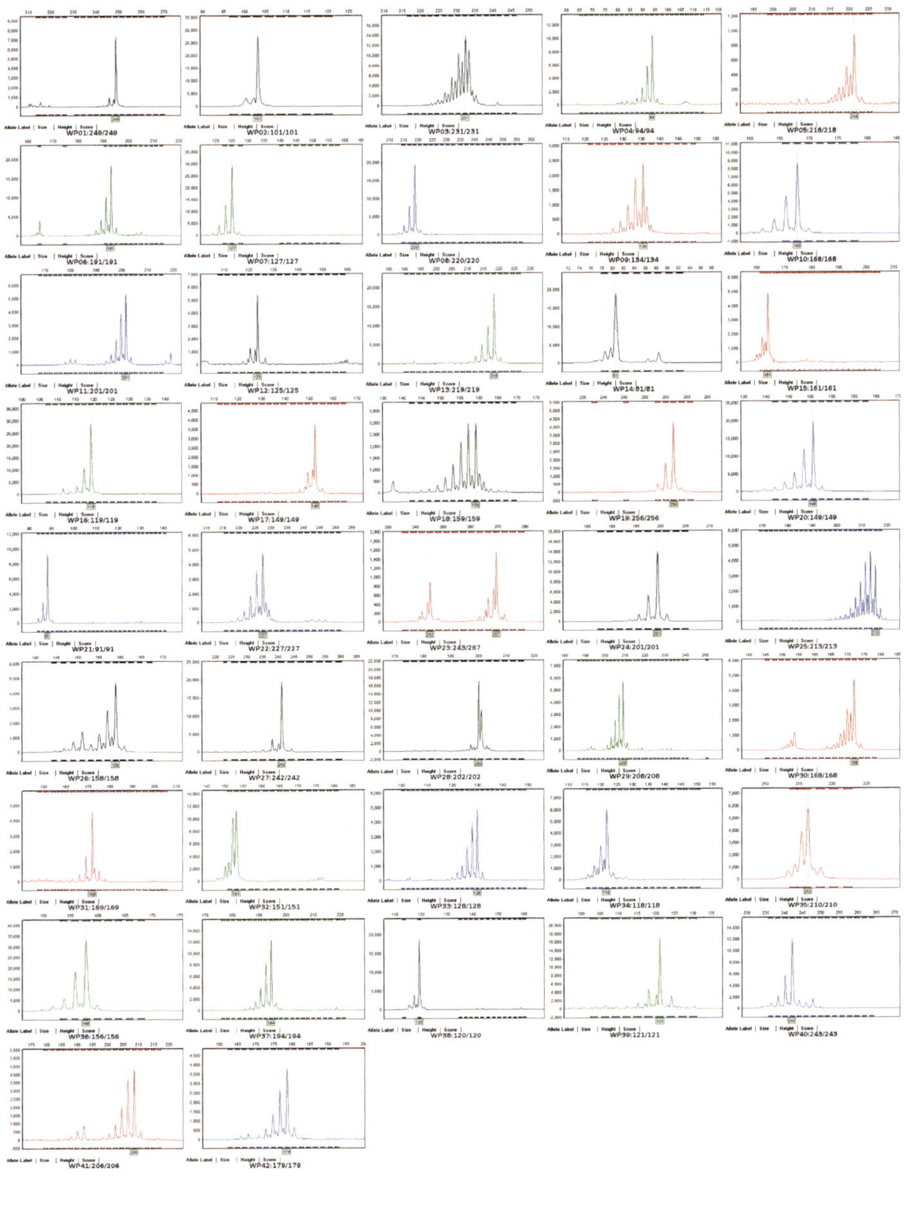

82. 先麦8号

审定编号：豫审麦2011027

选育单位：河南先天下种业有限公司

品种来源：宛麦369/郑麦9023

特征特性：弱春性大穗型早熟品种，平均全生育期210.8 d。幼苗直立，叶色黄绿，长势旺，冬季抗寒能力差。分蘖成穗率高，春季返青起身快，抽穗较早。成株期株型松散，蜡质层厚，旗叶宽大半披，下部通风透光性差，株高66.9~80.7 cm，抗倒伏能力一般。穗长方形，长芒，穗偏大，码稀，成熟早，落黄好，受倒春寒影响有缺粒现象。籽粒角质，饱满度中等，黑胚率低。2009年、2010年产量构成三要素：亩穗数36.6万、32.4万，穗粒数29.3粒、33.0粒，千粒重45.1 g、48.4 g。中抗叶枯病、条锈病、叶锈病，中感白粉病、纹枯病。2009年、2010年经检测：蛋白质（干基）12.75%、14.42%，容重762 g/L、796 g/L，湿面筋25.6%、31.7%，降落数值243 s、366 s，吸水量58.6 mL/100 g、61.2 mL/100 g，面团形成时间1.4 min、5.8 min，稳定时间1.5 min、8.1 min，沉淀值54.5 mL、71.5 mL，硬度65 HI、67 HI，出粉率70.8%、70.5%。

产量表现：2008—2009年度参加河南省信阳组区域试验，平均亩产374.4 kg，比对照品种豫麦18-99增产4.79%，不显著。2009—2010年度续试，平均亩产379.6 kg，比对照品种豫麦18-99增产7.68%，达显著水平。2010—2011年度参加河南省南部稻茬麦组生产试验，平均亩产393.6 kg，比对照品种偃展4110增产5.5%。

栽培技术要点：10月15—30日播种，最佳播种期10月25日左右。高肥力地块亩播种量7~8 kg，中低肥力9~10 kg，如延期播种，以每推迟3 d增加0.5 kg播种量为宜。一般亩施底肥尿素20 kg，磷酸二铵25 kg，硫酸钾15 kg或三元素复合肥（15：15：15）50 kg，春节前后每亩追施尿素7~10 kg。拔节前进行化学除草。灌浆期喷施磷酸二氢钾，结合天气情况及时防治白粉病等病害。

适宜种植区域：河南省南部稻茬麦区中晚茬中高肥力地种植。

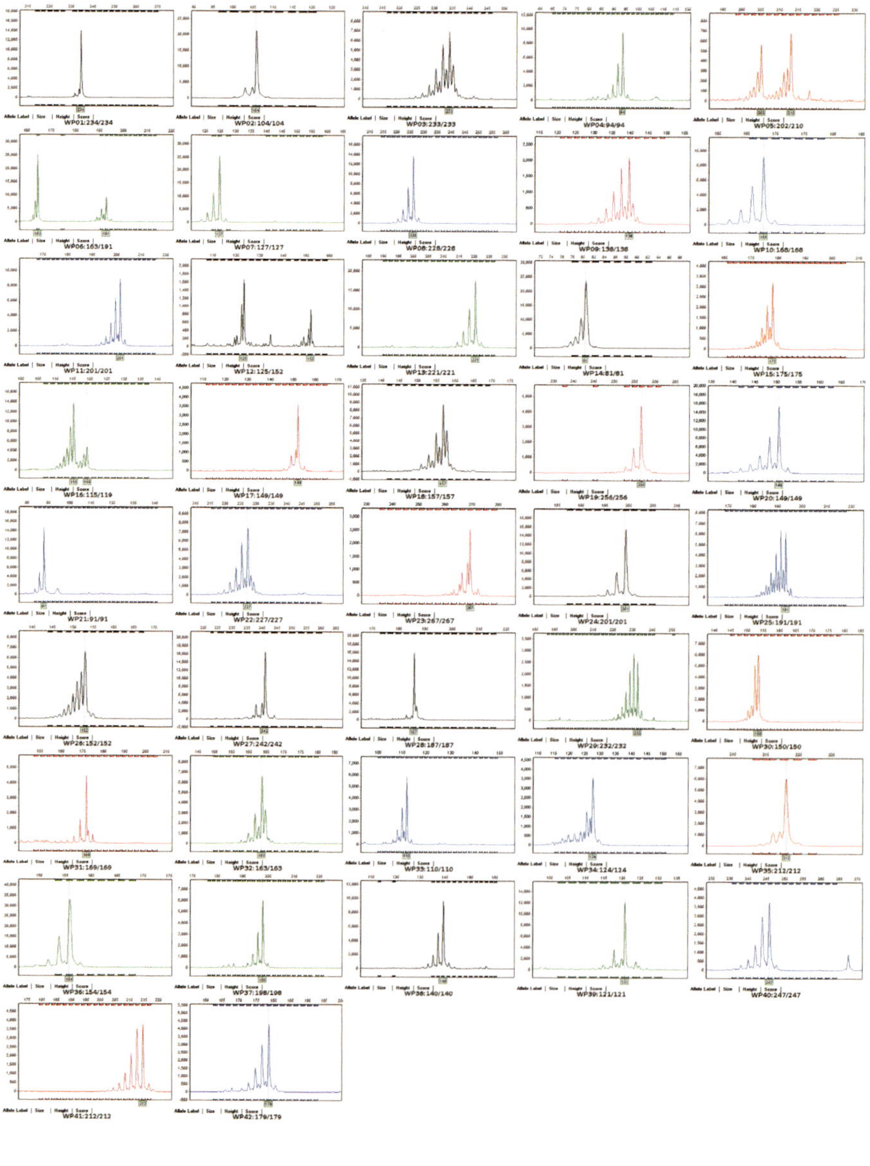

83. 太学6号

审定编号：豫审麦2011028

选育单位：洛阳太学农作物研究所、平顶山市鹰丰种业有限公司

品种来源：豫麦49 × 豫麦63

特征特性：弱春性多穗型早熟品种，平均生育期213.4 d。幼苗直立，长势旺，冬季抗寒能力差。分蘖力中等，成穗率较高，亩穗数较多。春季返青晚，起身慢，抗倒春寒能力差。成株期株型偏松散，旗叶有干尖，株高68~86.5 cm，抗倒伏能力一般。穗长方形，长芒，码稀。籽粒粉质，饱满度好，黑胚率低，商品性好，成熟早，落黄好。2009年、2010年产量构成三要素：亩穗数38.9万、36.1万，穗粒数27.9粒、36.1粒，千粒重41.9 g、40.8 g。中抗条锈病、叶枯病，中感白粉病、叶锈病、纹枯病。2009年、2010年经检测：蛋白质（干基）12.12%、14.28%，容重762 g/L、812 g/L，湿面筋21.8%、28.8%，降落数值254 s、320 s，吸水量51.9 mL/100 g、56.3 mL/100 g，面团形成时间0.9 min、5.5 min，稳定时间1.2 min、8.7 min，弱化度189 F.U.、51 F.U.，沉淀值43.0 mL、57.0 mL，硬度35 HI、43.0 HI，出粉率67.7%、72.7%。

产量表现：2008—2009年参加河南省信阳组区域试验，平均亩产378.4 kg，比对照品种豫麦18-99增产4.91%，不显著。2009—2010年度续试，平均亩产375.7 kg，比对照品种豫麦18-99增产6.6%，不显著。2010—2011年度参加河南省南部稻茬麦组生产试验，平均亩产411.2 kg，比对照品种照偃展4110增产10.2%。

栽培技术要点：适播种期10月15—30日。亩播种量8~10 kg，如延迟播种期，以每推迟3 d增加0.5 kg播种量为宜。施足底肥，有机肥与化学肥料配合，氮、磷、钾肥配合。根据土壤肥力、墒情和苗情，酌情、适量追施冬肥和春肥，及时灌水。扬花后用磷酸二氢钾、粉锈宁加氧化乐果间隔7 d田间喷雾2次，防病治虫、增加粒重、提高产量。生产上适当控制春季群体防止倒伏。蜡熟末期及时收割。

适宜种植区域：河南省南部稻茬麦区中晚茬中高肥力地种植。

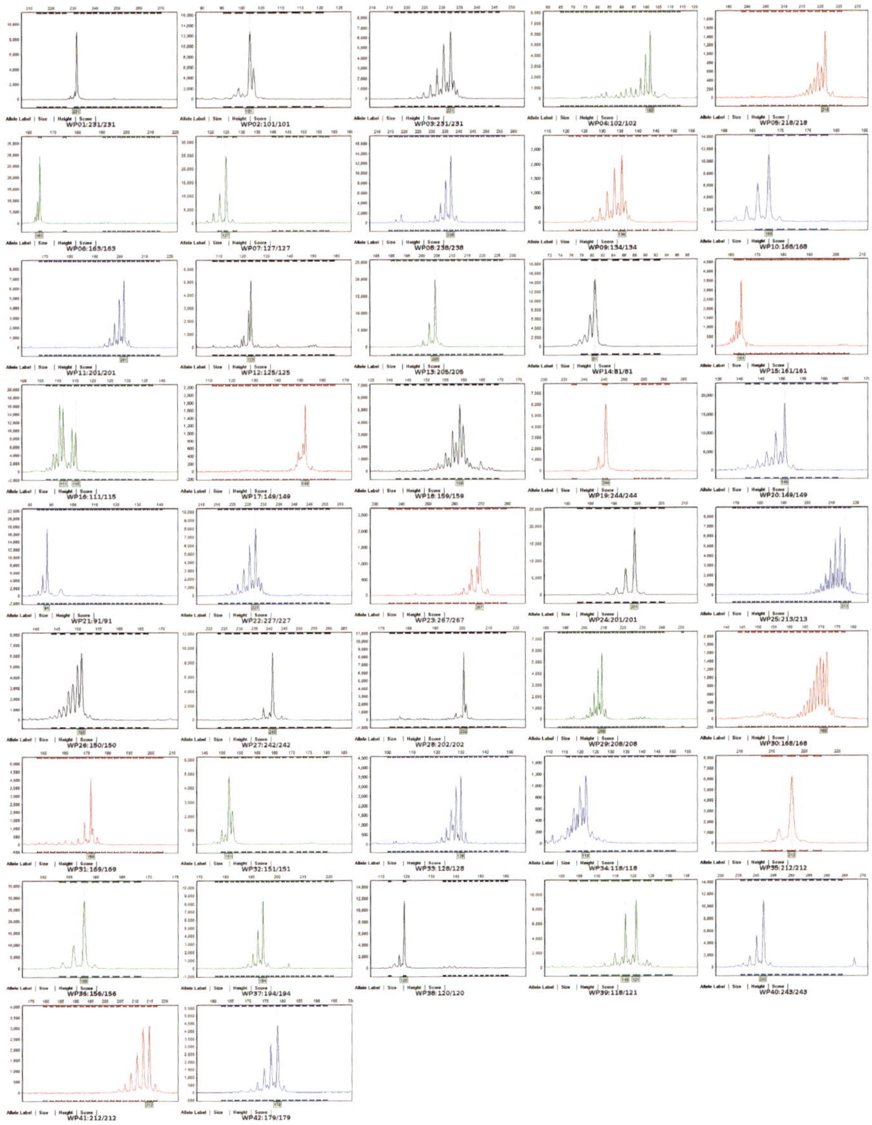

84. 豫农4023

审定编号：豫审麦2011029

选育单位：河南农业大学农学院

品种来源：新旱1号/周麦16

品种特征：半冬性中晚熟旱地品种，平均全生育期232 d。幼苗半匍匐，苗期长势壮，分蘖力较强，成穗率、抗倒性一般，冬季抗寒性好。春季生长快，苗脚利索。株型半紧凑，茎秆蜡质厚，旗叶窄小上冲，通风透光好，株高71~76 cm，茎秆弹性弱。穗层整齐，穗较大，纺锤形，结实性好，抗倒春寒能力稍弱，穗下节间长，长相清秀，成熟落黄好。籽粒半角质，白粒，饱满度较好，黑胚率低。2009年、2010年产量构成三要素：亩成穗数33.0万、34.9万，穗粒数29.3粒、29.6粒，千粒重42.1 g、43.5 g。中抗条锈、叶枯病，中感纹枯病、叶锈病和白粉病。2009年、2010年经检测：蛋白质（干基）14.14%、13.39%，容重801 g/L、807 g/L，湿面筋29.8%、30.7%，吸水量58.6 mL/100 g、64.3 mL/100 g，面团形成时间2.2 min、3.8 min，稳定时间1.6 min、5.9 min，沉淀值45.2 mL、67.2 mL，硬度64 HI、61 HI，出粉率72.8%、67.1%。

产量表现：2008—2009年度参加河南省旱地组区域试验，平均亩产322.61 kg，比对照洛旱2号增产5.76%，不显著。2009—2010年度续试，平均亩产365.34 kg，比对照洛旱2号增产5.96%，不显著。2010—2011年度参加河南省旱地组生产试验，平均亩产292.5 kg，比对照洛旱2号增产8.0%。

栽培技术要点：10月10—25日播种。适宜播种量为每亩9~11 kg，行距以20 cm左右为宜，越冬适宜群体75万左右，最高适宜群体85万~90万。播种前要根据土壤肥力状况进行氮、磷、钾配方施肥，精细整地，确保播种质量。注意防治蚜虫和赤霉病。

适宜种植区域：河南省丘陵旱肥地早中茬种植。

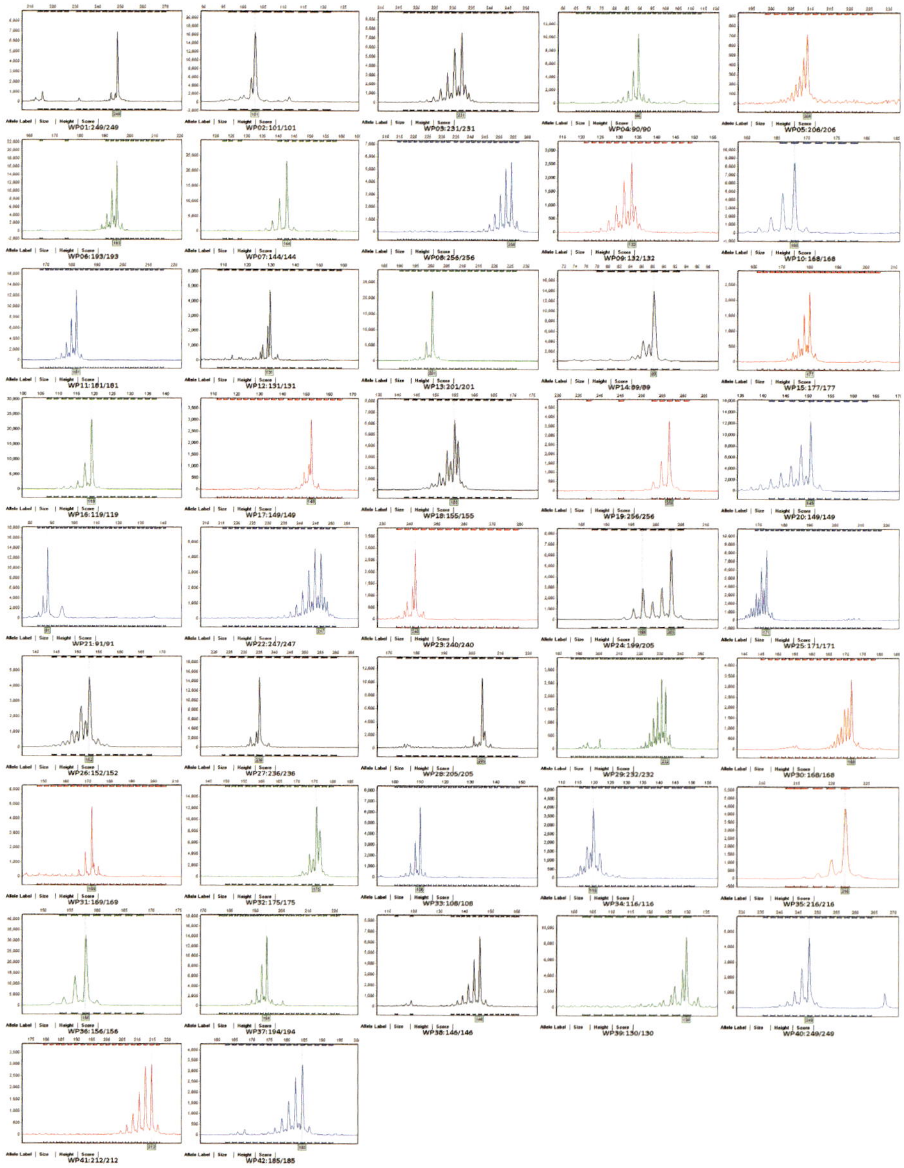

85. 太学12

审定编号：豫审麦2011030

选育单位：洛阳太学农作物研究所、河南凭心种业有限公司

品种来源：郑麦9023×豫麦49

特征特性：半冬性多穗型中早熟旱地品种，平均全生育期230.6 d。幼苗半匍匐，长势壮，分蘖力强，成穗率一般。抗寒性好，起身拔节晚。叶色浓绿，叶片细小、上冲。成株期株型半紧凑，旗叶上举，叶片卷曲成针状，株高59.4~82.5 cm，茎秆细，弹性好，较抗倒。穗纺锤形，长芒，穗层整齐，码稀。白壳，白粒，半角质，饱满度较好。后期青干早衰，落黄一般。2009年、2010年产量构成三要素：亩穗数37.5万、38.0万，穗粒数26.3粒、28.7粒，千粒重37.6 g、40.8 g。中抗叶锈病、叶枯病，中感白粉病、条锈病、纹枯病。2009年、2010年经检测：蛋白质（干基）15.31%、14.47%，容重794 g/L、801 g/L，湿面筋33.1%、30.8%，吸水量58.2 mL/100 g、58.8 mL/100 g，面团形成时间3.2 min、3.3 min，稳定时间2.9 min、3.3 min，弱化度152 F.U.、131 F.U.，沉淀值57.0 mL、63.5 mL，硬度66 HI、64 HI，出粉率66.7%、68.6%。

产量表现：2008—2009年参加河南省旱地小麦区域试验，平均亩产322.5 kg，比对照品种洛旱2号增产5.73%，不显著。2009—2010年度续试，平均亩产378.48 kg，比对照品种洛旱2号增产9.77%，增产极显著。

2010—2011年度参加河南省旱地组生产试验，平均亩产291.3 kg，比对照品种洛旱2号增产7.6%。

栽培技术要点：10月1—20日播种，最佳播种期10月上旬。亩播种量8~10 kg，晚播应适当增加播种量，每推迟3 d增加0.5 kg。施足底肥，推广平衡施肥，将有机肥、氮肥、磷肥一次性掩底施足。及时进行查苗补缺，中耕镇压，冬春季可趁墒追施尿素5~7.5 kg。小麦孕穗期和灌浆期叶面喷洒0.2%的磷酸二氢钾溶液，可增强抗旱、抗干热风能力，预防早衰，提高粒重。及时防治病虫害。蜡熟末期及时收割。

适宜种植区域：河南省丘陵旱肥地早中茬种植。

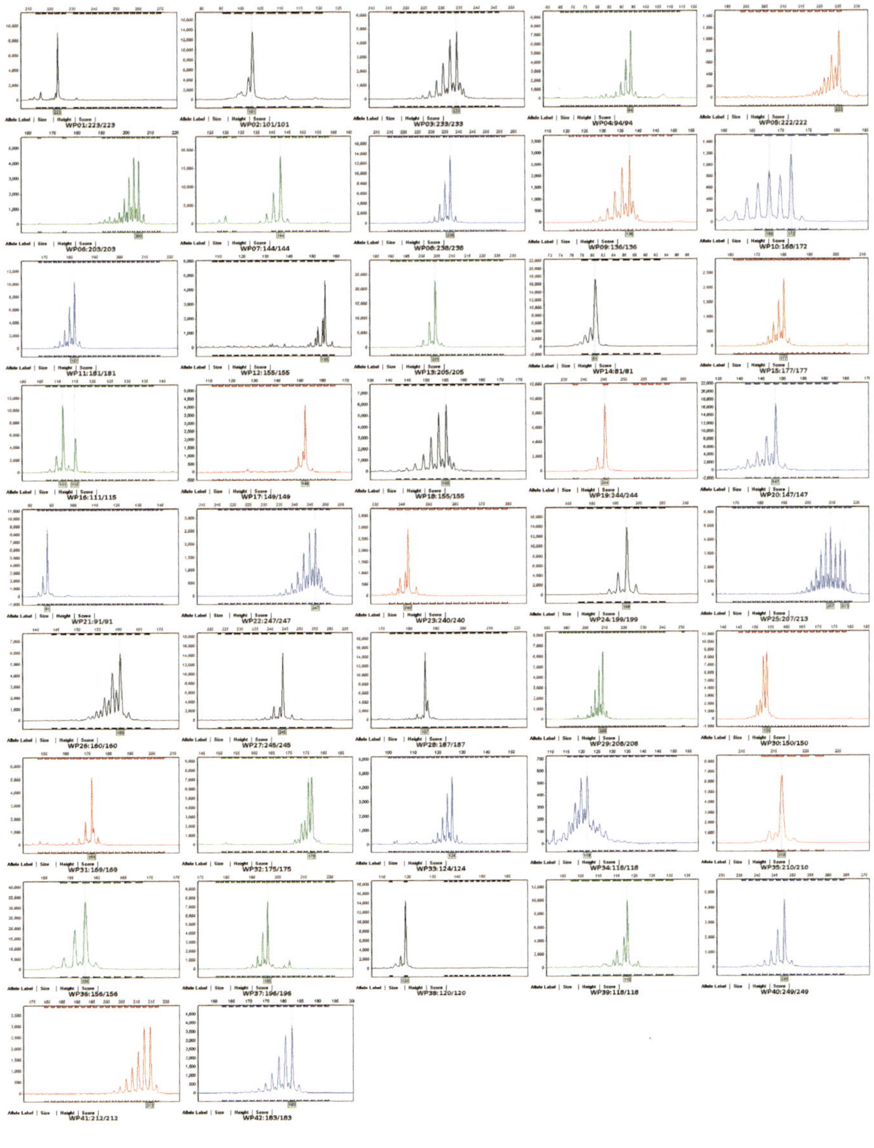

86. 平麦02-16

审定编号：豫审麦2011031

选育单位：平顶山市农业科学院、北京市中农良种有限责任公司

品种来源：西农278×平麦999

特征特性：半冬性中早熟旱地品种，平均全生育期230.4 d。幼苗半匍匐，生长健壮，叶片小、叶色浓绿，分蘖力中等，抗寒性一般，两极分化快，抽穗较晚，成穗率较高。成株期株型紧凑，叶片上冲卷曲，茎秆蜡质，株高59~79.7 cm，抗倒性好。穗纺锤形，长芒，穗层整齐，后期灌浆快，落黄一般。白粒，粉质，较饱满。受倒春寒影响有不孕小穗现象。2009年、2010年产量构成三要素：亩穗数32.9万、32.0万，穗粒数28.1粒、30.4粒，千粒重39.5 g、42.3 g。中抗叶锈病，叶枯病。中感白粉病、条锈病、纹枯病。2009年、2010年经检测：蛋白质（干基）15.38%、15.05%，容重796 g/L、808 g/L，湿面筋34.6%、29.2%，吸水量52.3 mL/100 g、53.9 mL/100 g，面团形成时间2.4 min、5.2 min，稳定时间2.6 min、7.3 min，弱化度122 F.U.、65 F.U.，沉淀值59.8 mL、68.2 mL，硬度49 HI、44 HI，出粉率71.1%、66.7%。

产量表现：2008—2009年度参加河南省旱地组区域试验，平均亩产321.33 kg，比对照品种洛旱2号增产5.34%，不显著。2009—2010年度续试，平均亩产365.26 kg，比对照品种洛旱2号增产5.94%，不显著。

2010—2011年度参加河南省旱地组生产试验，平均亩产291.0 kg，比对照洛旱2号增产7.5%。

栽培技术要点：10月5—20日播种，最佳播种期10月10—15日。旱肥地亩播种量8~10 kg，中等肥力地10~12 kg，旱薄地适当增加播种量，如延期播种，以每推迟3 d增加1 kg播种量为宜。一般亩施肥尿素25 kg，磷酸二铵25 kg，硫酸钾15 kg，或三元素复合肥（15∶15∶15）50 kg。拔节前，亩追施尿素8~10 kg并及时中耕和田间化学除草，同时进行病虫害防治。

适宜种植区域：河南省丘陵旱肥地早中茬种植。

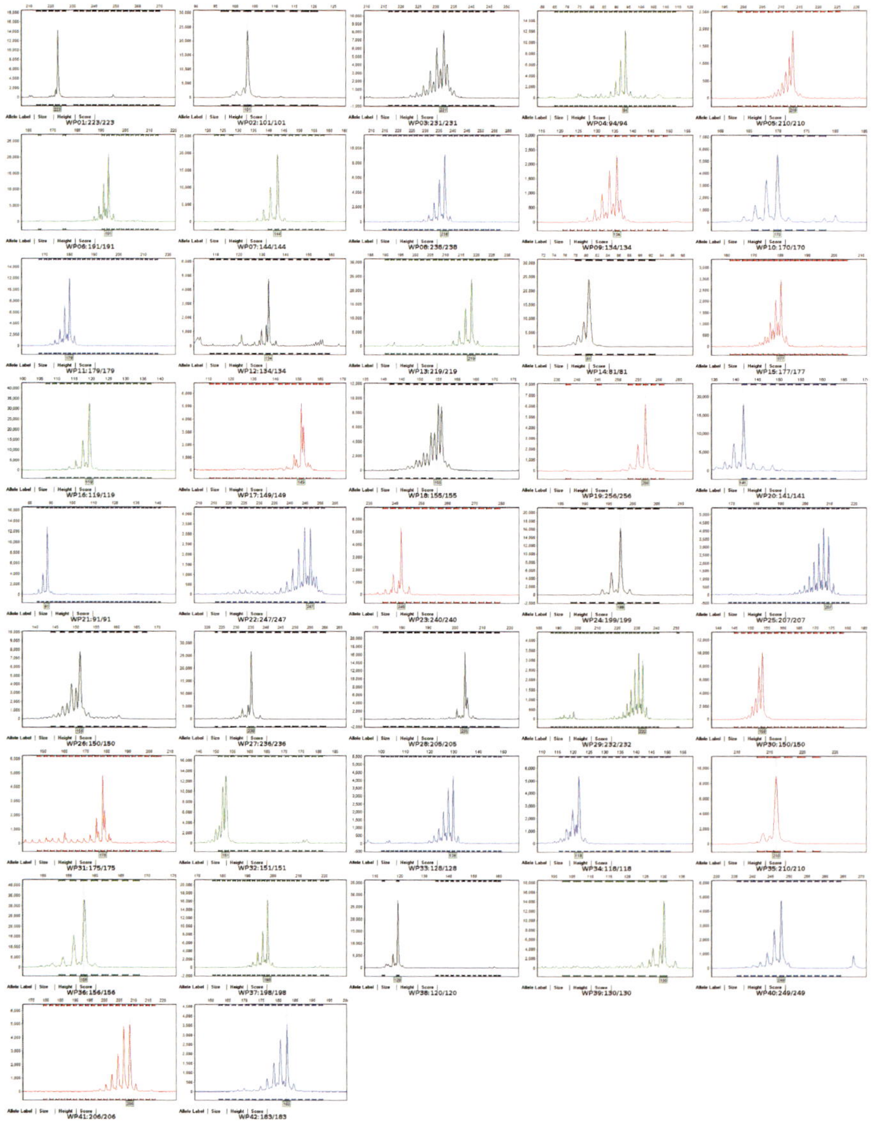

87. 浚晓9706

审定编号：豫审麦2011032

选育单位：浚县春晓种业有限责任公司

品种来源：W39/温2540//豫麦2号

特征特性：半冬性大穗型中早熟旱地品种，平均全生育期230.0 d。幼苗半匍匐，分蘖力一般，成穗率较高。抗寒性较差，两极分化快，苗脚利索。成株期株型半紧凑，茎秆蜡质，旗叶短宽上举，株高61.1~82.1 cm，茎秆有弹性，较抗倒伏。穗长方形，长芒，穗层整齐，长相清秀，成熟落黄好。白粒，半角质，黑胚率低。2009年、2010年产量构成三要素：亩穗数30.2万、31.2万，穗粒数34.5粒、33.4粒，千粒重35.9 g、40.3 g。中感白粉病、条锈病、纹枯病，中抗叶锈病、叶枯病。2009年、2010年经检测：蛋白质（干基）13.68%、14.20%，容重795 g/L、820 g/L，湿面筋30.0%、31.6%，吸水量54.0 mL/100 g、58.6 mL/100 g，面团形成时间2.0 min、2.5 min，稳定时间1.7 min、1.9 min，弱化度166 F.U.、167 F.U.，沉淀值51.2 mL、51.6 mL，硬度54 HI、53 HI，出粉率71.5%、69.7%。

产量表现：2008—2009年度参加河南省旱地组区域试验，平均亩产321.31 kg，比对照品种洛旱2号增产5.33%，不显著。2009—2010年度续试，平均亩产358.92 kg，比对照品种洛旱2号增产4.10%，不显著。2010—2011年度参加河南省旱地组生产试验，平均亩产291.0 kg，比对照品种洛旱2号增产7.5%。

栽培技术要点：一般在10月5—15日播种。亩播种量10 kg左右，保证基本苗15万~18万、亩。一般亩施尿素25 kg，过磷酸钙50 kg，氯化钾7~10 kg作为底肥，播前搞好药剂拌种，中后期及时防治白粉病、条锈病和蚜虫等病虫危害。

适宜种植区域：河南省丘陵旱肥地早中茬种植。

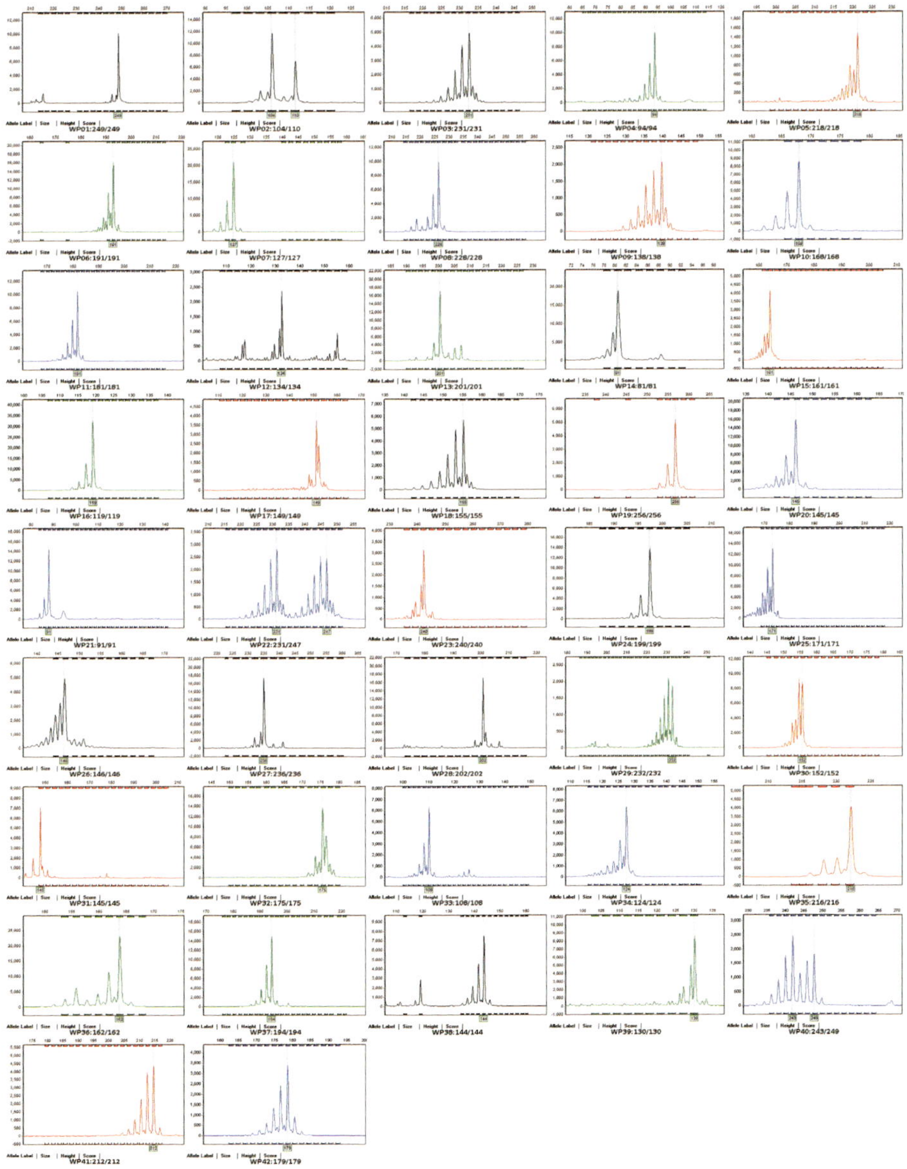

88. 宝科8号

审定编号：豫审麦2011033

选育单位：宝丰县农业科学研究所

品种来源：陕229/兰考4号

特征特性：半冬性中早熟旱地品种，平均全生育期232.2 d。幼苗半匍匐，长势壮，分蘖力弱，成穗数偏少。抗冬季冻害及倒春寒能力稍弱，抽穗较晚，对水、肥反应较敏感。成株期株型紧凑，旗叶宽大下披，长相清秀，株高58.7~78.5 cm，茎秆粗壮，抗倒性好。穗纺锤形，小穗排列紧密，结实性好，长芒，白粒，半角质，千粒重高，籽粒饱满。2009年、2010年产量构成三要素：亩穗数30.7万、29.9万，穗粒数31.1粒、33.4粒，千粒重41.8 g、43.0 g。中抗叶锈病和叶枯病，中感纹枯病、白粉病、条锈病。2009年、2010年经检测：蛋白质（干基）14.88%、14.40%，容重787 g/L、800 g/L，湿面筋34.1%、28.6%，吸水量63 mL/100 g、58.8 mL/100 g，降落数值353 s、328 s，面团形成时间2.7 min、2.5 min，稳定时间3.4 min、2.0 min，弱化度94 F.U.、167 F.U.，沉淀值64.0 mL、46.2 mL，硬度70 HI、70 HI，出粉率69.4%、71.4%。

产量表现：2008—2009年度参加河南省旱地组区域试验，平均亩产314.18 kg，比对照品种洛旱2号增产3.00%，不显著。2009—2010年度续试，平均亩产357.89 kg，比对照品种洛旱2号增产3.80%，不显著。

2010—2011年度参加河南省旱地组生产试验，平均亩产285.4 kg，比对照品种洛旱2号增产5.4%。

栽培技术要点：10月1—20日均可播种，最适播种期10月10日左右。适时播种，最佳播种量每亩10~12 kg，晚播可适当加大播种量。按重施基肥，粗肥和化肥配合施用。小麦播种前进行晒种和药剂拌种，拌种药剂可采用乐斯本等长效农药，主要防治地下害虫和苗期蚜虫，预防黄矮病。小麦拔节孕穗期要进行"一喷三防"，可用氧化乐果、粉锈宁和磷酸二氢钾混合喷施，重点防治穗蚜、锈病和干热风危害。人工收获的地块要在蜡熟期进行，机械收割可适当推迟，籽粒变硬时效果更好。

适宜种植区域：河南省丘陵旱肥地早中茬种植。

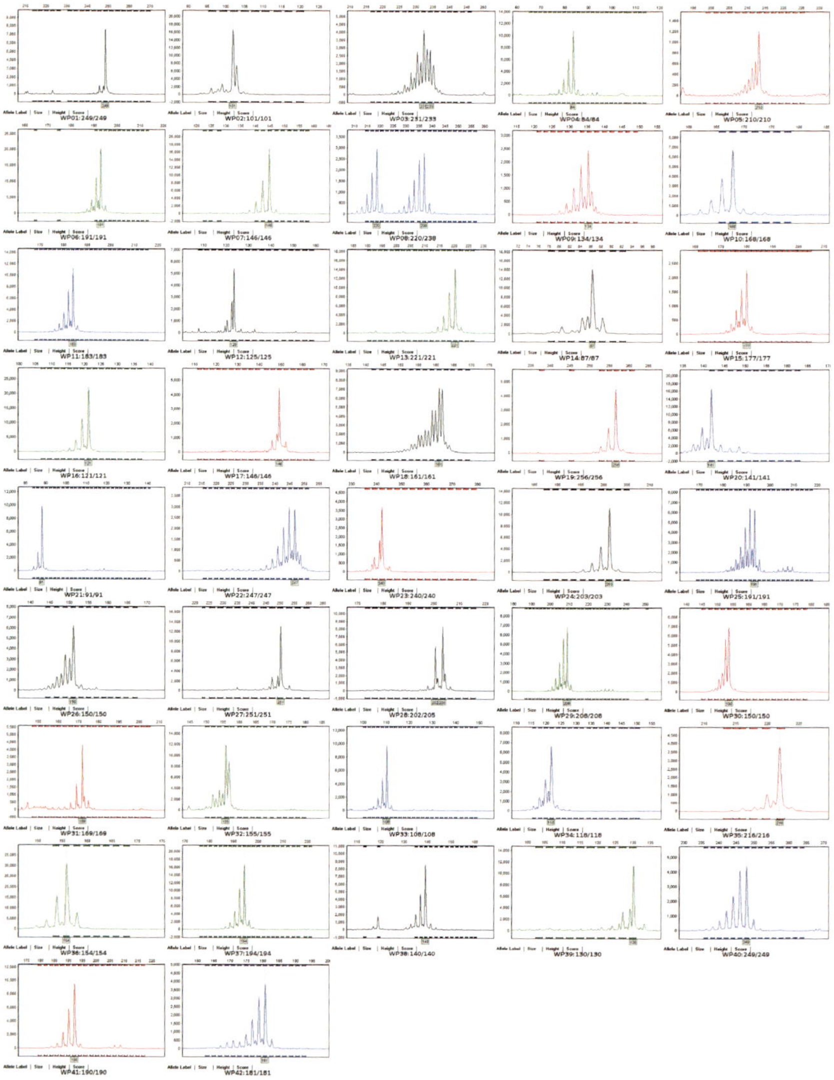

89. 许科718

审定编号：豫审麦2012001

选育单位：河南省许科种业有限公司

品种来源：周麦13号/漯麦四号

特征特性：半冬性大穗型中晚熟品种，平均生育期225.4 d。幼苗半匍匐，苗期叶片宽长，苗壮，冬季抗寒性一般，分蘖力一般；春季返青晚，起身慢，两极分化快，苗脚利索，受春季低温影响较小。成株期旗叶宽大上举，穗下节长，穗部有蜡质，株高81.9 cm，茎秆粗壮，有弹性，抗倒伏能力强。中长芒，近穗长方形，均匀，结实性好。籽粒椭圆形，大小均匀，半角质，饱满度中等，黑胚少。2011年、2022年产量构成三要素：平均亩成穗数39.5万、35.2万，穗粒数35.1粒、35.5粒，千粒重48.1 g、49.7 g。中抗叶锈病、纹枯病和叶枯病，中感白粉病和条锈病，高感赤霉病。2010年、2011年经检测：蛋白质14.61%、14.66%，容重778 g/L、804 g/L，湿面筋32.0%、30.4%，降落数值337 s、393 s，吸水量61.9 mL/100 g、62.3 mL/100 g，形成时间4.8 min、3.4 min，稳定时间5.0 min、3.1 min，弱化度141 F.U.、102 F.U.，沉淀值57.8 mL、55.2 mL，硬度64 HI、68 HI，出粉率69.1%、69.3%。

产量表现：2009—2010年度河南省冬水Ⅰ组区域试验，平均亩产529.0 kg，比对照品种周麦18号增产2.68%，不显著。2010—2011年度河南省冬水Ⅰ组区域试验，平均亩产593.9 kg，比对照品种周麦18号增产4.67%，达极显著水平。2011—2012年度河南省冬水Ⅰ组生产试验，平均亩产526.3 kg，比对照品种周麦18号增产5.5%。

栽培技术要点：10月5—20日播种，最佳播种期10月10日左右。高肥力地块亩播种量8~10 kg，中低肥力8~12.5 kg，如延期播种，以每推迟3 d增加0.5 kg播种量为宜。亩施底肥尿素20 kg，磷酸二铵25 kg，硫酸钾15 kg或三元素复合肥（15：15：15）50 kg，春节前后每亩追施尿素7~10 kg。拔节前进行化学除草，灌浆期喷施磷酸二氢钾，结合天气情况及时防治锈病、白粉病和穗蚜等。

适宜种植区域：河南省（南部稻茬麦区除外）早中茬中高肥力地种植。

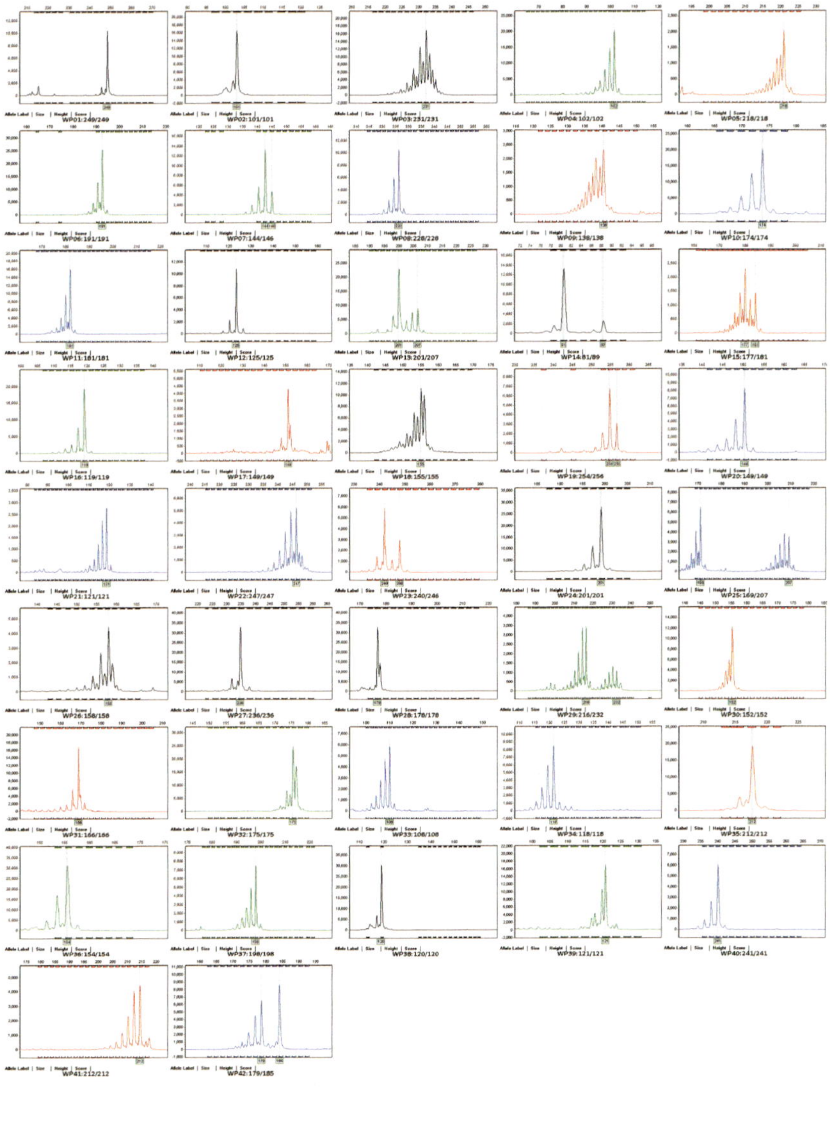

90. 浚麦K8号

审定编号： 豫审麦2012002

选育单位： 浚县丰黎种业有限公司

品种来源： 开麦18/百农64

特征特性： 半冬性大穗型中晚熟品种，平均生育期224.7 d。幼苗半匍匐，苗期长势好，叶色浓绿，冬季抗寒性一般，分蘖成穗率中等；春季发育慢，抽穗晚。成株期旗叶较宽大，株型稍松散，穗下节短，株高79.8 cm，茎秆较粗，弹性一般。长芒，长方形大穗，结实性好；粒大，均匀，半角质，黑胚少，饱满度较好。根系活力好，叶功能期长，成熟晚，灌浆充分，落黄好。2011年、2012年产量构成三要素：平均亩成穗数37.7万、35.5万，穗粒数37.9粒、45粒，千粒重46.7 g/42.5 g。中抗叶锈病和叶枯病，中感白粉病、纹枯病和条锈病，高感赤霉病。2010年、2011年经检测：蛋白质14.85%、14.81%，容重802 g/L、813 g/L，湿面筋32.3%、32.8%，降落数值392 s、424 s，吸水量59.7 mL/100 g、60.9 mL/100 g，形成时间3.0 min、2.8 min，稳定时间2.8 min、2.5 min，弱化度134 F.U.、109 F.U.，沉淀值56.2 mL、54.0 mL，硬度65 HI、65 HI，出粉率71.8%、72.6%。

产量表现： 2009—2010年度河南省冬水Ⅰ组区域试验，平均亩产530.3 kg，比对照品种周麦18号增产2.93%，不显著。2010—2011年度河南省冬水Ⅰ组区域试验，平均亩产580.5 kg，比对照品种周麦18号增产2.30%，不显著。2011—2012年度河南省冬水Ⅰ组生产试验，平均亩产527.5 kg，比对照品种周麦18号增产5.7%。

栽培技术要点： 适宜播种期为10月5—20日。每亩7~9 kg，每亩基本苗15万~18万，晚播应适当加大播种量。有机肥与无机肥相结合，氮、磷、钾与微肥相结合，全生育期每亩施肥量为氮12~14 kg、磷6~10 kg、钾5~7 kg、硫和锌肥均为3 kg。磷、钾肥和微肥一次性底施，氮肥底肥与追肥的比例为7：3。合理灌溉：适时浇好底墒水、越冬水、孕穗水和灌浆水。返青期肥水应适当推迟，有利于增加品种抗倒能力。做好病虫草害的防治。

适宜种植区域： 河南省（南部稻茬麦区除外）早中茬中高肥力地种植。

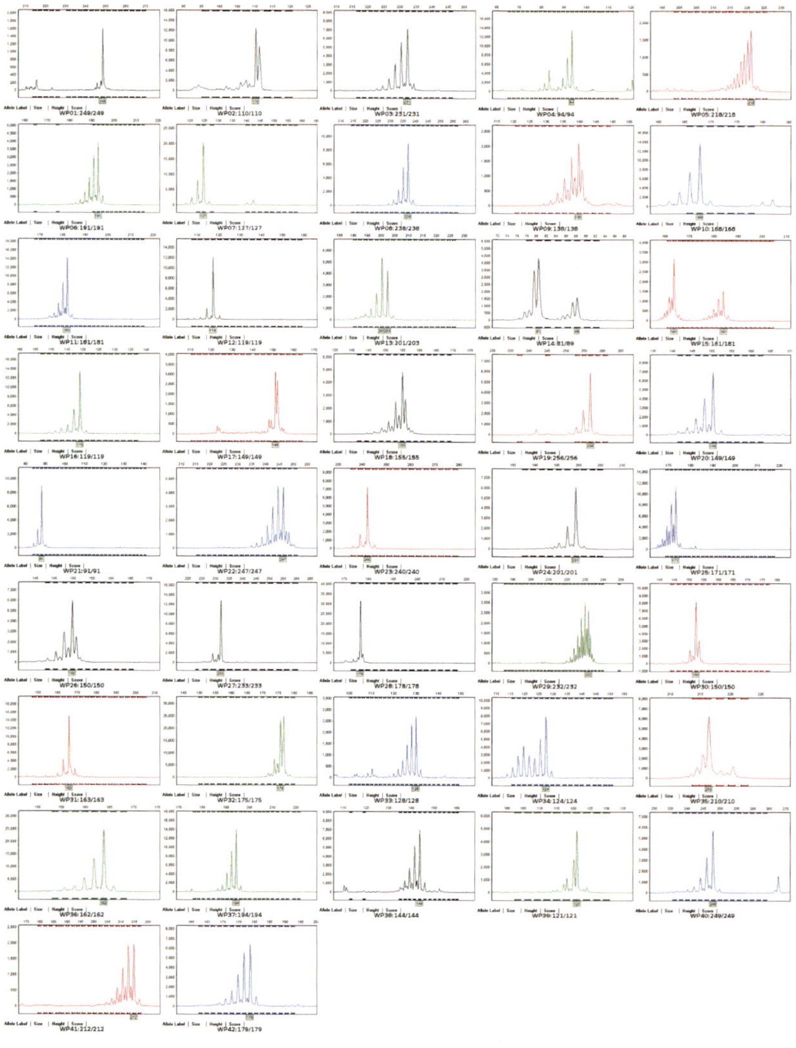

91. 郑麦583

审定编号：豫审麦2012003

选育单位：河南省农业科学院小麦研究中心

品种来源：百农AK58系统选育

特征特性：半冬性中晚熟品种，平均生育期224.2 d。幼苗半匍匐，叶色深绿，长势壮，冬季抗寒性较好，分蘖力较强.春季返青晚，起身慢，抗倒春寒能力强，成穗率一般，穗层整齐。成株期株型偏紧凑，穗下节偏短，旗叶偏长半披，平均株高79 cm，茎秆弹性较好，抗倒伏能力一般。中短芒，穗偏大、均匀，结实性好；籽粒角质，饱满度好。根系活力强，落黄好。2011年、2012年产量构成三要素为：平均亩成穗数44.6万、40.1万，穗粒数31.9粒、33.3粒，千粒重45.5 g、44.0 g。中抗叶枯病，中感白粉病、条锈病、叶锈病和纹枯病，高感赤霉病。2009年、2011年经检测：蛋白质15.52%、16.03%，容重779 g/L、810 g/L，湿面筋33.8%、36.6%，降落数值408 s、444 s，吸水量57.9 mL/100 g、61.1 mL/100 g，形成时间4.2 min、4.2 min，稳定时间7.2 min、8 min，弱化度49 F.U.、49 F.U.，沉淀值72.0 mL、75 mL，硬度63 HI、67 HI，出粉率66.7%、72.4%。

产量表现：2008—2009年度河南省冬水Ⅰ组区域试验，平均亩产487.5 kg，比对照品种周麦18号减产3.17%，不显著。2010—2011年度河南省冬水Ⅰ组区域试验，平均亩产558.4 kg，比对照品种周麦18号减产1.59%，不显著。2011—2012年度河南省冬水Ⅰ组生产试验，平均亩产518.0 kg，比对照品种周麦18号增产3.8%。

栽培技术要点：适宜早中茬地块种植，适播种期为10月上中旬，基本苗以每亩12万~16万为宜，晚播可适当增加播种量。一般亩施农家肥3~4 m^3，氮、磷、钾科学搭配，以1∶1∶0.8为宜。浇好底墒水，做到足墒下种，一播全苗。春季管理应推迟，适当控制群体，防治亩穗数过多而发生倒伏。抽穗至灌浆期结合“一喷三防”正常防治即可，复配药包括粉锈宁和杀虫剂。注意防治蚜虫，特别是穗蚜要及时防治。

适宜种植区域：河南省（南部稻茬麦区除外）早中茬中高肥力地种植。

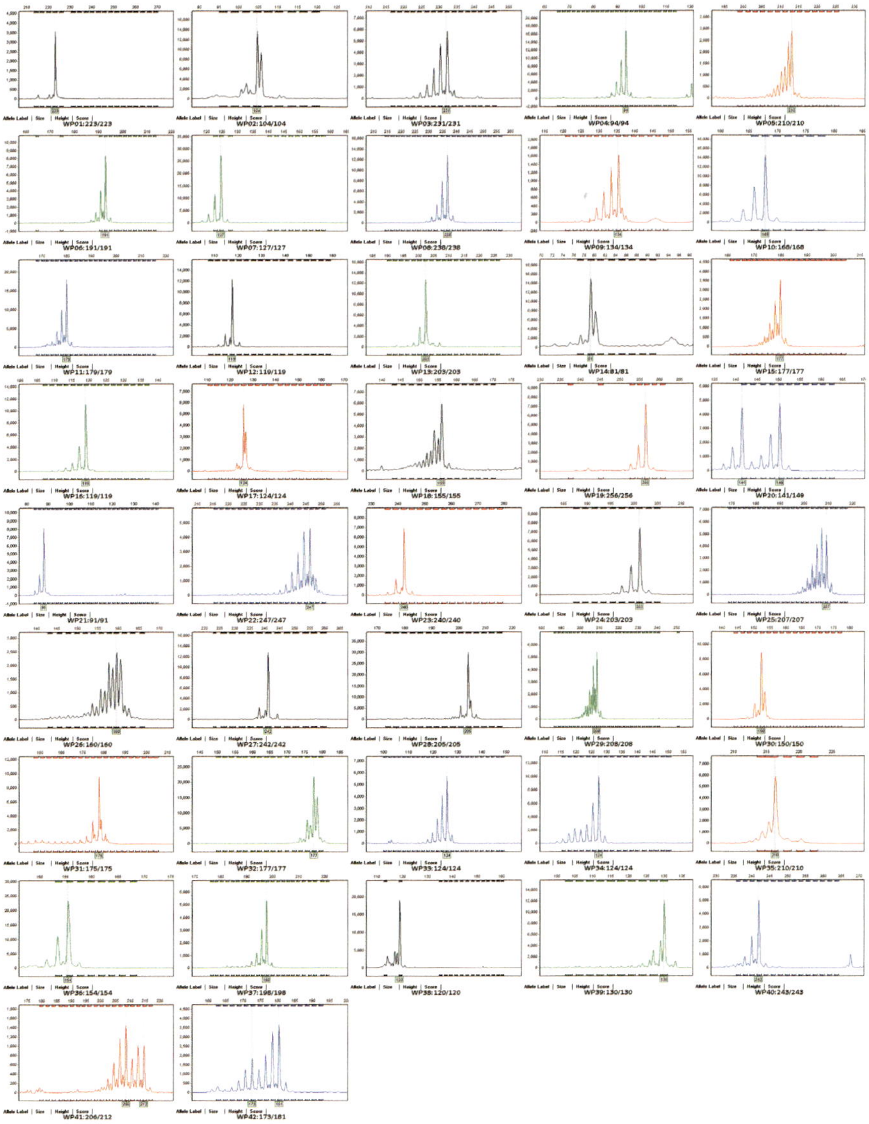

92. 农大1108

审定编号：豫审麦2012004

选育单位：中国农业大学农学与生物技术学院、河北金诚种业有限责任公司

品种来源：5108/Riband//温麦6/3/周麦134

特征特性：半冬性大穗型中熟品种，平均生育期224.6 d。幼苗半匍匐，苗期叶稍长，叶色浓绿，冬季耐寒性一般，分蘖力强，成穗率低。春季返青起身晚，起身后发育速度快，受春季低温影响较小。株型偏松散，穗下节长，旗叶上冲，平均株高77.2 cm，茎秆粗，抗倒伏能力一般。长方形大穗，结实性好。籽粒椭圆形，大小均匀，角质，黑胚少，饱满度中等。根系活力好，叶功能期长，耐后期高温，成熟落黄好。2011年、2012年度产量构成三要素：平均亩成穗数41.5万、37.9万，穗粒数35.4粒、34.5粒，千粒重45.0 g、45.2 g。中抗叶枯病，中感白粉病、条锈病、叶锈病和纹枯病，高感赤霉病。2010年、2011年经检测：蛋白质14.01%、13.84%，容重792 g/L、788 g/L，湿面筋29.0%、28.6%，降落数值270 s、429 s，吸水量59.4 mL/100 g、61.4 mL/100 g，形成时间3 min、3 min，稳定时间3.4 min、4.8 min，弱化度121 F.U.、70 F.U.，沉淀值57.0 mL、52.8 mL，硬度63 HI、67 HI，出粉率71.6%、72%。

产量表现：2009—2010年度河南省冬水Ⅱ组区域试验，平均亩产540.4 kg，比对照品种周麦18号增产6.90%，达极显著水平。2010—2011年度河南省冬水Ⅱ组区域试验，平均亩产578.7 kg，比对照品种周麦18号增产3.31%，达显著水平。2011—2012年度河南省冬水Ⅱ组生产试验，平均亩产527.9 kg，比对照品种周麦18号增产3.7%。

栽培技术要点：适宜早中茬种植，适播种期10月10日左右，基本苗以每亩14万~18万为宜，高肥力地块亩播种量6~8 kg，中低肥力8~10 kg，如延期播种，以每推迟3 d增加0.5 kg播种量为宜。施足底肥，春节前后每亩追施尿素7~10 kg。拔节前进行化学除草，并适当化控，以降低株高。灌浆期喷施磷酸二氢钾，结合天气情况及时防治白粉病和穗蚜。

适宜种植区域：河南省（南部稻茬麦区除外）早中茬中高肥力地种植。

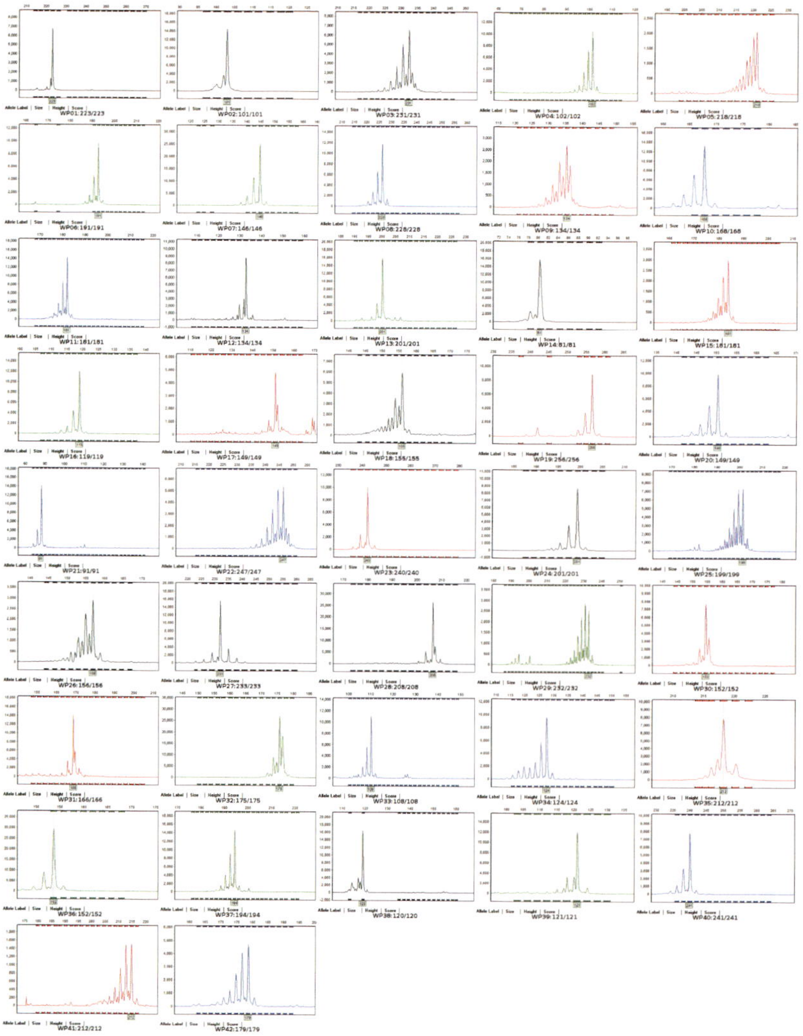

93. 中育9398

审定编号：豫审麦2012005

选育单位：中棉种业科技股份有限公司

品种来源：矮败小麦/新麦18

特征特性：半冬性中穗型中晚熟品种，平均生育期224.5 d。幼苗半直立，苗期叶片宽短，叶色浓绿，苗壮，冬季抗寒性一般，分蘖力弱，成穗率较高。春季发育较快，抽穗较早。株型偏紧凑，旗叶宽短，有干尖，穗下节短，平均株高76.2 cm，茎秆粗，抗倒性一般。长方形大穗，结实性好，穗层整齐；圆粒，大小均匀，角质，黑胚多，饱满度中等。2011年、2012年产量构成三要素：亩穗数42.8万、36.7万，穗粒数36.1粒、37粒，千粒重40.9 g、42.2 g。中抗条锈病、叶锈病和叶枯病，中感白粉病和纹枯病，高感赤霉病。2010年、2011年经检测：蛋白质16.7%、15.63%，容重794 g/L、807 g/L，湿面筋38.8%、35.1%，降落数值214 s、422 s，吸水量61.7 mL/100 g、61.6 mL/100 g，形成时间4.2 min、4.0 min，稳定时间4.9 min、5.6 min，弱化度121 F.U.、102 F.U.，沉淀值74.5 mL、69.5 mL，硬度62 HI、66 HI，出粉率70.0%、71.4%。

产量表现：2009—2010年度河南省冬水Ⅱ组区域试验，平均亩产507.8 kg，比对照品种周麦18号增产0.45%，不显著。2010—2011年度河南省冬水Ⅱ组区域试验，平均亩产580.6 kg，比对照品种周麦18号增产3.66%，达显著水平。2011—2012年度河南省冬水Ⅰ组生产试验，平均亩产516.2 kg，比对照品种周麦18号增产3.4%。

栽培技术要点：10月5—20日播种，最佳播种期10月10日左右。高肥力地块亩播种量6~8 kg，中低肥力地块每亩8~10 kg，如延期播种，以每推迟3 d亩增加0.5 kg播种量为宜。一般亩施底肥尿素20 kg，磷酸二铵25 kg，硫酸钾15 kg或三元素复合肥（15：15：15）50 kg，春节前后每亩追施尿素7~10 kg。拔节前进行化学除草，并适当化控，以降低株高。灌浆期喷施磷酸二氢钾，结合天气情况及时防治白粉病和穗蚜。

适宜种植区域：河南省（南部稻茬麦区除外）早中茬中高肥力地种植。

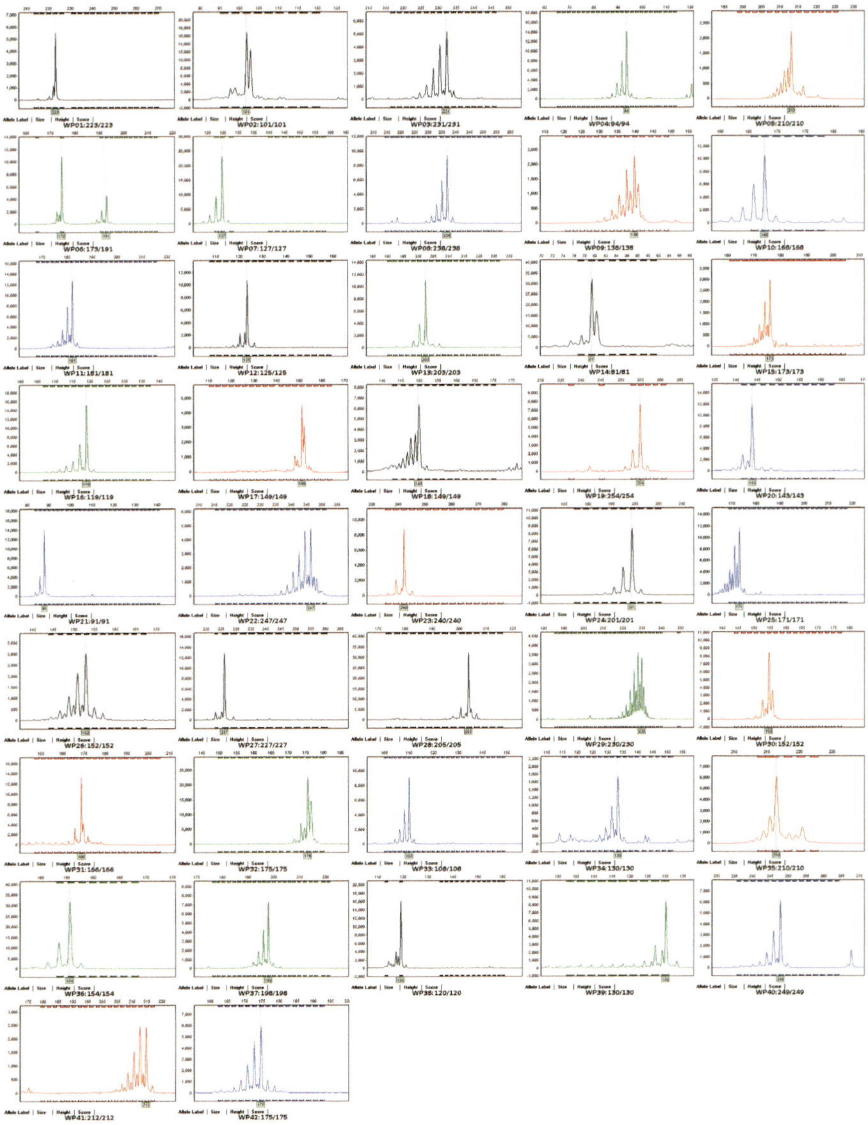

94. 焦麦266

审定编号：豫审麦2012006

选育单位：河南怀川种业有限责任公司

品种来源：临汾881/温麦8号//周麦13号

特征特性：半冬性多穗型中熟品种，平均生育期223.7 d。幼苗直立，苗期叶色发黄，长势弱，冬季抗寒性一般，分蘖力中等。抗倒春寒能力差，成穗率较高，穗层整齐。成株期旗叶偏小，上举，穗部有蜡质，株型松散，穗下节长，株行间通风透光性好，平均株高77.7 cm，茎秆有弹性，抗倒伏能力较强。穗纺锤形，码稀。粒大椭圆形，大小均匀，半角质，黑胚少，饱满度较好。叶功能期长，耐后期高温，成熟落黄好。2011年、2012年度产量构成三要素：平均亩成穗数42.2万、38.8万，穗粒数35.6粒、35.3粒，千粒重44.9 g、45.4 g。中抗叶锈病、纹枯病和叶枯病，中感白粉病和条锈病，高感赤霉病。2010年、2011年经检测：蛋白质15.51%、14.99%，容重819 g/L、819 g/L，湿面筋34.3%、33.2%，降落数值366 s、410 s，吸水量60.9 mL/100 g、61.2 mL/100 g，形成时间3.0 min、3.7 min，稳定时间2.3 min、2.7 min，弱化度151 F.U.、105 F.U.，沉淀值59.8 mL、56.8 mL，硬度60 HI、66 HI，出粉率68.1%、69.1%。

产量表现：2009—2010年度河南省冬水Ⅰ组区域试验，平均亩产525.4 kg，比对照品种周麦18号增产1.98%，不显著。2010—2011年度河南省冬水Ⅰ组区域试验，平均亩产577.7 kg，比对照品种周麦18号增产1.81%，不显著。2011—2012年度河南省冬水Ⅰ组生产试验，平均亩产523.2 kg，比对照品种周麦18号增产4.8%。

栽培技术要点：10月5—20日播种，最佳播种期10月10日左右。高肥力地块亩播种量6~8 kg，中低肥力地块亩播种量8~10 kg，如延期播种，以每推迟3 d亩增加0.5 kg播种量为宜。一般亩施底肥尿素20 kg，磷酸二铵25 kg，硫酸钾15 kg或三元素复合肥（15：15：15）50 kg，春节前后每亩追施尿素7~10 kg。拔节前进行化学除草，并适当化控，以降低株高。灌浆期喷施磷酸二氢钾，结合天气情况及时防治白粉病和穗蚜。

适宜种植区域：河南省（南部稻茬麦区除外）早中茬中高肥力地种植。

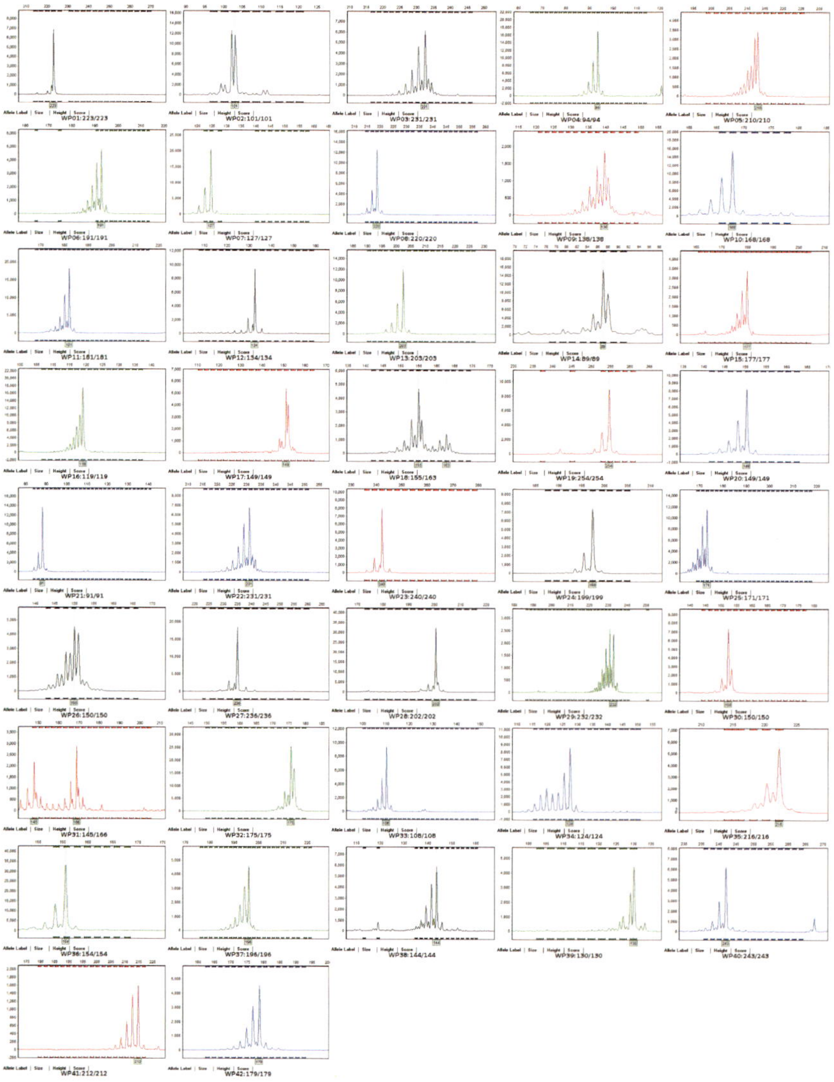

95. 许农7号

审定编号：豫审麦2012007

选育单位：河南省兆丰种业公司、河南许农种业有限公司

品种来源：新麦9号/豫麦18

特征特性：半冬性多穗型中晚熟品种，平均生育期225.3 d。幼苗半匍匐，苗期叶片宽长，叶色浓绿，苗壮，冬季抗寒性好，成穗率高。春季发育快，长势好，抽穗早，抗倒春寒能力一般。成株期旗叶上冲，有干尖，穗下节长，平均株高75.9 cm，茎秆弹性一般，抗倒性弱。近穗长方形，偏小，长芒，结实性好，穗粒数中等。籽粒半角质，大小不均，黑胚多，饱满度中等。2011年、2012年产量构成三要素：平均亩成穗数45.1万、40.1万，穗粒数34.1粒、36.2粒，千粒重40.5 g、40.5 g。中抗叶锈病、纹枯病和叶枯病，中感白粉病和条锈病，高感赤霉病。2010年、2011年经检测：蛋白质14.81%、14.68%，容重818 g/L、811 g/L，湿面筋32.2%、30.4%，降落数值341、388 s，吸水量55.2 mL/100 g、53.9 mL/100 g，形成时间2 min、1.7 min，稳定时间1.4 min、1.4 min，弱化度165 F.U.、133 F.U.，沉淀值51.8 mL、49.2 mL，硬度39 HI、44 HI，出粉率65.0%、67.6%。

产量表现：2009—2010年度河南省冬水Ⅱ组区域试验，平均亩产531.1 kg，比对照品种周麦18号增产5.06%，不显著。2010—2011年度河南省冬水Ⅱ组区域试验，平均亩产560.7 kg，比对照品种周麦18号增产0.10%，不显著。2011—2012年度河南省冬水Ⅱ组生产试验，平均亩产532.5 kg，比对照品种周麦18号增产4.6%。

栽培技术要点：适宜播种期10月8—15日，亩播种量8~10 kg，亩基本苗达到15万~18万，如延期播种，以每推迟3 d增加0.5 kg播种量为宜。底肥以氮、磷、钾、锌、有机肥配合使用；氮肥分底肥和拔节末期追肥两次施入，基肥与追肥的比例为6：4。越冬前进行化学除草，起身期进行化控，防止倒伏。抽穗—灌浆期用粉锈宁+氧化乐果防治病虫害2~3次。

适宜种植区域：河南省（南部稻茬麦区除外）早中茬中高肥力地种植。

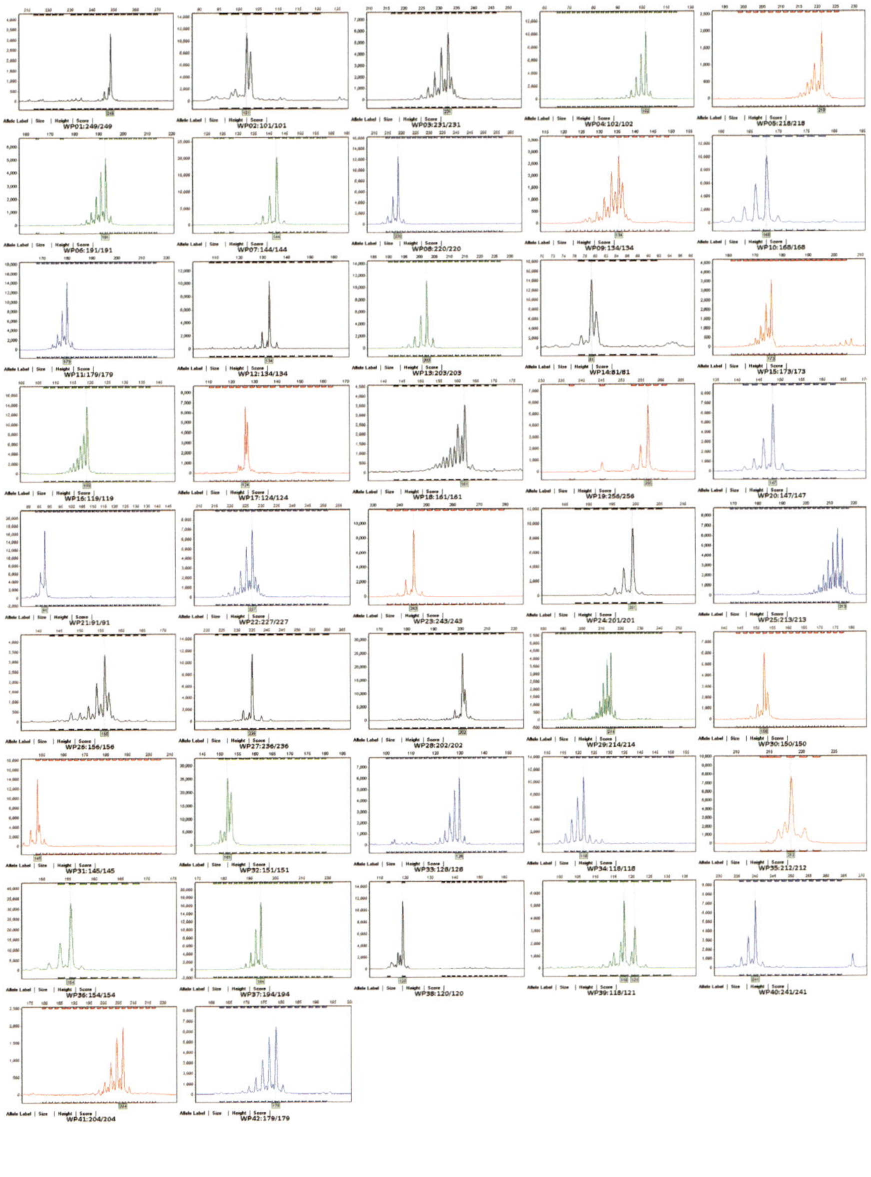

96. 中新78

审定编号：豫审麦2012008

选育单位：河南中原中农良种有限责任公司

品种来源：周麦13号/漯麦4号

特征特性：半冬性多穗型中晚熟品种，平均生育期225.1 d。幼苗半匍匐，苗期叶色浓绿，叶片窄长，长势壮，冬季抗寒性好，分蘖力强，成穗率中等。春季返青晚，起身慢，起身后发育速度加快，抽穗较早，穗层较厚；成株期株型松散，叶片偏小上冲，穗下节长，株行间通风透光性好。平均株高81 cm，茎秆偏细，弹性一般。长方形小穗，结实性一般。籽粒偏大，半角质，黑胚多，饱满度中等。耐后期高温，灌浆速度慢，成熟落黄好。2011年、2012年产量构成三要素：平均亩成穗数45.8万、38.4万，穗粒数31.9粒、33粒，千粒重45.6 g、45.3 g。中抗条锈病、纹枯病和叶枯病，中感白粉病和叶锈病，高感赤霉病。2010年、2011年经检测）：蛋白质14.31%、14.51%，容重808 g/L、809 g/L，湿面筋29.2%、29%，降落数值257 s、371 s，吸水量62.2 mL/100 g、62.1 mL/100 g，形成时间2.3 min、2.5 min，稳定时间1.2 min、1.4 min，弱化度234 F.U.、163 F.U.，沉淀值37.2 mL、40.5 mL，硬度67 HI、70 HI，出粉率70.8%、71%。

产量表现：2009—2010年度河南省冬水Ⅲ组区域试验，平均亩产528.6 kg，比对照品种周麦18号增产2.35%，不显著。2010—2011年度河南省冬水Ⅲ组区域试验，平均亩产582.5 kg，比对照品种周麦18号增产3.55%，显著。2011—2012年度河南省冬水Ⅱ组生产试验，平均亩产529.4 kg，比对照品种周麦18号增产4.0%。

栽培技术要点：10月5—20日播种，最佳播种期10月10日左右。高肥力地块亩播种量6~8 kg，中低肥力地块8~10 kg，如延期播种，以每推迟3 d增加0.5 kg播种量为宜。

一般亩施底肥尿素20 kg，磷酸二铵25 kg，硫酸钾15 kg或三元素复合肥（15：15：15）50 kg，春节前后每亩追施尿素7~10 kg。拔节前进行化学除草，并适当化控，以降低株高。灌浆期喷施磷酸二氢钾，结合天气情况及时防治白粉病和穗蚜。

适宜种植区域：河南省（南部稻茬麦区除外）早中茬中高肥力地种植。

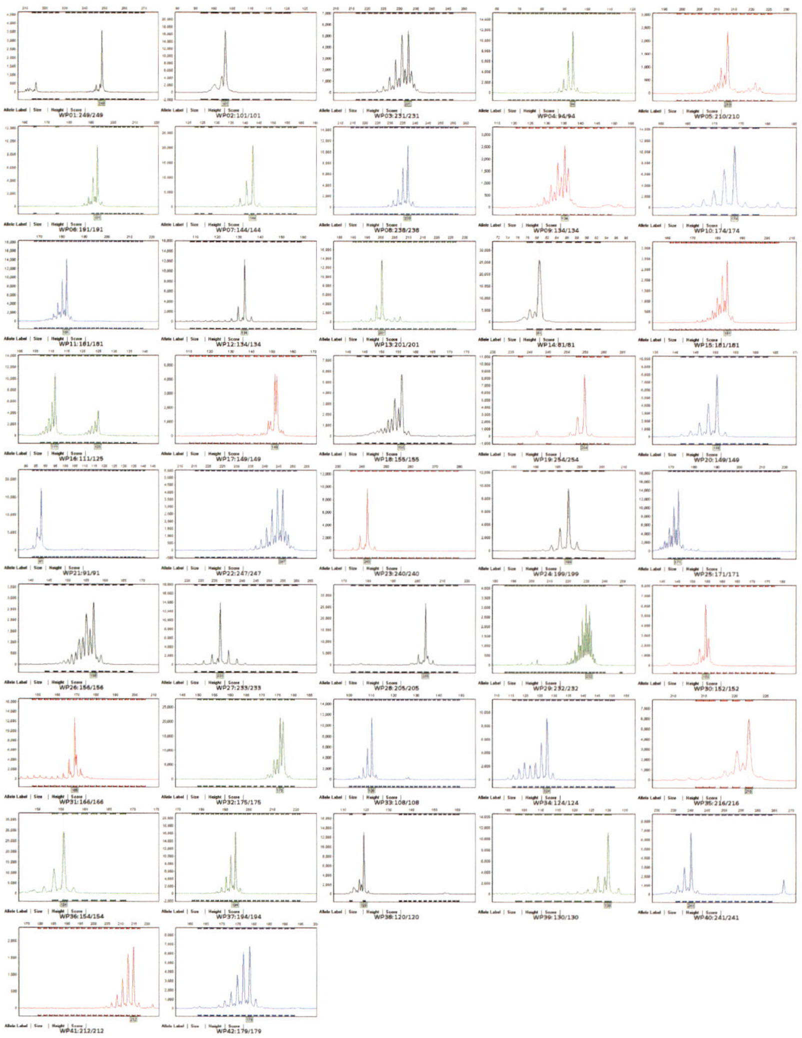

97. 郑麦379

审定编号：豫审麦2012009

选育单位：河南省农业科学院小麦研究中心

品种来源：周麦13/D9054-6-1

特征特性：半冬性中晚熟品种，平均生育期224.4 d。幼苗半直立，苗期叶片宽长，叶色浓绿，长势好，冬季抗寒性、分蘖力一般，成穗率偏高。春季返青早，起身快，两极分化快，春季抗寒性一般。成株期茎秆、穗部蜡质厚，株型偏松散，旗叶偏长、卷曲，穗下节长，穗层整齐。平均株高79.5 cm，弹性一般，抗倒性中等。穗长方形，长芒，结实性稍差。籽粒椭圆形，大小均匀，黑胚少，角质率高，饱满度中等，外观商品性好。2011年、2012年度产量构成三要素：平均亩成穗数45.9万、37.7万，穗粒数33.5粒、34.9粒，千粒重44.2 g、44.9 g。中抗叶锈病、纹枯病和叶枯病，中感白粉病和条锈病，高感赤霉病。2010年、2011年经检测：蛋白质14.33%、14.08%，容重818 g/L、823 g/L，湿面筋31.5%、30.4%，降落数值360 s、442 s，吸水量63.4 mL/100 g、63.4 mL/100 g，形成时间4.8 min、5.5 min，稳定时间7.2 min、9.2 min，弱化度103 F.U.、17 F.U.，沉淀值52.2 mL、53.2 mL，硬度70 HI、72 HI，出粉率67.8%、70%。

产量表现：2009—2010年度河南省冬水Ⅱ组区域试验，平均亩产505.8 kg，比对照品种周麦18号增产0.1%，不显著。2010—2011年度河南省冬水Ⅱ组区域试验，平均亩产582.7 kg，比对照品种周麦18号增产4.0%，达极显著水平。2011—2012年度河南省冬水Ⅰ组生产试验，平均亩产520.7 kg，比对照品种周麦18号增产4.3%。

栽培技术要点：适宜播种期为10月上中旬。在适宜播种期内，基本苗以每亩15万~20万为宜，晚播适当增加播种量。施足底肥，一般亩施农家肥3~4 m^3，氮、磷、钾科学搭配，以1：1：0.8为宜。浇好底墒水，足墒下种，一播全苗。抽穗至灌浆期结合“一喷三防”正常防治病虫害即可，注意防治蚜虫。

适宜种植区域：河南省（南部稻茬麦区除外）旱中茬中高肥力地种植。

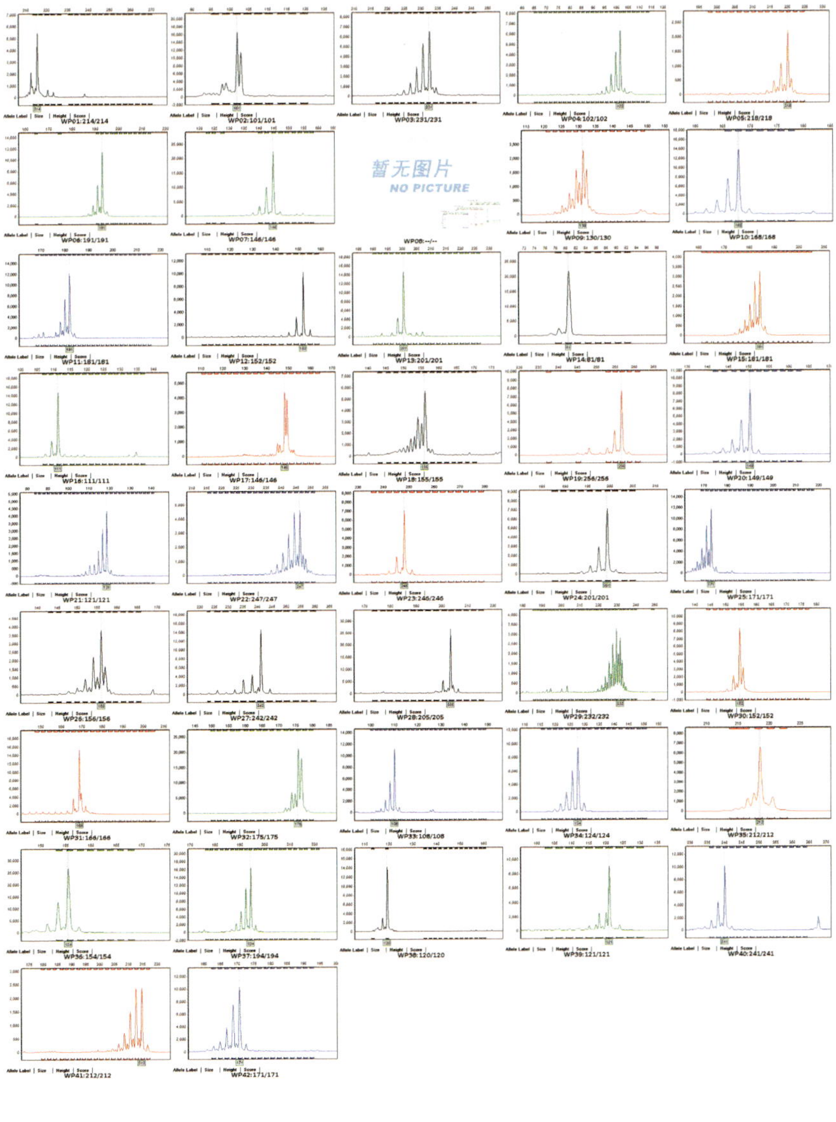

98. 天禾3号

审定编号： 豫审麦2012010

选育单位： 郑州大学、河南俊达种业有限公司、安阳市天禾农作物科学研究所

品种来源： 矮败小麦/天禾077

特征特性： 半冬性大穗型中晚熟品种，平均生育期225.2 d。幼苗半匍匐，苗期叶偏长、下披，叶色浓绿，冬季抗寒性好；分蘖力弱，成穗率高，春季发育稳健，两极分化快，抗倒春寒能力稍差。株型偏紧凑，旗叶偏宽上举，穗下节短，平均株高78.4 cm，茎秆较粗，弹性一般。长方形大穗，穗层整齐，结实性好。籽粒角质，黑胚多，饱满度中等。2011年、2012年度产量构成三要素：平均亩成穗数43.1万、36.5万，穗粒数37.7粒、37.4粒，千粒重40.4 g/43.3 g。中抗叶枯病，中感白粉病、条锈病、叶锈病和纹枯病，高感赤霉病。2010年、2011年经检测：蛋白质15.23%、14.39%，容重800 g/L、788 g/L，湿面筋31.6%、31.3%，降落数值422 s、384 s，吸水量61.3 mL/100 g、61.8 mL/100 g，形成时间3.5 min、3.2 min，稳定时间4.0 min、3.6 min，弱化度119 F.U.、83 F.U.，沉淀值56.8 mL、53.5 mL，硬度65 HI、70 HI，出粉率70.3%、71.8%。

产量表现： 2009—2010年度河南省冬水Ⅲ组区域试验，平均亩产530.5 kg，比对照品种周麦18号增产2.71%，不显著。2010—2011年度河南省冬水Ⅲ组区域试验，平均亩产579.3 kg，比对照品种周麦18号增产2.98%，不显著。2011—2012年度参加河南省冬水Ⅱ组生产试验，平均亩产535.5 kg，比对照品种周麦18号增产5.2%。

栽培技术要点： 10月5—25日可播种，最佳播种期为10月8日。播种量高肥地块宜每亩9 kg，基本苗13万~18万，中低肥力地块可适当增加播种量，如延迟播种期每推迟3 d增加播种量0.5 kg。深耕细耙，平整沉实土壤，亩施农家肥3 m^3，磷8.5 kg，钾8 kg。拔节期结合浇水施尿素10 kg，出苗后及时查苗补苗。后期注意防治蚜虫、红蜘蛛、赤霉病。

适宜种植区域： 河南省（南部稻茬麦区除外）早中茬中高肥力地种植。

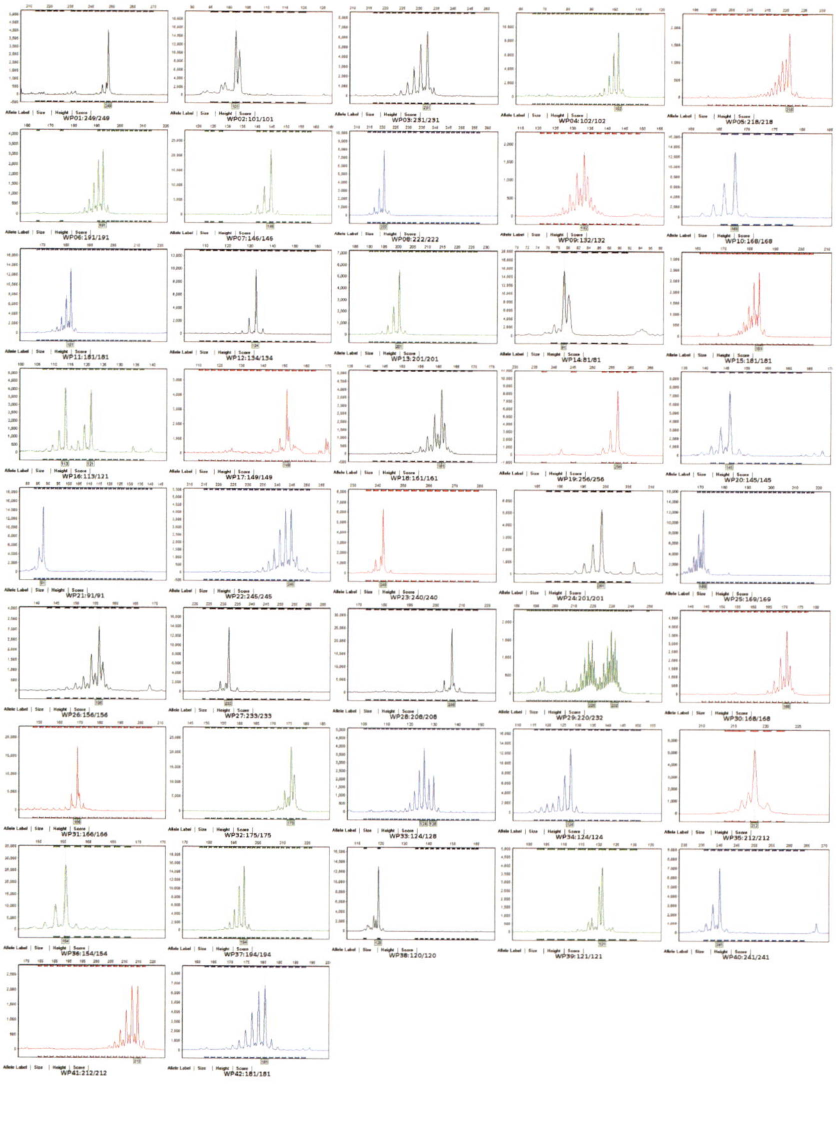

99. 国麦301

审定编号：豫审麦2012011

选育单位：国家小麦工程技术研究中心、河南赛德种业有限公司

品种来源：G883/濮麦9号

特征特性：半冬性中晚熟品种，平均生育期225.1 d。幼苗半直立，叶片宽大，叶色浓绿，抗寒性好，分蘖力弱。春季抗寒性较好。成株期旗叶及下部叶片较大、平展，叶色、穗色发灰，落黄一般。株型松散，平均株高78 cm，茎秆较粗，弹性中等，抗倒性一般。纺锤形大穗，长芒，结实性好，穗粒数多。籽粒粉质，黑胚少，饱满度中等。2011年、2012年产量构成三要素：平均亩成穗数42.9万、37.7万，穗粒数37.1粒、37.6粒，千粒重39.6 g、40.8 g。中抗白粉病、叶枯病和叶锈病，中感条锈病和纹枯病，高感赤霉病。2010年、2011年经检测：蛋白质14.31%、14.59%，容重780 g/L、776 g/L，湿面筋31.5%、31.8%，降落数值352 s、365 s，吸水量54.6 mL/100 g、55.8 mL/100 g，形成时间2 min、2.4 min，稳定时间2.5 min、2.2 min，弱化度137 F.U.、102 F.U.，沉淀值59 mL、64.8 mL，硬度50 HI、56 HI，出粉率66.3%、68.5%。

产量表现：2009—2010年度河南省冬水Ⅲ组区域试验，平均亩产537.9 kg，比对照品种周麦18号增产4.16%，达显著水平。2010—2011年度河南省冬水Ⅲ组区域试验，平均亩产573.4 kg，比对照品种周麦18号增产1.94%，不显著。2011—2012年度河南省冬水Ⅱ组生产试验，平均亩产535.6 kg，比对照品种周麦18号增产5.2%。

栽培技术要点：10月10—25日均可播种，最佳播种期10月15日左右。中高肥力地块亩播种量6~8 kg，中低肥力地块，适当增加播种量，如延期播种，以每推迟3 d亩增加0.5 kg播种量为宜。施足底肥，追肥宜在拔节后进行，一般每亩施尿素5~10 kg，浇好拔节水和灌浆水。苗期和拔节前搞好田间除草。前期主要防治地下害虫，保证全苗，注意防治蚜虫和赤霉病。

适宜种植区域：河南省（南部稻茬麦区除外）早中茬中高肥力地种植。

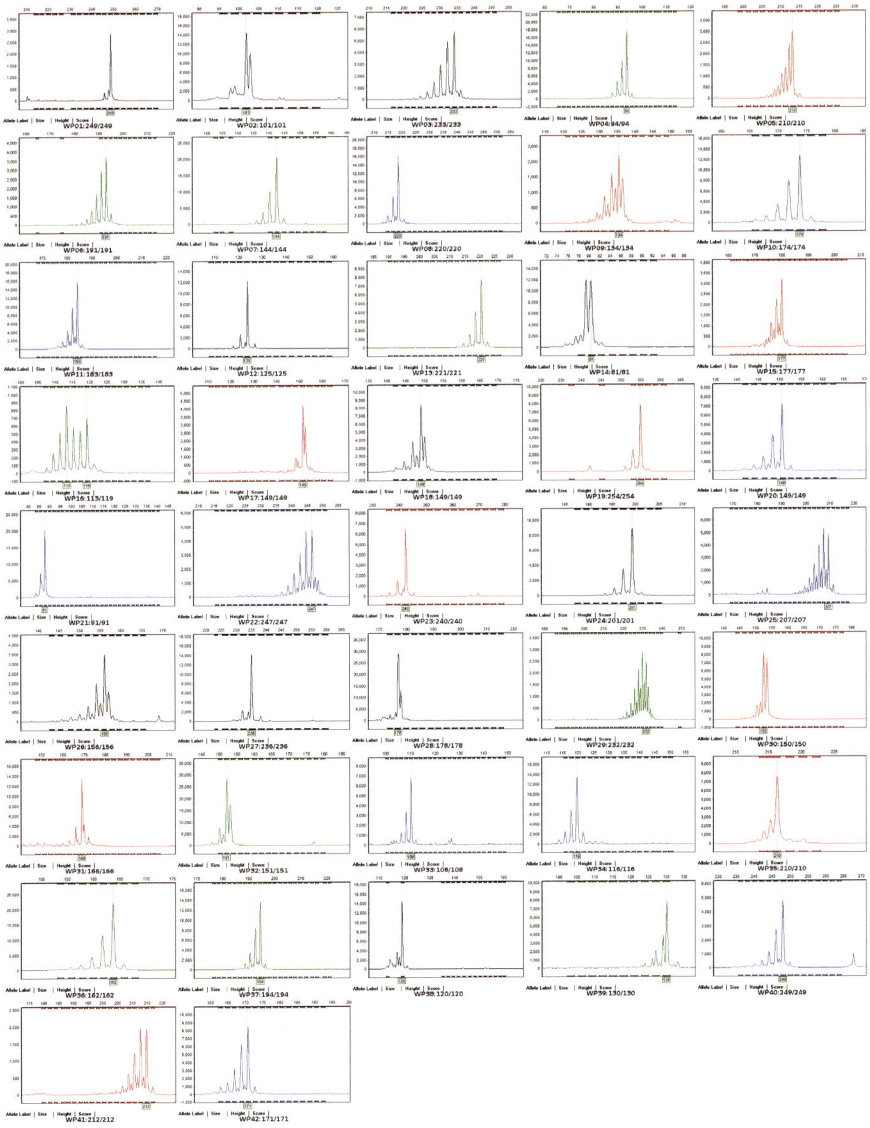

100. 郑麦0856

审定编号：豫审麦2012012

选育单位：河南省农业科学院小麦研究中心

品种来源：郑麦9405/4B269//周麦16

特征特性：半冬性中晚熟品种，平均生育期224.7 d。幼苗半匍匐，苗期叶片稍窄，叶色浅绿，长势壮，冬季抗寒性好，分蘖力较强，成穗率低。成株期株型松紧适中，旗叶偏大上举，穗下节短，株行间通风透光性好。平均株高75.4 cm，茎秆粗壮，弹性较好，较抗倒伏。纺锤形大穗，长芒，穗层较整齐，受倒春寒影响顶端结实性降低。籽粒角质，大小均匀，黑胚少，饱满度好，籽粒外观商品性较好。对肥力敏感，叶功能期长，成熟落黄好。2011年、2012年产量构成三要素：平均亩成穗数45.5万、38.3万，穗粒数33.4粒、34.4粒，千粒重42.8 g、44.4 g。中抗叶锈病和叶枯病，中感白粉病、纹枯病和条锈病，高感赤霉病。2010年、2011年经检测：蛋白质13.59%、3.93%，容重811 g/L、793 g/L，湿面筋29%、31.2%，降落数值322 s、427 s，吸水量60 mL/100 g、60.8 mL/100 g，形成时间10.4 min、5 min，稳定时间11.2 min、9.2 min，弱化度97 F.U.、21 F.U.，沉淀值59 mL、61.5 mL，硬度72 HI、73 HI，出粉率67.7%、70.6%。

产量表现：2009—2010年度河南省冬水Ⅲ组区域试验，平均亩产528.5 kg，比对照品种周麦18号增产2.34%，不显著。2010—2011年度河南省冬水Ⅲ组区域试验，平均亩产545.9 kg，比对照品种周麦18号减产2.96%，不显著。2011—2012年度河南省冬水Ⅱ组生产试验，平均亩产527.5 kg，比对照品种周麦18号增产3.6%。

栽培技术要点：适播种期为10月5—20日，播种量为每亩10~12.5 kg，每亩基本苗15万~20万为宜。施足底肥，一般亩施肥量为尿素15 kg、二胺25 kg、氯化钾5 kg。拔节孕穗期要进行“一喷三防”，可用氧化乐果、粉锈宁和磷酸二氢钾混合喷施，重点防治穗蚜、白粉病和赤霉病。返青拔节期结合浇地每亩追施尿素7.5~10 kg，灌浆中期每亩施用2%尿素水溶液50 kg进行根外追肥。

适宜种植区域：河南省（南部稻茬麦区除外）早中茬中高肥力地种植。

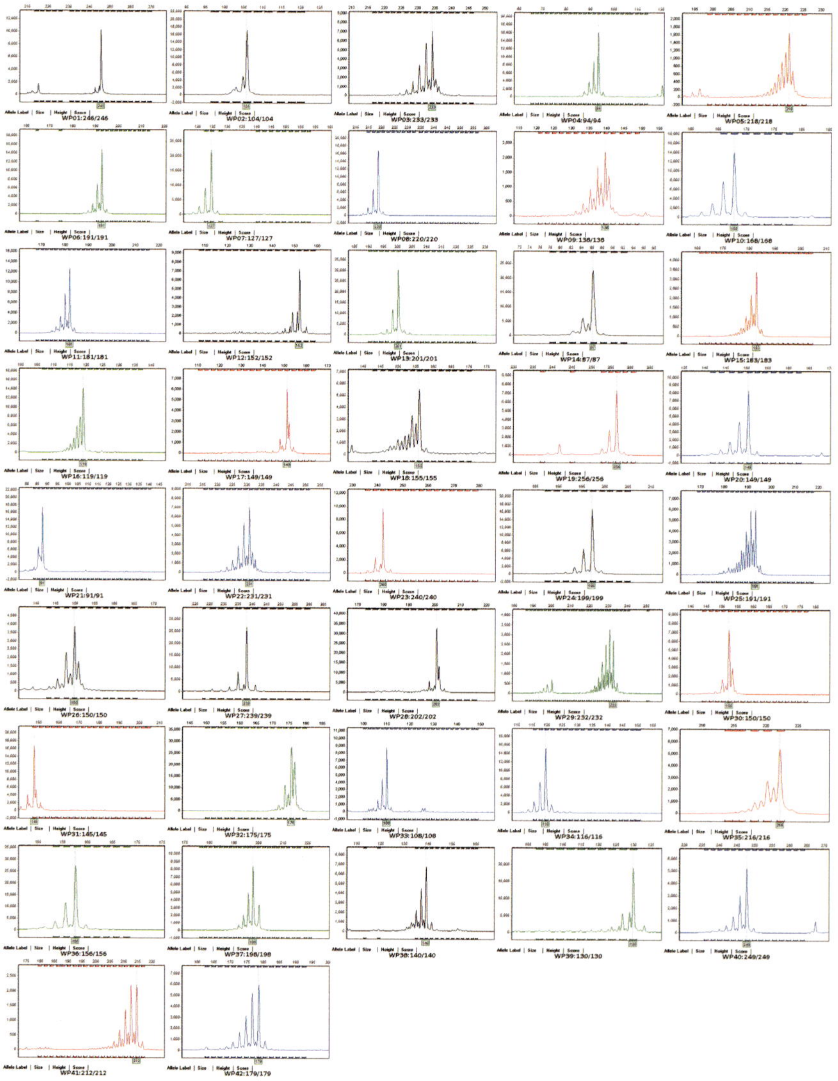

101. 濮麦26号

审定编号：豫审麦2012013

选育单位：濮阳市神农种业有限公司

品种来源：周麦16号/淮麦20

特征特性：半冬性大穗型中熟品种，平均生育期230.3 d。幼苗半直立，苗期长势旺，叶片宽大，叶色浅绿，冬季抗寒能力一般。春季返青起身快，抽穗早。成株期株型稍松散，穗下节长，穗层不整齐，旗叶长、半披，下部叶片大，平均株高76.9 cm，茎秆较粗，弹性一般。穗长方形，短芒，穗较大、均匀，结实性较好。穗粒数较多，籽粒半角质，黑胚少，饱满度中等。2010年、2011年产量构成三要素：亩穗数32.4万、35.1万，穗粒数37.7粒、41.69粒，千粒重44.1 g、44.2 g。中抗叶枯病，中感白粉病、条锈病、叶锈病、纹枯病。2009年、2010年经检测：蛋白质13.93%、13.86%，容重750 g/L、799 g/L，湿面筋28%、27.4%，降落数值406 s、400 s，吸水量55.2 mL/100 g、55.8 mL/100 g，形成时间3.9 min、4.5 min，稳定时间5.1 min、6.9 min，弱化度92 F.U.、65 F.U.，沉淀值54.2 mL、58 mL，硬度61 HI、58 HI，出粉率71.1%、70.8%。

产量表现：2008—2009年度河南省冬水Ⅲ组区域试验，平均亩产520.7 kg，比对照品种周麦18号增产2.15%，不显著。2009—2010年度河南省冬水Ⅲ组区域试验，平均亩产522.1 kg，比对照品种周麦18号增产1.09%，不显著。2010—2011年度参加河南省冬水Ⅱ组生产试验，平均亩产561.5 kg，比对照周麦18增产4.8%。

栽培技术要点：最佳播种期10月10—25日。高肥力地块亩播种量8~9 kg，中低肥力可适当增加播种量，每推迟3 d亩播种量增加0.5 kg为宜。每亩施氮12 kg，磷7.5 kg，钾7.5 kg。冬前浇越冬水，及时划锄，松根除草，返青拔节后看苗情每亩追施尿素3~5 kg，灌浆期喷施磷酸二氢钾，增加粒重。中后期注意防治白粉病、锈病、蚜虫等。

适宜种植区域：河南省（南部稻茬麦区除外）早中茬中高肥力地种植。

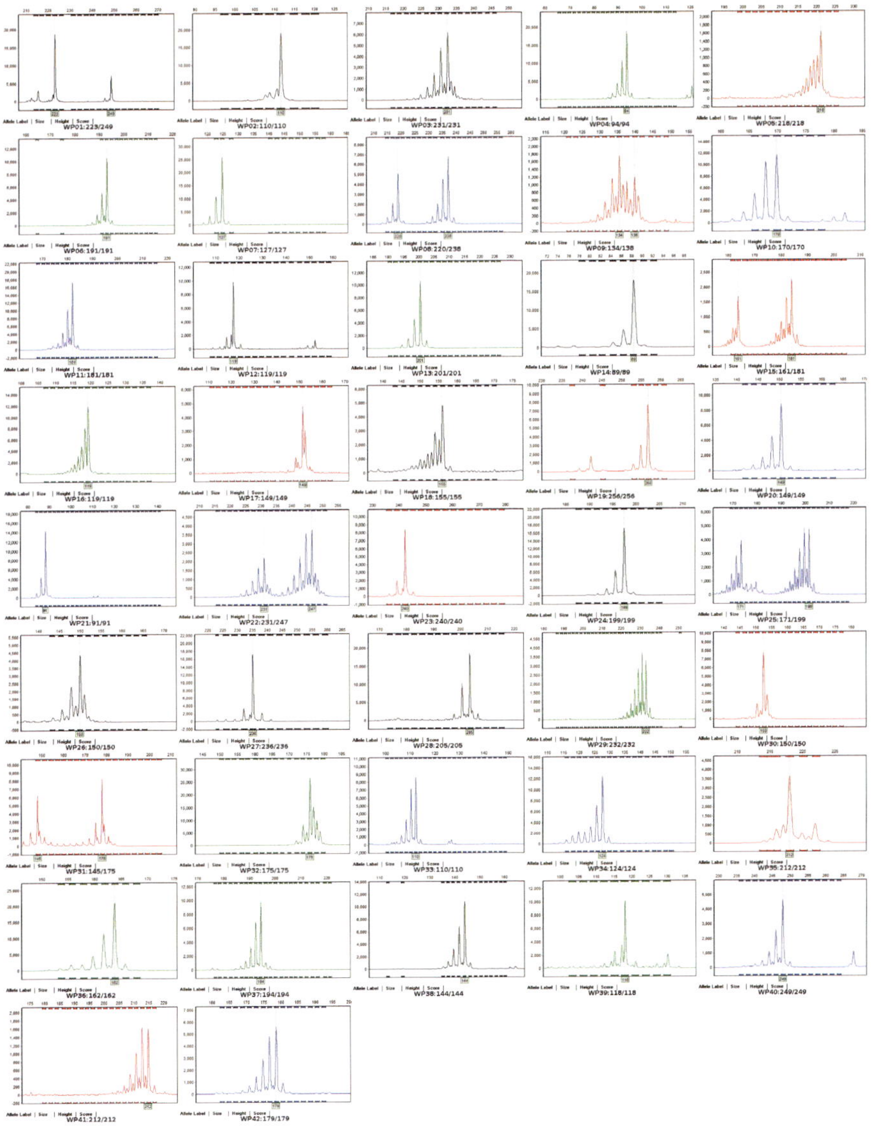

102. 中洛1号

审定编号：豫审麦2012014

选育单位：中国农业科学院作物科学研究所、洛阳农林科学院

品种来源：科遗26/偃展1号

特征特性：弱春性早熟品种，平均生育期220.4 d。幼苗半直立，苗期叶片宽大，长势好，冬季抗寒性较好，分蘖力弱，成穗率较高。春季发育快，抗倒春寒能力一般。株型偏紧凑，旗叶宽短、略披，有干尖，穗色发黄，穗层整齐。平均株高76.6 cm，茎秆弹性一般。近穗长方形，受倒春寒影响顶端结实性差，长芒。籽粒半角质，大小均匀，黑胚率低，商品性好。2011年、2012年产量构成三要素：平均亩成穗数47.7万、41.1万，穗粒数31粒、32.1粒，千粒重40 g、39.9 g。中抗纹枯病，中感白粉病、条锈病、叶锈病和叶枯病，高感赤霉病。2010年、2011年经检测：蛋白质15.7%、15.1%，容重796 g/L、801 g/L，湿面筋36%、32%，降落数值346 s、397 s，吸水量55.5 mL/100 g、54.4 mL/100 g，形成时间3.5 min、4.2 min，稳定时间7.4 min、5 min，弱化度42 F.U.、49 F.U.，沉淀值75 mL、75.8 mL，硬度50 HI、56 HI，出粉率67.3%、68.3%。

产量表现：2009—2010年度河南省春水Ⅱ组区域试验，1点平产，平均亩产454.6 kg，比对照品种偃展4110减产0.92%，不显著。2010—2011年度河南省春水Ⅱ组区域试验，平均亩产528.7 kg，比对照品种偃展4110增产4.44%，显著。2011—2012年度河南省春水组生产试验，平均亩产453.1 kg，比对照品种偃展4110增产5.0%。

栽培技术要点：10月15—25日播种，最佳播种期10月20日左右。高肥力地块亩播种量6~8 kg，中低肥力地块亩播种量8~10 kg，如延期播种，以每推迟3 d增加0.5 kg播种量为宜。一般亩施底肥尿素20 kg，磷酸二铵25 kg，硫酸钾15 kg或三元素复合肥（15：15：15）50 kg，春节前后每亩追施尿素7~10 kg。拔节前进行化学除草，并适当化控，以降低株高。灌浆期喷施磷酸二氢钾，结合天气情况及时防治白粉病和穗蚜。

适宜种植区域：河南省（南部稻茬麦区除外）中晚茬中高肥力地种植。

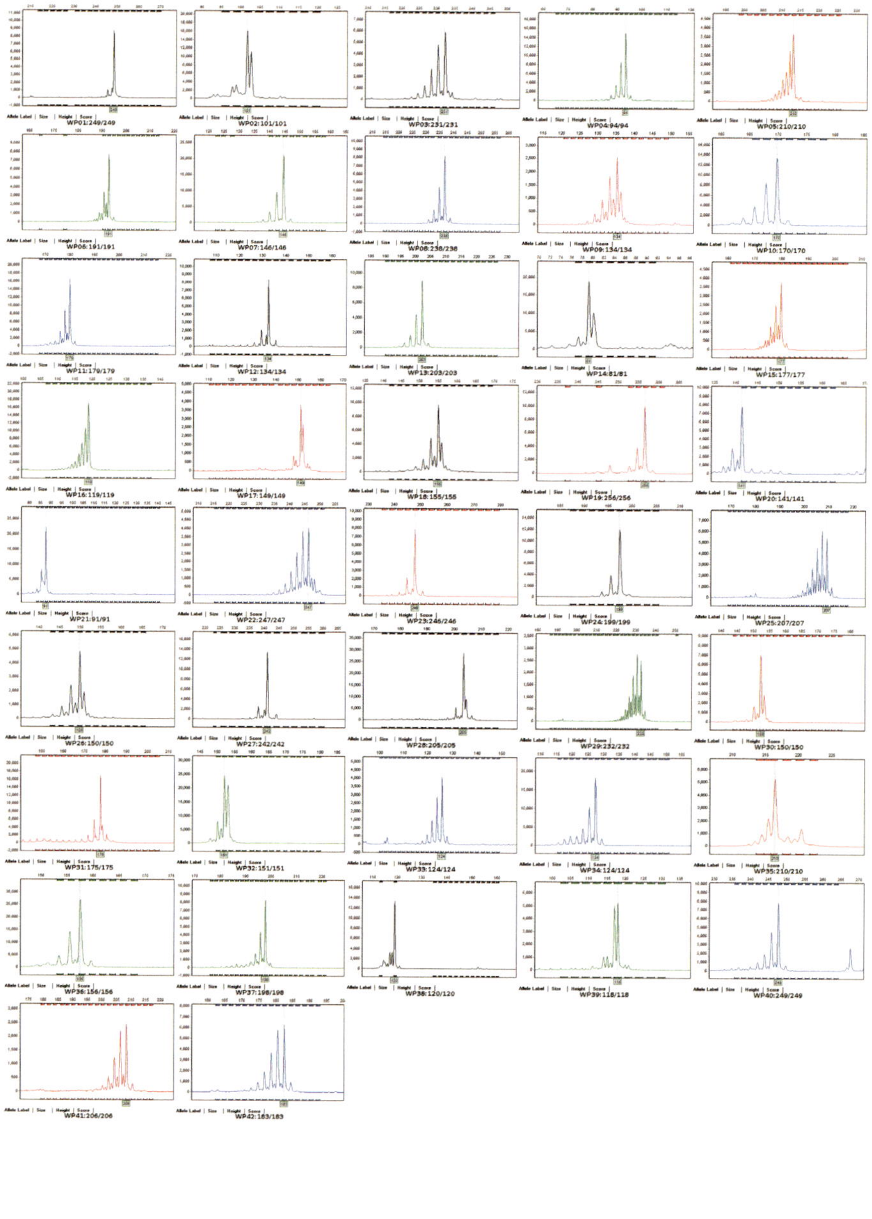

103. 先麦10号

审定编号：豫审麦2012015

选育单位：河南先天下种业有限公司

品种来源：温麦6号/偃展1号-1

特征特性：弱春性早熟品种，平均生育期220 d。幼苗匍匐，苗期叶长下披，冬季抗寒性差，分蘖力弱，成穗率高。春季起身偏晚且慢，抗倒春寒能力弱。成株期株型偏紧凑，穗下节长，叶片较大、半披，株行间通风透光性一般，平均株高75 cm，茎秆弹性好。纺锤形穗，长芒，穗码稀，穗层整齐，受倒春寒影响结实性差。长粒，大小均匀，饱满度中等，角质率高，黑胚率低，商品性好。叶功能期长，耐后期高温，灌浆速度快，成熟早落黄好。2011年、2012年产量构成三要素：平均亩成穗数50.0万、40.2万，穗粒数27.6粒、31.2粒，千粒重41.8 g、41.6 g。中抗叶锈病、纹枯病和叶枯病，中感白粉病和条锈病，高感赤霉病。2010年、2011年经检测：蛋白质15.1%、14.4%，容重822 g/L、818 g/L，湿面筋34.3%、31.2%，降落数值265 s、348 s，吸水量62 mL/100 g、61.2 mL/100 g，形成时间4.5 min、3 min，稳定时间7.4 min、6.6 min，弱化度72 F.U.、39 F.U.，沉淀值73.2 mL、67.2 mL，硬度66 HI、71 HI，出粉率72.3%、71.8%。

产量表现：2009—2010年度河南省春水Ⅱ组区域试验，平均亩产462.4 kg，比对照品种偃展4110增产0.78%，不显著。2010—2011年度河南省春水Ⅱ组区域试验，平均亩产504.9 kg，比对照品种偃展4110减产0.26%，不显著。2011—2012年度河南省春水组生产试验，平均亩产453.6 kg，比对照品种偃展4110增产5.1%。

栽培技术要点：适播种期为10月15—30日。高肥力地块亩适播种量为7~8 kg，中低肥力地块适当增加播种量。一般亩施底肥尿素20 kg，磷酸二铵25 kg，硫酸钾15 kg或三元素复合50 kg，硫酸锌2 kg，硼酸2 kg。拔节末期亩追尿素5~8 kg。返青拔节前及时进行化除，中后期搞好“一喷三防”，灌浆期及时喷施磷酸二氢钾、尿素水混合液促进粒大粒饱。

适宜种植区域：河南省（南部稻茬麦区除外）中晚茬中高肥力地种植。

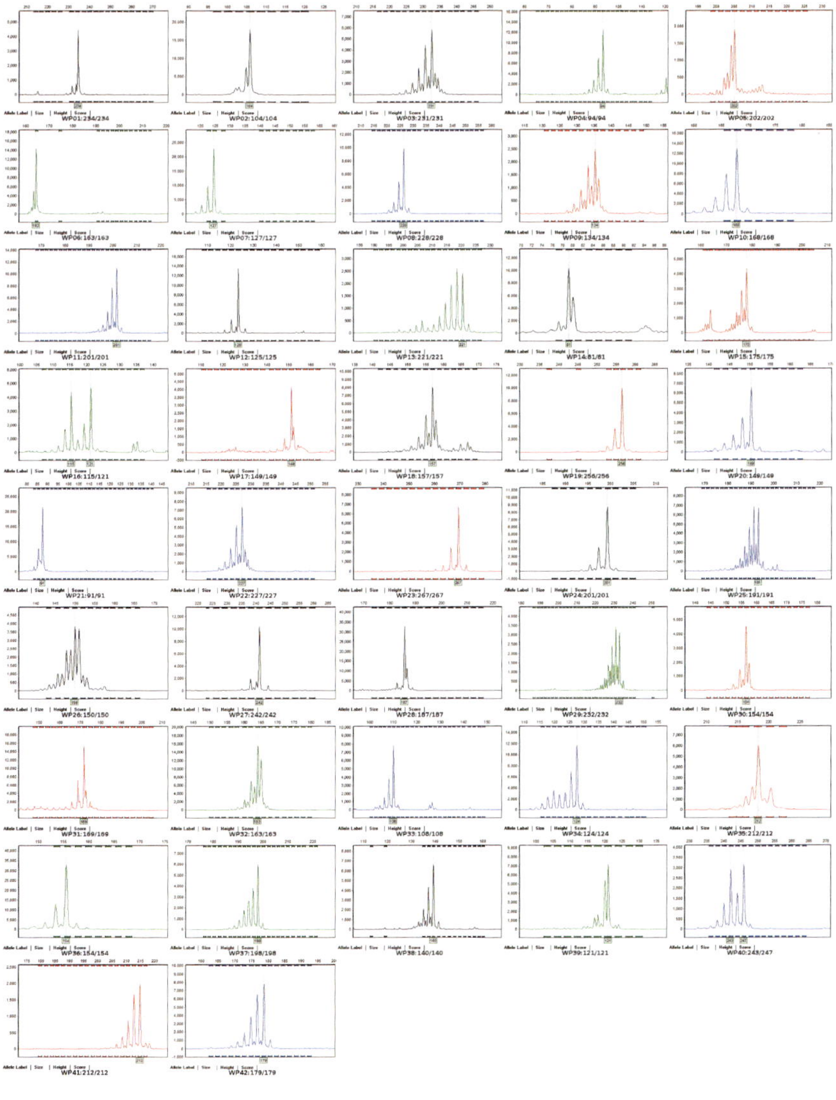

104. 中焦3号

审定编号：豫审麦2012016

选育单位：焦作市农林科学研究院、中国农业科学院作物科学研究所

品种来源：内乡327/偃展4110

特征特性：弱春性早熟品种，平均生育期209.5 d。幼苗直立，苗期叶片宽大下披，叶色浅绿，苗期长势旺，分蘖力弱，成穗率高。冬季抗寒性较差，春季起身拔节早，抽穗早，株型松散，旗叶下披，穗下节长，株行间通风透光性差，平均株高83.5 cm，茎秆弹性一般；纺锤形穗，长芒，穗码稀。籽粒粉质，饱满度中等。灌浆速度快，成熟落黄好。2011年、2012年产量构成三要素：平均亩成穗数35.2万、39.8万，穗粒数35粒、33.2粒，千粒重36.8 g、36.2 g。中抗叶锈病和叶枯病，中感白粉病、纹枯病和条锈病，高感赤霉病。2010年、2011年经检测：蛋白质13.36%、12.66%，容重802 g/L、767 g/L，湿面筋26.6%、25.6%，降落数值354 s、235 s，吸水量53.9 mL/100 g、52.9 mL/100 g，形成时间4 min、4 min，稳定时间4.6 min、5.1 min，弱化度101 F.U.、52 F.U.，沉淀值46.8 mL、51.5 mL，硬度38 HI、41 HI，出粉率64.8%、68.2%。

产量表现：2009—2010年度河南省信阳组区域试验，平均亩产378.8 kg，比对照品种豫麦18-99增产7.45%，显著。2010—2011年度河南省信阳组区域试验，平均亩产383.0 kg，比对照品种豫麦18-99增产7.54%，不显著。2011—2012年河南省南部稻茬组生产试验，平均亩产404.2 kg，比对照品种偃展4110增产6.5%。

栽培技术要点：10月中下旬播种，最佳播种期10月20—25日。高肥力地块亩播种量6~8 kg，中低肥力地块亩播种量8~10 kg，如延期播种，以每推迟3 d亩播种量增加0.5 kg为宜。施足底肥，根据小麦生长情况，重点抓好拔节期、抽穗期、灌浆期肥水调控管理。科学防治病虫草害：综合防治蚜虫、红蜘蛛、纹枯病、赤霉病等小麦主要病虫害。

适宜种植区域：河南省南部稻茬麦区种植。

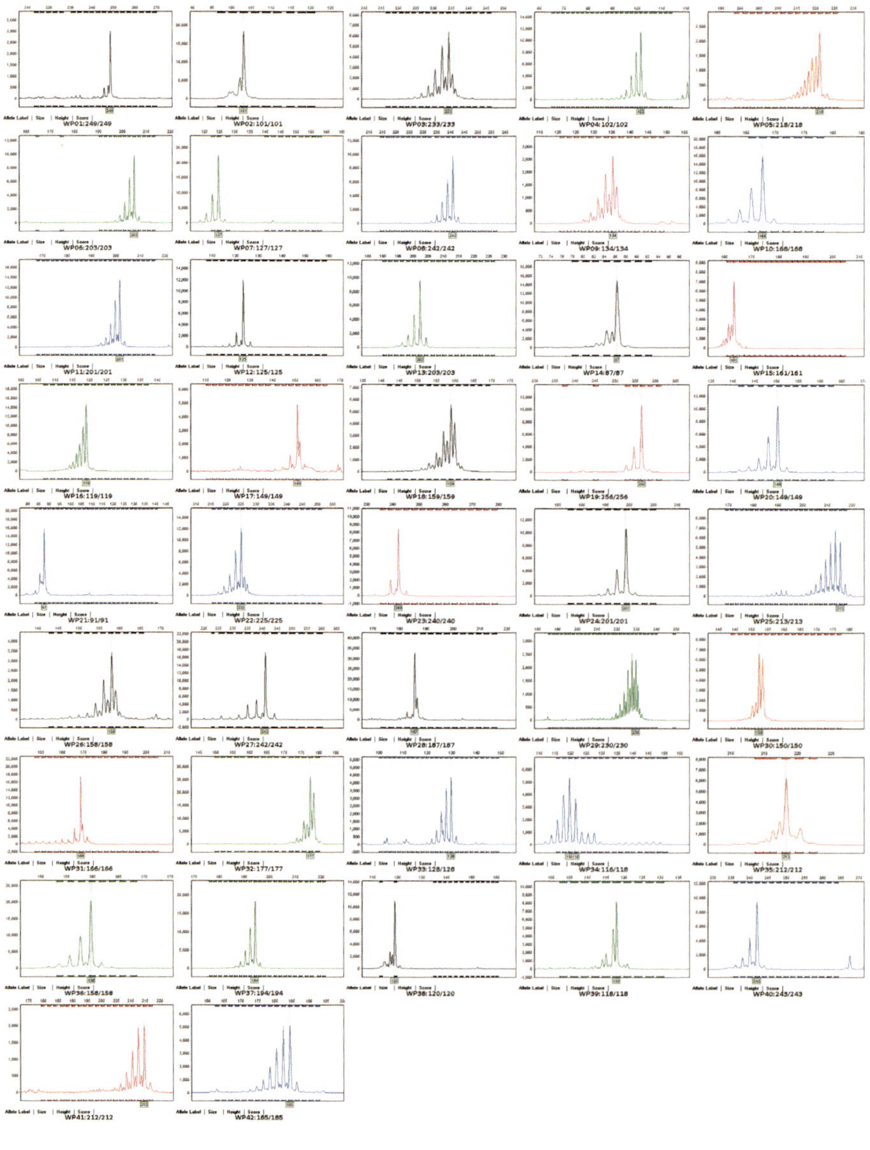

105. 阳光851

审定编号：豫审麦2012017

选育单位：漯河市阳光种业有限公司

品种来源：漯麦4号/周麦16//漯麦4号

特征特性：半冬性中熟旱地类型品种，全生育期218.1 d。幼苗半匍匐，叶片宽大，叶色深绿，分蘖力较强，成穗率较低，冬季抗寒性一般。起身较晚，返青拔节快，抗倒春寒能力一般。株型半松散，旗叶宽大下披，穗下节长，平均株高73 cm，茎秆粗壮，抗倒性好。纺锤形穗，长芒，穗层整齐，结实性好，成熟落黄好。白粒，粉质，饱满度好。2011年、2012年成产三因素：亩穗数29.5万、36.5万，穗粒数30.8粒、34.7粒，千粒重38.8 g、38.9 g。中抗叶锈病、纹枯病和叶枯病，中感白粉病，高感条锈病和赤霉病。2010年、2011年经检查：粗蛋白14.11%、15.25%，容重793 g/L、775 g/L，湿面筋31.2%、29.8%，降落数值334 s、378 s，吸水量53.9 mL/100 g、51.9 mL/100 g，形成时间3 min、6.2 min，稳定时间4.9 min、9.5 min，弱化度65 F.U.、55 F.U.，沉淀值68.2 mL、72.5 mL，硬度35 HI、37 HI，出粉率71%、70.6%。

产量表现：2009—2010年度河南省旱地区域试验，平均亩产388.0 kg，比对照洛旱7号增产2.91%，不显著。2010—2011年度河南省旱地区域试验，平均亩产296.6 kg，比对照洛旱7号增产3.54%，不显著。2011—2012年度参加河南省旱地生产试验，平均亩产375.3 kg，比对照品种洛旱7号增产5.5%。

栽培技术要点：10月3—25日均可播种，最佳播种期10月8—15日。适时播种，较高肥力地块亩播种量6~8 kg，肥力较差地块可适当增加播种量到8~10 kg，如延期播种以每推迟3 d亩增加0.5 kg播种量为宜。精细整地，施足底肥。及时防治病虫害，拔节孕穗期要进行“一喷三防”，可用氧化乐果、粉锈宁和磷酸二氢钾混合喷施，重点防治穗蚜、纹枯病、白粉病等。适时收获，防止遇雨发芽，人工收获的地块要在蜡熟期收割，机械收割可适当推迟。

适宜种植区域：河南省丘陵旱肥地早中茬种植。

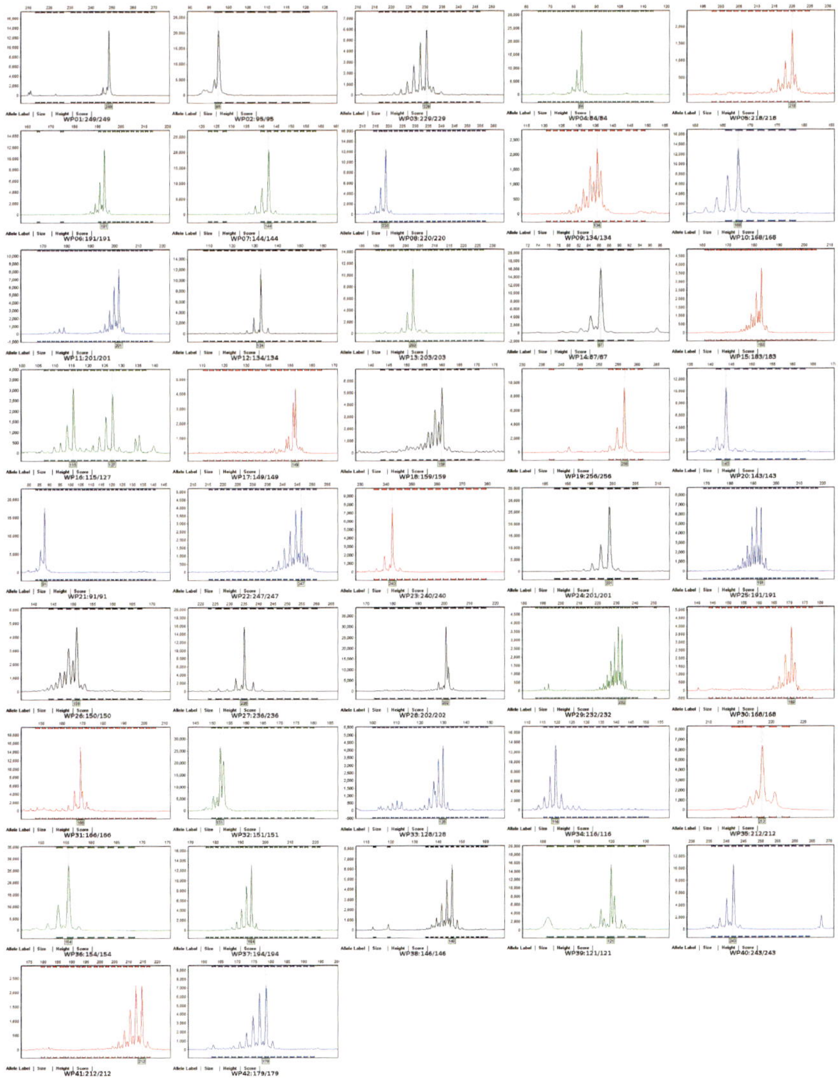

106. 周麦32号

审定编号：豫审麦2014001

选育单位：周口市农业科学院

品种来源：矮抗58/周麦24

特征特性：半冬性中晚熟强筋品种，全生育期226~235.2 d。幼苗匍匐，叶片窄长，叶色浅绿，冬季抗寒性一般。分蘖力强，成穗率较高，春季起身拔节快，两极分化快。株型松紧适中，旗叶宽短，上冲，穗下节短，穗层较厚，平均株高74~75 cm，茎秆弹性好，抗倒伏能力强。穗纺锤形，长芒，白粒，卵圆形，角质。根系活力好，叶功能期长，耐后期高温，成熟落黄好。亩穗数42.6万~47.3万，穗粒数30.6~32.7粒，千粒重40.5~41.7 g。高抗条锈病，中感叶锈病、白粉病和纹枯病，高感赤霉病。2011年、2012年经检测：蛋白质16.22%、16.88%，容重808 g/L、814 g/L，湿面筋33.7%、35.8%，降落数值462 s、409 s，沉淀值74.3 mL、80 mL，吸水量59.1 mL/100 g、60.4 mL/100 g，形成时间8.4 min、5.7 min，稳定时间17.3 min、8.4 min，弱化度25 F.U.、59 F.U.，硬度65 HI、60 HI，出粉率72.5%、70.2%。

产量表现：2010—2011年度河南省冬水Ⅲ组区域试验，平均亩产572.3 kg，比对照品种周麦18号增产1.7%，不显著。2011—2012年度河南省冬水Ⅱ组区域试验，平均亩产480.0 kg，比对照品种周麦18号增产3.9%，达显著水平。2012—2013年河南省冬水A组生产试验，平均亩产482.9 kg，比对照品种周麦18号增产5.6%。

栽培技术要点：10月8—25日播种，最佳播种期10月13日左右。高肥力地块亩播种量8~9 kg，中低肥力9~10 kg，如延期播种，以每推迟3 d增加0.5 kg播种量为宜。一般全生育期每亩施肥量：有机肥3 000 kg，氮14 kg，磷10 kg，钾7.5 kg，硫酸锌为1 kg。磷、钾肥和微肥一次性底施，拔节期追肥。根据病虫害发生情况，在拔节期每亩喷施20%三唑酮100 mL兑水30 kg防治白粉病，可用吡虫啉防治蚜虫。

适宜种植区域：适宜河南省（南部稻茬麦区除外）早中茬中高肥力地种植。

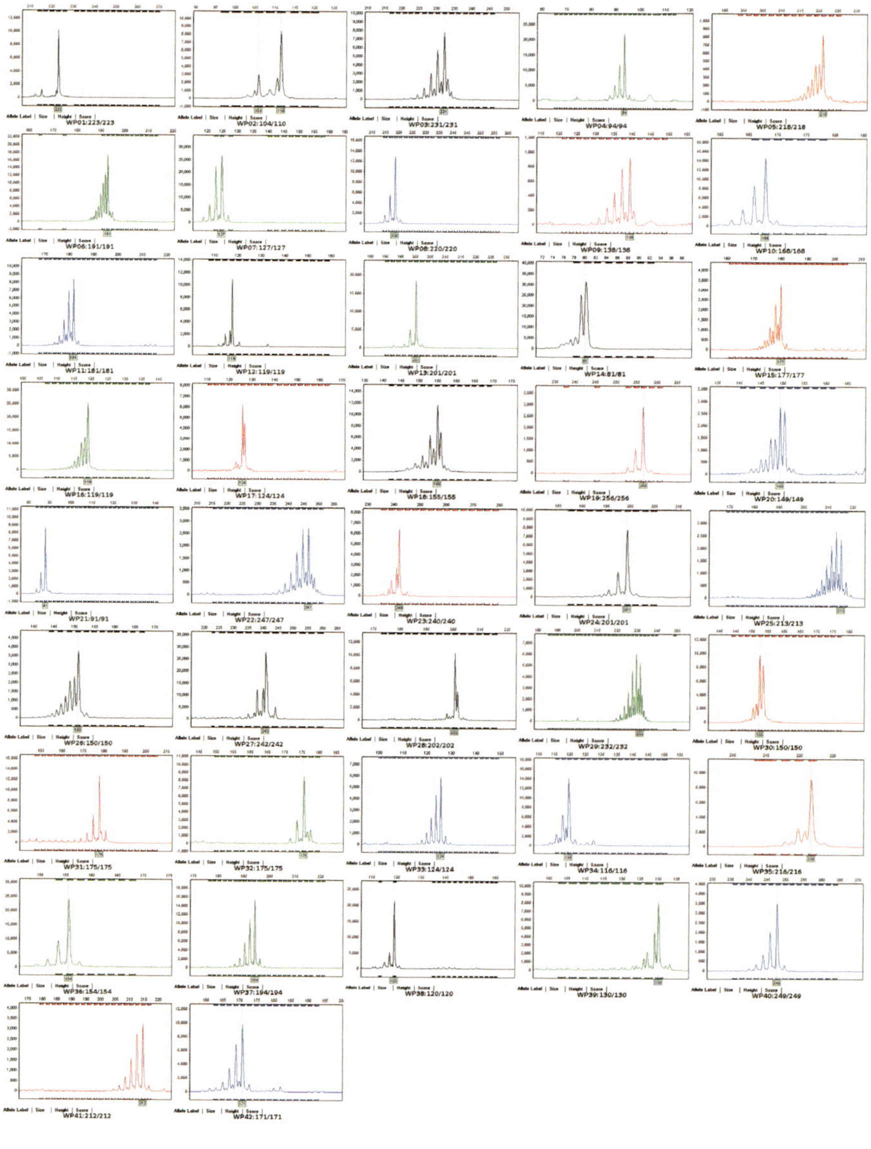

107. 郑麦3596

审定编号：豫审麦2014002

选育单位：河南省农业科学院小麦研究中心

品种来源：郑麦366航天诱变

特征特性：半冬性中晚熟强筋品种，全生育期225.6~234.9 d。幼苗半匍匐，叶色深绿、宽大，冬季抗寒性强。分蘖力中等，成穗率高。春季起身拔节早，抽穗早。株型紧凑，旗叶偏小、上冲、有干尖，穗下节短，株高75~76.6 cm，茎秆弹性好，抗倒伏能力强。穗纺锤形，大小均匀，籽粒卵圆形，角质率高，饱满度好，外观商品性好。叶功能期长，较耐后期高温，成熟落黄好。亩成穗数40.2万~46.7万，穗粒数30.4~33.7粒，千粒重39.9~41.4 g。中感条锈病、叶锈病、白粉病和纹枯病，高感赤霉病。2011年、2012年经检测：蛋白质16.14%、15.99%，容重799 g/L、798 g/L，湿面筋33.2%、33.8%，降落数值513 s、398 s，沉淀值77.8 mL、86 mL，吸水量61.6 mL/100 g、64.3 mL/100 g，形成时间11.8 min、7.6 min，稳定时间18.6 min、13.3 min，弱化度30 F.U.、40 F.U.，硬度69 HI、70 HI，出粉率70.8%、70%。

产量表现：2010—2011年度河南省冬水Ⅲ组区域试验，平均亩产561.1 kg，比对照品种周麦18号减产0.3%，不显著。2011—2012年度河南省冬水Ⅱ组区域试验，平均亩产455.1 kg，比对照品种周麦18号减产1.5%，不显著。2012—2013年度参加河南省冬水A组生产试验，平均亩产459.9 kg，比对照品种周麦18号增产0.5%。

栽培技术要点：适播种期10月上中旬，高肥力地块亩播种量8~10 kg，中低肥力10~12 kg，晚播适当增加播种量。施足底肥浇好底墒水，足墒下种，一播全苗。若旋耕后直接播种，冬前必须浇一次越冬水，踏实耕层，培育壮苗。在小麦起身拔节期，茎基部喷洒粉锈宁或烯唑醇防治纹枯病。抽穗至灌浆期结合“一喷三防”防治病虫害。

适宜种植区域：适宜河南省（南部稻茬麦区除外）早中茬中高肥力地种植。

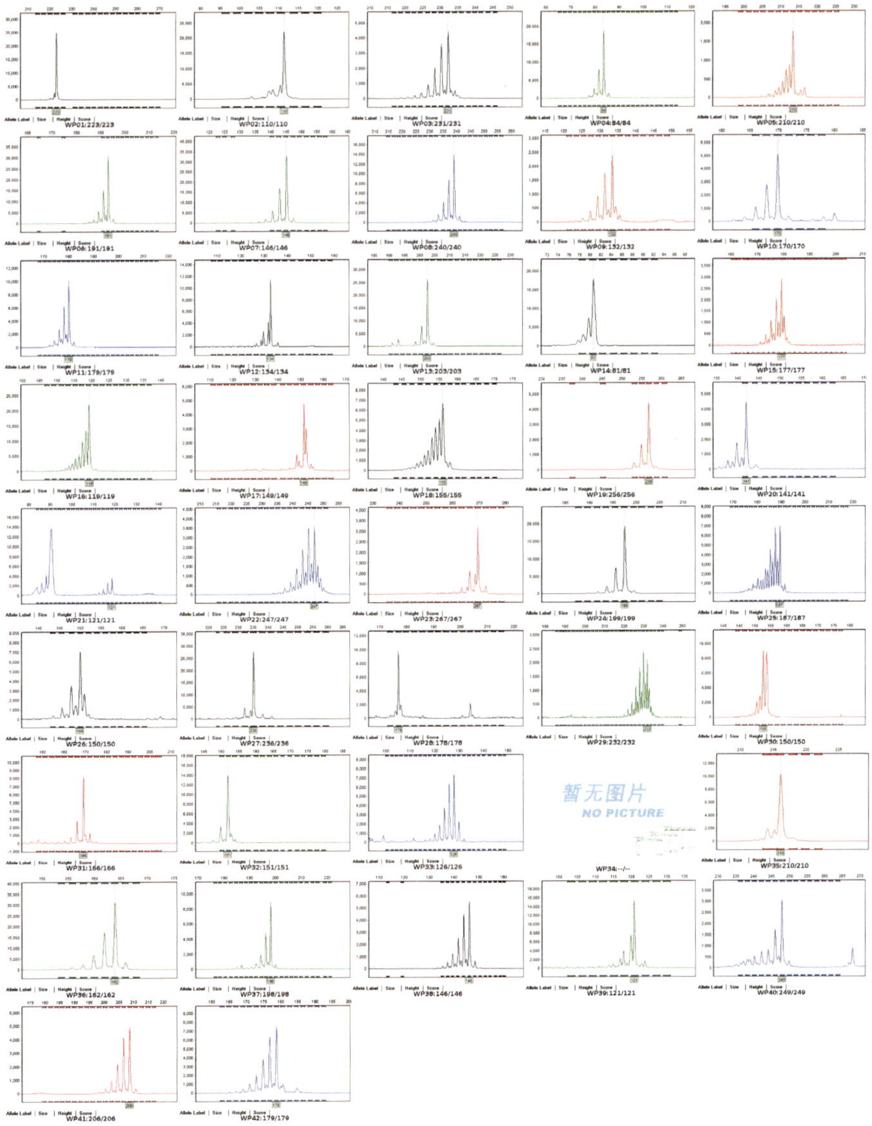

108. 华育198

审定编号：豫审麦2014003

申请单位：河南省华棉种业有限公司

品种来源：百农64/周麦16

特征特性：半冬性多穗型中晚熟品种，全生育期227.7~233.1 d。幼苗半匍匐，苗期叶片宽长，叶色浅绿，冬季抗寒性一般，分蘖力一般，成穗率高。春季起身拔节快，两极分化快。株型紧凑，茎秆有蜡质，旗叶及下部叶片较小，上冲，穗下节长，株高76~77.2 cm，茎秆弹性好，较抗倒伏。穗纺锤形，穗偏小，籽粒角质，大小均匀，黑胚率低。叶功能期长，耐后期高温，成熟落黄好。亩成穗数39.0万~43.9万，穗粒数33.1~33.6粒，千粒重44.0~45.6 g。中感条锈病、叶锈病、白粉病和纹枯病，高感赤霉病。2011年、2012年经检测：蛋白质14.78%、15.01%，容重820 g/L、813 g/L，湿面筋31.2%、35.4%，降落数值422 s、436 s，沉淀值43.8 mL、54 mL，吸水量59.7 mL/100 g、60.7 mL/100 g，形成时间2.5 min、3 min，稳定时间2.6 min、2.9 min，弱化度138 F.U.、122 F.U.，硬度65 HI、64 HI，出粉率72.8%、72.8%。

产量表现：2010—2011年度河南省冬水Ⅳ组区域试验，平均亩产564.3 kg，比对照品种周麦18号增产2.8%，不显著。2011—2012年度参加河南省冬水Ⅲ组区域试验，平均亩产464.7 kg，比对照品种周麦18号增产0.6%，不显著。2012—2013年度河南省冬水B组生产试验，平均亩产495.8 kg，比对照品种周麦18号增产5.8%。

栽培技术要点：10月5—20日播种，最佳播种期10月10日左右。高肥力地块亩播种量6~8 kg，中低肥力地块亩播种量8~10 kg，如延期播种，以每推迟3 d亩播种量增加0.5 kg播种量为宜。有机肥与无机肥相结合，氮磷钾与微肥相结合。磷、钾肥和微肥一次性底施，氮肥底肥与追肥的比例为7：3。注重浇好底墒水和孕穗水和灌浆水，做到足墒播种。灌浆期喷施磷酸二氢钾，结合天气情况及时防治锈病、白粉病和穗蚜。

适宜种植区域：适宜河南省（南部稻茬麦区除外）早中茬中高肥力地种植。

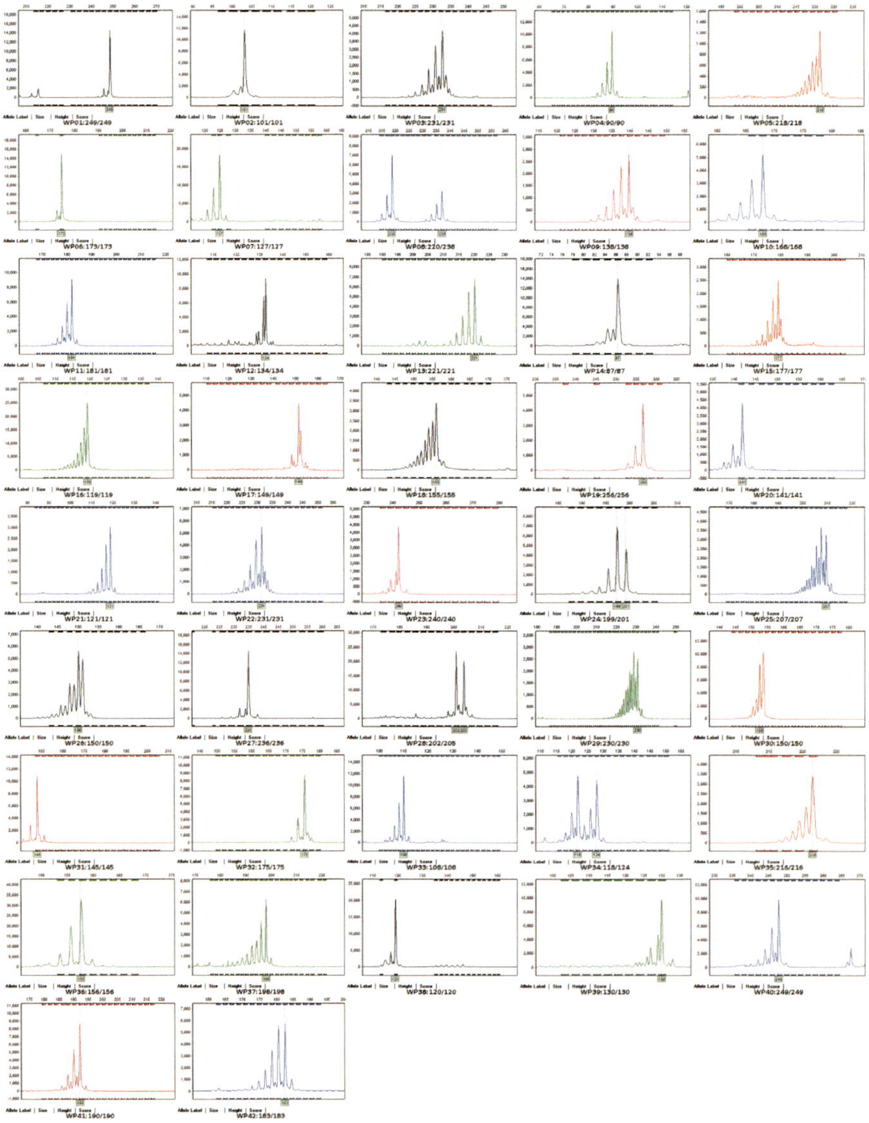

109. 豫农211

审定编号： 豫审麦2014004

选育单位： 河南农业大学

品种来源： 豫农201//豫农9234903/白硬冬

特征特性： 半冬性多穗型中晚熟品种，全生育期227.2~232.3 d。幼苗直立，苗期叶片宽长，叶色青绿，冬季抗寒性好，分蘖力强，成穗率高。春季返青早，起身快，抽穗较早。株型紧凑，茎秆有蜡质，旗叶较小、上举，穗下节长，株高74~76 cm，茎秆弹性好，较抗倒伏。纺锤形小穗，穗色发黄，顶端较尖，籽粒较大、均匀，角质，黑胚多。灌浆速度快，成熟落黄好。亩穗数42.1~45.6万，穗粒数29.4~31.7粒，千粒重42.9~43.9 g。中感条锈病，中感叶锈病，中抗白粉病，中感纹枯病，高感赤霉病。2011年、2012年经检测：蛋白质14.76%、15.08%，容重831 g/L、819 g/L，湿面筋32.9%、31.8%，降落数值421 s、423 s，沉淀值38.3 mL、54 mL，吸水量61.3 mL/100 g、62.3 mL/100 g，形成时间2.5 min、3 min，稳定时间1.5 min、1.7 min，弱化度172 F.U.、147 F.U.，硬度64 HI、62 HI，出粉率72.4%、70.7%。

产量表现： 2010—2011年度河南省冬水Ⅳ组区域试验，平均亩产551.9 kg，比对照品种周麦18号增产0.5%，不显著。2011—2012年度河南省冬水Ⅲ组区域试验，平均亩产464.8 kg，比对照品种周麦18号增产0.6%，不显著。2012—2013年度河南省冬水B组生产试验，平均亩产490.1 kg，比对照品种周麦18号增产4.6%。

栽培技术要点： 10月8—20日播种，最佳播种期10月15日左右。高肥力地块亩播种量6~8 kg，中低肥力8~10 kg，如延期播种，以每推迟3 d亩播种量增加0.5 kg为宜。播种前要根据土壤肥力状况进行氮、磷、钾配方施肥，浇好底墒水，精细整地。春节前后每亩追施尿素7~10 kg。拔节前进行化学除草，注意防治蚜虫、赤霉病等，灌浆期喷施磷酸二氢钾。

适宜种植区域： 适宜河南省（南部稻茬麦区除外）旱中茬中高肥力地种植。

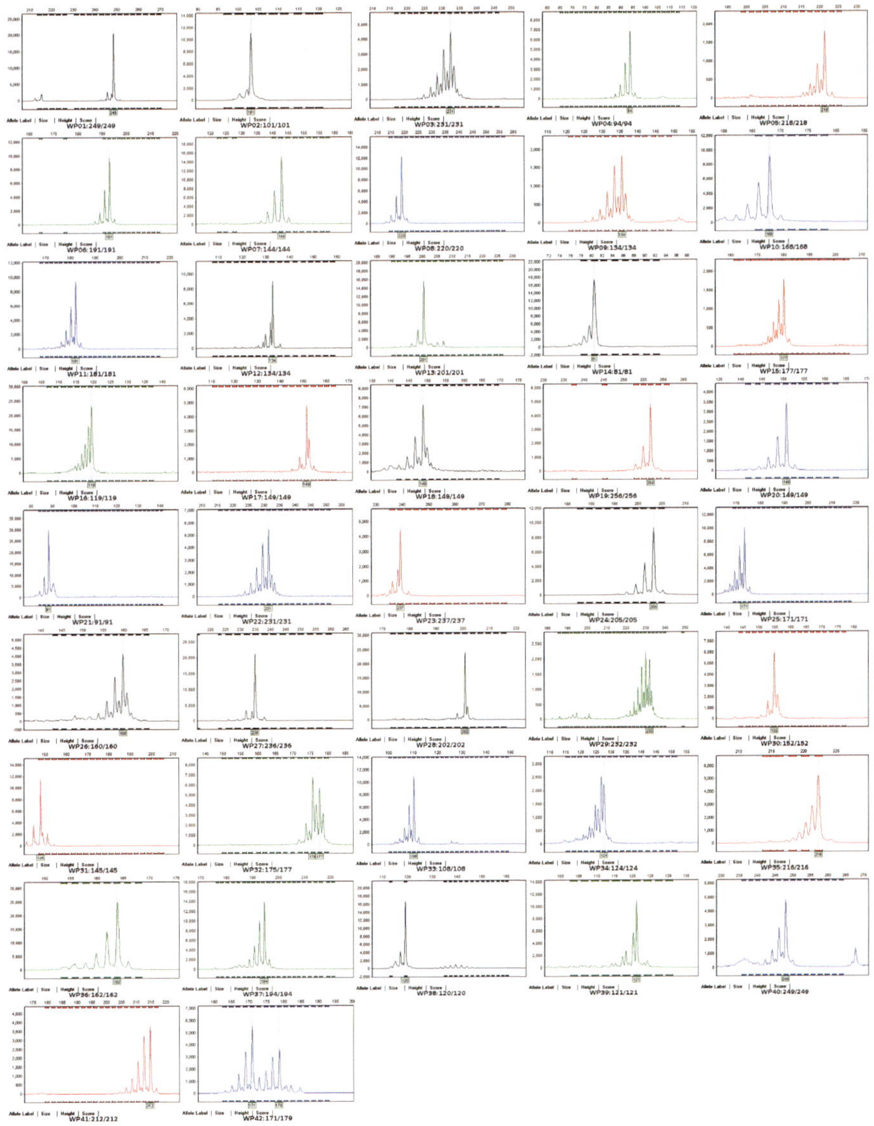

110. 平安9号

审定编号：豫审麦2014005

选育单位：河南平安种业有限公司

品种来源：豫麦59号/豫麦21号//郑麦91138/豫麦49号

特征特性：半冬性多穗型中晚熟品种，全生育期228.3~233.5 d。幼苗半直立，叶色深绿，叶片宽长，冬季抗寒性、分蘖力一般，成穗率高。株型稍松散，蜡质层厚，旗叶较小，上冲，株高80~81.2 cm，茎秆弹性一般，不抗倒伏。穗纺锤形，长芒，白粒，半角质，饱满度好，黑胚率较高。亩穗数39.2万~43.9万，穗粒数30.9~32.5粒，千粒重47.1~49.9 g。中感条锈病、叶锈病、白粉病和纹枯病，高感赤霉病。2011年、2012年经检测：蛋白质含量14.67%、15.22%，容重792 g/L、791 g/L，湿面筋含量34.5%、31.1%，降落数值380 s、378 s，沉淀值49.8 mL、62 mL，吸水量56.4 mL/100 g、56.8 mL/100 g，形成时间2.7 min、4 min，稳定时间3 min、3.1 min，弱化度145 F.U.、135 F.U.，硬度52 HI、51 HI，出粉率70.6%、68.8%。

产量表现：2010—2011年度河南省冬水Ⅳ组区域试验，平均亩产564.3 kg，比对照周麦18号增产2.8%，不显著。2011—2012年度河南省冬水Ⅲ组区域试验，平均亩产471.2 kg，比对照周麦18号增产2.0%，不显著。2012—2013年度河南省冬水B组生产试验，平均亩产496.5 kg，比对照周麦18号增产5.9%。

栽培技术要点：适宜播种期10月7—20日，亩播种量8~10 kg，晚播适当加大播种量。精细整地，施足底肥，多施有机肥，根据土壤墒情浇好底墒水。苗期在苗齐、苗匀的基础上，疏密移稀。浇好越冬水、拔节孕穗期和灌浆水，拔节孕穗期结合浇孕穗水亩追施尿素10~15 kg，以争取更多的粒数。抽穗后用粉锈宁、多菌灵、氯氰菊酯、吡虫啉防治病虫害。

适宜种植区域：适宜河南省（南部稻茬麦区除外）旱中茬中高肥力地种植。

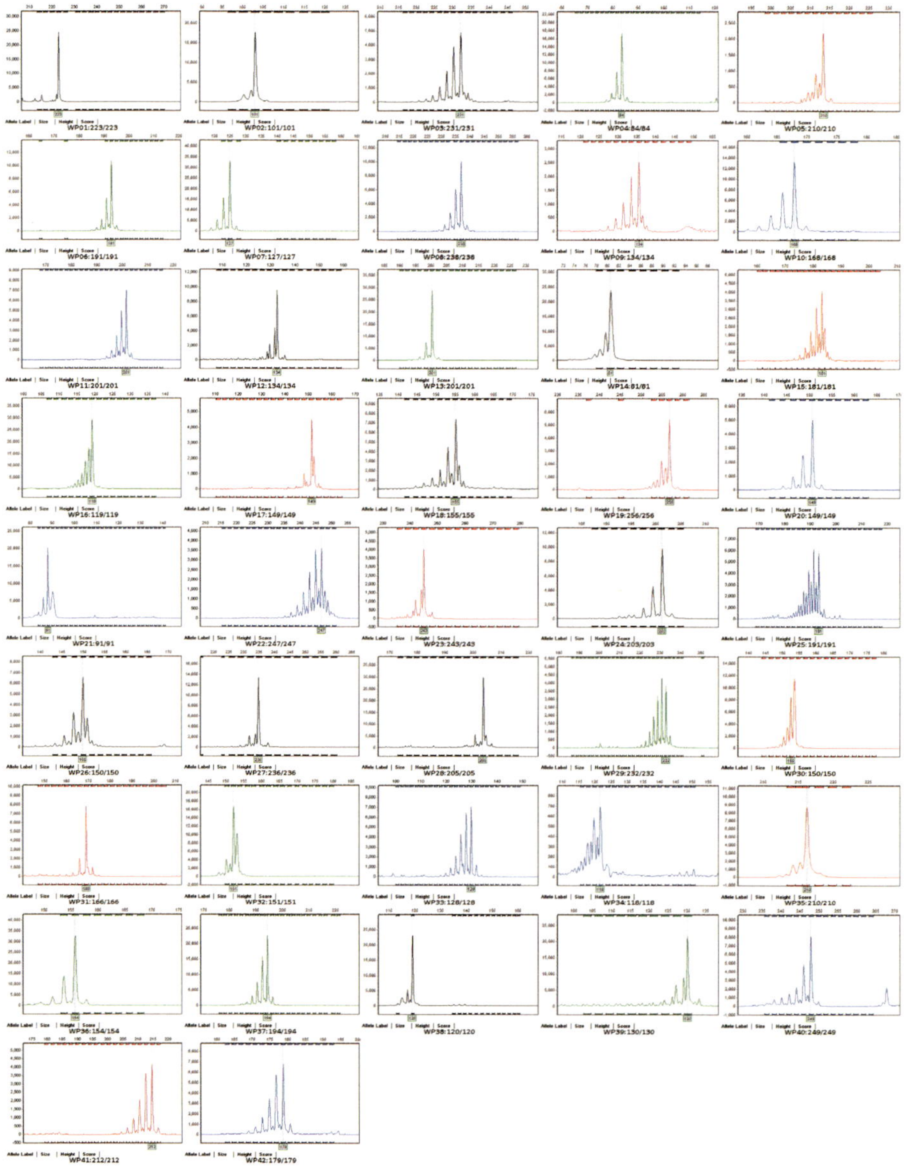

111. 金地828

审定编号：豫审麦2014006

选育单位：河南省福旺种业有限公司、温县金地种业有限公司

品种来源：周麦16/百农矮抗58

特征特性：半冬性中晚熟品种，全生育期226.2~233.1 d。幼苗半匍匐，叶色浓绿，叶片较宽，冬季抗寒性好，分蘖力一般，成穗率较高，抗倒春寒能力一般。株型松散，蜡质层厚，旗叶较长，上冲，穗下节短，株高64.8~68 cm，茎秆弹性好，较抗倒伏。长方形穗，短芒，白壳，白粒，籽粒角质，饱满度好，黑胚率偏高。较耐后期高温，熟相好。亩穗数41.9万~43.4万，穗粒数32.3~34.4粒，千粒重38.8~41.2 g。中感条锈病、叶锈病、纹枯病，中抗白粉病，高感赤霉病。2011年、2012年经检测：蛋白质15.3%、15.34%，容重811 g/L、795 g/L，湿面筋33.9%、33.9%，降落数值435 s、442 s，沉淀值56.5 mL、63 mL，吸水量57.8 mL/100 g、58.5 mL/100 g，形成时间3.5 min、3.7 min，稳定时间5.8 min、5 min，弱化度87 F.U.、97 F.U.，硬度66 HI、64 HI，出粉率72.5%、70.5%。

产量表现：2010—2011年度河南省冬水Ⅳ组区域试验，平均亩产551.0 kg，比对照品种周麦18号增产0.3%，不显著。2011—2012年度河南省冬水Ⅲ组区域试验，平均亩产465.9 kg，比对照品种周麦18号增产0.8%，不显著。2012—2013年河南省冬水A组生产试验，平均亩产481.5 kg，比对照品种周麦18号增产5.2%。

栽培技术要点：10月5—20日播种，最佳播种期10月10日左右。高肥力地块亩播种量8~10 kg，中低肥力9~11 kg，如延期播种，以每推迟3 d亩增加0.5 kg播种量为宜。高肥地提倡宽窄行种植，宽行30 cm，窄行15 cm，中肥地等行距种植。提倡平衡施肥，有机肥与无机肥相结合，氮磷钾与微量元素相结合。根据墒情，适时浇水。土壤处理和药剂拌种相结合防治地下害虫。小麦三叶期以后适时化学除草，返青期防治纹枯病，4月下旬实施“一喷三防”，防治锈病、白粉病等病虫害2~3次，中后期喷施叶面微肥，促进灌浆，提高粒重。

适宜种植区域：适宜河南省（南部稻茬麦区除外）早中茬中高肥力地种植。

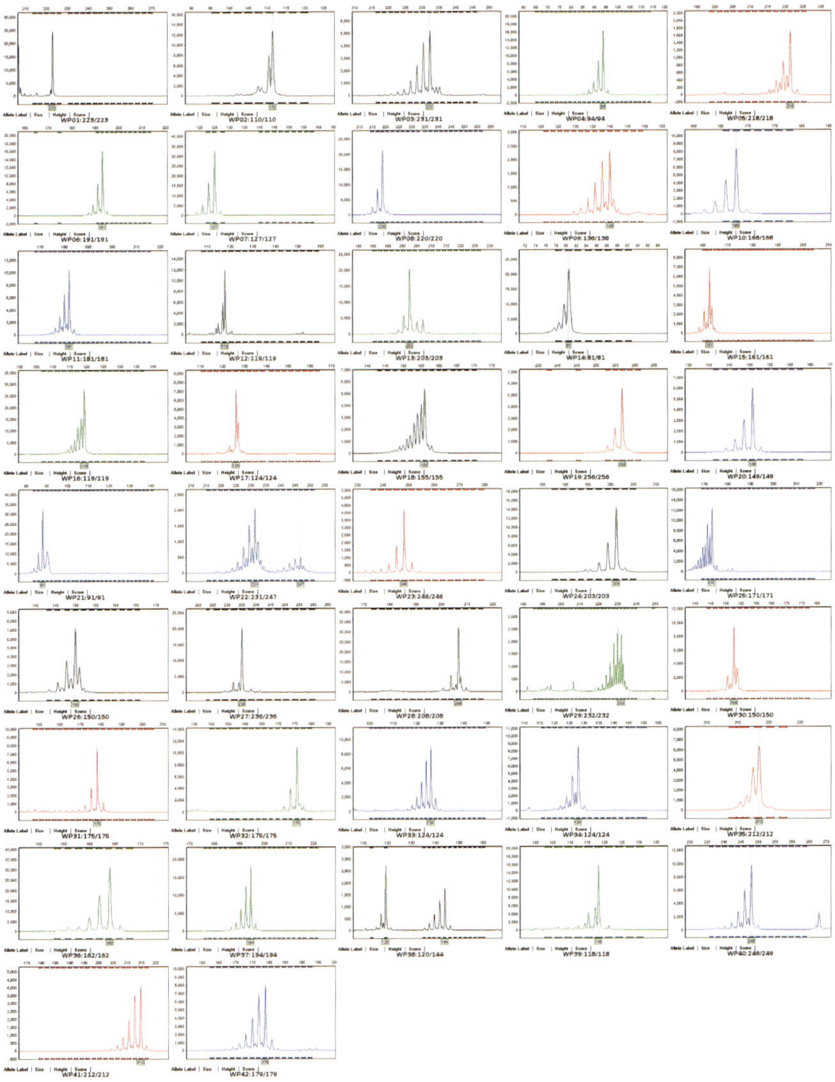

112. 中育9307

审定编号：豫审麦2014007

选育单位：中棉种业科技股份有限公司

品种来源：矮败小麦//周麦16/04中36

特征特性：半冬性多穗型中晚熟品种，全生育期224.5~236.5 d。幼苗半直立，叶色浅绿，苗期叶片略披，冬季抗寒性好，分蘖力强，成穗率一般，抗倒春寒能力一般。株型略松散，旗叶偏长、平展，茎、秆、穗部蜡质重，穗下节长，株高76~76.6 cm，茎秆弹性中等，抗倒伏性一般。穗近长方形，长芒，大小均匀，顶端不育。籽粒角质，大小均匀，饱满度好，黑胚率高。亩穗数36.2万~41.0万，穗粒数31.9~35.8粒，千粒重43.4~44.7 g。高抗条锈病，中感叶锈病、白粉病，中感纹枯病，高感赤霉病。2011年、2012年经检测：蛋白质14.5%、14.39%，容重823 g/L、802 g/L，湿面筋29.7%、31.6%，降落数值401 s、305 s，沉淀值47.8 mL、59 mL，吸水量63.5 mL/100 g、64.6 mL/100 g，形成时间3.2 min、4.3 min，稳定时间2.9 min、3.1 min，弱化度139 F.U.、138 F.U.，硬度70 HI、67 HI，出粉率68.8%、70.4%。

产量表现：2010—2011年度河南省冬水Ⅰ组区域试验，平均亩产578.1 kg，比对照品种周麦18号增产1.9%，不显著。2011—2012年度河南省冬水Ⅰ组区域试验，平均亩产457.4 kg，比对照品种周麦18号增产1.1%，不显著。2012—2013年度参加河南省冬水A组生产试验，平均亩产479.3 kg，比对照品种周麦18号增产4.8%。

栽培技术要点：10月5—20日播种，最佳播种期10月10日左右。高肥力地块亩播种量6~8 kg，中低肥力8~10 kg，如延期播种，以每推迟3 d亩播种量增加0.5 kg为宜。一般亩施底肥尿素20 kg，磷酸二铵25 kg，硫酸钾15 kg或三元素复合肥（15：15：15）50 kg，春节前后每亩追施尿素7~10 kg。拔节前进行化学除草，并适当化控，以降低株高。灌浆期喷施磷酸二氢钾，结合天气情况及时防治白粉病和穗蚜。

适宜种植区域：适宜河南省（南部稻茬麦区除外）早中茬中高肥力地种植。

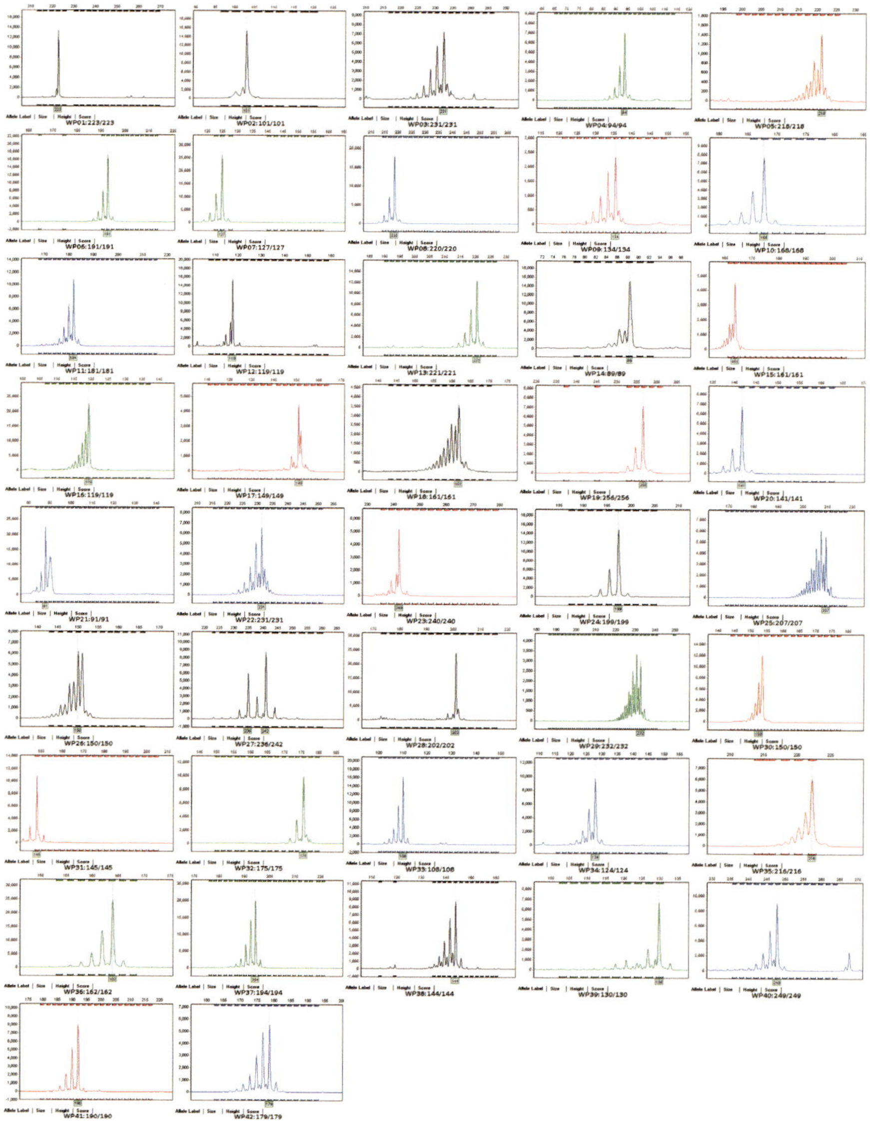

113. 郑育8号

审定编号：豫审麦2014008

选育单位：河南郑韩种业科技有限公司

品种来源：周麦16/百农64//百农64

特征特性：半冬性中晚熟品种，全生育期228.2~233.2 d。幼苗半直立，叶片宽长，叶色浓绿，抗寒性较好，分蘖力弱，成穗率高。抽穗较晚，耐倒春寒能力好。型松紧适中，蜡质层厚，旗叶宽短上冲，穗下节间短，株高75~78 cm，茎秆弹性弱，不抗倒伏。穗纺锤形，长芒，籽粒白粒，偏小，半角质，饱满度好，黑胚率高。叶功能期长，较耐后期高温，成熟落黄好。亩穗数38万~41.9万，穗粒数34.1~36.3粒，千粒重41.1~43.4 g。中抗条锈病、叶锈病，中感白粉病、纹枯病，高感赤霉病。2011年、2012年经检测：蛋白质15%、15.08%，容重804 g/L、793 g/L，湿面筋29.2%、34.3%，降落数值386 s、375 s，沉淀值50.5 mL、61 mL，吸水量55.3 mL/100 g、56.3 mL/100 g，形成时间1.9 min、1.9 min，稳定时间1.4 min、2.7 min，弱化度116 F.U.、104 F.U.，硬度52 HI、51 HI，出粉率69.7%、69.1%。

产量表现：2010—2011年度河南省冬水Ⅳ组区域试验，平均亩产551.3 kg，比对照品种周麦18号增产0.4%，不显著。2011—2012年度河南省冬水Ⅲ组区域试验，平均亩产469.8 kg，比对照品种周麦18号增产1.7%，不显著。2012—2013年参加河南省冬水B组生产试验，平均亩产486 kg，比对照品种周麦18号增产3.7%。

栽培技术要点：适宜播种期10月5日—25日，亩播种量8~10 kg，每亩基本苗18万左右，晚播应适当加大播种量。施足底肥，增施磷钾肥，拔节后追肥。适时浇好底墒水、越冬水、拔节水、孕穗水和灌浆水。返青拔节期喷洒多效唑，控制株高。及时防治蚜虫，酌情防治赤霉病、锈病、白粉病等。

适宜种植区域：适宜河南省（南部稻茬麦区除外）早中茬中高肥力地种植。

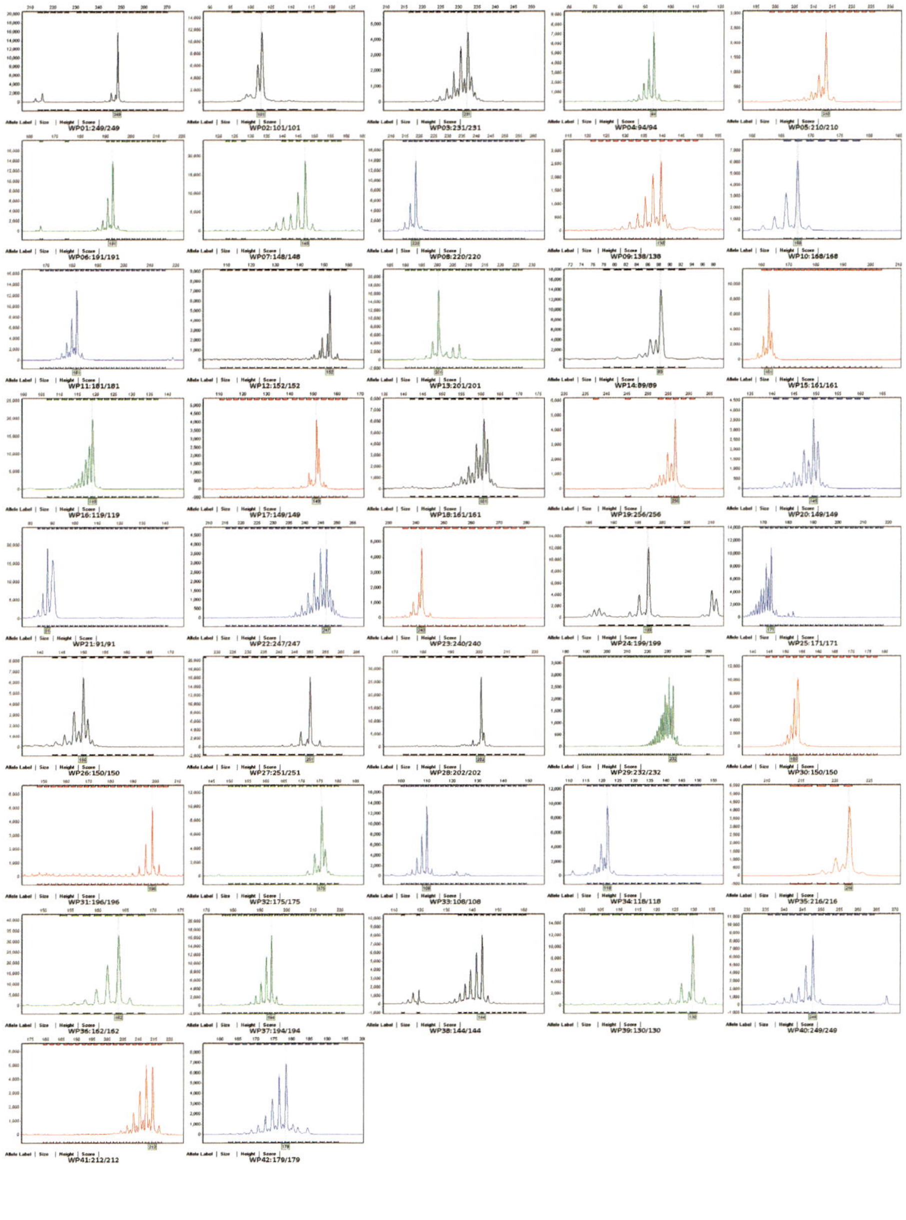

114. 偃丰21

审定编号：豫审麦2014009

选育单位：偃师市农业科学研究所

品种来源：豫麦18/周麦16

特征特性：弱春性多穗型早熟品种，全生育期222~227.1 d。幼苗半直立，叶色浅绿，叶片宽长，冬季耐寒性较好，分蘖力一般，成穗率高，抽穗早，抗倒春寒能力偏弱。株型较紧凑，旗叶偏小、上举，茎秆、穗部有蜡质，穗下节长，株高72~74 cm，茎秆弹性弱，不抗倒伏。纺锤形穗，长芒，小穗排列稀，籽粒偏粉质，均匀，饱满度较好，黑胚率偏高。不耐后期高温，熟相一般。亩穗数41.4万~47.9万，穗粒数28.2~31.4粒，千粒重42.3~48.8 g。中感条锈病、叶锈病、白粉病和纹枯病，高感赤霉病。2011年、2012年经检测：粗蛋白（干基）12.72%、13.90%，容重825 g/L、802 g/L，湿面筋26.7%、27.4%，降落数值390 s、400 s，沉淀值39.3 mL、50 mL，吸水量53.1 mL/100、54.1 mL/100 g，形成时间1.6 min、2.2 min，稳定时间1.7 min、1.8 min，弱化度168 F.U.、163 F.U.，硬度41 HI、42 HI，出粉率68.9%、67.6%。

产量表现：2010—2011年度河南省春水Ⅰ组区域试验，平均亩产549.3 kg，比对照品种偃展4110增产4.0%，达显著水平。2011—2012年度河南省春水Ⅰ组区域试验，平均亩产500.6 kg，比对照品种偃展4110增产8.0%，达极显著水平。2012—2013年度河南省春水组生产试验，平均亩产461.0 kg，比对照偃展4110增产7.1%。

栽培技术要点：10月15—30日播种，高肥力地块亩播种量7~8 kg，中低肥力8~10 kg，如延期播种，以每推迟3 d亩增加0.5 kg播种量为宜。施足底肥，有机肥与化学肥料配合，根据土壤情况追施冬肥和春肥，及时灌水。扬花后用磷酸二氢钾、粉锈宁加氧化乐果间隔7 d田间喷雾2次，防病治虫，增加粒重，提高产量。适当控制春季群体，防止倒伏。

适宜种植区域：适宜河南省（南部稻茬麦区除外）早中茬中高肥力地种植。

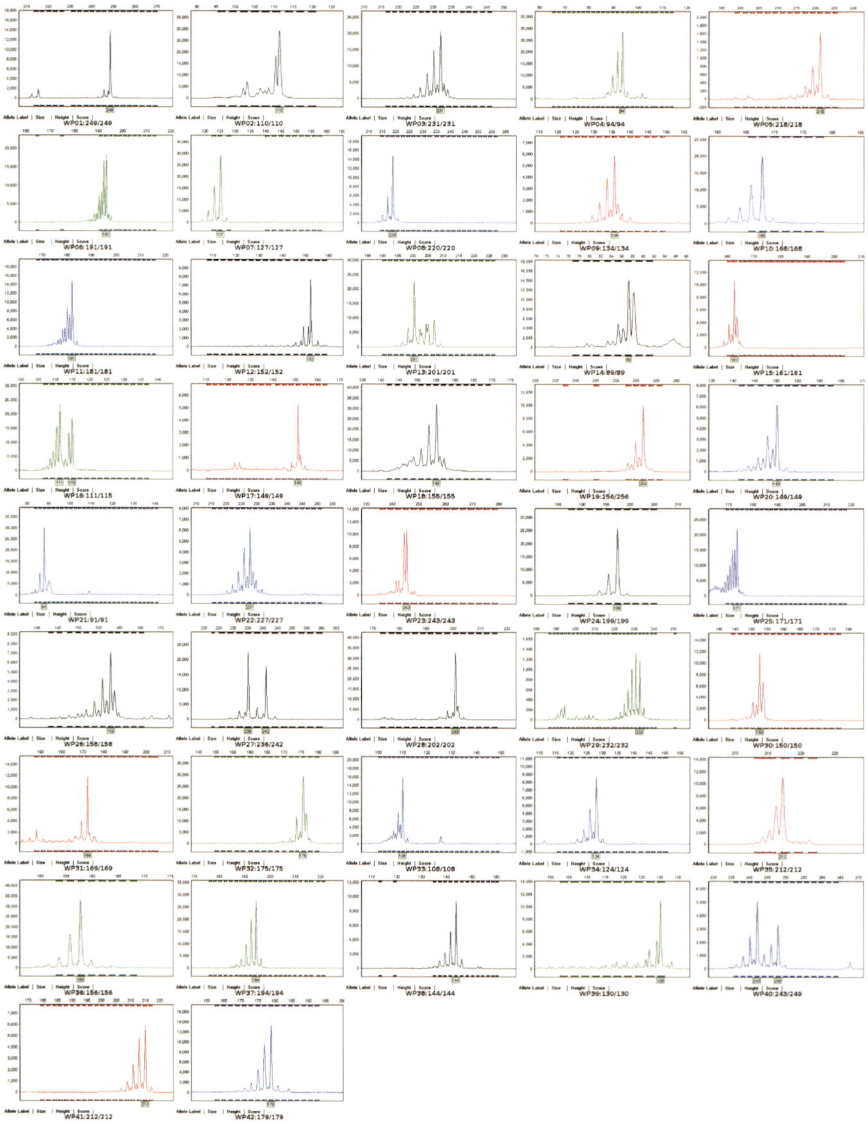

115. 偃高21

审定编号：豫审麦2014010

选育单位：偃师市高龙农业技术综合服务站

品种来源：（周麦16/豫麦49）F_2//豫麦18

特征特性：弱春性大穗型中熟品种，全生育期222.6~227.7 d。幼苗直立，叶色浅绿，叶片宽长，冬季抗寒性弱，分蘖力弱，成穗率高。春季起身拔节快，苗脚利索。株型松紧适中，茎秆和穗部蜡质层厚，旗叶宽大、卷曲、半披，穗下节长，株高77~83 cm，茎秆粗弹性好，抗倒伏能力强。长方形大穗，长芒，籽粒半角质、饱满度较好，黑胚率高。根系活力好，耐后期高温，熟相好。亩穗数37万~42.2万，穗粒数32~36.1粒，千粒重43.1~49.5 g。中感条锈病、叶锈病、白粉病和纹枯病，高感赤霉病。2011年、2012年经检测：粗蛋白（干基）14.18%、14.54%，容重810 g/L、787 g/L，湿面筋27.5%、31.8%，降落数值375 s、393 s，沉淀值44.3 mL、56 mL，吸水量52.8 mL/100 g、54 mL/100 g，形成时间2.2 min、1.7 min，稳定时间1.6 min、1.7 min，弱化度151 F.U.、145 F.U.，硬度35 HI、39 HI，出粉率67.6%、63.7%。

产量表现：2010—2011年度河南省春水Ⅰ组区域试验，平均亩产557.3 kg，比对照品种偃展4110增产5.5%，达极显著水平。2011—2012年度河南省春水Ⅰ组区域试验，平均亩产508.4 kg，比对照品种偃展4110增产9.7%，达极显著水平。2012—2013年度河南省春水组生产试验，平均亩产460.8 kg，比对照品种偃展4110增产7.1%。

栽培技术要点：适播种期为10月15—30日，播种量为8~12 kg/亩，晚播和整地质量差时适当加大播种量。施足底肥，足墒下种，有机肥与化学肥料配合，根据土壤肥力、墒情适量追施冬肥，并适时灌水。抽穗前后用磷酸二氢钾、粉锈宁＋氧化乐果进行田间喷洒，防治病虫害，可以延长叶片功能期，增加千粒重，提高产量。

适宜种植区域：适宜河南省（南部稻茬麦区除外）旱中茬中高肥力地种植。

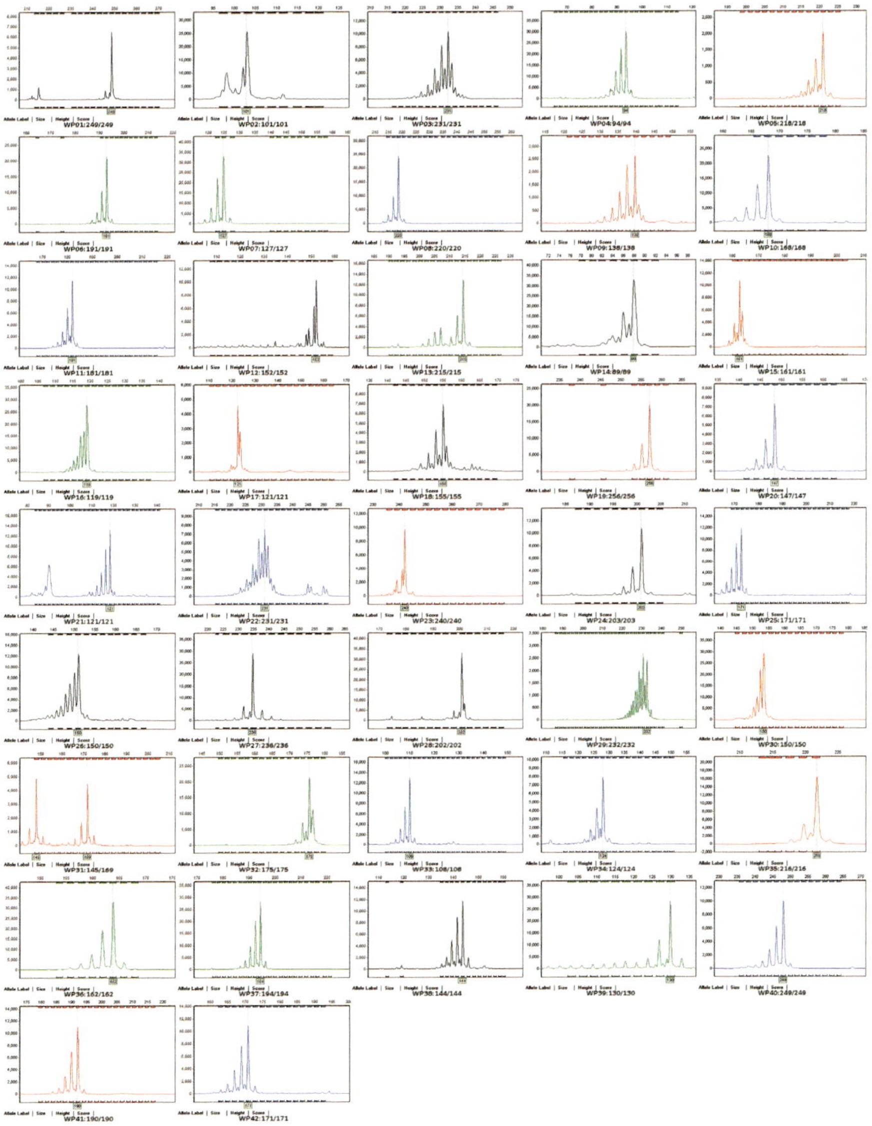

116. 新麦29

审定编号：豫审麦2014011

选育单位：河南敦煌种业新科种子有限公司

品种来源：偃展4110/周麦16

特征特性：弱春性多穗型中熟品种，全生育期222.7~228.7 d。幼苗直立，叶色黄绿，叶片宽长，分蘖力弱，成穗率较高。春季起身拔节早，抽穗偏晚，抗倒春寒能力一般。株型偏紧凑，旗叶宽短，上冲，干尖重，穗下节长，平均株高73~78 cm，茎秆粗壮，弹性一般。长方形大穗，短芒，籽粒角质，大小均匀，饱满度好。耐后期高温，灌浆速度快，熟相好。亩穗数38.7万~44.9万，穗粒数31.2~33.7粒，千粒重43.9~45.5 g。中感条锈病、叶锈病、白粉病和纹枯病，高感赤霉病。2011年、2012年经检测：蛋白质13.09%、13.97%，容重819 g/L、803 g/L，湿面筋25.4%、30.1%，降落数值414 s、473 s，沉淀值43.5 mL、54 mL，吸水量59.8 mL/100 g、61.8 mL/100 g，形成时间2.7 min、2.8 min，稳定时间1.6 min、2.1 min，弱化度177 F.U.、159 F.U.，硬度59 HI、64 HI，出粉率69.2%、70.5%。

产量表现：2010—2011年度河南省春水Ⅰ组区域试验，平均亩产566.0 kg，比对照品种偃展4110增产7.2%，达极显著水平。2011—2012年度河南省春水Ⅰ组区域试验，平均亩产504.5 kg，比对照品种偃展4110增产8.9%，达极显著水平。2012—2013年度河南省春水组生产试验，平均亩产461.3 kg，比对照品种偃展4110增产7.2%。

栽培技术要点：10月15—25日播种，如延期播种，以每推迟3 d亩播种量增加0.5 kg为宜。全生育期施肥量：氮12~16 kg/亩，磷7 kg/亩，钾7 kg/亩，锌肥2 kg/亩。拔节前进行化学除草，生长后期做好“一喷三防”，同时起到防病防干热风的功效。在小麦抽穗扬花期若遇连阴雨天气，应在雨前或雨后及时使用多菌灵防治赤霉病。

适宜种植区域：适宜河南省（南部稻茬麦区除外）旱中茬中高肥力地种植。

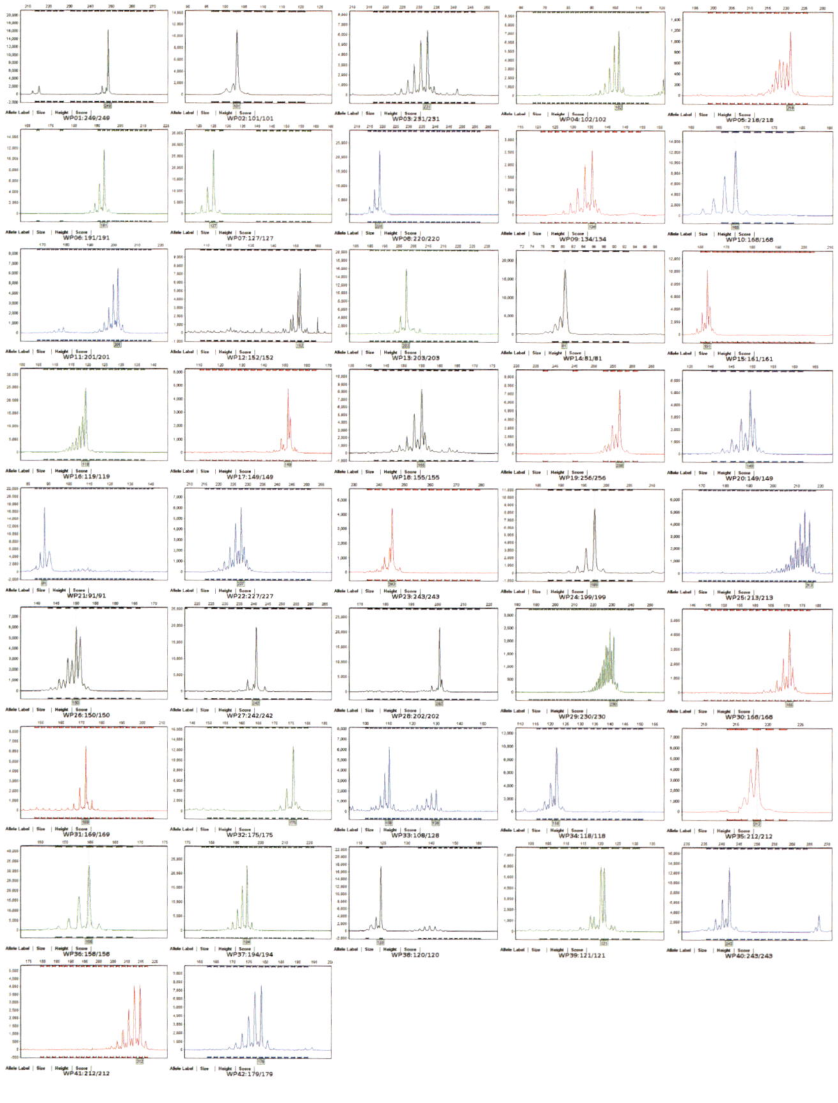

117. 信麦9号

审定编号：豫审麦2014012

选育单位：信阳市农业科学院

品种来源：周麦11/豫麦18

特征特性：弱春性中早熟品种，全生育期208.4~216.1 d。幼苗半直立，叶色深绿，苗期长势健壮，分蘖力弱，成穗率高。冬季耐寒性强，春季发育较快，抽穗较早。成株期株型较松散，叶、茎秆蜡质层较厚，穗下节长，株高70~84.9 cm，茎秆弹性一般，不抗倒伏。纺锤形大穗，码稀，长芒，白粒，卵圆形，偏粉质，饱满度好。叶片功能期长，籽粒灌浆速度快，成熟落黄好。亩穗数28.9万~38.7万，穗粒数31.8~33.8粒，千粒重37.6~41.5 g。中感条锈病、叶锈病、白粉病、纹枯病，高感赤霉病。2011年、2012年经检测：蛋白质13.41%、13.82%，容重791 g/L、779 g/L，湿面筋28.3%、29.1%，降落数值340 s、347 s，沉淀值70.5 mL、77 mL，吸水量52 mL/100 g、55.4 mL/100 g，形成时间2.5 min、4.1 min，稳定时间4.4 min、5.6 min，弱化度87 F.U.、101 F.U.，硬度30 HI、40 HI，出粉率67.7%、67.9%。

产量表现：2010—2011年度河南省信阳组区域试验，平均亩产387.0 kg，比对照品种豫麦18-99增产8.6%，不显著。2011—2012年度河南省信阳组区域试验，平均亩产387.5 kg，比对照品种偃展4110增产7.1%，达极显著水平。2012—2013年度河南省南部稻茬麦组生产试验，平均亩产429.8 kg，比对照品种偃展4110增产6.3%。

栽培技术要点：豫南麦区适宜播种期为10月15—25日，亩播种量12~14 kg。播前精细整地，施足底肥，施足底肥，氮、磷、钾肥料平衡施用，尽量多施优质腐熟农家肥。整地时犁碎耙透，做到上虚下实，田平土碎，无明暗坷垃；淮南稻茬麦区还应起好“三沟”，做好田间排水。2~3叶期及时进行化学除草，返青拔节期视苗情长势酌情追肥。中后期做好田间排水，降湿除渍害。抽穗扬花期进行“一喷三防”。成熟后及时收获，防止穗发芽。

适宜种植区域：适宜河南省南部稻茬麦区中晚茬种植。

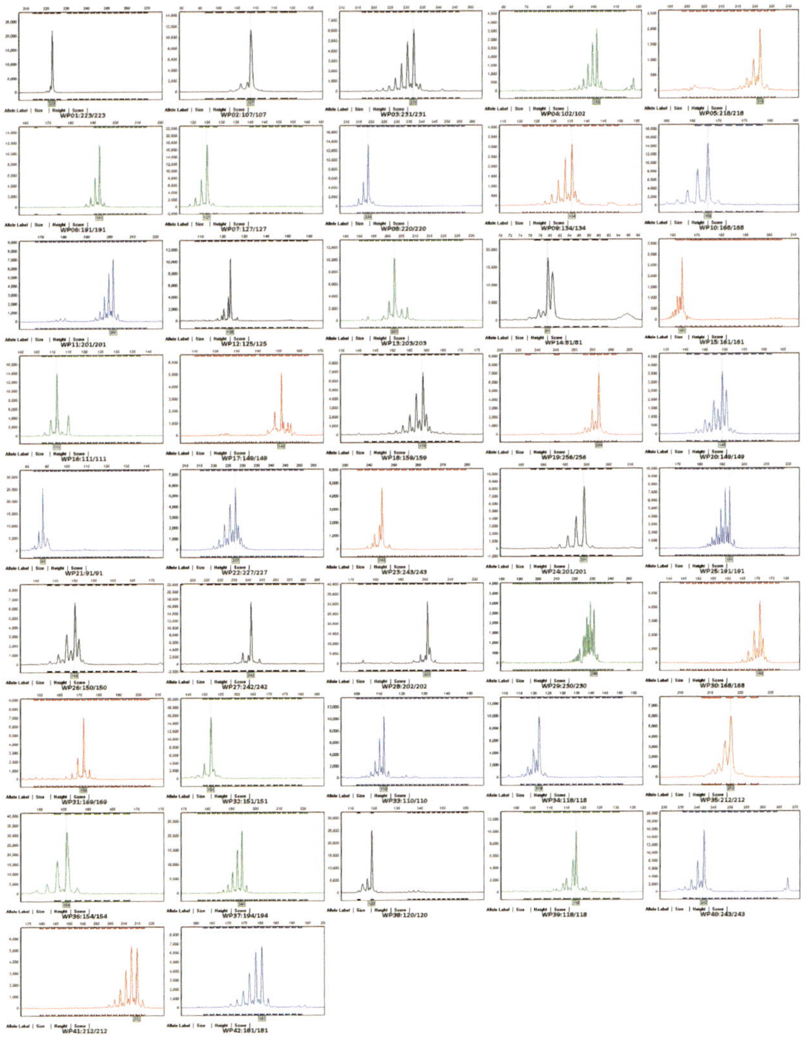

118. 郑麦314

审定编号：豫审麦2014013

选育单位：河南省农业科学院小麦研究中心

品种来源：周麦13/sp94540-0-3-1-1-2-1

特征特性：半冬性多穗型中早熟品种，全生育期208.2~216.9 d。幼苗半直立，叶色青绿，冬季抗寒性一般，分蘖力强，成穗率高。春季发育快，苗脚利索，两极分化快，抽穗早。株型适中，茎秆、穗部蜡质厚，株高67~77 cm，茎秆弹性好，较抗倒伏。穗长方形，穗下节长，长芒，白壳，白粒，半角质，大小不均，饱满度中等，黑胚少。亩穗数33.3万~40.2万，穗粒数31.3~36.6粒，千粒重35.7~41.1 g。中抗条锈病，中感叶锈病，中感白粉病，中感纹枯病，高感赤霉病。2011年、2012年经检测：蛋白质13.71%、14.53%，容重762 g/L、723 g/L，湿面筋27.2%、29.5%，降落数值302 s、287 s，沉淀值78.3 mL、80 mL，吸水量54 mL/100 g、58.2 mL/100 g，形成时间2.7 min、4.1 min，稳定时间6.7 min、5.2 min，弱化度62 F.U.、78 F.U.，硬度60 HI、62 HI，出粉率71%、71.4%。

产量表现：2010—2011年度河南省信阳组区域试验，平均亩产386.7 kg，比对照品种豫麦18-99增产8.6%，不显著。2011—2012年度河南省信阳组区域试验，平均亩产370.5 kg，比对照品种偃展4110增产2.4%，不显著。2012—2013年度参加河南省南部稻茬麦组生产试验，平均亩产434.3 kg，比对照品种偃展4110增产7.4%。

栽培技术要点：适宜播种期为10月中下旬。基本苗以每亩15万~25万株为宜。施足底肥，一般亩施农家肥3~4 m^3，氮、磷、钾科学搭配。施肥原则是以底肥为主，春季可追施尿素8~10 kg。抽穗至灌浆期结合“一喷三防”防治叶锈病、白粉病及纹枯病，灌浆后期注意防治赤霉病，注意防治蚜虫，特别是穗蚜要及时彻底防治。

适宜种植区域：适宜河南省南部稻茬麦区中晚茬种植。

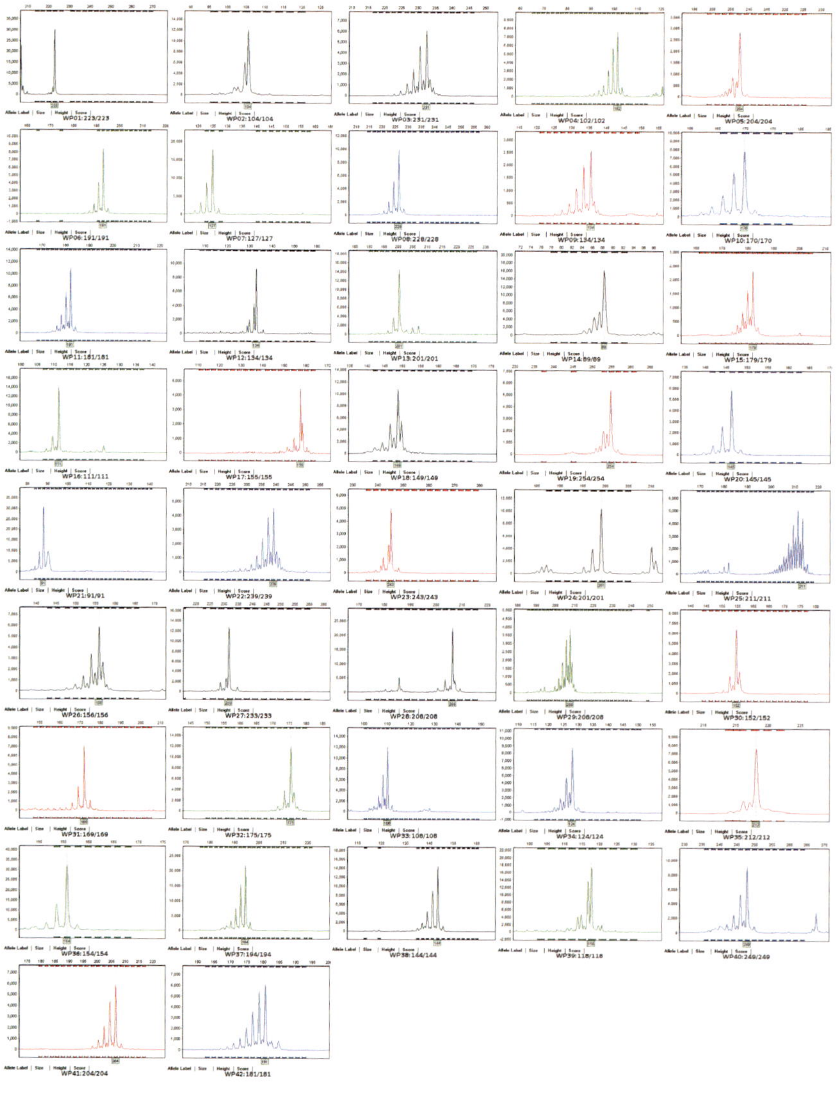

119. 鹤麦801

审定编号：豫审麦2014014

选育单位：鹤壁市农业科学院

品种来源：99-6/周麦18

特征特性：半冬性中熟旱地品种，全生育期224~230.8 d。幼苗半直立，叶片较宽、叶色深绿，抗寒性较差，分蘖力较弱，成穗率较高。株型紧凑，旗叶宽短上举，株高58~75 cm，茎秆粗壮，抗倒性好。穗长方形，长芒，穗下节短，小穗排列紧密，白粒，半角质，黑胚率较低。抽穗早、落黄好。亩穗数28万~33.9万，穗粒数31.9~38.3粒，千粒重35.8~41.4 g。中抗条锈病、纹枯病中感，中感白粉病、叶锈病，高感赤霉病。2011年、2012年经检测：蛋白质14.67%、13.49%，容重793 g/L、795 g/L，湿面筋33.2%、30.8%，降落数值372 s、323 s，沉淀值65.8 mL、74 mL，吸水量54.9%、57.8%，形成时间4 min、3.5 min，稳定时间4.4 min、3.8 min，弱化度78 F.U.、96 F.U.，硬度54 H、57 HI，出粉率68.5%、69.5%。

产量表现：2010—2011年度河南省旱地区域试验，平均亩产294.3 kg，比对照品种洛旱7号增产2.7%，不显著。2011—2012年度河南省旱地区域试验，平均亩产413.3 kg，比对照品种洛旱7号增产5.1%，达显著水平。2012—2013年参加河南省旱地组生产试验，平均亩产317.6 kg，比对照品种洛旱7号增产6.8%。

栽培技术要点：最佳播种期10月5—15日。亩播种量8~11 kg。合理施肥，在纯旱地以控制氮肥、增施磷肥，在施肥方法上一次性掩底。在易旱地区可以在小麦水肥临界期追施氮肥，同时浇水。采取秸秆还田、精耕细作、种子包衣、防治地下害虫。及时防治穗蚜。

适宜种植区域：适宜河南省丘陵及旱地麦区早中茬种植。

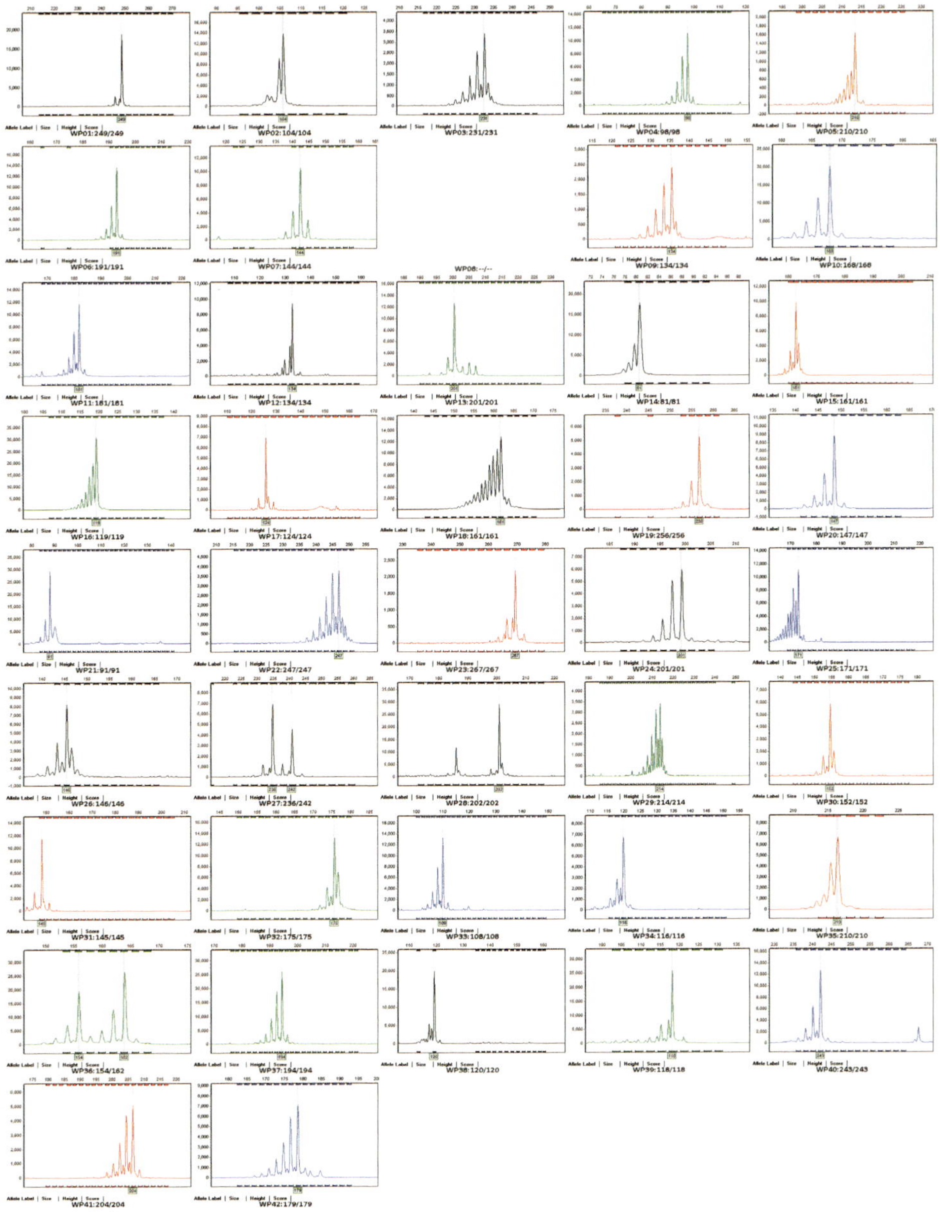

120. 汝麦076

审定编号：豫审麦2014015

选育单位：汝州市农业科学研究所、河南许丰种业有限公司

品种来源：豫麦2号/豫麦10号

特征特性：半冬性中熟旱地品种，全生育期223.6~230.3 d。幼苗半匍匐，叶片长宽，叶色浅绿，抗寒性较好，分蘖率较弱，成穗率较高。春季返青较晚，起身慢，两极分化慢。成株期株型半紧凑，旗叶短宽、上举，茎秆蜡质，抽穗较早，株高60~75.1 cm，茎秆弹性好，抗倒性好。穗长方形，长芒，穗下节短，白壳，白粒，角质，籽粒饱满，黑胚少。亩穗数32.0万~37.3万，穗粒数30.4~37.9粒，千粒重35.5~37.8 g。中感叶锈病、白粉病、纹枯病，高感赤霉病、条锈病。2011年、2012年经检测：蛋白质15.21%、13.4%，容重798 g/L、810 g/L，湿面筋31.7%、27.9%，降落数值480 s、375 s，沉淀值69.3 mL、75 mL，吸水量59.8 mL/100 g、62.6 mL/100 g，形成时间3.5 min、2.8 min，稳定时间4.5 min、3.3 min，弱化度113 F.U.、116 F.U.，硬度66 HI、69 HI，出粉率71.4%、69.2%。

产量表现：2010—2011年河南省旱地区域试验，平均亩产293.5 kg，比对照品种洛旱7号增产2.5%，不显著。2011—2012年河南省旱地小麦区域试验，平均亩产410.6 kg，比对照品种洛旱7号增产4.4%，不显著。2012—2013年度参加河南省旱地组生产试验，平均亩产316.6 kg，比对照品种洛旱7号增产6.5%。

栽培技术要点：适播种期为10月10—20日，最佳播种期10月15日左右。中等肥力地块亩播种量6~8 kg，中低肥力8~10 kg，如延期播种，以每推迟3 d亩增加0.5 kg播种量为宜。施足底肥，根据土壤情况，注意有机肥与无机肥的合理搭配。宜在拔节后追肥。苗期和拔节前搞好田间除草、防治病虫，小麦播种前要进行晒种和药剂拌种，防治地下害虫和苗期蚜虫。拔节孕穗期做好“一喷三防”，注意防治病害。适时收获，人工要在小麦蜡熟期收获。

适宜种植区域：适宜河南省丘陵及旱地麦区早中茬种植。

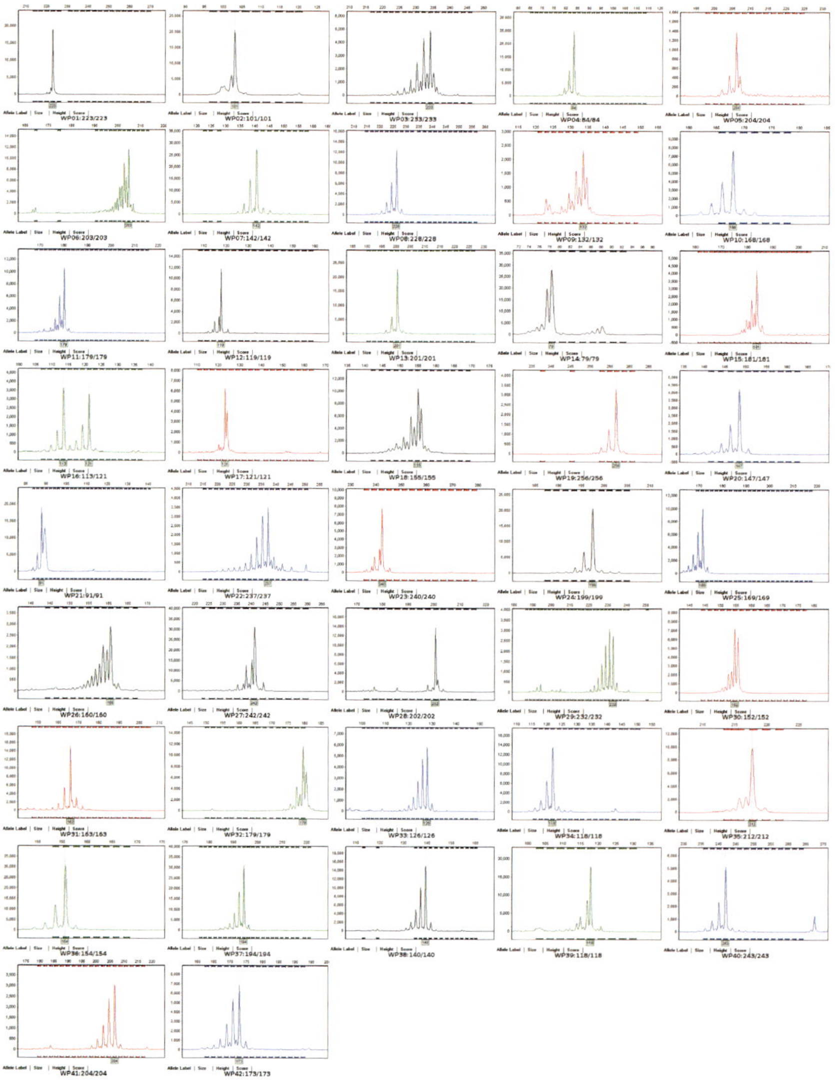

121. 新麦28

审定编号： 豫审麦2014016

选育单位： 河南敦煌种业新科种子有限公司

品种来源： 新麦18/陕优225

特征特性： 半冬性中熟强筋旱地品种。全生育期223.9~230.8 d。幼苗半匍匐，叶片细长，叶色深绿，分蘖力较强，成穗率较高，春季发育较慢，抽穗较迟，冬季及春季抗寒性较弱。株型半松散，旗叶细长、上举，有干尖，株高62~75.7 cm，茎秆较细，弹性好，抗倒性较好。纺锤形穗，长芒，穗下节长，白壳，白粒，角质，黑胚率低。后期早衰，不抗干热风，落黄差。亩穗数32万~38.2万，穗粒数28.2~34.5粒，千粒重35.9~37.6 g。中抗条锈病，中感叶锈病、白粉病、纹枯病，高感赤霉病。2011年、2012年经检测：蛋白质16.98%、15.55%，容重808 g/L、814 g/L，湿面筋32.1%、29.7%，降落数值411 s、387 s，沉淀值77.8 mL、80 mL，吸水量57.4 mL/100 g、60.7 mL/100 g，形成时间22 min、9.5 min，稳定时间23.9 min、16.1 min，弱化度65 F.U.、28 F.U.，硬度61 HI、69 HI，出粉率70.8%、70.8%。

产量表现： 2010—2011年河南省旱地区域试验，平均亩产280.8 kg，比对照品种洛旱7号减产2.0%，不显著。2011—2012年河南省旱地区域试验，平均亩产397.6 kg，比对照品种洛旱7号增产1.1%，不显著。2012—2013年度参加河南省旱地组生产试验，平均亩产314.1 kg，比对照品种洛旱7号增产5.7%。

栽培技术要点： 适宜播种期10月上中旬，每亩适宜基本苗16万~20万。注意防治蚜虫、叶锈病、白粉病和赤霉病等病虫害，预防倒春寒，高水肥地块种植注意防止倒伏。

适宜种植区域： 适宜河南省丘陵及旱地麦区早中茬种植。

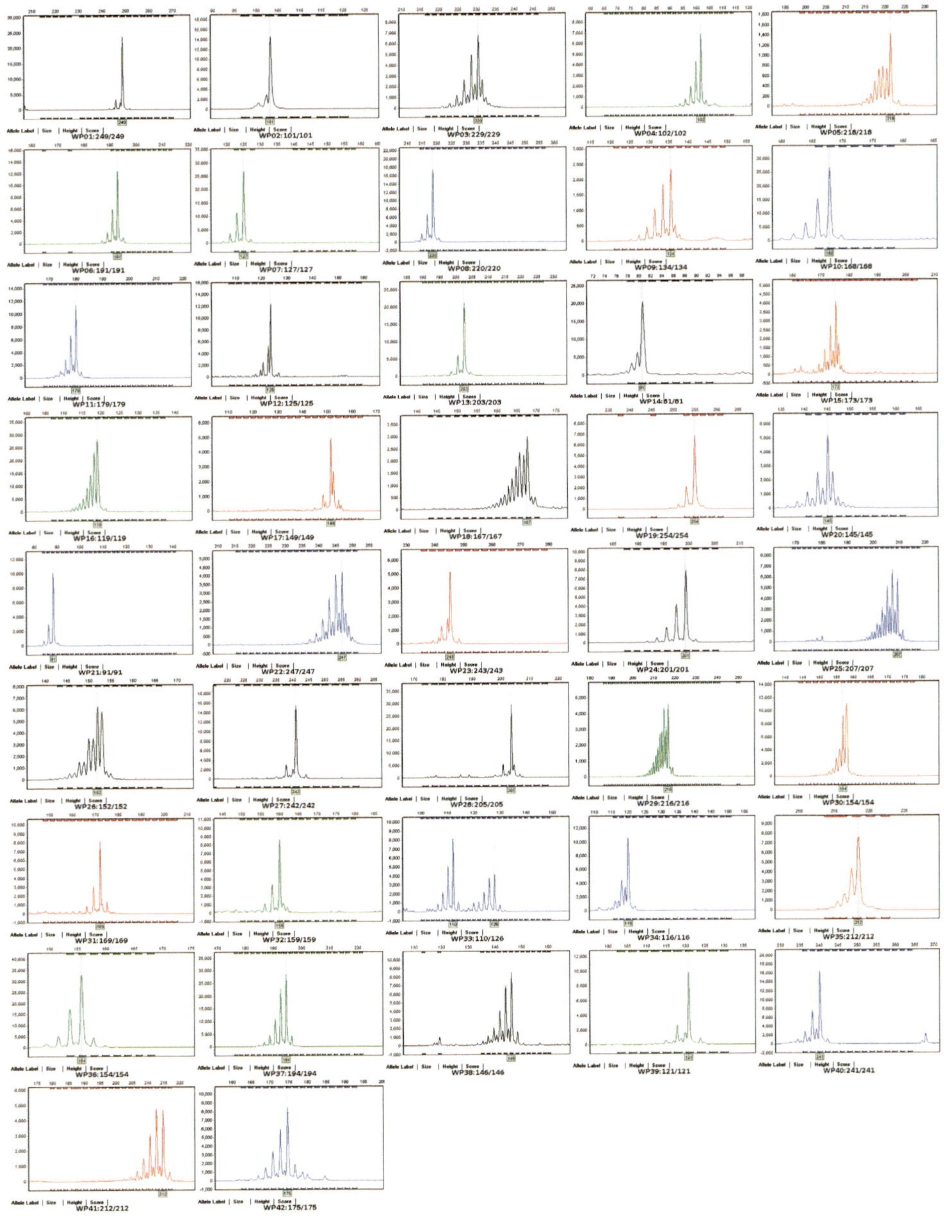

122. 开麦22

审定编号：豫审麦2014017

选育单位：开封市农林科学研究院

品种来源：周麦18/百农AK58

特征特性：半冬性中熟品种，全生育期224.3~233.7 d。幼苗半直立，苗期叶片细长，叶色浓绿，冬季抗寒性较好。分蘖力强，成穗率中等，苗脚利落。株型松紧适中，穗下节长，旗叶略长，上举，干尖，茎秆、穗蜡质层厚，穗层整齐，株高75~77 cm，茎秆弹性较好，抗倒伏能力强。纺锤形穗，籽粒角质，饱满度好。耐后期高温，灌浆速度快，成熟落黄好。亩穗数35.3万~39.3万，穗粒数32~34.0粒，千粒重43.9~48.3 g。中抗条锈病，中感叶锈病、白粉病和纹枯病，高感赤霉病。2012年、2013年经检测：蛋白质16.63%、16.52%，容重803 g、L/793 g/L，湿面筋含量36.2%、35.5%，降落数值434 s、339 s，沉淀指数73 mL、68 mL，吸水量61.9 mL/100 g、63.7 mL/100 g，形成时间4.8 min、4.7 min，稳定时间4.2 min、3.5 min，弱化度98 F.U.、144 F.U.，硬度64 HI、63 HI，白度73.3%、73.5%，出粉率71.4%、71%。

产量表现：2011—2012年度河南省冬水Ⅰ组区域试验，平均亩产455.7 kg，比对照品种周麦18增产0.8%，不显著。2012—2013年度河南省冬水C组区域试验，平均亩产509.3 kg，比对照品种周麦18增产3.8%，显著。2013—2014年度河南省冬水B组生产试验，平均亩产569.7 kg，比对照品种周麦18增产6.0%。

栽培技术要点：一般在10月5—20日播种，最佳播种期10月10日左右。高肥力地块亩播种量8~10 kg，中低肥力12~15 kg，如延期播种以每推迟3 d播种量增加0.5 kg为宜，19.98~23.31 cm等行距种植。底肥一般亩施尿素20 kg，磷酸二铵25 kg，硫酸钾10 kg或小麦专用复合肥50 kg，返青期亩追施尿素7~10 kg。拔节前及时除草，灌浆期喷施磷酸二氢钾。结合天气情况及时防治叶锈病、赤霉病。

适宜种植区域：适宜河南省（南部稻茬麦区除外）早中茬中高肥力地种植。

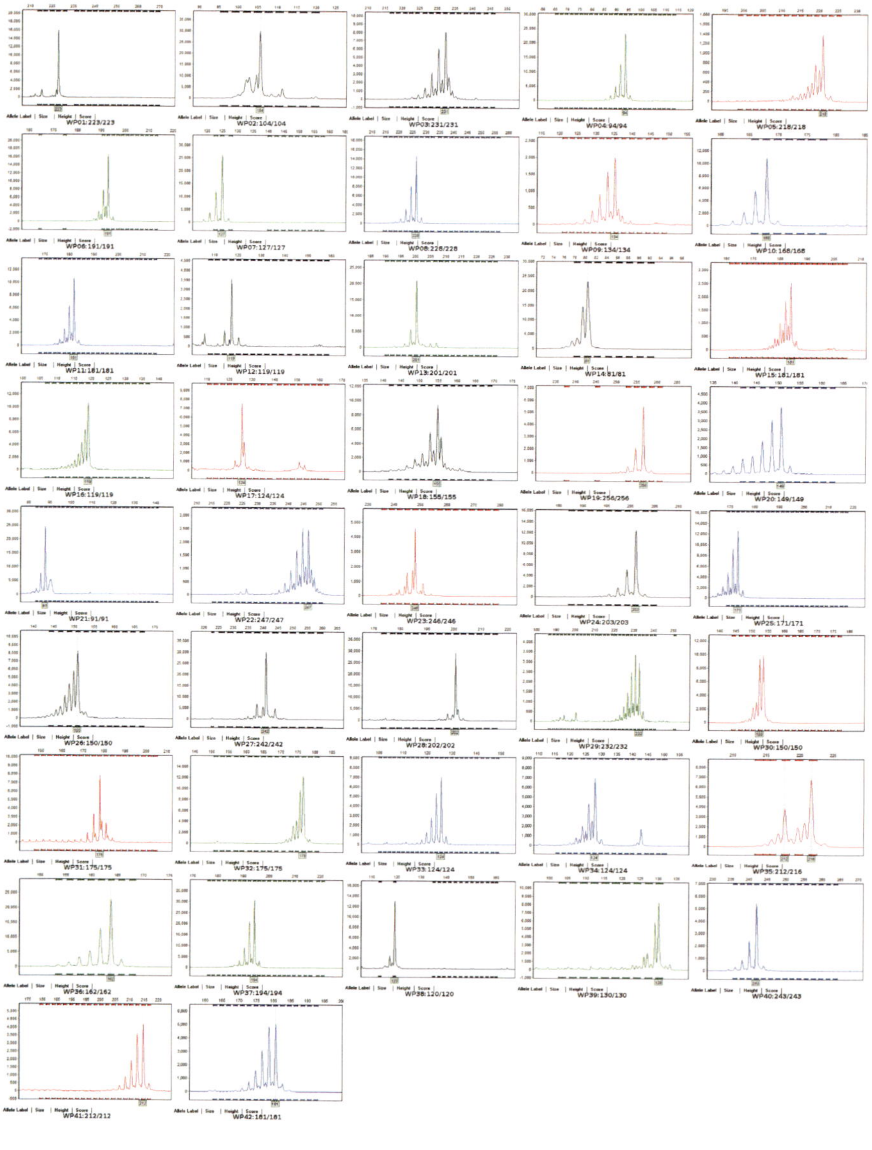

123. 洛麦26

审定编号：豫审麦2014018

选育单位：洛阳市中垦种业科技有限公司

品种来源：百农AK58/开麦18

特征特性：半冬性多穗型中晚熟品种，全生育期223.5~233.8 d。幼苗半匍匐，叶色浅绿，长势壮，抗寒性好。分蘖力强，成穗率、抗倒春寒能力一般，起身略迟，抽穗晚。株型紧凑，旗叶宽大、半披，穗下节短，穗层整齐。株高68~73 cm，茎秆粗，弹性弱，抗倒伏能力一般。纺锤形穗，短芒，结实性一般，籽粒角质，黑胚少，饱满度较好。耐高温，成熟落黄好。亩成穗数41.5万~41.9万，穗粒数31.2~35.2粒，千粒重39.4~48.0 g。中感条锈病、叶锈病、白粉病和纹枯病高感赤霉病。2012年、2013年经检测：蛋白质14.55%、15.38%，容重818 g/L、806 g/L，湿面筋含量31%、30.6%，降落数值324 s、370 s，沉淀指数70 mL、61 mL，吸水量60 mL/100 g、61.1 mL/100 g，形成时间4.1 min、3.7 min，稳定时间5.6 min、3.9 min，弱化度82 F.U.、148 F.U.，硬度65 HI、65 HI，白度73.3%、73.9%，出粉率71.1%、69.4%。

产量表现：2011—2012年度河南省冬水Ⅰ组区域试验，平均亩产458.8 kg，比对照品种周麦18增产1.4%，不显著。2012—2013年度河南省冬水C组区域试验，平均亩产518.4 kg，比对照品种周麦18增产5.6%，极显著。2013—2014年度河南省冬水B组生产试验，平均亩产576.9 kg，比对照品种周麦18增产7.3%。

栽培技术要点：10月5—15日，最佳播种期在10月8—10日。高肥力地块亩播种量7~8 kg，中低肥力可适当增加播种量，如延期播种，以每推迟3 d增加0.5 kg播种量为宜。施足底肥，拔节期结合田间化学除草适当进行化控，拔节后，每亩追施尿素6 kg，同时进行纹枯病的防治。灌浆期喷施磷酸二氢钾，后期注意结合天气情况及时防治病虫害。适时收获，人工收获时在蜡熟期进行，机械收割则可适当推迟。

适宜种植区域：适宜河南省（南部稻茬麦区除外）早中茬中高肥力地种植。

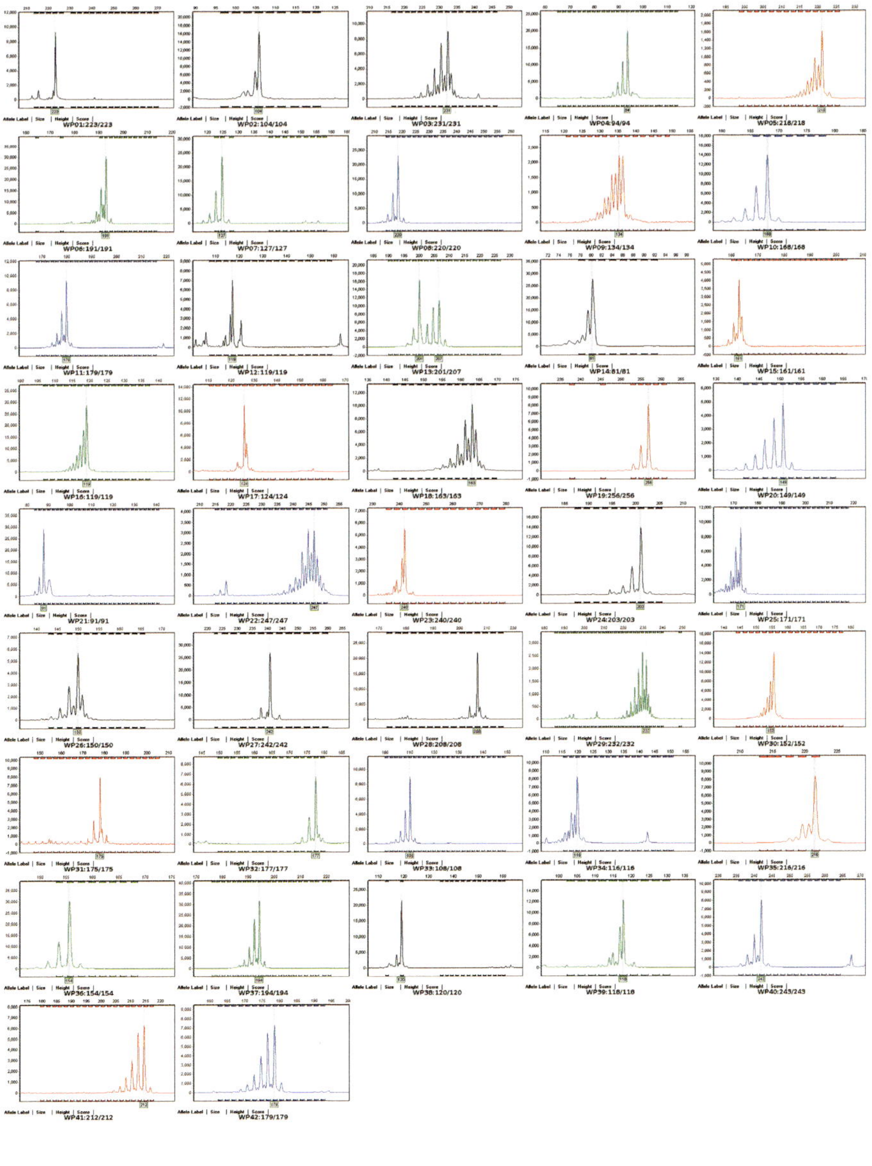

124. 郑麦103

审定编号：豫审麦2014019

选育单位：河南省农业科学院小麦研究所

品种来源：周13/D8904-7-1//郑004

特征特性：半冬性中熟品种，全生育期223.4~234.1 d。幼苗匍匐，苗期叶色浅绿，抗寒性较好。冬季分蘖力强，春季返青晚，起身慢，苗脚不利索，抽穗较早。株行间通风透光性差，穗下节短，旗叶偏窄长、上举，株高74~79 cm，抗倒性中等。纺锤形穗，穗小，码稀，短芒，白壳，白粒，半角质，饱满度较好。后期耐热性好，成熟落黄好。亩穗数39.7万~42.0万，穗粒数31.3~34.0粒，千粒重43.1~48.2 g。高抗条锈病，中抗叶锈病，中感白粉病和纹枯病，高感赤霉病。2012年、2013年经检测：蛋白质14.84%、14.07%，容重783 g/L、775 g/L，湿面筋含量25.2%、28.9%，降落数值247 s、267 s，沉淀指数46 mL、50 mL，吸水量56.6 mL/100 g、58.1 mL/100 g，形成时间2.2 min、2.2 min，稳定时间1.8 mi、1.5 min，弱化度160 F.U.、184 F.U.，硬度65 HI、65 HI，白度72.4%、72.7%，出粉率70.5%、2.9%。

产量表现：2011—2012年度河南省冬水Ⅰ组区域试验，平均亩产466.2 kg，比对照品种周麦18增产3.1%，不显著。2012—2013年度河南省冬水B组区域试验，平均亩产522.6 kg，比对照品种周麦18增产5.8%，极显著。2013—2014年度河南省冬水A组生产试验，平均亩产563.4 kg，比对照品种周麦18增产6%。

栽培技术要点：适播种期为10月上中旬，晚播应适当增加播种量。施足底肥，一般亩施农家肥3~4 m^3，氮、磷、钾科学搭配，以1：1：0.8为宜。施肥原则是以底肥为主，春季可追施尿素10 kg左右。浇好底墒水，足墒下种，一播全苗，可根据土壤墒情浇返青拔节水或孕穗水及灌浆水。返青至抽穗期喷洒粉锈宁或多菌灵，防治纹枯病及白粉病，抽穗扬花期遇连阴雨天气，喷洒多菌灵防治赤霉病，注意防治蚜虫。

适宜种植区域：适宜河南省（南部稻茬麦区除外）早中茬中高肥力地种植。

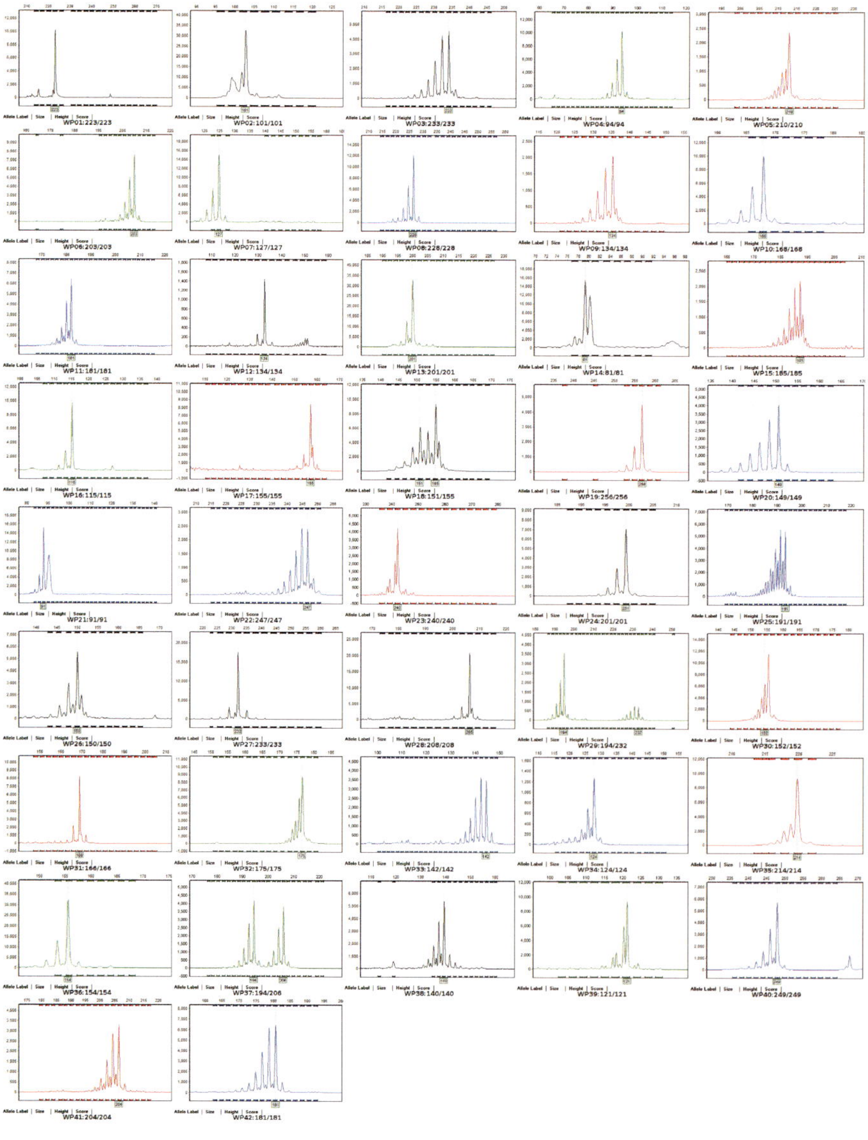

125. 许科168

审定编号：豫审麦2014020

选育单位：河南省许科种业有限公司

品种来源：许科316/04中36

特征特性：半冬性大穗型中晚熟品种，全生育期225.8~234.7 d。幼苗半直立，苗叶宽长，叶色浅绿，冬季抗寒性较好。分蘖力中等，抽穗早，春季抗倒春寒能力一般。株型松散，旗叶长，上举，穗下节短，穗层较厚，株高76~83 cm，抗倒性较好。纺锤形大穗，短芒，白壳，白粒，大小较匀，半角质，饱满度较好，黑胚率高。耐后期高温，成熟落黄好。亩穗数36.6万~38.1万，穗粒数32.8~35.2粒，千粒重42.1~51.5 g。中感条锈病、叶锈病、白粉病和纹枯病，高感赤霉病。2012年、2013年经检测：蛋白质16.21%、15.17%，容重804 g/L、785 g/L，湿面筋含量34.9%、32%，降落数值421 s、420 s，沉淀指数58 m、62 mL，吸水量62 mL/100 g、59.1 mL/100 g，形成时间3.9 min、3.7 min，稳定时间3.4 mi、4.2 min，弱化度122 F.U.、113 F.U.，硬度62 HI、64 HI，白度74.7%、73.3%，出粉率71.3%、67.1%。

产量表现：2011—2012年度河南省冬水Ⅱ组区域试验，平均亩产463.0 kg，比对照品种周麦18增产0.3%，不显著。2012—2013年度河南省冬水A组区域试验，平均亩产510.2 kg，比对照品种周麦18增产3.2%，显著。2013—2014年度河南省冬水B组生产试验，平均亩产576.1 kg，比对照品种周麦18增产7.1%。

栽培技术要点：10月8—25日播种，最佳播种期10月13日左右。高肥力地块亩播种量8~9 kg，中低肥力9~10 kg，如延期播种，以每推迟3 d增加0.5 kg播种量为宜。播前应施足底肥，小麦起身拔节期及时追肥，亩施尿素7~10 kg。苗期注意防治纹枯病，灌浆期喷施磷酸二氢钾，孕穗期、灌浆期结合天气情况及时防治白粉、赤霉病、条叶锈病和穗蚜。

适宜种植区域：适宜河南省（南部稻茬麦区除外）早中茬中高肥力地种植。

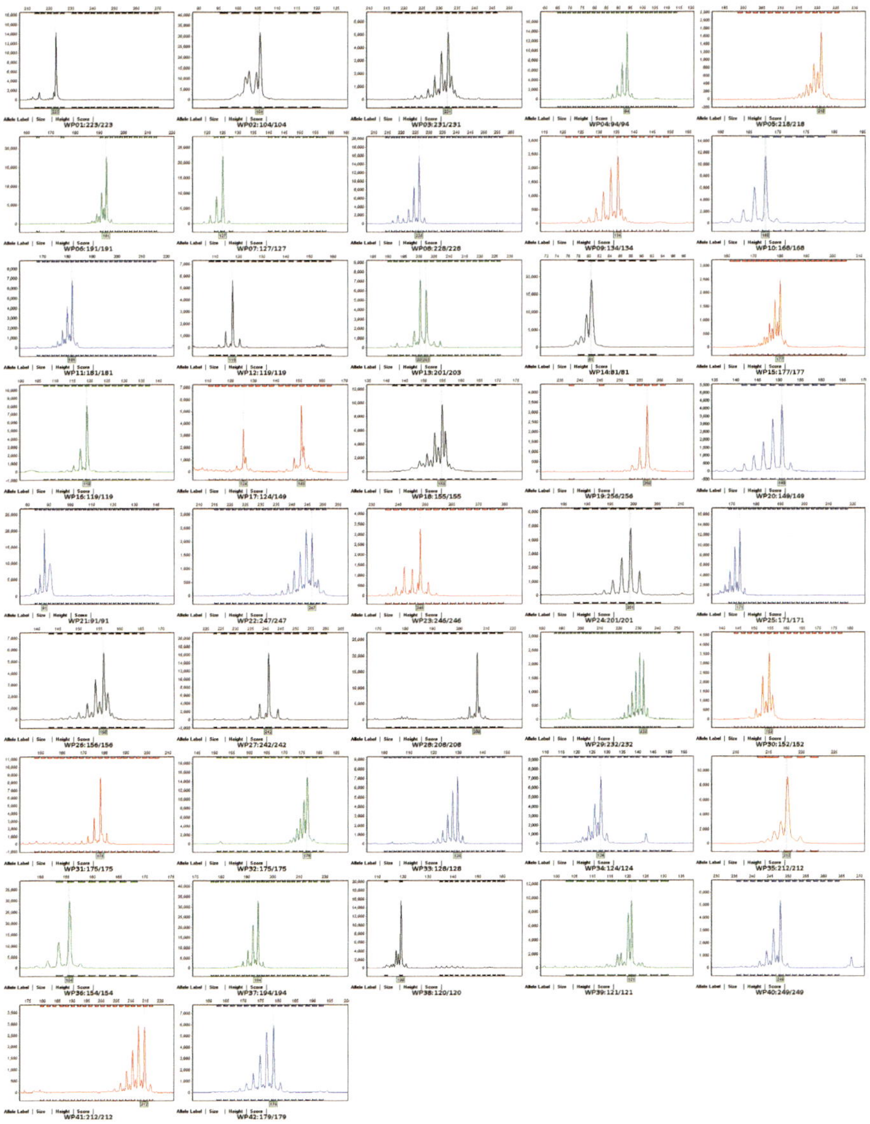

126. 温麦28

审定编号：豫审麦2014021

选育单位：河南温农丰华种业有限公司

品种来源：周麦16/新麦18

特征特性：半冬性中晚熟品种，全生育期225.3~235.0 d。幼苗半直立，叶片较窄，叶色浓绿，冬季耐寒性较好。分蘖力较强，成穗率一般，春季两极分化快，苗脚利索，抗倒春寒能力一般。株型较紧凑，旗叶宽短，上举，穗下节短，穗层较厚，株高72~76 cm，抗倒性好。纺锤形穗，短芒，白壳，白粒，半角质，饱满度好。后期耐热性好，落黄较好。亩穗数39.6万~39.9万，穗粒数29.8~35.5粒，千粒重44.4~48.0 g。中抗条锈病，中感叶锈病、白粉病和纹枯病，高感赤霉病。2012年、2013年经检测：蛋白质15.14%、15.08%，容重816 g/L、798 g/L，湿面筋含量30.9%、31.1%，降落数值381 s、268 s，沉淀指数48 mL、45 mL，吸水量61 mL/100 g、59.6 mL/100 g，形成时间2.9 min、2.7 min，稳定时间1.6 min、1.4 min，弱化度190 F.U.、204 F.U.，硬度63 HI、62 HI，白度72.8%、72.3%，出粉率69.9%、71.3%。

产量表现：2011—2012年度河南省冬水Ⅱ组区域试验，平均亩产472.8 kg，比对照品种周麦18增产2.4%，不显著。2012—2013年度河南省冬水A组区域试验，平均亩产505.3 kg，比对照品种周麦18号增产2.2%，不显著。2013—2014年度河南省冬水A组生产试验，平均亩产562.9 kg，比对照品种周麦18增产6.0%。

栽培技术要点：播种期为10月5日—20日，最佳播种期10月10日左右。高肥力地块亩适宜播种量8~10 kg，中低肥力适当加大播种量，如延期播种，每推迟3 d亩播种量增加0.5 kg为宜。一般亩施氮14~16 kg，磷6~9 kg，钾6~8 kg，硫酸锌1 kg。磷、钾肥和微肥一次性底施，拔节期追肥。返青至拔节前及时进行化除。适时浇水。根据病虫害发生情况，在返青拔节期每亩喷施20%三唑酮100 mL兑水30 kg防治纹枯病，可用吡虫啉防治蚜虫。中后期搞好“一喷三防”，灌浆期及时喷洒磷酸二氢钾、尿素溶液，促进籽大粒饱。

适宜种植区域：适宜河南省（南部稻茬麦区除外）早中茬中高肥力地种植。

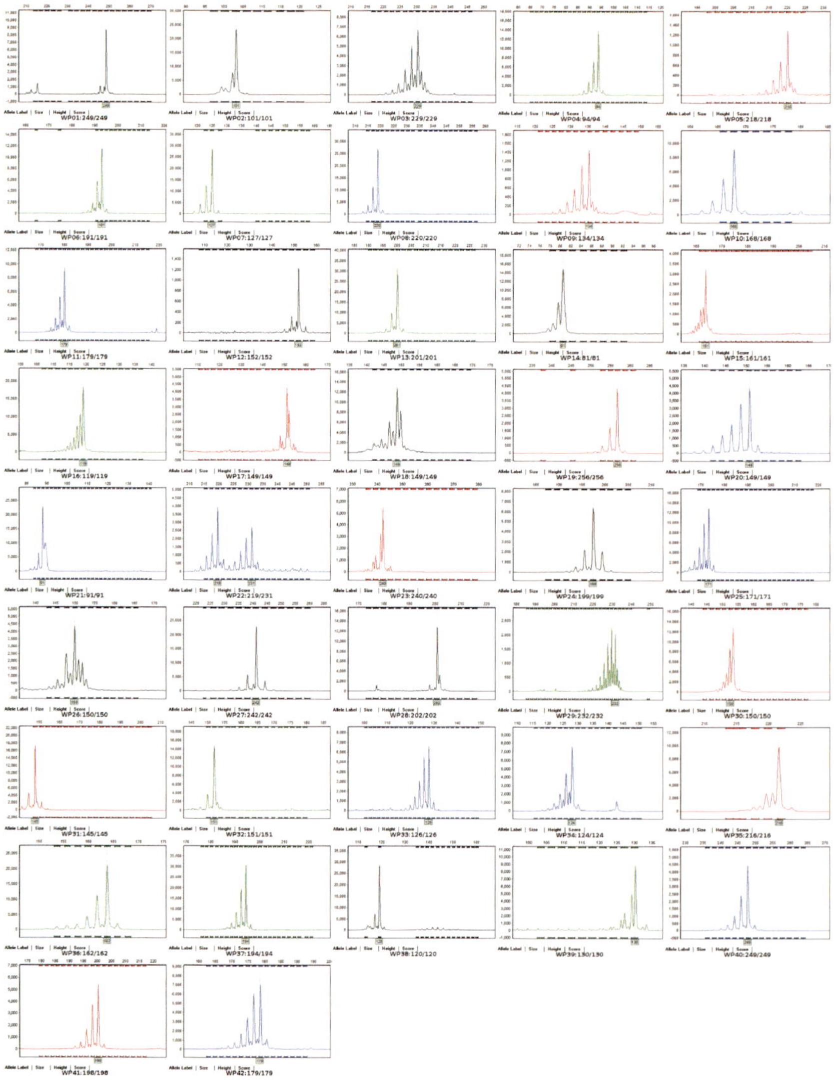

127. 中育9302

审定编号：豫审麦2014022

选育单位：中棉种业科技股份有限公司

品种来源：矮败小麦//周麦16/04中36

特征特性：半冬性中晚熟品种，全生育期224.3~233.2 d。幼苗半直立，苗期叶片较窄、叶色浓绿，冬季抗寒性好。分蘖力中等，成穗率一般，春季起身拔节快，抽穗偏早，苗脚利索，抗倒春寒能力一般。株型较松散，旗叶窄小、上冲，穗下节偏短，穗层整齐，株行间通风透光性好，株高76~79 cm，茎秆弹性中等，抗倒伏能力一般。穗长方形，长芒，白壳，白粒，籽粒半角质，均匀，饱满度好，黑胚率高。灌浆速度快，耐后期高温。亩成穗数35.8万~38.9万，穗粒数32.4~37.6粒，千粒重44.3~49.6 g。中抗条锈病、白粉病，中感叶锈病、纹枯病，高感赤霉病。2012年、2013年经检测：蛋白质15.34%、15.48%，容重795 g/L、776 g/L，湿面筋含量33.5%、31.6%，降落数值370 s、226 s，沉淀指数63 mL、63 mL，吸水量60.4 mL/100 g、61.4 mL/100 g，形成时间4.2 min、3 min，稳定时间3.1 min、2.6 min，弱化度159 F.U.、179 F.U.，硬度61 HI、65 HI，白度75.6%、74.2%，出粉率69.5%、68.4%。

产量表现：2011—2012年度河南省冬水Ⅱ组区域试验，平均亩产471.0 kg，比对照品种周麦18增产2.0%，不显著。2012—2013年度河南省冬水B组区域试验，平均亩产517.8 kg，比对照品种周麦18增产4.9%，极显著。2013—2014年度河南省冬水B组生产试验，平均亩产576.3 kg，比对照品种周麦18增产7.2%。

栽培技术要点：10月5—25日播种，最佳播种期10月10日左右。高肥力地块亩播种量6~9 kg，中低肥力9~10 kg，如延期播种，以每推迟3 d增加0.5 kg播种量为宜。一般亩施有机肥3 000 kg，氮14 kg，磷10 kg，钾7.5 kg，硫酸锌1 kg，磷、钾肥和微肥一次性底施，其中氮肥的底肥与追肥的比例为5∶5，拔节期追肥。根据病虫害发生情况，在拔节期每亩喷施20%三唑酮100 mL兑水30 kg防治白粉病，可用吡虫啉防治蚜虫。

宜种植区域：适宜河南省（南部稻茬麦区除外）早中茬中高肥力地种植。

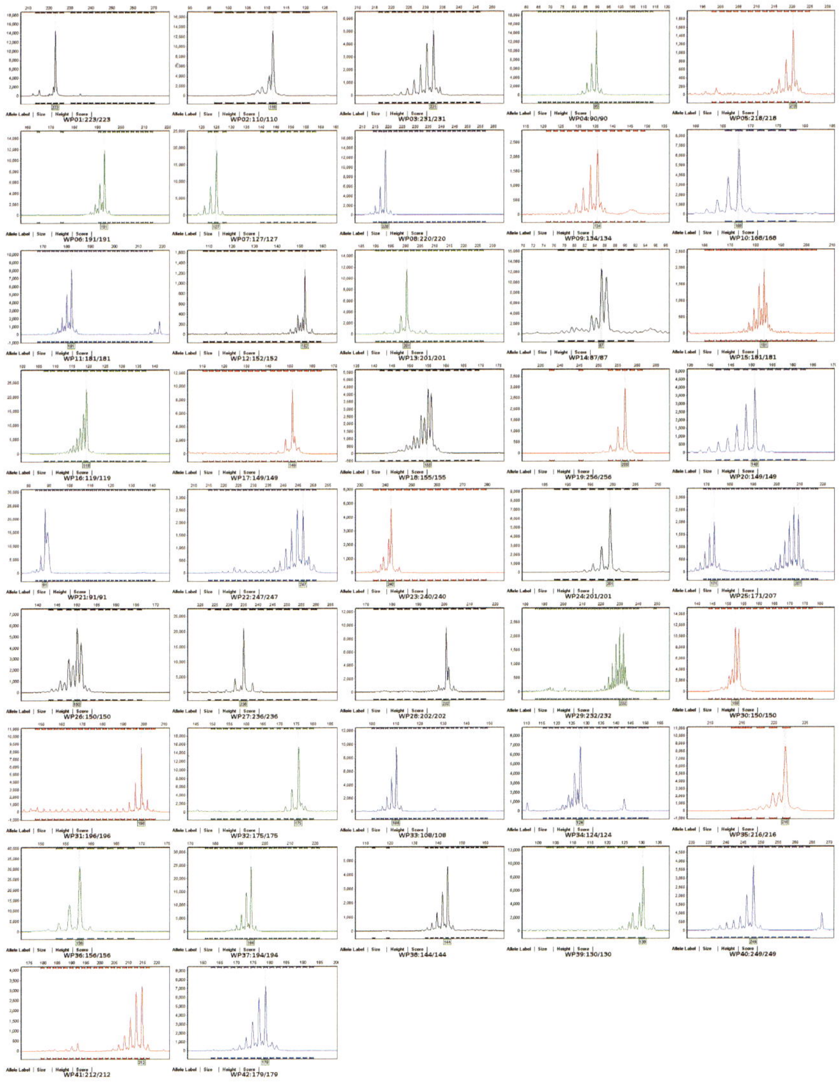

128. 郑育麦043

审定编号：豫审麦2014023

选育单位：郑州市友邦农作物新品种研究所

品种来源：豫麦57/周麦16

特征特性：半冬性中晚熟品种，全生育期225.5~234.3 d。幼苗半直立，叶色浅绿，冬季抗寒性一般。分蘖力中等，成穗率中等，苗脚利索。株型较松散，旗叶宽短上举，株行间通风透光性好，株高78~80 cm，茎秆蜡质厚，茎秆弹性一般，抗倒能力中等。纺锤形穗，穗层较厚，短芒，白壳，白粒，籽粒半角质，均匀。后期不耐高温，成熟落黄一般。亩穗数37.3万~37.6万，穗粒数33.9~34.6粒，千粒重46.5~52.9 g。中感条锈病、叶锈病、白粉病和纹枯病，高感赤霉病。2012年、2013年经检测：蛋白质14.54%、14.62%，容重795 g/L、790 g/L，湿面筋含量29.2%、28.4%，降落数值361 s、231 s，沉淀指数62 mL、62 mL，吸水量62.7 mL/100 g、62.7 mL/100 g，形成时间3.4 min、3.4 min，稳定时间2.6 min、2.7 min，弱化度163.F.U.、190.F.U.，硬度66 HI、66 HI，白度72.5%、71.8%，出粉率70.8%、71.4%。

产量表现：2011—2012年度河南省冬水Ⅲ组区域试验，平均亩产476.3 kg，比对照品种周麦18增产3.1%，不显著。2012—2013年度河南省冬水B组区域试验，平均亩产520.5 kg，比对照品种周麦18增产5.4%，极显著。2013—2014年度河南省冬水B组生产试验，平均亩产569.8 kg，比对照品种周麦18增产6.0%。

栽培技术要点：适播种期10月5—20日。底肥为主，氮、磷、钾合理配比，春季在拔节期追肥浇水，亩追肥尿素8~12 kg/亩，促进春季分蘖成穗。注意防治叶锈病、条锈病，起身拔节期用氧化乐果加井冈霉素，孕穗期，灌浆期分别用氧化乐果加粉锈宁防治病虫害。在小麦扬花期若遇阴雨天气，应在雨前或雨后及时喷施40%多菌灵100 g/亩防治赤霉病。

适宜种植区域：适宜河南省（南部稻茬麦区除外）旱中茬中高肥力地种植。

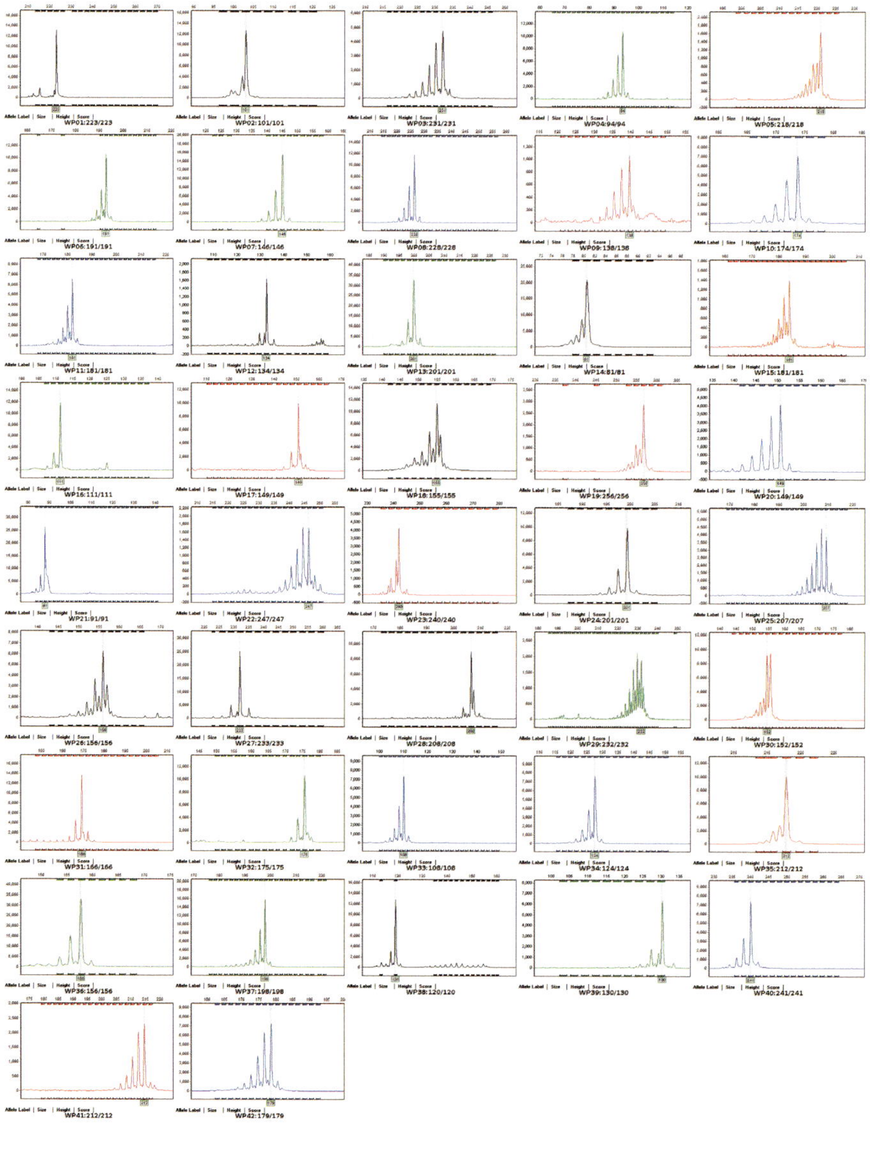

129. 秋乐2122

审定编号：豫审麦2014024

选育单位：河南秋乐种业科技股份有限公司

品种来源：许农5号/新麦18

特征特性：半冬性中熟品种，全生育期224.8~233.5 d。幼苗半直立，叶色浅绿，叶片较大，冬季抗寒性较好。春季起身较早，分蘖力中等，成穗率一般。株型较松散，旗叶上举有干尖，穗下节间长，株行间通风透光性较好，茎秆有蜡质，穗层较厚，株高81.7~83 cm，茎秆粗壮有弹性。长方形大穗，长芒，白壳，白粒，半角质，饱满度较好。后期耐热性好，成熟落黄好。亩穗数37.3万~39.1万，穗粒数34.1~39.1粒，千粒重40.6~45.9 g。中感条锈病、叶锈病、白粉病和纹枯病，高感赤霉病。2012年、2013年经检测：蛋白质15.54%、15.52%，容重807 g/L、779 g/L，湿面筋含量33.8%、33.5%，降落数值431 s、359 s，沉淀指数72 mL、71 mL，吸水量61.0 mL/100 g、59.8 mL/100 g，形成时间2.9 min、3 min，稳定时间4 min、4 min，弱化度83 F.U.、99 F.U.，硬度63 HI、63 HI，白度76.4%、76.7%，出粉率69.3%、75.9%。

产量表现：2011—2012年河南省水地冬水Ⅱ组区域试验，平均亩产473.8 kg，比对照品种周麦18增产2.6%，不显著。2012—2013年河南省水地冬水A组区域试验，平均亩产530.5 kg，比对照品种周麦18增产7.3%，极显著。2013—2014年河南省冬水A组生产试验，平均亩产568.5 kg，比对照品种周麦18增产7.0%。

栽培技术要点：适宜播种期为10月上中旬，晚播适当增加播种量。施足底肥，一般亩施农家肥3~4 m^3，尿素12~15 kg，磷酸二铵20~25 kg，氯化钾6~10 kg。浇好底墒水，足墒下种，一播全苗。病虫害防治，抽穗至灌浆期结合“一喷三防”正常防治病虫害即可，注意防治蚜虫。赤霉病高发年份注意防治。

适宜种植区域：适宜河南省（南部稻茬麦区除外）旱中茬中高肥力地种植。

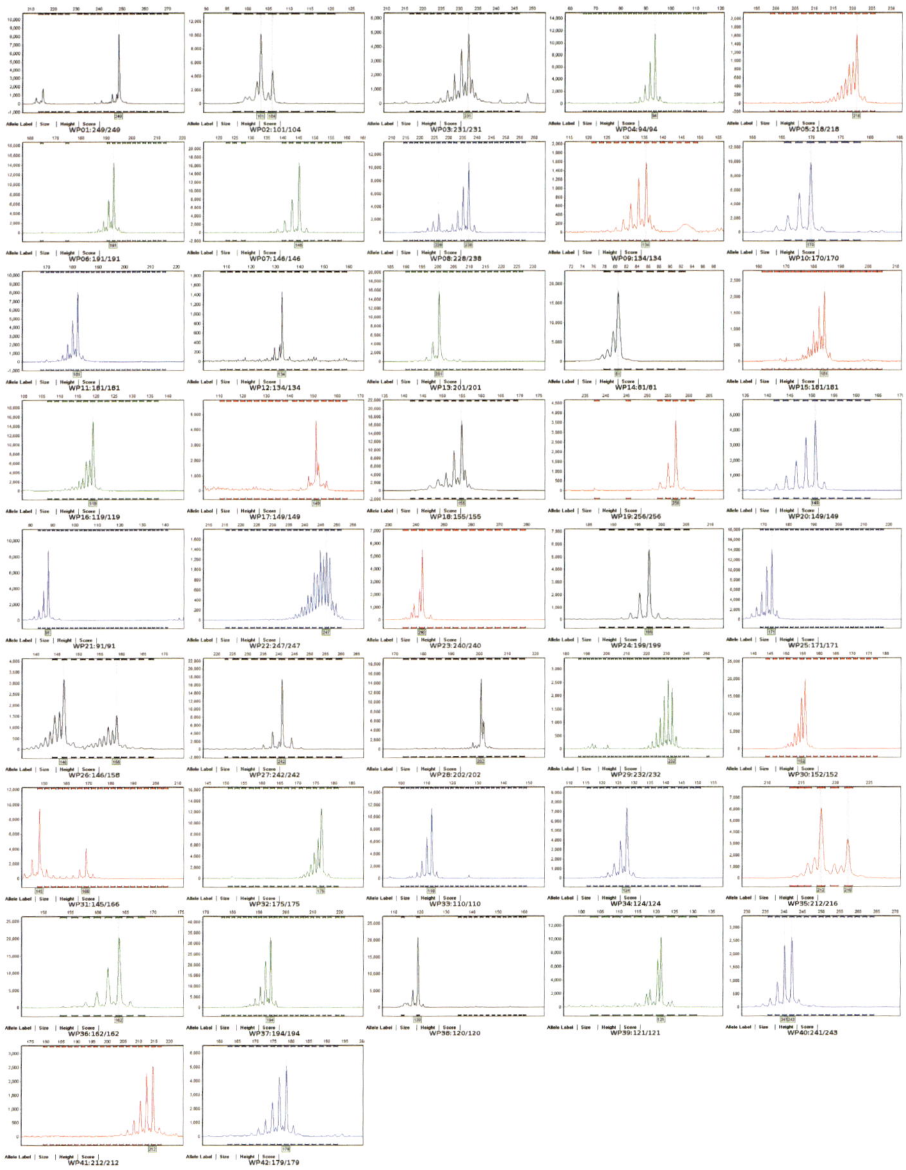

130. 郑麦0943

审定编号：豫审麦2014025

选育单位：河南省农业科学院小麦研究所

品种来源：郑97199/济麦19

特征特性：半冬性中晚熟品种，全生育期226.1~233.1 d。幼苗半直立，苗期长势偏弱，叶片细长，叶色淡绿。春季起身拔节略晚，分蘖力强，成穗率偏低。株型松散，旗叶小上冲，株高67~72 cm，茎秆粗壮，弹性好，较抗倒伏。纺锤形穗，中穗，穗层整齐，长芒，白壳，白粒，半角质，饱满度好，黑胚率低。根系活力强，叶功能期长，灌浆速度快，耐后期高温，成熟落黄好。亩穗数41.3万~45.3万，穗粒数31.0~33.3粒，千粒重41.4~48.4 g。中抗条锈病、白粉病，中感叶锈病、中感纹枯病，赤霉病。2011年、2012年经检测：蛋白质14.14%、14.38%，容重823 g/L、817 g/L，湿面筋含量28.6%、31.6%，降落数值427 s、441 s，沉淀指数57.8 mL、64 mL，吸水量63.1 mL/100 g、63.2 mL/100 g，形成时间5.2 min、4.8 min，稳定时间7.5 min、7 min，弱化度95 F.U.、82 F.U.，硬度71 HI、69 HI，出粉率68.5%、68.1%。

产量表现：2010—2011年度河南省冬水Ⅳ组区域试验，平均亩产554.5 kg，比对照品种周麦18增产1.0%，不显著。2011—2012年度河南省冬水Ⅲ组区域试验，平均亩产473.3 kg，比对照品种周麦18增产2.4%，不显著。2012—2013年度河南省冬水B组生产试验，平均亩产481.2 kg，比对照品种周麦18增产2.7%。2013—2014年度河南省冬水A组生产试验，平均亩产564.0 kg，比对照品种周麦18增产6.2%。

栽培技术要点：适播种期为10月10日—20日，播种量为每亩10 kg左右。施足底肥，一般亩施肥量为尿素15 kg、二胺25 kg、氯化钾5 kg。拔节孕穗期进行“一喷三防”，重点防治穗蚜、叶锈病、纹枯病和赤霉病。返青拔节期结合浇地每亩追施尿素7.5~10 kg，灌浆中期每亩使用2%尿素水溶液50 kg进行根外追肥。

适宜种植区域：适宜河南省（南部稻茬麦区除外）旱中茬中高肥力地种植。

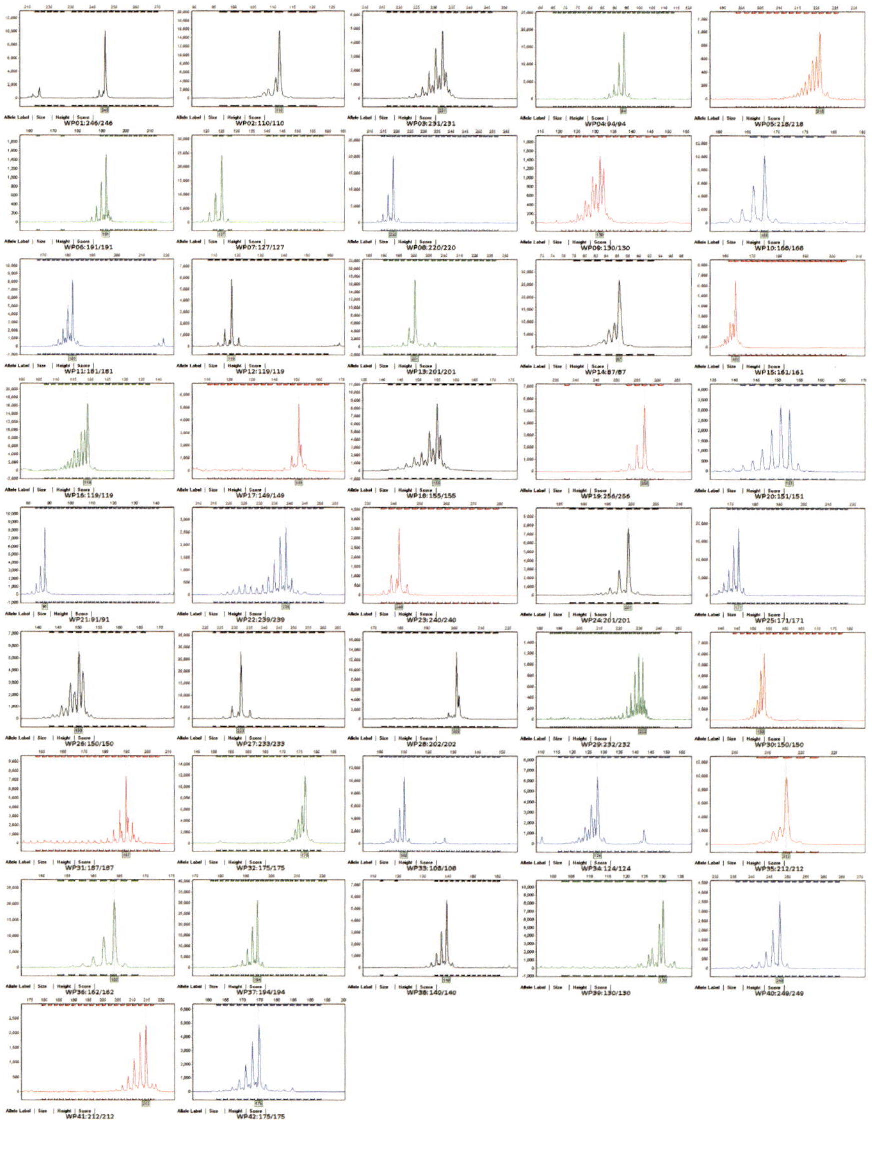

131. 新麦30

审定编号：豫审麦2014026

选育单位：河南省新乡市农业科学院

品种来源：新麦11/周麦16

特征特性：半冬性中早熟品种，全生育期224.3~232.5 d。幼苗半直立，苗叶宽短，叶色绿色，冬季抗寒性较好。春季起身早，两极分化快，分蘖力中等，成穗率一般。株型较松散，旗叶较长，株高72~74 cm，茎秆弹性一般，抗倒性中等。纺锤形大穗，穗层较厚，长芒，白壳，白粒，角质，饱满度较好。耐热性中等，成熟期略早，落黄较好。亩穗数38.6万~42万，穗粒数36.1~38.7粒，千粒重37.3~42.9 g。中感条锈病、叶锈病、白粉病和纹枯病，高感赤霉病。2011年、2012年经检测：蛋白质15.03%、15.08%，容重811 g/L、801 g/L，湿面筋含量34%、33.4%，降落数值434 s、449 s，沉淀指数52.8 mL、60 mL，吸水量60.5 mL/100 g、61.1 mL/100 g，形成时间3.3 min、3.3 min，稳定时间3.5 min、3.2 min，弱化度119 F.U.、113 F.U.，硬度65 HI、64 HI，出粉率72.8%、72.3%。

产量表现：2010—2011年度河南省冬水Ⅲ组区域试验，平均亩产554.5 kg，比对照品种周麦18增产0.9%，不显著。2011—2012年度河南省冬水Ⅲ组区域试验，平均亩产462.7 kg，比对照品种周麦18增产0.1%，不显著。2012—2013年度河南省冬水B组生产试验，平均亩产480.5 kg，比对照品种周麦18增产2.5%。2013—2014年度河南省冬水B组生产试验，平均亩产571.9 kg，比对照品种周麦18增产6.4%。

栽培技术要点：10月5—15日播种，最佳播种期10月8日左右。高肥力地块亩播种量9~10 kg，中低肥力10~12 kg，如延期播种，以每推迟3 d增加0.5 kg播种量为宜。每亩施肥量：有机肥3 000 kg，氮15 kg，磷8 kg，钾5 kg，硫酸锌1 kg。磷、钾肥和微肥一次性底施。播前药剂拌种、分蘖末期，防治纹枯病，孕穗期至抽穗期防治白粉病、蚜虫。

适宜种植区域：适宜河南省（南部稻茬麦区除外）早中茬中高肥力地种植。

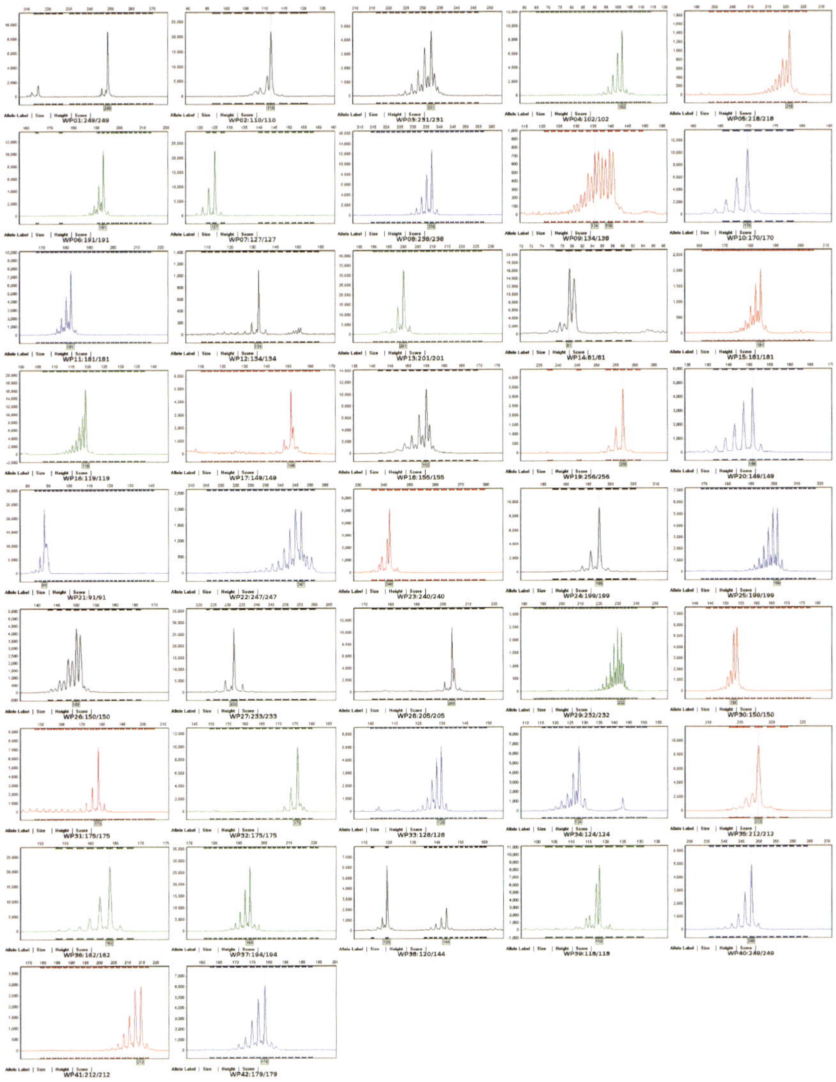

132. 中麦875

审定编号：豫审麦2014027

选育单位：中国农业科学院作物科学研究所、中国农业科学院棉花研究所

品种来源：周麦16/荔垦4号

特征特性：半冬性中晚熟品种，全生育期226.5~236.9 d。幼苗半匍匐，叶片细长，叶色浅绿，冬季抗寒性较好。春季起身拔节早，分蘖力强，成穗率中等。株型偏紧凑，旗叶偏小、上冲，穗下节较短，株高75~78 cm，茎秆弹性弱，抗倒性中等。长方形穗、较大，穗层整齐，小穗排列松散，中芒，白壳、白粒，角质，饱满度好。耐旱性较好，耐后期高温，落黄好。亩穗数38.7万~44.5万，穗粒数29.9~30.6粒，千粒重47.6~48.8 g。中抗条锈病，中感叶锈病、白粉病和纹枯病，高感赤霉病。2011年、2012年经检测：蛋白质15.45%、15.69%，容重804 g/L、808 g/L，湿面筋含量30.8%、34%，降落数值466 s、455 s，沉淀指数58.3 mL、69 mL，吸水量61.9 mL/100 g、63.5 mL/100 g，形成时间5.2 min、3.8 min，稳定时间3.2 min、2.8 min，弱化度147 F.U.、161 F.U.，硬度67 HI、63 HI，出粉率70.3%、70.3%。

产量表现：2010—2011年度河南省冬水Ⅱ组区域试验，平均亩产574.8 kg，比对照品种周麦18增产2.6%，不显著。2011—2012年度河南省冬水Ⅱ组区域试验，平均亩产481.9 kg，比对照品种周麦18增产4.3%，极显著。2012—2013年度河南省冬水A组生产试验，平均亩产475.8 kg，比对照品种周麦18增产4%。

栽培技术要点：适播种期10月上中旬，亩播种量8~10 kg。如延期播种，以每推迟3 d增加0.5 kg播种量为宜。以农家肥为主，氮、磷、钾肥配合施用，磷、钾肥一次性底施，氮肥的底肥与追肥的比例为6：4，于拔节期追肥。入冬时浇好越冬水，返青拔节期适当控水控肥，拔节后及时浇水追肥。在拔节期防治纹枯病、白粉病、蚜虫。

适宜种植区域：适宜河南省（南部稻茬麦区除外）早中茬中高肥力地种植。

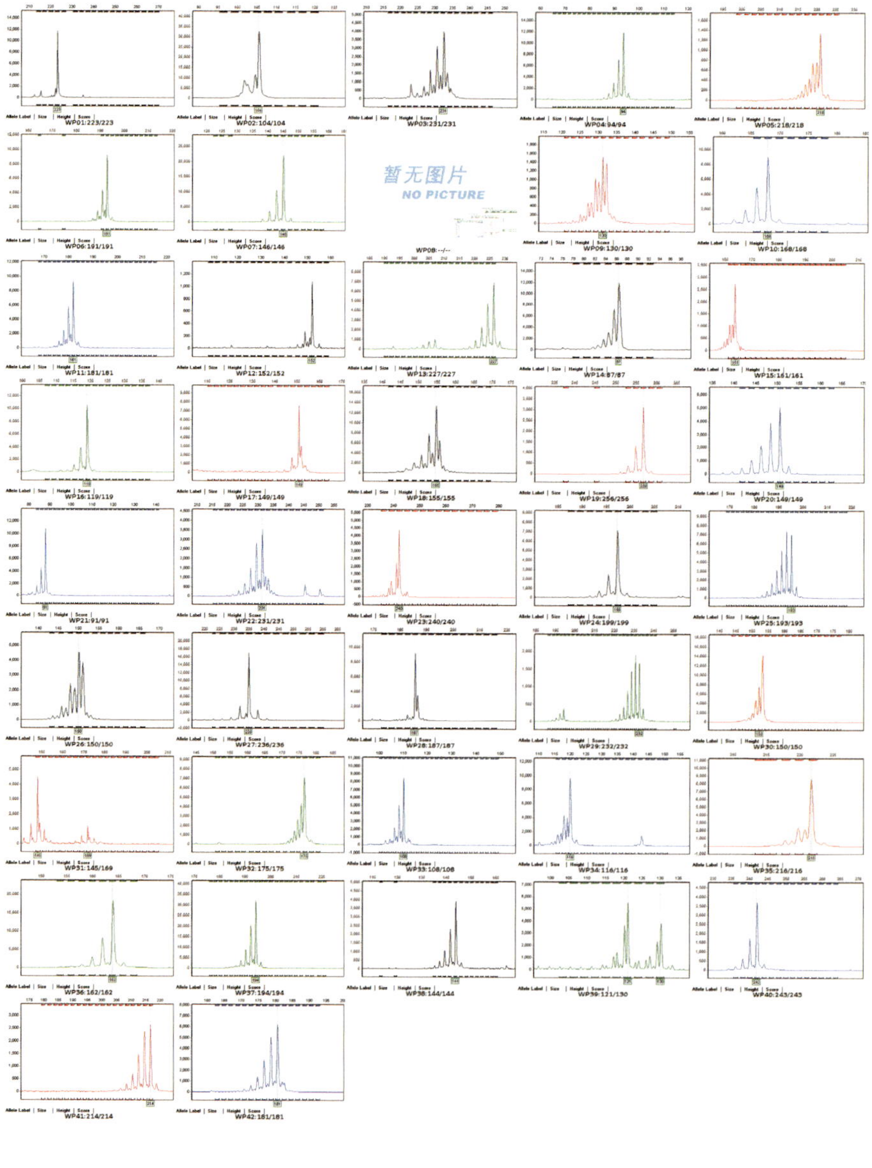

133. 宛麦98

审定编号：豫审麦2014028

选育单位：南阳市惠丰农业科技有限公司

品种来源：宛麦369/郑麦9023

特征特性：弱春性早熟品种，全生育期209.7 d。幼苗半直立，叶片宽短，叶色浓绿，冬季抗寒性好，分蘖多。株型偏紧凑，旗叶小而上冲，茎秆穗蜡质厚，株高74~79 cm，茎秆弹性好，较抗倒伏。纺锤形穗，穗层整齐，小穗排列稀，长芒，白壳，白粒，角质，黑胚率低。亩穗数36.9万~38.3万，穗粒数30.5~38.3粒，千粒重38.8~49.7 g。中抗条锈病，中感叶锈病、白粉病和纹枯病，高感赤霉病。2012年、2013年经检测：蛋白质13.82%、15.64%，容重760 g/L、723 g/L，湿面筋含量28%、33%，降落数值337 s、156 s，沉淀指数77 mL、66 mL，吸水量60.4 mL/100 g、66.1 mL/100 g，形成时间1.9 min、2.7 min，稳定时间5.7 min、3.3 min，弱化度58 F.U.、208 F.U.，硬度66 HI、66 HI，白度71.9%、74%，出粉率72.5%、70.1%。

产量表现：2011—2012年度河南省南部组区域试验，平均亩产379.3 kg，比对照品种偃展4110增产4.8%，显著。2012—2013年度河南省南部组区域试验，平均亩产385.7 kg，比对照品种偃展4110增产7.1%，显著。2013—2014年度河南省南部组生产试验，平均亩产460.8 kg，比对照品种偃展4110增产9.7%。

栽培技术要点：适播种期10月10—25日，亩播种量以7~9 kg为宜。

施足底肥，杜绝冬腊肥，控制返青肥，重施拔节孕穗肥。三叶一心期，每亩用15%多效唑30~40 g兑适量水喷雾，促根增蘖，壮苗越冬。麦苗拔节孕穗期预防白粉病、条锈病，遇多雨年份注意防治纹枯病。

适宜种植区域：适宜河南省南部稻茬麦区中等以上肥力地种植。

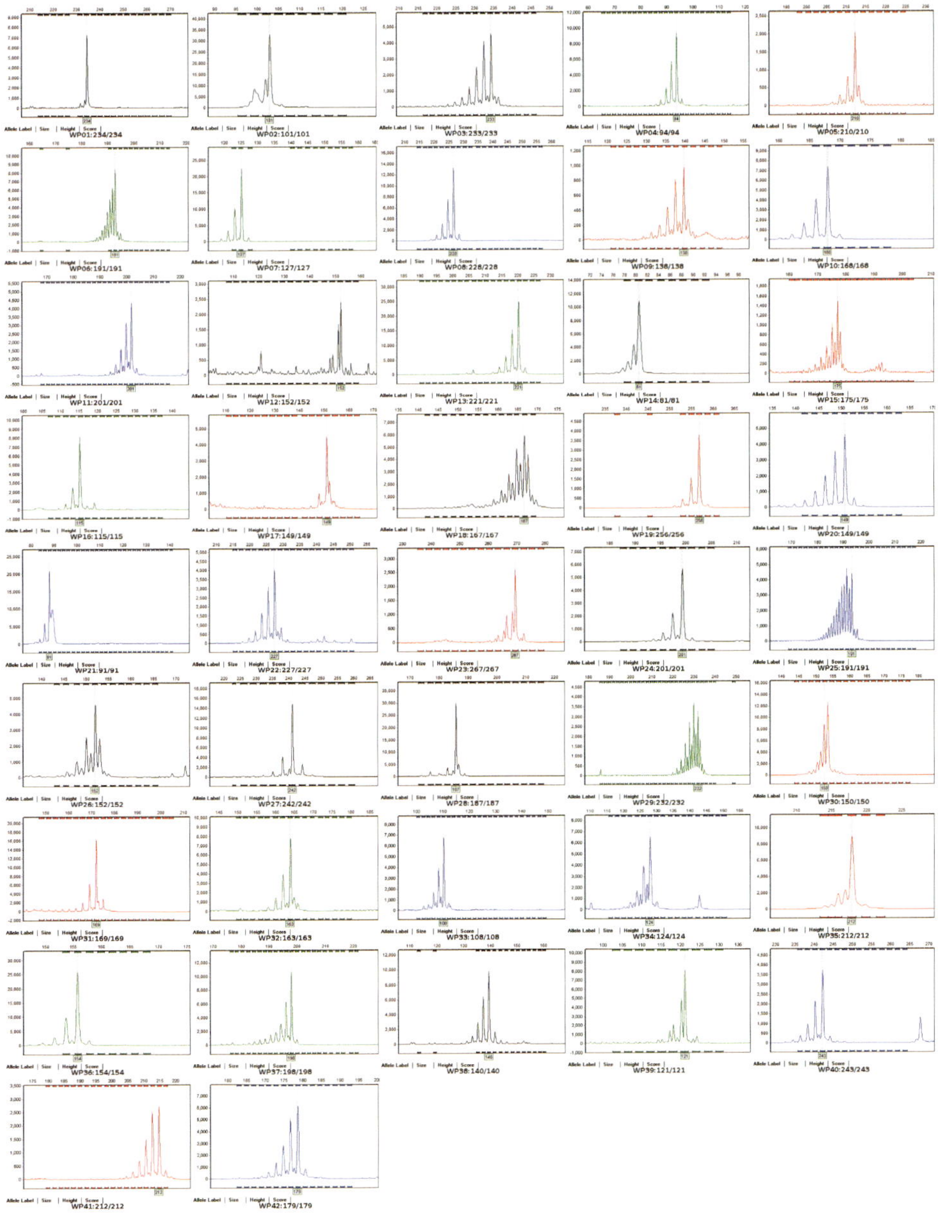

134. 先麦12

审定编号：豫审麦2014029

选育单位：河南先天下种业有限公司

品种来源：邓麦1号/陕225

特征特性：弱春性中早熟品种，生育期211~212.9 d。幼苗半直立，叶片较宽，叶色浓绿，冬季抗寒性一般。春季起身早，两极分化快，分蘖力中等，成穗率高。株型偏松散，旗叶偏大半披，茎秆蜡质厚，株高77~79 cm，茎秆粗壮，抗倒性较好。穗长方形，小穗排列稀，长芒，白壳，白粒，半角质，饱满度较好，黑胚率低。亩穗数35.7万~37.2万，穗粒数32~33.7粒，千粒重36.4~49.3 g。中感条锈病、叶锈病和白粉病，中抗纹枯病，高感赤霉病。2012年、2013年经检测：蛋白质14.44%、15.87%，容重776 g/L、794 g/L，湿面筋含量27%、29.4%，降落数值405 s、349 s，沉淀指数59 mL、59 mL，吸水量59.8 mL/100 g、63.3 mL/100 g，形成时间4.1 min、2.8 min，稳定时间6 min、3.5 min，弱化度119 F.U.、145 F.U.，硬度65 HI、54 HI，白度73.9%、77.7%，出粉率70.6%、71.7%。

产量表现：2011—2012年度河南省南部组区域试验，平均亩产381.2 kg，比对照品种偃展4110增产5.3%，极显著。2012—2013年度河南省南部组区域试验，平均亩产384.6 kg，比对照品种偃展4110增产6.8%，极显著。2013—2014年度河南省南部组生产试验，平均亩产453.6 kg，比对照品种偃展4110增产8%。

栽培技术要点：10月15—28日播种，最佳播种期10月18日左右。高肥力地块亩播种量8~9 kg，中低肥力9~10 kg，如延期播种，以每推迟3 d增加0.5 kg播种量为宜。施足底肥，用好追肥，返青前后结合墒情亩追尿素7~10 kg。小麦拔节至孕穗期搞好"一喷三防"，防治赤霉、白粉病等病虫害，孕穗至抽穗扬花期，以防治吸浆虫、麦蚜为主。

适宜种植区域：适宜河南省南部稻茬麦区中等以上肥力地种植。

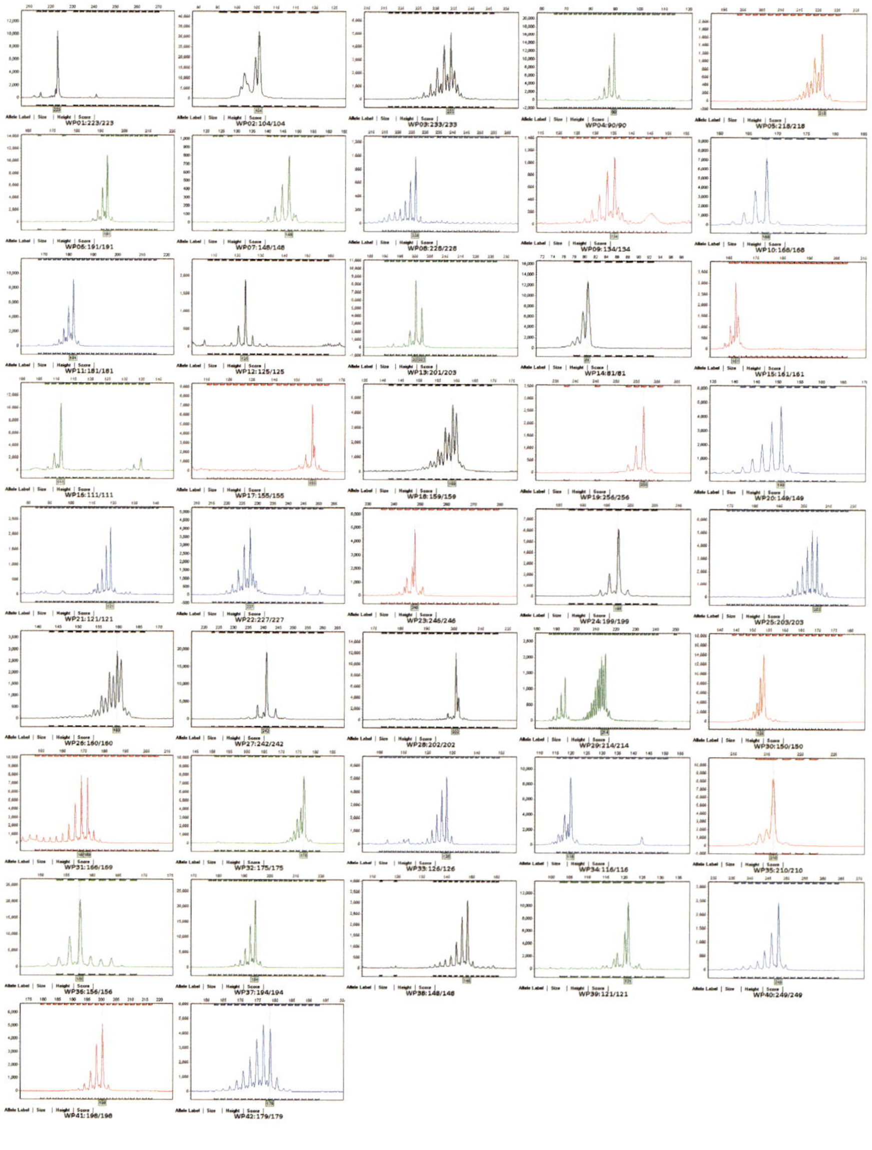

135. 郑麦119

审定编号： 豫审麦2014030

选育单位： 河南省农业科学院小麦研究所

品种来源： 济麦1号/郑麦366

特征特性： 半冬性中熟强筋品种，生育期210.8~212.4 d。幼苗半直立，叶片短宽，长势旺，叶色浓绿，冬季抗寒性差。春季返青起身晚，分蘖力中等，成穗率一般。株型偏紧凑，旗叶宽短上举，穗下节短，穗层整齐，株高77~78 cm，茎秆弹性好，抗倒性较好。穗长方形，长芒，白壳，白粒，角质，饱满度较好，黑胚率低。耐后期高温，成熟偏晚，熟相好。亩穗数34.7万~36.1万，穗粒数31.5~34.2粒，千粒重37.1~46.3 g。中感条锈病、叶锈病、白粉病和纹枯病，高感赤霉病。2012年、2013年经检测：蛋白质15.55%、16.36%，容重765 g/L、786 g/L，湿面筋含量32.8%、30.3%，降落数值432 s、366 s，沉淀指数80 mL、74 mL，吸水量60.6 mL/100 g、65.4 mL/100 g，形成时间8.7 min、6.3 min，稳定时间13.5 min、7.7 min，弱化度49 F.U.、114 F.U.，硬度63 HI、67 HI，白度72.2%、73.2%，出粉率69.8%、73.6%。

产量表现： 2011—2012年度河南省南部组区域试验，平均亩产392.3 kg，比对照品种偃展4110增产8.4%，极显著。2012—2013年度河南省南部组区域试验，平均亩产367.9 kg，比对照品种偃展4110增产2.1%，不显著。2013—2014年度河南省南部组生产试验，平均亩产444.7 kg，比对照品种偃展4110增产5.9%。

栽培技术要点： 适播种期为10月中下旬，晚播适当增加播种量。施足底肥，一般亩施农家肥3~4 m^3，氮、磷、钾科学搭配，以1∶1∶0.8为宜，春季可追施尿素10 kg左右。春季可根据土壤墒情浇返青拔节水或孕穗水及灌浆水。防治病虫害，返青至抽穗期喷洒粉锈宁或多菌灵，防治纹枯病、白粉病及叶锈病，抽穗扬花期喷洒多菌灵防治赤霉病，后期注意防治穗蚜。

适宜种植区域： 适宜河南省南部稻茬麦区中等以上肥力地种植。

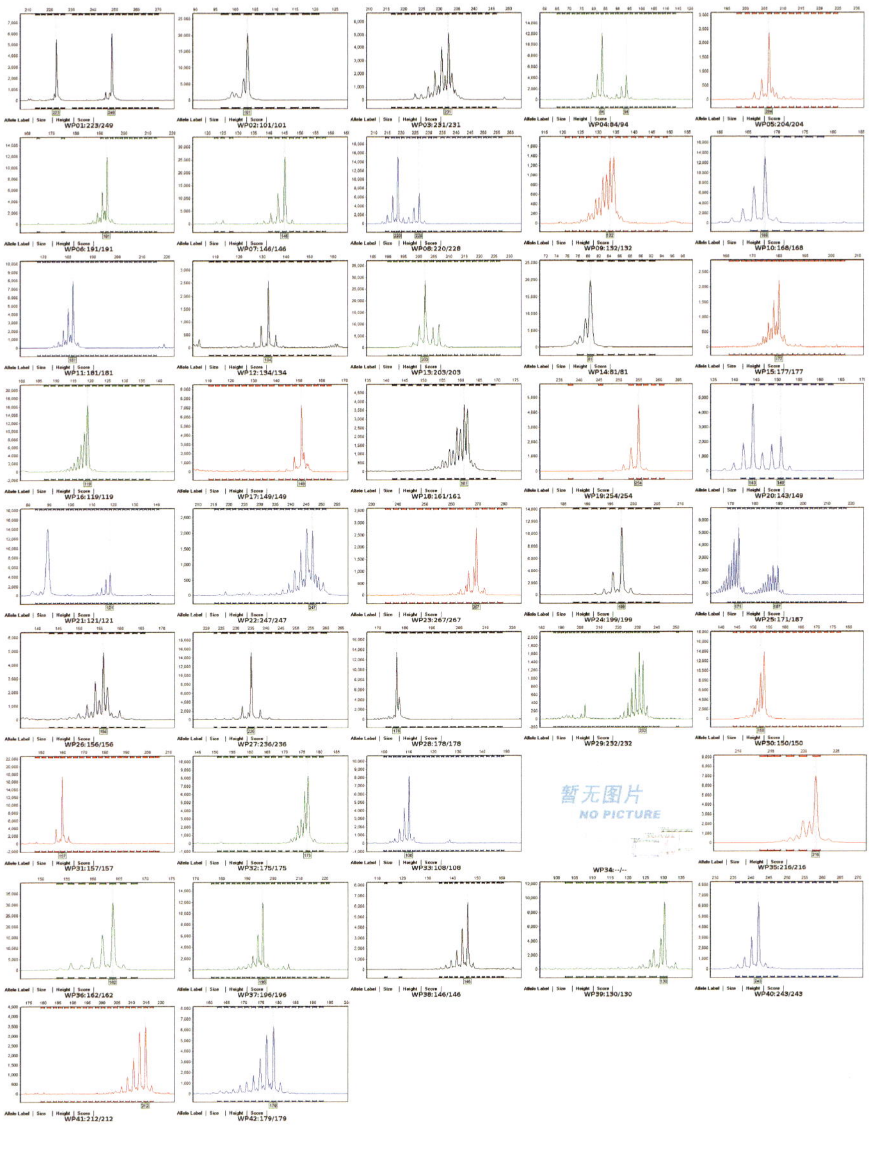

136. 偃亳197

审定编号：豫审麦2014031

选育单位：河南省亳都种业有限公司

品种来源：豫麦10号/豫麦18

特征特性：弱春性早熟品种，全生育期209.3~210.5 d。幼苗直立，苗期叶片窄长，叶色浅绿，冬季抗寒性略差。分蘖力弱，成穗率高。株型偏紧凑，旗叶平展，穗下节长，株高77~79 cm，茎秆弹性弱，抗倒性差。纺锤形穗，籽粒半角质、大小不匀，饱满度一般。亩穗数35.2万~38.4万，穗粒数33.5~38粒，千粒重34.1~42.2 g。中感条锈病、叶锈病、白粉病和纹枯病，高感赤霉病。2012年、2013年经检测：蛋白质14.16%、15.74%，容重744 g/L、751 g/L，湿面筋含量28.7%、31.4%，降落数值345 s、284 s，沉淀指数76 mL、78 mL，吸水量55.5 mL/100 g、61.1 mL/100 g，形成时间3.5 min、3.4 min，稳定时间4.6 min、3.8 min，弱化度79 F.U.、112 F.U.，硬度37 HI、45 HI，白度79%、80.2%，出粉率65.1%、64.6%。

产量表现：2011—2012年度河南省南部组区域试验，平均亩产381.4 kg，比对照品种偃展4110增产5.4%，极显著。2012—2013年度河南省南部组区域试验，平均亩产397.6 kg，比对照品种偃展4110增产10.4%，极显著。2013—2014年度河南省南部组生产试验，平均亩产457.8 kg，比对照品种偃展4110增产9%。

栽培技术要点：适播种期10月15—30日，亩播种量6~10 kg。如延期播种，以每推迟3 d增加0.5 kg播种量为宜。精细整地，足墒下种，追肥宜早不宜晚，拔节后亩追施尿素6 kg。后期注意防治蚜虫等病虫害，尤其注意防治条锈病、叶锈病、白粉病和赤霉病及蚜虫。灌溉主要抓住越冬水和拔节至抽穗水两个时期。

适宜种植区域：适宜河南省南部稻茬麦区中等以上肥力地种植。

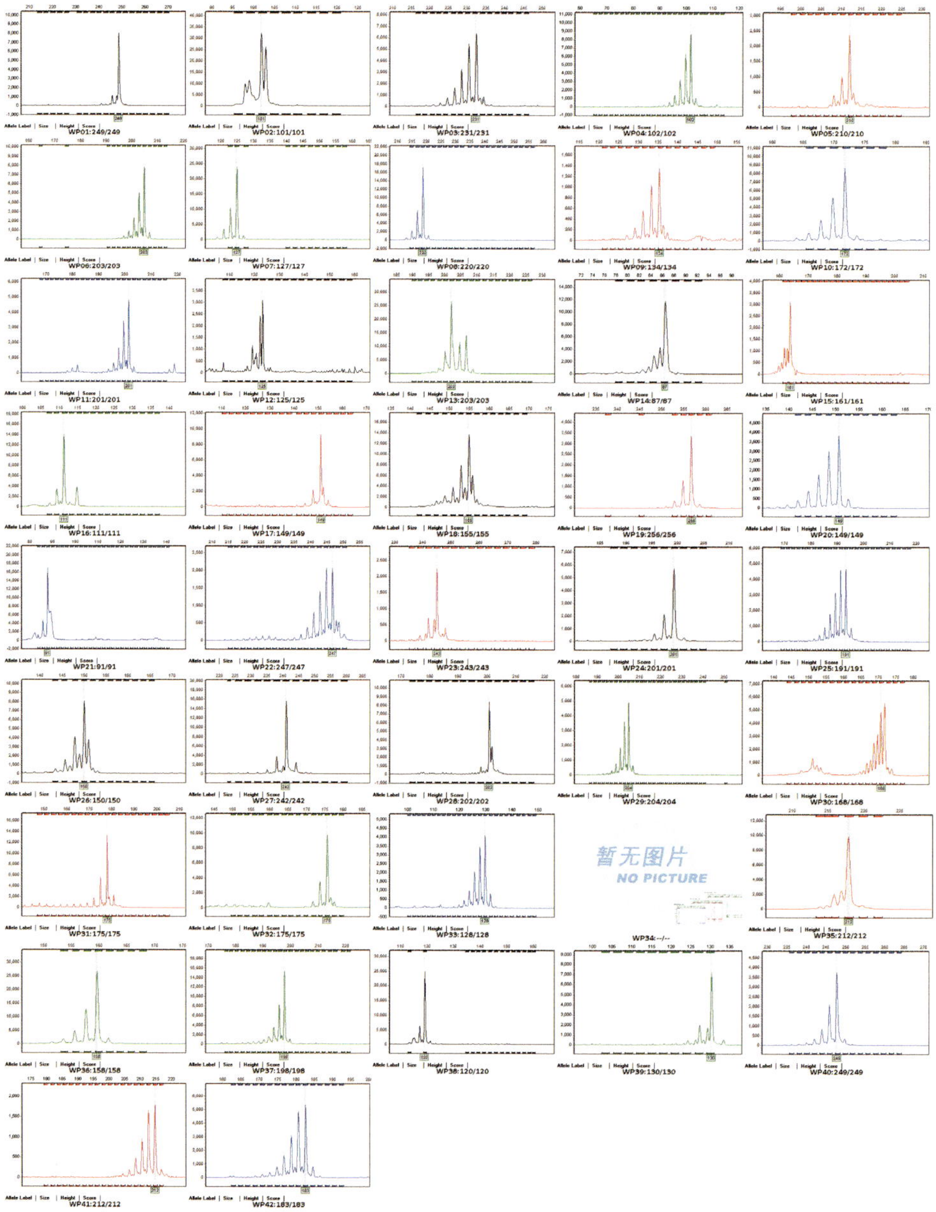

137. 商麦1号

审定编号：豫审麦2014032

选育单位：商丘市中原小麦研究中心、河南圣源种业有限公司

品种来源：漯麦4号变异株系选

特征特性：半冬性中早熟旱地品种，全生育期217~230.2 d。幼苗半匍匐，叶色深绿，分蘖力弱，抗寒性好。返青晚，起身早，两极分化快，成穗率较高。株型半紧凑，旗叶短宽上举，穗下节长，株高69~81 cm，茎秆粗壮，抗倒性较好。穗长方形，穗层厚，小穗排列密，长芒，白壳，白粒，半角质。抽穗早，落黄一般。亩穗数29万~37.6万，穗粒数26.7~33.4粒，千粒重43.2~47.8 g。中感条锈病、叶锈病、白粉病和纹枯病，高感赤霉病。2012年、2013年经检测：蛋白质13.52%、13.48%，容重795 g/L、800 g/L，湿面筋含量28.1%、24.7%，降落数值333 s、332 s，沉淀指数78 mL、74 mL，吸水量56.1 mL/100 g、53.9 mL/100 g，形成时间4.5 min、1.4 min，稳定时间4.4 min、4.9 min，弱化度82 F.U.、87 F.U.，硬度53 HI、47 HI，白度77.6%、79.1%，出粉率67.7%、68.3%。

产量表现：2011—2012年度河南省旱地组区域试验，平均亩产400.0 kg，比对照品种洛旱7号增产1.7%，不显著。2012—2013年度河南省旱地组区域试验，平均亩产252.6 kg，比对照品种洛旱7号增产5.5%，显著。2013—2014年度河南省旱地组生产试验，平均亩产424.1 kg，比对照品种洛旱7号增产6.4%。

栽培技术要点：10月5—25日播种，适宜播种期10月8—15日。高肥地亩播种量8~9 kg，一般地块亩播种量9~10 kg。若播种期推迟，以每推迟3 d亩播种量增加0.5 kg为宜。施足底肥，足墒播种，一播全苗。注意防治纹枯病、白粉病和锈病。抽穗后及时防治蚜虫。若扬花期遇雨，搞好赤霉病预防。

适宜种植区域：适宜河南省丘陵及旱肥地麦区早中茬种植。

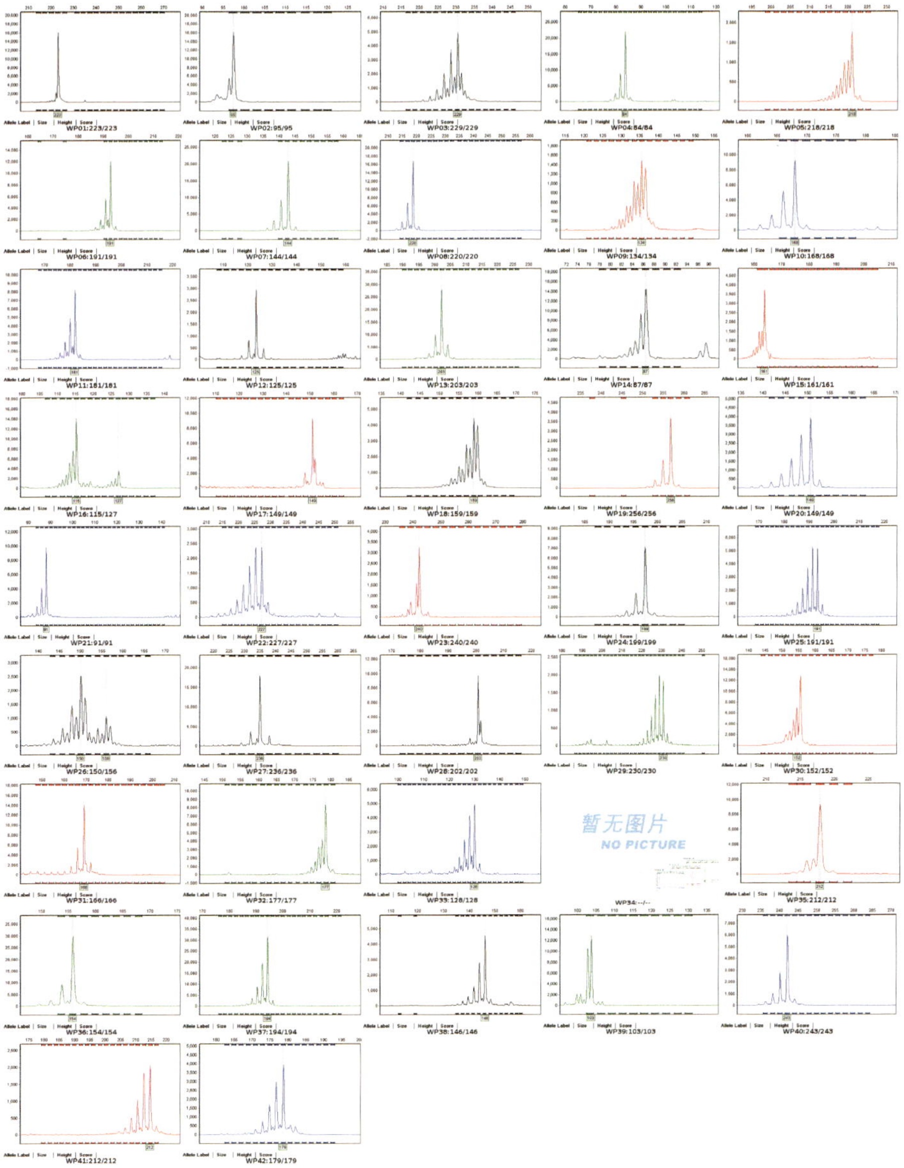

138. 泰禾麦1号

审定编号：豫审麦2015001

申请单位：河南泰禾种业有限公司

品种来源：周麦18/百农64

特征特性：半冬性中晚熟品种，全生育期226.1~234.4 d。幼苗半直立，苗期叶片窄长，叶色浅绿。抗倒春寒能力较弱，分蘖力中等，成穗率较高。株型偏紧凑，旗叶上举有干尖，叶片较大，茎叶蜡质重，穗下节短，株高71.0~73.6 cm，茎秆粗壮有弹性，较抗倒伏。纺锤形大穗，均匀，短芒、白壳、白粒、角质，饱满度较好，黑胚率低。成熟落黄好。亩穗数37.7万~41.7万，穗粒数31.3~35.2粒，千粒重43.2~49.7 g。中抗条锈病，中感叶锈病、白粉病和纹枯病，高感赤霉病。2012年、2013年经检测：蛋白质15.7%、16.57%，容重792 g/L、761 g/L，湿面筋含量34.1%、35%，降落数值440 s、373 s，沉淀指数58 mL、70 mL，吸水量63.3 mL/100 g、62.5 mL/100 g，形成时间3.5 min、4.2 min，稳定时间2.4 min、2.8 min，弱化度134 F.U.、142 F.U.，硬度66 HI、66 HI，白度73.6%、72.8%，出粉率69.6%、69.9%。

产量表现：2011—2012年度河南省冬水Ⅲ组区域试验，平均亩产464.8 kg，比对照品种周麦18增产0.6%，增产不显著。2012—2013年度河南省冬水Ⅰ组区域试验，平均亩产502.3 kg，比对照品种周麦18增产1.6%，增产不显著。2013—2014年度河南省冬水Ⅰ组生产试验，平均亩产564.2 kg，比对照品种周麦18增产6.2%。

栽培技术要点：10月8—25日播种，最佳播种期10月13日左右。高肥力地块亩播种量8~9 kg，中低肥力9~10 kg，如延期播种，以每推迟3 d增加0.5 kg播种量为宜。一般全生育期每亩施肥量：有机肥3 000 kg，氮14 kg，磷10 kg，钾7.5 kg，硫酸锌1 kg。磷、钾肥和微肥一次性底施，其中氮肥的底肥与追肥的比例为5：5，拔节期追肥。根据病虫害发生情况，在拔节期防治白粉病、蚜虫。

适宜种植区域：适宜河南省（南部稻茬麦区除外）旱中茬中高肥力地种植。

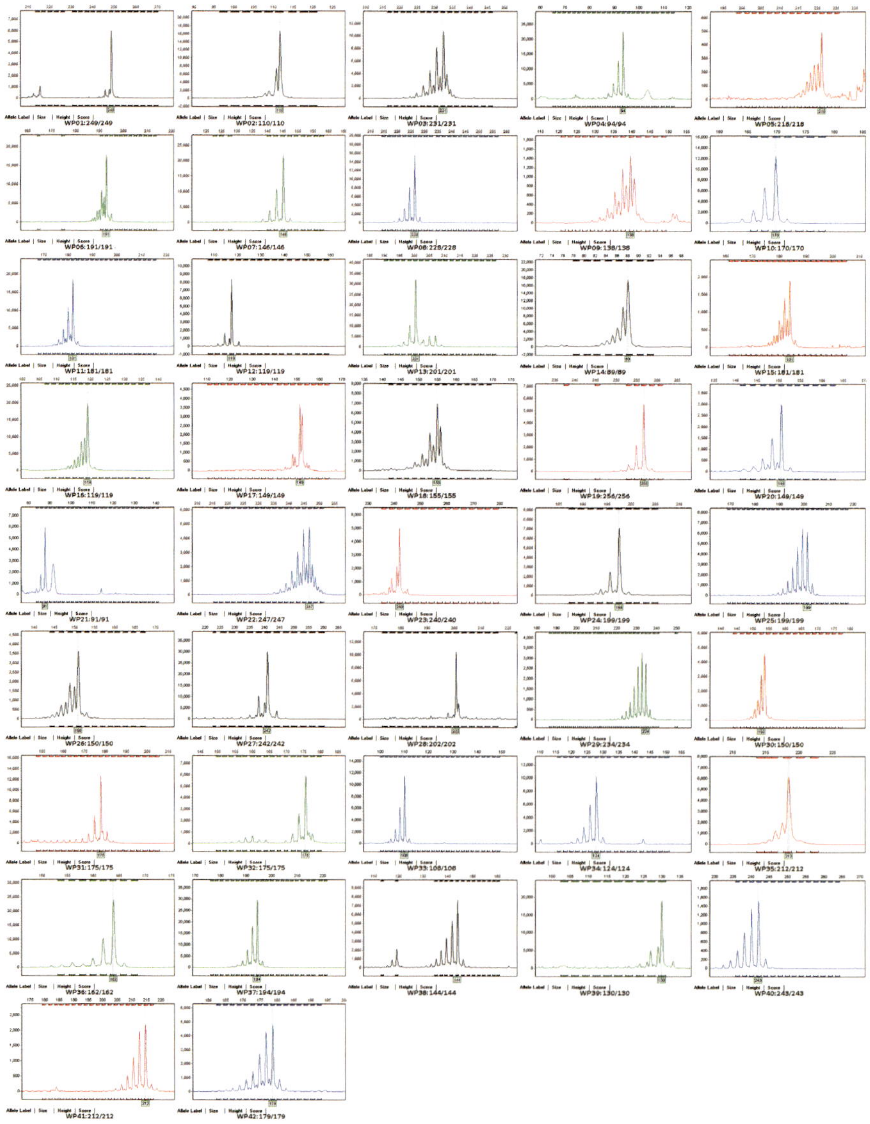

139. 俊达104

审定编号：豫审麦2015002

选育单位：河南俊达种业有限公司

品种来源：周麦13/豫麦49

特征特性：半冬性中晚熟品种，全生育期224.3~233.9 d。幼苗半匍匐，苗期叶片较窄、上举，叶色浓绿，冬季抗寒性较好。分蘖力中等，成穗率较高，抗倒春寒能力一般。株型较松散，旗叶短小上举，穗下节间长，茎秆及穗蜡质厚，株高80.0~80.8 cm，抗倒伏能力一般。穗长方形，长芒，白壳，白粒，半角质，有黑胚。后期耐热性好，落黄一般。亩穗数35.3万~37.9万，穗粒数32.3~34.6粒，千粒重45.5~50.6 g。中抗条锈病，中感叶锈病、白粉病和纹枯病，高感赤霉病。2012年、2013年经检测：蛋白质14.9%、15.33%，容重773 g/L、753 g/L，湿面筋含量29.5%、31.4%，降落数值275 s、181 s，沉淀指数61 mL、62 mL，吸水量61.4 mL/100 g、62.8 mL/100 g，形成时间3.2 min、2.5 min，稳定时间3.8 min、2.1 min，弱化度123 F.U.、200 F.U.，硬度63 HI、65 HI，白度73.4%、71.8%，出粉率66.8%、70.3%。

产量表现：2011—2012年度河南省水地冬水Ⅰ组区域试验，平均亩产458.4 kg，比对照品种周麦18增产1.3%，增产不显著。2012—2013年度河南省水地冬水Ⅲ组区域试验，平均亩产495.2 kg，比对照品种周麦18增产0.9%，增产不显著。2013—2014年度参加河南省冬水Ⅱ组生产试验平均亩产564.1 kg，比对照品种周麦18增产4.9%。

栽培技术要点：10月5—25日播种，最佳播种期10月10日左右。高肥力地块亩播种量6~9 kg，中低肥力9~10 kg，如延期播种，以每推迟3 d增加0.5 kg播种量为宜。一般全生育期每亩施肥量：有机肥3 000 kg，氮14 kg，磷10 kg，钾7.5 kg，硫酸锌1 kg。磷、钾肥和微肥一次性底施，其中氮肥的底肥与追肥的比例为5∶5，拔节期追肥。根据病虫害发生情况，在拔节期防治白粉病、蚜虫。

适宜种植区域：适宜河南省（南部稻茬麦区除外）旱中茬中高肥力地种植。

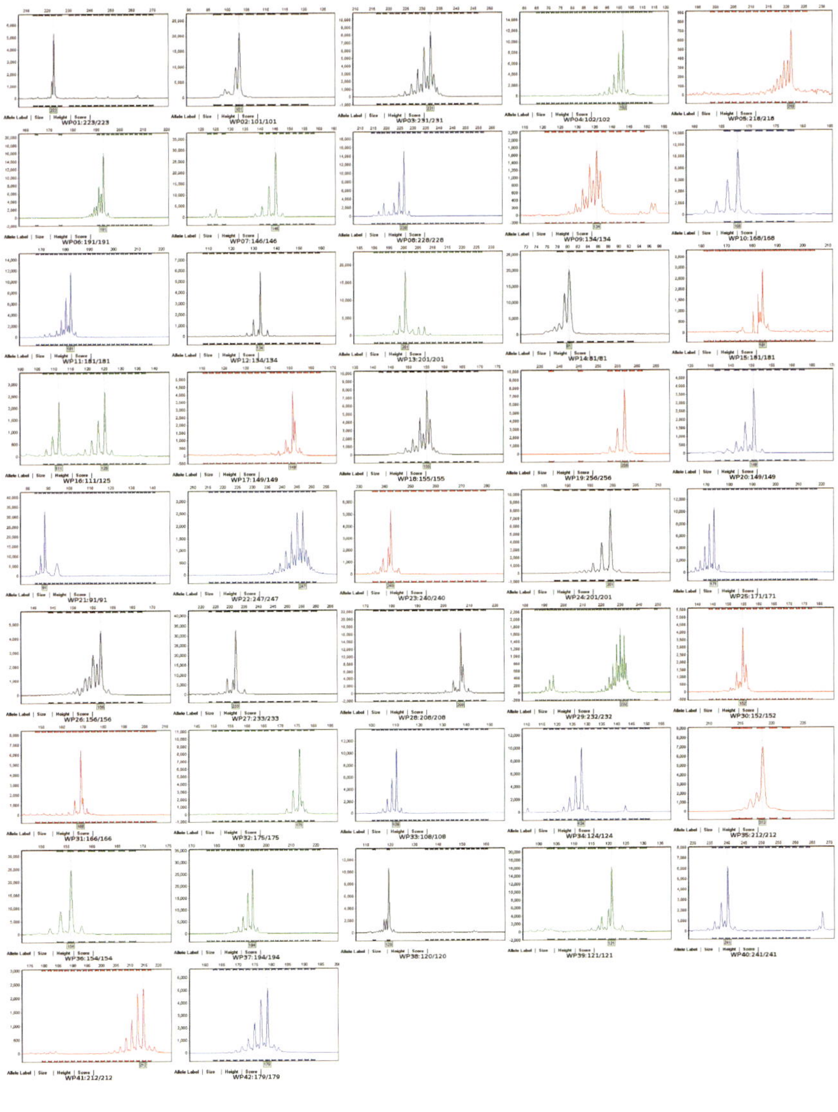

140. 枣乡158

审定编号：豫审麦2015003

申请单位：河南枣乡种业科技有限公司

品种来源：百农AK58/同舟麦916

特征特性：半冬性中熟品种，全生育期228.3~233.2 d。幼苗半匍匐，苗期叶片宽短，叶色浅绿。冬季抗寒性较好，分蘖力中等，成穗率高，春季返青起身早，抽穗早，抗倒春寒能力一般。株型紧凑，旗叶半举、穗下节短，株高72.1~76.3 cm，茎秆弹性好，抗倒伏能力强。穗长方形，长芒，白壳，白粒，籽粒角质，饱满度中等。耐后期高温，熟相好。亩穗数41.6万~43.6万，穗粒数30.5~31.8粒，千粒重44.4~48.6 g。中感条锈病、叶锈病、白粉病、纹枯病，高感赤霉病。2013年、2014年经检测：蛋白质15.64%、14.59%，湿面筋33.1%、25.7%，容重797 g/L、803 g/L，白度74.8%、72%，沉淀指数64 mL、69 mL，硬度64 HI、62 HI，降落数值404 s、504 s，吸水量61.7 mL/100 g、63.8 mL/100 g，形成时间3.3 min、4.2 min，稳定时间3.1 min、2.9 min，弱化度155 F.U.、153 F.U.，出粉率71.7%、72.5%。

产量表现：2012—2013年度河南省冬水B组区域试验，平均亩产498.5 kg，比对照品种周麦18增产0.95%，不显著。2013—2014年度河南省冬水B组区域试验，平均亩产568.4 kg，比对照品种周麦18增产3.5%，显著。2014—2015年度河南省冬水B组生产试验，平均亩产541.2 kg，比对照品种周麦18增产4.9%。

栽培技术要点：10月5—15日播种。精细整地，足墒播种，使用包衣种子或药剂拌种防治地下害虫。氮、磷、钾、锌配方施肥，氮肥底肥按60%，追肥按40%比例进行，追肥应根据苗情适时进行。适时浇好越冬水、拔节水、扬花水。拔节、孕穗期注意防治病虫害，在小麦抽穗扬花期若天气预报有连续阴雨天气，应在雨前和雨后及时防治赤霉病。

适宜种植区域：适宜河南省（南部稻麦两熟区域除外）早中茬中高肥力地种植。

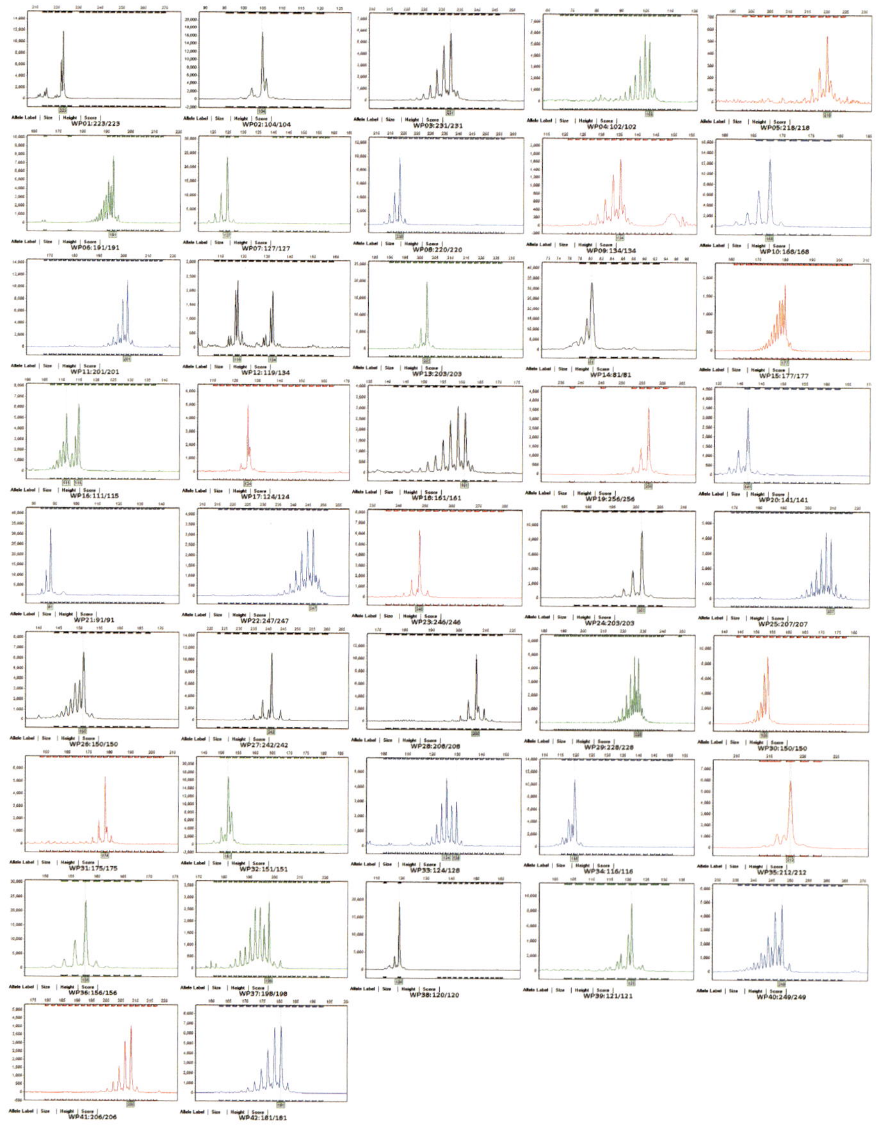

141. 遂选101

审定编号：豫审麦2015004

选育单位：河南平安种业有限公司、遂平县农业科学试验站

品种来源：豫农416系统选育

特征特性：半冬性中晚熟品种，全生育期229.0~233.4 d。幼苗匍匐，苗势壮，叶片窄短，叶色深绿。冬季抗寒性好，分蘖力较强，成穗率较高，抽穗早，抗倒春寒能力弱。株型紧凑，旗叶窄长，平展，穗层厚，穗下节偏短，株高77.1~82.2 cm，茎秆弹性弱，抗倒性一般。纺锤形穗，小穗排列密，长芒，白壳，白粒，籽粒角质，千粒重高，饱满度好，不耐后期高温。亩穗数40.7万~42.9万，穗粒数28.6~31.1粒，千粒重48.7~51.2 g。中感条锈病、叶锈病、白粉病、纹枯病，高感赤霉病。2013年、2014年经检测：蛋白质15.01%、14.44%，湿面筋30.1%、26.7%，容重787 g/L、793 g/L，白度76.9%、73.8%，沉淀指数84 mL、80 mL，硬度62 HI、62 HI，降落数值257 s、328 s，吸水量58.2 mL/100 g、61.4 mL/100 g，形成时间1.7 min、5 min，稳定时间8.9 min、4.5 min，弱化度50 F.U.、86 F.U.，出粉率71.9%、72.3%。

产量表现：2012—2013年度河南省冬水B组区域试验，平均亩产504.1 kg，比对照品种周麦18增产2.1%，不显著。2013—2014年度河南省冬水B组区域试验，平均亩产584.0 kg，比对照品种周麦18增产6.4%，极显著。2014—2015年度河南省冬水A组生产试验，平均亩产549.9 kg，比对照品种周麦18增产7.5%。

栽培技术要点：适播种期为10月5—20日，最佳播种期10月7—12日，播种量控制在8~10 kg/亩，晚播适当加大播种量。精细整地，施足底肥，多施有机肥，一般亩施氮12~14 kg，磷7.5 kg，钾7.5 kg。以70%氮肥和全部磷钾肥作底肥，根据土壤墒情浇好底墒水。拔节后，每亩追施尿素5~10 kg，拔节期结合田间化学除草适当进行化控，以降低株高。后期结合天气情况及时防治病虫害。

适宜种植区域：适宜河南省（南部稻麦两熟区域除外）旱中茬中高肥力地种植。

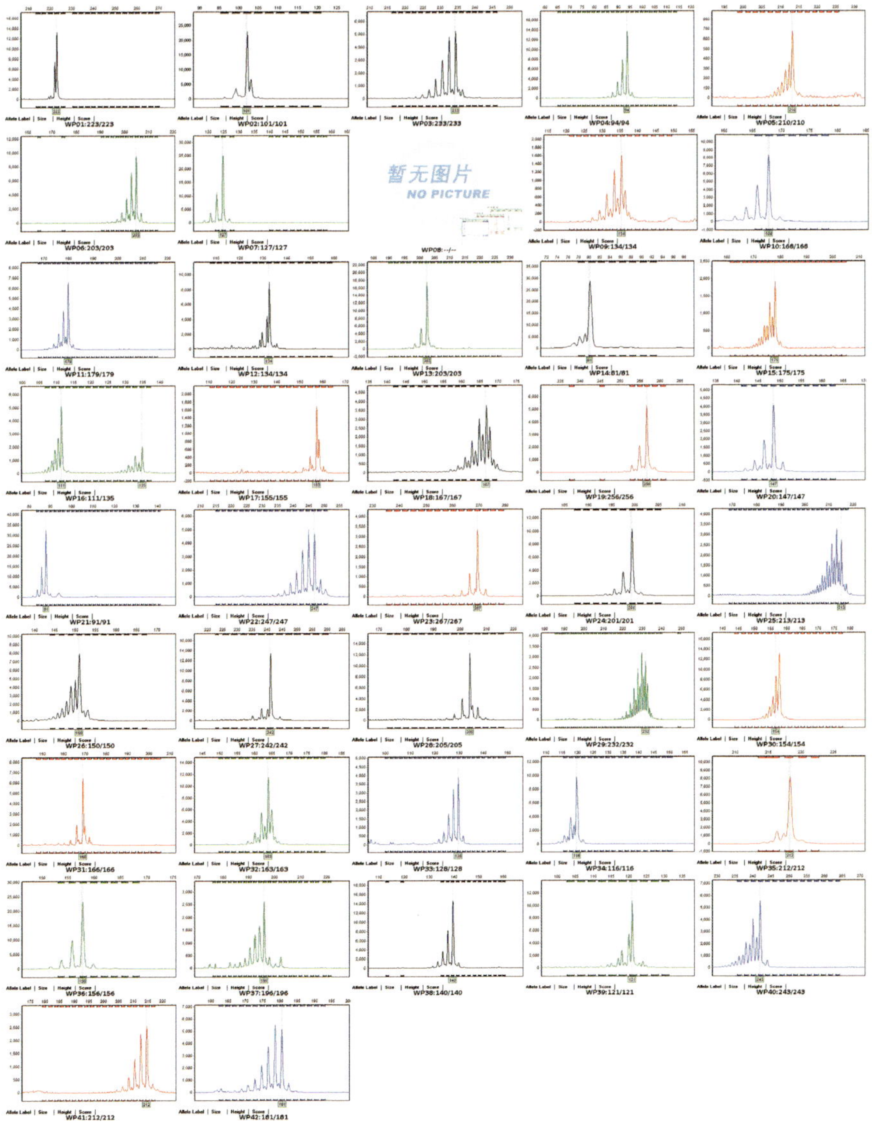

142. 洛麦28

审定编号： 豫审麦2015005

选育单位： 洛阳农林科学院

品种来源： 洛麦21/百农AK58

特征特性： 半冬性中熟品种，全生育期228.7~233.6 d。幼苗半匍匐，苗势较强，叶片较长，叶色浅绿。冬季抗寒性较好，分蘖力较强，成穗率一般，春季起身拔节早，抽穗较晚，抗倒春寒能力一般。株型松散，旗叶宽大、下披，穗下节较长，穗层整齐，株高74.8~76.8 cm，茎秆弹性一般。穗长方形，长芒，白壳，白粒，籽粒角质，饱满度好。耐后期高温，熟相好。亩穗数37.6万~39.3万，穗粒数32.6~34.7粒，千粒重47.6~52.0 g。中感条锈病、叶锈病、白粉病、纹枯病，高感赤霉病。2013年、2014年经检测：蛋白质14.25%、13.64%，湿面筋30.1%、23%，容重783 g/L、802 g/L，白度73.6%、71.3%，沉淀指数62 mL、56 mL，硬度67 HI、65 HI，降落数值407 s、442 s，吸水量60.9 mL/100 g、62.9 mL/100 g，形成时间3.5 min、3.3 min，稳定时间3.2 min、2.2 min，弱化度143 F.U.、170 F.U.，出粉率71.3%、70.3%。

产量表现： 2012—2013年度河南省冬水A组区域试验，平均亩产507.2 kg，比对照品种周麦18增产2.6%，不显著。2013—2014年度河南省冬水A组区域试验，平均亩产585.8 kg，比对照品种周麦18增产4.9%，极显著。2014—2015年度河南省冬水A组生产试验，平均亩产537.0 kg，比对照品种周麦18增产5.2%。

栽培技术要点： 播种期10月5—20日，最佳播种期10月8—15日，高肥力地块亩播种量7~8 kg，如延期播种，以每推迟3 d增加0.5 kg播种量为宜，20.0~23.5 cm等行距种植。施足底肥，一般亩施肥量，氮12 kg，磷7.5 kg，钾7.5 kg。拔节后，每亩追施尿素6 kg。拔节期结合田间化学除草的同时进行纹枯病的防治，灌浆期喷施磷酸二氢钾，后期注意结合天气情况及时防治病虫害。

适宜种植区域： 适宜河南省（南部稻麦两熟区域除外）早中茬中高肥力地种植。

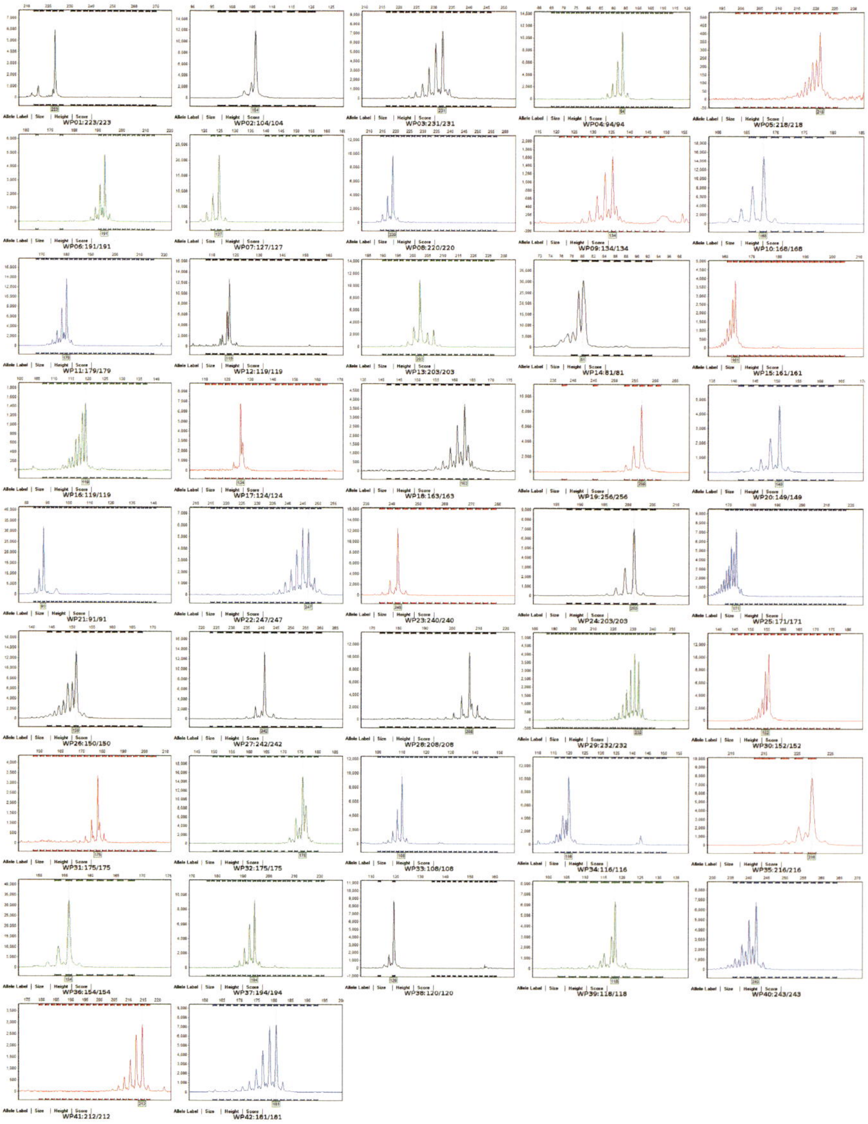

143. 怀川919

审定编号：豫审麦2015006

选育单位：河南怀川种业有限责任公司

品种来源：温麦4号/咸阳151

特征特性：半冬性中熟品种，全生育期228.8~233.8 d。幼苗半匍匐，叶片较长，叶色浅绿。冬季抗寒性一般，分蘖力较强，抗倒春寒能力较好。株型较松散，旗叶上冲，穗层整齐，株高77.1~80.2 cm，茎秆弹性较好。纺锤形穗，短芒，白壳，白粒，籽粒半角质，饱满度中等。亩穗数40.3万~42.4万，穗粒数32.2~33.5粒，千粒重42.7~45.8 g。中感条锈病、叶锈病、白粉病、纹枯病，高感赤霉病。2013年、2014年经检测：蛋白质含量14.15%、13.96%，湿面筋32.3%、27.1%，容重785 g/L、783 g/L，白度75.2%、72.3%，沉淀指数68 mL、70 mL，硬度63 HI、62 HI，降落数值316 s、386 s，吸水量58.8 mL/100 g、60.9 mL/100 g，形成时间2.8 min、2.8 min，稳定时间3 min、2.2 min，弱化度129 F.U.、179 F.U.，出粉率69.9%、65.5%。

产量表现：2012—2013年度河南省冬水A组区域试验，平均亩产504.9 kg，比对照品种周麦18增产2.1%，不显著。2013—2014年度河南省冬水B组区域试验，平均亩产573.3 kg，比对照品种周麦18增产4.4%，显著。2014—2015年度河南省冬水A组生产试验，平均亩产539.1 kg，比对照品种周麦18增产5.6%。

栽培技术要点：10月5—20日播种，最佳播种期10月10日左右，高肥力地块亩播种量6~8 kg，中低肥力8~10 kg，如延期播种，以每推迟3 d增加0.5 kg播种量为宜。一般亩施底肥尿素20 kg，磷酸二铵25 kg，硫酸钾15 kg或三元素复合肥（15：15：15）50 kg，春节前后每亩追施尿素7~10 kg。拔节前进行化学除草，并适当化控，以降低株高，灌浆期喷施磷酸二氢钾，结合天气情况及时防治白粉病和穗蚜。

适宜种植区域：适宜河南省（南部稻麦两熟区域除外）早中茬中高肥力地种植。

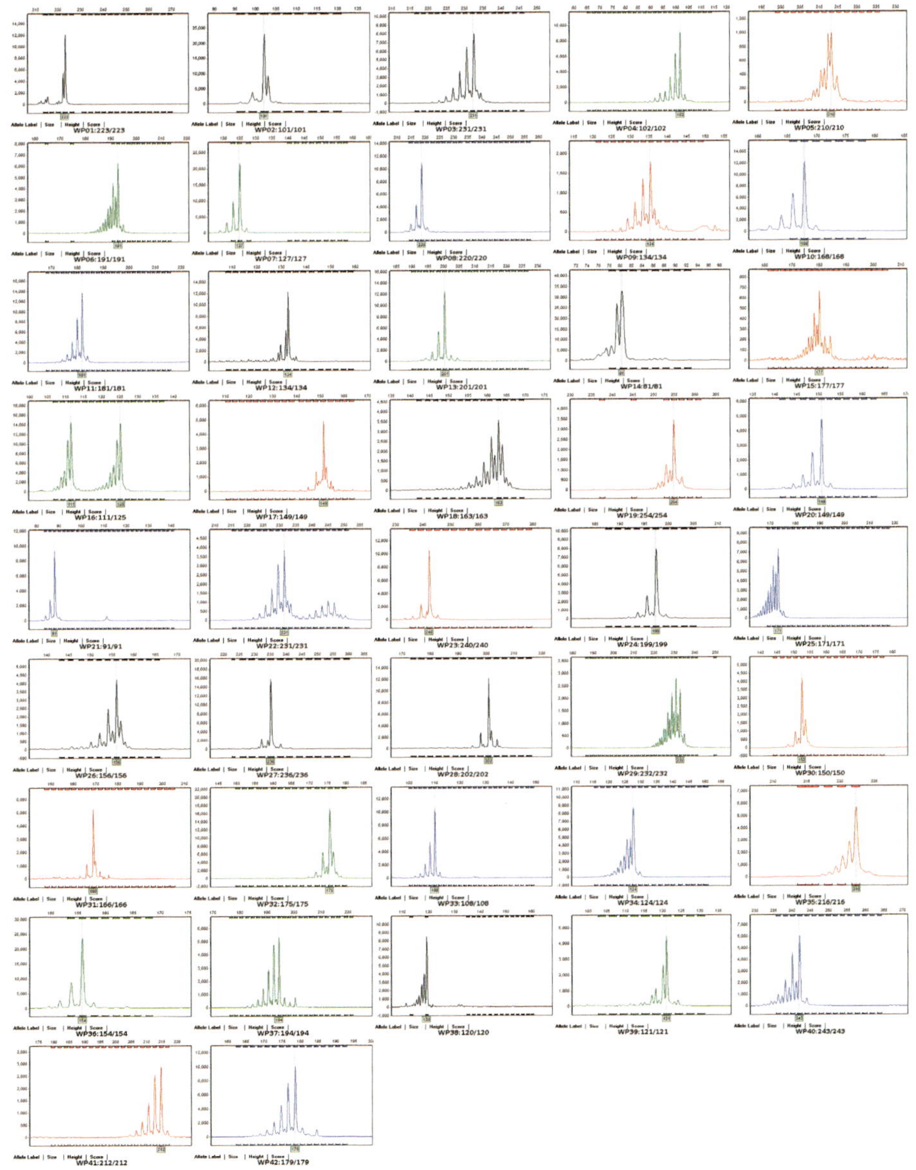

144. 泛麦7030

审定编号：豫审麦2015007

选育单位：河南黄泛区地神种业有限公司

品种来源：郑麦9023/周麦18

特征特性：半冬性中晚熟品种，全生育期229.6~233.6 d。幼苗半匍匐，叶片较长，叶色浅绿。冬季抗寒性一般，分蘖力中等。株型较紧凑，旗叶宽大上冲，茎叶穗均有蜡质，穗层厚，株高80.6~85.5 cm，抗倒性较弱。纺锤形穗，长芒、白壳、白粒、籽粒角质、饱满度中等。亩穗数37.9万~38.5万，穗粒数34.0~41.7粒，千粒重45.1~50.3 g。中抗条锈病、叶锈病、白粉病、纹枯病，高感赤霉病。2013年、2014年经检测：蛋白质15.75%、14.77%，湿面筋34.2%、30.4%，容重763 g/L、772 g/L，白度75%、71.6%，沉淀指数77 mL、72 mL，硬度64 HI、64 HI，降落数值266 s、406 s，吸水量62.9 mL/100 g、64.2 mL/100 g，形成时间3.5 min、3.7 min，稳定时间3.5 min、2.7 min，弱化度101 F.U.、165 F.U.，出粉率68.2%、71.2%。

产量表现：2012—2013年度河南省冬水C组区域试验，平均亩产495.4 kg，比对照品种周麦18增产0.9%，不显著。2013—2014年度河南省冬水B组区域试验，平均亩产562.6 kg，比对照品种周麦18增产2.5%，不显著。2014—2015年度河南省冬水A组生产试验，平均亩产539.2 kg，比对照品种周麦18增产5.6%。

栽培技术要点：适宜播种期10月上中旬，高肥水地12万~15万基本苗，中肥水地15万~20万基本苗。增施有机肥，一般底施尿素15 kg，过磷酸钙50 kg，硫酸钾10 kg，拔节初期亩追施尿素10 kg。根据墒情浇好越冬水和孕穗水。做好“一喷三防”工作，分别于3月底和4月底用三唑酮加氧化乐果进行病虫害防治。

适宜种植区域：适宜河南省（南部稻麦两熟区域除外）早中茬中高肥力地种植。

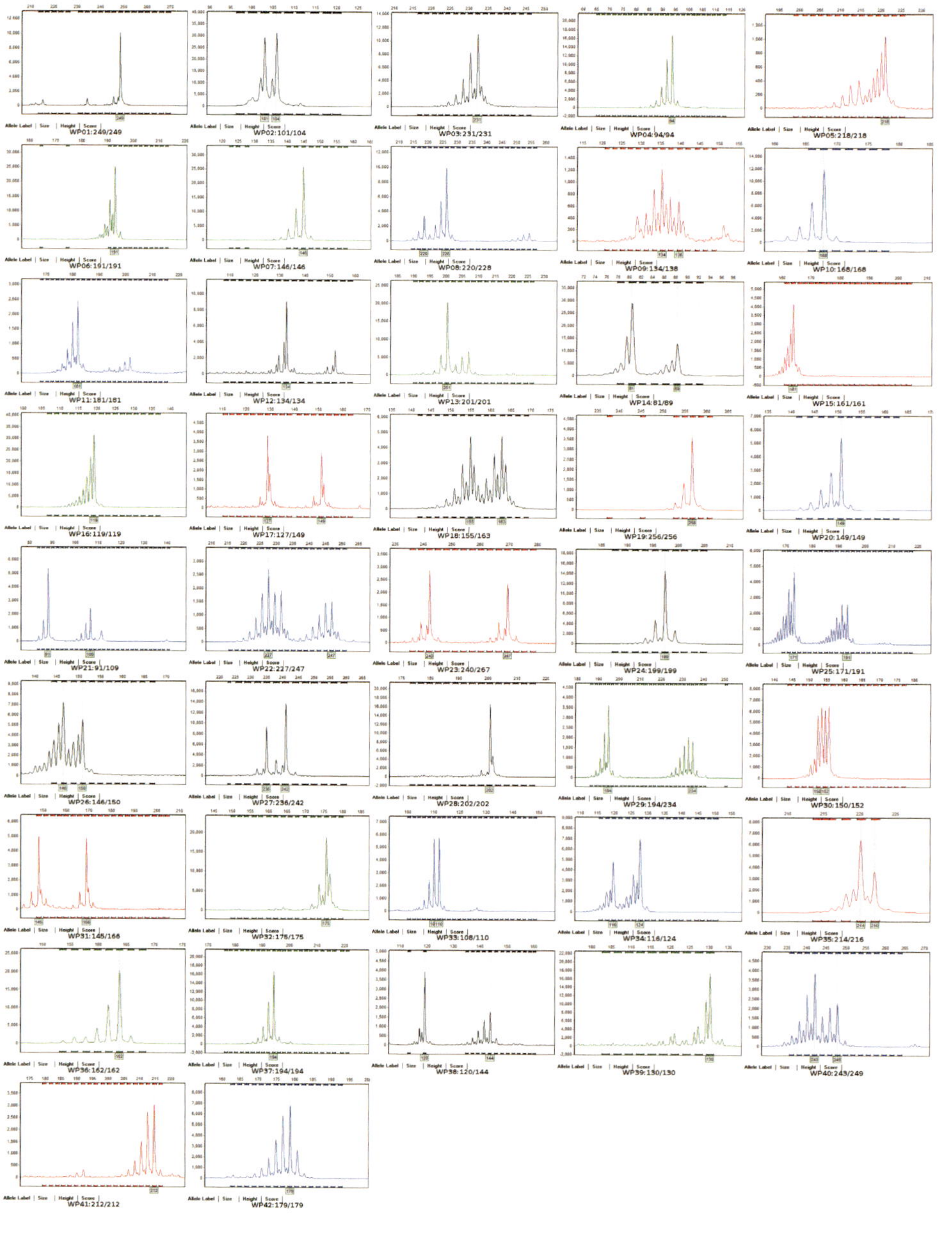

145. 俊达106

审定编号：豫审麦2015008

选育单位：河南俊达种业有限公司

品种来源：中育9号/周麦16

特征特性：半冬性中熟品种，全生育期228.8~233.6 d。幼苗半匍匐，叶片宽长，叶色浓绿。抗寒性较好，成穗率低，抽穗偏早，抗倒春寒能力一般。株型偏紧凑，旗叶上冲，穗下节长，穗层整齐，株高76.2~80.7 cm，抗倒性较弱。穗长方形，长芒、白壳、白粒，籽粒角质，饱满度好。亩穗数38.2万~39.8万，穗粒数34.2~35.5粒，千粒重43.8~46.9 g。中抗条锈病，中感叶锈病、白粉病、纹枯病，高感赤霉病。2013年、2014年经检测：蛋白质13.75%、13.66%，湿面筋30%、25.7%，容重781 g/L、782 g/L，白度72.5%、71.7%，沉淀指数58 mL、57 mL，硬度65 HI、63 HI，降落数值325 s、412 s，吸水量60.2 mL/100 g、62.2 mL/100 g，形成时间2.9 min、2.5 min，稳定时间3 min、1.7 min，弱化度137 F.U.、201 F.U.，出粉率72.3%、65.1%。

产量表现：2012—2013年度河南省冬水A组区域试验，平均亩产500.5 kg，比对照品种周麦18增产1.2%，不显著。2013—2014年度河南省冬水C组区域试验，平均亩产568.7 kg，比对照品种周麦18增产0.7%，不显著。2014—2015年度河南省冬水B组生产试验，平均亩产541.9 kg，比对照品种周麦18增产5.0%。

栽培技术要点：10月5—15日播种，最佳播种期10月10日左右。高肥力地块亩播种量8~9 kg，如延期播种，以每推迟3 d增加0.5 kg播种量为宜。播前应施足底肥，注意有机肥和氮磷钾配合使用，一般亩施二铵30~35 kg、尿素15~20 kg，小麦起身前及时追肥，亩施尿素25 kg，肥力差的地块应适当增加5~8 kg/亩。根据墒情浇拔节水，全生育期根据雨量浇水3~4次。病虫害防治，加强对赤霉病、纹枯病、白粉病和蚜虫的防治。

适宜种植区域：适宜河南省（南部稻麦两熟区域除外）旱中茬中高肥力地种植。

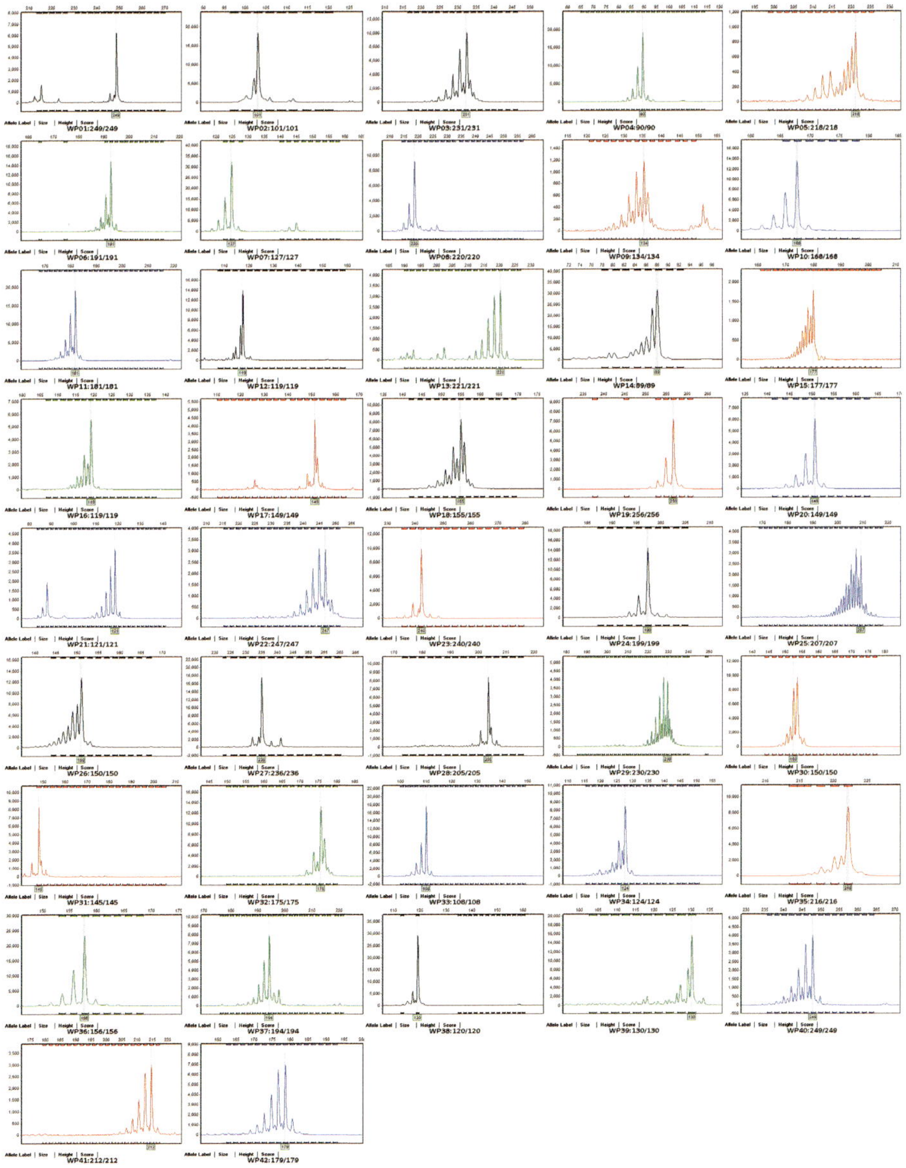

146. 濮麦053

审定编号：豫审麦2015009

选育单位：濮阳市农业科学院

品种来源：百农AK58/周麦18

特征特性：半冬性中晚熟品种，全生育期229.5~233.6 d。幼苗半匍匐，叶片窄长，叶色浓绿。冬季抗寒性好，分蘖力强，成穗率一般，抗倒春寒能力较弱。株型偏松散，旗叶窄长，内卷，斜上举，穗下节长，株高76.1~80 cm，茎秆弹性好，抗倒性较好。纺锤形穗，穗较小，短芒，白壳，白粒，籽粒角质，饱满度较好。耐后期高温，落黄好。亩穗数42.1万~43.7万，穗粒数30.4~31.3粒，千粒重43.7~48.8 g。中抗条锈病，中感叶锈病、白粉病、纹枯病，高感赤霉病。2013年、2014年经检测：蛋白质15.45%、14.56%，湿面筋32.2%、26.9%，容重796 g/L、808 g/L，白度72.8%、71.6%，沉淀指数62 mL、64 mL，硬度65 HI、65 HI，降落数值387 s、520 s，吸水量59.8 mL/100 g、63.2 mL/100 g，形成时间3.2 min、3.2 min，稳定时间2.2 min、1.6 min，弱化度181 F.U.、177 F.U.，出粉率70.1%、72.5%。

产量表现：2012—2013年度河南省冬水A组区域试验，平均亩产508.0 kg，比对照品种周麦18增产2.7%，不显著。2013—2014年度河南省冬水A组区域试验，平均亩产583.1 kg，比对照品种周麦18增产4.4%，极显著。2014—2015年度河南省冬水A组生产试验，平均亩产535.2 kg，比对照品种周麦18增产4.8%。

栽培技术要点：10月5—25日播种，最佳播种期10月10日左右，高肥力地块亩播种量7~8 kg，如延期播种，以每推迟3 d增加0.5 kg播种量为宜。全生育期每亩施肥量：有机肥3 000 kg，氮14 kg，磷10 kg，钾7.5 kg，硫酸锌为1 kg。磷、钾肥和微肥作底肥一次性施入，其中氮肥的底肥与追肥的比例为5∶5，拔节期追肥。后期结合天气情况及时防治病虫害。

适宜种植区域：适宜河南省（南部稻麦两熟区域除外）早中茬中高肥力地种植。

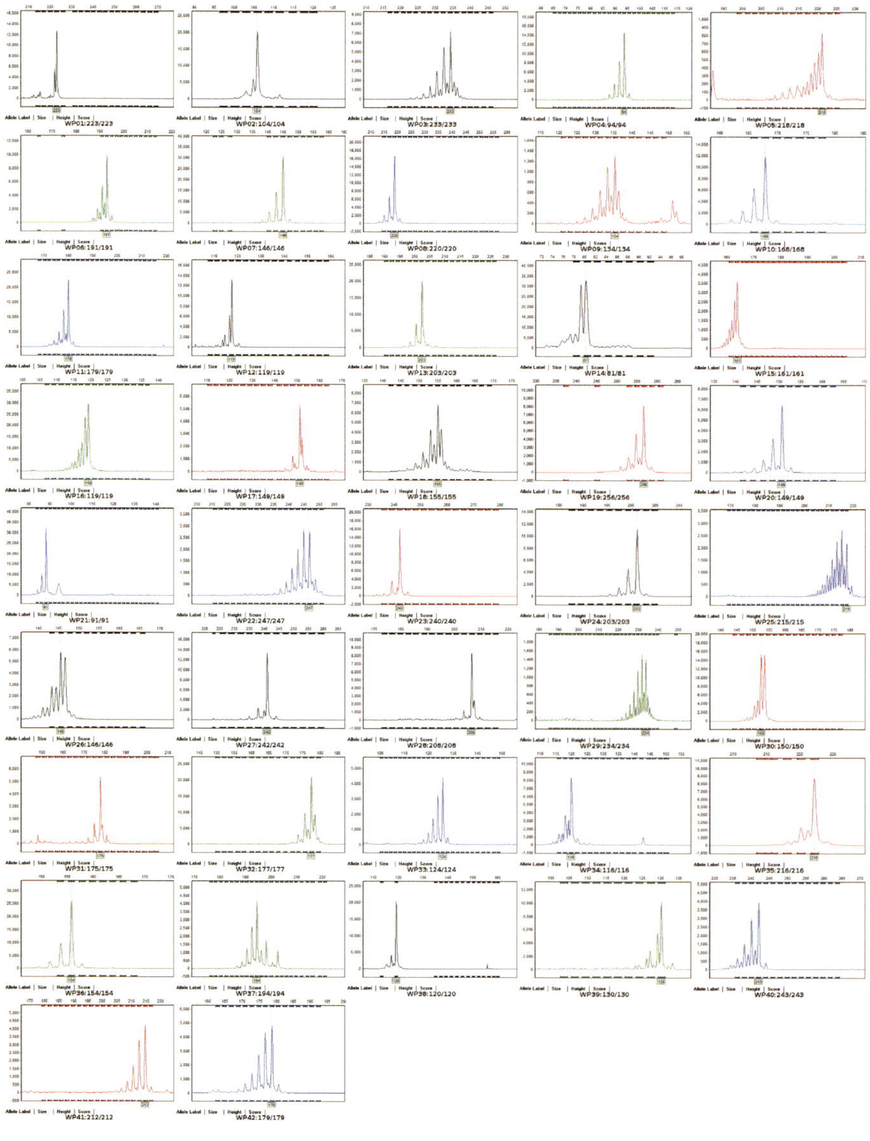

147. 商麦156

审定编号：豫审麦2015011

选育单位：商丘市农林科学院

品种来源：许农5号/百农AK58

特征特性：半冬性中晚熟品种，全生育期229.2~233.8 d。幼苗半匍匐，叶片宽长，叶色浓绿。冬季抗寒性较好，分蘖力较强，成穗率偏低，抗倒春寒能力较强。株型紧凑，旗叶较大、上举，株高76.9~83.1 cm，茎秆有蜡质，粗壮、弹性较好。长方形大穗，长芒，白壳、白粒，籽粒角质，结实性好。耐后期高温，熟相中等。亩成穗数39.2万~41.3万，穗粒数35.7~37.9粒，千粒重42.3~43.7 g。中感条锈病、叶锈病、白粉病、纹枯病，高感赤霉病。2013年、2014年经检测：蛋白质14.83%、14.95%，湿面筋34.6%、27.6%，容重797 g/L、804 g/L，白度75.2%、72.7%，沉淀指数79 mL、71 mL，硬度66 HI、65 HI，降落数值367 s、495 s，吸水量60.9 mL/100 g、61.9 mL/100 g，形成时间2.5 min、2.4 min，稳定时间2.3 min、3.8 min，弱化度108 F.U.、129 F.U.，出粉率70.3%、69.6%。

产量表现：2012—2013年度河南省冬水A组区域试验，平均亩产521.3 kg，比对照品种周麦18增产5.4%，极显著。2013—2014年度河南省冬水A组区域试验，平均亩产598.3 kg，比对照品种周麦18增产7.1%，极显著。2014—2015年度河南省冬水B组生产试验，平均亩产553.1 kg，比对照品种周麦18增产7.3%。

栽培技术要点：播种期10月5—18日，最适播种期10月8—15日，播种量7~10 kg/亩，如延期播种，以每推迟3 d增加0.5 kg播种量为宜。施足底肥，拔节后，每亩追施尿素6 kg。加强冬前和春季管理，冬前进行化学除草，防治蚜虫等害虫，培育壮苗，返青至拔节期根据田间苗情和墒情，亩追尿素或专用肥10~12.5 kg，并浇透地水和防治纹枯病、红蜘蛛等。孕穗期浇好孕穗水，后期注意结合天气情况及时防治病虫害。

适宜种植区域：适宜河南省（南部稻麦两熟区域除外）早中茬中高肥力地种植。

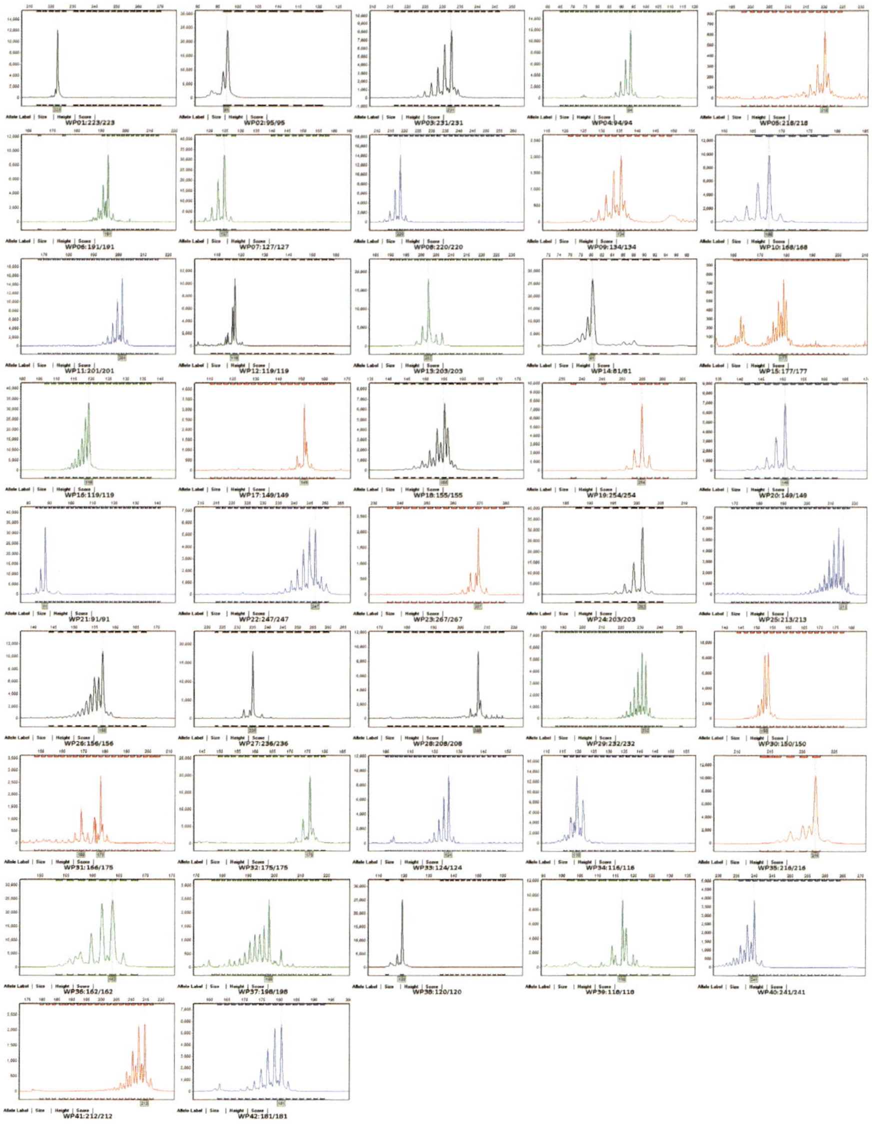

148. 存麦11

审定编号：豫审麦2015012

选育单位：河南省天存小麦改良技术研究所、河南丰德康种业有限公司

品种来源：周麦22/周麦24

特征特性：半冬性中晚熟品种，全生育期229.5~233.9 d。幼苗半匍匐，叶片窄长，叶色深绿。冬季抗寒性较好，分蘖力较强，抗倒春寒能力一般。株型较松散，旗叶上举，株高73.8~79.9 cm，茎秆弹性好，抗倒性较好。穗长方形，小穗排列较密，长芒，白壳，白粒，籽粒半角质，饱满度中等。耐后期高温，熟相好。亩穗数40.6万~41.3万，穗粒数31.7~34.5粒，千粒重46.4~50.4 g。中抗叶锈病，中感条锈病、白粉病、纹枯病，高感赤霉病。2013年、2014年经检测：蛋白质14.75%、13.78%，湿面筋30.8%、27.6%，容重781 g/L、782 g/L，白度74.9%、71.2%，沉淀指数72 mL、66 mL，硬度58 HI、60 HI，降落数值413 s、510 s，吸水量58.6 mL/100 g、60.7 mL/100 g，形成时间3.2 min、2.8 min，稳定时间3.5 min、2.4 min，弱化度120 F.U.、157 F.U.，出粉率67.5%、73.3%。

产量表现：2012—2013年度河南省冬水C组区域试验，平均亩产495.7 kg，比对照品种周麦18号增产1.0%，不显著。2013—2014年度参加河南省冬水C组区域试验，平均亩产589.9 kg，比对照品种周麦18增产4.5%，极显著。2014—2015年度河南省冬水A组生产试验，平均亩产551.7 kg，比对照品种周麦18增产8.0%。

栽培技术要点：10月8—20日播种，最佳播种期10月10—16日，播种量每亩9~13 kg，如延期播种，以每推迟3 d增加0.5 kg播种量为宜。精细整地，足墒播种，一播全苗，科学施肥，氮、磷、钾配施。拔节中期追肥尿素10 kg左右。遇旱及时浇好越冬水、拔节孕穗水和灌浆水。病虫害防治，播前土壤药剂处理+药剂拌种防治地下害虫，孕穗期、抽穗期、灌浆期进行“一喷三防”，应特别防治好蚜虫、赤霉病、白粉病和锈病。

适宜种植区域：适宜河南省（南部稻麦两熟区域除外）早中茬中高肥力地种植。

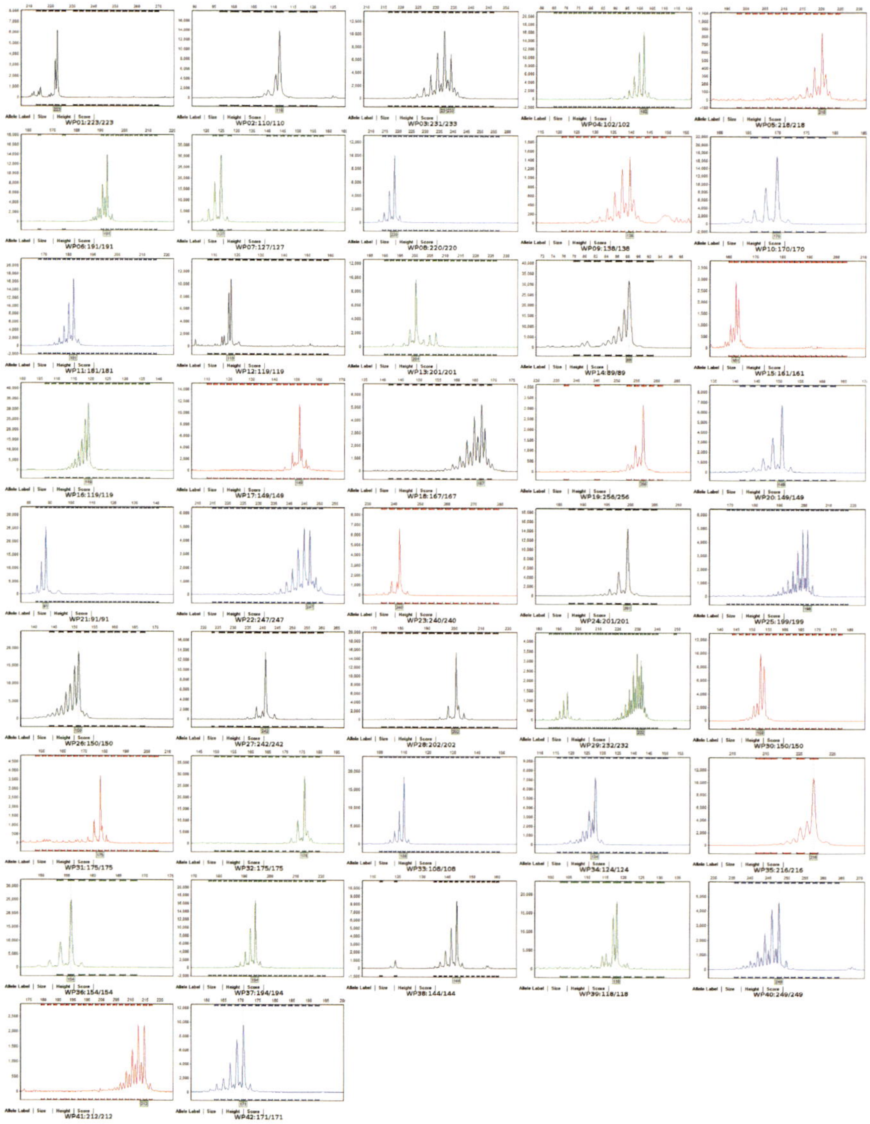

149. 百农418

审定编号：豫审麦2015014

选育单位：河南科技学院

品种来源：周麦18/百农AK58//百农AK58

特征特性：半冬性中晚熟品种，全生育期228.8~234.3 d。幼苗半匍匐，叶片较窄，叶色浓绿。抗寒性较好，分蘖力成穗率中等，抽穗较早。株型偏紧凑，旗叶上举，穗下节短，株高73.7~75.6 cm，抗倒伏能力强。纺锤形穗，长芒，白壳，白粒，籽粒角质，黑胚率偏高。亩穗数39.7万~40.6万，穗粒数31.5~33.6粒，千粒重45.9~50.0 g。中抗条锈病，中感叶锈病、白粉病、纹枯病，高感赤霉病。2013年、2014年经检测：蛋白质16.46%、15.2%，湿面筋33.6%、27.1%，容重797 g/L、792 g/L，白度74.4%、73.1%，沉淀指数73 mL、76 mL，硬度62 HI、63 HI，降落数值426 s、538 s，吸水量62 mL/100 g、63.8 mL/100 g，形成时间4.8 min、3.3 min，稳定时间7.4 min、3 min，弱化度86 F.U.、154 F.U.，出粉率72.4%、71.2%。

产量表现：2012—2013年度河南省冬水C组区域试验，平均亩产496.9 kg，比对照品种周麦18增产1.2%，不显著。2013—2014年度河南省冬水C组区域试验，平均亩产583.6 kg，比对照品种周麦18增产3.3%，显著。2014—2015年度河南省冬水B组生产试验，平均亩产540.6 kg，比对照品种周麦18增产4.8%。

栽培技术要点：10月5—20日播种，最佳播种期10月10日左右。高肥力地块亩播种量6~8 kg，中低肥力8~10 kg，如延期播种，以每推迟3 d亩播种量增加0.5 kg为宜。一般亩施底肥尿素20 kg，磷酸二铵25 kg，硫酸钾15 kg或三元素复合肥（15：15：15）50 kg，春节前后每亩追施尿素7~10 kg。拔节前进行化学除草，并适当浇灌返青水，灌浆期喷施磷酸二氢钾，结合天气情况及时防治白粉病和穗蚜。

适宜种植区域：适宜河南省（南部稻麦两熟区域除外）旱中茬中高肥力地种植。

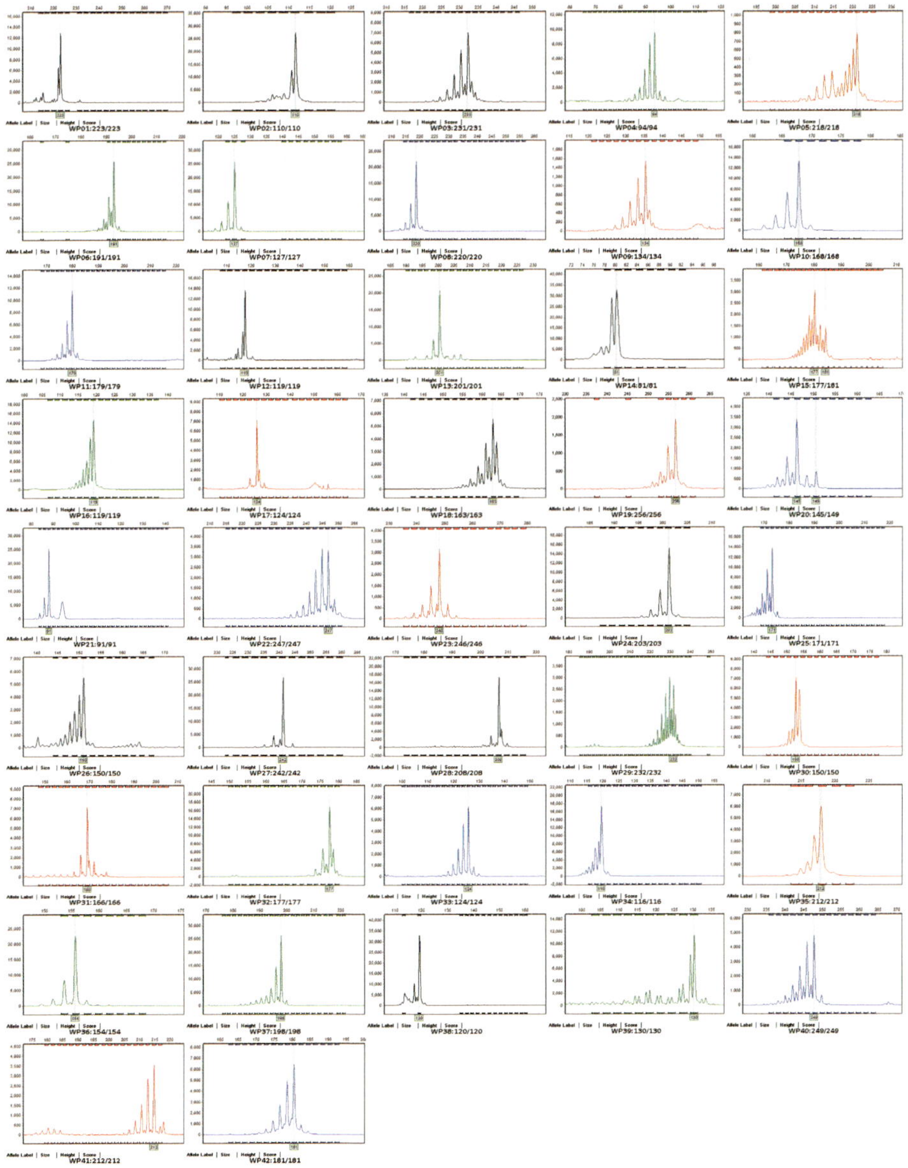

150. 泰禾882

审定编号：豫审麦2015015

选育单位：河南泰禾种业有限公司

品种来源：周麦16/浏虎大粒

特征特性：半冬性中晚熟品种，全生育期229.0~233.2 d。幼苗半匍匐，叶片宽长，叶色浅绿。冬季抗寒能力一般，分蘖力弱，成穗率高，春季返青起身早，抽穗早。株型松紧适中，旗叶及下部叶片小、上举，穗层整齐，株高78.3~83.5 cm，茎秆弹性中等，抗倒能力一般。纺锤形穗，长芒，白壳，白粒，籽粒半角质。耐后期高温，熟相好。亩穗数41.7万~43.8万，穗粒数32.3~33.2粒，千粒重41.8~45.6 g。中抗叶锈病，中感条锈病、白粉病、纹枯病，高感赤霉病。2013年、2014年经检测：蛋白质15.42%、14.31%，湿面筋32%、26.4%，容重771 g/L、788 g/L，白度72%、70.6%，沉淀指数59 mL、60 mL，硬度63 HI、65 HI，降落数值362 s、514 s，吸水量61.5 mL/100 g、63.9 mL/100 g，形成时间2.7 min、3.2 min，稳定时间2.6 min、2.3 min，弱化度140 F.U.、156 F.U.，出粉率71%、71.5%。

产量表现：2012—2013年度河南省冬水B组区域试验，平均亩产499.8 kg，比对照品种周麦18增产1.2%，不显著。2013—2014年度河南省冬水A组区域试验，平均亩产567.4 kg，比对照品种周麦18增产1.6%，不显著。2014—2015年度河南省冬水B组生产试验，平均亩产548.4 kg，比对照品种周麦18增产6.4%。

栽培技术要点：播种期10月5—15日，播种量每亩8~10 kg，如延期播种，以每推迟3 d增加0.5 kg播种量为宜。施足底肥，一般亩施氮12 kg、磷7.5 kg、钾7.5 kg。冬季酌情浇封冻水，春季结合浇水追施尿素10 kg，同时进行纹枯病的防治，扬花期喷洒粉锈宁，后期注意结合天气情况及时防治病虫害。

适宜种植区域：适宜河南省（南部稻麦两熟区域除外）早中茬中高肥力地种植。

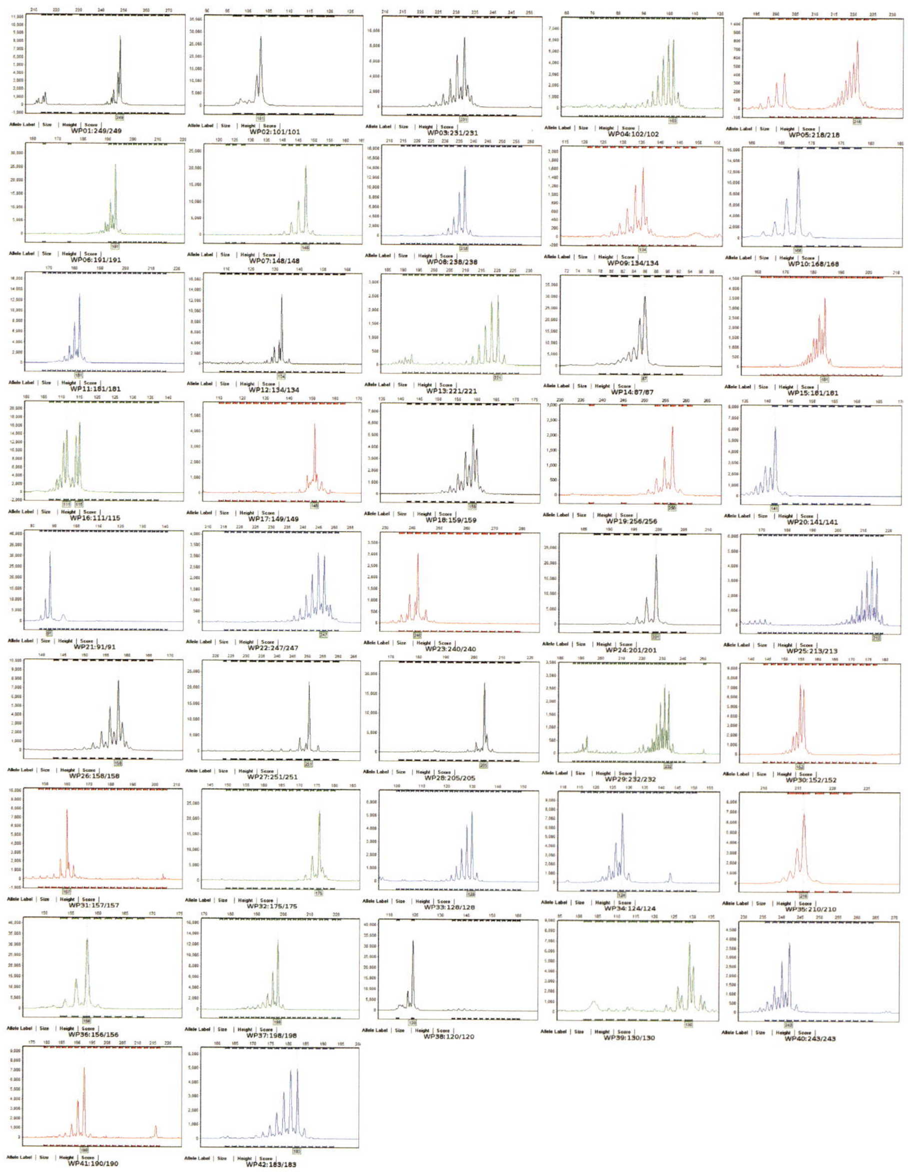

151. 郑麦113

审定编号：豫审麦2015016

选育单位：河南省农业科学院小麦研究所

品种来源：百农AK58/偃展4110

特征特性：弱春性中早熟品种，全生育期222.7~227.1 d。幼苗半直立，叶片较宽，叶色浓绿。冬季抗寒性较好，分蘖力强，成穗率一般，抗倒春寒能力一般。株型偏松散，旗叶短而上冲，穗层整齐，株高77.1~81.1 cm，茎秆弹性好，抗倒能力强。纺锤形穗，长芒，白壳，白粒，籽粒半角质，饱满度中等。耐后期高温，熟相好。亩穗数39.9万~42.7万，穗粒数31.5~32.4粒，千粒重42.9~48.1 g。中抗条锈病，中感叶锈病、白粉病、纹枯病，高感赤霉病。2013年、2014年经检测：蛋白质15.69%、14.88%，湿面筋32.6%、29.2%，容重792 g/L、794 g/L，白度79.5%、75.2%，沉淀指数67 mL、62 mL，硬度46 HI、63 HI，降落数值409 s、438 s，吸水量58.9 mL/100 g、61.2 mL/100 g，形成时间2.9 min、2.8 min，稳定时间2.6 min、2.2 min，弱化度127 F.U.、163 F.U.，出粉率65%、67.9%。

产量表现：2012—2013年度河南省春水B组区域试验，平均亩产476.3 kg，比对照品种偃展4110增产7.4%，极显著。2013—2014年度河南省春水A组区域试验，平均亩产547.9 kg，比对照偃展4110增产9.4%，极显著。2014—2015年度河南省春水组生产试验，平均亩产526.4 kg，比对照品种偃展4110增产10.3%。

栽培技术要点：适播种期为10月15—25日，基本苗以每亩18万左右为宜，晚播适当增加播种量。以底肥为主，春季可追施尿素10 kg左右，春季返青以后需水量逐步增大，可根据土壤墒情浇返青拔节水或孕穗水及灌浆水。返青至抽穗期防治纹枯病及白粉病，抽穗扬花期遇连阴雨天气，防治赤霉病，春季应注意防治蚜虫。

适宜种植区域：适宜河南省（南部稻麦两熟区域除外）中晚茬中高肥力地种植。

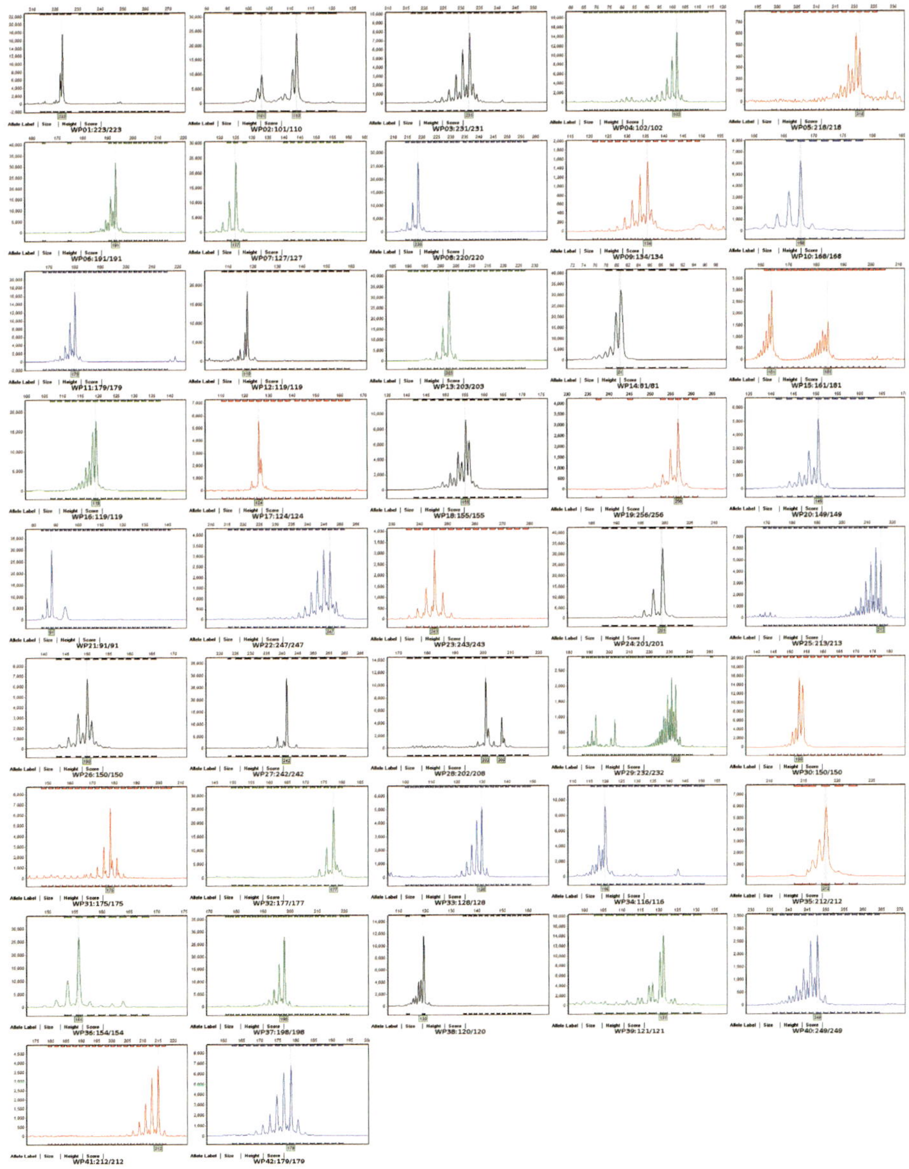

152. 偃科048

审定编号：豫审麦2015017

选育单位：河南华农种业有限公司、河南商都种业有限公司

品种来源：周麦16/河科大9612

特征特性：弱春性中早熟品种，全生育期223.0~226.8 d。幼苗直立，苗期叶片宽长，叶色浓绿。冬季抗寒性一般，分蘖力弱，成穗率高，抽穗早，抗倒春寒能力一般。株型偏紧凑，旗叶宽长、上举，蜡质层厚，穗下节短，株高81.1~86.4 cm，茎秆弹性弱，抗倒性一般。长方形大穗，长芒，白壳，白粒，籽粒角质，饱满度较好，黑胚率低。亩穗数35.5万~38.0万，穗粒数34.0~34.6粒，千粒重49.2~52.4 g。中感条锈病、叶锈病、白粉病、纹枯病，高感赤霉病。2013年、2014年经检测：蛋白质15.26%、13.62%，湿面筋31.9%、25.6%，容重766 g/L、775 g/L，白度73%、71.8%，沉淀指数61 mL、64 mL，硬度57 HI、61 HI，降落数值272 s、493 s，吸水量60.5 mL/100 g、62.2 mL/100 g，形成时间3.3 min、2.9 min，稳定时间2.9 min、2 min，弱化度149 F.U.、160 F.U.，出粉率71.7%、68.2%。

产量表现：2012—2013年度河南省春水B组区域试验，平均亩产473.5 kg，比对照品种偃展4110增产6.7%，极显著。2013—2014年度河南省春水A组区域试验，平均亩产564.3 kg，比对照品种偃展4110增产12.7%，极显著。2014—2015年度河南省春水组生产试验，平均亩产513.5 kg，比对照品种偃展4110增产7.25%。

栽培技术要点：适播种期为10月15—30日，亩播种量6~10 kg，如延期播种，以每推迟3 d增加0.5 kg播种量为宜。精细整地，足墒下种，氮、磷、钾每亩使用量分别为尿素20 kg、磷酸二铵20 kg、氯化钾10 kg，追肥宜早不宜晚，拔节后每亩追施尿素6 kg。田间管理的重点是苗全苗壮，提高成穗数，注意防治条锈病、叶锈病、白粉病和赤霉病及蚜虫，灌溉要抓住越冬水和拔节至抽穗水两个时期。

适宜种植区域：适宜河南省（南部稻麦两熟区域除外）中晚茬中高肥力地种植。

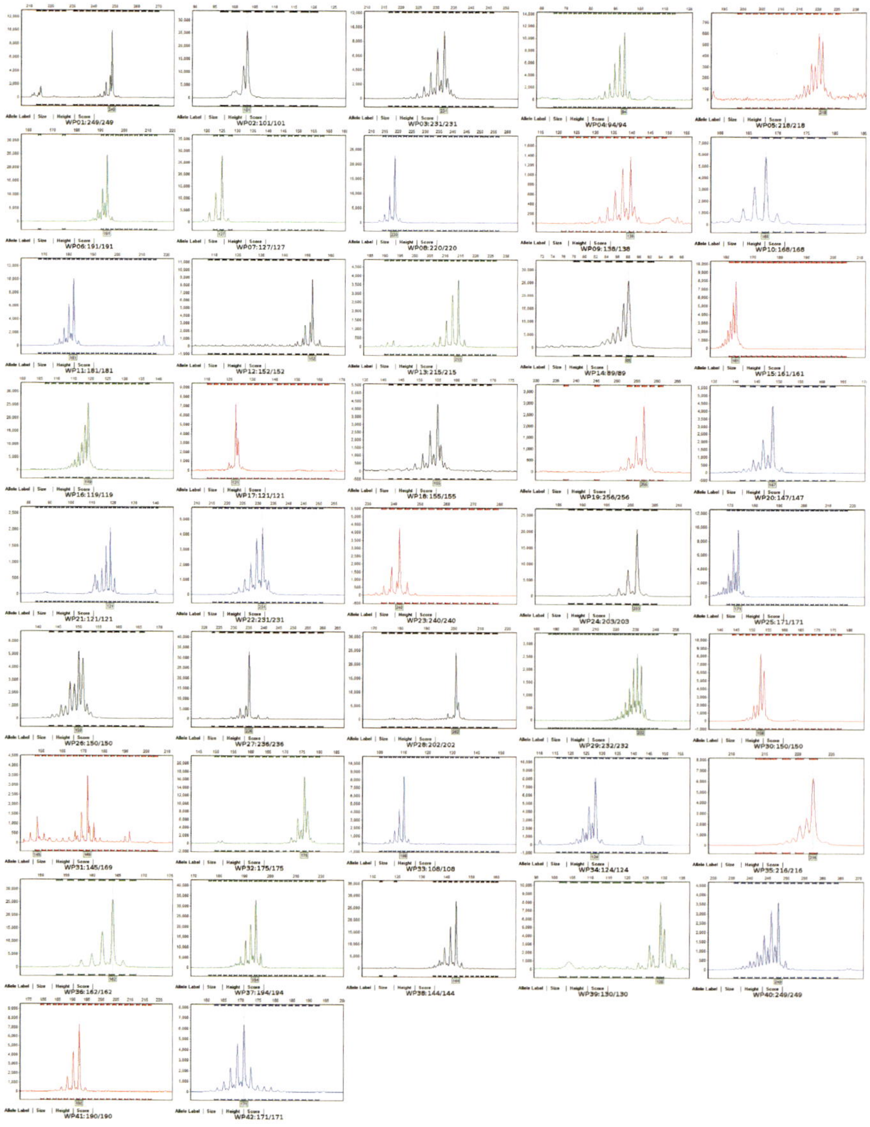

153. 金穗116

审定编号：豫审麦2015018

选育单位：洛阳太学农作物研究所

品种来源：偃展4110/周麦16

特征特性：弱春性中早熟品种，全生育期223.4~226.5 d。幼苗半直立，叶片宽大，叶色浅绿。冬季抗寒性好，分蘖力一般，成穗率中等，抽穗较早，抗倒春寒能力弱。株型松散，旗叶上举，穗下节长，株高79.7~83.8 cm，抗倒性一般。纺锤形大穗，长芒，白壳，白粒，籽粒角质，饱满度一般。亩穗数38.6万~40.4万，穗粒数33.2~34.6粒，千粒重44.8~47.6 g。中感条锈病、叶锈病、白粉病、纹枯病，高感赤霉病。2013年、2014年经检测：蛋白质15.11%、15.04%，湿面筋30.2%、29%，容重760 g/L、772 g/L，白度75%、72%，沉淀指数70 mL、63 mL，硬度63 HI、64 HI，降落数值258 s、515 s，吸水量61.5 mL/100 g、64.6 mL/100 g，形成时间3 min、3.2 min，稳定时间3.2 min、2.7 min，弱化度104 F.U.、131 F.U.，出粉率72.3%、72.7%。

产量表现：2012—2013年度河南省春水A组区域试验，平均亩产468.4 kg，比对照品种偃展4110增产4.3%，显著。2013—2014年度河南省春水A组区域试验，平均亩产528.3 kg，比对照品种偃展4110增产5.5%，极显著。2014—2015年度河南省春水组生产试验，平均亩产513.9 kg，比对照品种偃展4110增产7.3%。

栽培技术要点：播种期10月15—30日，最佳播种期10月18—25日。播种量8~10 kg，如延期播种，以每推迟3 d增加0.5 kg播种量。施足底肥，有机肥与化肥配合。拔节期每亩追尿素5 kg，结合田间化学除草进行化控，以降低株高，及时浇好拔节水和孕穗水，进行纹枯病防治。灌浆期防病治虫。

适宜种植区域：适宜河南省（南部稻麦两熟区域除外）中晚茬中高肥力地种植。

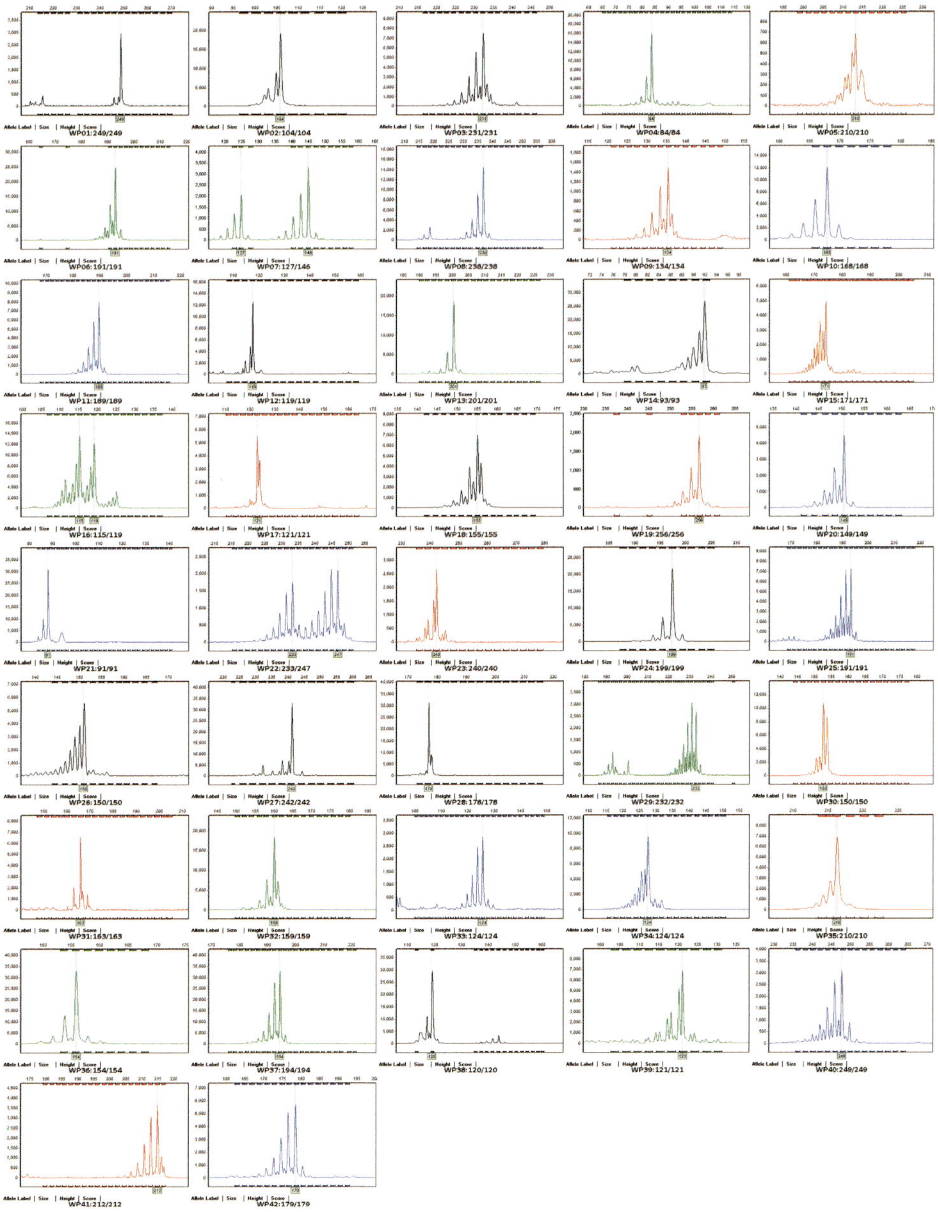

154. 众麦7号

审定编号：豫审麦2015019

选育单位：河南大众种业有限公司

品种来源：偃展一号//烟159-9/烟1666

特征特性：弱春性早熟品种，全生育期222.3~226.2 d。幼苗半直立，叶片宽短，叶色深绿。分蘖力中等，成穗率高，春季起身拔节早，两极分化快，抽穗早，抗倒春寒能力弱。株型偏紧凑，旗叶窄小，上举，穗下节长，株高82.2~85.6 cm，茎秆偏细、弹性好，抗倒性一般。纺锤形穗，长芒，白壳，白粒，籽粒角质，饱满度好。耐后期高温，熟相好。亩穗数43.2万~45.1万，穗粒数29.8~31.2粒，千粒重43.0~44.9 g。中感条锈病、叶锈病、白粉病、纹枯病，高感赤霉病。2013年、2014年经检测：蛋白质14.92%、14.75%，湿面筋32%、28.4%，容重799 g/L、800 g/L，白度72.8%、75.5%，沉淀指数74 mL、73 mL，硬度60 HI、58 HI，降落数值424 s、557 s，吸水量61.2 mL/100 g、62.3 mL/100 g，形成时间6.4 min、3.5 min，稳定时间8.3 min、4.1 min，弱化度62 F.U.、108 F.U.，出粉率71.7%、69.1%。

产量表现：2012—2013年度河南省春水B组区域试验，平均亩产468.2 kg，比对照品种偃展4110增产5.5%，显著。2013—2014年度河南省春水A组区域试验，平均亩产534.1 kg，比对照品种偃展4110增产6.6%，极显著。2014—2015年度河南省春水组生产试验，平均亩产504.4 kg，比对照品种偃展4110增产5.4%。

栽培技术要点：播种期10月15日—20日，高水肥地7~9 kg/亩，中等水肥地10 kg/亩，晚播可适当增加播种量。施足底肥，增施磷钾肥，少施氮肥、补施硼锌肥，追肥掌握前氮后移的原则。病虫害防治，春季搞好“一喷三防”，抽穗后注意防治蚜虫及白粉病。

适宜种植区域：适宜河南省（南部稻麦两熟区域除外）中晚茬中高肥力地种植。

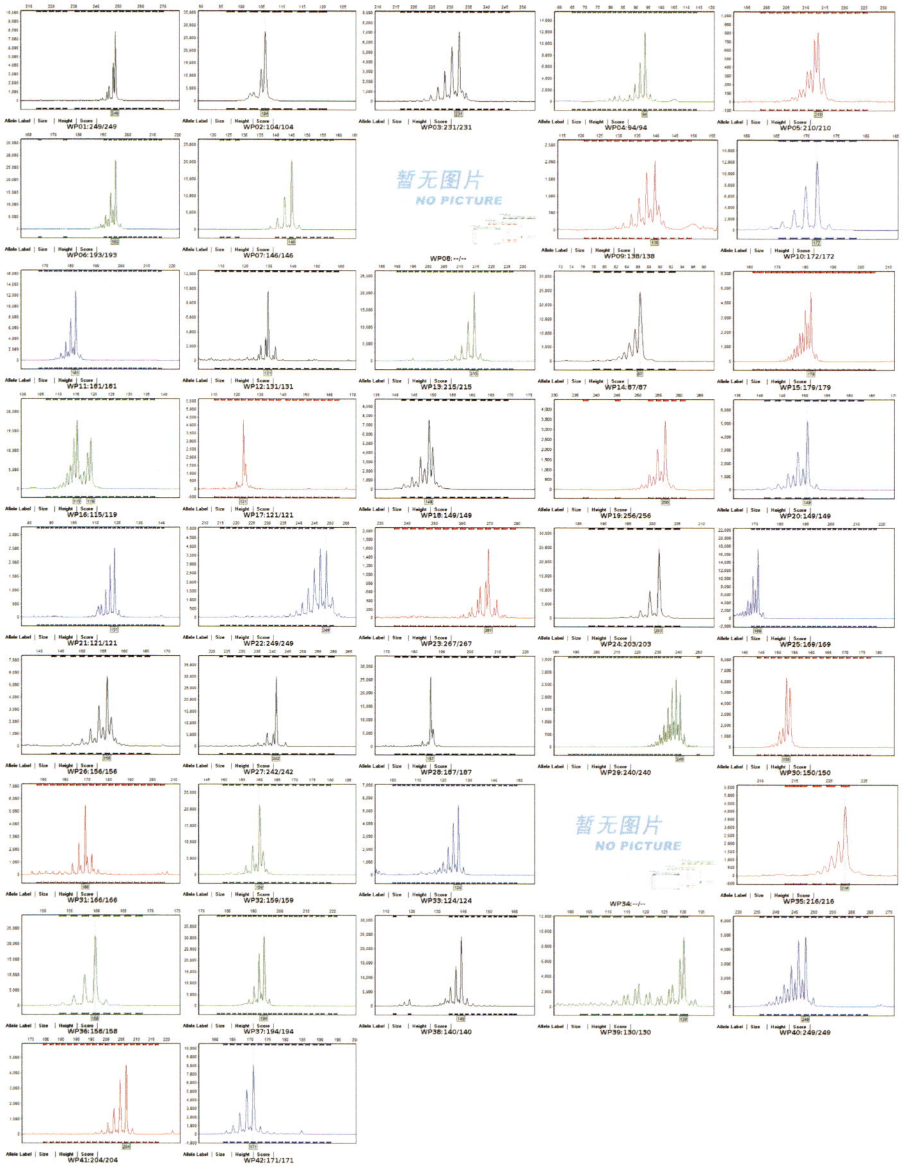

155. 亚麦1号

审定编号：豫审麦2015020

选育单位：河南省新科星棉花研究所

品种来源：濮麦9号系选

特征特性：弱春性中早熟品种，全生育期222.9~226.8 d。幼苗直立，叶片较长，叶色浅绿。冬季抗寒性较好，抗倒春寒能力一般。株型偏紧凑，旗叶宽长、内卷、斜上举，株高78.9~83.5 cm，抗倒性一般。穗长方形，长芒，白壳，白粒，籽粒角质、饱满度较好，黑胚率高。亩穗数36.4万~37.5万，穗粒数32.9~35.1粒，千粒重49.6~50.9 g。中感条锈病、叶锈病、白粉病、纹枯病，高感赤霉病。2013年、2014年经检测：蛋白质15.29%、13.97%，湿面筋33.3%、26.6%，容重764 g/L、768 g/L，白度73.4%、71.6%，沉淀指数64 mL、60 mL，硬度57 HI、58 HI，降落数值272 s、479 s，吸水量60.9 mL/100 g、61.6 mL/100 g，形成时间3.5 min、2.7 min，稳定时间2.7 min、1.6 min，弱化度171 F.U.、168 F.U.，出粉率72.8%、73.5%。

产量表现：2012—2013年度河南省春水B组区域试验，平均亩产463.6 kg，比对照品种偃展4110增产4.5%，不显著。2013—2014年度河南省春水B组区域试验，平均亩产555.8 kg，比对照品种偃展4110增产9.4%，极显著。2014—2015年度河南省春水组生产试验，平均亩产513.4 kg，比对照品种偃展4110增产7.2%。

栽培技术要点：播种期为10月15—30日，亩播种量6~10 kg。如延期播种，以每推迟3 d增加0.5 kg播种量为宜。精细整地，足墒下种，每亩使用尿素20 kg、磷酸二铵20 kg、氯化钾10 kg，追肥宜早不宜晚，拔节后每亩追施尿素6 kg。注意防治条锈病、叶锈病、白粉病和赤霉病及蚜虫。灌溉要抓住越冬期和拔节至抽穗两个关键时期。

适宜种植区域：适宜河南省（南部稻麦两熟区域除外）中晚茬中高肥力地种植。

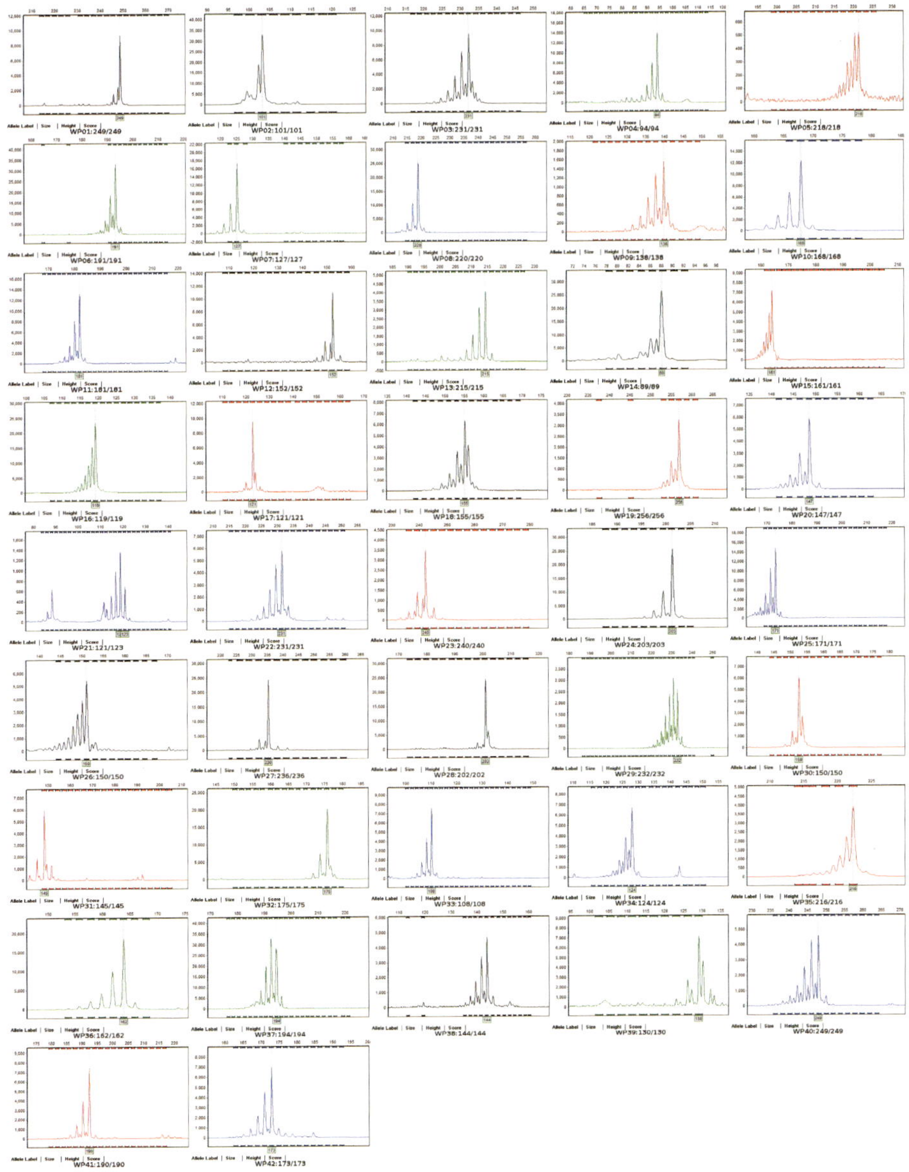

156. 孟麦023

审定编号：豫审麦2015021

选育单位：孟州市农丰种子科技有限公司

品种来源：周麦13/偃科956

特征特性：弱春性早熟品种，全生育期222.2~226.7 d。幼苗直立，叶片宽长，叶色青绿。冬季耐寒性较好，分蘖力弱，成穗率高。株型松紧适中，叶片偏宽上举，穗下节短，株高77.3~80.6 cm，较抗倒伏。纺锤形大穗，长芒，白壳，白粒，籽粒半角质，饱满度较好。成熟落黄好。亩穗数36.8万~38.3万，穗粒数33.8~34.2粒，千粒重48.4~52.2 g。中感条锈病、叶锈病、白粉病、纹枯病，高感赤霉病。2013年、2014年经检测：蛋白质14.94%、14.26%，湿面筋30.6%、26.6%，容重789 g/L、790 g/L，白度74.4%、73.8%，沉淀指数62 mL、56 mL，硬度59 HI、55 HI，降落数值342 s、447 s，吸水量59.4 mL/100 g、61 mL/100 g，形成时间2.5 min、2.3 min，稳定时间2.4 min、1.4 min，弱化度155 F.U.、190 F.U.，出粉率73.3%、69.7%。

产量表现：2012—2013年度河南省春水A组区域试验，平均亩产492.9 kg，比对照品种偃展4110增产9.7%，极显著。2013—2014年度河南省春水B组区域试验，平均亩产576.2 kg，比对照品种偃展4110增产13.4%，极显著。2014—2015年度河南省春水组生产试验，平均亩产525.5 kg，比对照偃展4110增产10.0%。

栽培技术要点：适播种期为10月15—30日，亩播种量8~10 kg，如延期播种，以每推迟3 d增加0.5 kg播种量为宜。精细整地，足墒下种，氮、磷、钾每亩使用量分别为尿素20 kg、磷酸二铵20 kg、氯化钾10 kg，追肥宜早不宜晚，拔节后每亩追施尿素6 kg。田间管理的重点是苗全苗壮，提高成穗数，注意防治条锈病、叶锈病、白粉病和赤霉病及蚜虫。灌溉要抓住越冬期和拔节至抽穗期两个关键时期。

适宜种植区域：适宜河南省（南部稻麦两熟区域除外）中晚茬中高肥力地种植。

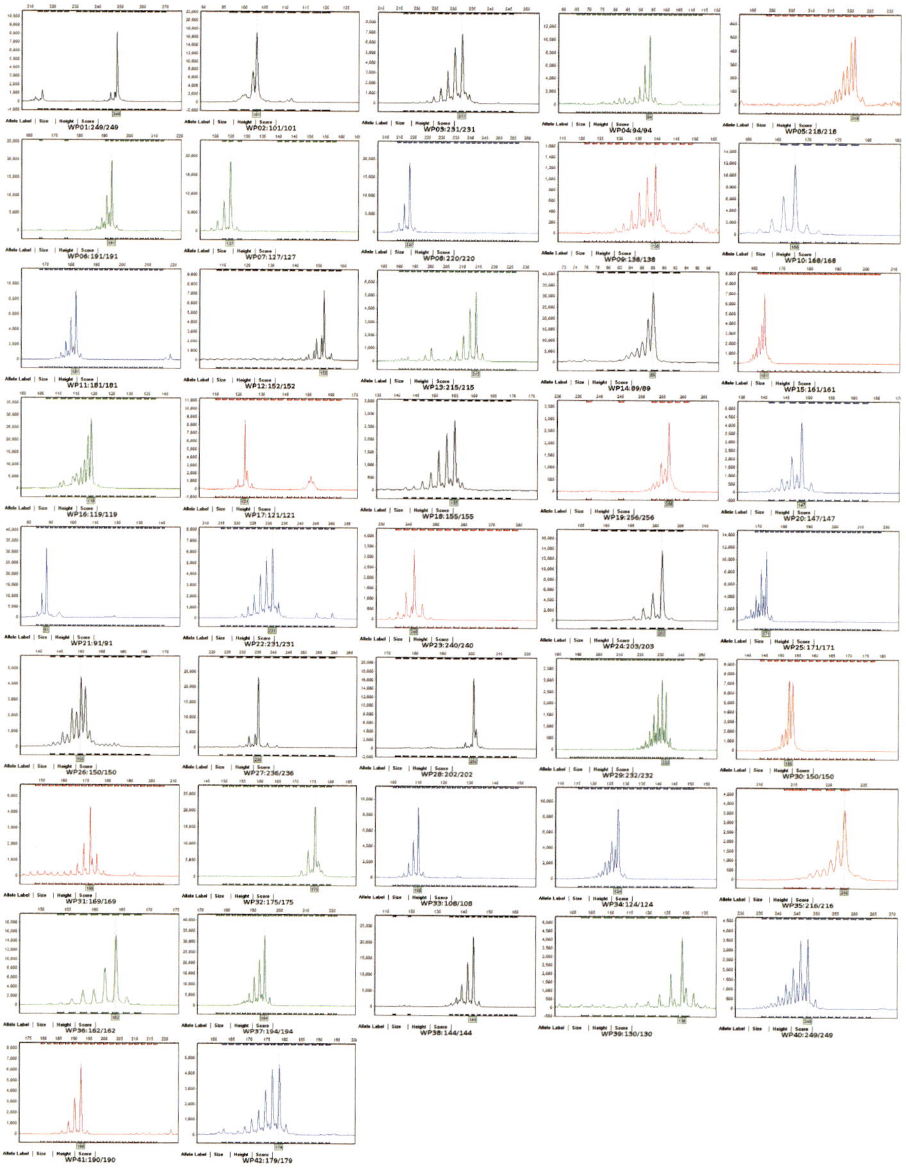

157. 信麦69

审定编号：豫审麦2015022

选育单位：信阳市农业科学院

品种来源：豫麦18/郑麦9023

特征特性：半冬性中早熟品种，全生育期209.3~216 d。幼苗半直立，叶片窄长，叶色浅绿。冬季抗寒性弱，分蘖成穗率高。株型紧凑，旗叶窄上举，有干尖，茎秆有蜡质，穗下节长，株高74.2~80.5 cm，抗倒性中等。纺锤形穗，长芒，白壳，白粒，籽粒半角质。亩穗数36.4万~38.7万，穗粒数28.2~30.8粒，千粒重41.5~48.1 g。中抗条锈病，中感叶锈病、白粉病、纹枯病，高感赤霉病。2013年、2014年经检测：蛋白质17.45%、15.51%，湿面筋37.8%、28.9%，容重762 g/L、778 g/L，白度72.6%、71%，沉淀指数76 mL、70 mL，硬度67 HI、58 HI，降落数值285 HI、457 HI，吸水量66.1 mL/100 g、64.4 mL/100 g，形成时间4.5 min、2.9 min，稳定时间3.7 min、1.8 min，弱化度170 F.U.、222 F.U.，出粉率68.6%、71.5%。

产量表现：2012—2013年度河南省南部组区域试验，平均亩产370.6 kg，比对照品种偃展4110增产2.9%，不显著。2013—2014年度续试，平均亩产429.4 kg，比对照品种偃展4110增产5.1%，不显著。2014—2015年度河南省南部组生产试验，平均亩产425.1 kg，比对照品种偃展4110增产6.9%。

栽培技术要点：适播种期为10月12—11月5日，最佳播种期为10月15—25日，稻茬区播种量11~14 kg，如延期播种，以每推迟3 d每亩增加0.5 kg播种量为宜。施足底肥，氮磷钾肥料平衡施用。尽量多施优质腐熟农家肥，一般亩施土杂肥2~3 m^3，复合肥（15：15：15）30~50 kg。返青拔节期视苗情长势酌情施追肥，结合田间化学除草进行化控，以降低株高，同时防治纹枯病的。

适宜种植区域：适宜河南省南部稻麦两熟区中高肥力地种植。

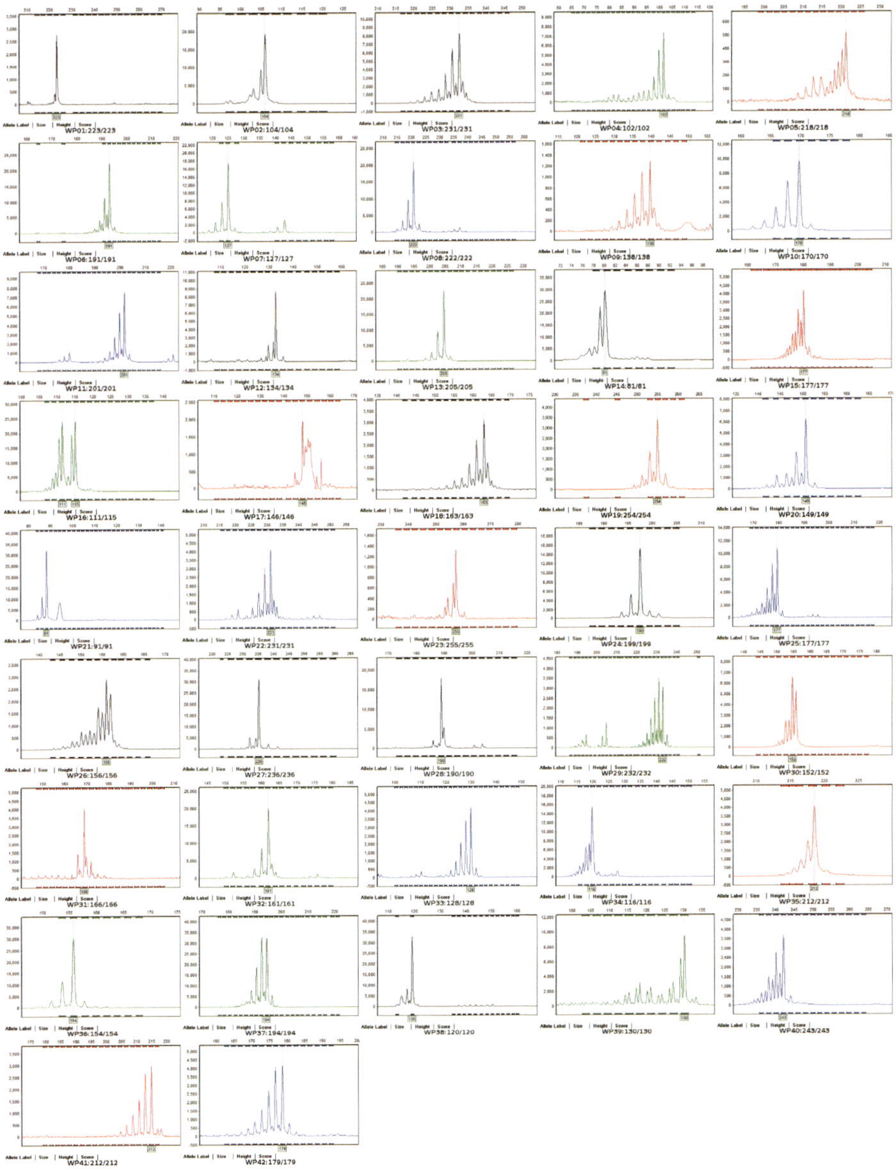

158. 宛麦969

审定编号：豫审麦2015023

选育单位：南阳市农业科学院

品种来源：宛030176/宛麦981

特征特性：弱春性早熟品种，全生育期207.6~213.7 d。幼苗半直立，叶片较窄，叶色深绿。冬季抗寒性好，分蘖力强，成穗率一般。株型松紧适中，旗叶宽、略披，穗下节长，株高75.2~81.9 cm，抗倒性一般。纺锤形穗，长芒，白壳，白粒、籽粒半角质。后期叶功能好，熟相中等。亩成穗数34.9万~37.3万，穗粒数30.4~34.2粒，千粒重42.1~45.7 g。中感条锈病、叶锈病、白粉病、纹枯病，高感赤霉病。2013年、2014年经检测：蛋白质15.35%、14.29%，湿面筋33.5%、27.6%，容重785 g/L、811 g/L，白度72.9%、72.4%，沉淀指数70 mL、67 mL，硬度66 HI、61 HI，降落数值301 s、457 s，吸水量65.7 mL/100 g、64 mL/100 g，形成时间3.1 min、2.5 min，稳定时间2.9 min、1.9 min，弱化度154 F.U.、133 F.U.，出粉率72.1%、70.1%。

产量表现：2012—2013年度河南省南部组区域试验，平均亩产380.2 kg，比对照品种偃展4110增产5.5%，显著。2013—2014年度续试，平均亩产446.6 kg，比对照品种偃展4110增产9.3%，极显著。2014—2015年度河南省南部组生产试验，平均亩产416.6 kg，比对照品种偃展4110增产4.8%。

栽培技术要点：播种期10月15—30日，最佳播种期10月20日左右，亩播种量7.5~10 kg，每推迟3 d，亩增加播种量0.5 kg为宜。精细耕地、施足底肥，氮磷钾合理配比，根据小麦长势注意适量追肥。适时中耕、除草，在小麦越冬、拔节、灌浆期如遇干旱及时浇水。重视小麦病虫害防治，抽穗前后喷施粉锈宁 + 氧化乐果，能有效防治小麦白粉病、锈病、蚜虫及黏虫。

适宜种植区域：适宜河南省南部稻麦两熟区中高肥力地种植。

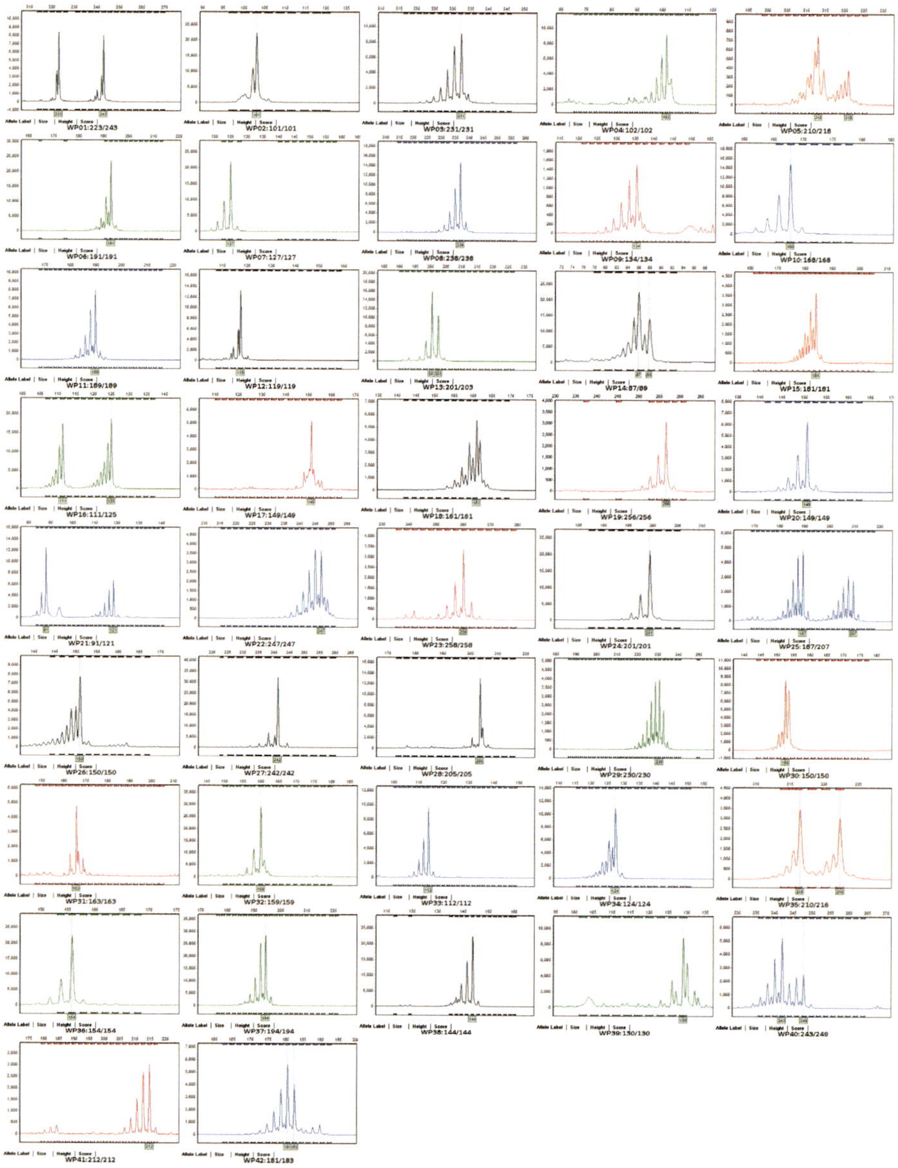

159. 豫农98

审定编号：豫审麦2015024

选育单位：河南农业大学、河南省南海种子有限公司

品种来源：豫麦68/豫麦45

特征特性：弱春性早熟品种，全生育期207.7~213.5 d。幼苗半匍匐，叶片窄长，叶色深绿。冬季抗寒性好，分蘖力较强，成穗率中等。株型紧凑，旗叶干尖，株高72.4~80.8 cm，茎秆弹性中等，抗倒性一般。穗长方形，长芒、白壳、白粒，籽粒角质，饱满度较好。亩成穗数36.6万~39万，穗粒数30.9~32.3粒，千粒重41.2~46.9 g。中感条锈病、叶锈病、白粉病、纹枯病，高感赤霉病。2013年、2014年经检测：蛋白质14.93%、14.23%，湿面筋29.9%、28.5%，容重761 g/L、820 g/L，白度75.5%、73.8%，沉淀指数81 mL、86 mL，硬度69 HI、60 HI，降落数值266 s、447 s，吸水量67 mL/100 g、67.6 mL/100 g，形成时间4.2 min、4.3 min，稳定时间9.5 min、4.6 min，弱化度52 F.U.、89 F.U.，出粉率66.6%、66.8%。

产量表现：2012—2013年度河南省南部组区域试验，平均亩产369.5 kg，比对照种偃展4110增产2.6%，不显著。2013—2014年度续试，平均亩产457.5 kg，比对照品种偃展4110增产12.0%，极显著。2014—2015年河南省南部组生产试验，平均亩产423.5 kg，比对照品种偃展4110增产6.4%。

栽培技术要点：播种期10月15—30日，最佳播种期10月20日—25日，高肥力地块亩播种量8~10 kg，中低肥力可适当增加播种量，如延期播种，以每推迟3 d增加0.5 kg为宜。施足底肥，一般亩施肥量，氮12 kg，磷8 kg，氯化钾7 kg。拔节期每亩追施尿素7.5 kg，结合化学除草并进行纹枯病的防治。后期根据天气情况及时防治病虫害。

适宜种植区域：适宜河南省南部稻麦两熟区中高肥力地种植。

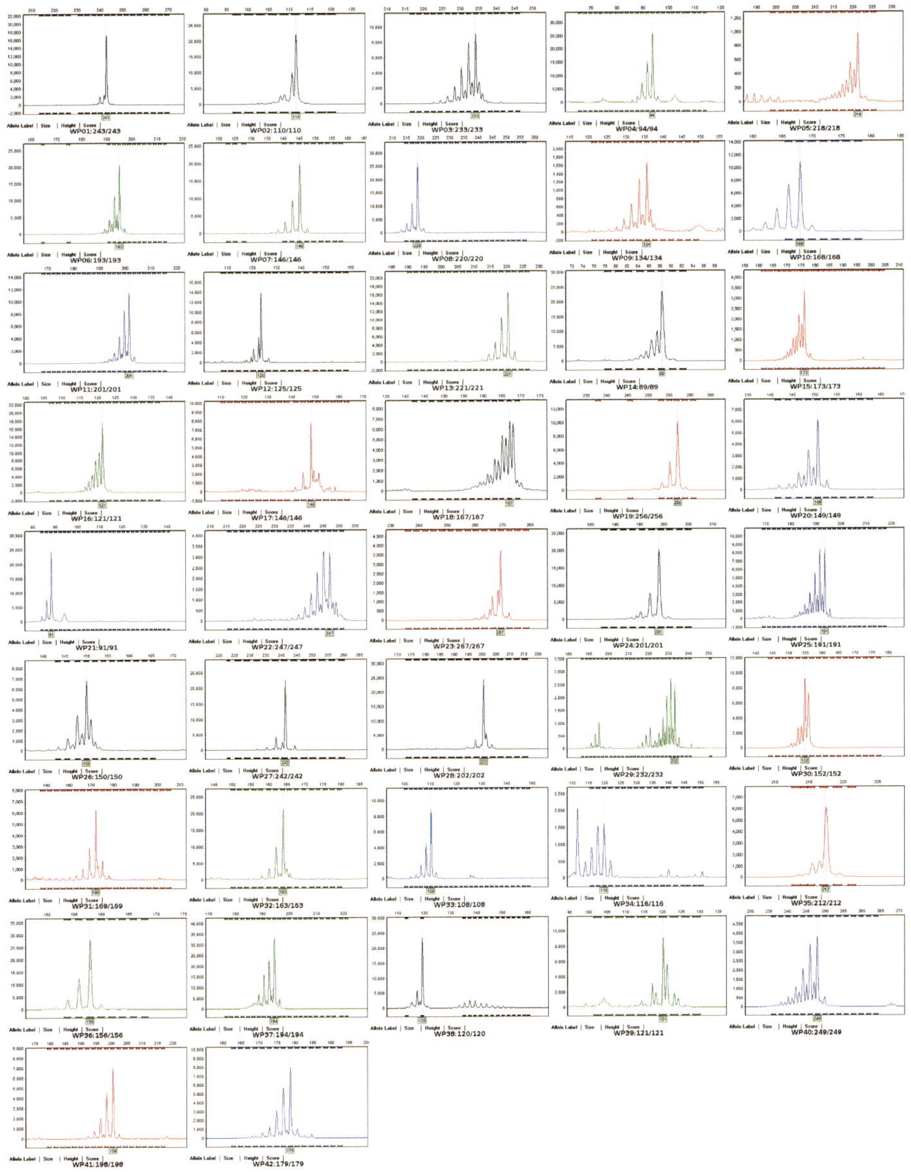

160. 宛1643

审定编号：豫审麦2015025

选育单位：南阳市农业科学院

品种来源：西农953/新麦18

特征特性：弱春性早熟品种，全生育期207.3~213.3 d。幼苗半匍匐，叶片窄小，叶色深绿。冬季抗寒性好，分蘖成穗率高。株型紧凑，旗叶上举有干尖，株高75.0~81.0 cm，抗倒性一般。纺锤形穗，偏小，长芒，白壳，白粒，籽粒半角质，饱满度较好。熟相好。亩穗数38.2万~41.7万，穗粒数30.6~33.6粒，千粒重41.2~43.9 g。中抗条锈病，中感叶锈病、白粉病、纹枯病，高感赤霉病。2013年、2014年经检测：蛋白质16.03%、13.65%，湿面筋32.8%、26.2%，容重770 g/L、775 g/L，白度78.2%、73.9%，沉淀指数79 mL、76 mL，硬度49 HI、46 HI，降落数值248 s、389 s，吸水量60.3 mL/100 g、60.7 mL/100 g，形成时间4.1 min、3.3 min，稳定时间5.5 min、3.2 min，弱化度86 F.U.、131 F.U.，出粉率69.2%、72.3%。

产量表现：2012—2013年度河南省南部组区域试验，平均亩产388.0 kg，比对照品种偃展4110增产7.7%，极显著。2013—2014年度续试平均亩产456.9 kg，比对照品种偃展4110增产11.8%，极显著。2014—2015年度河南省南部组生产试验，平均亩产423.6 kg，比对照品种偃展4110增产6.6%。

栽培技术要点：10月15—30日均可播种，亩播种量8~10 kg，如延期播种，以每推迟3 d增加0.5 kg播种量为宜。精细整地，施足底肥，拔节期每亩追施尿素5~6 kg，适当进行化控处理，以降低株高。抽穗后防治吸浆虫、条锈病、白粉病。扬花灌浆期注意防治赤霉病、条锈病，蚜虫等，结合“一喷三防”喷施叶面微肥和磷酸二氢钾与尿素水溶液，提高千粒重。

适宜种植区域：适宜河南省南部稻麦两熟区中高肥力地种植。

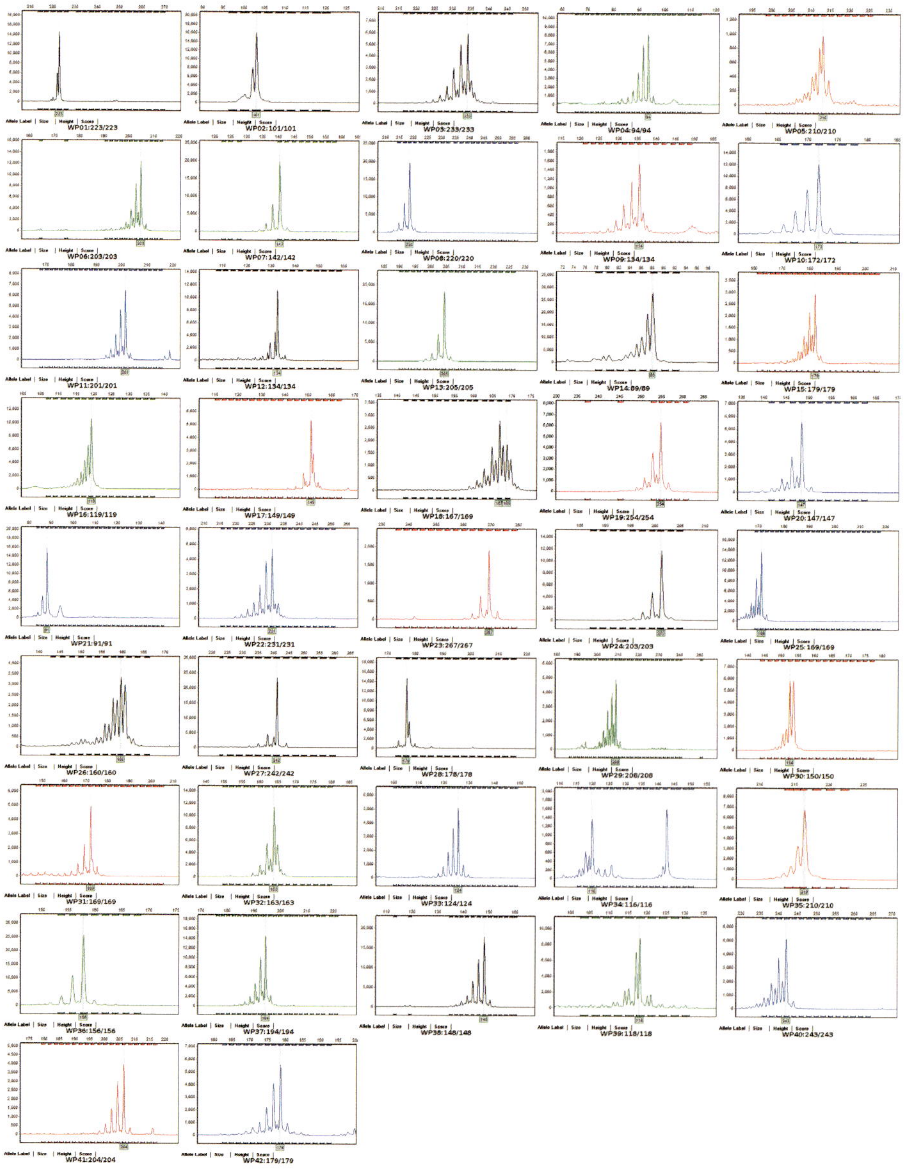

161. 洛旱17

审定编号：豫审麦2015026

选育单位：洛阳农林科学院

品种来源：温麦19/洛麦98138

特征特性：半冬性中熟品种，全生育期226.5~230.6 d。幼苗半匍匐，叶片短宽，叶色深绿。冬季抗寒性较好，分蘖力一般，成穗率较高。株型半紧凑，旗叶窄长，上冲，穗下节长，株高66.0~82.5 cm，抗倒性好。穗长方形，穗码较密，长芒，白壳，白粒，籽粒半角质，饱满度中等。亩成穗数28.8万~38.3万，穗粒数29.3~35.9粒，千粒重40.9~48.9 g。中感条锈病、叶锈病、白粉病、纹枯病，高感赤霉病。2013年、2014年经检测：蛋白质14.09%、14.2%，湿面筋29.4%、28.3%，容重790 g/L、790 g/L，白度78.2%、76.6%，沉淀指数72 mL、70 mL，硬度51 HI、44 HI，降落数值345 s、406 s，吸水量56.5 mL/100 g、58.3 mL/100 g，形成时间3.8 min、2.3 min，稳定时间4 min、2.3 min，弱化度110 F.U.、142 F.U.，出粉率72.1%、68.9%。

产量表现：2012—2013年度河南省旱地组区域试验，平均亩产252.7 kg，比对照品种洛旱7号增产5.5%，不显著。2013—2014年度续试，平均亩产389.7 kg，比对照品种洛旱7号增产3.7%，显著。2014—2015年度河南省旱地组生产试验，平均亩产439.4 kg，比对照品种洛旱7号增产11.0%。

栽培技术要点：播种期10月5—20日，最佳播种期10月10日左右，最佳播种量8~10 kg/亩，晚播可适当加大播种量。施肥可按稳氮增磷补钾的原则，每亩施氮9 kg、磷6 kg、钾6 kg，可采用一炮轰的方法。重点防治蚜虫危害。要注意适时收获，防止遇雨发芽。

适宜种植区域：适宜河南省丘陵及旱肥地麦区旱中茬种植。

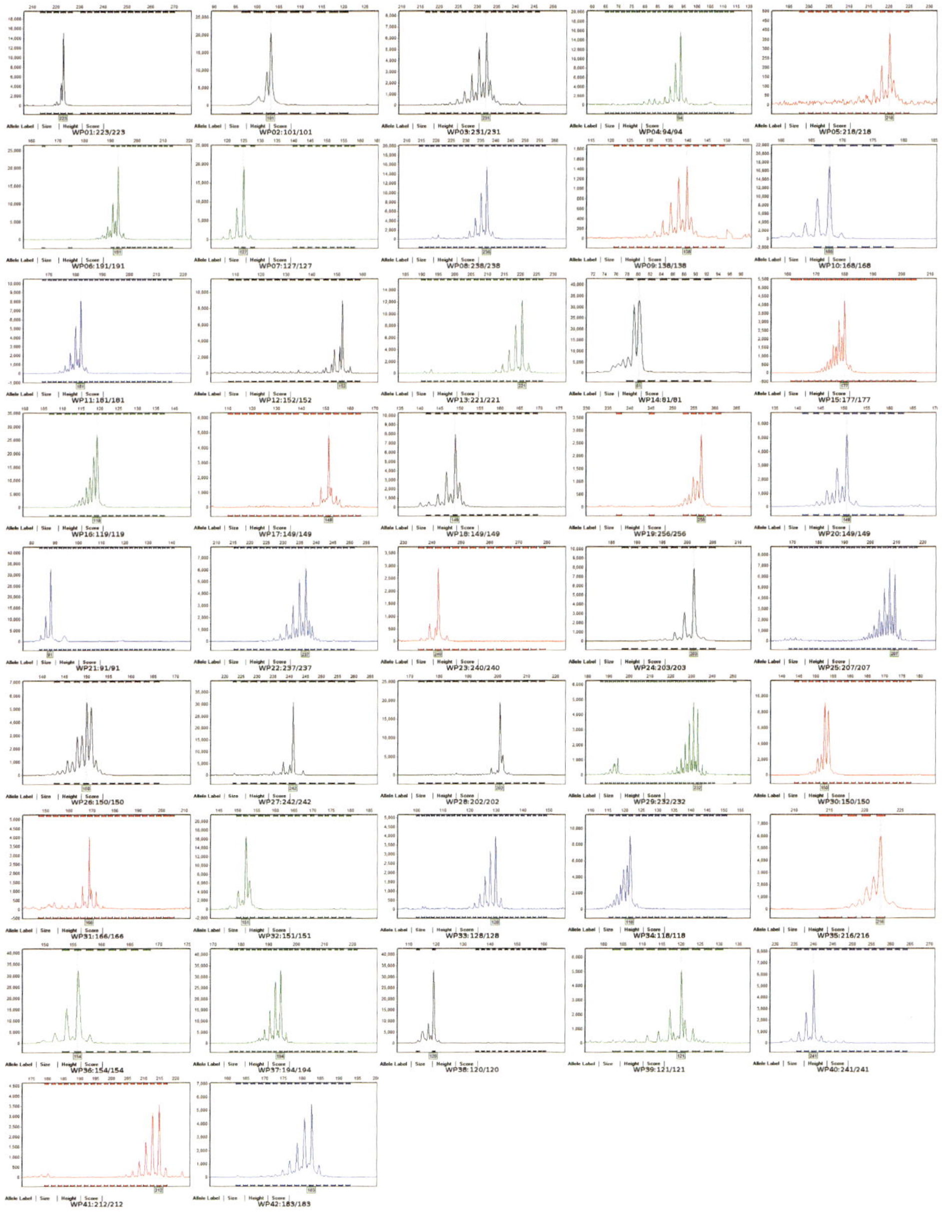

162. 偃亳330

审定编号：豫审麦2015027

选育单位：河南省亳都种业有限公司

品种来源：豫麦10号/豫麦49

特征特性：半冬性中熟品种，全生育期226.8~231.3 d。幼苗半匍匐，叶片长宽，叶色深绿。冬季抗寒性一般，分蘖成穗率中等。株型较紧凑，旗叶短宽，茎叶蜡质，株高63.0~83.0 cm，茎秆粗壮，抗倒性好。穗长方形，穗码较密，长芒，白壳，白粒，籽粒半角质。亩穗数26.5万~36.3万，穗粒数28.2~35.5粒，千粒重47.6~50.5 g。中感条锈病、叶锈病、白粉病、纹枯病，高感赤霉病。2013年、2014年经检测：蛋白质14.65%、14.07%，湿面筋27.3%、25%，容重792 g/L、812 g/L，白度75.6%、73.4%，沉淀指数72 mL、72 mL，硬度64 HI、66 HI，降落数值363 s、520 s，吸水量61 mL/100 g、63 mL/100 g，形成时间4.7 min、3.5 min，稳定时间7 min、3.1 min，弱化度93 F.U.、154 F.U.，出粉率70.3%、71.7%。

产量表现：2012—2013年度河南省旱地组区域试验，平均亩产247.5 kg，比对照品种洛旱7号增产3.3%，不显著。2013—2014年度续试，平均亩产397.6 kg，比对照品种洛旱7号增产5.7%，极显著。2014—2015年度河南省旱地组生产试验，平均亩产427.8 kg，比对照品种洛旱7号增产8.5%。

栽培技术要点：播种期10月10—30日，亩播种量8~12 kg，每推迟3 d增加0.5 kg播种量为宜。精细整地，足墒下种，氮、磷、钾每亩用量分别为尿素20 kg、磷酸二铵20 kg、氯化钾10 kg，追肥宜早不宜晚，拔节后每亩追施尿素10 kg。注意苗全苗壮，提高成穗数，后期注意防治蚜虫等病虫害，尤其注意防治条锈病、叶锈病、白粉病和赤霉病及蚜虫。

适宜种植区域：适宜河南省丘陵及旱肥地麦区早中茬种植。

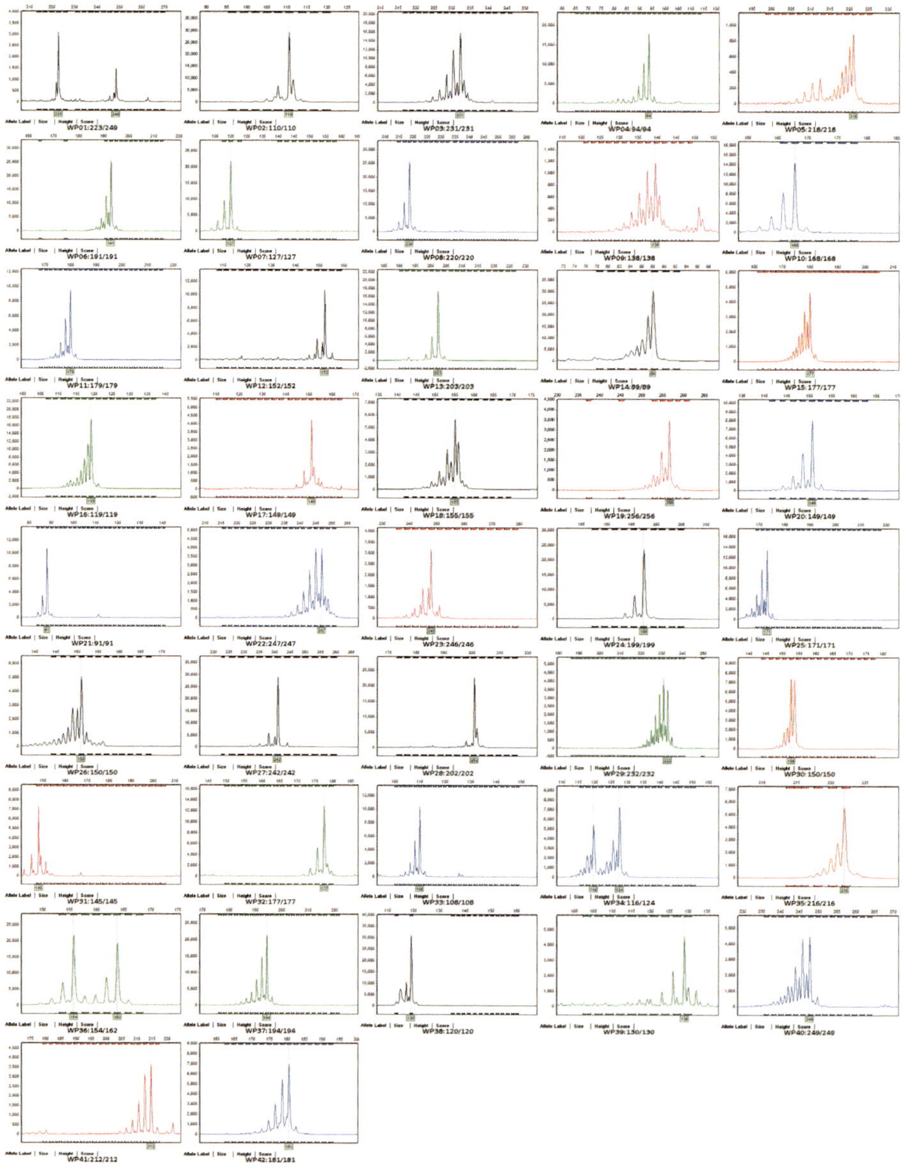

163. 世纪281

审定编号： 豫审麦2015028

选育单位： 河南顶呱呱种业有限公司

品种来源： 温2540/周8826//济麦1号

特征特性： 半冬性中熟品种，全生育期226.7~230.1 d。幼苗半匍匐，叶片短宽，叶色深绿。冬季抗寒性一般，分蘖成穗率中等，春季起身拔节早，抽穗早。株型半紧凑，旗叶短宽、上举，穗下节长，株高63.0~82.4 cm，茎秆粗壮，抗倒性好。穗长方形，穗码较密，长芒，白壳，白粒，籽粒半角质。耐后期高温，熟相好。亩穗数27.2万~37.2万，穗粒数29.7~37.3粒，千粒重44.4~49.7 g。中感条锈病、叶锈病、白粉病、纹枯病，高感赤霉病。2013年、2014年经检测：蛋白质13.79%、蛋白质13.77%，湿面筋30.2%、湿面筋28%，容重792 g/L、813 g/L，白度75.1%、73.2%，沉淀指数82 mL、71 mL，硬度61 HI、66 HI，降落数值318 s、540 s，吸水量59.5 mL/100 g、62.3 mL/100 g，形成时间3.2 min、2.8 min，稳定时间3.1 min、2.6 min，弱化度110 F.U.、119 F.U.，出粉率71.3%、73.4%。

产量表现： 2012—2013年度河南省旱地组区域试验，平均亩产250.4 kg，比对照品种洛旱7号增产4.6%，不显著。2013—2014年度续试，增产点率72.7%，平均亩产389.3 kg，比对照品种洛旱7号增产3.5%，显著。2014—2015年度河南省旱地组生产试验，平均亩产441.5 kg，比对照品种洛旱7号增产11.6%。

栽培技术要点： 适播种期10月中下旬，最佳播种期10月15日前后，播种量8~9 kg，旱薄地或延期播种，适当增加播种量。施足底肥，亩施农家肥3~4 m^3，提倡测土配方施肥，注重N.P.K合理搭配。在返青拔节期结合化学田间除草，喷洒多菌灵和粉锈宁，防治叶锈病、白粉病和纹枯病。抽穗扬花期喷洒烯唑醇，防治赤霉病。注意防治蚜虫，特别是穗蚜。

适宜种植区域： 适宜河南省丘陵及旱肥地麦区早中茬种植。

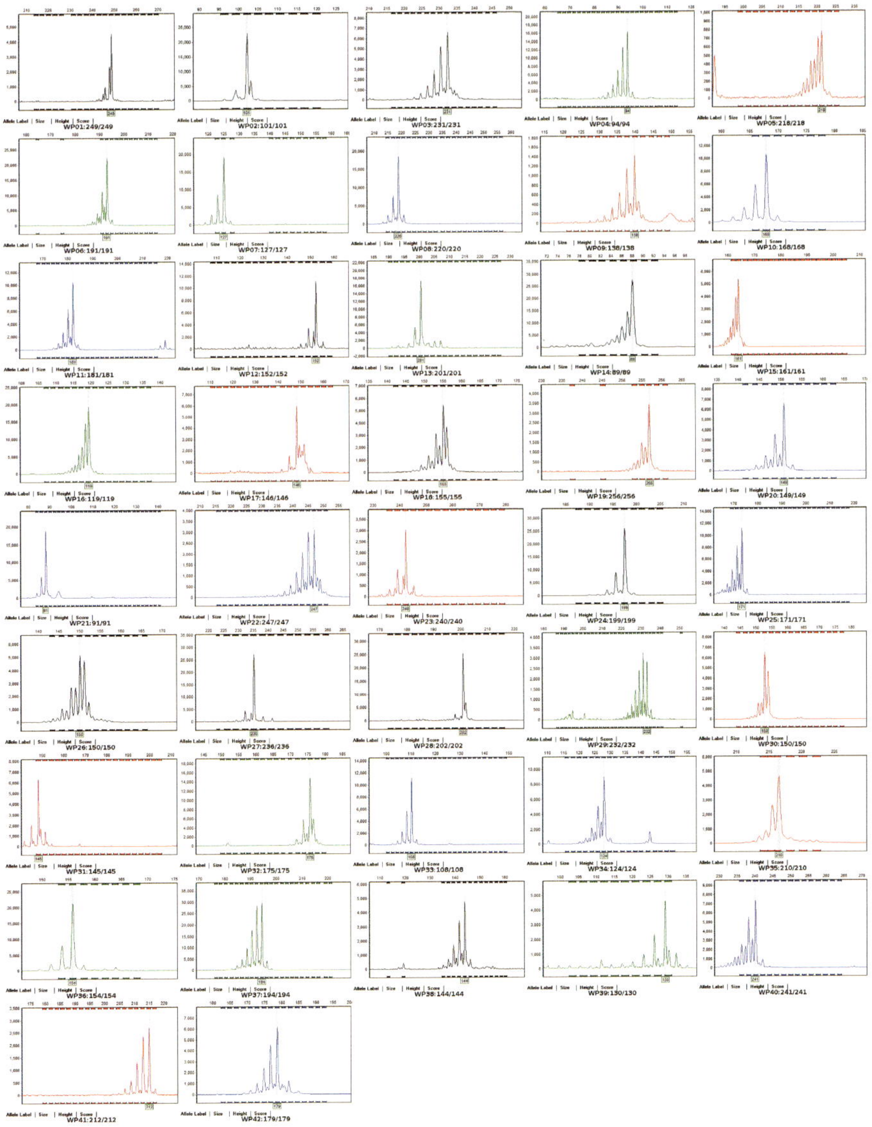

164. 春丰0017

审定编号：豫审麦2016001

选育单位：张三坤

品种来源：兰考906/豫麦18

特征特性：弱春性多穗型早熟品种，全生育期211.5~222.3 d。幼苗半直立，叶色青绿，冬季抗寒能力差，分蘖力强，成穗率高，春季发育快，抽穗早。株型半松散，旗叶宽大半披，蜡质重，平均株高70.8~79.1 cm，抗倒能力一般。纺锤形穗，成熟落黄好。籽粒半角质，白粒，黑胚率低。亩成穗38.2万~42.9万，穗粒数29.2~34.2粒，千粒重39.1~41.3 g。中抗条锈病、叶锈病，高感白粉病，中感纹枯病。2009年、2010年经检测：容重804 g/L、842 g/L，蛋白质含量13.6%、14.26%，湿面筋含量28.4%、32.4%，降落数值413 s、436 s，吸水量56.9 mL/100 g、59.8 mL/100 g，形成时间1.5 min、3 min，稳定时间2.1 min、3.4 min，弱化度158 F.U.、70 F.U.，沉淀值59.5 mL、68.5 mL，硬度62 HI、61 HI，出粉率69%、71.5%。

产量表现：2008—2009年度参加河南省南部稻茬麦组区域试验，平均亩产374.9 kg，比对照品种豫麦18-99增产4.95%，不显著。2009—2010年度续试，平均亩产389.1 kg，比对照品种豫麦18-99增产10.38%，达极显著水平，两年汇总平均增产点率81.8%。2010—2011年度河南省南部稻茬麦组生产试验，平均亩产396.2 kg，比对照品种偃展4110增产6.2%。

栽培技术要点：适播种期为10月中下旬，最佳播种期10月15—25日。亩播种量7~8 kg，晚播可适当增加播种量。施足底肥。在生长正常情况下，早春应加以控制，推迟肥水运用时期，以免群体过大。拔节后期至孕穗初期结合浇水亩追施尿素5~10 kg。后期注意病虫害防治。

适宜种植区域：适宜河南南部稻茬麦区种植。

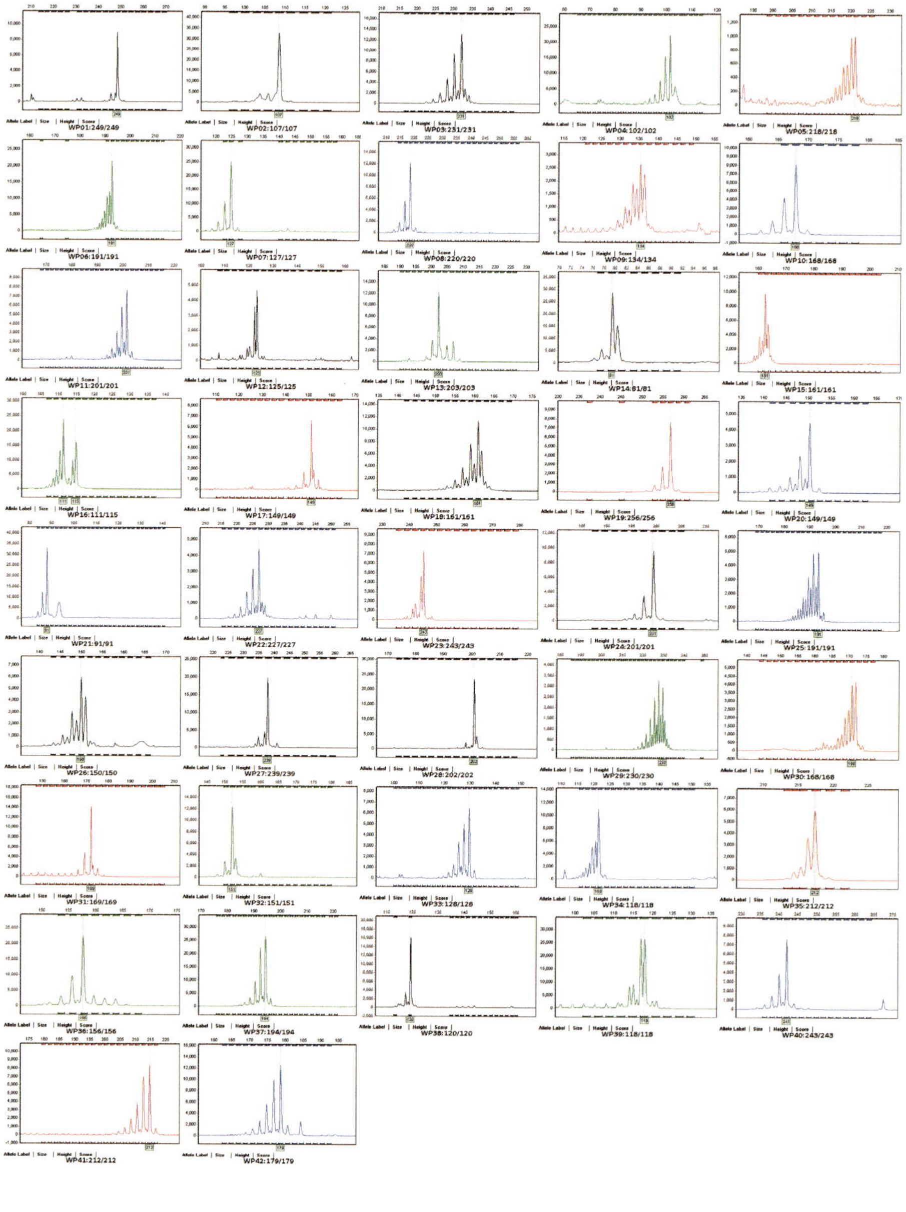

165. 中麦66

审定编号：豫审麦2017001

选育单位：中国农业科学院作物科学研究所、河南中原中农良种有限责任公司

品种来源：周麦18/鲁麦1号//周麦18

特征特性：半冬性中晚熟品种，全生育期230.3~232.2 d。幼苗半匍匐，叶片较长，叶色浅绿，冬季抗寒性一般。分蘖力强，成穗率一般，春季起身拔节快，抽穗偏晚。株型松紧适中，旗叶短宽、上冲，株高74.1~81 cm，茎秆弹性一般，抗倒伏能力中等。长方形穗，长芒、白壳、白粒、籽粒半角质，饱满度好。根系活力较好，成熟落黄较好。亩成穗数40.2万~46万，穗粒数33.6~35.3粒，千粒重41.4~45.6 g。中感条锈病、叶锈病、白粉病和纹枯病，高感赤霉病。2014年、2015年经检测：蛋白质含量14.2%、13.48%，容重804 g/L、823 g/L，湿面筋含量27.4%、26.3%，降落数值432 s、435 s，沉淀指数64 mL、54 mL，吸水量65.3 mL/100 g、62.8 mL/100 g，形成时间3.5 min、4.7 min，稳定时间2.2 min、4.5 min，弱化度180 F.U.、143 F.U.，硬度66 HI、69 HI，白度73.3%、72.4%，出粉率72.5%、73.2%。

产量表现：2013—2014年度河南省冬水A组区域试验，平均亩产584.5 kg，比对照品种周麦18增产4.61%，极显著。2014—2015年度河南省冬水A组区域试验，平均亩产560 kg，比对照品种周麦18增产8.58%，极显著。2015—2016年度河南省冬水C组生产试验，平均亩产537.8 kg，比对照品种周麦18增产5.63%。

栽培技术要点：播种期10月5—20日，最佳播种期10月10—15日。高肥力地块亩播种量7~8 kg，中低肥力可适当增加播种量，如延期播种，以每推迟3 d增加0.5 kg播种量为宜，20~23.5 cm等行距种植。施足底肥，拔节后，每亩追施尿素6 kg。拔节期结合田间化学除草适当进行化控，以降低株高。抽穗扬花期用杀菌剂防治赤霉病，灌浆期喷施磷酸二氢钾。适时收获，人工收获的地块在蜡熟期进行，机械收割可适当推迟。注意防治赤霉病。

适宜种植区域：适宜河南省（南部长江中下游麦区除外）旱中茬地种植。

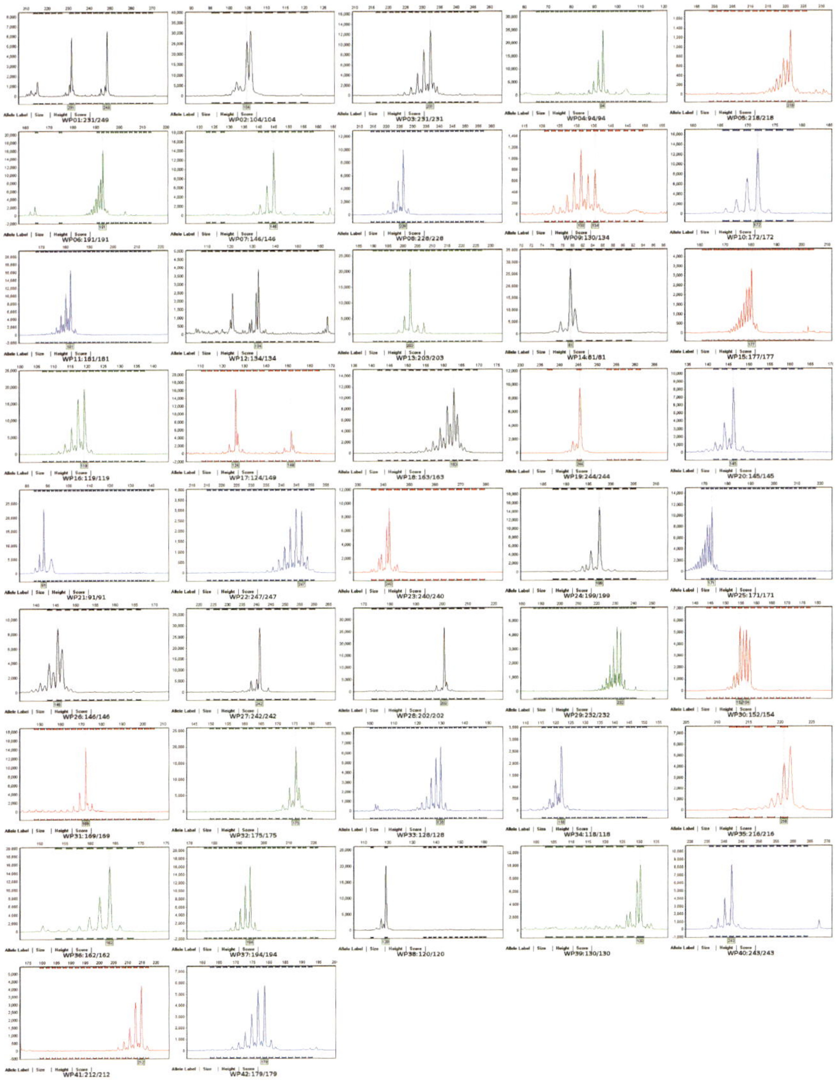

166. 豫农186

审定编号： 豫审麦2017002

选育单位： 河南农业大学

品种来源： 周麦16/豫农202

特征特性： 半冬性中晚熟品种，全生育期229.7~230.9 d。幼苗半匍匐，叶片较宽，叶色深绿，苗势较壮，冬季抗寒性较好。分蘖力一般，成穗率较高，春季起身拔节快，抽穗偏早。株高73.9~80.0 cm，茎秆弹性好，抗倒伏能力较强，对春季低温较敏感。穗纺锤形，长芒、白壳、白粒，籽粒半角质，饱满度中等。耐后期高温，成熟落黄较好。亩成穗数37.5万~44.5万，穗粒数32.4~35.3粒，千粒重44.9~49.5 g。中感条锈病、叶锈病、白粉病和纹枯病，高感赤霉病。2014年、2015年农经检测：蛋白质含量13.6%、13.02%，容重782 g/L、820 g/L，湿面筋含量28.1%、26.4%，降落数值443 s、419 s，沉淀指数60 mL、59 mL，吸水量63.2 mL/100 g、59.6 mL/100 g，形成时间2.7 min、2.3 min，稳定时间1.7 min、2.7 min，弱化度198 F.U.、138 F.U.，硬度62 HI、62 HI，白度72.4%、73.8%，出粉率68.7%、72.6%。

产量表现： 2013—2014年度河南省冬水B组区域试验，平均亩产583.3 kg，比对照品种周麦18增产6.24%，极显著。2014—2015年度河南省冬水A组区域试验，平均亩产559.1 kg，比对照品种周麦18增产8.4%，极显著。2015—2016年度河南省冬水C组生产试验，平均亩产544.7 kg，比对照品种周麦18增产7%。

栽培技术要点： 适播种期10月8—20日，基本苗15万~20万/亩，高肥力地块亩播种量8~9 kg，中低肥力9~10 kg，如延期播种以每推迟3 d增加0.5 kg播种量为宜。行距16.7~23.5 cm。全生育期每亩施肥量：有机肥3 000 kg，氮14 kg，磷10 kg，钾7.5 kg，硫酸锌1 kg。磷、钾肥和微肥一次性底施，其中氮肥的底肥与追肥的比例5∶5，拔节期追肥。抽穗扬花期用杀菌剂防治赤霉病。

适宜种植区域： 适宜河南省（南部长江中下游麦区除外）早中茬地种植。注意防治赤霉病。

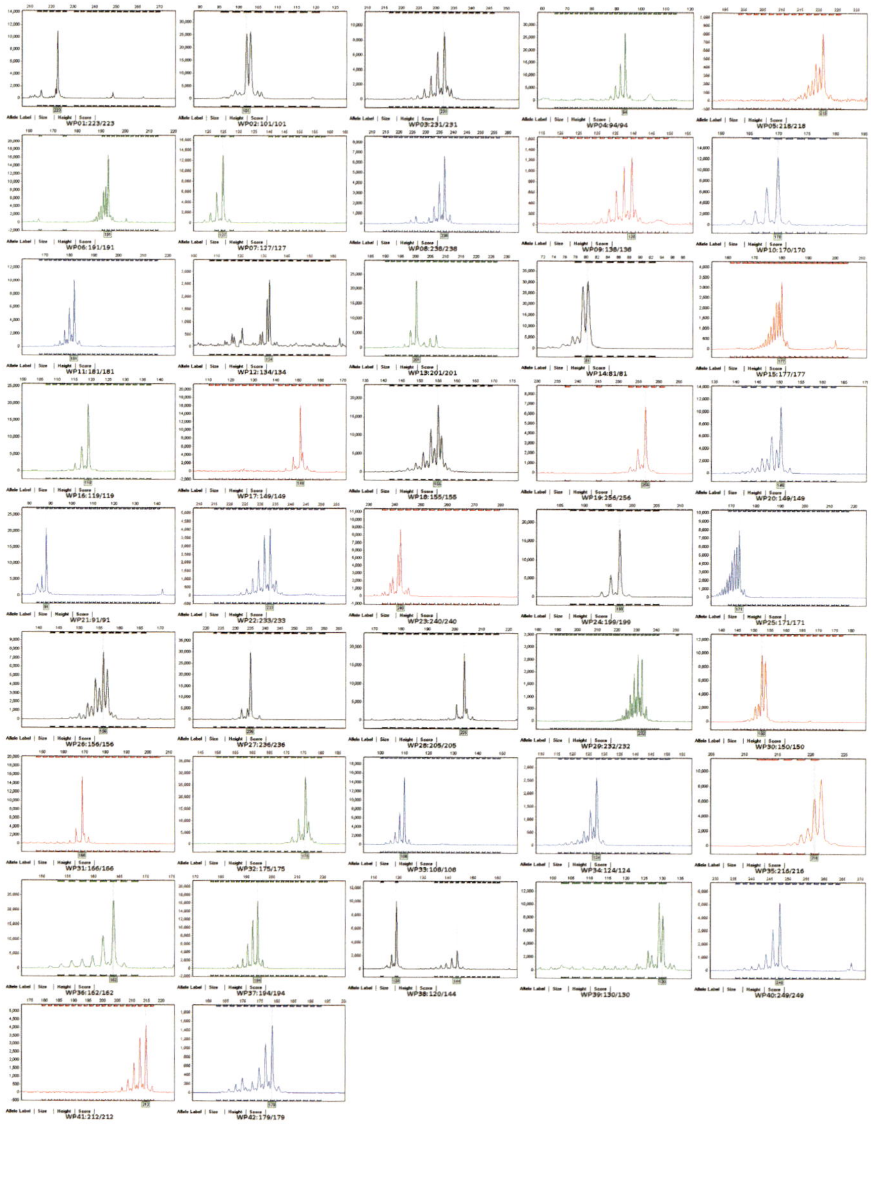

167. 百农4199

审定编号：豫审麦2017003

选育单位：河南科技学院

品种来源：百农高光3709 F2/矮抗58

特征特性：半冬性中早熟品种，全生育期229.0~230.9 d。幼苗半匍匐，叶片短宽，叶色浓绿，冬季抗寒性好。分蘖力一般，成穗率高，春季起身拔节早，抽穗早。株型偏紧凑，旗叶小、上举，株高68.1~75 cm，抗倒伏能力一般，对春季低温较敏感。纺锤形穗，上部穗码较密，长芒、白壳、白粒、角质，籽粒饱满度好。不耐后期高温，熟相一般。亩成穗数41.1万~46.1万，穗粒数30.5~32.8粒，千粒重45.0~47.5 g。中抗条锈病，中感叶锈病、白粉病和纹枯病，高感赤霉病。2014年、2015年经检测：蛋白质含量14.05%、13.44%，容重801 g/L、822 g/L，湿面筋含量26.8%、26.8%，降落数值504 s、455 s，沉淀指数74 mL、78 mL，吸水量62.9 mL/100 g、61.4 mL/100 g，形成时间3.7 min、1.9 min，稳定时间4.2 min、6.5 min，弱化度120 F.U.、50 F.U.，硬度66 HI、64 HI，白度73%、73.6%，出粉率73.1%、72.4%。

产量表现：2013—2014年河南省冬水A组区域试验，平均亩产580.9 kg，比对照品种周麦18增产3.98%，极显著。2014—2015年河南省冬水A组区域试验，平均亩产547.3 kg，比对照品种周麦18增产6.11%，显著。2015—2016年度河南省冬水A组生产试验，平均亩产540.5 kg，比对照品种周麦18增产6.1%。

栽培技术要点：播种期10月5—15日，高肥力地块亩播种量7~8 kg，中低肥力可适当增加播种量，如延期播种以每推迟3 d增加0.5 kg播种量为宜。20~23.5 cm等行距种植。施足底肥，拔节后，每亩追施尿素6 kg。拔节期结合田间化学除草适当进行化控，以降低株高。抽穗扬花期结合天气情况及时喷施杀菌剂防治赤霉病，灌浆期喷施磷酸二氢钾。适时收获，人工收获的地块在蜡熟期进行，机械收割可适当推迟。

适宜种植区域：适宜河南省（南部长江中下游麦区除外）旱中茬地种植。注意防治赤霉病。

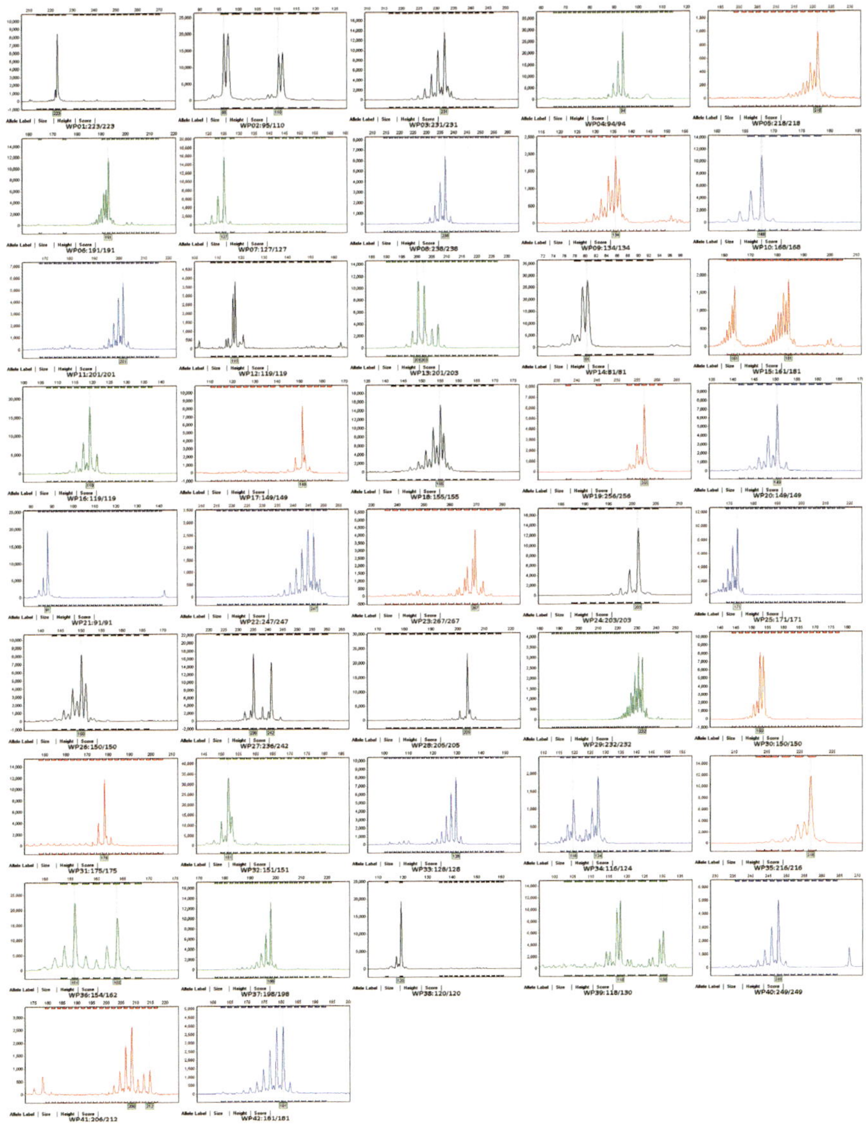

168. 偃高58

审定编号：豫审麦2017004

选育单位：洛阳市嘉创农业开发有限公司、偃师市金高种业有限公司

品种来源：周麦16/偃高1号

特征特性：半冬性中晚熟品种，全生育期230.1~231.9 d。幼苗半匍匐，叶片宽长，叶色浓绿，冬季抗寒性一般。分蘖力强，成穗率低，春季起身拔节较早，对春季低温较敏感。株型偏松散，旗叶较小，植株偏高，株高78.4~87 cm，茎秆弹性好，抗倒伏能力强。穗纺锤形，长芒、白壳、白粒、籽粒半角质，饱满度较好。不耐后期高温，熟相一般。亩成穗数35.7万~39.4万，穗粒数33.9~36.2粒，千粒重48.2~53.4 g。中感条锈病、叶锈病和白粉病，中抗纹枯病，高感赤霉病。2014年、2015年经检测：蛋白质含量14.48%、12.55%，容重786 g/L、820 g/L，湿面筋含量26.6%、23.8%，降落数值395 s、406 s，沉淀指数62 mL、70 mL，吸水量64.4 mL/100 g、63.6 mL/100 g，形成时间2.8 min、3 min，稳定时间1.9 min、4.3 min，弱化度196 F.U.、109 F.U.，硬度64 HI、66 HI，白度70.2%、76.4%，出粉率70.6%、71.7%。

产量表现：2013—2014年度河南省冬水B组区域试验，平均亩产571.7 kg，比对照品种周麦18增产4.13%，显著。2014—2015年度河南省冬水A组区域试验，平均亩产544.2 kg，比对照品种周麦18增产5.5%，显著。2015—2016年度河南省冬水C组生产试验，平均亩产534.7 kg，比对照品种周麦18增产5%。

栽培技术要点：播种期10月5—15日，最佳播种期10月8—10日。高肥力地块亩播种量7~8 kg，中低肥力可适当增加播种量，如延期播种，以每推迟3 d增加0.5 kg播种量为宜。20~23.5 cm等行距种植。施足底肥，足墒下种，有机肥与化学肥料配合。抽穗扬花期结合天气情况及时喷施杀菌剂防治赤霉病，防治病虫害，延长叶片功能期，增加千粒重，提高产量。

适宜种植区域：适宜河南省（南部长江中下游麦区除外）旱中茬地种植。注意防治赤霉病。

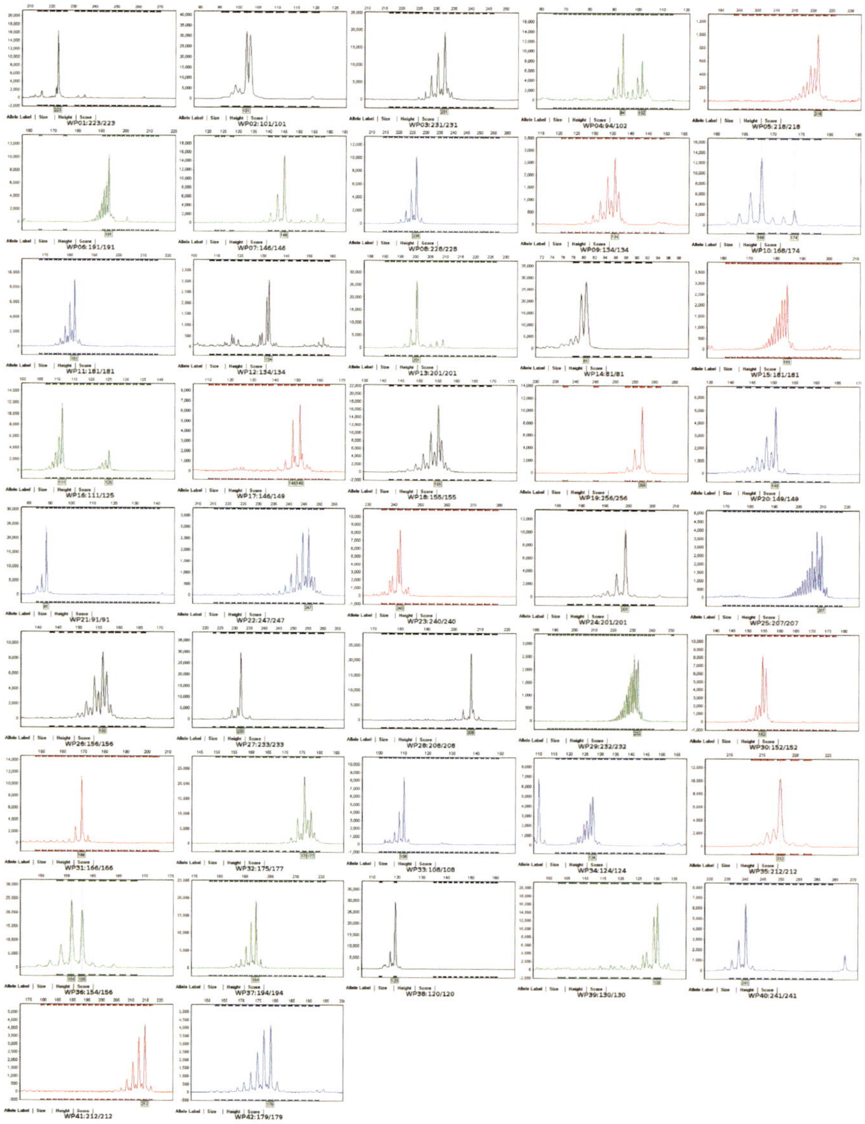

169. 郑麦129

审定编号：豫审麦2017005

选育单位：河南省农业科学院小麦研究所

品种来源：郑麦366/良星99

特征特性：半冬性中晚熟品种，全生育期229.6~230.4 d。幼苗半匍匐，叶片窄短，叶色浅绿。分蘖力强，成穗率高，春季起身拔节略迟，两极分化快。株型稍松散，旗叶窄短，植株偏高，株高80.2~90.0 cm，茎秆弹性好，较抗倒伏。穗纺锤形，长芒、白壳、白粒，籽粒角质。根系活力较强，耐后期高温，熟相较好。亩成穗数41.9万~46万，穗粒数28.7~32粒，千粒重44.8~46.5 g。中抗条锈病，中感叶锈病、白粉病和纹枯病，高感赤霉病。2014年、2015年经检测：蛋白质含量16.02%、15.07%，容重792 g/L、822 g/L，湿面筋含量30.2%、30%，降落数值591 s、513 s，沉淀指数80 mL、76 mL，吸水量67.4 mL/100 g、69.8 mL/100 g，形成时间4.8 min、5 min，稳定时间6.3 min、6.8 min，弱化度95 F.U.、79 F.U.，硬度66 HI、68 HI，白度72.8%、72.2%，出粉率69.5%、71.7%。

产量表现：2013—2014年度河南省冬水A组区域试验，平均亩产581.2 kg，比对照品种周麦18增产4.03%，极显著。2014—2015年度河南省冬水A组区域试验，平均亩产539.6 kg，比对照周麦18增产4.62%，不显著。2015—2016年度河南省冬水C组生产试验，平均亩产534.6 kg，比对照品种周麦18增产5%。

栽培技术要点：播种期10月5—15日，高肥力地块亩播种量7~8 kg，中低肥力可适当增加播种量，如延期播种，以每推迟3 d增加0.5 kg播种量为宜。20~23.5 cm等行距种植。施足底肥，拔节后，每亩追施尿素6 kg。拔节期结合田间化学除草适当进行化控，以降低株高。抽穗扬花期结合天气情况及时喷施杀菌剂防治赤霉病，灌浆期喷施磷酸二氢钾，后期结合天气情况及时防治病虫害。适时收获，人工收获的地块在蜡熟期进行，机械收割可适当推迟。

适宜种植区域：适宜河南省（南部长江中下游麦区除外）早中茬地种植。注意防治赤霉病。

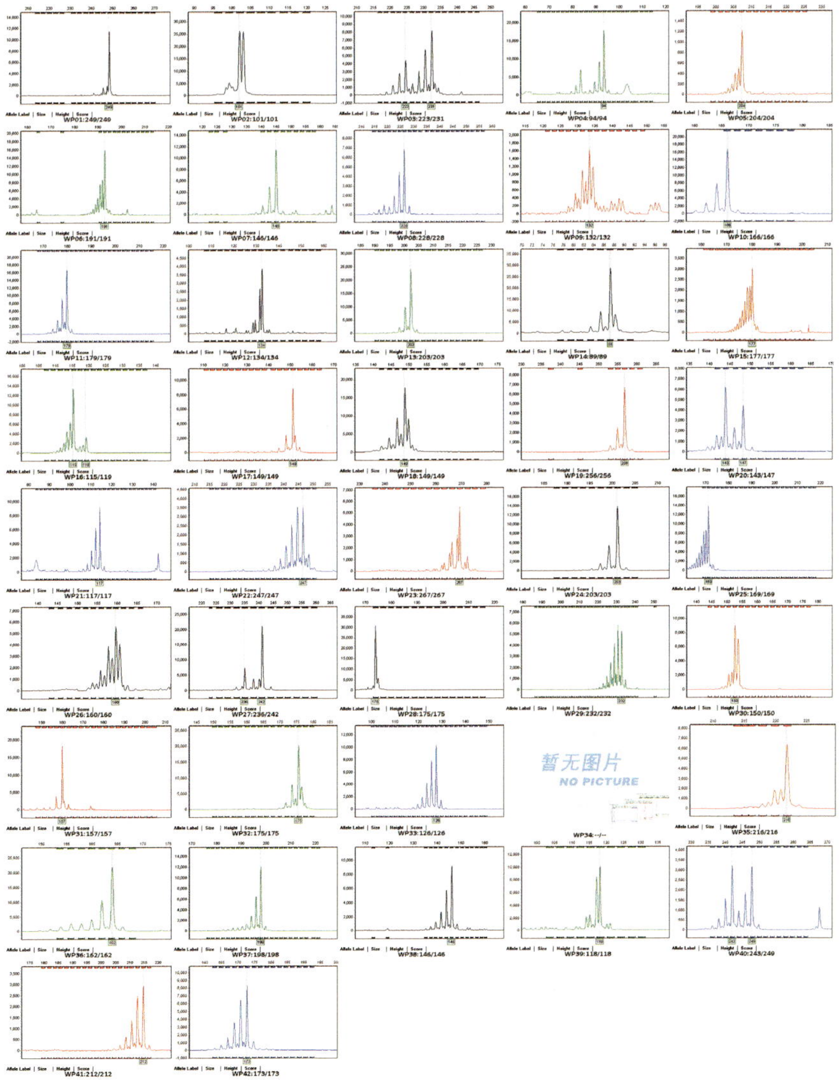

170. 中育1220

审定编号：豫审麦2017007

选育单位：中棉种业科技股份有限公司

品种来源：周麦22/洛麦21

特征特性：半冬性中晚熟品种，全生育期229.7~230.7 d。幼苗半匍匐，叶片宽长，叶色浅绿，冬季抗寒性一般，抗倒春寒能力弱。分蘖力中等，成穗率较高，春季返青起身早，两极分化快，抽穗早。株型偏松散，旗叶宽长、上举。株高79~85 cm，茎秆弹性好，抗倒伏能力强。纺锤形穗，长芒、白壳、白粒，籽粒半角质。亩成穗数38.7万~42.6万，穗粒数32.1~34.3粒，千粒重47.1~49.3 g。中抗条锈病，中感叶锈病、白粉病和纹枯病，高感赤霉病。2014年、2015年经检测：蛋白质含量15.17%、14.7%，容重771 g/L、810 g/L，湿面筋含量31.5%、31.9%，降落数值355 s、386 s，沉淀指数53 mL、58 mL，吸水量62.3 mL/100 g、61.9 mL/100 g，形成时间2.5 min、3 min，稳定时间1.8 min、2.3 min，弱化度187 F.U.、154 F.U.，硬度62 HI、62 HI，白度70.9%、72.5%，出粉率72.9%、71.8%。

产量表现：2013—2014年度河南省冬水C组区域试验，平均亩产593.9 kg，比对照品种周麦18增产5.15%，极显著。2014—2015年度河南省冬水B组区域试验，平均亩产570.1 kg，比对照品种周麦18增产10.37%，极显著。2015—2016年度河南省冬水B组生产试验，平均亩产548.6 kg，比同组对照周麦18增产6.7%。

栽培技术要点：播种期10月5—15日，最佳播种期在10月8—10日。高肥力地块亩播种量7~8 kg，中低肥力可适当增加播种量，如延期播种以每推迟3 d增加0.5 kg播种量为宜。20~23.5 cm等行距种植。施足底肥，拔节后，每亩追施尿素10 kg。拔节期结合田间化学除草适当进行化控，以降低株高。抽穗扬花期喷施杀菌剂防治赤霉病，灌浆期喷施磷酸二氢钾。适时收获，人工收获的地块在蜡熟期进行，机械收割可适当推迟。

适宜种植区域：适宜河南省（南部长江中下游麦区除外）早中茬地种植。注意防止倒春寒，防治赤霉病。

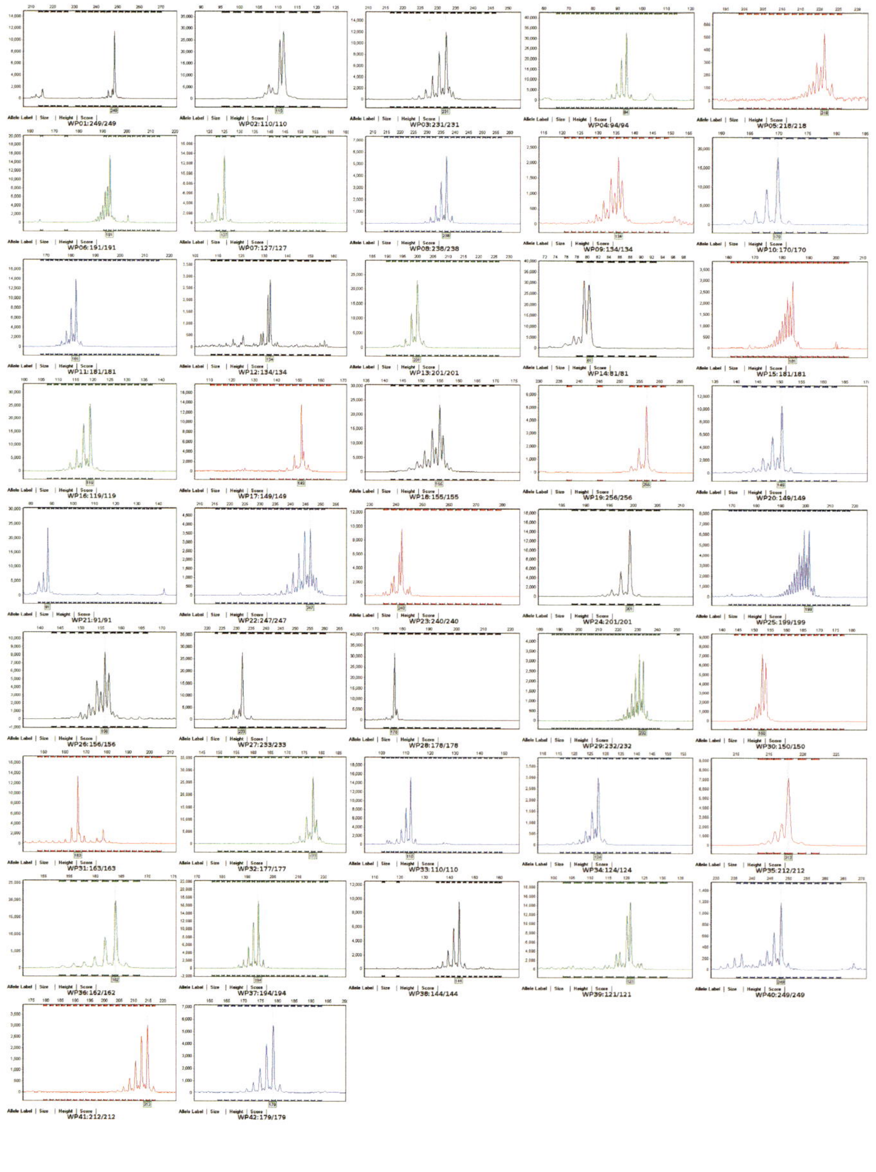

171. 洛麦31

审定编号：豫审麦2017009

选育单位：洛阳农林科学院、洛阳市中垦种业科技有限公司

品种来源：周麦18/百农AK58

特征特性：半冬性中晚熟品种，全生育期229.8~230.9 d。幼苗半匍匐，叶片宽长，色浓绿。分蘖力较强，成穗率一般，春季起身拔节快，两极分化慢，抽穗晚。株型偏松散，旗叶宽长，下披，株高73.6~80 cm。茎秆弹性好，抗倒伏能力强。穗长方形，长芒、白壳、白粒，籽粒角质。根系活力强，较耐后期高温，成熟落黄较好。亩成穗数36.5万~41.0万，穗粒数31.8~35.1粒，千粒重45.9~49.1 g。中抗条锈病，中感叶锈病、白粉病和纹枯病，高感赤霉病。2014年、2015年经检测：蛋白质含量14.47%、14.63%，容重804 g/L、817 g/L，湿面筋含量28.7%、31.3%，降落数值543 s、441 s，沉淀指数70 mL、71 mL，吸水量63.7 mL/100 g、64.2 mL/100 g，形成时间3.3 min、3.5 min，稳定时间2.5 min、4.5 min，弱化度147 F.U.、115 F.U.，硬度64 HI、67 HI，白度70.8%、73%，出粉率68.7%、73.2%。

产量表现：2013—2014年河南省冬水B组区域试验，平均亩产561.9 kg，较对照周麦18增产2.34%，不显著2014—2015年河南省水地冬水B组区域试验，平均亩产534.3 kg，比对照品种周麦18号增产3.44%，不显著。2015—2016年河南省冬水B组生产试验，平均亩产533.2 kg，比对照周麦18增产3.7%。

栽培技术要点：播种期10月5—15日，高肥力地块亩播种量8~10 kg，中低肥力可适当增加播种量，如延期播种以每推迟3 d增加0.5 kg播种量为宜。施足底肥，拔节后，每亩追施尿素6 kg。拔节期结合田间化学除草进行纹枯病的防治。抽穗扬花期喷施杀菌剂防治赤霉病。灌浆期喷施磷酸二氢钾。适时收获，人工收获的地块在蜡熟期进行，机械收割可适当推迟。

适宜种植区域：适宜河南省（南部长江中下游麦区除外）早中茬地种植。注意防治赤霉病，南阳盆地麦区慎用。

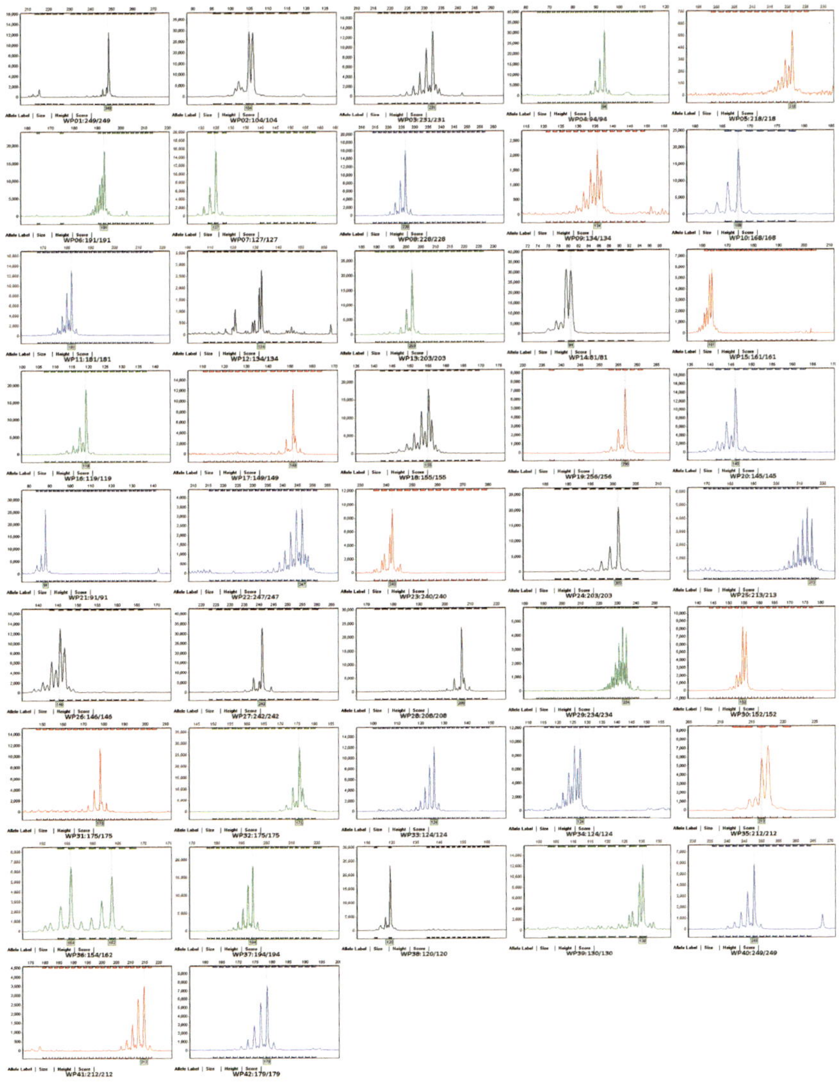

172. 昌麦9号

审定编号：豫审麦2017010

选育单位：许昌市农场、许昌市农业科学研究所

品种来源：周麦16/洛麦21

特征特性：半冬性中晚熟品种，全生育期230.4~231.6 d。幼苗半直立，叶片宽长，叶色浅绿。分蘖力中等，成穗率较高，春季起身拔节快，对春季低温稍敏感。株型稍松散，旗叶上举，下部叶片较小。株高78.2~84 cm，茎秆弹性弱，抗倒伏能力一般。穗长方形，穗小粒大，长芒、白壳、白粒，籽粒半角质。耐后期高温，熟相好。亩穗数37.5万~42.4万，穗粒数33.1~35.6粒，千粒重49.1~52.3 g。中抗条锈病，中感叶锈病、白粉病和纹枯病，高感赤霉病。2014年、2015年经检测：蛋白质含量14.86%、13.02%，容重784 g/L、814 g/L，湿面筋含量30.1%、27.1%，降落数值350 s、394 s，沉淀指数65 mL、60 mL，吸水量61.9 mL/100 g、61 mL/100 g，形成时间3.2 min、2.7 min，稳定时间2.1 min、2.4 min，弱化度176 F.U.、122 F.U.，硬度63 HI、64 HI，白度70.4%、73.4%，出粉率70.4%、73%。

产量表现：2013—2014年度河南省冬水C组区域试验，平均亩产592.1 kg，比对照品种周麦18增产4.83%，极显著。2014—2015年度河南省冬水B组区域试验，平均亩产533.6 kg，比对照品种周麦18增产3.29%，不显著。2015—2016年度河南省冬水A组生产试验，平均亩产541.38 kg，比对照品种周麦18增产6.3%。

栽培技术要点：播种期10月5—20日，最佳播种期10月8—15日，播种量8~10 kg/亩，如延期播种以每推迟3 d增加0.5 kg播种量为宜。精细整地，足墒播种，使用包衣种子或药剂拌种防治地下害虫。氮、磷、钾配方施肥，施足底肥，越冬前进行化学除草，适时浇好越冬水、拔节水。抽穗扬花期喷施杀菌剂防治赤霉病。灌浆期喷施磷酸二氢钾。

适宜种植区域：适宜河南省（南部长江中下游麦区除外）早中茬地种植。注意防治赤霉病，高水肥地防止倒伏。

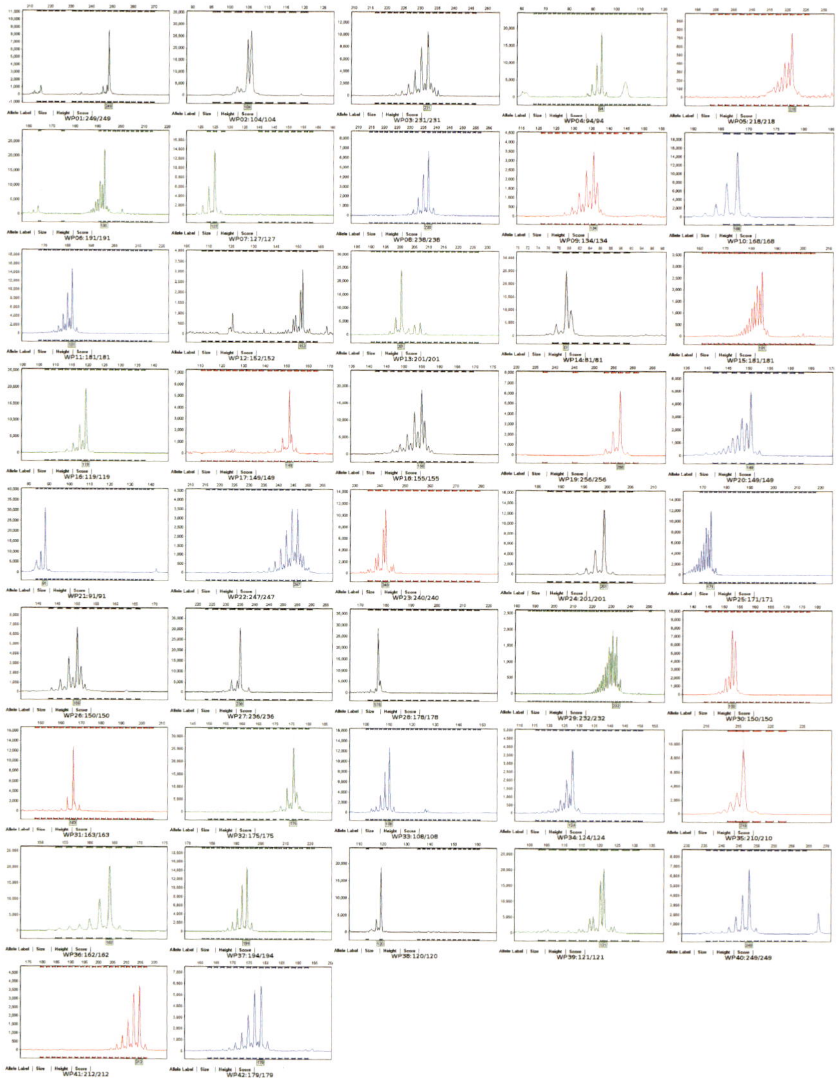

173. 囤麦127

审定编号：豫审麦2017011

选育单位：河南省金囤种业有限公司

品种来源：矮抗58/周麦16

特征特性：半冬性晚熟品种，全生育期230~232 d。幼苗半匍匐，叶片宽长，叶色灰绿，冬季抗寒性一般。分蘖力中等，成穗率偏低，春季起身拔节迟，两极分化慢，抽穗晚。株型偏紧凑，旗叶宽长、上举，株高71.9~80 cm。茎秆弹性一般，抗倒伏能力中等。纺锤形穗，长芒、白壳、白粒，籽粒角质。亩成穗数36.8万~41.8万，穗粒数32.1~35.4粒，千粒重44.8~49.7 g。中感条锈病、叶锈病、白粉病和纹枯病，高感赤霉病。2014年、2015年经检测：蛋白质含量14.55%、14.1%，容重804 g/L、836 g/L，湿面筋含量26.7%、25.3%，降落数值452 s、453 s，沉淀指数72 mL、75 mL，吸水量64.1 mL/100 g、62.6 mL/100 g，形成时间3.9 min、4.5 min，稳定时间2.6 min、6.9 min，弱化度156 F.U.、89 F.U.，硬度65 HI、65 HI，白度72.4%、74.3%，出粉率71.6%、66.2%。

产量表现：2013—2014年度河南省冬水A组区域试验，平均亩产584.2 kg，比对照品种周麦18增产4.56%，极显著。2014—2015年度河南省冬水B组区域试验，平均亩产531.9 kg，比对照品种周麦18增产2.96%，不显著。2015—2016年度河南省冬水A组生产试验，平均亩产530.7 kg，比对照品种周麦18增产4.2%。

栽培技术要点：播种期10月5—15日，高肥力地块亩播种量7~9 kg，中低肥力可适当增加播种量，如延期播种，以每推迟3 d增加0.5 kg播种量为宜，20~23.5 cm等行距种植。播种时重施底肥，注意氮、磷、钾配合使用，春季返青拔节期结合浇水追肥（每亩6 kg尿素），冬前合理促控，防止弱苗和旺长。春季返青拔节期可化学除草。根据土壤墒情和苗情及时浇水。抽穗扬花期喷施杀菌剂防治赤霉病。适时收获。

适宜种植区域：适宜河南省（南部长江中下游麦区除外）早中茬地种植。注意防治赤霉病，南阳盆地麦区慎用。

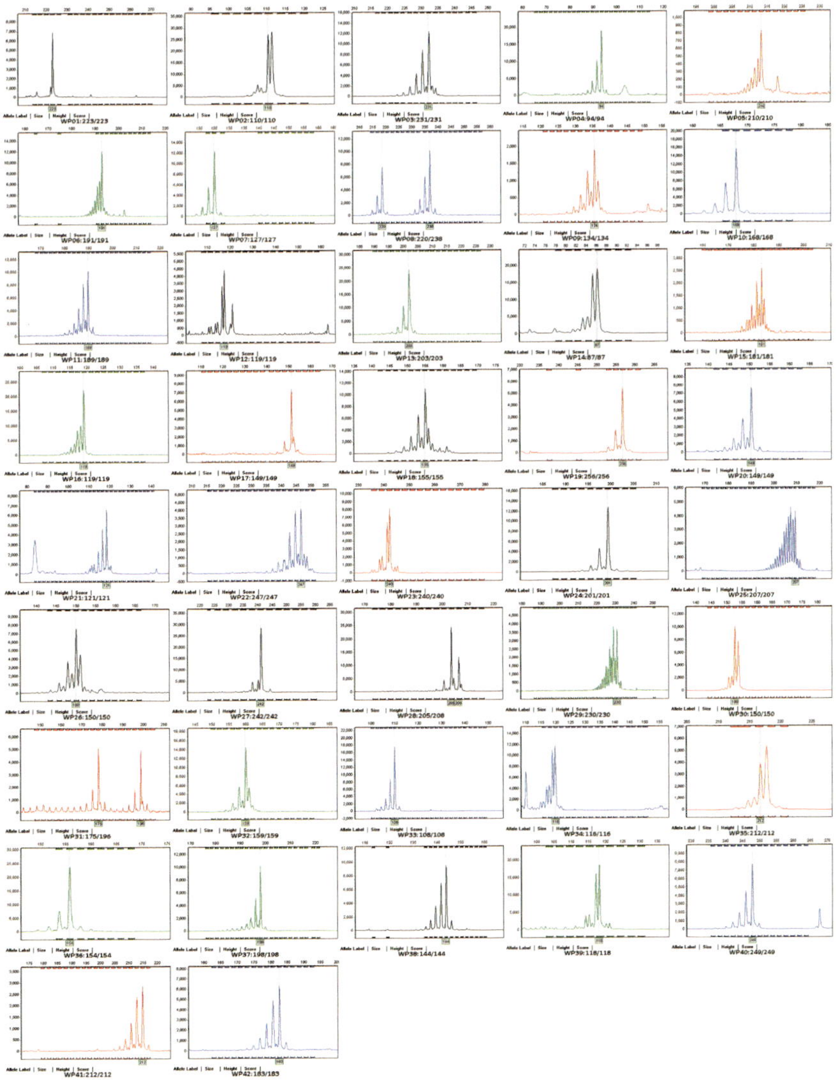

174. 滑育麦1号

审定编号：豫审麦2017012

选育单位：河南滑丰种业科技有限公司

品种来源：周麦16/矮抗58

特征特性：属半冬性晚熟品种，全生育期230.3~231.2 d。幼苗半匍匐，叶片宽长，叶色浓绿，冬季抗寒性一般。分蘖力弱，成穗率高，春季返青起身早，两极分化快。株型偏紧凑，旗叶宽短，上冲，株高79.2~87.0 cm，植株偏高，抗倒伏能力一般。穗长方形，长芒、白壳、白粒，籽粒角质。耐后期高温，熟相好。亩成穗数37.1万~44.2万，穗粒数29.3~35.6粒，千粒重49.1~52.3 g。中感条锈病、叶锈病、白粉病和纹枯病，高感赤霉病。2014年、2015年经检测：蛋白质含量13.28%、12.55%，容重782 g/L、815 g/L，湿面筋含量24.7%、25.1%，降落数值373 s、409 s，沉淀指数52/53 mL，吸水量63.4 mL/100 g、63.7 mL/100 g，形成时间2.6 min、2.5 min，稳定时间1.8 min、2.1 min，弱化度209 F.U.、170 F.U.，硬度65 HI、66 HI，白度71.8%、74.6%，出粉率69.6%、69.4%。

产量表现：2013—2014年度河南省冬水B组区域试验，平均亩产578.6 kg，比对照品种周麦18增产5.39%，极显著。2014—2015年度河南省冬水C组区域试验，平均亩产541.5 kg，比对照品种周麦18增产4.62%，不显著。2015—2016年度河南省冬水B组生产试验，平均亩产542.4 kg，比对照品种周麦18增产5.5%。

栽培技术要点：播种期10月5—15日，高肥力地块亩播种量7~8 kg，中低肥力可适当增加播种量，如延期播种以每推迟3 d增加0.5 kg播种量为宜。施足底肥，一般亩施氮12 kg，磷7.5 kg，钾7.5 kg或三元素复合肥（15：15：15）50 kg。返青至拔节期，每亩追施尿素7~10 kg。拔节前进行化学除草，并适当化控。抽穗扬花期及时喷施杀菌剂防治赤霉病，灌浆期喷施磷酸二氢钾，结合天气情况及时防治白粉病和穗蚜。适时收获。

适宜种植区域：适宜河南省（南部长江中下游麦区除外）早中茬地种植。注意防治赤霉病，高水肥地防止倒伏。

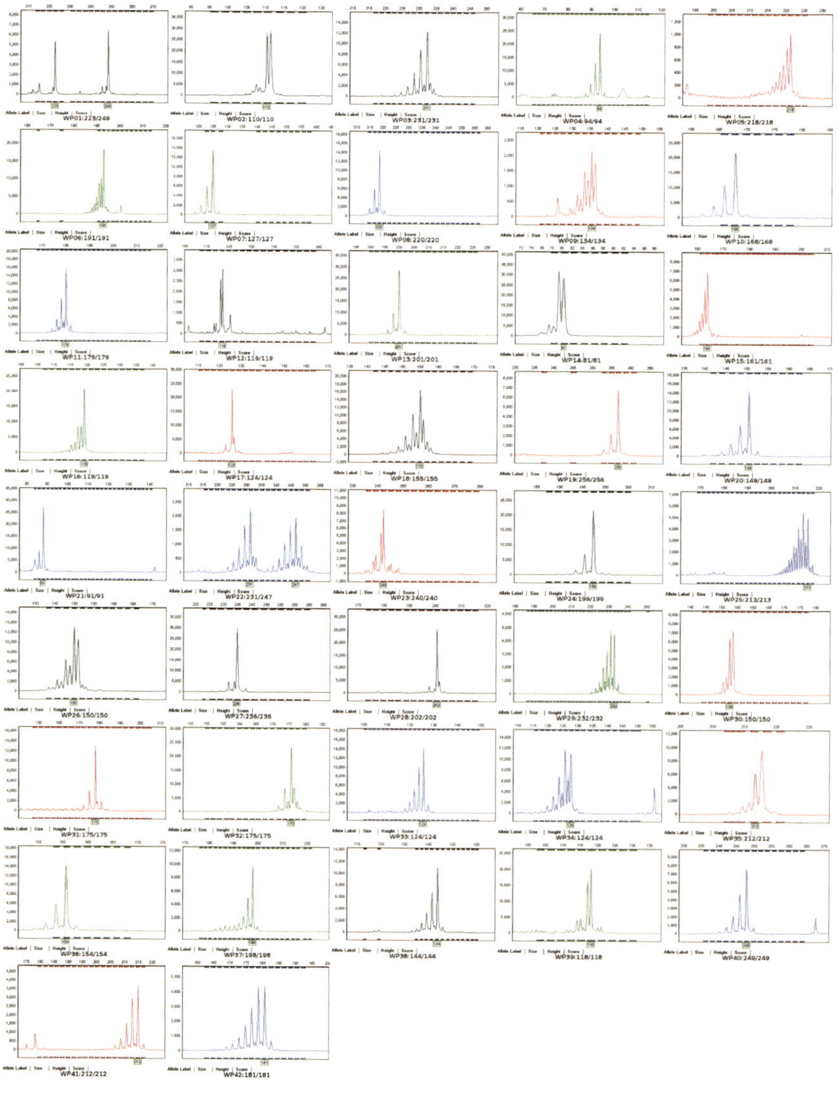

175. 丰德存麦13号

审定编号：豫审麦2017014

选育单位：河南丰德康种业有限公司

品种来源：周麦24/周麦22

特征特性：半冬性中晚熟品种。全生育期230.6~231 d。幼苗半匍匐，叶色浓绿，冬季抗寒性一般。分蘖力一般，成穗率中等，春季起身拔节早，抽穗偏晚，对春季低温较敏感。株型适中，旗叶上举，穗下节长，茎叶蜡质厚，株高78.1~84 cm，茎秆弹性一般，抗倒伏能力中等。穗长方形，长芒、白壳、白粒，籽粒半角质。耐后期高温，成熟落黄好。亩成穗数37.1万~40.2万，穗粒数34.3~34.8粒，千粒重46.8~49.5 g。中抗条锈病，中感叶锈病、白粉病和纹枯病，高感赤霉病。2014年、2015年经检测：蛋白质含量14.08%、13.62%，容重781 g/L、808 g/L，湿面筋含量27.8%、26.3%，降落数值449 s、432 s，沉淀指数66 mL、69 mL，吸水量60.8 mL/100 g、59.4 mL/100 g，形成时间2.8 min、3.2 min，稳定时间2.1 min、3.1 min，弱化度177 F.U.、120 F.U.，硬度61 HI、64 HI，白度72.4%、76.8%，出粉率72.1%、71.8%。

产量表现：2013—2014年度河南省冬水C组区域试验，平均亩产579.4 kg，比对照品种周麦18增产2.59%，不显著。2014—2015年度河南省冬水D组区域试验，平均亩产543.9 kg，比对照品种周麦18增产8.63%，极显著。2015—2016年度河南省冬水A组生产试验，平均亩产524.6 kg，比对照品种周麦18增产3%。

栽培技术要点：10月8—20日播种，播种量每亩9~13 kg，如延期播种以每推迟3 d增加0.5 kg播种量为宜。精细整地，足墒播种，一播全苗。科学施肥，氮、磷、钾配施。及时浇好越冬水、拔节孕穗水、灌浆水。抽穗扬花期喷施杀菌剂防治赤霉病。

适宜种植区域：适宜河南省（南部长江中下游麦区除外）早中茬地种植。注意防治赤霉病，南阳盆地麦区慎用。

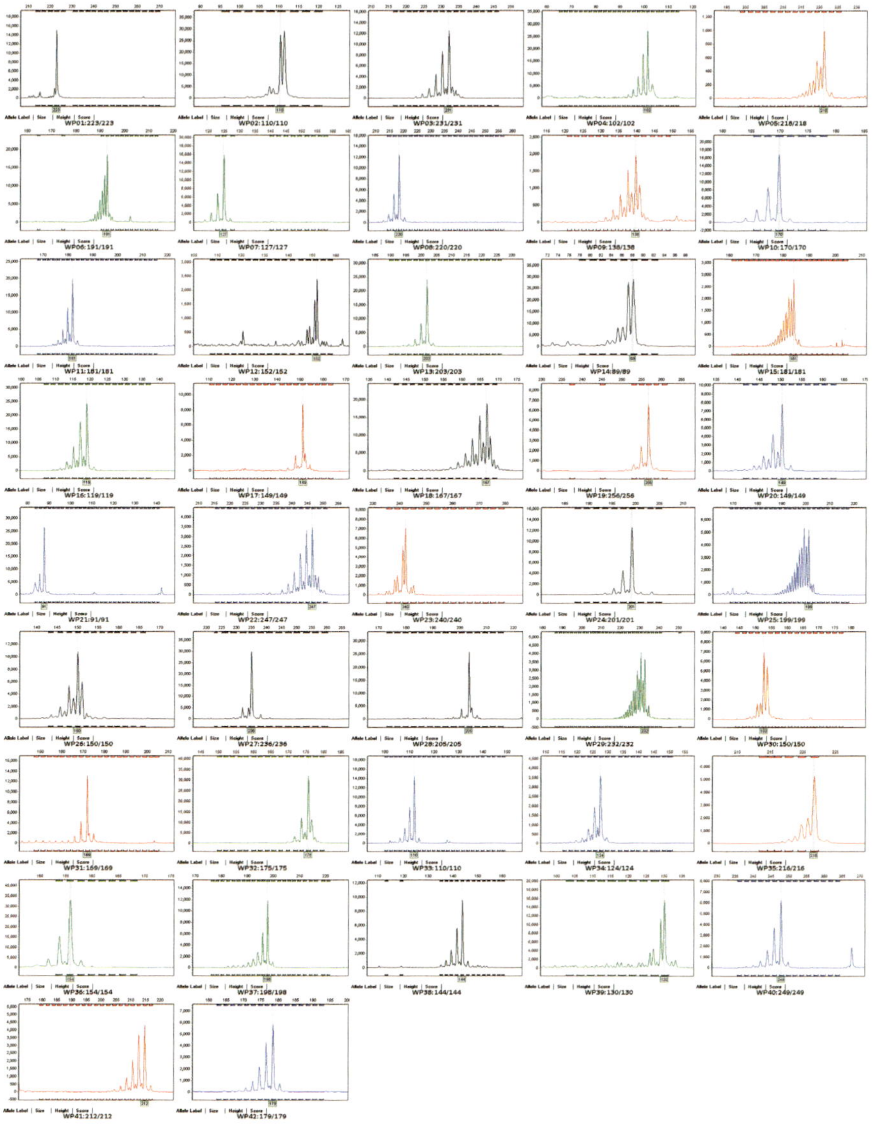

176. 新科麦168

审定编号：豫审麦2017015

选育单位：河南省新乡市农业科学院、河南九圣禾新科种业有限公司

品种来源：矮抗58/周麦16//洛麦21

特征特性：半冬性中晚熟品种，全生育期230.2~231.6 d。幼苗半匍匐，叶片宽、短，叶色浅绿，冬季抗寒性一般。分蘖力一般，成穗率中等，春季起身早。株型偏松散，旗叶宽、长，上举，株高76.4~84 cm，茎秆弹性好，抗倒伏能力强，对春季低温较敏感，有虚尖现象。穗长方形，长芒、白壳、白粒，籽粒半角质。耐后期高温，叶功能期长，熟相好。亩成穗数37.6万~42.2万，穗粒数30.6~33.6粒，千粒重48.5~50.3 g。中抗条锈病，中感叶锈病、白粉病和纹枯病，高感赤霉病。2014年、2015年经检测：蛋白质含量14.3%、14.43%，容重792 g/L、808 g/L，湿面筋含量28.4%、29.6%，降落数值391 s、406 s，沉淀指数58 mL、64 mL，吸水量63 mL/100 g、61.8 mL/100 g，形成时间2.9 min、3 min，稳定时间1.8 min、3.7 min，弱化度201 F.U.、109 F.U.，硬度64 HI、63 HI，白度70.6%、74%，出粉率68.4%、73.1%。

产量表现：2013—2014年度河南省冬水C组区域试验，平均亩产584.8 kg，比对照品种周麦18增产3.54%，差异显著。2014—2015年度河南省冬水D组区域试验，平均亩产528.2 kg，比对照品种周麦18增产5.49%，差异不显著。2015—2016年度河南省冬水B组生产试验，平均亩产544.3 kg，比对照品种周麦18增产5.9%。

栽培技术要点：播种期10月5—15日，最佳播种期在10月8—10日。高肥力地块亩播种量7~8 kg，中低肥力可适当增加播种量，如延期播种，以每推迟3 d增加0.5 kg播种量为宜。20~23.5 cm等行距种植。施足底肥，拔节后，每亩追施尿素6 kg。拔节期结合田间化学除草适当进行化控，以降低株高。抽穗扬花期用杀菌剂防治赤霉病，灌浆期喷施磷酸二氢钾，增加粒重，后期注意结合天气情况及时防治病虫害。适时收获。

适宜种植区域：适宜河南省（南部长江中下游麦区除外）早中茬地种植。注意防治赤霉病，高水肥地防止倒伏。

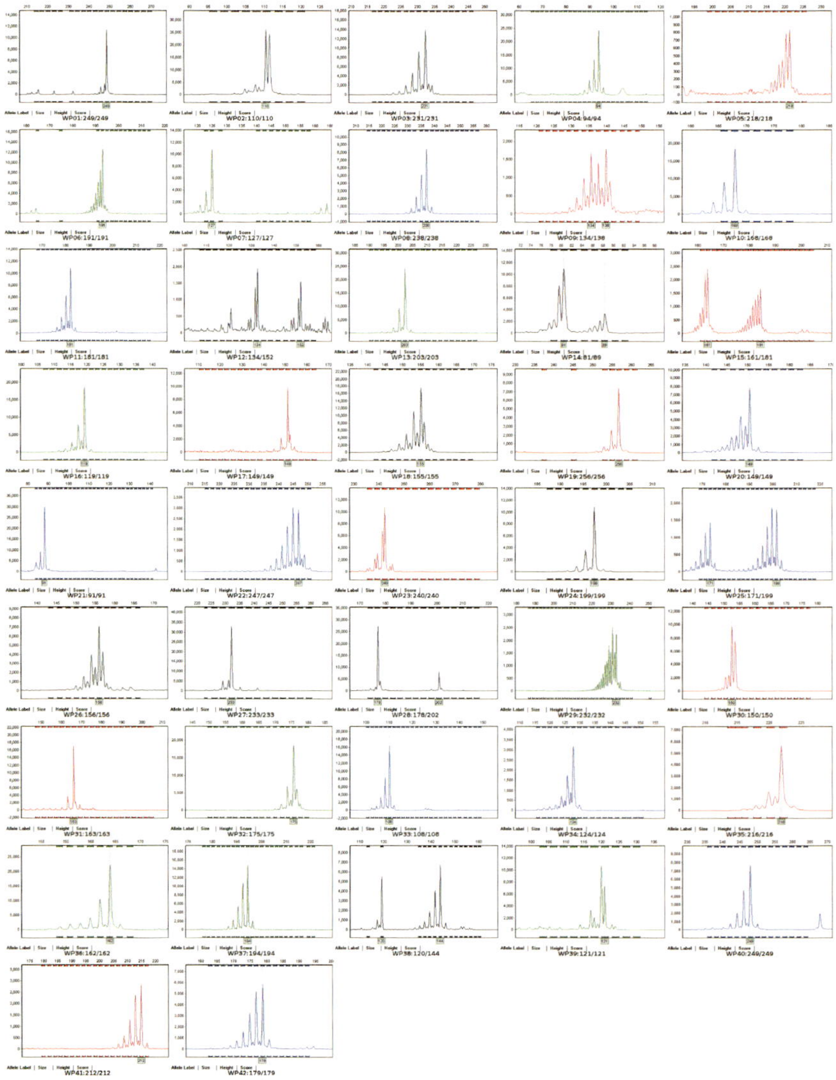

177. 囤麦128

审定编号：豫审麦2017016

选育单位：河南省金囤种业有限公司

品种来源：矮抗58/源育三号

特征特性：弱春性早熟品种，全生育期223~225.2 d。幼苗直立，叶片长，叶色深绿，冬季抗寒性较弱。分蘖力较弱，成穗率较高，春季起身早，两极分化快，抽穗较早。株型偏紧凑，旗叶宽长、上冲，株高68~78 cm，茎秆弹性一般，抗倒伏能力一般。穗纺锤形，穗较大，长芒、白壳、白粒，籽粒半角质，耐后期高温，成熟落黄好。亩成穗数36.9万~43.7万，穗粒数32~32.6粒，千粒重44.6~46.3 g。中感条锈病、叶锈病、白粉病和纹枯病，高感赤霉病。2014年、2015年经检测：蛋白质含量13.62%、13.7%，容重781 g/L、811 g/L，湿面筋含量24.4%、26.6%，降落数值495 s、460 s，沉淀指数49 mL、58 mL，吸水量62.9 mL/100 g、62.7 mL/100 g，形成时间2.8 min、3.2 min，稳定时间1.9 min、3.2 min，弱化度199 F.U.、148 F.U.，硬度64 HI、67 HI，白度70.5%、73.8%，出粉率71.1%、72.7%。

产量表现：2013—2014年度河南省春水A组区域试验，平均亩产534.9 kg，比对照品种偃展4110增产6.77%，差异极显著。2014—2015年度河南省春水A组区域试验，平均亩产516.9 kg，比对照品种偃展4110增产10.55%，差异极显著。2015—2016年度参加河南省春水组生产试验，平均亩产491.0 kg，比对照品种偃展4110增产5.7%。

栽培技术要点：播种期10月10—20日，最佳播种期在10月13—18日。20~23.5 cm等行距种植。播种时重施底肥，注意氮、磷、钾配合使用，春季返青拔节期结合浇水追肥（每亩6 kg尿素），冬前合理促控群体控制在100万左右，春季返青拔节期可化学除草。根据土壤墒情和苗情及时浇水，注意防治纹枯病。抽穗后及时浇灌浆水和叶面喷施磷酸二氢钾，以促进灌浆、提高粒重。喷施多菌灵、粉锈宁预防赤霉病、白粉病。喷施氧化乐果预防穗蚜。

适宜种植区域：适宜河南省（南部长江中下游麦区除外）中晚茬地种植。注意防治赤霉病。

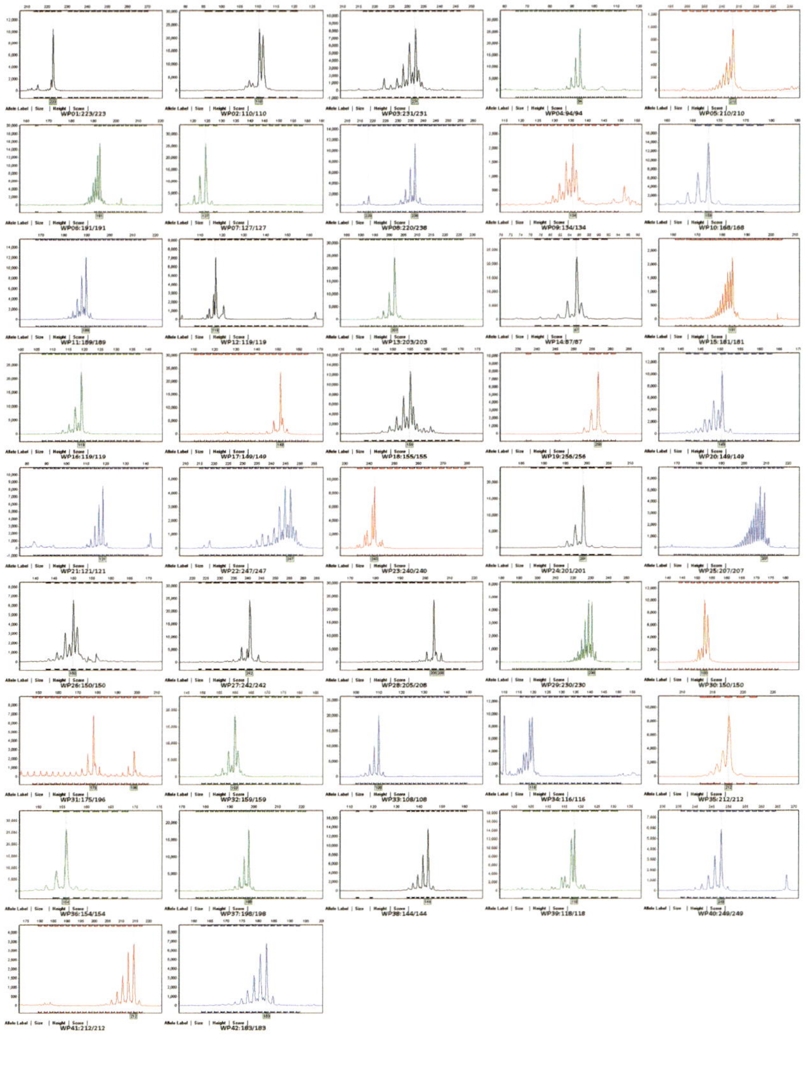

178. 天民184

审定编号：豫审麦2017017

选育单位：河南天民种业有限公司

品种来源：兰考198/兰考98-1-6-5

特征特性：弱春性早熟品种，全生育期222.9~225.5 d。幼苗直立，叶片长，冬季抗寒性中等。分蘖力一般，成穗率较高，春季起身早，两极分化较快，抽穗早，抗倒春寒能力较弱。株型偏紧凑，旗叶宽大、上冲，株高76.9~86 cm，茎秆弹性好，较抗倒伏。纺锤形穗，结实性较好，长芒、白壳、白粒，籽粒半角质，耐后期高温，熟相中等。亩成穗数36.5万~39.2万，穗粒数32.6~35.5粒，千粒重46.2~47.4 g。中抗条锈病，中感叶锈病、白粉病、纹枯病，高感赤霉病。2014年、2015年经检测：蛋白质含量14.92%、14.33%，容重772 g/L、804 g/L，湿面筋含量29.4%、29.4%，降落数值443 s、457 s，沉淀指数61 mL、67 mL，吸水量58.5 mL/100 g、61.3 mL/100 g，形成时间2.2 min、2.4 min，稳定时间1.6 min、2.3 min，弱化度200 F.U.、131 F.U.，硬度48 HI、58 HI，白度74.6%、76.3%，出粉率68.9%、68.1%。

产量表现：2013—2014年度河南省水地春水B组区域试验，平均亩产538.4 kg，比对照品种偃展4110增产5.97%，差异极显著。2014—2015年度河南省春水B组区域试验，平均亩产549.8 kg，比对照品种偃展4110增产15.02%，差异极显著。2015—2016年度河南省春水组生产试验，平均亩产491.0 kg，比对照品种偃展4110增产5.7%。

栽培技术要点：播种期10月15—30日，最佳播种期在10月15—20日。高肥力地块亩播种量10 kg，中肥力地块12.5 kg，如延期播种，以每推迟3 d增加0.5 kg播种量为宜。20~23.5 cm等行距种植。施足底肥，拔节后，每亩追施尿素15 kg。冬前分蘖盛期进行化学除草。拔节期结合田间化学除草适当进行化控，抽穗后及时喷施多菌灵、粉锈宁预防赤霉病、白粉病。喷施氧化乐果预防穗蚜。

适宜种植区域：适宜河南省（南部长江中下游麦区除外）中晚茬地种植。注意防治赤霉病。

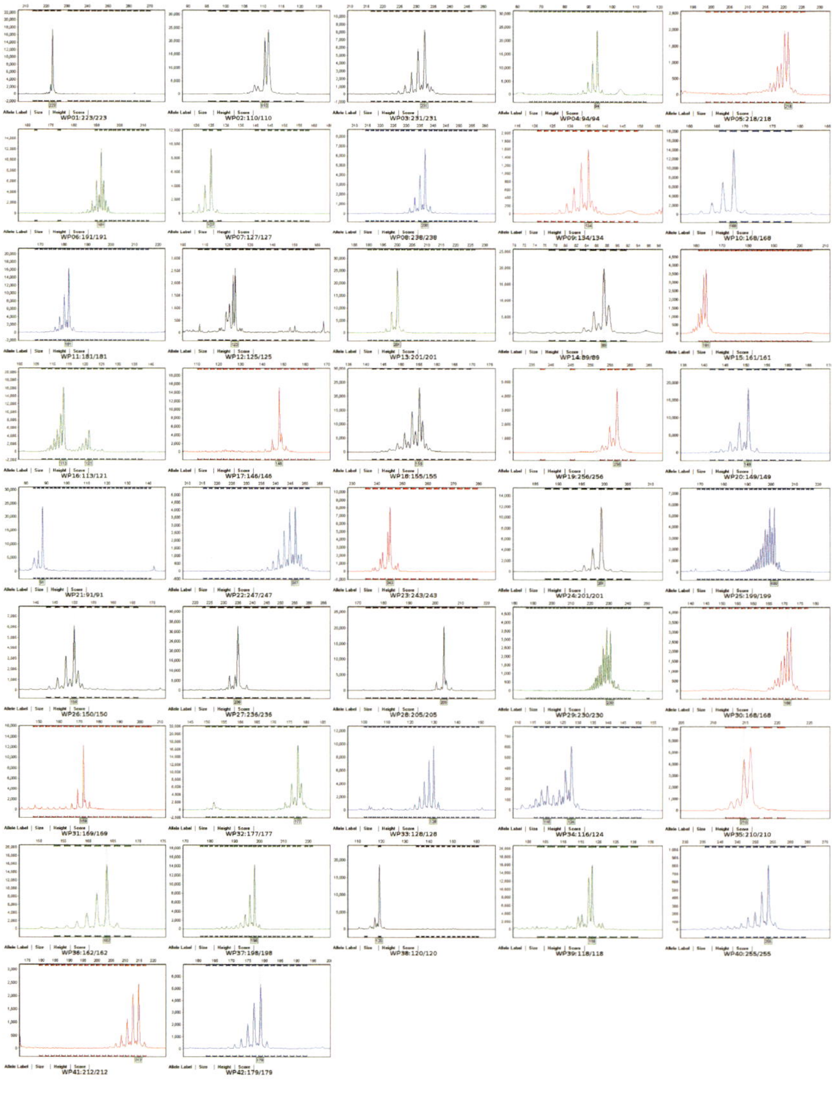

179. 立丰852

审定编号：豫审麦2017018

选育单位：焦作市立丰农业科技有限公司

品种来源：石4185/偃展1号BC3

特征特性：弱春性早熟品种，春性较强，全生育期222.3~224.7 d。幼苗直立，叶片宽大，叶色深绿，冬季抗寒性弱。分蘖力一般，成穗率高，春季起身早，两极分化较快，抽穗早。株型松散，旗叶上冲，株高78.1~86 cm，茎秆弹性一般，抗倒伏能力弱。纺锤形穗，长芒、白壳、白粒，籽粒半角质。后期灌浆速度快，成熟早，落黄好。平均亩穗数37.4万~43.6万，穗粒数31.1~33.3粒，千粒重43.2~46.6 g。中感条锈病、叶锈病、白粉病和纹枯病，高感赤霉病。2014年、2015年经检测：蛋白质含量13.94%、13.8%，容重772 g/L、814 g/L，湿面筋含量31.3%、28.7%，降落数值470 s、440 s，沉淀指数68 mL、71 mL，吸水量65.1 mL/100 g、68.3 mL/100 g，形成时间2.9 min、2.5 min，稳定时间1.8 min、2.9 min，弱化度190 F.U.、124 F.U.，硬度62 HI、65 HI，白度72.8%、76%，出粉率72.2%、69.8%。

产量表现：2013—2014年度河南省水地春水A组区域试验，平均亩产543.5 kg，比对照品种偃展4110增产8.5%，差异极显著。2014—2015年度河南省春水B组区域试验，平均亩产523.5 kg，比对照品种偃展4110增产9.53%，差异极显著。2015—2016年度河南省春水组生产试验，平均亩产493.9 kg，比对照品种偃展4110增产6.3%。

栽培技术要点：播种期10月15—25日，最佳播种期在10月18—23日。高肥力地块亩播种量7~8 kg，基本苗15万左右为宜。中低肥力可适当增加播种量，如延后播种，以每推迟3 d增加0.5 kg播种量为宜。施足底肥，拔节后，每亩追施尿素6 kg。拔节期结合田间化学除草适当进行化控，以降低株高。抽穗扬花期用多菌灵或甲基托布津可湿性粉剂等杀菌剂防治赤霉病。灌浆期喷施磷酸二氢钾，增加粒重。适时收获。

适宜种植区域：适宜河南省（南部长江中下游麦区除外）中晚茬地种植。注意防治赤霉病，高水肥地防止倒伏。

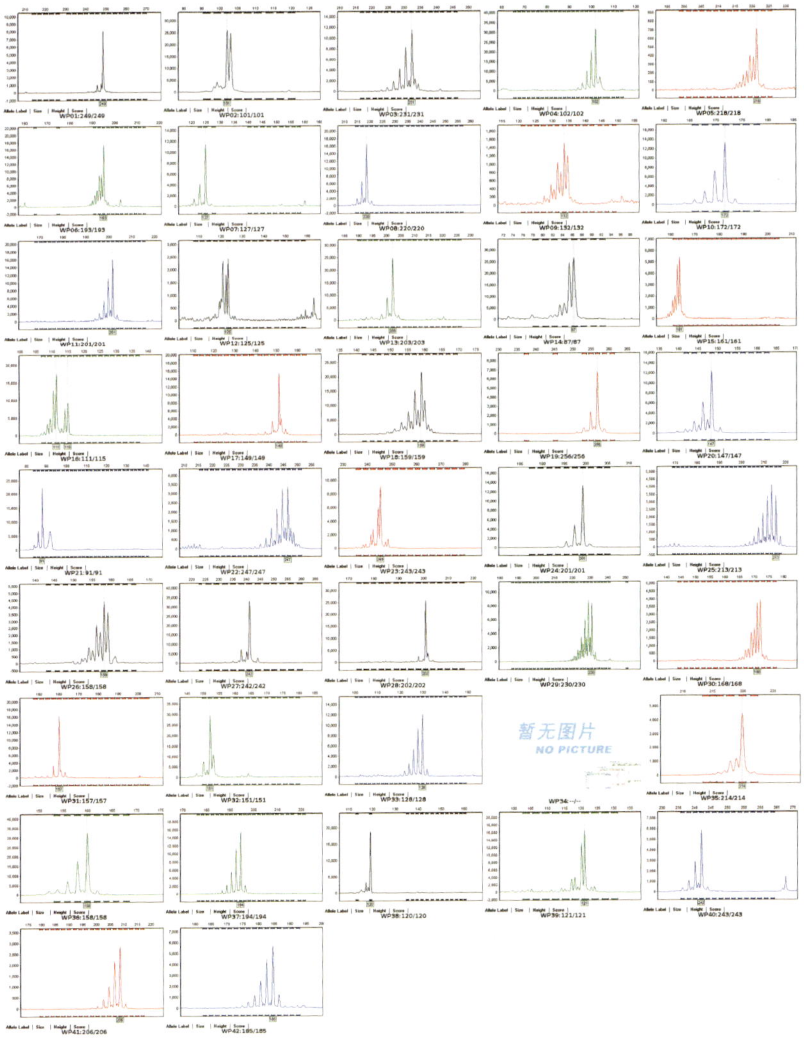

180. 百农201

审定编号：豫审麦2017019

选育单位：河南科技学院

品种来源：04中36/华育198

特征特性：弱春性中熟品种，全生育期224~225.7 d。幼苗半匍匐，叶片较长，冬季抗寒性弱。分蘖力高，成穗率一般，春季起身早，两极分化较快，抽穗较早，抗倒春寒能力一般。株型松散，旗叶短宽，上冲，株高74.6~82 cm，茎秆粗壮，抗倒伏能力较强。纺锤形穗，长芒、白壳、白粒，籽粒半角质。耐后期高温，熟相较好。平均亩穗数36.1万~40.6万，穗粒数35.2~36粒，千粒重44.2~45.2 g。中感条锈病、叶锈病、纹枯病，中抗白粉病，高感赤霉病。2014年、2015年农经检测：蛋白质含量14.66%、13.13%，容重783 g/L、826 g/L，湿面筋含量26.9%、26.6%，降落数值302 s、422 s，沉淀指数59 mL、58 mL，吸水量58.7 mL/100 g、58.6 mL/100 g，形成时间2.8 min、2.4 min，稳定时间2.5 min、1.8 min，弱化度166 F.U.、131 F.U.，硬度50 HI、52 HI，白度75.6%、79.6%，出粉率68.6%、66.8%。

产量表现：2013—2014年度河南省水地春水B组区域试验，平均亩产545.2 kg，比对照品种偃展4110增产7.32%，差异极显著。2014—2015年度河南省春水B组区域试验，平均亩产521.1 kg，比对照品种偃展4110增产9.02%，差异极显著。2015—2016年度河南省春水组生产试验，平均亩产489.5 kg，比对照品种偃展4110增产5.4%。

栽培技术要点：播种期10月15日以后播种为宜，亩播种量10~13 kg。平衡施肥，有机肥与无机肥相结合，氮磷肥与微肥相结合。拔节前进行化学除草。抽穗扬花期用多菌灵或甲基托布津可湿性粉剂等杀菌剂防治赤霉病。灌浆期喷施磷酸二氢钾，结合天气情况及时防治病虫害，切实搞好“一喷三防”。适时收获。

适宜种植区域：适宜河南省（南部长江中下游麦区除外）中晚茬地种植。注意防治赤霉病。

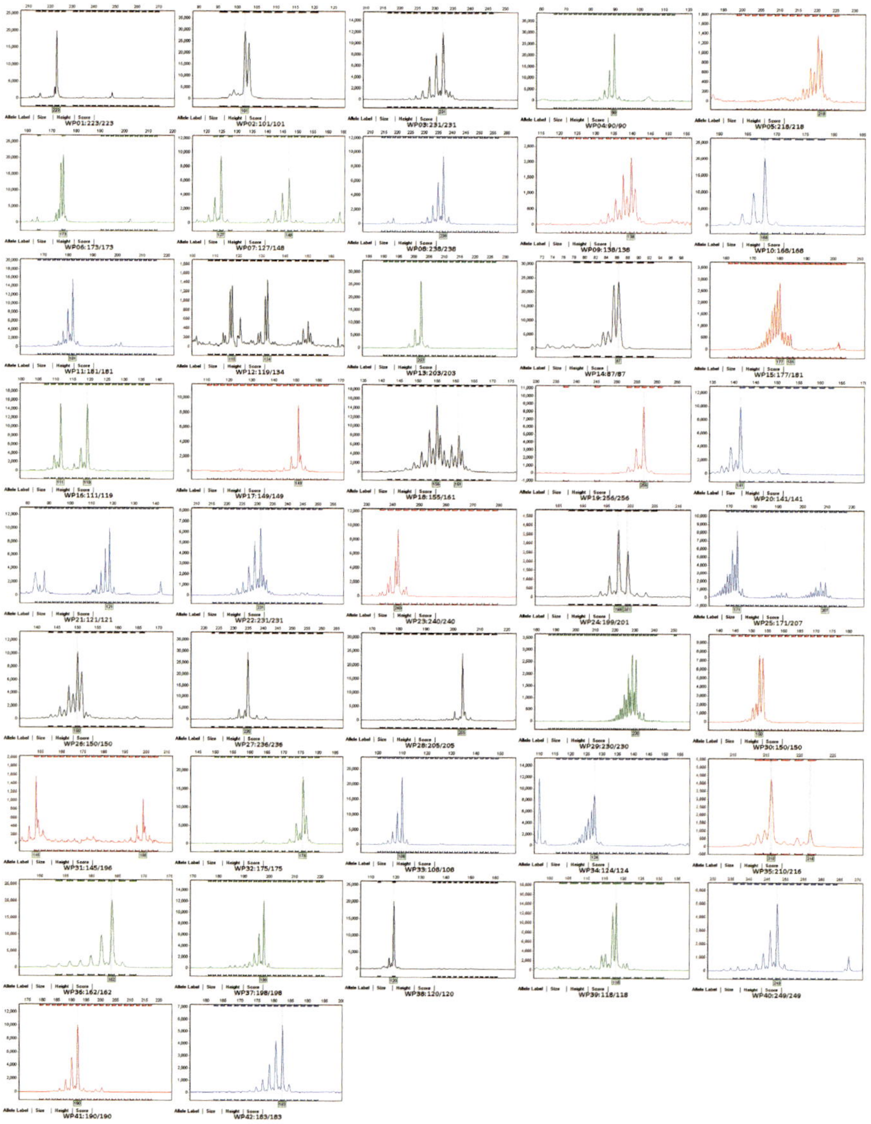

181. 济研麦7号

审定编号：豫审麦2017021

选育单位：济源市农业科学院

品种来源：郑366/济05-5053

特征特性：半冬性中熟品种，全生育期212~215.2 d。幼苗半匍匐，叶片窄长，叶色浅绿，冬季抗寒性一般。分蘖力偏弱，成穗率一般，春季起身拔节早，两极分化快，抽穗成熟偏晚，抗倒春寒能力差。株型偏紧凑，旗叶窄小、上举，株高71.5~77 cm，茎秆弹性好，抗倒伏能力较强。穗长方形，长芒、白壳、白粒，籽粒角质，根系活力一般，耐湿性差。平均亩穗数33.1万~37万，穗粒数34.3~35.8粒，千粒重40.4~41.8 g。中感条锈病、叶锈病、白粉病、纹枯病中感，高感赤霉病。2014年、2015年经检测：蛋白质含量14.65%、13%，容重802 g/L、796 g/L，湿面筋含量28.9%、25.5%，降落数值530 s、467 s，沉淀指数80 mL、74 mL，吸水量61.8 mL/100 g、66.5 mL/100 g，形成时间2 min、1.7 min，稳定时间1.9 min、1.7 min，弱化度158 F.U.、77 F.U.，硬度60 HI、69 HI，白度71.9%、73%，出粉率66.5%、66.8%。

产量表现：2013—2014年度河南省南部组区域试验，平均亩产424.3 kg，比对照品种偃展4110增产3.84%，差异不显著。2014—2015年度河南省南部组区域试验，平均亩产411.1 kg，比对照品种偃展4110增产6.61%，差异显著。2015—2016年度河南省南部组生产试验，平均亩产443.8 kg，比对照品种偃展4110增产6.2%。

栽培技术要点：播种期中北部地区以10月15日左右为宜，南部地区相应推迟。高肥力地块亩播种量8~10 kg，中低肥力可适当增加播种量，如延期播种以每推迟3 d增加0.5 kg为宜。施足底肥，拔节后，每亩追施尿素6 kg。返青、齐穗期注意防治病虫害。抽穗扬花期用杀菌剂防治赤霉病。灌浆期喷施磷酸二氢钾，后期注意结合天气情况及时防治病虫害。

适宜种植区域：适宜河南省南部长江中下游麦区种植。注意防止倒春寒，防治赤霉病。

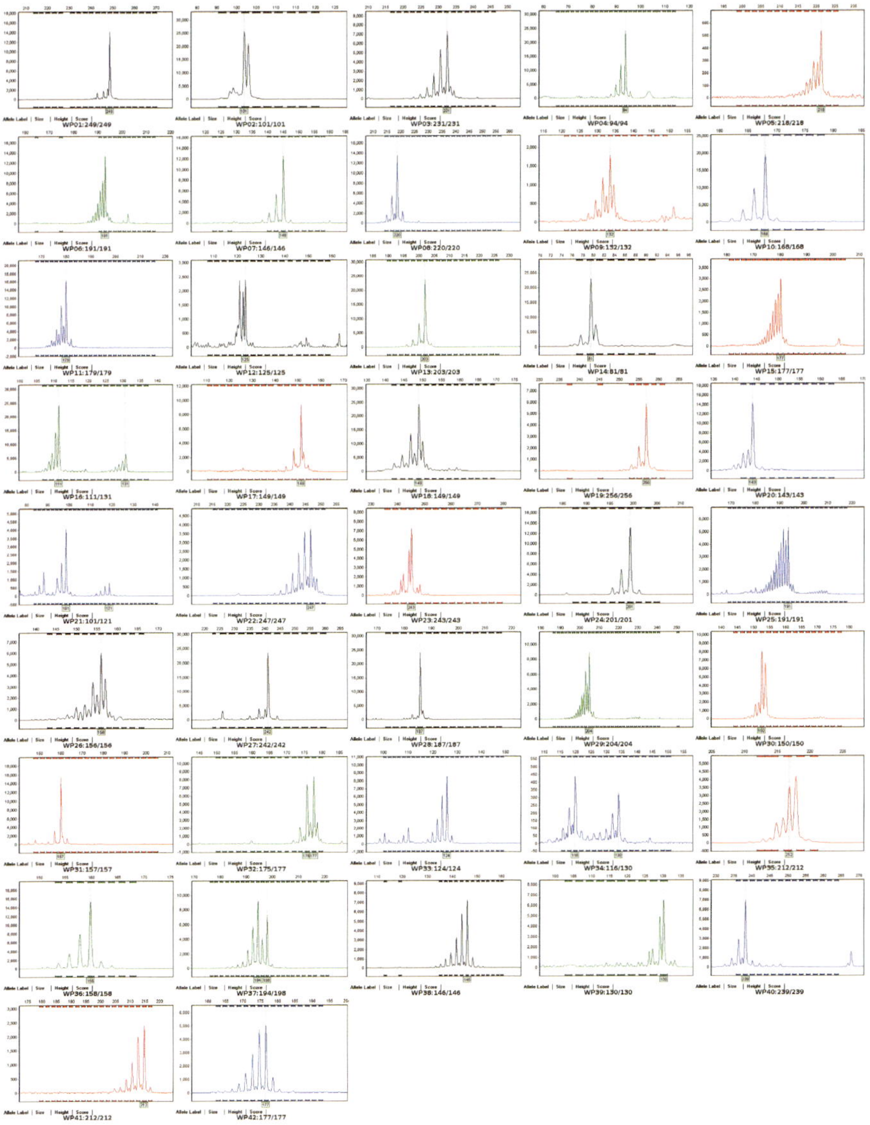

182. 豫信11

审定编号：豫审麦2017022

选育单位：信阳市农业科学院

品种来源：偃展4110/博89-1

特征特性：弱春性早熟品种，全生育期210.5~213.8 d。幼苗半直立，冬季抗寒性好。分蘖力一般，成穗率高，春季起身早，抽穗早。株型偏紧凑，旗叶宽大，株高75.3~81 cm，茎秆弹性好，抗倒性较好。穗纺锤形，长芒、白壳、白粒，籽粒粉质。熟相好，耐湿性好。平均亩穗数38.4万~40.4万，穗粒数29.3~31粒，千粒重45.8~47.9 g。中感条锈病、叶锈病和纹枯病，高感赤霉病和白粉病。2014年、2015年经检测：蛋白质含量14.78%、13.42%，容重816 g/L、790 g/L，湿面筋含量27.8%、26.8%，降落数值431 s、405 s，沉淀指数56 mL、54 mL，吸水量64.4 mL/100 g、60.1 mL/100 g，形成时间2 min、1.8 min，稳定时间1.7 min、1.8 min，弱化度161 F.U.、152 F.U.，硬度49 HI、49 HI，白度77.6%、77%，出粉率65.4%、66.7%。

产量表现：2013—2014年度河南省南部组区域试验，平均亩产442.1 kg，比对照品种偃展4110增产8.19%，差异极显著。2014—2015年度河南省南部组区域试验，平均亩产410.7 kg，比对照品种偃展4110增产6.52%，差异显著。2015—2016年度参加河南省南部组生产试验，平均亩产441.7 kg，比对照品种偃展4110增产5.7%。

栽培技术要点：豫南麦区适宜播种期为10月20—25日，亩播种量10~12 kg。播前精细整地，施足底肥，苗期及时查苗补苗，2~3叶期及时进行化学除草，返青拔节期视麦苗长势酌情追施速效肥。中后期做好田间排水，稻茬田清理“四沟”，降湿除渍害。抽穗至扬花初期进行“一喷三防”，重点防治赤霉病和白粉病。及时收获，防止穗发芽。

适宜种植区域：适宜河南省南部长江中下游麦区种植。注意防治赤霉病和白粉病。

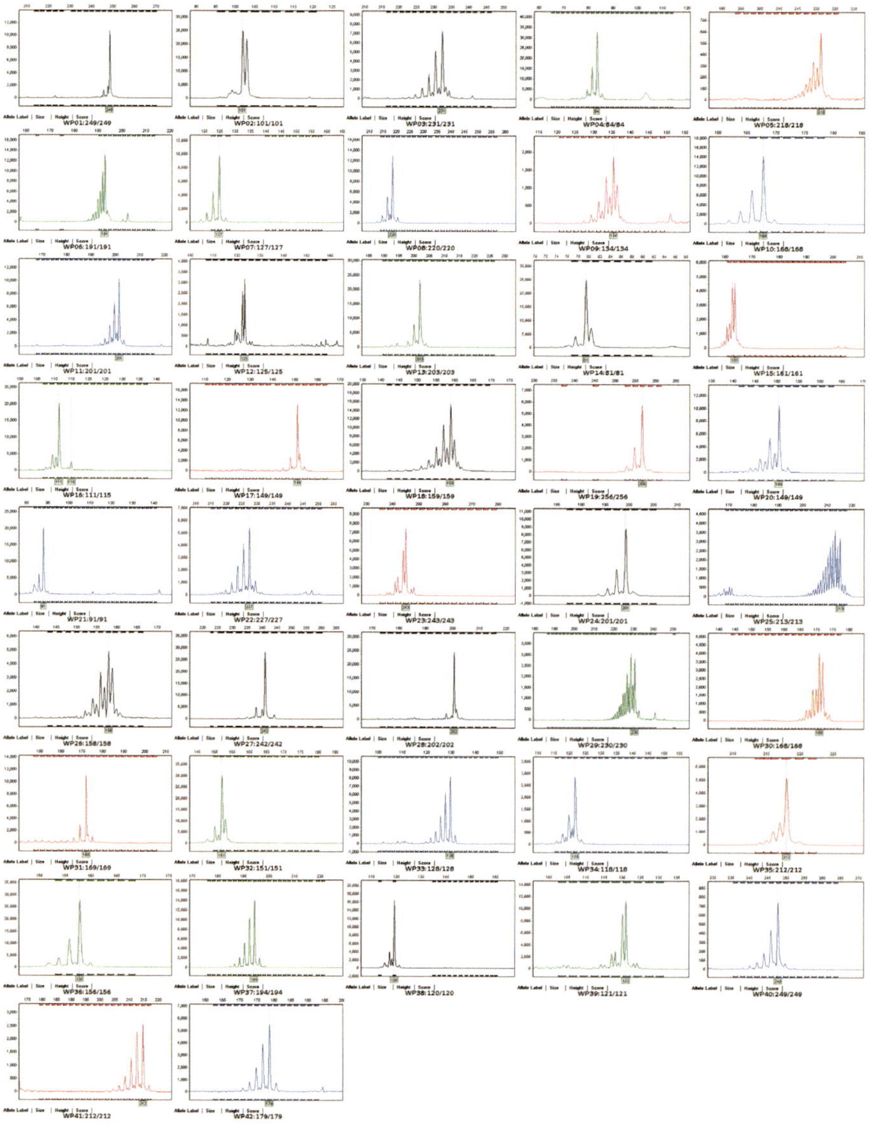

183. 宛麦21

审定编号：豫审麦2017023

选育单位：南阳市农业科学院

品种来源：Taiwk43/宛798//郑麦9023

特征特性：弱春性早熟品种，全生育期209~212.2 d。幼苗半直立，叶色浓绿，分蘖力一般，成穗率较高。春季返青早，起身快。株型偏紧凑，叶片宽大，株高66~73 cm，茎秆有弹性，抗倒性好。纺锤形穗，长芒、白壳、白粒，籽粒粉质。成熟早，熟相中等，耐湿性好。平均亩穗数37.3万~38.9万，穗粒数27.7~30.8粒，千粒重46.2~51.3 g。中感条锈病、叶锈病、白粉病、纹枯病，高感赤霉病。2014年、2015年经检测：蛋白质含量14.05%、13.77%，容重801 g/L、755 g/L，湿面筋含量27.2%、28.2%，降落数值345 s、358 s，沉淀指数70 mL、66 mL，吸水量66.4 mL/100 g、66.9 mL/100 g，形成时间2.9 min、3 min，稳定时间2.5 min、3.7 min，弱化度181 F.U.、116 F.U.，硬度56 HI、67 HI，白度73.4%、73.6%，出粉率68.5%、72.3%。

产量表现：2013—2014年度河南省南部组区域试验，平均亩产429.9 kg，比对照品种偃展4110增产5.2%，差异不显著。2014—2015年度河南省南部组区域试验，平均亩产401.3 kg，比对照品种偃展4110增产4.07%，差异不显著。2015—2016年度河南省南部组生产试验，平均亩产443.3 kg，比对照品种偃展4110增产6.1%。

栽培技术要点：播种期10月15—30日，最佳播种期10月20日左右。亩播种量7.5~10 kg。延期播种以每推迟3 d，亩增加播种量0.5 kg为宜。精细耕地、施足底肥，氮、磷、钾合理配比，并增施硼肥和锌肥，一般中等以上肥力田，亩施肥量，氮12 kg，磷7.5 kg，钾7.5 kg，硫酸锌、硼酸各0.5~1 kg，根据小麦长势注意适量追肥。适时中耕、除草，在小麦越冬、拔节、灌浆期如遇干旱及时浇水。重视小麦病虫害防治，抽穗至扬花初期进行“一喷三防”，重点防治赤霉病、蚜虫及黏虫。

适宜种植区域：适宜河南省南部长江中下游麦区种植。注意防治赤霉病。

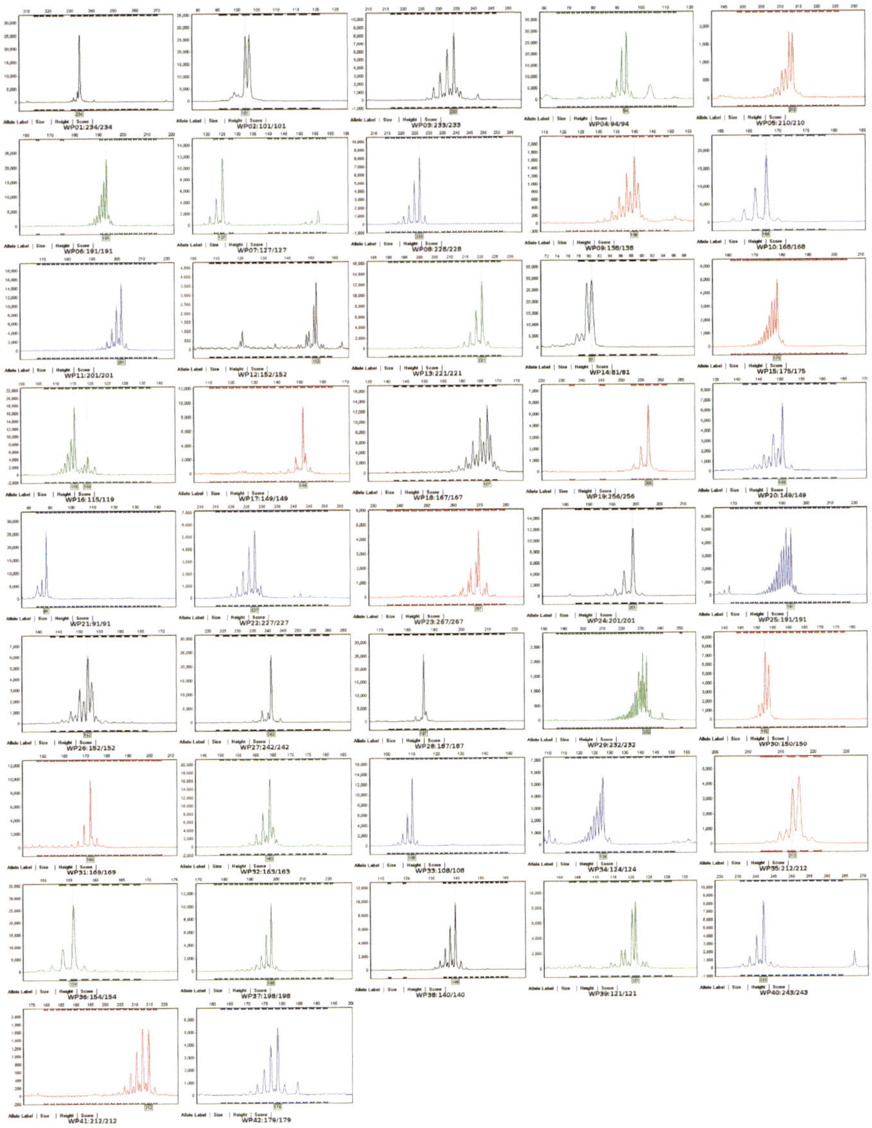

184. 洛旱19

审定编号：豫审麦2017024

选育单位：洛阳农林科学院

品种来源：周麦16/洛旱7号

特征特性：半冬性早熟品种，全生育期228.6~230.1 d。幼苗半匍匐，叶片宽长，叶色灰绿。分蘖力较强，成穗率、抗寒性一般，抽穗早。株型半松散，株高68.1~79.7 cm，抗倒性一般。穗长方形，穗下节长，长芒、白壳、白粒，籽粒角质，根系活力强，成熟落黄好。平均亩穗数33.9万~38.6万，穗粒数35~36.5粒，千粒重40.8~45.5 g。中感条锈病、叶锈病、白粉病、纹枯病，高感赤霉病。2014年、2015年经检测：蛋白质含量14.2%、13.03%，容重808 g/L、800 g/L，湿面筋含量29%、26.8%，降落数值412 s、449 s，吸水量65.2 mL/100 g、63.3 mL/100 g，形成时间2.5 min、2.3 min，稳定时间1.6 min、2.7 min，弱化度167 F.U.、159 F.U.，沉淀指数62 mL、61 mL，硬度67 HI、65 HI，白度70.9%、72.9%，出粉率70.4%、69.4%。

产量表现：2013—2014年度河南省旱地小麦区域试验，平均亩产402.5 kg，比对照洛旱7号增产7.0%，差异极显著。2014—2015年度河南省旱地小麦区域试验，平均亩产433.7 kg，比对照洛旱7号增产7.8%，差异极显著。2015—2016年度河南省旱地生产试验，平均亩产376.6 kg，比对照品种洛旱7号增产5.8%。

栽培技术要点：播种期为10月5—20日，最佳播种量8~10 kg/亩，晚播可适当加大播种量。施肥可按稳氮增磷补钾的原则。可采用一炮轰的方法。抽穗至扬花期进行“一喷三防”，重点防治赤霉病及蚜虫。注意适时收获，防止遇雨发芽。

适宜种植区域：适宜河南省丘陵及旱肥地麦区种植。注意防治赤霉病。

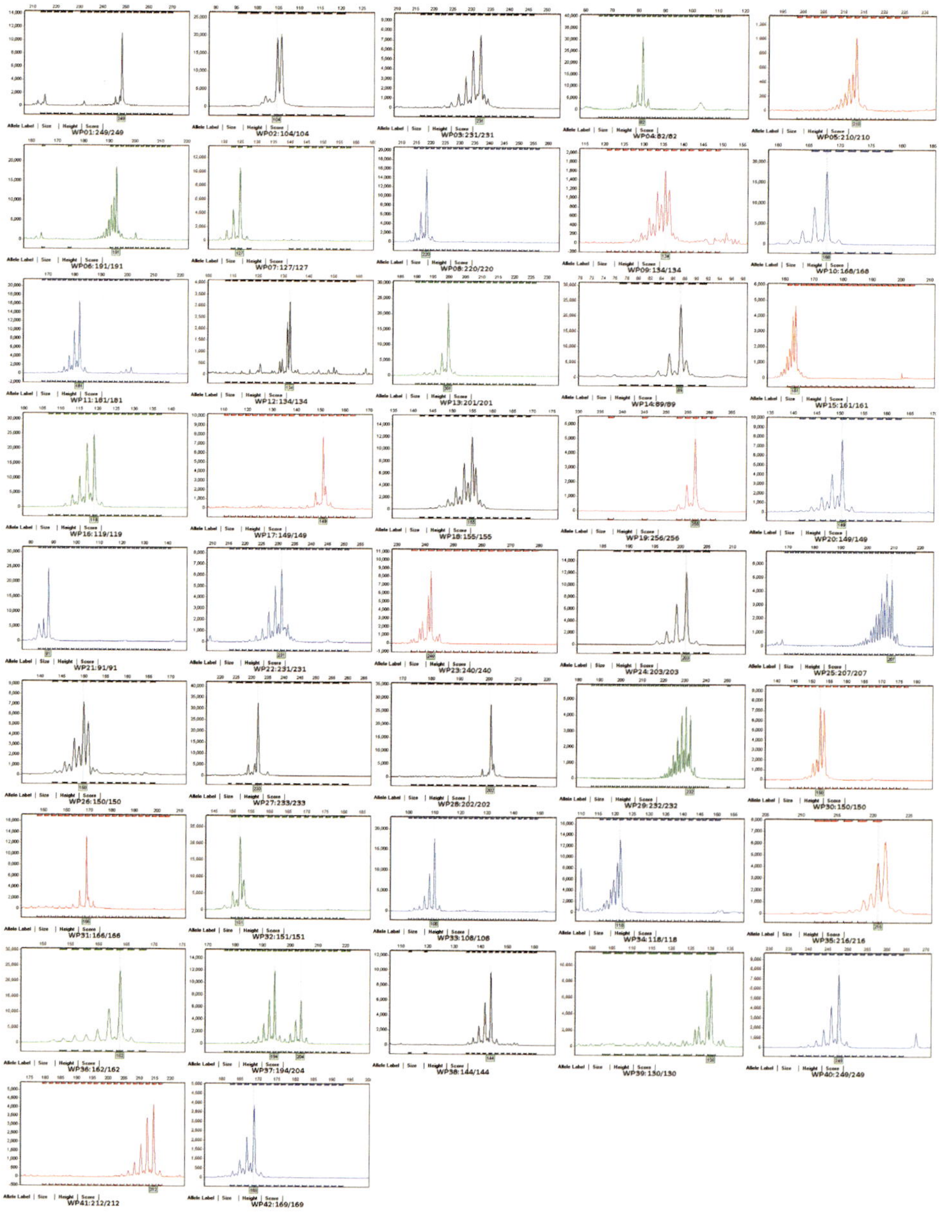

185. 百旱207

审定编号：豫审麦2017025

选育单位：河南科技学院

品种来源：百农207系选

特征特性：半冬性早熟品种，全生育期226.2~229.8 d。幼苗半匍匐，叶片宽大，叶色深绿。分蘖力较弱，成穗数偏少，抗寒性一般。株型半松散，株高72~84.4 cm，茎秆粗壮，抗倒性好。穗长方形，长芒、白壳、白粒，籽粒半角质，熟相好。平均亩穗数30.2万~34.3万，穗粒数36~39.2粒，千粒重45~47.9 g。中感条锈病、叶锈病、白粉病、纹枯病，高感赤霉病。2014年、2015年经检测：蛋白质含量14.68%、13.62%，容重812 g/L、814 g/L，湿面筋含量28.2%、27.2%，降落数值455 s、411 s，吸水量56.1 mL/100 g、58.5 mL/100 g，形成时间2.5 min、2.7 min，稳定时间2.3 min、2.7 min，弱化度101 F.U.、113 F.U.，沉淀指数75 mL、78 mL，硬度45 HI、47 HI，白度77.7%、76.5%，出粉率72.9%、65.3%。

产量表现：2013—2014年度河南省旱地组区域试验，平均亩产388.4 kg，比对照洛旱7号增产3.3%，差异显著。2014—2015年度河南省旱地组区域试验，平均亩产435.1 kg，较对照种洛旱7号增产8.1%，差异极显著。2015—2016年度河南省旱地生产试验，平均亩产375.9 kg，比对照品种洛旱7号增产5.6%。

栽培技术要点：播种期为10月5—20日，适宜亩播种量8~15 kg，如延期播种，以每推迟3 d增加0.5 kg播种量为宜。精细整地，施足底肥：深耕细耙，以底肥为主，一般亩施肥量，氮12 kg，磷7.5 kg，钾7.5 kg。抽穗至扬花期进行“一喷三防”，重点防治赤霉病及蚜虫。注意适时收获，防止遇雨发芽。

适宜种植区域：适宜河南省丘陵及旱肥地麦区种植。注意防治赤霉病。

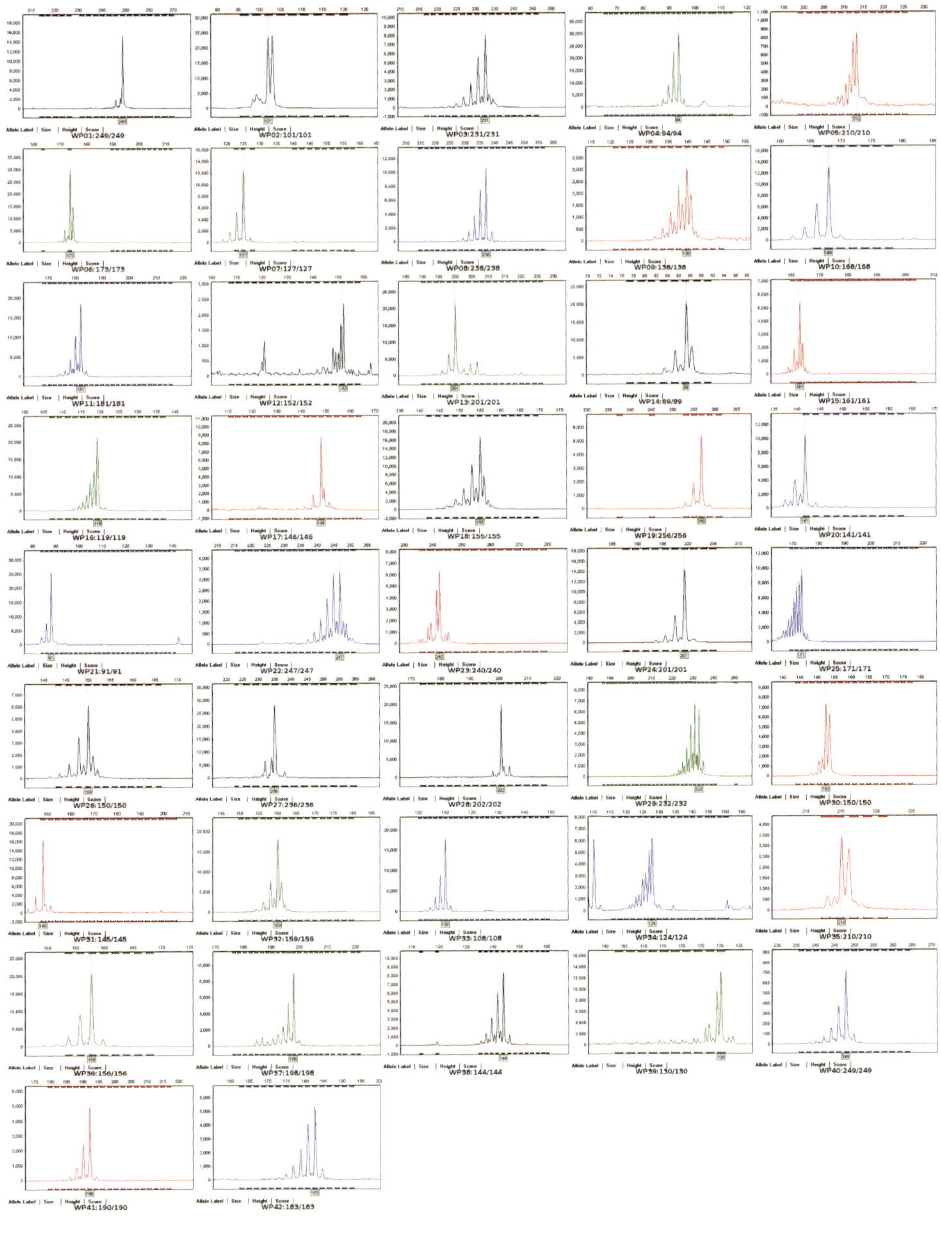

186. 豫农78

审定编号：豫审麦2017026

选育单位：河南农业大学

品种来源：豫麦36/洛旱2号

特征特性：半冬性早熟品种，全生育期225.6~229.1 d。幼苗半直立，叶色深绿，分蘖力一般，成穗率较高，抗寒性一般。株型半紧凑，株高67.8~79.5 cm，茎秆粗壮，抗倒伏性好。纺锤形穗，长芒、白壳、白粒，籽粒半角质，饱满度较好，熟相一般。平均亩穗数34.3万~38.8万，穗粒数29.8~32.8粒，千粒重44.3~49.3 g。中感叶锈病、白粉病、条锈病、纹枯病，高感赤霉病。2014年、2015年经检测：蛋白质含量15.32%、14.48%，容重818 g/L、807 g/L，湿面筋含量29.9%、27.4%，吸水量59.1 mL/100 g、57 mL/100 g，沉淀指数72 mL、72 mL，硬度53 HI、52 HI，降落数值460 s、433 s，形成时间2.2 min、2.5 min，稳定时间3.1 min、2.8 min，弱化度127 F.U.、93 F.U.，白度值76.4%、77.7%，出粉率72.7%、66.9%。

产量表现：2013—2014年度河南省旱地组区域试验，平均亩产377.3 kg，比对照品种洛旱7号增产0.3%，差异不显著。2014—2015年度河南省旱地组区域试验，平均亩产414.8 kg，比对照洛旱7号品种增产3.1%，差异不显著。2015—2016年度参加河南省旱地生产试验，平均亩产372.9 kg，比对照品种洛旱7号增产4.8%。

栽培技术要点：播种期10月5—20日，最佳播种期10月8—12日。高肥力地块亩播种量7~8 kg，中低肥力可适当增加播种量，如延期播种，以每推迟3 d增加0.5 kg播种量为宜。20~23.5 cm等行距种植。施足底肥，拔节后，每亩追施尿5 kg。拔节期结合田间化学除草适当进行化控，以降低株高。同时进行赤霉病和纹枯病的防治。灌浆期喷施磷酸二氢钾，后期注意结合天气情况及时防治病虫害。适时收获，人工收获是在蜡熟期进行，机械收割可适当推迟。

适宜种植区域：适宜河南省丘陵及旱肥地麦区种植。注意防治赤霉病。

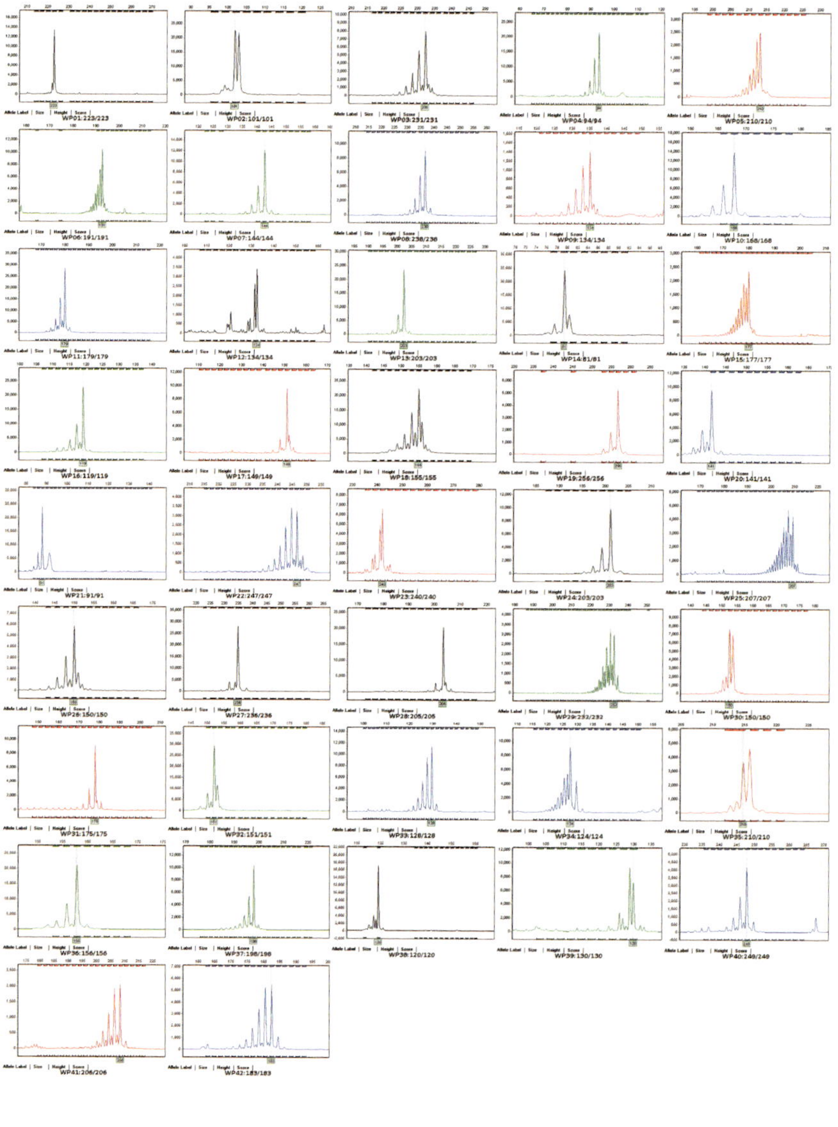

187. 圣麦15

审定编号：豫审麦2017027

选育单位：商丘市中原小麦研究中心、柘城县长金农民种植专业合作社、山东圣丰种业科技有限公司

品种来源：周麦11//豫麦21/偃展4110

特征特性：弱冬性早熟品种，全生育期225.3~228.8 d。幼苗匍匐，叶片短宽，叶色深绿。分蘖力中等，成穗率较高，抗寒性一般。株型半松散，旗叶短宽，上举，株高69.2~79.9 cm，抗倒性一般。纺锤形穗，长芒、白壳、白粒，籽粒半角质，熟相较好。平均亩穗数34.2万~36.9万，穗粒数31.7~34.3粒，千粒重43.9~49.8 g。中感叶锈病、白粉病、纹枯病，高感条锈病和赤霉病。2014年、2015年经检测：蛋白质含量13.01%、12.67%，容重807 g/L、796 g/L，湿面筋含量23.7%、22.6%，吸水量55.8 mL/100 g、56.3 mL/100 g，沉淀指数76 mL、75 mL，硬度54 HI、49 HI，降落数值425 s、413 s，形成时间3 min、4.5 min，稳定时间3.2 min、5.3 min，弱化度105 F.U.、87 F.U.，白度77.2%、76.4%，出粉率68.3%、68%。

产量表现：2013—2014年度河南省旱地组区域试验，平均亩产389.9 kg，比对照品种洛旱7号增产3.7%，差异显著。2014—2015年度河南省旱地组区域试验，平均亩产426.7 kg，比对照洛旱7号品种增产6.1%，差异极显著。2015—2016年度河南省旱地生产试验，平均亩产366.5 kg，比对照品种洛旱7号增产3%。

栽培技术要点：播种期10月5—20日，高肥力地块亩播种量7~8 kg，中低肥力可适当增加播种量，如延期播种，以每推迟3 d增加0.5 kg播种量为宜。20~23.5 cm等行距种植。施足底肥，一般亩施肥量，氮12 kg，磷7.5 kg，钾7.5 kg。拔节后，每亩追施尿5 kg。拔节期结合田间化学除草适当进行化控，以降低株高。扬花期进行“一喷三防”，重点防治赤霉病和条锈病。适时收获，人工收获在蜡熟期进行，机械收割可适当推迟。

适宜种植区域：适宜河南省丘陵及旱肥地麦区种植。注意防治条锈病和赤霉病。

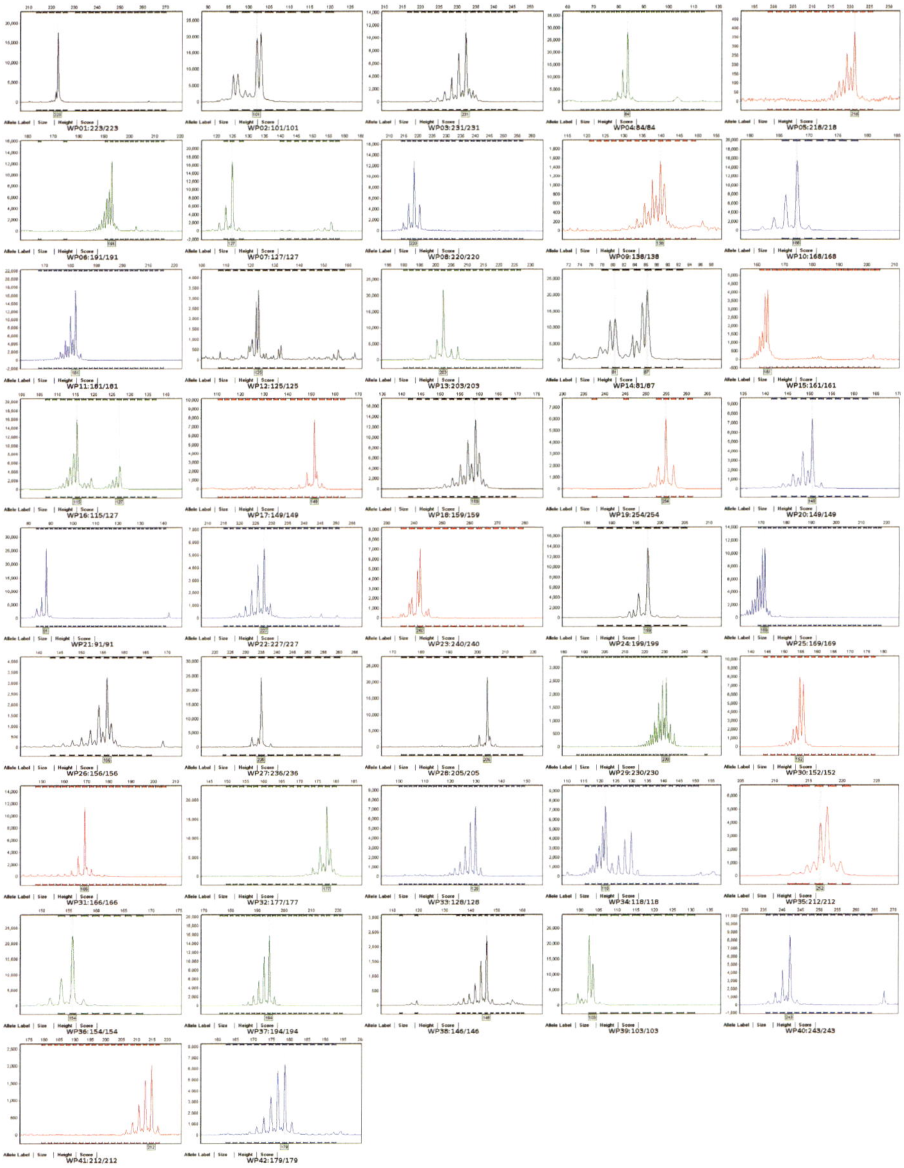

188. 洛麦34

审定编号：豫审麦20180001

选育单位：洛阳农林科学院、洛阳市中垦种业科技有限公司

品种来源：周麦16/百农AK58

特征特性：半冬性品种，全生育期230~233 d。幼苗半匍匐，苗期叶色黄绿，苗势壮，分蘖力一般。春季起身拔节早，抽穗早，耐倒春寒能力一般。株高76.9~83.3 cm，株型松散，茎秆弹性、抗倒性一般。旗叶窄长，穗下节长，穗层整齐。较耐后期高。穗纺锤形，长芒，白壳，白粒，籽粒半角质，饱满度较好。亩穗数38.3万~44.2万，穗粒数33.2~37.5粒，千粒重42.5~45.8 g。中感条锈病、叶锈病、白粉病和纹枯病，高感赤霉病。2015年、2016年经检测：蛋白质含量13.76%、13.26%，容重819 g/L、803 g/L，湿面筋含量27.1%、28.4%，降落数值455 s、422 s，沉淀指数62 mL、52 mL，吸水量61.9 mL/100 g、59 mL/100 g，形成时间2.5 min、2.5 min，稳定时间2.9 min、2.7 min，弱化度143 F.U.、137 F.U.，出粉率73.6%、65.7%，硬度63 HI、67 HI。

产量表现：2014—2015年度参加河南省小麦冬水组区域试验，平均亩产554.7 kg，比对照增产7.5%。2015—2016年度续试，平均亩产559 kg，比对照增产9.7%。2016—2017年度生产试验，平均亩产559.9 kg，比对照增产6.4%。

栽培技术要点：适宜播种期10月上中旬，每亩适宜基本苗14万~16万。注意防治蚜虫、条锈病、叶锈病、白粉病、赤霉病和纹枯病等病虫害，高水肥地块注意防止倒伏。

适宜种植区域：适宜河南省（南部长江中下游麦区除外）旱中茬地种植。

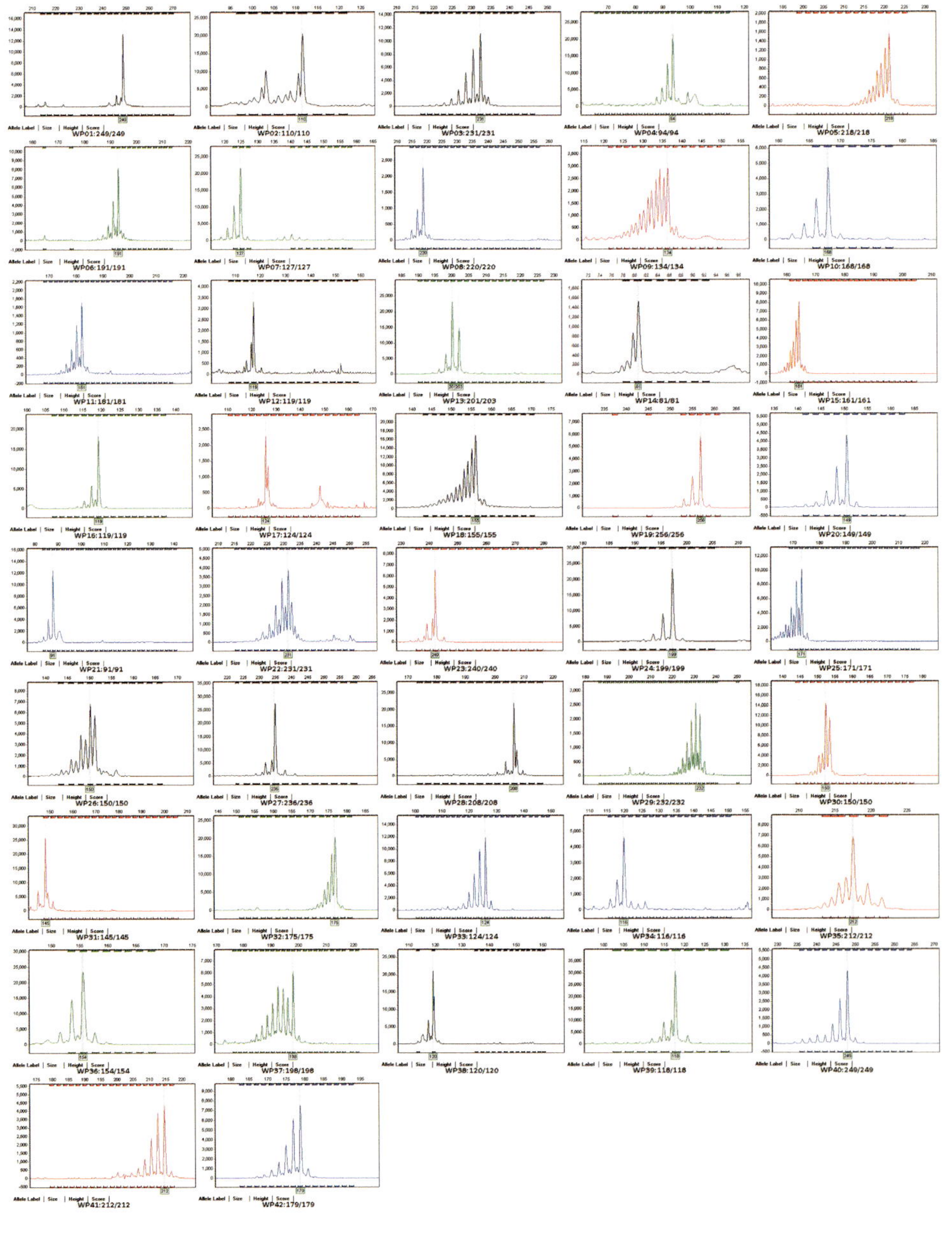

189. 许麦318

审定编号：豫审麦20180003

选育单位：许昌市农业科学研究所

品种来源：许0609/百农AK58

特征特性：半冬性品种，全生育期230~233 d。幼苗半匍匐，苗期叶片宽长，苗势壮，分蘖力中等，冬季抗寒性较好。春季起身早，两极分化快，抽穗较早，耐倒春寒能力一般。株高79.6~86.7 cm，株型松紧适中，茎秆弹性好，抗倒性较好。旗叶偏小、上举，下部叶片小，株行间通风透光性好，穗层较整齐。耐后期高温能力一般，熟相一般。穗长方形，长芒，白壳，白粒，籽粒半角质，饱满度较好。亩穗数39.6万~42.3万，穗粒数29.0~34.9粒，千粒重47.7~51.6 g。中感条锈病、叶锈病、白粉病和纹枯病，高感赤霉病。2015年、2016年经检测：蛋白质含量13.66%、12.54%，容重827 g/L、802 g/L，湿面筋含量28%、28.2%，降落数值424 s、383 s，沉淀指数55 mL、57 mL，吸水量60.7 mL/100 g、58.4 mL/100 g，形成时间3 min、5.9 min，稳定时间3.4 min、10.1 min，弱化度106 F.U.、43 F.U.，出粉率73.8%、66.9%，硬度65 HI、67 HI。

产量表现：2014—2015年度参加河南省小麦冬水组区域试验，增产点率90.0%，平均亩产554.8 kg，比对照增产7.4%。2015—2016年度续试，平均亩产565.1 kg，比对照增产10.9%。2016—2017年度生产试验，平均亩产569.5 kg，比对照增产8.3%。

栽培技术要点：适宜播种期10月上中旬，每亩适宜基本苗16万~18万。注意防治蚜虫、条锈病、叶锈病、白粉病、赤霉病和纹枯病等病虫害。

适宜种植区域：适宜河南省（南部长江中下游麦区除外）早中茬地种植。

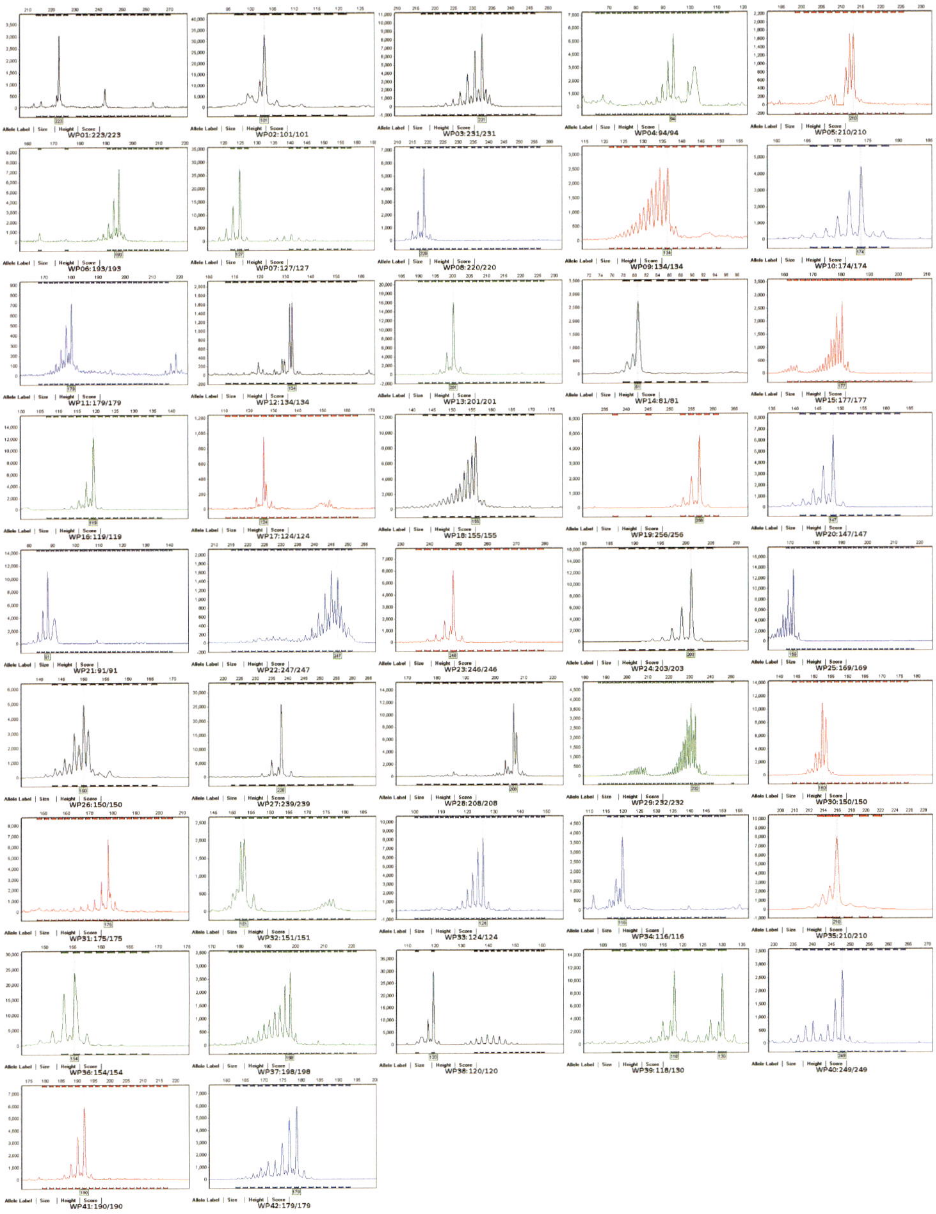

190. 盈满208

审定编号：豫审麦20180004

选育单位：河南省奥科种业有限公司、河南五谷种业有限公司

品种来源：周麦16/西农979

特征特性：半冬性品种，全生育期232~233 d，平均与对照品种周麦18熟期相当。幼苗半匍匐，苗期叶片窄短，苗势较壮，分蘖力较强。春季起身拔节略迟，两极分化慢，苗脚不利索，耐倒春寒能力较弱。株高77.1~85.4 cm，株型偏松散，茎秆弹性一般，抗倒性中等。旗叶偏小、上举。叶功能期长，耐后期高温，熟相好。穗纺锤形，长芒，白壳，白粒，籽粒半角质，饱满度较好。亩穗数36.2万~46.0万，穗粒数28.3~35.5粒，千粒重46.2~48.9 g。中感条锈病、叶锈病、白粉病和纹枯病，高感赤霉病。2015年、2016年经检测：蛋白质含量14.3%、13.71%，容重832 g/L、809 g/L，湿面筋含量29.7%、31.5%，降落数值408 s、375 s，沉淀指数71 mL、63 mL，吸水量66 mL/100 g、63.8 mL/100 g，形成时间2.9 min、3.2 min，稳定时间3 min、3.3 min，弱化度117 F.U.、101 F.U.，出粉率72.4%、66%，硬度66 HI、70 HI。

产量表现：2014—2015年度参加河南省小麦冬水组区域试验，平均亩产540.9 kg，比对照增产4.5%。2015—2016年度续试，平均亩产532.5 kg，比对照增产4.5%。2016—2017年度生产试验，平均亩产549.2 kg，比对照增产4.4%。

栽培技术要点：适宜播种期10月上中旬，每亩适宜基本苗16万~24万。注意防治蚜虫、条锈病、叶锈病、白粉病、赤霉病和纹枯病等病虫害。

适宜种植区域：适宜河南省（南部长江中下游麦区除外）早中茬地种植。

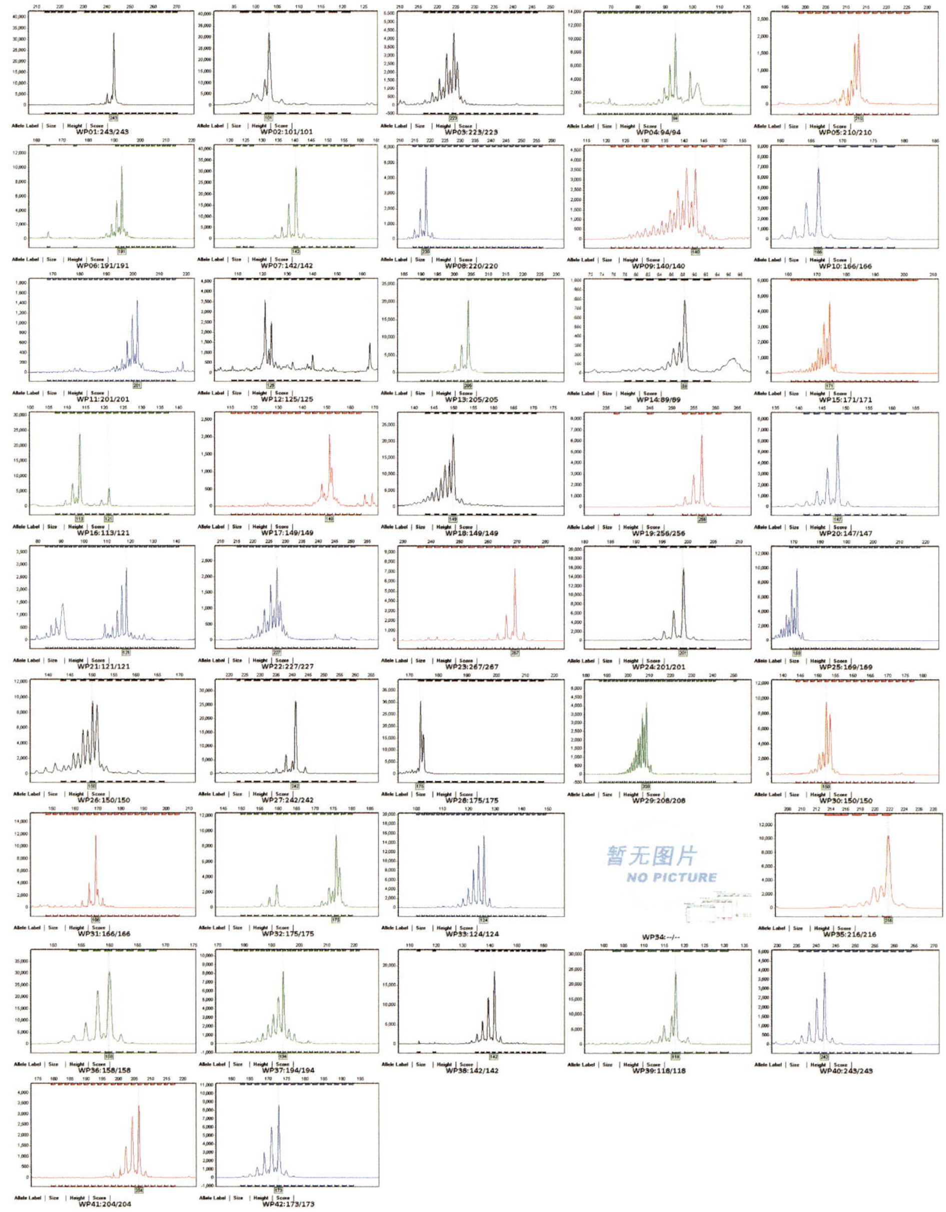

191. 囤丰809

审定编号：豫审麦20180005

选育单位：河南省中创种业短季棉有限公司、河南省囤丰农业科技有限公司

品种来源：陕麦139/百农AK58

特征特性：半冬性品种，全生育期230~233 d，平均比对照品种周麦18熟期略早。幼苗半匍匐，苗势壮，分蘖力中等。春季起身拔节早，两极分化快，耐倒春寒能力较弱。株高83.4~90.3 cm，株型松紧适中，茎秆弹性弱，抗倒性弱。旗叶较小、上举，穗下节较长，穗层不整齐。不耐后期高温，熟相一般。穗纺锤形，长芒，白壳，白粒，籽粒半角质，饱满度中等。亩穗数37.0万~41.5万，穗粒数32.6~37.1粒，千粒重42.5~45.2 g。高抗条锈病，中感白粉病和纹枯病，高感叶锈病和赤霉病。2015年、2016年经检测：蛋白质含量13.87%、13.02%，容重802 g/L、775 g/L，湿面筋含量29.4%、30.2%，降落数值375 s、319 s，沉淀指数65 mL、56 mL，吸水量58.7 mL/100 g、59.3 mL/100 g，形成时间2.5 min、2.9 min，稳定时间2.5 min、2.6 min，弱化度135 F.U.、139 F.U.，出粉率68.5%、67.4%，硬度62 HI、67 HI。

产量表现：2014—2015年度参加河南省小麦冬水组区域试验，平均亩产531.4 kg，比对照增产2.7%。2015—2016年度续试，平均亩产535.3 kg，比对照增产5.4%。2016—2017年度生产试验，平均亩产538.6 kg，比对照增产2.4%。

栽培技术要点：适宜播种期10月上中旬，每亩适宜基本苗12万~16万。注意防治蚜虫、叶锈病、白粉病、赤霉病和纹枯病等病虫害，注意控制株高，防止倒伏。

适宜种植区域：适宜河南省（南部长江中下游麦区除外）早中茬地种植。

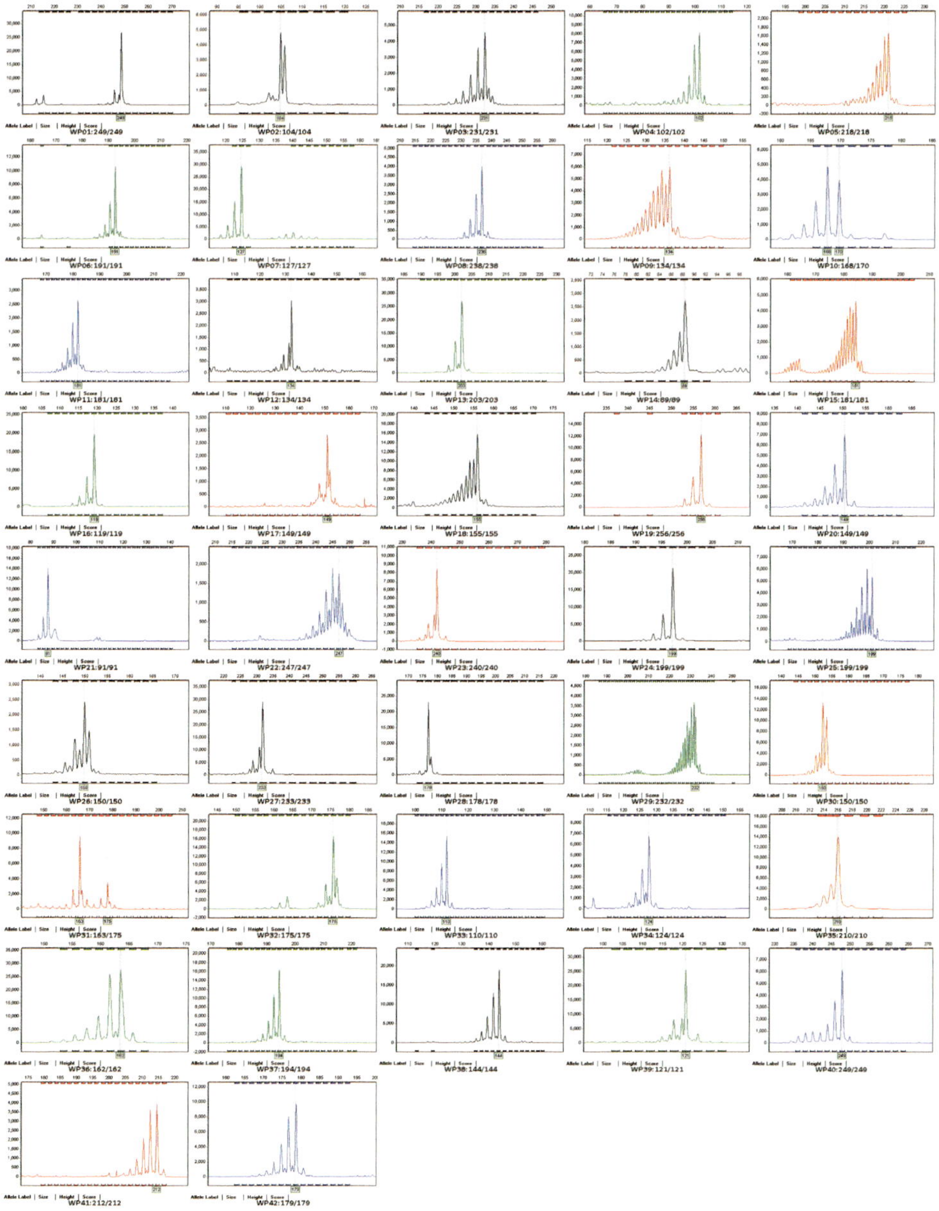

192. 兆丰3188

审定编号：豫审麦20180006

选育单位：河南许农种业有限公司、河南省兆丰种业公司

品种来源：开麦18/周麦13矮系

特征特性：半冬性品种，全生育期231~234 d，平均与对照品种周麦18熟期相当。幼苗半匍匐，苗期叶色浓绿，苗势壮，分蘖力较强。春季起身略迟，耐倒春寒能力中等。株高77.2~84.2 cm，株型松紧适中，茎秆蜡质重、弹性一般，抗倒性中等。旗叶略长，穗下节长，穗层不整齐。耐后期高温，灌浆快，熟相中等。穗纺锤形，长芒，白壳，白粒，籽粒半角质，饱满度较好。亩穗数34.7万~39.5万，穗粒数32.5~38.1粒，千粒重45~50 g。中感条锈病、白粉病和纹枯病，高感叶锈病和赤霉病。2015年、2016年经检测：蛋白质含量12.85%、12.74%，容重822 g/L、792 g/L，湿面筋含量29%、29.2%，降落数值442 s、421 s，沉淀指数74 mL、76 mL，吸水量62.7 mL/100 g、60.4 mL/100 g，形成时间3.7 min、4.2 min，稳定时间5.4 min、4.4 min，弱化度62 F.U.、63 F.U.，出粉率73.1%、69.1%，硬度65 HI、71 HI。

产量表现：2014—2015年度参加河南省小麦冬水组区域试验，平均亩产541.2 kg，比对照增产4.8%。2015—2016年度续试，平均亩产538.5 kg，比对照增产6%。2016—2017年度生产试验，平均亩产551.2 kg，比对照增产4.8%。

栽培技术要点：适宜播种期10月上中旬，每亩适宜基本苗18万~20万。注意防治蚜虫、条锈病、叶锈病、白粉病、赤霉病和纹枯病等病虫害。

适宜种植区域：适宜河南省（南部长江中下游麦区除外）旱中茬地种植。

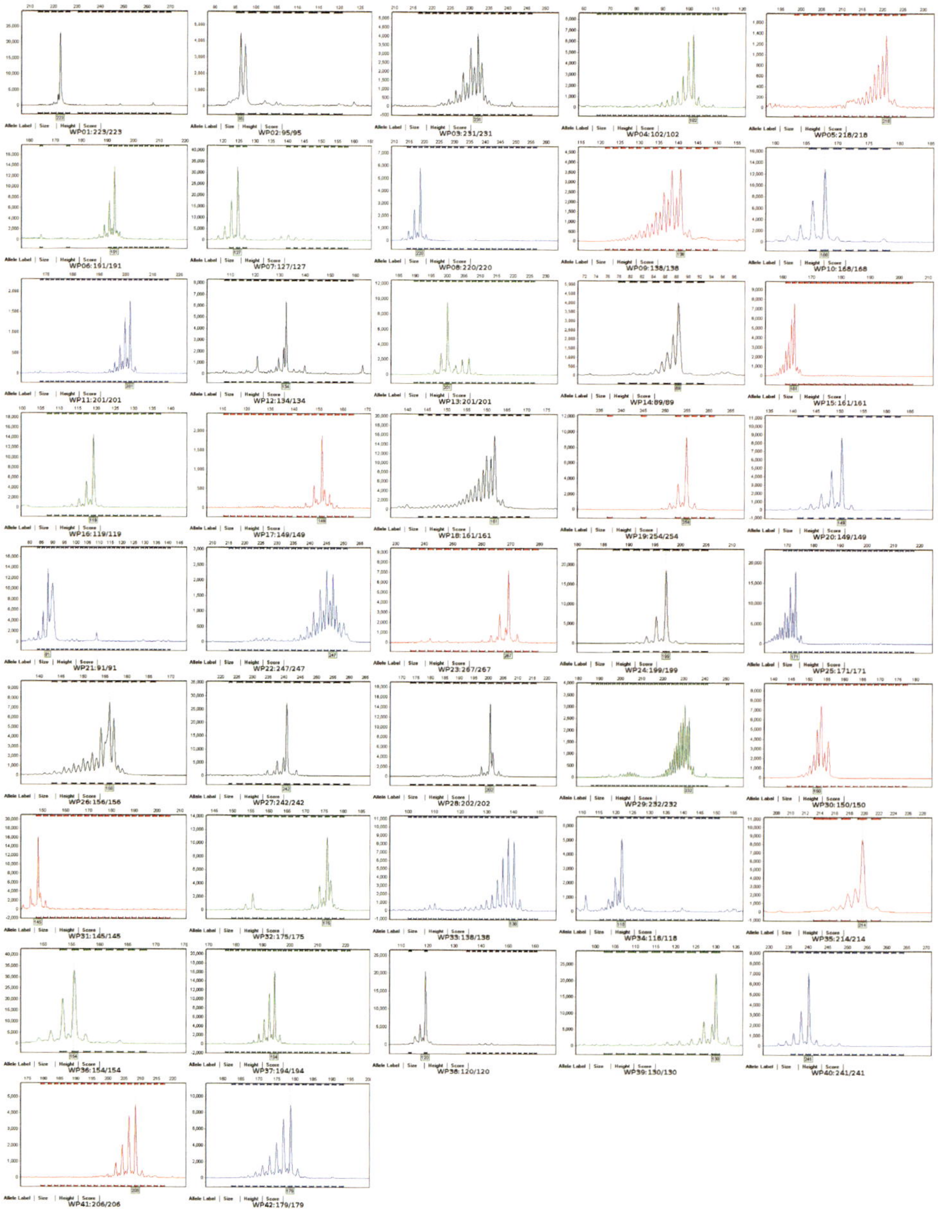

193. 郑麦1342

审定编号： 豫审麦20180007

选育单位： 河南省农业科学院小麦研究所

品种来源： 3 F1164-5/藁9409//04 H638

特征特性： 半冬性品种，全生育期231~233 d，平均与对照品种周麦18熟期相当。幼苗半匍匐，苗期叶色深绿，苗势壮，分蘖力强，冬季抗寒性较好。春季起身拔节早，耐倒春寒能力较好。株高75.6~81.2 cm，株型偏紧凑，茎秆蜡质重、较粗，抗倒性中等。旗叶宽厚、斜举，穗下节长，穗层较厚。耐后期高温能力一般，熟相中等。穗纺锤形，结实性好，长芒，白壳，白粒，籽粒半角质，饱满度较好。亩穗数38.7万~40.6万，穗粒数32.9~37.7粒，千粒重43.5~45.9 g。中感条锈病、叶锈病、白粉病和纹枯病，高感赤霉病。2015年、2016年经检测：蛋白质含量13.32%、13.02%，容重822 g/L、783 g/L，湿面筋含量25.8%、26.4%，降落数值434 s、385 s，沉淀指数66 mL、54 mL，吸水量62 mL/100 g、59.5 mL/100 g，形成时间4 min、5 min，稳定时间8.9 min、9.5 min，弱化度90 F.U.、81 F.U.，出粉率71.6%、66.5%，硬度68 HI、71 HI。

产量表现： 2014—2015年度参加河南省小麦冬水组区域试验，平均亩产557.1 kg，比对照增产7.8%。2015—2016年度续试，平均亩产548.6 kg，比对照增产8%。2016—2017年度生产试验，平均亩产550.6 kg，比对照增产4.2%。

栽培技术要点： 适宜播种期10月上中旬，每亩适宜基本苗15万~20万。注意防治蚜虫、条锈病、叶锈病、白粉病、赤霉病和纹枯病等病虫害。

适宜种植区域： 适宜河南省（南部长江中下游麦区除外）早中茬地种植。

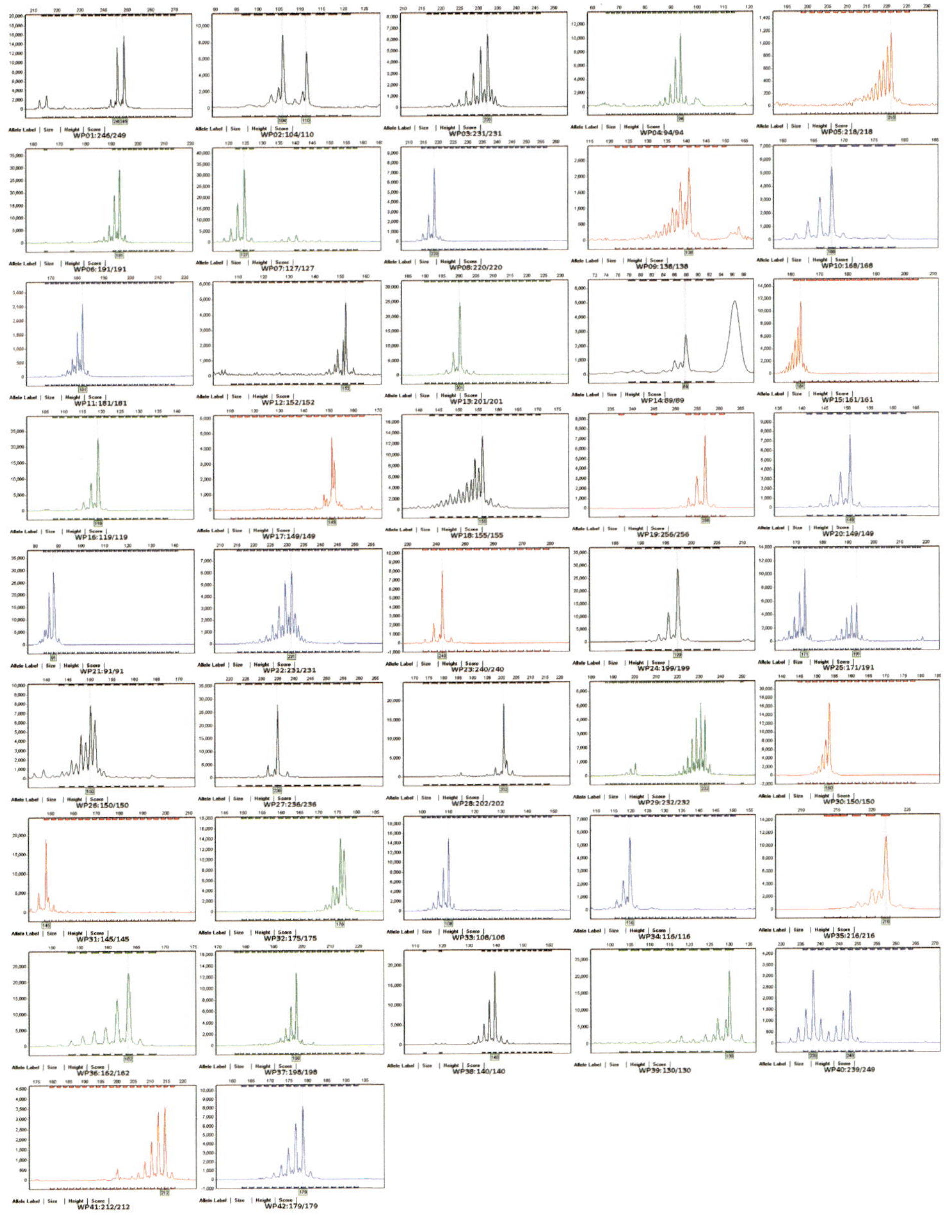

194. 郑麦136

审定编号：豫审麦20180008

选育单位：河南省农业科学院小麦研究所

品种来源：百农AK58/济麦22

特征特性：半冬性品种，全生育期230~233 d，平均比对照品种周麦18熟期略早。幼苗匍匐，苗期叶片窄，苗势壮，分蘖力强，冬季抗寒性好。春季起身拔节稍迟，两极分化快，耐倒春寒能力一般。株高74.7~80.4 cm，株型松紧适中，茎秆弹性好，抗倒性较好。旗叶宽、上举，茎、叶蜡质重，穗下节较长，穗层较整齐。叶功能期长，熟相好。穗纺锤形，长芒，白壳，白粒，籽粒半角质，饱满度较好。亩穗数41.3万~44.9万，穗粒数30.2~34.2粒，千粒重44.6~47.0 g。中抗白粉病，中感条锈病、叶锈病和纹枯病，高感赤霉病。2015年、2016年经检测：蛋白质含量13.16%、12.77%，容重828 g/L、815 g/L，湿面筋含量28.3%、25.1%，降落数值440 s、464 s，沉淀指数74 mL、56 mL，吸水量63.2 mL/100 g、59.5 mL/100 g，形成时间3.2 min、4.5 min，稳定时间4 min、6 min，弱化度80 F.U.、48 F.U.，出粉率72.3%、68%，硬度66 HI、69 HI。

产量表现：2014—2015年度参加河南省小麦冬水组区域试验，平均亩产542.2 kg，比对照增产4.7%。2015—2016年度续试，平均亩产558.4 kg，比对照增产9.9%。2016—2017年度生产试验，平均亩产563.7 kg，比对照增产6.7%。

栽培技术要点：适宜播种期10月上中旬，每亩适宜基本苗15万~24万。注意防治蚜虫、条锈病、叶锈病、赤霉病和纹枯病等病虫害。

适宜种植区域：适宜河南省（南部长江中下游麦区除外）旱中茬地种植。

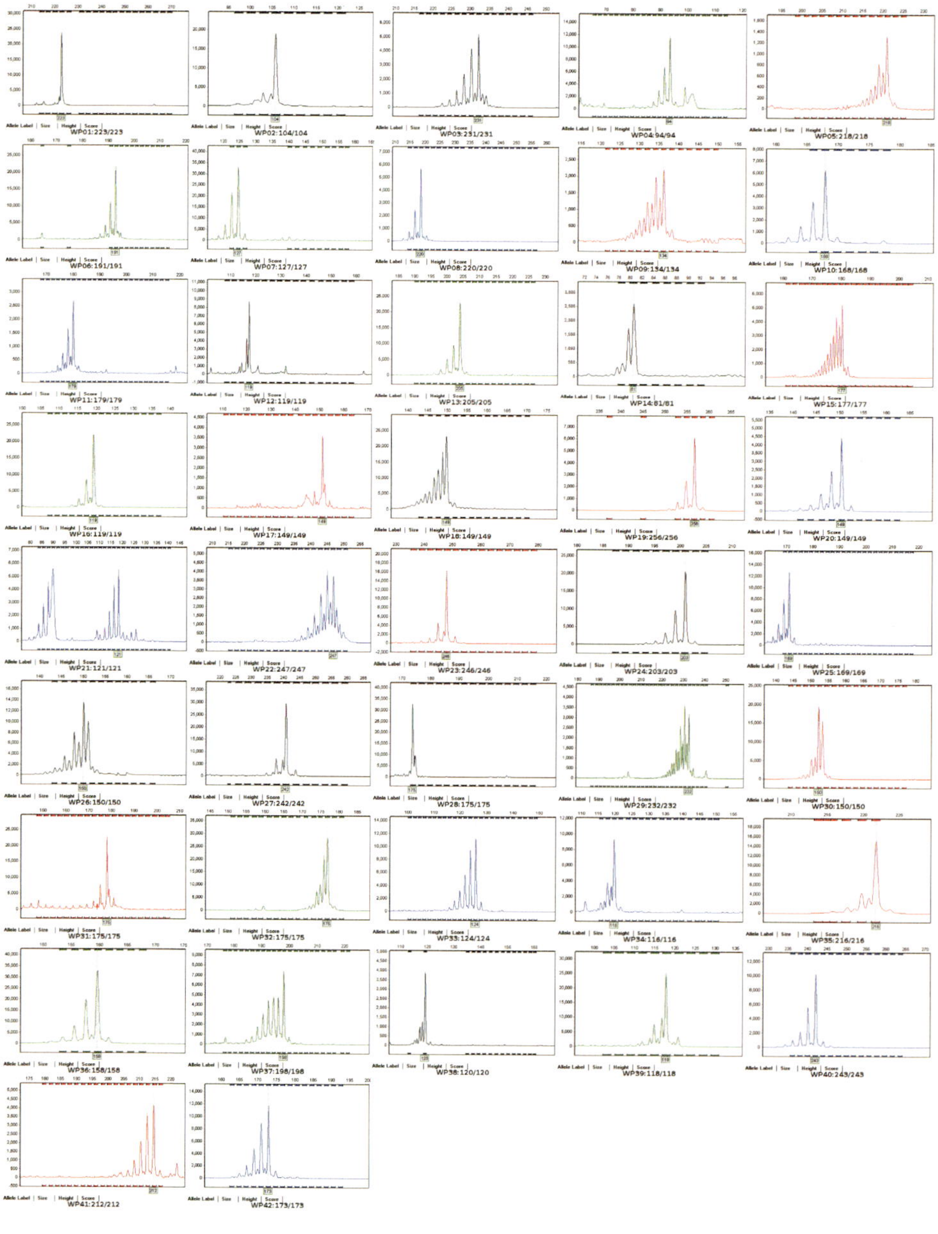

195. 郑育11

审定编号：豫审麦20180009

选育单位：河南郑韩种业科技有限公司

品种来源：周麦22/偃展4110

特征特性：半冬性品种，全生育期230~233 d。幼苗半匍匐，苗势壮，分蘖力较强。春季起身拔节迟，耐倒春寒能力一般。株高78.8~85.3 cm，株型松紧适中，抗倒性较好。旗叶上举，茎、叶蜡质重，穗下节较长，穗层较整齐。耐后期高温，熟相好。穗纺锤形，长芒，白壳，白粒，籽粒半角质，饱满度较好。亩穗数37.0万~40.8万，穗粒数31.8~37.2粒，千粒重46.1~48.2 g。中抗条锈病，中感叶锈病、白粉病和纹枯病，高感赤霉病。2015年、2016年经检测：蛋白质含量14.86%、13.73%，容重812 g/L、774 g/L，湿面筋含量31.6%、31.2%，降落数值418 s、325 s，沉淀指数72 mL、60 mL，吸水量59.7 mL/100 g、59.2 mL/100 g，形成时间3.2 min、3.7 min，稳定时间4.5 min、3.3 min，弱化度97 F.U.、124 F.U.，出粉率71.8%、70.3%，硬度61 HI、67 HI。

产量表现：2014—2015年度参加河南省小麦冬水组区域试验，平均亩产554.7 kg，比对照增产7.2%。2015—2016年度续试，平均亩产551.9 kg，比对照增产8.6%。2016—2017年度生产试验，平均亩产557.4 kg，比对照增产5.5%。

栽培技术要点：适宜播种期10月上中旬，每亩适宜基本苗16万~20万。注意防治蚜虫、叶锈病、白粉病、赤霉病和纹枯病等病虫害，注意控制株高。

适宜种植区域：适宜河南省（南部长江中下游麦区除外）早中茬地种植。

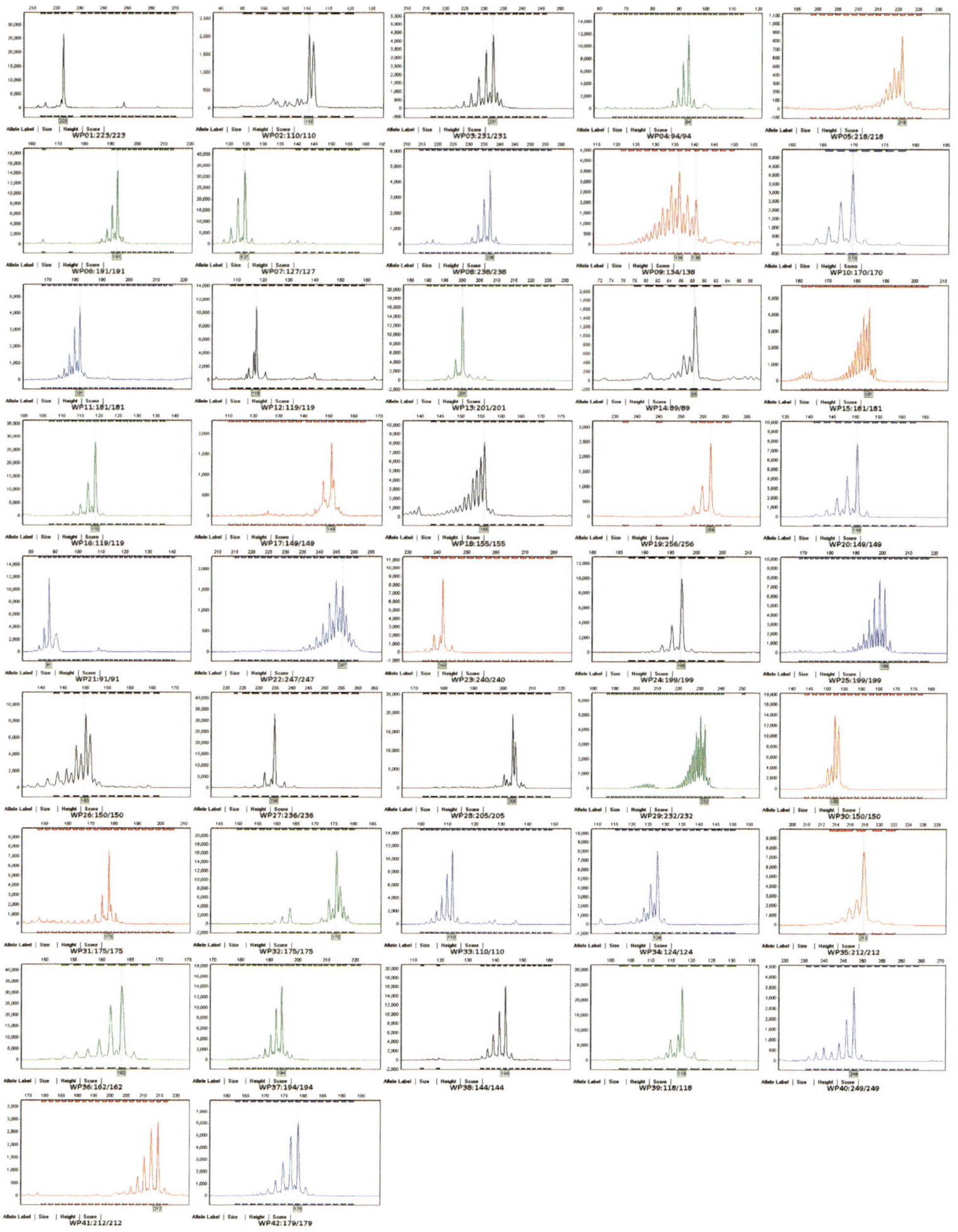

196. 百农889

审定编号：豫审麦20180010

选育单位：河南百农种业有限公司

品种来源：JD9802/周麦22

特征特性：半冬性品种，全生育期230~233 d。幼苗半匍匐，苗期叶色深绿，苗势壮，分蘖力一般，冬季抗寒性较好。春季起身早，两极分化快，苗脚利索，抽穗较早，耐倒春寒能力一般。株高76.4~82.5 cm，株型松紧适中，茎秆弹性好，抗倒性较好。旗叶偏小，株行间通风透光性好，穗层较整齐。耐后期高温能力一般，熟相一般。穗长方形，结实性好，长芒，白壳，白粒，籽粒半角质，饱满度较好。亩穗数35.7万~41.3万，穗粒数34.7~39.3粒，千粒重41.8~45.3 g。中感条锈病、叶锈病、白粉病，高感纹枯病和赤霉病。2015年、2016年经检测：蛋白质含量13.83%、12.91%，容重827 g/L、804 g/L，湿面筋含量28.8%、30.8%，降落数值375 s、333 s，沉淀指数60 mL、54 mL，吸水量66.3 mL/100 g、63.3 mL/100 g，形成时间3.2 min、3 min，稳定时间3.1 min、3.1 min，弱化度161 F.U.、168 F.U.，出粉率71.3%、65.7%，硬度66 HI、69 HI。

产量表现：2014—2015年度参加河南省小麦冬水组区域试验，平均亩产554.5 kg，比对照增产7.3%。2015—2016年度续试，平均亩产538 kg，比对照增产5.9%。2016—2017年度生产试验，平均亩产563 kg，比对照增产6.6%。

栽培技术要点：适宜播种期10月上中旬，每亩适宜基本苗16万~24万。注意防治蚜虫、条锈病、叶锈病、白粉病、赤霉病和纹枯病等病虫害。

适宜种植区域：适宜河南省（南部长江中下游麦区除外）旱中茬地种植。

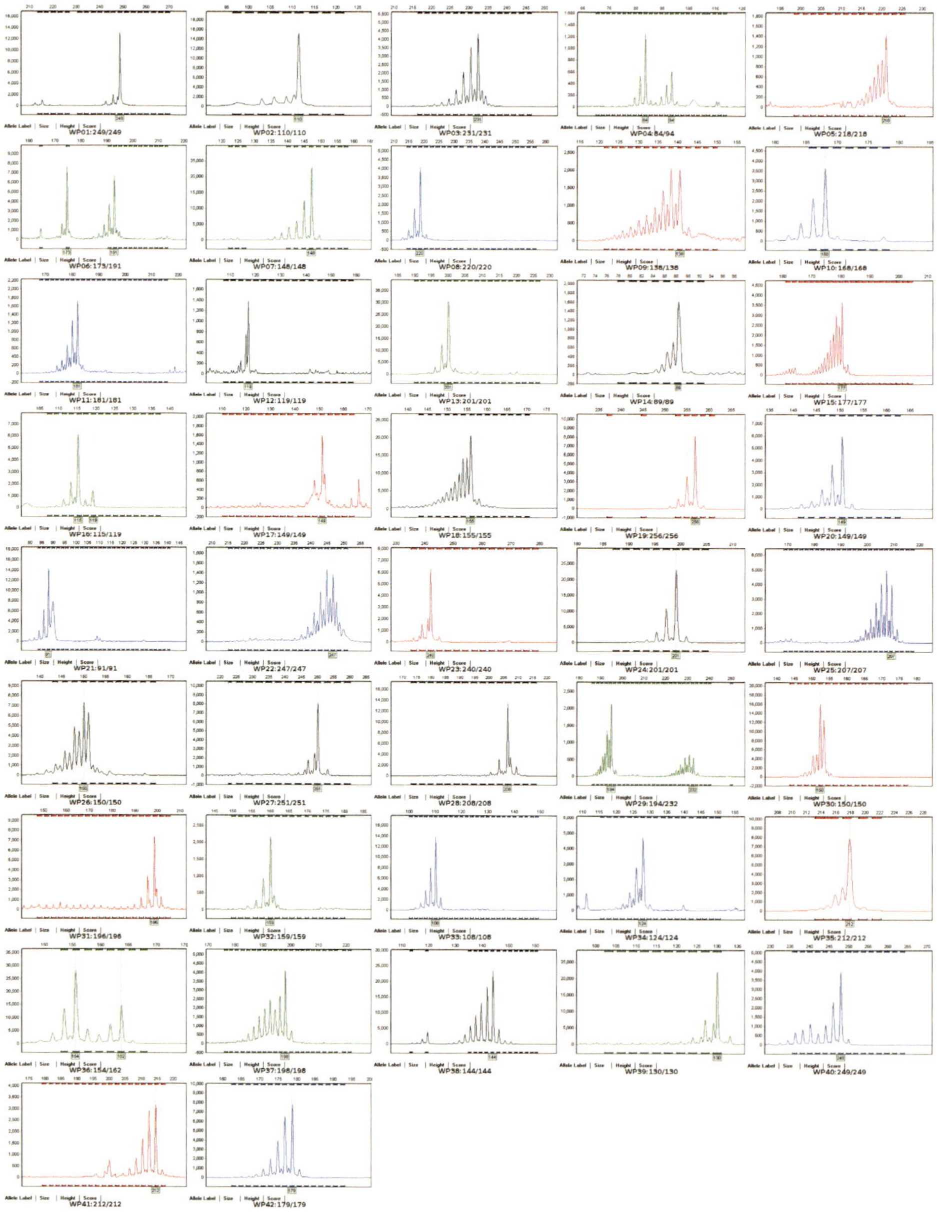

197. 枣乡168

审定编号：豫审麦20180011

选育单位：河南枣乡种业科技有限公司

品种来源：百农AK58/洛麦21

特征特性：半冬性品种，全生育期230~234 d，平均与对照品种周麦18熟期相当。幼苗半匍匐，苗期叶片较宽，分蘖力中等，冬季抗寒性好。春季起身拔节早，两极分化慢，耐倒春寒能力弱。株高79.1~85.8 cm，株型略松散，茎秆弹性一般，抗倒性较弱。旗叶宽、上举，穗下节较长，穗层较整齐。耐后期高温，熟相好。穗长方形，结实性较好，长芒，白壳，白粒，籽粒半角质，饱满度中等。亩穗数38.3万~42.6万，穗粒数35.8~38.7粒，千粒重39.5~41.3 g。中感条锈病、白粉病和纹枯病，高感叶锈病和赤霉病。2015年、2016年经检测：蛋白质含量13.81%、13.27%，容重818 g/L、788 g/L，湿面筋含量27.1%、31.1%，降落数值444 s、406 s，沉淀指数75 mL、64 mL，吸水量61 mL/100 g、58 mL/100 g，形成时间4.2 min、4.8 min，稳定时间4.8 min、6.3 min，弱化度91 F.U.、64 F.U.，出粉率72.8%、65.5%，硬度65 HI、66 HI。

产量表现：2014—2015年度参加河南省小麦冬水组区域试验，平均亩产539.2 kg，比对照增产4.4%。2015—2016年度续试，平均亩产549.2 kg，比对照增产8.1%。2016—2017年度生产试验，平均亩产546.2 kg，比对照增产3.4%。

栽培技术要点：适宜播种期10月上中旬，每亩适宜基本苗12万~15万。注意防治蚜虫、条锈病、叶锈病、白粉病、赤霉病和纹枯病等病虫害，注意防止倒伏。

适宜种植区域：适宜河南省（南部长江中下游麦区除外）旱中茬地种植。

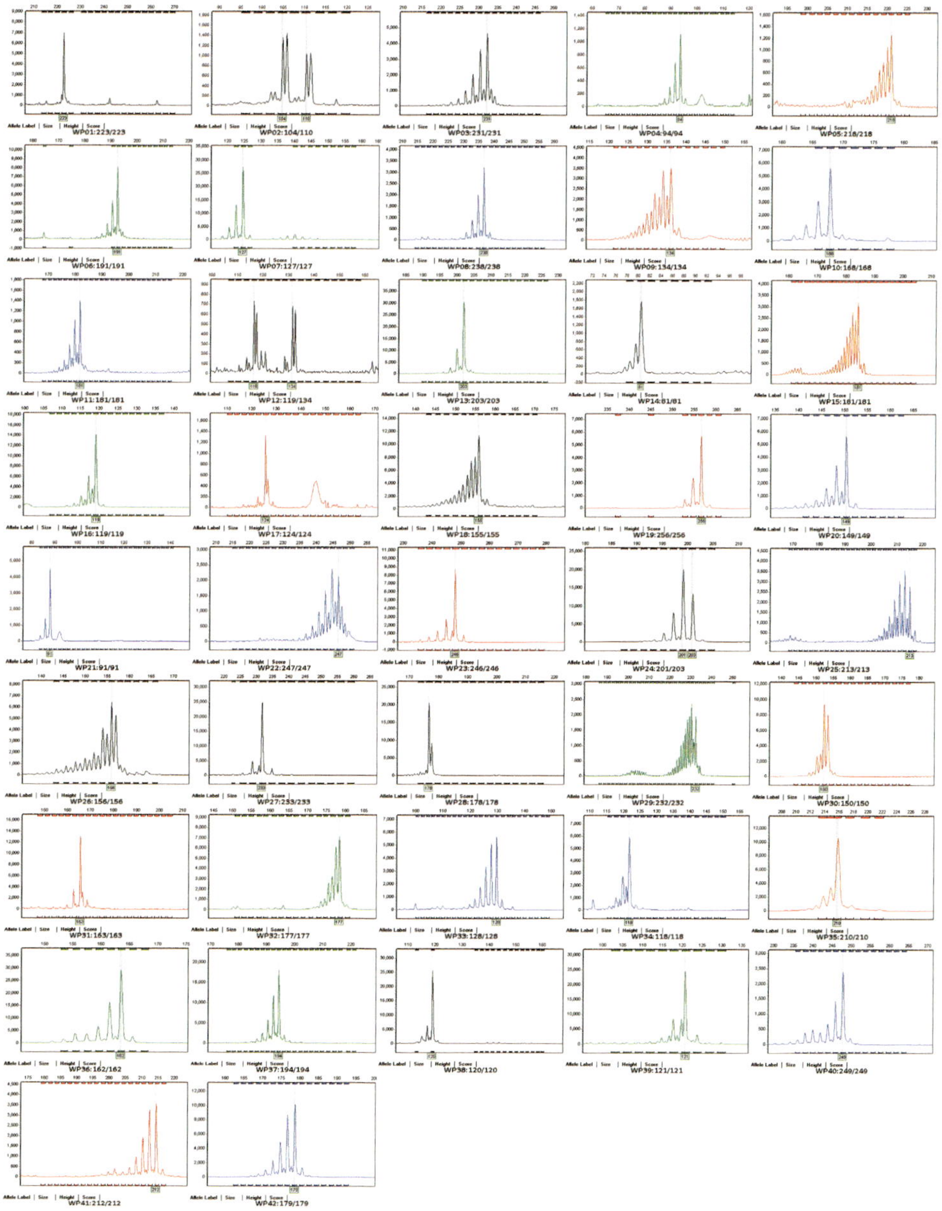

198. 中植0914

审定编号：豫审麦20180012

选育单位：河南科林种业有限公司、新乡县中植植保专业合作社

品种来源：中植88-15/百农AK58

特征特性：半冬性品种，全生育期230~232 d，平均比对照品种周麦18早熟1 d。幼苗半匍匐，苗期叶片较长，苗势壮，分蘖力中等。春季发育快，拔节抽穗早，耐倒春寒能力一般。株高76.5~85.5 cm，株型较紧凑，茎秆弹性一般，抗倒性一般。旗叶偏大、上举，穗下节较长，穗层不整齐。耐后期高温能力一般，熟相一般。穗纺锤形，长芒，白壳，白粒，籽粒半角质，饱满度较好。亩穗数38.4万~40.4万，穗粒数30.3~35.8粒，千粒重43.5~48.9 g。中抗条锈病和白粉病，中感纹枯病，高感叶锈病和赤霉病。2015年、2016年经检测：蛋白质含量14.05%、13.67%，容重824 g/L、790 g/L，湿面筋含量27.7%、28.8%，降落数值459 s、369 s，沉淀指数75 mL、51 mL，吸水量64 mL/100 g、57.6 mL/100 g，形成时间3.5 min、3 min，稳定时间4.8 min、3.3 min，弱化度82 F.U.、116 F.U.，出粉率73.8%、72.7%，硬度64 HI、65 HI。

产量表现：2014—2015年度参加河南省小麦冬水组区域试验，平均亩产520.2 kg，比对照增产3.9%。2015—2016年度续试，平均亩产544 kg，比对照增产7.1%。2016—2017年度生产试验，平均亩产552.7 kg，比对照增产4.6%。

栽培技术要点：适宜播种期10月中下旬，每亩适宜基本苗16万~20万。注意防治蚜虫、叶锈病、赤霉病和纹枯病等病虫害，注意控制株高，高水肥地块防止倒伏。

适宜种植区域：适宜河南省（南部长江中下游麦区除外）早中茬地种植。

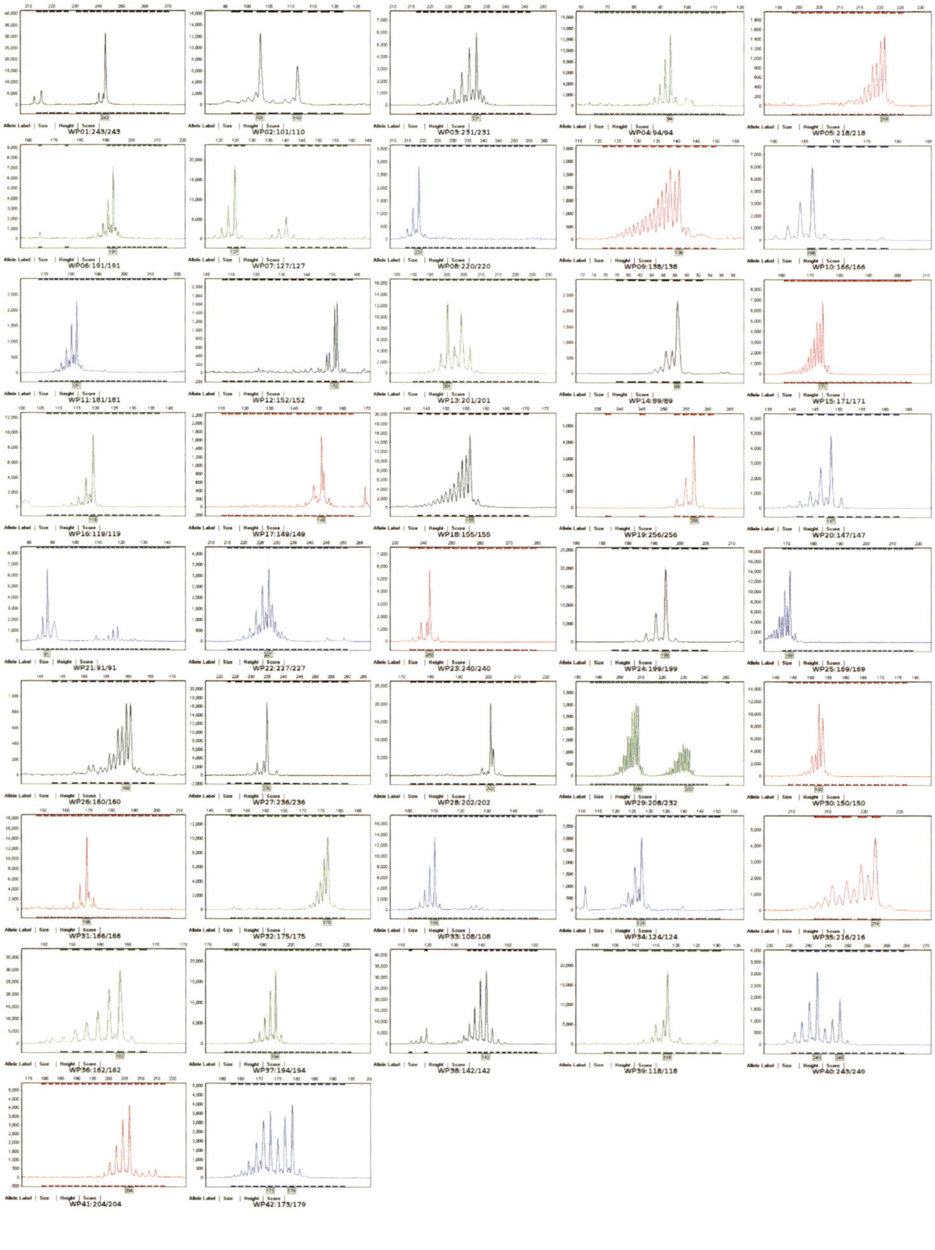

199. 金丰205

审定编号：豫审麦20180013

选育单位：河南先耕农业科技有限公司

品种来源：周麦12/豫麦49

特征特性：半冬性品种，全生育期231~233 d，平均与对照品种周麦18熟期相当。幼苗半匍匐，苗期叶片窄长，分蘖力强。春季起身拔节早，两极分化快，苗脚利索，抽穗早，耐倒春寒能力一般。株高77.3~82.7 cm，株型略松散，茎秆弹性好，抗倒性较好。旗叶较大、上举，穗下节短，穗部蜡质重，穗层较整齐。耐后期高温，熟相中等。穗长方形，长芒，白壳，白粒，籽粒半角质，饱满度中等。亩穗数36.7万~40.0万，穗粒数33.0~36.6粒，千粒重43.0~47.6 g。高抗条锈病，中感叶锈病、白粉病和纹枯病，高感赤霉病。2015年、2016年经检测：蛋白质含量14.66%、14.2%，容重800 g/L、760 g/L，湿面筋含量30.3%、32%，降落数值419 s、376 s，沉淀指数70 mL、58 mL，吸水量60.9 mL/100 g、59.3 mL/100 g，形成时间3.5 min、4.3 min，稳定时间4.7 min、5.1 min，弱化度101 F.U.、108 F.U.，出粉率72.6%、66.7%，硬度63 HI、67 HI。

产量表现：2014—2015年度参加河南省小麦冬水组区域试验，平均亩产523.4 kg，比对照增产1.1%。2015—2016年度续试，平均亩产557 kg，比对照增产7.1%。2016—2017年度生产试验，平均亩产553.7 kg，比对照增产5.6%。

栽培技术要点：适宜播种期10月上中旬，每亩适宜基本苗15万~20万。注意防治蚜虫、叶锈病、白粉病、赤霉病和纹枯病等病虫害。

适宜种植区域：适宜河南省（南部长江中下游麦区除外）早中茬地种植。

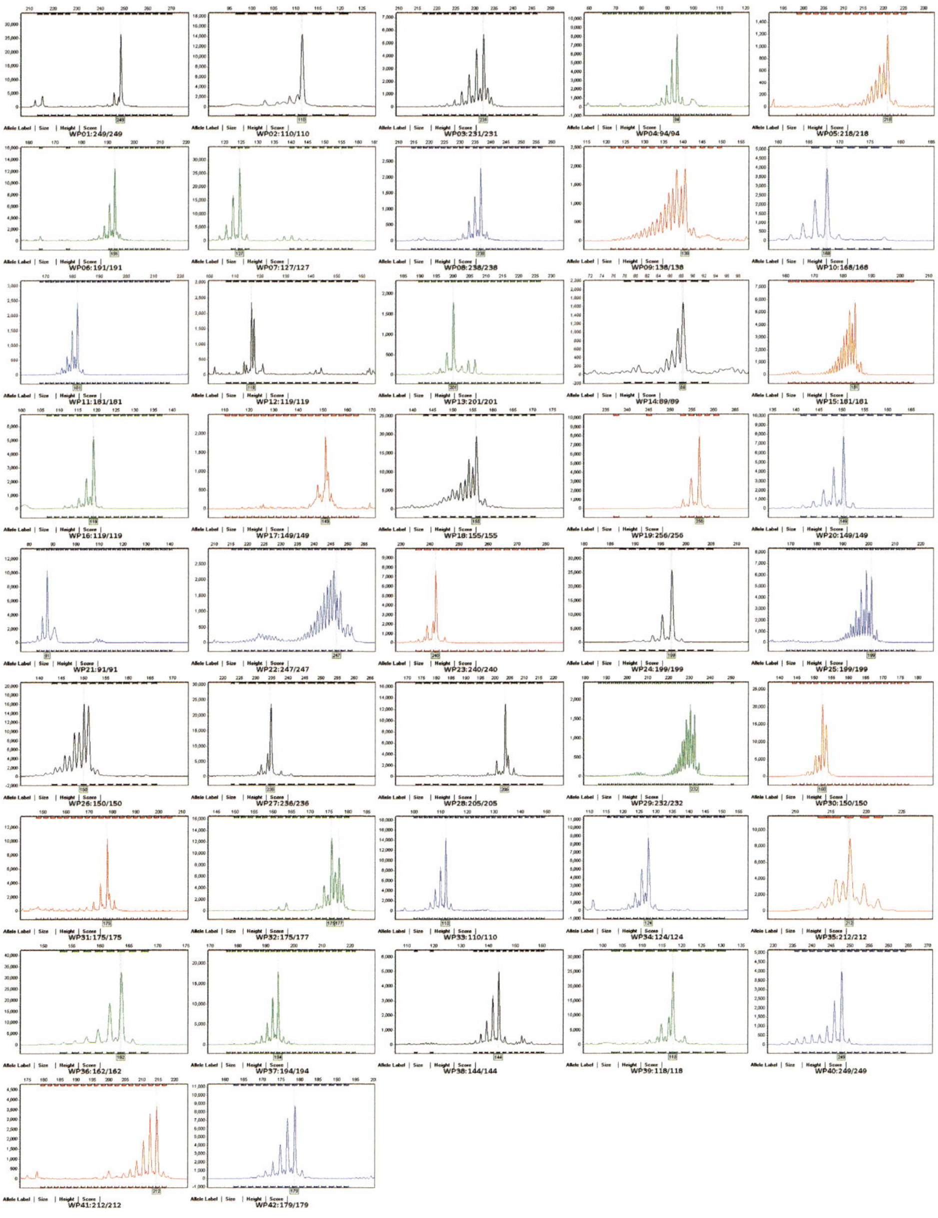

200. 濮兴8号

审定编号：豫审麦20180014

选育单位：河南省民兴种业有限公司

品种来源：濮兴05（16）-18/百农AK58

特征特性：半冬性品种，全生育期231~233 d，平均与对照品种周麦18熟期相当。幼苗半直立，苗期叶片窄长，叶色深绿，苗势较壮，分蘖力一般。春季起身拔节早，两极分化快，抽穗早，耐倒春寒能力一般。株高75.6~80.6 cm，株型偏紧凑，茎秆弹性一般，抗倒性一般。旗叶较大、斜举。耐后期高温，熟相较好。穗长方形，结实性好，长芒，白壳，白粒，籽粒半角质，饱满度好。亩穗数36.1万~40.3万，穗粒数33.4~37.2粒，千粒重44.3~48.7 g。中感条锈病、叶锈病、白粉病和纹枯病，高感赤霉病。2015年、2016年经检测：蛋白质含量14.21%、13.16%，容重816 g/L、787 g/L，湿面筋含量28.6%、30.6%，降落数值396 s、385 s，沉淀指数66 mL、55 mL，吸水量63.3 mL/100 g、61.5 mL/100 g，形成时间3.5 min、3.2 min，稳定时间5.5 min、4.1 min，弱化度86 F.U.、132 F.U.，出粉率72.8%、67.2%，硬度64 HI、68 HI。

产量表现：2014—2015年度参加河南省小麦冬水组区域试验，平均亩产542.3 kg，比对照增产5.1%。2015—2016年度续试，平均亩产564.8 kg，比对照增产8.6%。2016—2017年度生产试验，平均亩产562 kg，比对照增产7.2%。

栽培技术要点：适宜播种期10月上中旬，每亩适宜基本苗14万~18万。注意防治蚜虫、条锈病、叶锈病、白粉病、赤霉病和纹枯病等病虫害，注意控制株高。

适宜种植区域：适宜河南省（南部长江中下游麦区除外）旱中茬地种植。

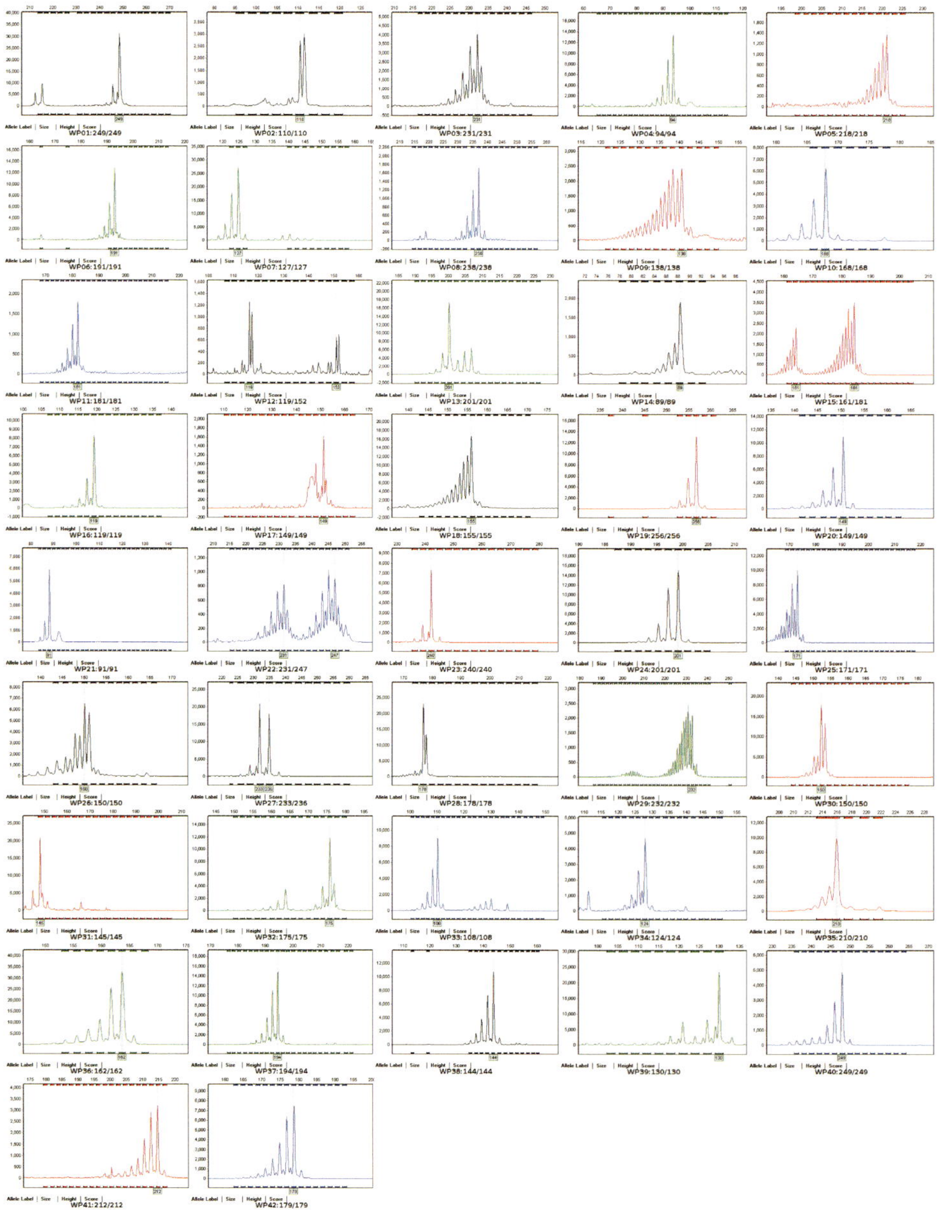

201. 泰麦863

审定编号： 豫审麦20180015

选育单位： 河南省泰隆种业有限公司

品种来源： 周麦22/洛麦21//周麦16

特征特性： 半冬性品种，全生育期230~233 d，平均比对照品种周麦18熟期略早。幼苗半匍匐，苗势壮，分蘖力一般。春季起身拔节早，两极分化快，抽穗早，耐倒春寒能力较弱。株高78.1~84.8 cm，株型松紧适中，茎秆弹性好，抗倒性较好。旗叶上冲，穗层较整齐。耐后期高温能力一般，熟相一般。穗纺锤形，长芒，白壳，白粒，籽粒半角质，饱满度较好。亩穗数36.7万~41.4万，穗粒数31.4~36.6粒，千粒重44.1~46.8 g。中感条锈病、白粉病和纹枯病，高感叶锈病和赤霉病。2015年、2016年经检测：蛋白质含量14.14%、13.95%，容重795 g/L、768 g/L，湿面筋含量29.5%、33.4%，降落数值402 s、326 s，沉淀指数56 mL、50 mL，吸水量59.5 mL/100 g、59.5 mL/100 g，形成时间2.5 min、2.4 min，稳定时间1.8 min、2.3 min，弱化度166 F.U.、127 F.U.，出粉率72.7%、68.2%，硬度63 HI、68 HI。

产量表现： 2014—2015年度参加河南省小麦冬水组区域试验，平均亩产535.2 kg，比对照增产6.9%。2015—2016年度续试，平均亩产553.2 kg，比对照增产6.4%。2016—2017年度生产试验，平均亩产553.4 kg，比对照增产5.6%。

栽培技术要点： 适宜播种期10月上中旬，每亩适宜基本苗11万~20万。注意防治蚜虫、条锈病、叶锈病、白粉病、赤霉病和纹枯病等病虫害，注意控制株高。

适宜种植区域： 适宜河南省（南部长江中下游麦区除外）早中茬地种植。

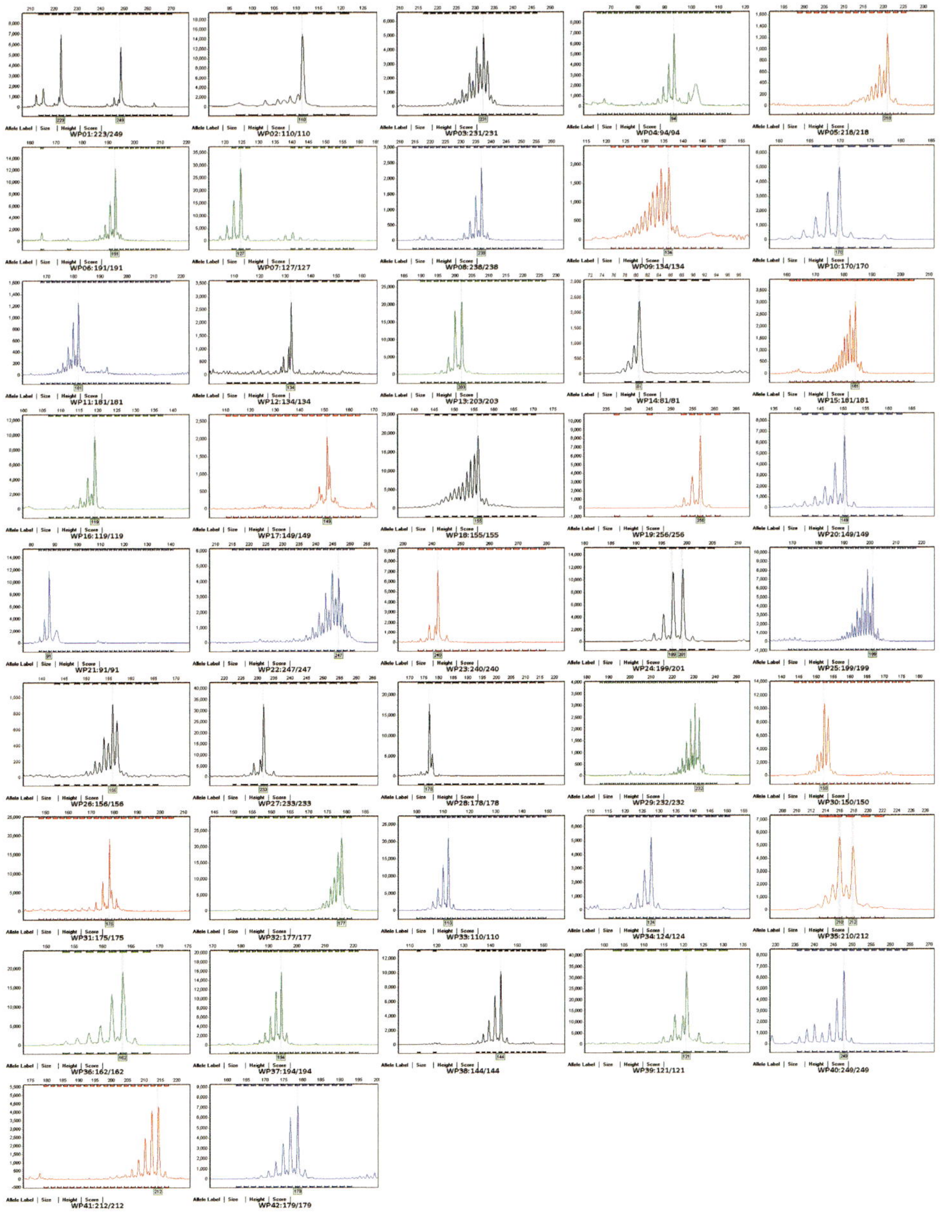

202. 佳源6号

审定编号： 豫审麦20180016

选育单位： 河南春粟种业有限公司、河南金源种业有限公司

品种来源： 周麦18/烟农19

特征特性： 半冬性品种，全生育期231~232 d，平均比对照品种周麦18早熟1 d。幼苗半匍匐，分蘖力较强。春季起身拔节迟，两极分化慢，抽穗迟，耐倒春寒能力一般。株高71.5~78.0 cm，株型紧凑，抗倒性较好。旗叶宽、上举，穗下节长，穗层不整齐。不耐后期高温，熟相一般。穗纺锤形，长芒，白壳，白粒，籽粒半角质，饱满度中等。亩穗数37.8万~41.6万，穗粒数31.7~36.1粒，千粒重45.3~46.9 g。中感条锈病、白粉病和纹枯病，高感叶锈病和赤霉病。2015年、2016年经检测：蛋白质含量13.46%、13.26%，容重814 g/L、778 g/L，湿面筋含量27.4%、31.2%，降落数值466 s、381 s，沉淀指数67 mL、57 mL，吸水量61.1 mL/100 g、58.6 mL/100 g，形成时间3.5 min、3.9 min，稳定时间4.3 min、3.9 min，弱化度110 F.U.、110 F.U.，出粉率69.5%、69.6%，硬度65 HI、67 HI。

产量表现： 2014—2015年度参加河南省小麦冬水组区域试验，平均亩产522.2 kg，比对照增产0.9%。2015—2016年度续试，平均亩产544.2 kg，比对照增产4.8%。2016—2017年度生产试验，平均亩产553.2 kg，比对照增产5.5%。

栽培技术要点： 适宜播种期10月上中旬，每亩适宜基本苗14万~18万。注意防治蚜虫、条锈病、叶锈病、白粉病、赤霉病和纹枯病等病虫害。

适宜种植区域： 适宜河南省（南部长江中下游麦区除外）早中茬地种植。

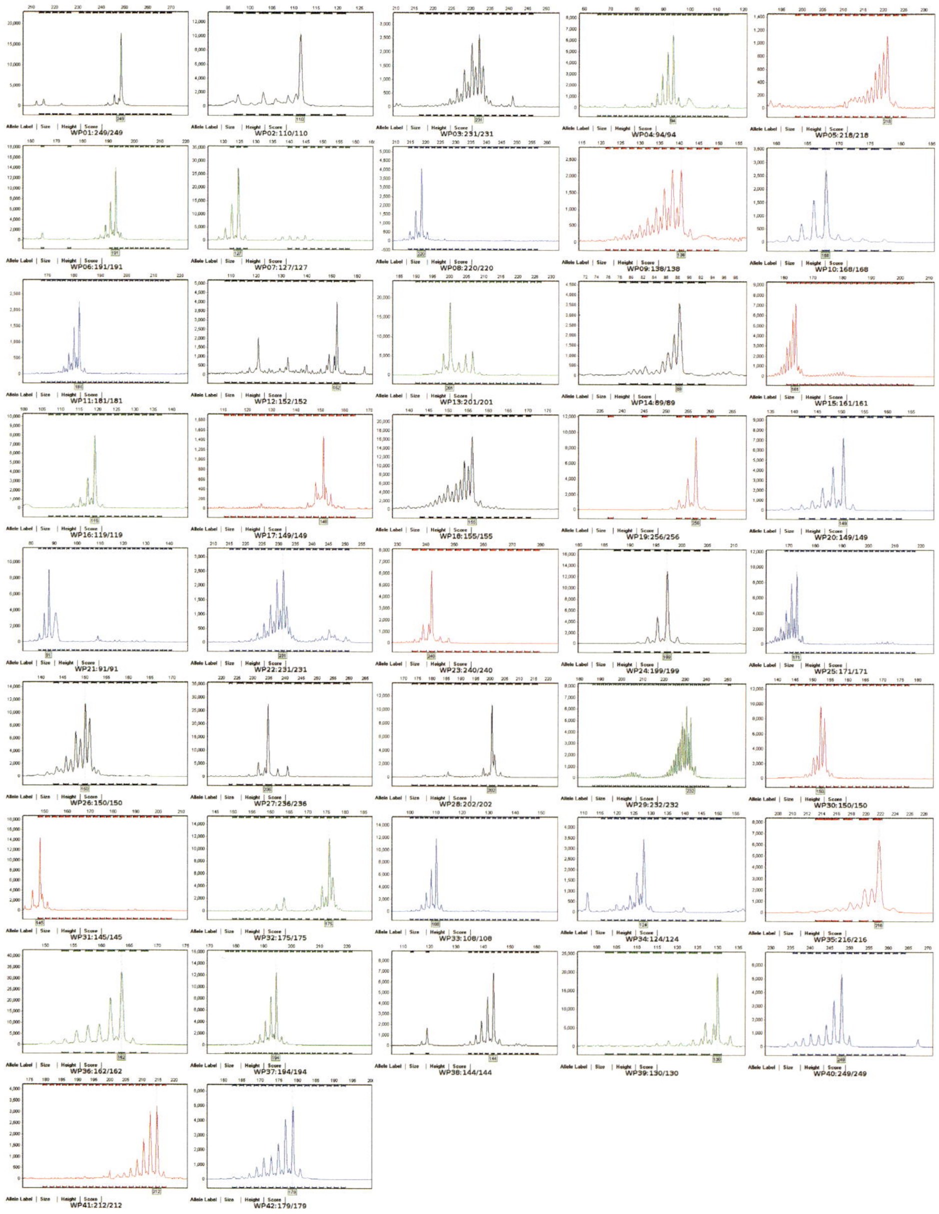

203. 孟麦0818

审定编号：豫审麦20180017

选育单位：孟州市乐秋种植专业合作社

品种来源：周麦22/周麦19

特征特性：半冬性品种，全生育期230~233 d，平均比对照品种周麦18熟期略早。幼苗半匍匐，苗期叶片较宽，分蘖力中等。春季起身拔节早，苗脚利索，抽穗早，耐倒春寒能力较弱。株高78.3~86.6 cm，株型松紧适中，茎秆粗、弹性一般，抗倒性一般。旗叶上举，穗层不整齐。耐后期高温，熟相中等。穗纺锤形，长芒，白壳，白粒，籽粒半角质，饱满度中等。亩穗数37.7万~40.7万，穗粒数32.1~36.2粒，千粒重45.0~47.0 g。中感条锈病、白粉病和纹枯病，高感叶锈病和赤霉病。2015年、2016年经检测：蛋白质含量13.83%、13%，容重798 g/L、774 g/L，湿面筋含量27.6%、29.3%，降落数值420 s、391 s，沉淀指数64 mL、58 mL，吸水量60 mL/100 g、58.5 mL/100 g，形成时间2.5 min、3.2 min，稳定时间2.6 min、3.2 min，弱化度128 F.U.、117 F.U.，出粉率73%、72.7%，硬度62 HI、65 HI。

产量表现：2014—2015年度参加河南省小麦冬水组区域试验，平均亩产505.2 kg，比对照增产0.9%。2015—2016年度续试，平均亩产536.8 kg，比对照增产3.4%。2016—2017年度生产试验，平均亩产550.4 kg，比对照增产5.0%。

栽培技术要点：适宜播种期10月上中旬，每亩适宜基本苗16万~20万。注意防治蚜虫、条锈病、叶锈病、白粉病、赤霉病和纹枯病等病虫害，高水肥地块注意防止倒伏。

适宜种植区域：适宜河南省（南部长江中下游麦区除外）早中茬地种植。

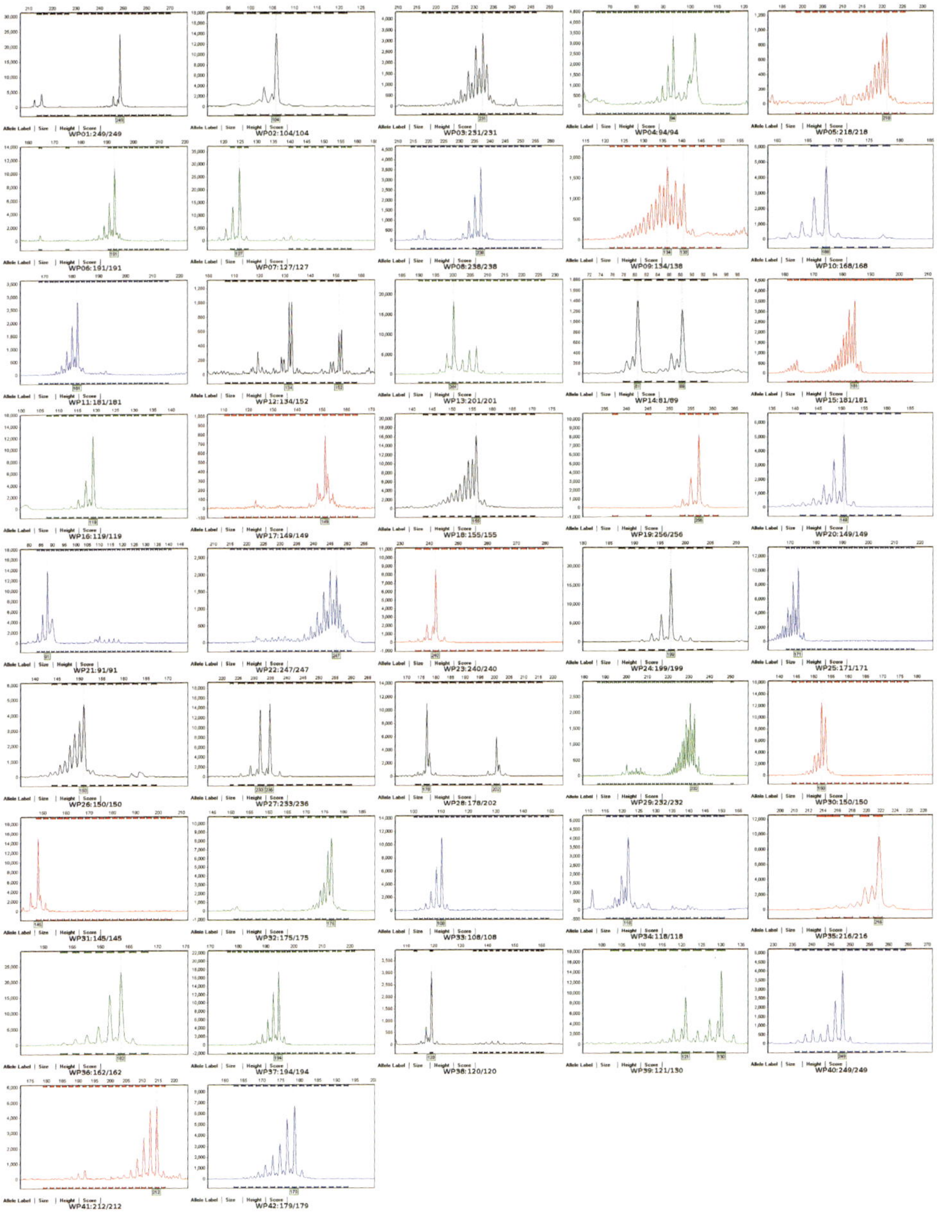

204. 存麦18号

审定编号：豫审麦20180018

选育单位：郑州丰存农业科技有限公司、河南丰德康种业有限公司

品种来源：周麦24-3/周麦22

特征特性：半冬性品种，全生育期231~232 d，平均比对照品种周麦18熟期略早。幼苗半匍匐，苗期叶片窄长，叶色黄绿，苗势壮，分蘖力中等。春季起身拔节早，两极分化快，耐倒春寒能力较弱。株高75.1~83.9 cm，株型松紧适中，茎秆弹性好，抗倒性较好。旗叶宽大、上冲，穗层厚。不耐后期高温，熟相一般。穗纺锤形，小穗排列较密，结实性好，长芒，白壳，白粒，籽粒半角质，饱满度较好。亩穗数38.6万~42.1万，穗粒数32.0~38.5粒，千粒重40.8~46.5 g。中感条锈病、白粉病和纹枯病，高感叶锈病和赤霉病。2015年、2016年经检测：蛋白质含量13.35%、12.62%，容重816 g/L、763 g/L，湿面筋含量26%、25.8%，降落数值444 s、314 s，沉淀指数59 mL、76 mL，吸水量64.4 mL/100 g、55.6 mL/100 g，形成时间2.8 min、1.7 min，稳定时间4 min、6.6 min，弱化度123 F.U.、56 F.U.，出粉率72.5%、72.1%，硬度60 HI、62 HI。

产量表现：2014—2015年度参加河南省小麦冬水组区域试验，平均亩产556.1 kg，比对照增产7.8%。2015—2016年度续试，平均亩产552.9 kg，比对照增产6.5%。2016—2017年度生产试验，平均亩产538.3 kg，比对照增产2.7%。

栽培技术要点：适宜播种期10月上中旬，每亩适宜基本苗18万~22万。注意防治蚜虫、条锈病、叶锈病、白粉病、赤霉病和纹枯病等病虫害。

适宜种植区域：适宜河南省（南部长江中下游麦区除外）早中茬地种植。

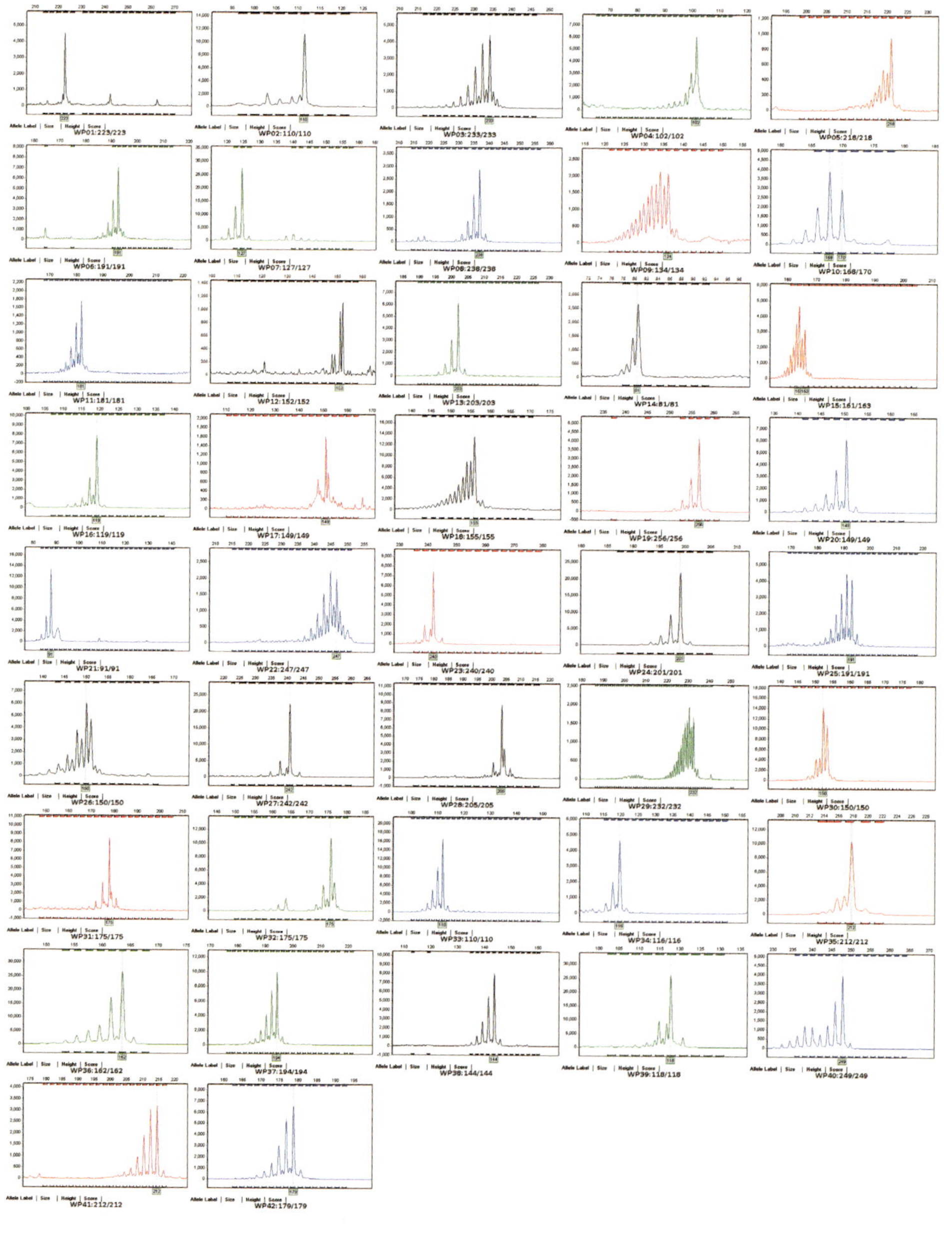

205. 浚麦169

审定编号：豫审麦20180019

选育单位：浚县丰黎种业有限公司

品种来源：周麦16/濮麦9号

特征特性：半冬性品种，全生育期230~232 d，平均比对照品种周麦18早熟1 d。幼苗半匍匐，苗势壮，分蘖力中等，冬季抗寒性好。春季起身早，两极分化快，苗脚利索，耐倒春寒能力较弱。株高78.0~84.3 cm，株型松散，茎秆弹性较弱，抗倒性较弱。旗叶下披，茎、叶、穗蜡质重，穗层厚。不耐后期高温，熟相一般。穗纺锤形，长芒，白壳，白粒，籽粒粉质，饱满度中等。亩穗数39.8万~45.5万，穗粒数34.4~38.4粒，千粒重39.4~42.2 g。中感条锈病、白粉病和纹枯病，高感叶锈病和赤霉病。2015年、2016年经检测：蛋白质含量13.21%、12.73%，容重798 g/L、756 g/L，湿面筋含量27.6%、27.4%，降落数值397 s、371 s，沉淀指数66 mL、65 mL，吸水量57.6 mL/100 g、55.1 mL/100 g，形成时间2.3 min、2.7 min，稳定时间2.3 min、2.9 min，弱化度123 F.U.、101 F.U.，出粉率68%、67%，硬度51 HI、51 HI。

产量表现：2014—2015年度参加河南省小麦冬水组区域试验，平均亩产540.4 kg，比对照增产4.4%。2015—2016年度续试，平均亩产555.3 kg，比对照增产6.9%。2016—2017年度生产试验，平均亩产543.2 kg，比对照增产4.3%。

栽培技术要点：适宜播种期10月上中旬，每亩适宜基本苗12万~16万。注意防治蚜虫、条锈病、叶锈病、白粉病、赤霉病和纹枯病等病虫害，返青期肥水适当推迟，防止倒伏。

适宜种植区域：适宜河南省（南部长江中下游麦区除外）早中茬地种植。

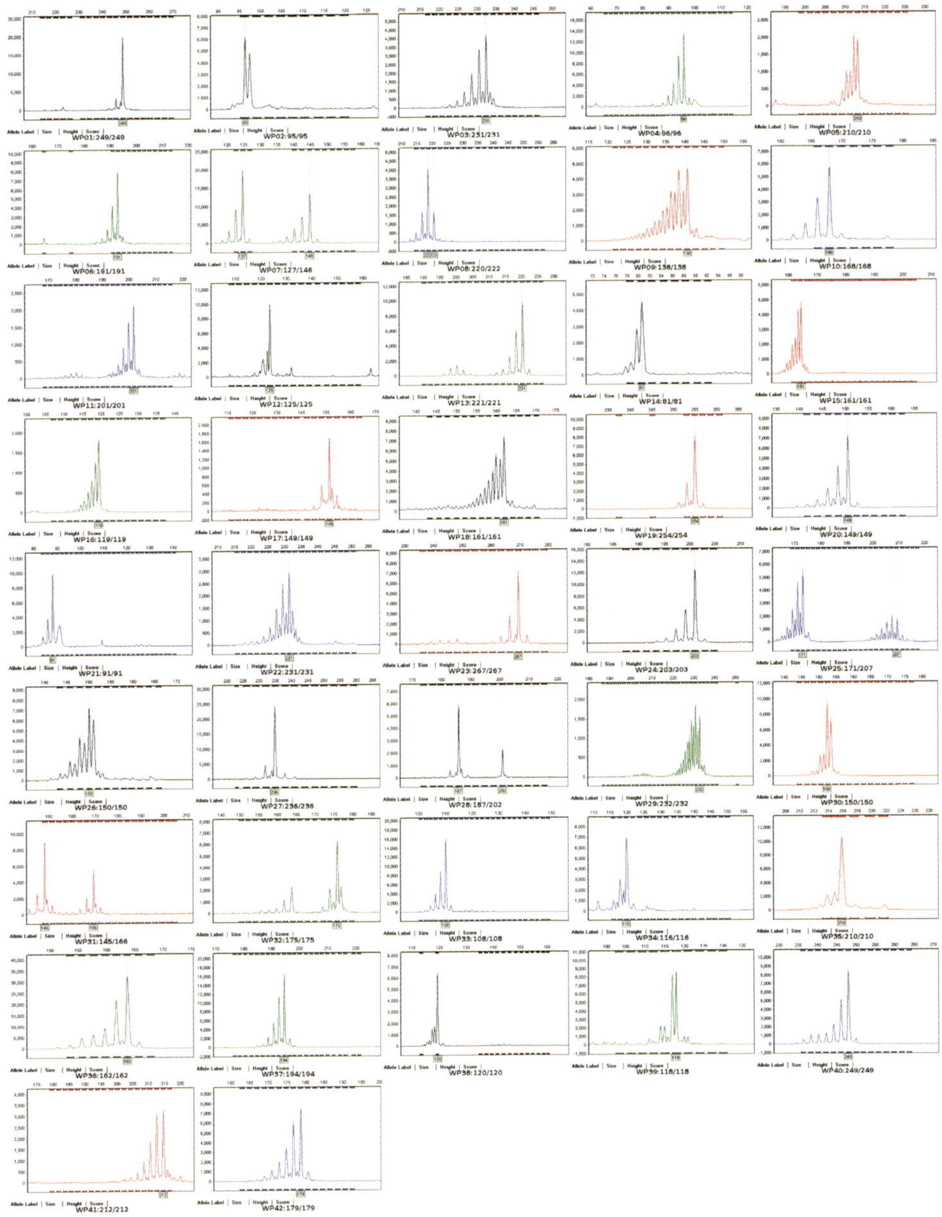

206. 机麦210

审定编号： 豫审麦20180020

选育单位： 河南亿佳和农业科技有限公司

品种来源： 周麦92031/偃展4110

特征特性： 半冬性品种，全生育期230~233 d，平均与对照品种周麦18熟期相当。幼苗半匍匐，苗期叶片宽大，叶色浓绿，苗势壮，分蘖力一般，冬季抗寒性较好。春季起身拔节早，两极分化快，苗脚利索，耐倒春寒能力较好。株高78.9~85.9 cm，株型略松散，茎秆粗壮、弹性一般，抗倒性一般。旗叶长、上冲，茎、叶蜡质重，穗下节较长，穗层较厚。耐后期高温能力一般，熟相一般。穗纺锤形，小穗排列较密，结实性较好，长芒，白壳，白粒，籽粒半角质，饱满度较好。亩穗数37.8万~40.5万，穗粒数34.6~35.2粒，千粒重46.3~49.5 g。中抗条锈病和白粉病，中感纹枯病，高感叶锈病和赤霉病。2016年、2017年经检测：蛋白质含量14.1%、15.6%，容重784 g/L、816 g/L，湿面筋含量34%、32.2%，降落数值305 s、416 s，沉淀指数59 mL、65 mL，吸水量58.7 mL/100 g、56.2 mL/100 g，形成时间4.2 min、3.7 min，稳定时间4.3 min、3.7 min，弱化度124 F.U.、121 F.U.，出粉率66.5%、71.1%，硬度63 HI、67 HI，延伸性174 mm/146 mm，最大拉伸阻力221 EU、151 EU，拉伸面积53 cm^2/32 cm^2。

产量表现： 2015—2016年度参加河南省小麦冬水组区域试验，平均亩产570.8 kg，比对照增产9.8%。2016—2017年度续试，平均亩产569.3 kg，比对照增产10.3%。2016—2017年度生产试验，平均亩产540 kg，比对照增产3.6%。

栽培技术要点： 适宜播种期10月上中旬，每亩适宜基本苗15万~22万。注意防治蚜虫、叶锈病、赤霉病和纹枯病等病虫害，高水肥地块注意防止倒伏。

适宜种植区域： 适宜河南省（南部长江中下游麦区除外）旱中茬地种植。

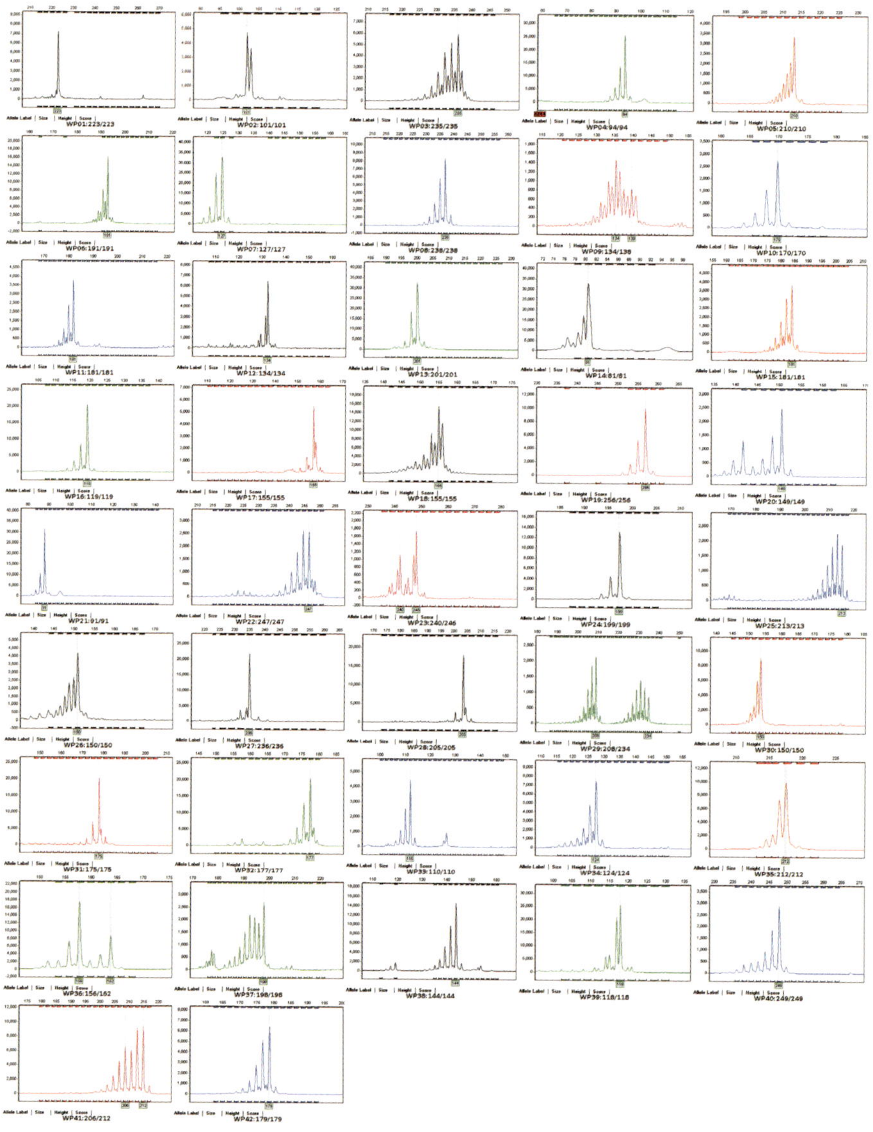

207. 中育1428

审定编号：豫审麦20180021

选育单位：中国农业科学院棉花研究所

品种来源：周麦22/洛麦22

特征特性：半冬性品种，全生育期231~233 d，平均与对照品种周麦18熟期相当。幼苗半匍匐，苗期叶片窄长，叶色深绿，分蘖力强。冬季抗寒性较好。春季起身迟，拔节后生长速度快，两极分化略慢，苗脚不利索，抽穗偏晚，耐倒春寒能力好。株高76.3~82.3 cm，株型略松散，茎秆蜡质重、弹性较好，抗倒性较好。旗叶长、上冲，穗下节长，穗层较整齐。耐后期高温能力一般，熟相一般。穗纺锤形，结实性较好，长芒，白壳，白粒，籽粒半角质，饱满度中等。亩穗数37.4万~39.8万，穗粒数35.0~36.8粒，千粒重46.1~47.9 g。中抗条锈病，中感叶锈病和白粉病，高感纹枯病和赤霉病。2016年、2017年经检测：蛋白质含量13.7%、15.7%，容重762 g/L、782 g/L，湿面筋含量32.1%、29.2%，降落数值336 s、472 s，沉淀指数64 mL、72 mL，吸水量60.5 mL/100 g、56.8 mL/100 g，形成时间3.9 min、4.2 min，稳定时间2.9 min、3.5 min，弱化度162 F.U.、124 F.U.，出粉率70.6%、66.4%，硬度65 HI、67 HI，延伸性169 mm/135 mm，最大拉伸阻力138 EU、129 EU，拉伸面积34 cm^2/26 cm^2。

产量表现：2015—2016年度参加河南省小麦冬水组区域试验，平均亩产557.5 kg，比对照增产9.7%。2016—2017年度续试，平均亩产552.9 kg，比对照增产8.7%。2016—2017年度生产试验，平均亩产539.3 kg，比对照增产3.5%。

栽培技术要点：适宜播种期10月上中旬，每亩适宜基本苗12万~20万。注意防治蚜虫、叶锈病、白粉病、赤霉病和纹枯病等病虫害，注意控制株高。

适宜种植区域：适宜河南省（南部长江中下游麦区除外）旱中茬地种植。

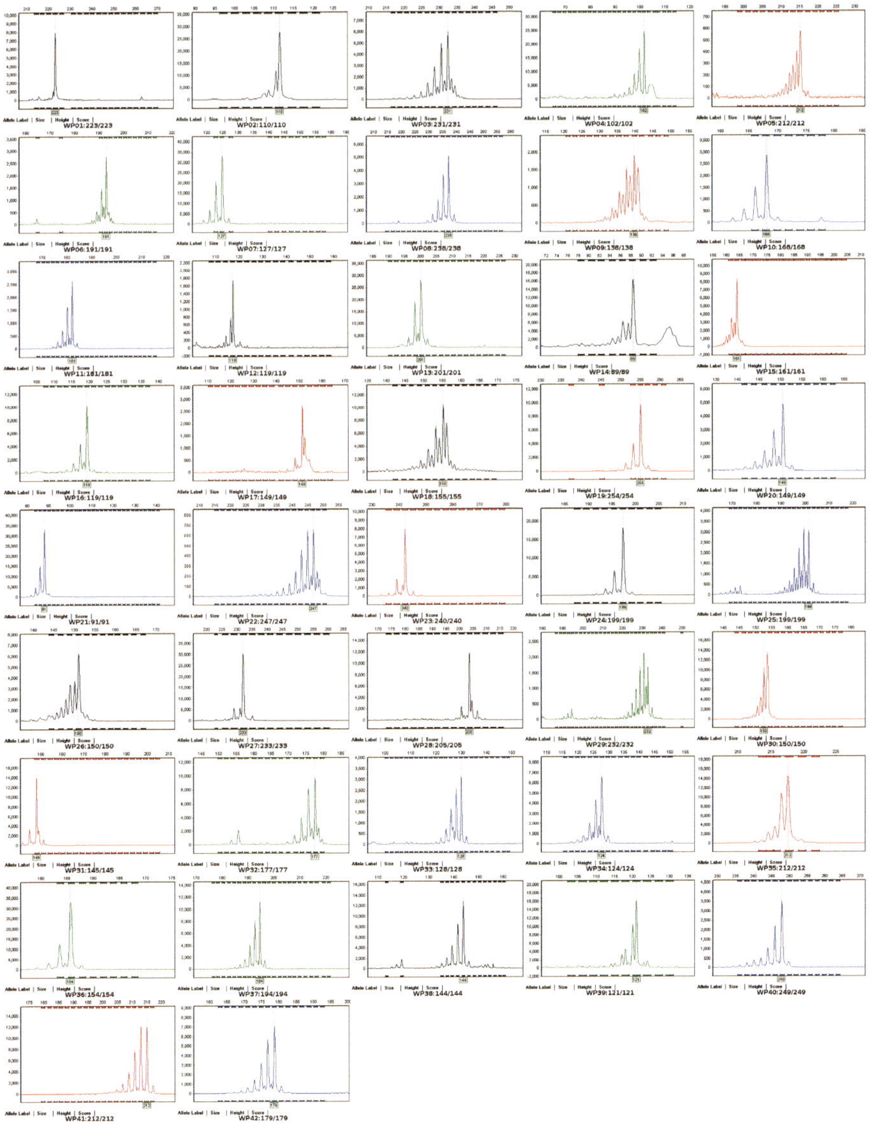

208. 鑫华麦818

审定编号： 豫审麦20180022

选育单位： 河南农业大学、河南瑞星种业有限公司

品种来源： 周麦13/百农4805

特征特性： 半冬性品种，全生育期230~233 d，平均与对照品种周麦18熟期相当。幼苗半匍匐，苗期叶片窄长，叶色深绿，苗势较壮，分蘖力一般，冬季抗寒性较好。春季起身早，拔节略慢，两极分化慢，苗脚不利索，抽穗偏早，耐倒春寒能力较弱。株高78.3~83.5 cm，株型偏松散，茎秆弹性好，抗倒性较好。旗叶较小、上举，下部叶片大，穗下节较长。较耐后期高温，熟相好。穗长方形、大小不匀，结实性较好，长芒，白壳，白粒，籽粒半角质，饱满度中等。亩穗数37.9万~40.0万，穗粒数34.9~35.4粒，千粒重46.5~48.1 g。中抗白粉病，中感条锈病和叶锈病，高感纹枯病和赤霉病。2016年、2017年经检测：蛋白质含量13.92%、16%，容重792 g/L、802 g/L，湿面筋含量32.4%、32.7%，降落数值377 s、428 s，沉淀指数58 mL、55 mL，吸水量58.2 mL/100 g、55.9 mL/100 g，形成时间3.9 min、3.4 min，稳定时间3.7 min、3.5 min，弱化度109 F.U.、108 F.U.，出粉率68.6%、69%，硬度64 HI、65 HI，延伸性149 mm/152 mm，最大拉伸阻力178 EU、136 EU，拉伸面积38 cm^2/30 cm^2。

产量表现： 2015—2016年度参加河南省小麦冬水组区域试验，平均亩产570.4 kg，比对照增产9.7%。2016—2017年度续试，平均亩产553.9 kg，比对照增产8.6%。2016—2017年度生产试验，平均亩产551.1 kg，比对照增产5.8%。

栽培技术要点： 适宜播种期10月上中旬，每亩适宜基本苗18万~24万。注意防治蚜虫、条锈病、叶锈病、赤霉病和纹枯病等病虫害。

适宜种植区域： 适宜河南省（南部长江中下游麦区除外）早中茬地种植。

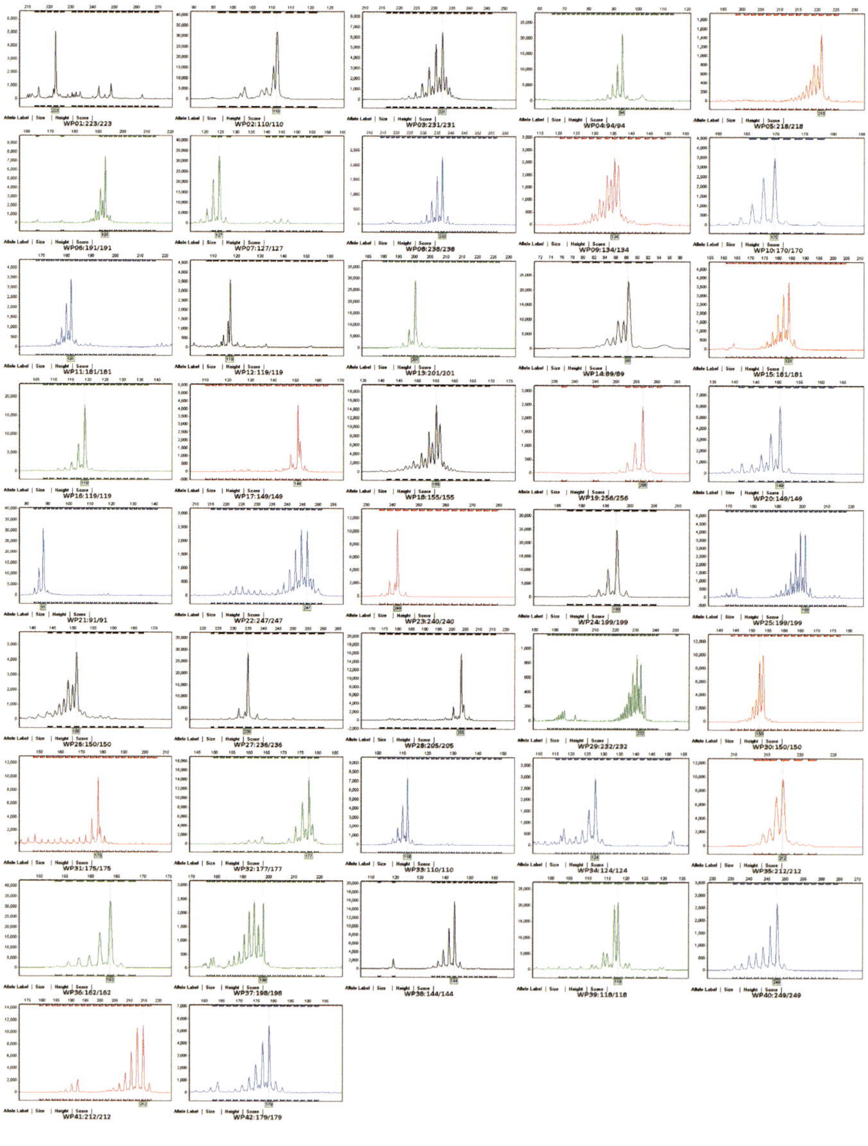

209. 豫农804

审定编号：豫审麦20180023

选育单位：河南农业大学、许昌农科种业有限公司

品种来源：豫农202/许农5号//豫农202

特征特性：半冬性品种，全生育期230~233 d，平均比对照品种周麦18熟期略早。苗期叶片宽短，叶色浓绿，苗势较壮，分蘖力一般。春季起身拔节早，苗脚利索，抽穗早，耐倒春寒能力一般。株高76.4~82 cm，株型松紧适中，抗倒性好。旗叶宽短、上举，下部叶片小，株行间通风透光性好，穗下节长。根系活力较强，叶功能较好，耐后期高温，熟相好。穗纺锤形、较大，结实性较好，籽粒半角质，饱满度较好。亩穗数36.3万~39.4万，穗粒数36.2~38.1粒，千粒重44.0~49.4 g。中感条锈病、白粉病和纹枯病，高感叶锈病和赤霉病。2016年、2017年经检测：蛋白质含量13.06%、14.2%，容重800 g/L、808 g/L，湿面筋含量27.4%、27.7%，降落数值366 s、432 s，沉淀指数56 mL、69 mL，吸水量58.2 mL/100 g、57.1 mL/100 g，形成时间3.8 min、4.2 min，稳定时间4.2 min、4.7 min，弱化度132 F.U.、118 F.U.，出粉率66.3%、68.5%，硬度68 HI、69 HI，延伸性164 mm/131 mm，最大拉伸阻力154 EU、134 EU，拉伸面积38 cm^2/26 cm^2。

产量表现：2015—2016年度参加河南省小麦冬水组区域试验，平均亩产558.9 kg，比对照增产9.7%。2016—2017年度续试，平均亩产555.5 kg，比对照增产9.2%。2016—2017年度生产试验，平均亩产554.8 kg，比对照增产6.5%。

栽培技术要点：适宜播种期10月上中旬，每亩适宜基本苗18万~24万。注意防治蚜虫、条锈病、叶锈病、白粉病、赤霉病和纹枯病等病虫害。

适宜种植区域：适宜河南省（南部长江中下游麦区除外）旱中茬地种植。

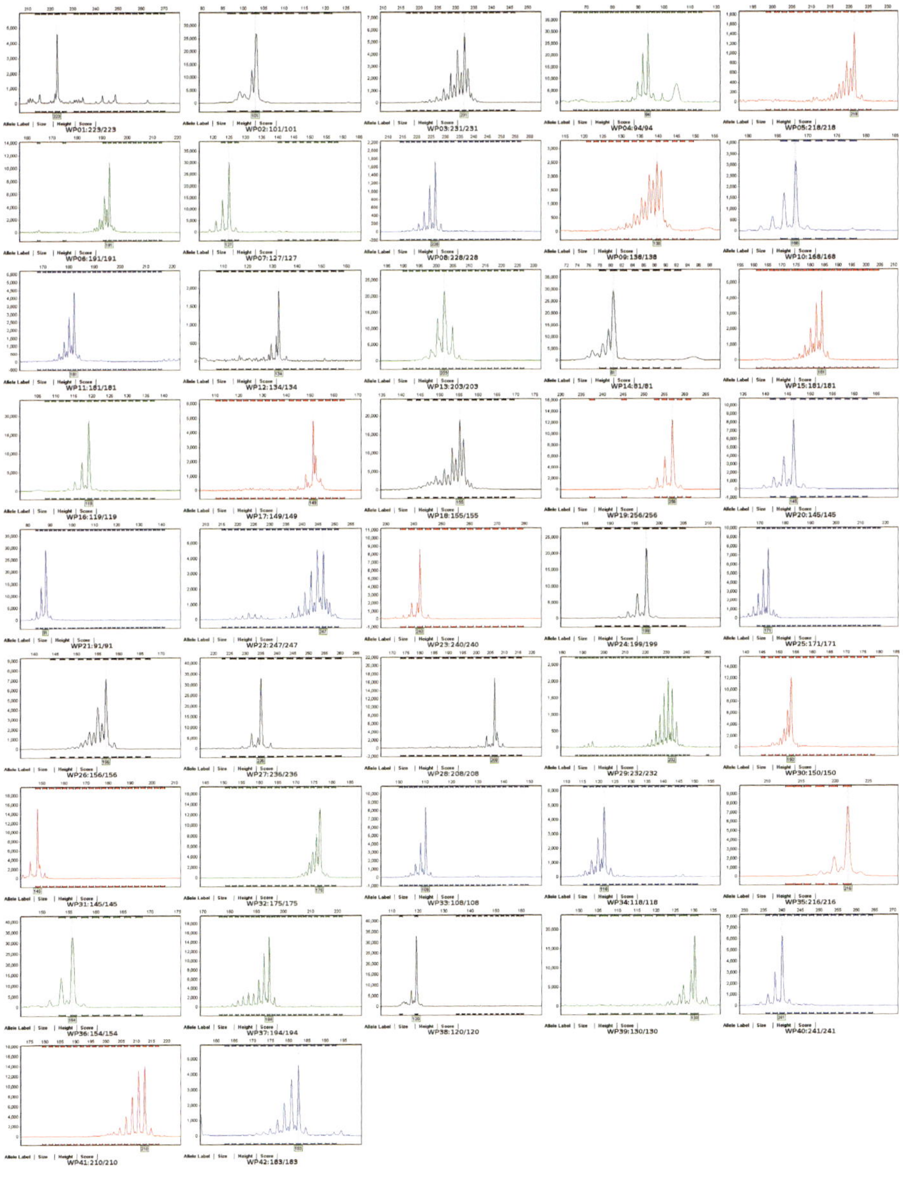

210. 禾丰3号

定编号：豫审麦20180024

选育单位：河南商都种业有限公司

品种来源：周麦16大穗/周麦20

特征特性：半冬性品种，全生育期231~233 d，平均与对照品种周麦18熟期相当。幼苗半直立，苗期叶片窄长，苗势较壮，分蘖力强，冬季抗寒性较好。春季起身拔节略迟，抽穗晚，耐倒春寒能力一般。株高80.4~83 cm，株型松紧适中，茎秆蜡质重、有弹性，抗倒性较好。旗叶窄长、上冲，穗下节长，穗层不整齐。叶功能期长，熟相好。穗纺锤形，结实性较好，长芒，白壳，白粒，籽粒半角质，饱满度中等。亩穗数37.7万~39.9万，穗粒数35.9~36.4粒，千粒重44.4~48.2 g。高抗条锈病，中感叶锈病、白粉病和纹枯病，高感赤霉病。2016年、2017年经检测：蛋白质含量14.46%、15.4%，容重786 g/L、802 g/L，湿面筋含量33.5%、32.3%，降落数值373 s、451 s，沉淀指数62 mL、73 mL，吸水量56.8 mL/100 g、53.9 mL/100 g，形成时间3 min、4.2 min，稳定时间3.3 min、4.5 min，弱化度116 F.U.、90 F.U.，出粉率71.9%、70.8%，硬度63 HI、64 HI，延伸性169 mm/139 mm，最大拉伸阻力173 EU、199 EU，拉伸面积42 cm^2/40 cm^2。

产量表现：2015—2016年度参加河南省小麦冬水组区域试验，平均亩产560.8 kg，比对照增产8.0%。2016—2017年度续试，平均亩产545.5 kg，比对照增产6.4%。2016—2017年度生产试验，平均亩产557.2 kg，比对照增产6.9%。

栽培技术要点：适宜播种期10月上中旬，每亩适宜基本苗16万~24万。注意防治蚜虫、叶锈病、白粉病、赤霉病和纹枯病等病虫害。

适宜种植区域：适宜河南省（南部长江中下游麦区除外）旱中茬地种植。

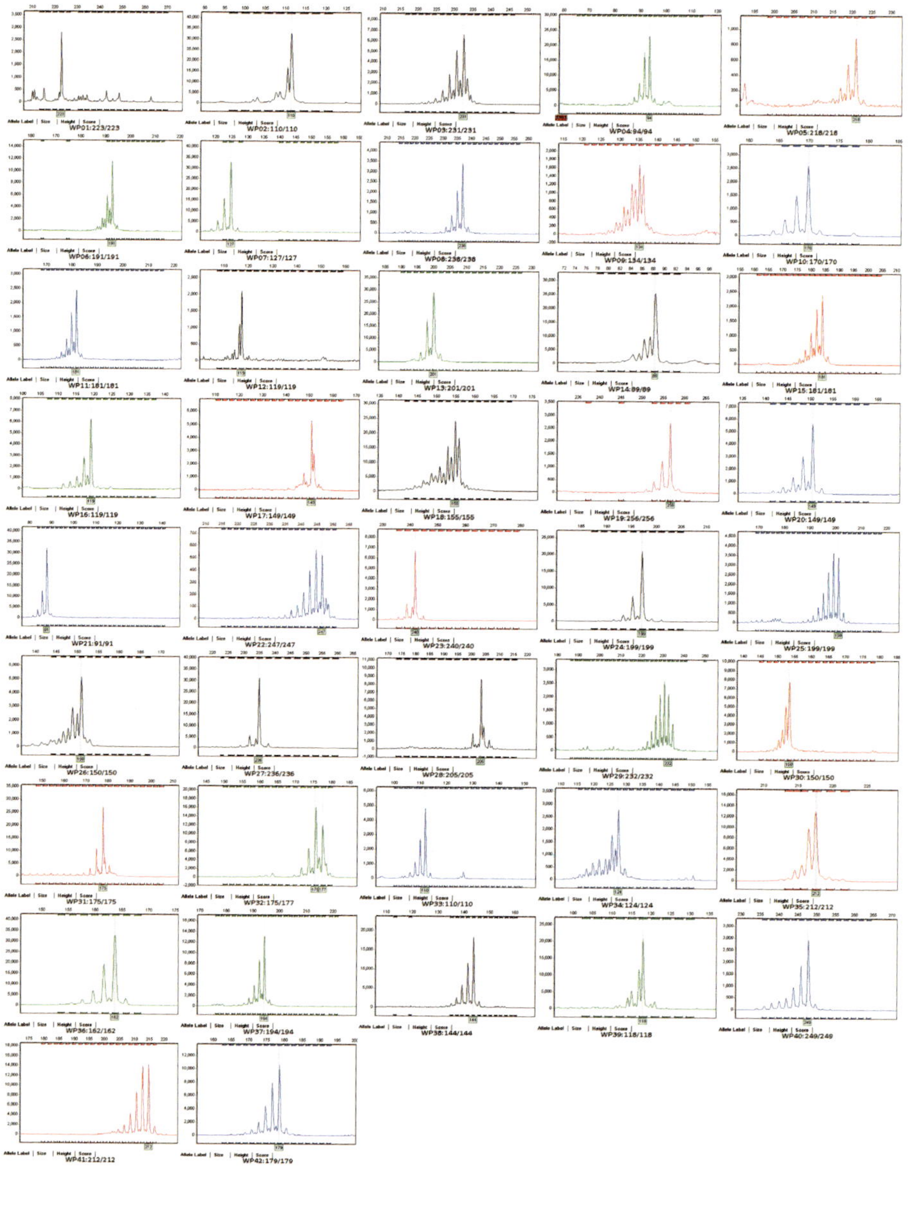

211. 安麦1241

审定编号：豫审麦20180025

选育单位：安阳市农业科学院

品种来源：矮败群体选育

特征特性：半冬性品种，全生育期231~233 d，平均与对照品种周麦18熟期相当。幼苗半直立，苗期叶片窄长，叶色深绿，苗势较壮，分蘖力较强，冬季抗寒性较好。春季起身拔节早，两极分化快，苗脚利索，抽穗晚，耐倒春寒能力一般。株高77.9~82.3 cm，株型偏松散，茎秆弹性较好，抗倒性较好。旗叶较小、上举，穗下节长，茎、穗蜡质重，穗层较整齐。根系活力较弱，熟相一般。穗长方形，小穗排列较稀，长芒，白壳，白粒，籽粒半角质，饱满度较好。亩穗数38.2万~39.4万，穗粒数33.9~36.1粒，千粒重46.2~47.4 g。中抗条锈病，中感叶锈病和白粉病，高感纹枯病和赤霉病。2016年、2017年经检测：蛋白质含量15.03%、15.8%，容重777 g/L、798 g/L，湿面筋含量31.5%、33%，降落数值386 s、448 s，沉淀指数62 mL、66 mL，吸水量59.2 mL/100 g、56.6 mL/100 g，形成时间4.2 min、3.4 min，稳定时间4.1 min、3.4 min，弱化度110 F.U.、109 F.U.，出粉率69.2%、70%，硬度64 HI、65 HI，延伸性167 mm/129 mm，最大拉伸阻力196 EU、126 EU，拉伸面积46 cm^2/24 cm^2。

产量表现：2015—2016年度参加河南省小麦冬水组区域试验，平均亩产546.3 kg，比对照增产7.5%。2016—2017年度续试，平均亩产545.5 kg，比对照增产7.2%。2016—2017年度生产试验，平均亩产536.3 kg，比对照增产3.8%。

栽培技术要点：适宜播种期10月上中旬，每亩适宜基本苗12万~20万。注意防治蚜虫、叶锈病、白粉病、赤霉病和纹枯病等病虫害，注意控制株高。

适宜种植区域：适宜河南省（南部长江中下游麦区除外）旱中茬地种植。

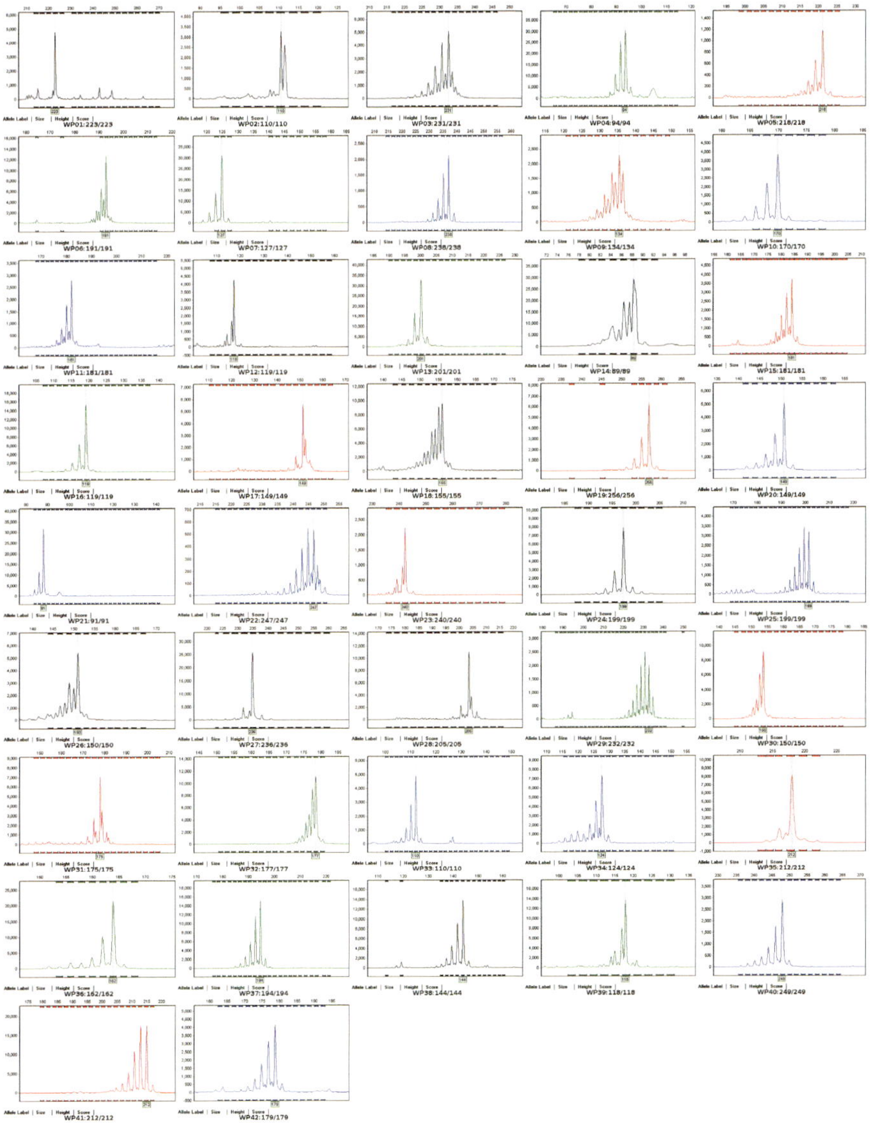

212. 温原0528

审定编号：豫审麦20180026

选育单位：温县温原种业有限公司

品种来源：周麦16/郑麦9023

特征特性：半冬性品种，全生育期231~233 d，平均与对照品种周麦18熟期相当。幼苗半匍匐，苗期叶片宽短，叶色浓绿，苗势较壮，分蘖力强，冬季抗寒性较好。春季起身拔节略迟，两极分化快，苗脚利索，抽穗偏晚，耐倒春寒能力较好。株高79.0~83.0 cm，株型松紧适中，茎秆弹性较好，抗倒性较好。旗叶偏长、上冲，穗下节长，茎、叶、穗蜡质较重，穗层整齐。根系活力强，叶功能期长，耐后期高温，熟相好。穗长方形，结实性较好，籽粒半角质，饱满度较好。亩穗数37.5万~38.5万，穗粒数35.7~37.1粒，千粒重44.4~46.3 g。中感条锈病和白粉病，高感叶锈病、纹枯病和赤霉病。2016年、2017年经检测：蛋白质含量13.91%、15.4%，容重795 g/L、796 g/L，湿面筋含量31%、32.2%，降落数值412 s、334 s，沉淀指数69 mL、76 mL，吸水量61.8 mL/100 g、60.3 mL/100 g，形成时间4.5 min、4.5 min，稳定时间5.8 min、5 min，弱化度94 F.U.、99 F.U.，出粉率65%、69.4%，硬度72 HI、70 HI，延伸性162 mm/144 mm，最大拉伸阻力202 EU、127 EU，拉伸面积47 cm^2/27 cm^2。

产量表现：2015—2016年度参加河南省小麦冬水组区域试验，平均亩产546.7 kg，比对照增产7.3%。2016—2017年度续试，平均亩产536.7 kg，比对照增产5.5%。2016—2017年度生产试验，平均亩产548 kg，比对照增产6%。

栽培技术要点：适宜播种期10月上中旬，每亩适宜基本苗16万~20万。注意防治蚜虫、条锈病、叶锈病、白粉病、赤霉病和纹枯病等病虫害。

适宜种植区域：适宜河南省（南部长江中下游麦区除外）早中茬地种植。

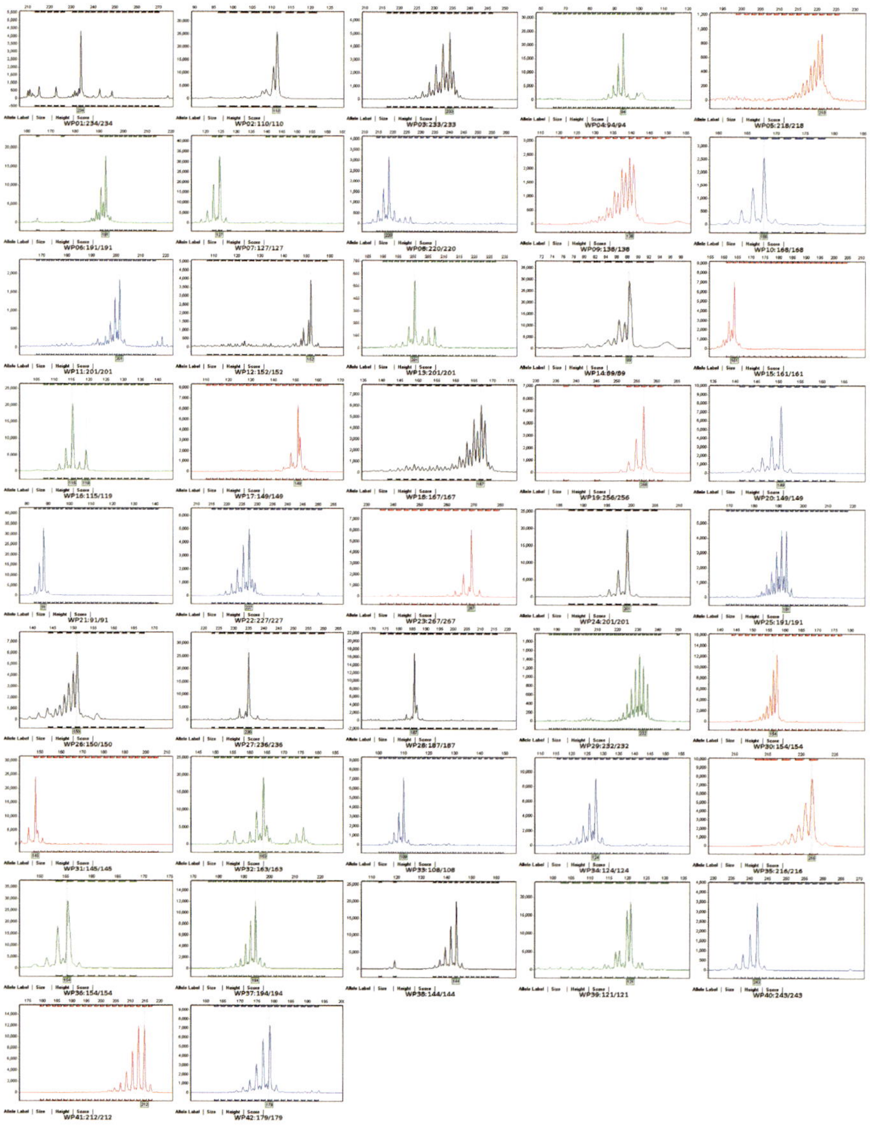

213. 平安0602

审定编号：豫审麦20180027

选育单位：河南平安种业有限公司、项城市农业科学研究所

品种来源：04中70/周麦16

特征特性：半冬性品种，全生育期230~232 d，平均比对照品种周麦18早熟1 d。幼苗半匍匐，苗期叶片窄长，叶色浅绿，分蘖力一般。春季起身拔节早，两极分化快，苗脚利索，抽穗早，耐倒春寒能力一般。株高76.2~82.5 cm，株型偏紧凑，茎秆弹性一般，抗倒性中等。旗叶较大、上冲，穗下节长，穗层较整齐。根系活力较强，耐后期高温，熟相好。穗纺锤形、较大，小穗排列较稀，籽粒半角质，饱满度较好。亩穗数37.4万~40.5万，穗粒数34.8~38.4粒，千粒重42~45 g。中感条锈病和白粉病，高感叶锈病、纹枯病和赤霉病。2016年、2017年经检测：蛋白质含量12.37%、14.8%，容重768 g/L、782 g/L，湿面筋含量27.6%、27.8%，降落数值307 s、438 s，沉淀指数48 mL、62 mL，吸水量58.7 mL/100 g、58.1 mL/100 g，形成时间3.4 min、4 min，稳定时间4.3 min、5.2 min，弱化度117 F.U.、110 F.U.，出粉率72.8%、67.1%，硬度68 HI、72 HI，延伸性154 mm/130 mm，最大拉伸阻力179 EU、141 EU，拉伸面积40 cm^2/26 cm^2。

产量表现：2015—2016年度参加河南省小麦冬水组区域试验，平均亩产545.6 kg，比对照增产7%。2016—2017年度续试，平均亩产534 kg，比对照增产4.7%。2016—2017年度生产试验，平均亩产553 kg，比对照增产7%。

栽培技术要点：适宜播种期10月上中旬，每亩适宜基本苗14万~20万。注意防治蚜虫、条锈病、叶锈病、白粉病、赤霉病和纹枯病等病虫害，注意控制株高。

适宜种植区域：适宜河南省（南部长江中下游麦区除外）早中茬地种植。

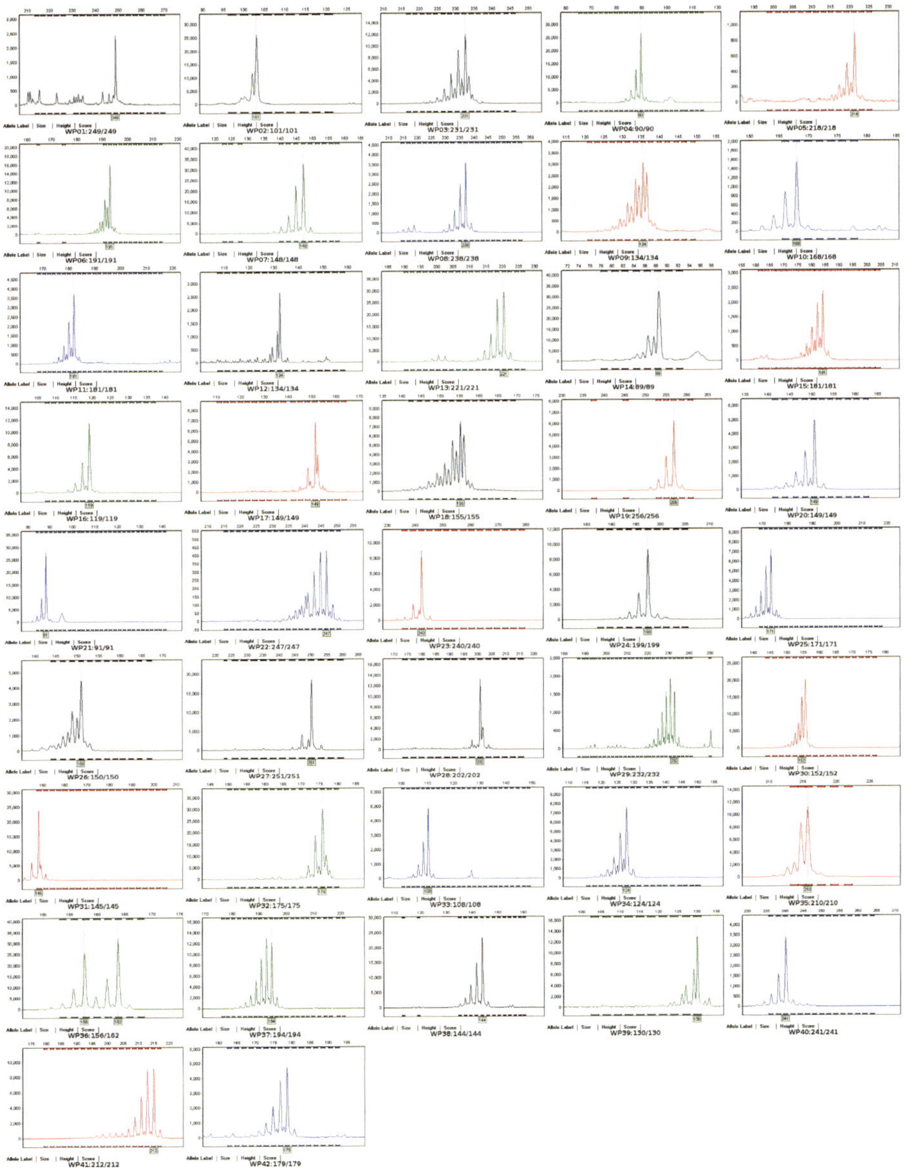

214. 泛麦536

审定编号：豫审麦20180028

选育单位：河南黄泛区地神种业有限公司

品种来源：百农AK58/郑麦9023

特征特性：半冬性品种，全生育期230~232 d，平均比对照品种周麦18早熟1 d。幼苗半匍匐，苗期叶片宽短，叶色浅绿，苗势较壮，分蘖力一般，冬季抗寒性较好。春季起身早，苗脚利索，抽穗较早，耐倒春寒能力较弱。株高79.6~83.4 cm，株型偏松散，茎秆弹性一般，抗倒性中等。旗叶宽大、下披，穗下节长。耐后期高温能力一般，熟相一般。穗纺锤形，小穗排列稀，长芒，白壳，白粒，籽粒半角质，饱满度中等。亩穗数37.8万~40.6万，穗粒数32.3~33.8粒，千粒重48.6~50.7 g。中感条锈病、白粉病和纹枯病，高感叶锈病和赤霉病。2016年、2017年经检测：蛋白质含量14.28%、15.8%，容重792 g/L、810 g/L，湿面筋含量34.3%、33%，降落数值320 s、370 s，沉淀指数65 mL、76 mL，吸水量62.4 mL/100 g、61.1 mL/100 g，形成时间4.8 min、5.2 min，稳定时间6 min、5.9 min，弱化度75 F.U.、76 F.U.，出粉率70%、67.2%，硬度69 HI、71 HI，延伸性164 mm/139 mm，最大拉伸阻力298 EU、234 EU，拉伸面积66 cm^2/45 cm^2。

产量表现：2015—2016年度参加河南省小麦冬水组区域试验，平均亩产554.8 kg，比对照增产6.8%。2016—2017年度续试，平均亩产533.3 kg，比对照增产4.6%。2016—2017年度生产试验，平均亩产554.2 kg，比对照增产7.2%。

栽培技术要点：适宜播种期10月上中旬，每亩适宜基本苗16万~20万。注意防治蚜虫、条锈病、叶锈病、白粉病、赤霉病和纹枯病等病虫害。

适宜种植区域：适宜河南省（南部长江中下游麦区除外）旱中茬地种植。

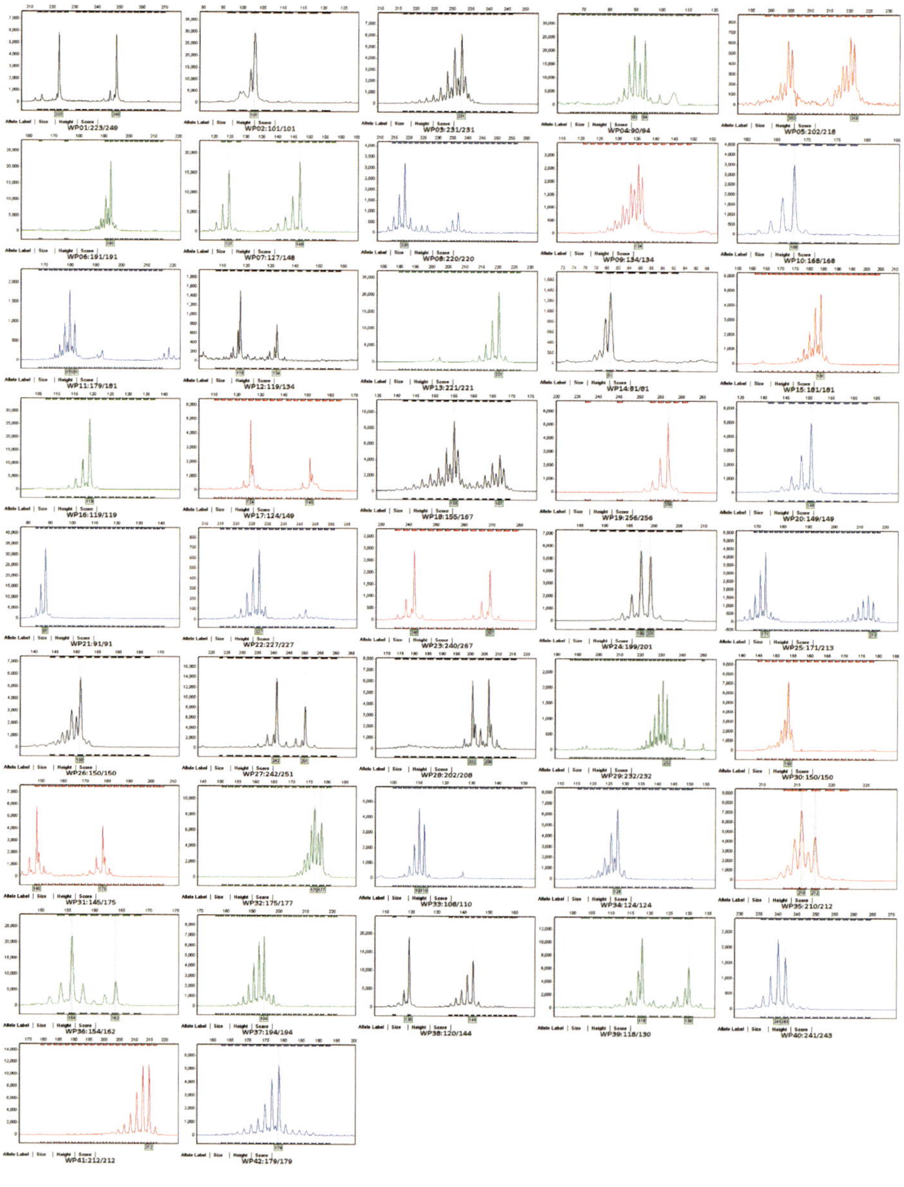

215. 浚麦118

审定编号：豫审麦20180029

选育单位：浚县丰黎种业有限公司

品种来源：开麦18/济麦20//偃展4110/新麦18

特征特性：半冬性品种，全生育期230~232 d，平均比对照品种周麦18熟期略早。幼苗半匍匐，苗期叶片宽短，叶色浅绿，苗势壮，分蘖力较强，冬季抗寒性较好。春季起身迟，两极分化快，苗脚利索，抽穗早，耐倒春寒能力一般。株高80.4~86.6 cm，株型偏紧凑，茎秆蜡质重、弹性一般，抗倒性中等。旗叶及下部叶片小，株行间通风透光性好，穗下节长。叶功能期长，耐后期高温，熟相好。穗长方形，小穗排列较密，长芒，白壳，白粒，籽粒半角质，饱满度较好。亩穗数38.5万~40.4万，穗粒数33.8~35.2粒，千粒重45.8~48.1 g。中感条锈病、叶锈病和白粉病，高感纹枯病和赤霉病。2016年、2017年经检测：蛋白质含量14.25%、15.1%，容重790 g/L、802 g/L，湿面筋含量34%、32.8%，降落数值452 s、434 s，沉淀指数56 mL、68 mL，吸水量60.4 mL/100 g、60.5 mL/100 g，形成时间4.7 min、5.7 min，稳定时间4.2 min、6.1 min，弱化度94 F.U.、108 F.U.，出粉率68.3%、71.5%，硬度70 HI、73 HI，延伸性165 mm/131 mm，最大拉伸阻力230 EU、152 EU，拉伸面积53 cm^2/30 cm^2。

产量表现：2015—2016年度参加河南省小麦冬水组区域试验，平均亩产543.3 kg，比对照增产6.6%。2016—2017年度续试，平均亩产531.2 kg，比对照增产4.2%。2016—2017年度生产试验，平均亩产537.8 kg，比对照增产4.1%。

栽培技术要点：适宜播种期10月上中旬，每亩适宜基本苗15万~18万。注意防治蚜虫、条锈病、叶锈病、白粉病、赤霉病和纹枯病等病虫害，返青期肥水适当推迟，增强抗倒伏能力。

适宜种植区域：适宜河南省（南部长江中下游麦区除外）早中茬地种植。

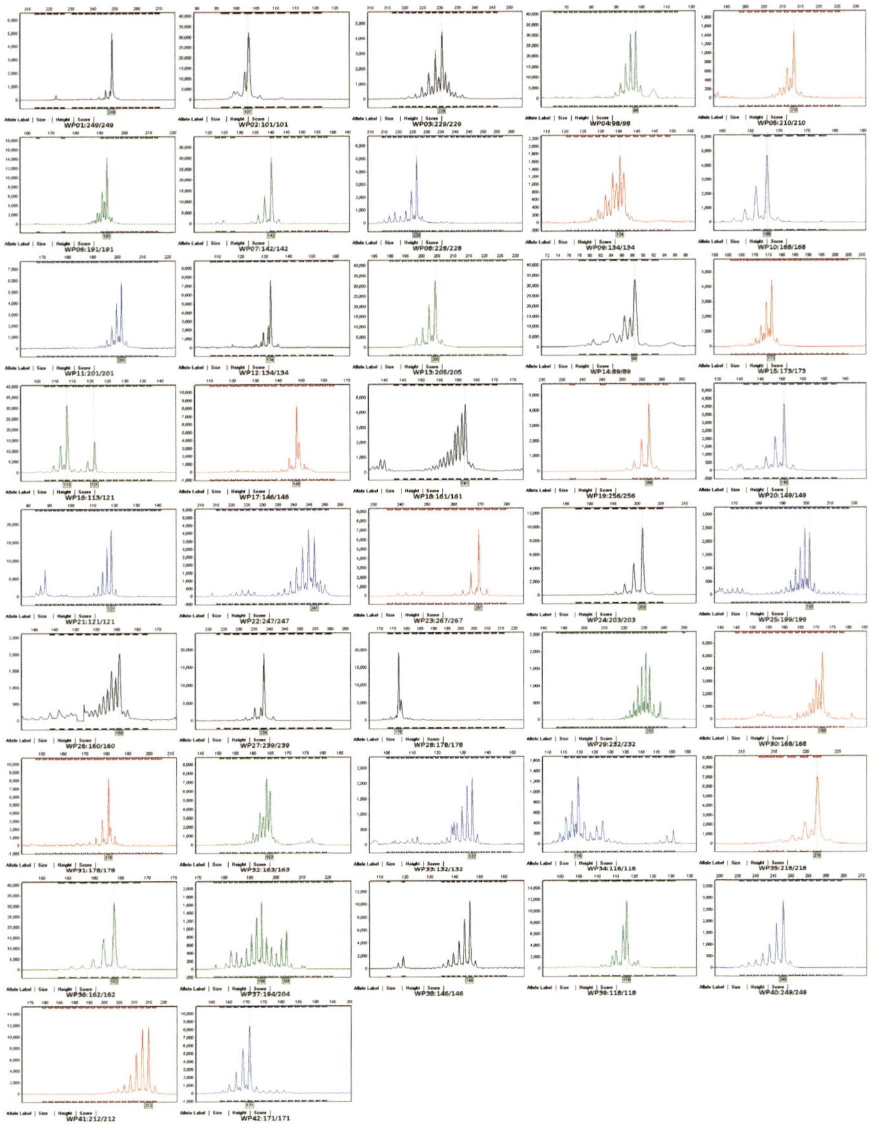

216. 丰德存麦20号

审定编号：豫审麦20180030

选育单位：河南丰德康种业有限公司

品种来源：存麦8号/百农AK58

特征特性：半冬性品种，全生育期230~232 d，平均比对照品种周麦18熟期略早。幼苗半直立，苗期叶片窄长，叶色浓绿，苗势较壮，分蘖力一般。春季起身拔节略迟，两极分化快，苗脚利索，抽穗晚，耐倒春寒能力一般。株高70.7~75.8 cm，株型松紧适中，茎秆蜡质重、弹性好，抗倒性较好。旗叶宽短、上冲，穗下节较短，穗层整齐。叶功能期长，较耐后期高温。穗纺锤形，小穗排列较密，结实性较好，长芒，白壳，白粒，籽粒半角质，饱满度中等。亩穗数39.7万~40.6万，穗粒数34.5~36.4粒，千粒重42.7~44.2 g。中感条锈病、叶锈病和白粉病，高感纹枯病和赤霉病。2016年、2017年经检测：蛋白质含量12.83%、14.70%，容重764 g/L、789 g/L，湿面筋含量25.6%、29.1%，降落数值400 s、444 s，沉淀指数72 mL、65 mL，吸水量56.1 mL/100 g、53.2 mL/100 g，形成时间1.7 min、8.2 min，稳定时间11.4 min、12.2 min，弱化度35 F.U.、45 F.U.，出粉率71.6%、66.7%，硬度65 HI、65 HI，延伸性143 mm/120 mm，最大拉伸阻力530 EU、482 EU，拉伸面积98 cm^2/74 cm^2。

产量表现：2015—2016年度参加河南省小麦冬水组区域试验，平均亩产552.3 kg，比对照增产6.3%。2016—2017年度续试，平均亩产537.9 kg，比对照增产4.9%。2016—2017年度生产试验，平均亩产550.7 kg，比对照增产5.4%。

栽培技术要点：适宜播种期10月上中旬，每亩适宜基本苗18万~22万。注意防治蚜虫、条锈病、叶锈病、白粉病、赤霉病和纹枯病等病虫害。

适宜种植区域：适宜河南省（南部长江中下游麦区除外）旱中茬地种植。

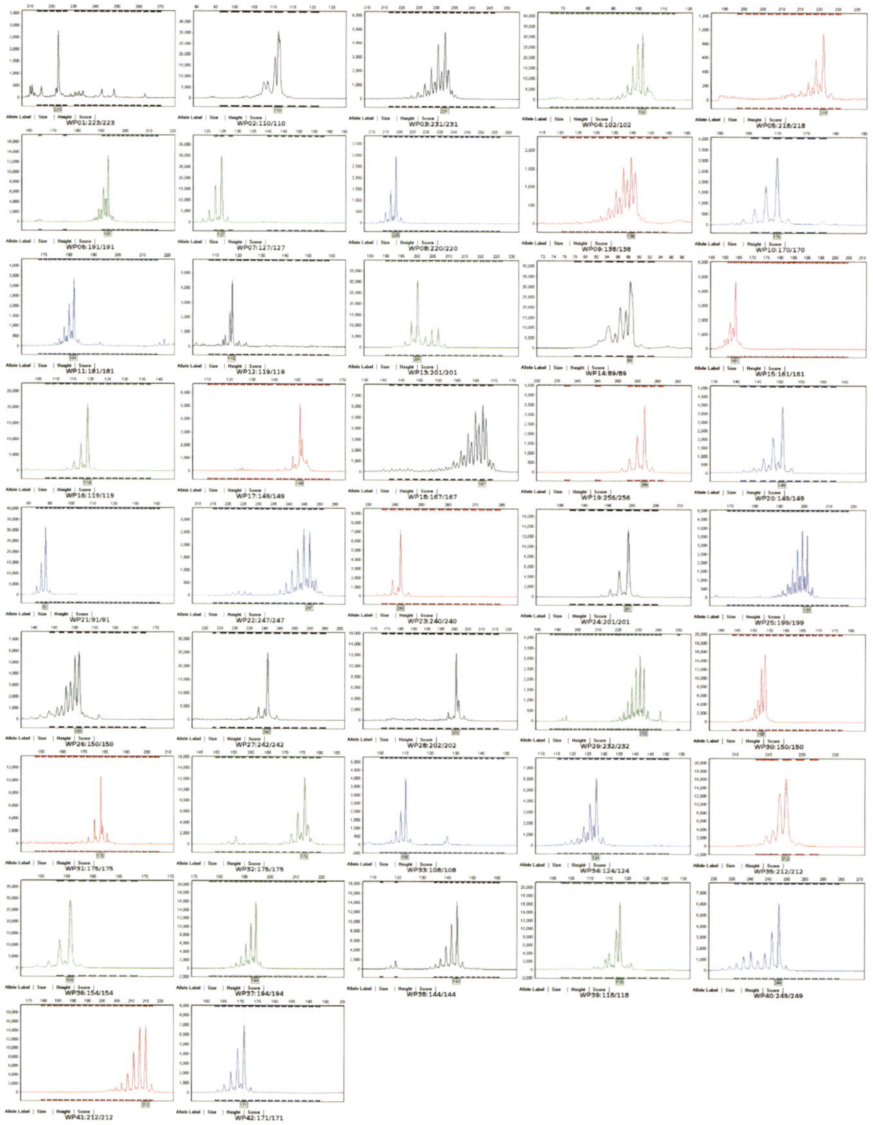

217. 郑品麦24号

审定编号：豫审麦20180031

选育单位：河南省科学院同位素研究所有限责任公司、河南金苑种业股份有限公司、新乡市金苑邦达富农业科技有限公司

品种来源：豫麦34-6/豫同194

特征特性：半冬性品种，全生育期230~233 d，平均与对照品种周麦18熟期相当。幼苗半直立，苗期叶片较长，分蘖力一般。春季起身拔节迟，抽穗晚，耐倒春寒能力好。株高73.5~77.2 cm，株型松紧适中，茎秆蜡质重、偏细、弹性中等，抗倒性一般。旗叶较小、上举，穗下节较长，穗层较整齐。根系活力强，耐后期高温，叶功能期长，熟相好。穗纺锤形，长芒，白壳，白粒，籽粒半角质，饱满度中等。亩穗数36.3万~40.4万，穗粒数35.4~38.1粒，千粒重44.1~46.6 g。中抗条锈病，中感叶锈病、白粉病和纹枯病，高感赤霉病。2016年、2017年经检测：蛋白质含量14.07%、15%，容重783 g/L、790 g/L，湿面筋含量32.1%、29.4%，降落数值398 s、300 s，沉淀指数57 mL、60 mL，吸水量62.6 mL/100 g、57.8 mL/100 g，形成时间4.7 min、3.5 min，稳定时间4.5/3.4 min，弱化度136 F.U.、126 F.U.，出粉率67.1%、68.1%，硬度72 HI、73 HI，延伸性176 mm/150 mm，最大拉伸阻力198 EU、147 EU，拉伸面积50 cm^2/32 cm^2。

产量表现：2015—2016年度参加河南省小麦冬水组区域试验，平均亩产547.6 kg，比对照增产5.3%。2016—2017年度续试，平均亩产551.6 kg，比对照增产8.2%。2016—2017年度生产试验，平均亩产552.5 kg，比对照增产5.7%。

栽培技术要点：适宜播种期10月上中旬，每亩适宜基本苗16万~20万。注意防治蚜虫、叶锈病、白粉病、赤霉病和纹枯病等病虫害，高水肥地块注意防止倒伏。

适宜种植区域：适宜河南省（南部长江中下游麦区除外）旱中茬地种植。

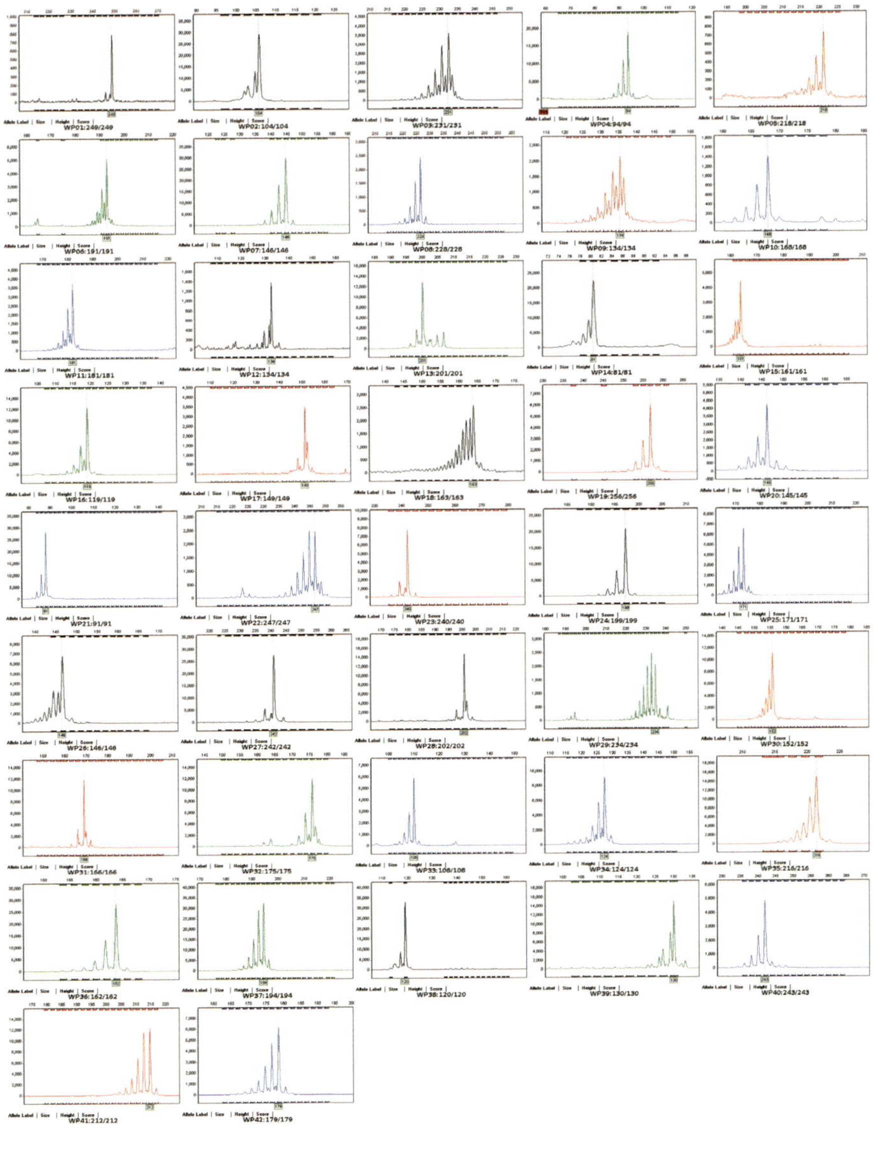

218. 科林麦969

审定编号：豫审麦20180032

选育单位：河南科林种业有限公司

品种来源：周麦16/偃展4110//百农AK58

特征特性：半冬性品种，全生育期230~233 d，平均与对照品种周麦18熟期相当。幼苗半直立，苗期叶片宽长，叶色浓绿，苗势较壮，分蘖力一般，冬季抗寒性好。春季起身早，苗脚利索，抽穗较早，耐倒春寒能力一般。株高76.8~80.2 cm，株型偏松散，茎秆较粗、弹性较好，抗倒性较好。旗叶较大、上举，穗下节长。耐后期高温能力一般，熟相一般。穗近长方形、较大，结实性好，籽粒半角质，饱满度较好。亩穗数35.6万~40.5万，穗粒数33.7~36.2粒，千粒重44.3~50.8 g。中感条锈病、白粉病和纹枯病，高感叶锈病和赤霉病。2016年、2017年经检测：蛋白质含量13.71%、14.8%，容重801 g/L、805 g/L，湿面筋含量27.4%、29.6%，降落数值303 s、393 s，沉淀指数49 mL、54 mL，吸水量61.7 mL/100 g、58.2 mL/100 g，形成时间2.7 min、3.4 min，稳定时间2.8 min、2.3 min，弱化度160 F.U.、149 F.U.，出粉率66.5%、67.6%，硬度68 HI、70 HI，延伸性149 mm/116 mm，最大拉伸阻力145 EU、102 EU，拉伸面积32 cm^2/18 cm^2。

产量表现：2015—2016年度参加河南省小麦冬水组区域试验，平均亩产535.9 kg，比对照增产5.1%。2016—2017年度续试，平均亩产532.2 kg，比对照增产4.4%。2016—2017年度生产试验，平均亩产552.4 kg，比对照增产5.7%。

栽培技术要点：适宜播种期10月上中旬，每亩适宜基本苗16万~20万。注意防治蚜虫、条锈病、叶锈病、白粉病、赤霉病和纹枯病等病虫害。

适宜种植区域：适宜河南省（南部长江中下游麦区除外）旱中茬地种植。

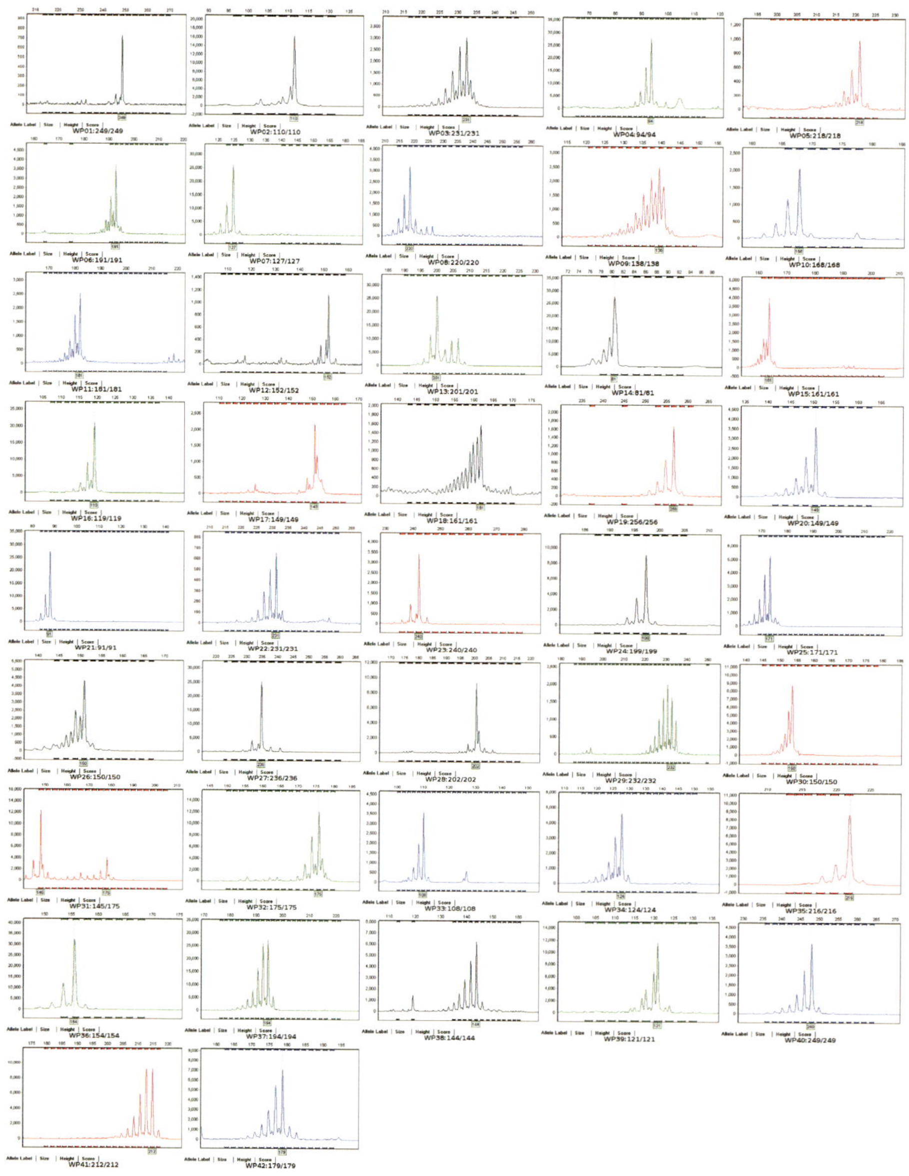

219. 赛德麦7号

审定编号：豫审麦20180033

选育单位：河南赛德种业有限公司、河南农业大学

品种来源：百农AK58/周麦22//许科1号

特征特性：半冬性品种，全生育期230~233 d，平均比对照品种周麦18早熟1 d。幼苗半直立，苗期叶片宽短，叶色浅绿，苗势较壮，分蘖力一般。春季起身迟，拔节后生长速度加快，抽穗较早，耐倒春寒能力一般。株高75.1~80.6 cm，株型偏紧凑，茎秆弹性好，抗倒性好。旗叶及下部叶片宽短。灌浆快，熟相一般。穗近长方形，小穗排列较密，结实性较好，长芒，白壳，白粒，籽粒半角质，饱满度中等。亩穗数36.9万~40.5万，穗粒数34.8~37.6粒，千粒重43.6~45.7 g。中抗条锈病，中感白粉病和纹枯病，高感叶锈病和赤霉病。2016年、2017年经检测：蛋白质含量12.61%、14%，容重794 g/L、807 g/L，湿面筋含量24.8%、27.9%，降落数值310 s、352 s，沉淀指数59 mL、73 mL，吸水量60.3 mL/100 g、58.3 mL/100 g，形成时间5.2 min、6 min，稳定时间7.2 min、6.8 min，弱化度87 F.U.、89 F.U.，出粉率71.6%、67.9%，硬度70 HI、71 HI，延伸性151 mm/125 mm，最大拉伸阻力228 EU、220 EU，拉伸面积49 cm^2/40 cm^2。

产量表现：2015—2016年度参加河南省小麦冬水组区域试验，平均亩产546.7 kg，比对照增产5.1%。2016—2017年度续试，平均亩产545.1 kg，比对照增产5.6%。2016—2017年度生产试验，平均亩产557.1 kg，比对照增产6.6%。

栽培技术要点：适宜播种期10月上中旬，每亩适宜基本苗12万~18万。注意防治蚜虫、叶锈病、白粉病、赤霉病和纹枯病等病虫害。

适宜种植区域：适宜河南省（南部长江中下游麦区除外）旱中茬地种植。

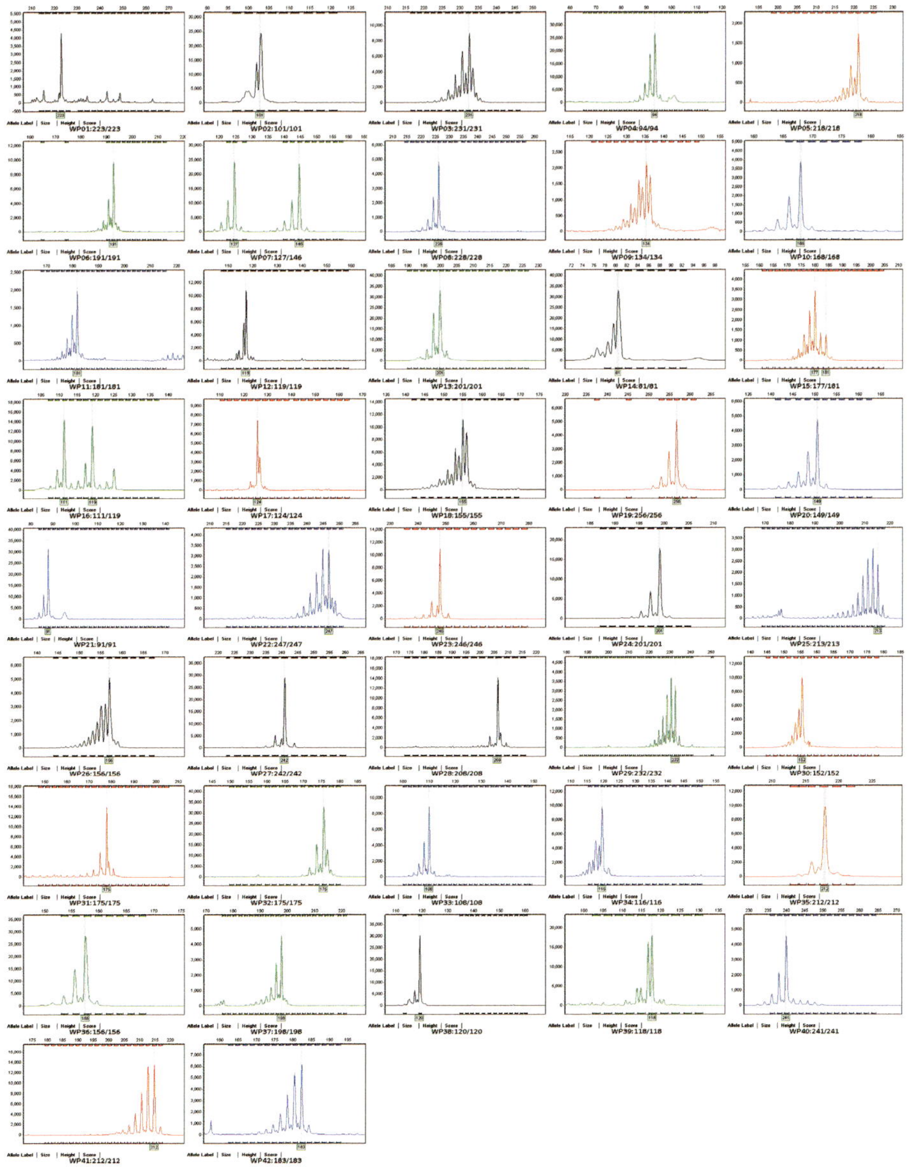

220. 云台301

审定编号：豫审麦20180034

选育单位：孟州市种子繁育中心

品种来源：内乡188/周麦12//花培3号

特征特性：半冬性品种，全生育期230~233 d，平均与对照品种周麦18熟期相当。幼苗半直立，苗期叶片窄长，叶色深绿，苗势较壮，分蘖力较强，冬季抗寒性较好。春季起身拔节迟，两极分化慢，苗脚不利索，抽穗晚，耐倒春寒能力一般。株高77.8~81.2 cm，株型偏松散，茎秆弹性好，抗倒性较好。旗叶窄长、上冲，穗下节长，茎、叶、穗有蜡质，穗层较整齐。根系活力强，叶功能期长，熟相好。穗长方形、较大，小穗排列较稀，长芒，白壳，白粒，籽粒半角质，饱满度中等。亩穗数36.6万~40.1万，穗粒数34.9~36.3粒，千粒重45.5~46.9 g。中抗条锈病，中感叶锈病和白粉病，高感纹枯病和赤霉病。2016年、2017年经检测：蛋白质含量14.04%、15.7%，容重785 g/L、797 g/L，湿面筋含量31.7%、31%，降落数值379 s、432 s，沉淀指数56 mL、67 mL，吸水量57.6 mL/100 g、55.2 mL/100 g，形成时间3.7 min、3 min，稳定时间3.6 min、2.6 min，弱化度107 F.U.、109 F.U.，出粉率71.9%、68.5%，硬度65 HI、67 HI，延伸性152 mm/141 mm，最大拉伸阻力187 EU、147 EU，拉伸面积41 cm^2/31 cm^2。

产量表现：2015—2016年度参加河南省小麦冬水组区域试验，平均亩产546.1 kg，比对照增产5%。2016—2017年度续试，平均亩产547.1 kg，比对照增产6%。2016—2017年度生产试验，平均亩产554.8 kg，比对照增产6.2%。

栽培技术要点：适宜播种期10月上中旬，每亩适宜基本苗18万~20万。注意防治蚜虫、叶锈病、白粉病、赤霉病和纹枯病等病虫害。

适宜种植区域：适宜河南省（南部长江中下游麦区除外）早中茬地种植。

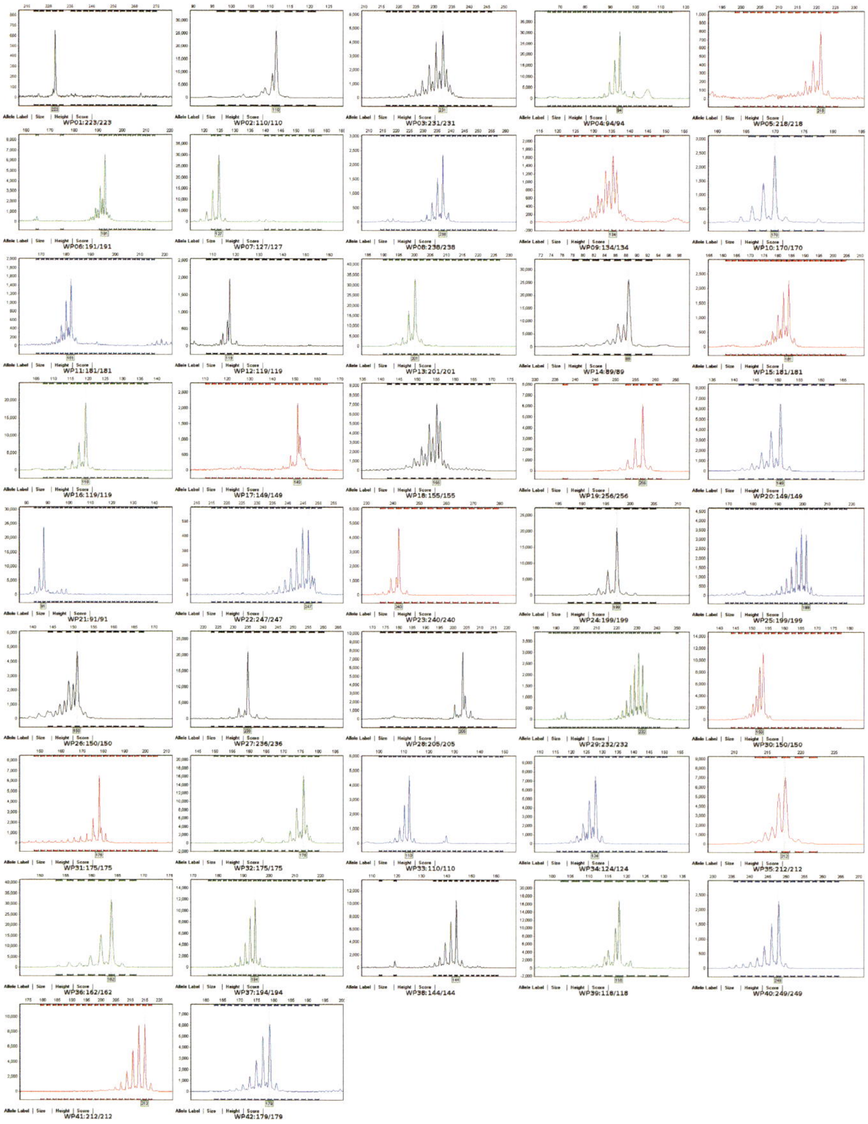

221. 峰选369

审定编号：豫审麦20180036

选育单位：河南丰玉种业有限公司、河南爱邦农种业有限公司

品种来源：偃展4110/豫麦34

特征特性：弱春性品种，全生育期222~223 d，平均比对照品种偃展4110熟期略早。幼苗直立，分蘖力一般。春季发育快，耐倒春寒能力弱。株高65.4~74.2 cm，株型松紧适中，茎秆弹性一般，抗倒性一般。旗叶宽厚、上冲，穗下节长，穗层整齐。叶功能期较长，耐后期高温，熟相好。穗纺锤形，长芒，白壳，白粒，籽粒半角质，饱满度中等。亩穗数40.3万~45.2万，穗粒数33.3~33.9粒，千粒重43.1~44.9 g。中感条锈病、叶锈病和纹枯病，高感白粉病和赤霉病。2015年、2016年经检测：蛋白质含量13.08%、13.13%，容重811 g/L、780 g/L，湿面筋含量27.8%、33.6%，降落数值477 s、389 s，沉淀指数74 mL、69 mL，吸水量65.4 mL/100 g、61.8 mL/100 g，形成时间3.2 min、4.4 min，稳定时间3.9 min、6.9 min，弱化度92 F.U.、50 F.U.，出粉率71.2%、70%，硬度64 HI、65 HI。

产量表现：2014—2015年度参加河南省小麦春水组区域试验，平均亩产539.2 kg，与试验产量平均值相比，增产4.2%。2015—2016年度续试，平均亩产512.8 kg，比对照增产7.8%。2016—2017年度生产试验，平均亩产507.7 kg，比对照增产8.3%。

栽培技术要点：适宜播种期10月中下旬，每亩适宜基本苗14万~18万。注意防治蚜虫、条锈病、叶锈病、白粉病、赤霉病和纹枯病等病虫害，高水肥地块注意防止倒伏。

适宜种植区域：适宜河南省（南部长江中下游麦区除外）中晚茬地种植。

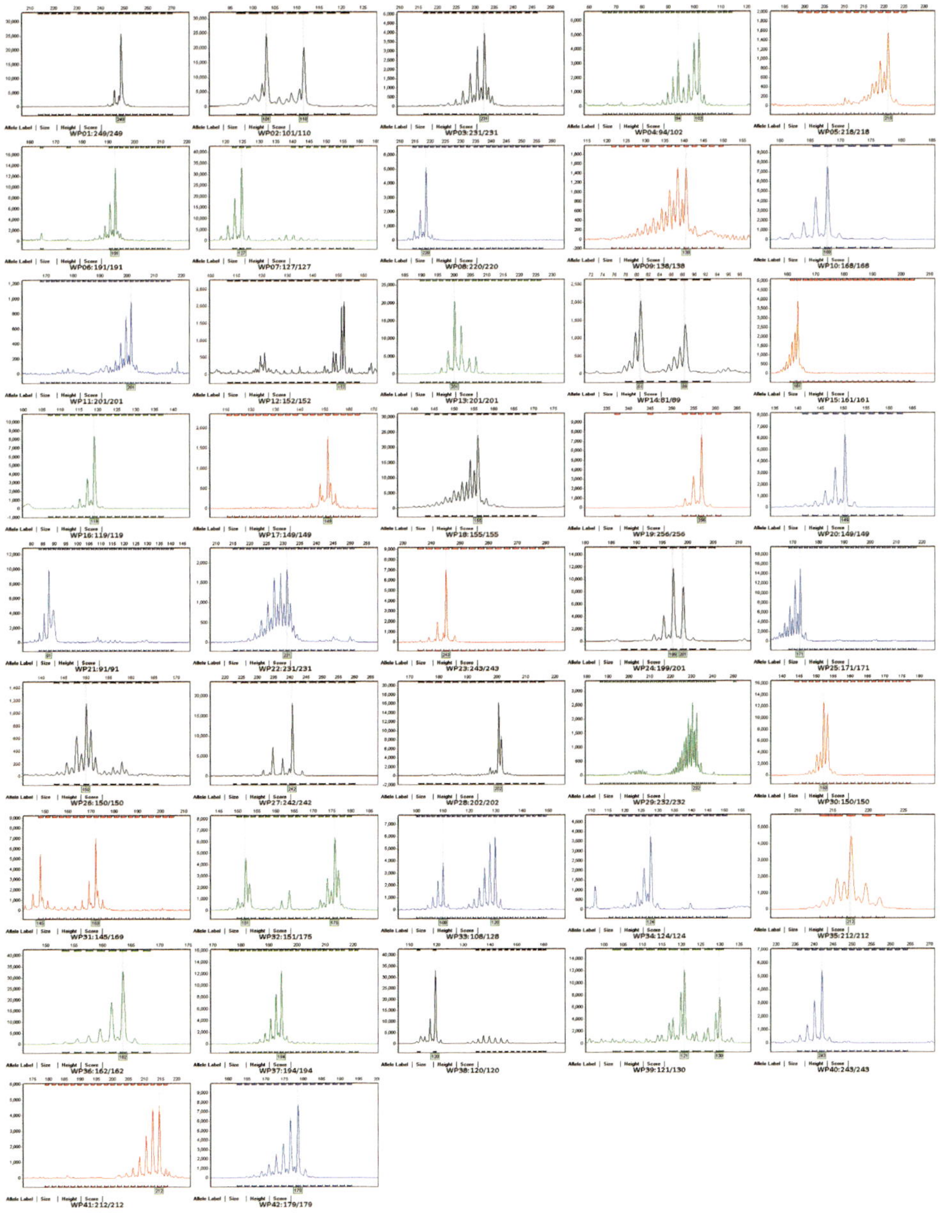

222. 驻麦305

审定编号：豫审麦20180037

选育单位：驻马店市农业科学院

品种来源：周94117/04中36

特征特性：弱春性品种，全生育期222~224 d，平均与对照品种偃展4110熟期相当。幼苗半匍匐，苗势壮，分蘖力强，冬季抗寒性好。春季起身拔节早，苗脚利索，耐倒春寒能力较好。株高73.0~78.8 cm，株型松紧适中，茎秆弹性较好，抗倒性好。旗叶长、上冲，穗下节长，穗层较整齐。灌浆快，较耐后期高温，熟相好。穗纺锤形，小穗排列较稀，长芒，白壳，白粒，籽粒半角质，饱满度中等。亩穗数36.4万~40.9万，穗粒数34.5~37.4粒，千粒重41.7~45.8 g。高抗条锈病，中感叶锈病、白粉病和纹枯病，高感赤霉病。2015年、2016年经检测：蛋白质含量13.89%、13.26%，容重820 g/L、780 g/L，湿面筋含量24.6%、30.6%，降落数值451 s、347 s，沉淀指数71 mL、57 mL，吸水量61.5 mL/100 g、59.2 mL/100 g，形成时间3.2 min、3.7 min，稳定时间4.2 min、4.5 min，弱化度86 F.U.、120 F.U.，出粉率66.8%、67.4%，硬度65 HI、69 HI。

产量表现：2014—2015年度参加河南省小麦春水组区域试验，平均亩产529.0 kg，增产点率92.3%，增产4%。2015—2016年度续试，平均亩产529.9 kg，比对照增产11.4%。2016—2017年度生产试验，平均亩产504.7 kg，比对照增产7.6%。

栽培技术要点：适宜播种期10月中下旬，每亩适宜基本苗18万~20万。注意防治蚜虫、叶锈病、白粉病、赤霉病和纹枯病等病虫害。

适宜种植区域：适宜河南省（南部长江中下游麦区除外）中晚茬地种植。

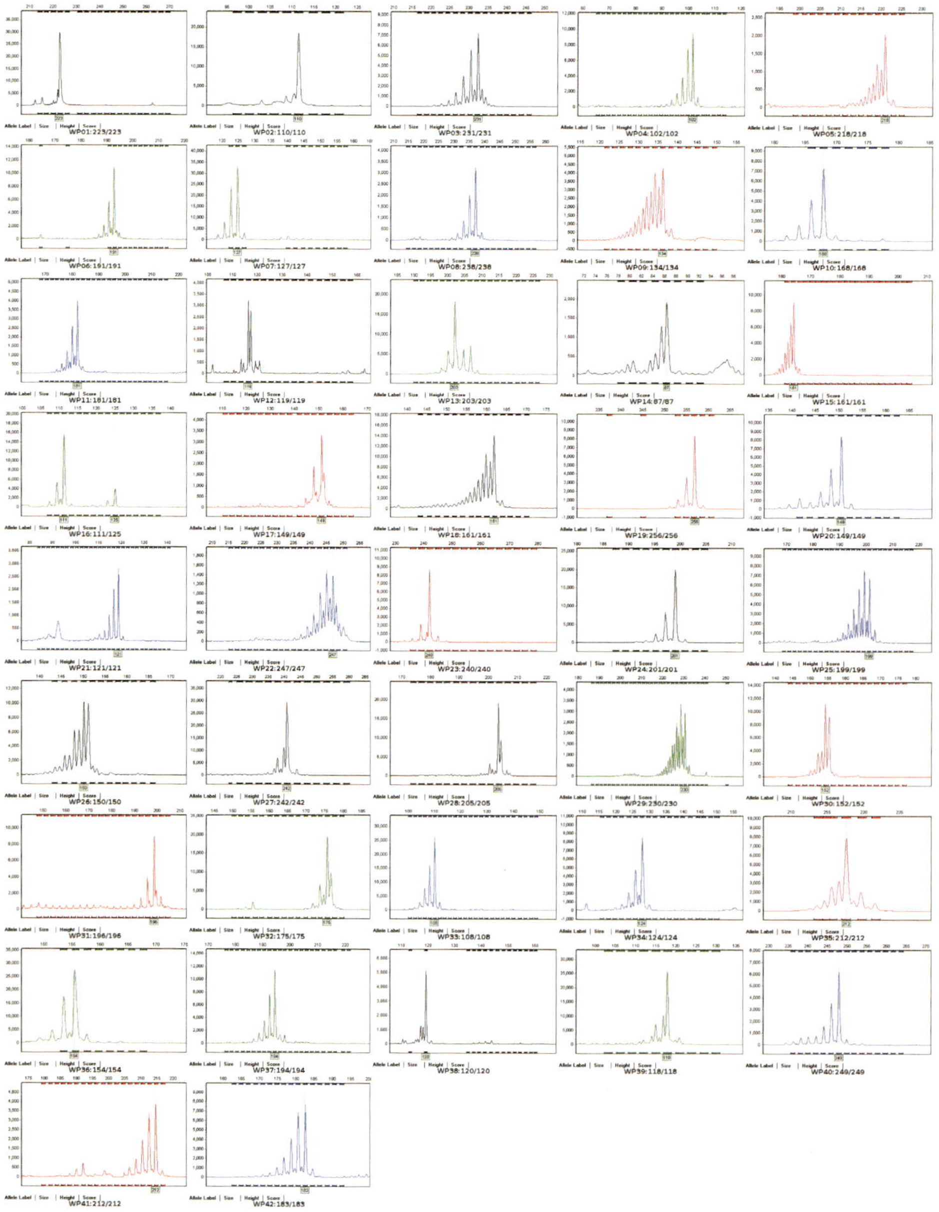

223. 豫圣麦21

审定编号： 豫审麦20180038

选育单位： 河南裕泉种业有限公司

品种来源： 百农64/豫麦18//周麦16

特征特性： 弱春性品种，全生育期223~224 d，平均比对照品种偃展4110熟期略晚。幼苗直立，苗期叶片较宽，分蘖力中等。春季起身拔节迟，两极分化慢，耐倒春寒能力较弱。株高79.3~84.1 cm，株型松紧适中，茎秆弹性弱，抗倒性较弱。旗叶较宽、上冲，穗部有蜡质，穗层不整齐。不耐后期高温，熟相一般。穗纺锤形，结实性较好，长芒，白壳，白粒，籽粒半角质，饱满度中等。亩穗数37.2万~41.3万，穗粒数35.5~36.5粒，千粒重42.6~46.1 g。中感条锈病、叶锈病、白粉病和纹枯病，高感赤霉病。2015年、2016年经检测：蛋白质含量12.59%、12.08%，容重797 g/L、780 g/L，湿面筋含量24.9%、25.6%，降落数值461 s、369 s，沉淀指数79 mL、66 mL，吸水量62.8 mL/100 g、60.7 mL/100 g，形成时间2.7 min、3.5 min，稳定时间4.6 min、4.1 min，弱化度97 F.U.、87 F.U.，出粉率69.3%、70.5%，硬度67 HI、68 HI。

产量表现： 2014—2015年度参加河南省小麦春水组区域试验，平均亩产537.7 kg，与试验产量平均值相比，增产3.9%。2015—2016年度续试，平均亩产522.3 kg，比对照增产9.8%。2016—2017年度生产试验，平均亩产498.8 kg，比对照增产6.4%。

栽培技术要点： 适宜播种期10月中下旬，每亩适宜基本苗15万~18万。注意防治蚜虫、条锈病、叶锈病、白粉病、赤霉病和纹枯病等病虫害，注意防止倒伏。

适宜种植区域： 适宜河南省（南部长江中下游麦区除外）中晚茬地种植。

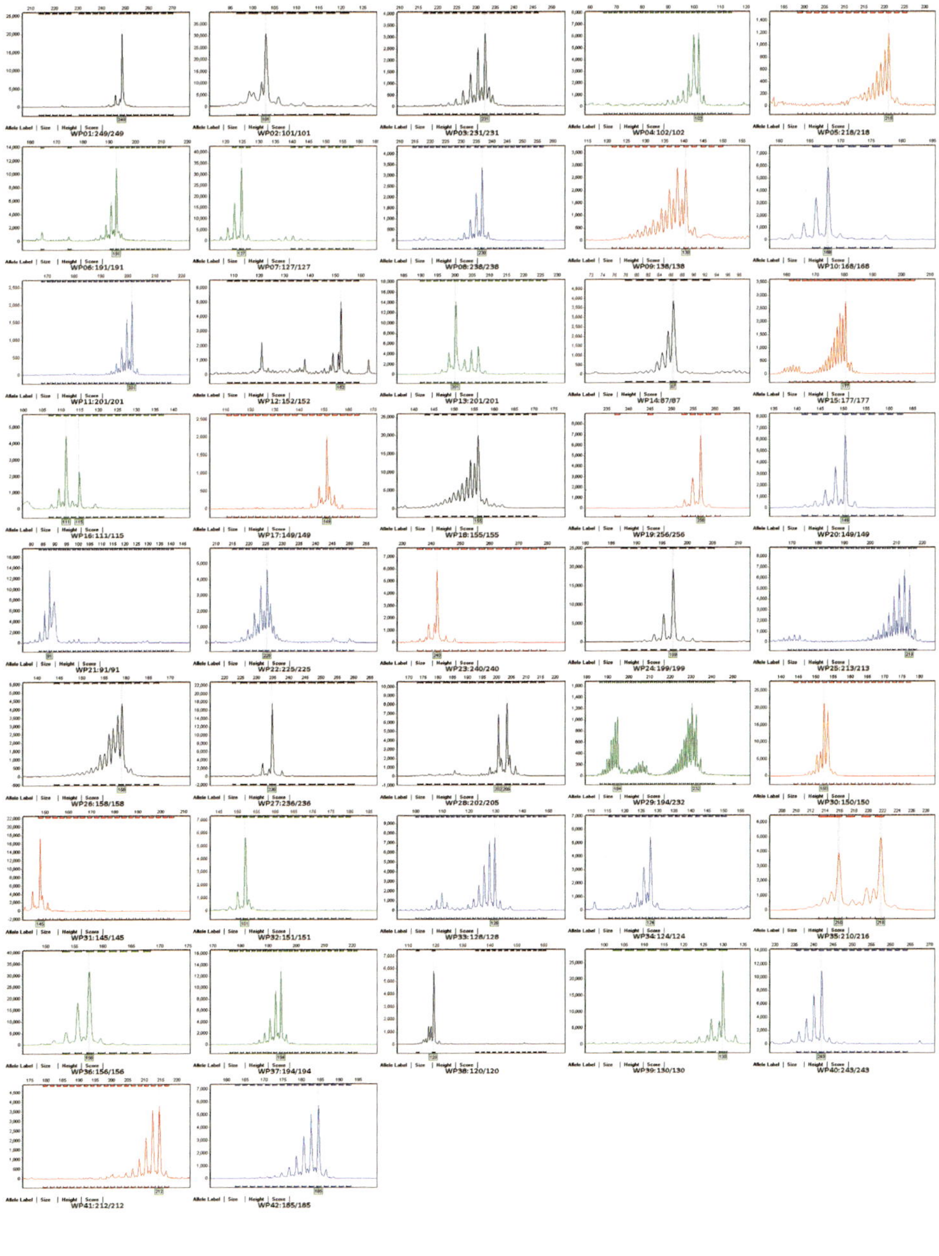

224. 怀川101

审定编号：豫审麦20180039

选育单位：河南怀川种业有限责任公司

品种来源：周麦16/濮麦9号

特征特性：弱春性品种，全生育期222~225 d，平均比对照品种偃展4110熟期略晚。幼苗半匍匐，苗期叶片宽长，苗势较壮，分蘖力强。春季起身拔节早，两极分化快，抽穗早，耐倒春寒能力一般。株高73.4~83.3 cm，株型紧凑，抗倒性一般。旗叶偏大，穗下节长，穗层整齐。不耐后期高温，熟相一般。穗纺锤形，长芒，白壳，白粒，籽粒半角质，饱满度中等。亩穗数37.5万~42.6万，穗粒数34.3~37.9粒，千粒重41.2~43.9 g。中抗纹枯病，中感条锈病、叶锈病和白粉病，高感赤霉病。2015年、2016年经检测：蛋白质含量13.42%、13.86%，容重828 g/L、781 g/L，湿面筋含量27.6%、32.2%，降落数值436 s、392 s，沉淀指数58 mL、62 mL，吸水量64.2 mL/100 g、62.9 mL/100 g，形成时间2.3 min、2.7 min，稳定时间2 min、2.2 min，弱化度159 F.U.、128 F.U.，出粉率72.6%、69.7%，硬度63 HI、70 HI。

产量表现：2014—2015年度参加河南省小麦春水组区域试验，平均亩产532.1 kg，与试验产量平均值相比，增产2.9%。2015—2016年度续试，平均亩产531.2 kg，比对照增产9.8%。2016—2017年度生产试验，平均亩产508.1 kg，比对照增产8.4%。

栽培技术要点：适宜播种期10月中下旬，每亩适宜基本苗16万~20万。注意防治蚜虫、条锈病、叶锈病、白粉病和赤霉病等病虫害，拔节前注意控制株高，高水肥地块防止倒伏。

适宜种植区域：适宜河南省（南部长江中下游麦区除外）中晚茬地种植。

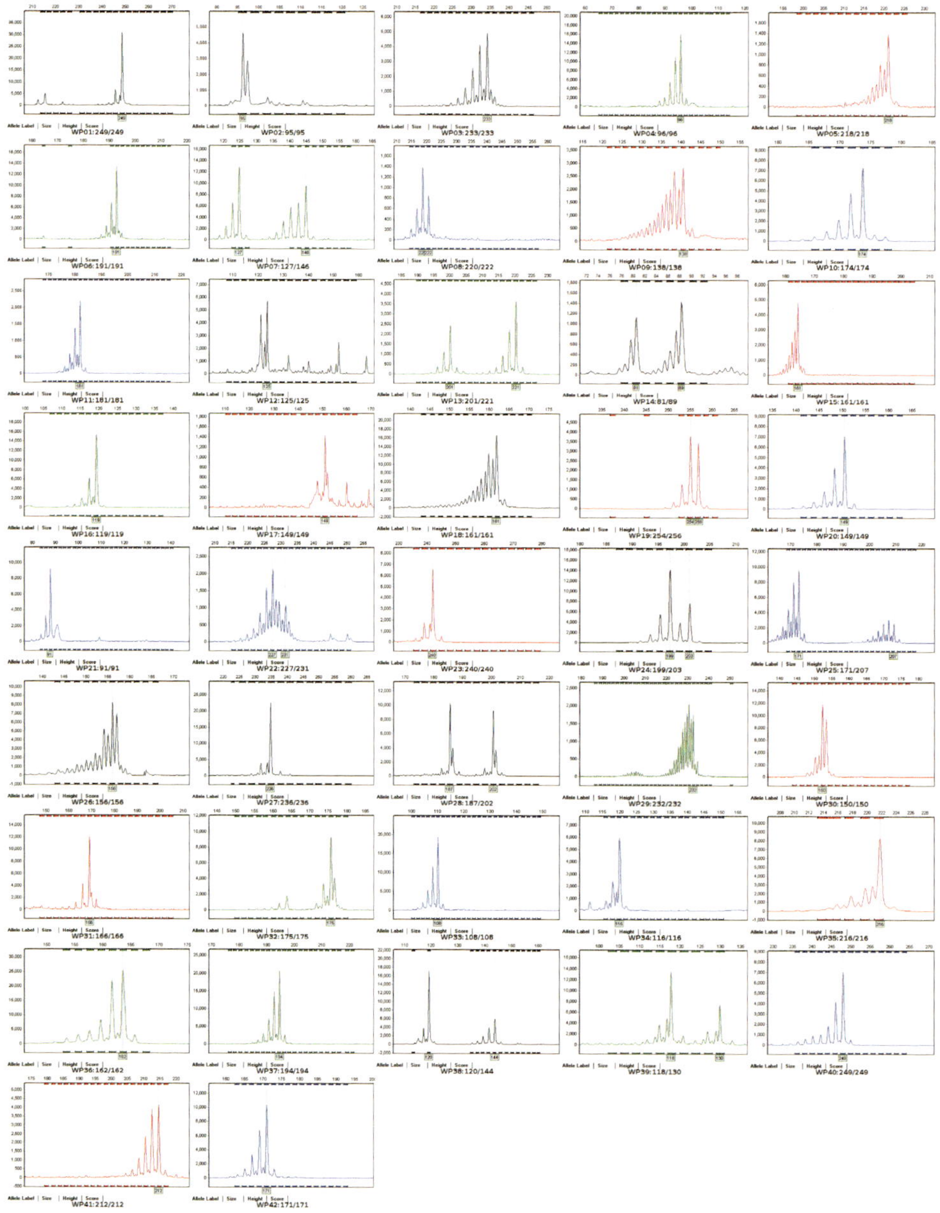

225. 粮源22

审定编号：豫审麦20180040

选育单位：河南省粮源农业发展有限公司

品种来源：豫麦18/6045

特征特性：弱春性品种，全生育期223~226 d，平均比对照品种偃展4110晚熟1 d。幼苗半匍匐，苗势较壮，分蘖力一般。春季起身早，拔节慢，拔节后生长较快，抽穗较早。株高74.2~81.0 cm，株型略松散，茎秆弹性一般，抗倒性一般。旗叶长、上冲，穗下节较长，穗层不整齐。较耐后期高温，熟相中等。穗纺锤形，结实性好，长芒，白壳，白粒，籽粒粉质，饱满度中等。亩穗数34.7万~39.6万，穗粒数35.7~38.1粒，千粒重43.5~46.5 g。中抗条锈病，中感叶锈病、白粉病和纹枯病，高感赤霉病。2015年、2016年经检测：蛋白质含量13.05%、12.63%，容重794 g/L、765 g/L，湿面筋含量22.5%、25.2%，降落数值425 s、315 s，沉淀指数55 mL、50 mL，吸水量56.9 mL/100 g、53.6 mL/100 g，形成时间1.8 min、2.2 min，稳定时间1.6 min、2.1 min，弱化度171 F.U.、141 F.U.，出粉率67.7%、65%，硬度45 HI、46 HI。

产量表现：2014—2015年度参加河南省小麦春水组区域试验，平均亩产531.9 kg，与试验产量平均值相比，增产4.6%。2015—2016年度续试，平均亩产508.3 kg，比对照增产5.1%。2016—2017年度生产试验，平均亩产508.3 kg，比对照增产8.4%。

栽培技术要点：适宜播种期10月中下旬，每亩适宜基本苗16万~20万。注意防治蚜虫、叶锈病、白粉病、赤霉病和纹枯病等病虫害，高水肥地块注意防止倒伏。

适宜种植区域：适宜河南省（南部长江中下游麦区除外）中晚茬地种植。

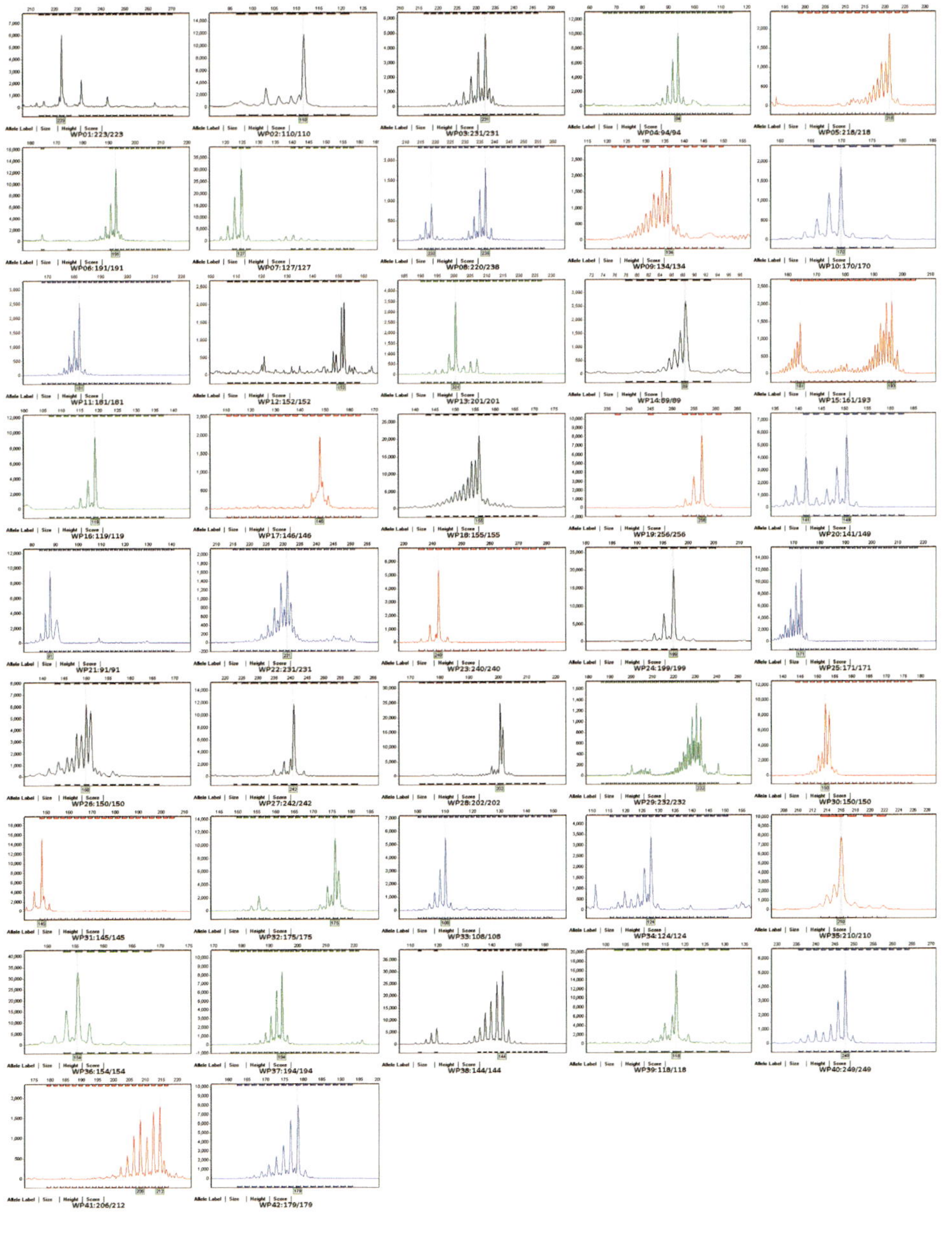

226. 囤麦257

审定编号： 豫审麦20180041

选育单位： 河南省金囤种业有限公司

品种来源： 藁优2018/37271

特征特性： 弱春性偏半冬品种，全生育期223~233 d，幼苗半匍匐，苗期叶片窄长，分蘖力强。春季起身拔节较早，耐倒春寒能力一般。株高77.2~86.3 cm，株型较紧凑，茎秆弹性一般，抗倒性一般。旗叶上举，穗下节较长。不耐后期高温，熟相一般。穗纺锤形，长芒，白壳，白粒，籽粒半角质，饱满度中等。亩穗数40.7万~45.5万，穗粒数29.6~35.0粒，千粒重41.3~42.7 g。中感条锈病和白粉病、高感叶锈病、纹枯病和赤霉病。2015年、2016年经检测：蛋白质含量14.53%、14.09%，容重823 g/L、794 g/L，湿面筋含量31.1%、31.7%，降落数值457 s、456 s，沉淀指数78 mL、72 mL，吸水量62.2 mL/100 g、58.9 mL/100 g，形成时间5 min、9.2 min，稳定时间5.8 min、26.2 min，弱化度51 F.U.、14 F.U.，出粉率69.7%、69.2%，硬度67 HI、70 HI。

产量表现： 2014—2015年度参加河南省小麦冬水组区域试验，平均亩产516.8 kg，比对照减产0.2%，不显著。2015—2016年度续试，平均亩产545.9 kg，比对照增产5.1%。2016—2017年度春水组生产试验，平均亩产491.3 kg，比对照增产4.8%。

栽培技术要点： 适宜播种期10月上旬至10月底，每亩适宜基本苗16万~20万。注意防治蚜虫、条锈病、叶锈病、白粉病、赤霉病和纹枯病等病虫害。

适宜种植区域： 适宜河南省（南部长江中下游麦区除外）中晚茬地种植。

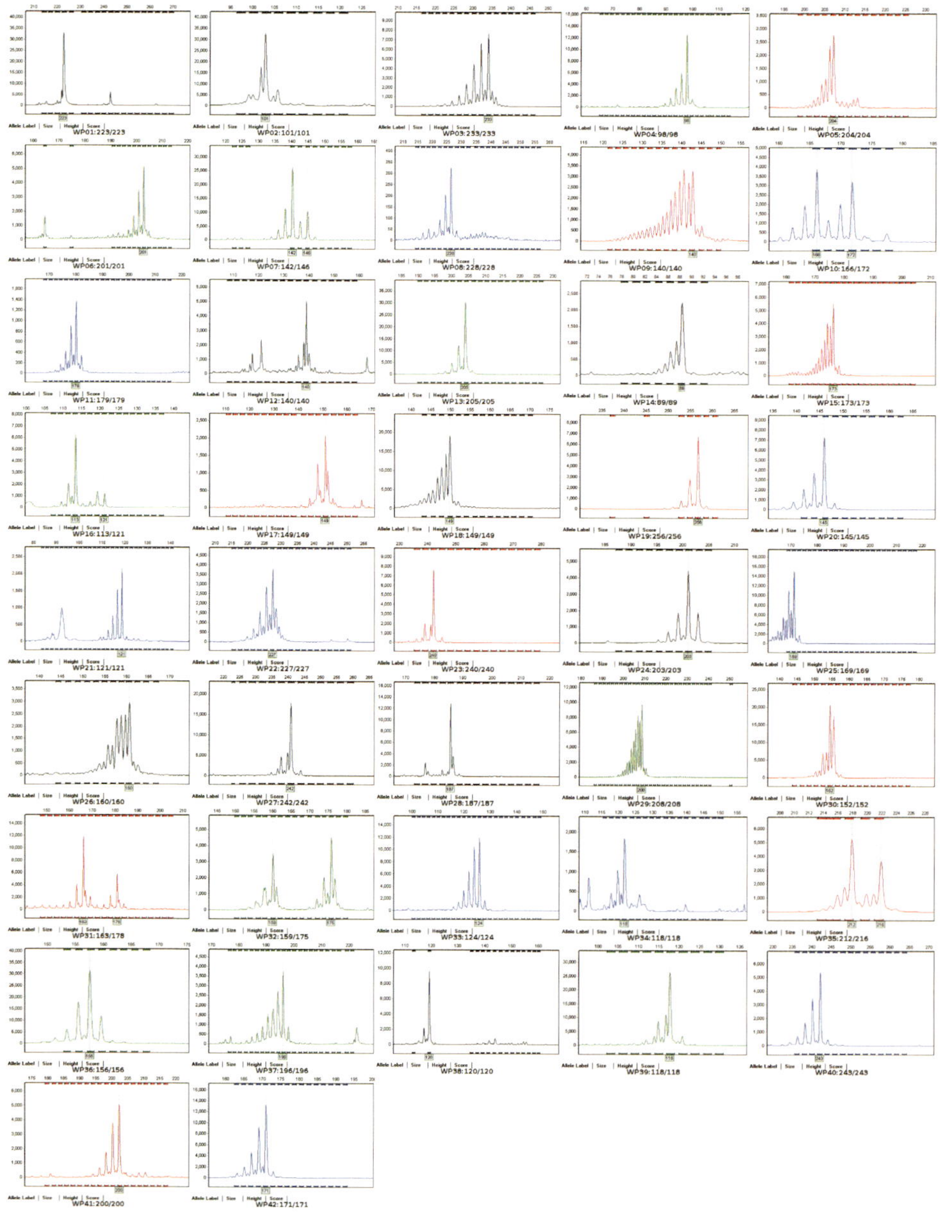

227. 华麦998

审定编号：豫审麦20180042

选育单位：偃师市华夏农业科技研究所

品种来源：郑麦9023/周麦16//428

特征特性：弱春性品种，全生育期192~215 d，平均与对照品种偃展4110熟期相当。幼苗半匍匐，苗期叶片宽大，分蘖力较强，耐倒春寒能力较好。株高76.9~85.0 cm，株型松紧适中，茎秆有弹性，抗倒性较好。耐渍性好，熟相中等。穗纺锤形，长芒，白壳，白粒，籽粒半角质，饱满度较好。亩穗数33.0万~37.0万，穗粒数33.0~33.8粒，千粒重44.7~49.3 g。中感条锈病、叶锈病、白粉病和纹枯病，高感赤霉病。2015年、2016年经检测：蛋白质含量15.47%、12.43%，容重784 g/L、796 g/L，湿面筋含量32.8%、27.9%，降落数值456 s、184 s，沉淀指数68 mL、55 mL，吸水量68.9 mL/100 g、57.7 mL/100 g，形成时间2.7 min、1.7 min，稳定时间3.2 min、4.7 min，弱化度100 F.U.、111 F.U.，出粉率70.3%、72.6%，硬度68 HI、170 HI。

产量表现：2014—2015年度参加河南省小麦南部组区域试验，平均亩产418.2 kg，比对照增产8.5%。2015—2016年度续试，平均亩产410.8 kg，比对照增产9.3%。2016—2017年度生产试验，平均亩产388.3 kg，比对照增产8.5%。

栽培技术要点：适宜播种期10月中下旬，每亩适宜基本苗16万~24万。注意防治蚜虫、条锈病、叶锈病、白粉病、赤霉病和纹枯病等病虫害。

适宜种植区域：适宜河南省南部长江中下游麦区种植。

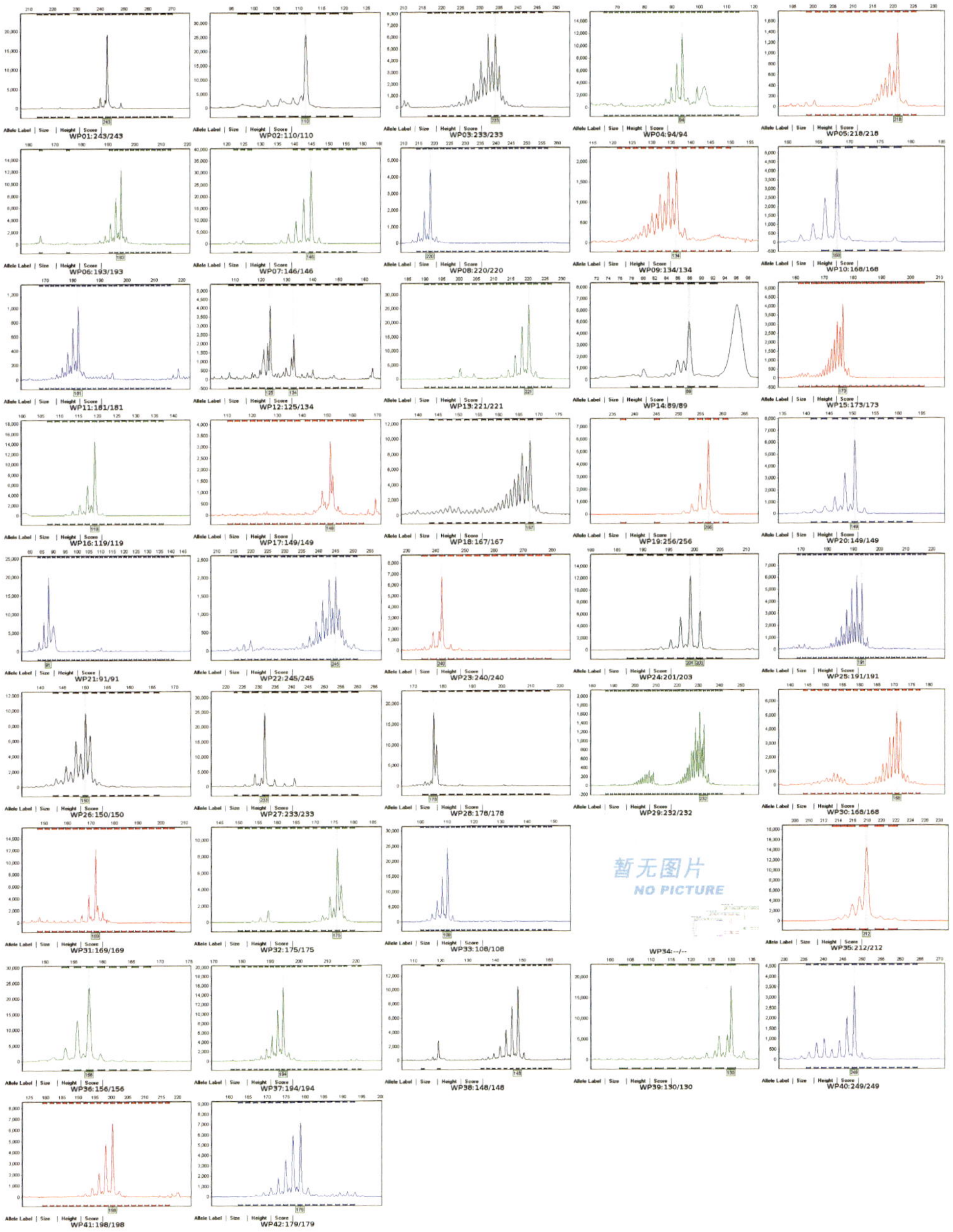

228. 天宁38号

审定编号：豫审麦20180043

选育单位：河南省天宁种业有限公司

品种来源：西农979/众麦2号//郑麦9405

特征特性：弱春性偏半冬品种，全生育期192~216 d，平均与对照品种偃展4110熟期相当。幼苗半匍匐，苗期叶片窄小，叶色浓绿，分蘖力强。春季起身早，耐倒春寒能力较好。株高73.0~74.0 cm，株型偏紧凑，茎秆弹性较好，抗倒性好。耐渍性一般，耐后期高温，熟相好。穗长方形，结实性较好，籽粒角质，饱满度较好。亩穗数33.9万~34.9万，穗粒数34.1~34.6粒，千粒重38.6~43.1 g。中感条锈病、叶锈病、白粉病和纹枯病，高感赤霉病。2016年、2017年经检测：蛋白质含量13.76%、12.9%，容重782 g/L、769 g/L，湿面筋含量30.6%、27.4%，降落数值216 s、436 s，沉淀指数48 mL、74 mL，吸水量60.2 mL/100 g、58.4 mL/100 g，形成时间2.5 min、7.2 min，稳定时间2.7 min、11.5 min，弱化度177 F.U.、33 F.U.，出粉率68.8%、65.3%，硬度67 HI、75 HI，延伸性162 mm/147 mm，最大拉伸阻力150 EU、367 EU，拉伸面积35 cm^2/72 cm^2。

产量表现：2015—2016年度参加河南省小麦南部组区域试验，平均亩产405.8 kg，比对照增产7.9%。2016—2017年度续试，平均亩产356.5 kg，比对照增产7.6%。2016—2017年度生产试验，平均亩产383.1 kg，比对照增产7.0%。

栽培技术要点：适宜播种期10月中下旬，每亩适宜基本苗16万~26万。注意防治蚜虫、条锈病、叶锈病、白粉病、赤霉病和纹枯病等病虫害。

适宜种植区域：适宜河南省南部长江中下游麦区种植。

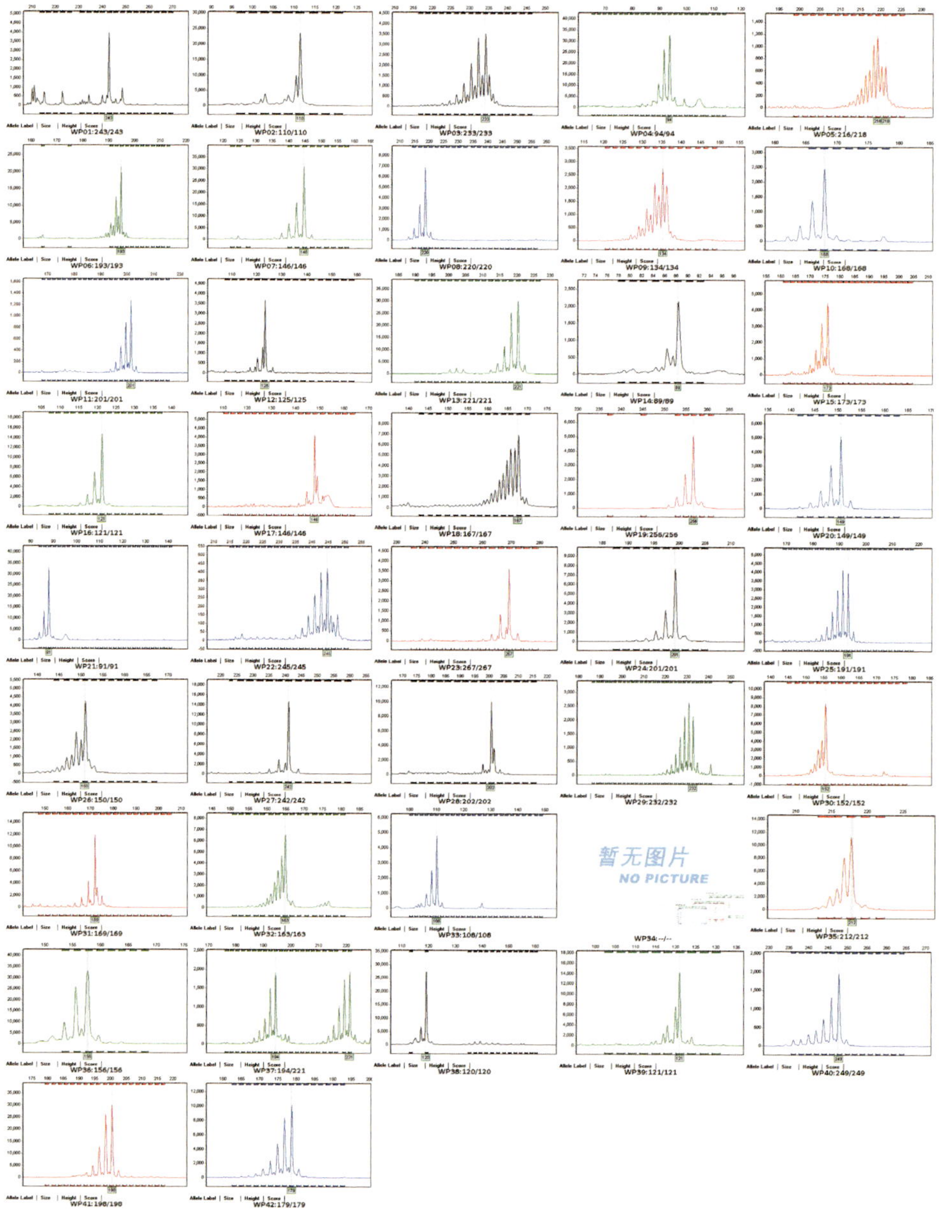

229. 平麦189

审定编号：豫审麦20180044

选育单位：平顶山市农业科学院

品种来源：周麦16/平麦02-16

特征特性：半冬性品种，全生育期230~233 d，平均与对照品种洛旱7号熟期相当。幼苗半匍匐，苗期叶色浓绿，叶片较宽，分蘖力强，冬季抗寒性好。春季起身拔节早。株高74.5~82.1 cm，株型较紧凑，抗倒性较好。旗叶上举，穗层整齐，熟相好。穗长方形，长芒，白壳，白粒，籽粒半角质，饱满度较好。亩穗数33.7万~37.0万，穗粒数33.7~35.5粒，千粒重40.4~45.2 g。中抗纹枯病，中感条锈病、叶锈病和白粉病，高感赤霉病。2015年、2016年经检测：蛋白质含量13.81%、14.42%，容重820 g/L、791 g/L，湿面筋含量26%、31.8%，降落数值376 s、403 s，沉淀指数63 mL、63 mL，吸水量56.6 mL/100 g、53.3 mL/100 g，形成时间2.8 min、1.7 min，稳定时间4.3 min、4.4 min，弱化度95 F.U.、74 F.U.，出粉率69.3%、69.1%，硬度49 HI、47 HI。

产量表现：2014—2015年度参加河南省小麦旱地组区域试验，平均亩产432.2 kg，比对照增产7.4%。2015—2016年度续试，平均亩产403.6 kg，比对照增产4.1%。2016—2017年度生产试验，平均亩产401.3 kg，比对照增产3.3%。

栽培技术要点：适宜播种期10月上中旬，每亩适宜基本苗15万~20万。注意防治蚜虫、条锈病、叶锈病、白粉病和赤霉病等病虫害。

适宜种植区域：适宜河南省丘陵及旱肥地麦区种植。

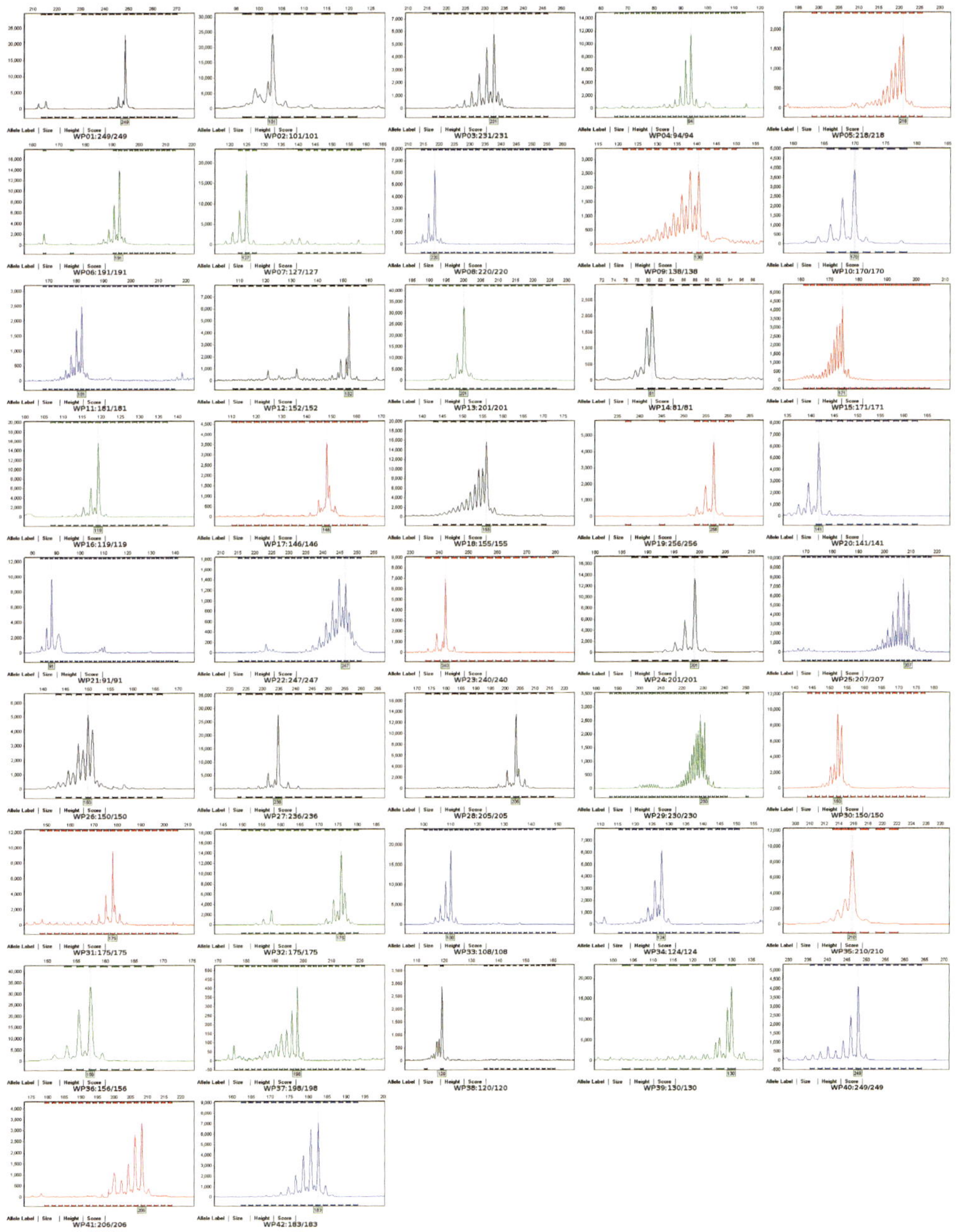

230. 中创811

审定编号：豫审麦20180045

选育单位：河南省中创种业短季棉有限公司、陕西杨凌伟隆农业科技有限公司

品种来源：远丰175/周麦17//陕麦99

特征特性：半冬性品种，全生育期228~233 d，平均比对照品种洛旱7号熟期略早。幼苗半匍匐，苗期叶片较宽，分蘖力强，冬季抗寒性好。春季起身拔节较迟。株高71.7~80.7 cm，株型较紧凑，抗倒性较好。穗层整齐，熟相较好。穗纺锤形，长芒，白壳，白粒，籽粒半角质，饱满度好。亩穗数32.8万~34.9万，穗粒数32.6~34.3粒，千粒重44.3~50.6 g。中抗条锈病，中感叶锈病、白粉病和纹枯病，高感赤霉病。2015年、2016年经检测：蛋白质含量13.2%、12.44%，容重807 g/L、726 g/L，湿面筋含量25.8%、21.1%，降落数值472 s、281 s，沉淀指数78 mL、62 mL，吸水量62.2 mL/100 g、50.6 mL/100 g，形成时间3.9 min、1.2 min，稳定时间5.5 min、1.2 min，弱化度79 F.U.、94 F.U.，出粉率72.8%、66.9%，硬度68 HI、44 HI。

产量表现：2014—2015年度参加河南省小麦旱地组区域试验，平均亩产418.8 kg，比对照增产4.1%。2015—2016年度续试，平均亩产396.8 kg，比对照增产2.3%。2016—2017年度生产试验，平均亩产408.9 kg，比对照增产5.3%。

栽培技术要点：适宜播种期10月上中旬，每亩适宜基本苗15万~20万。注意防治蚜虫、叶锈病、白粉病、赤霉病和纹枯病等病虫害。

适宜种植区域：适宜河南省丘陵及旱肥地麦区种植。

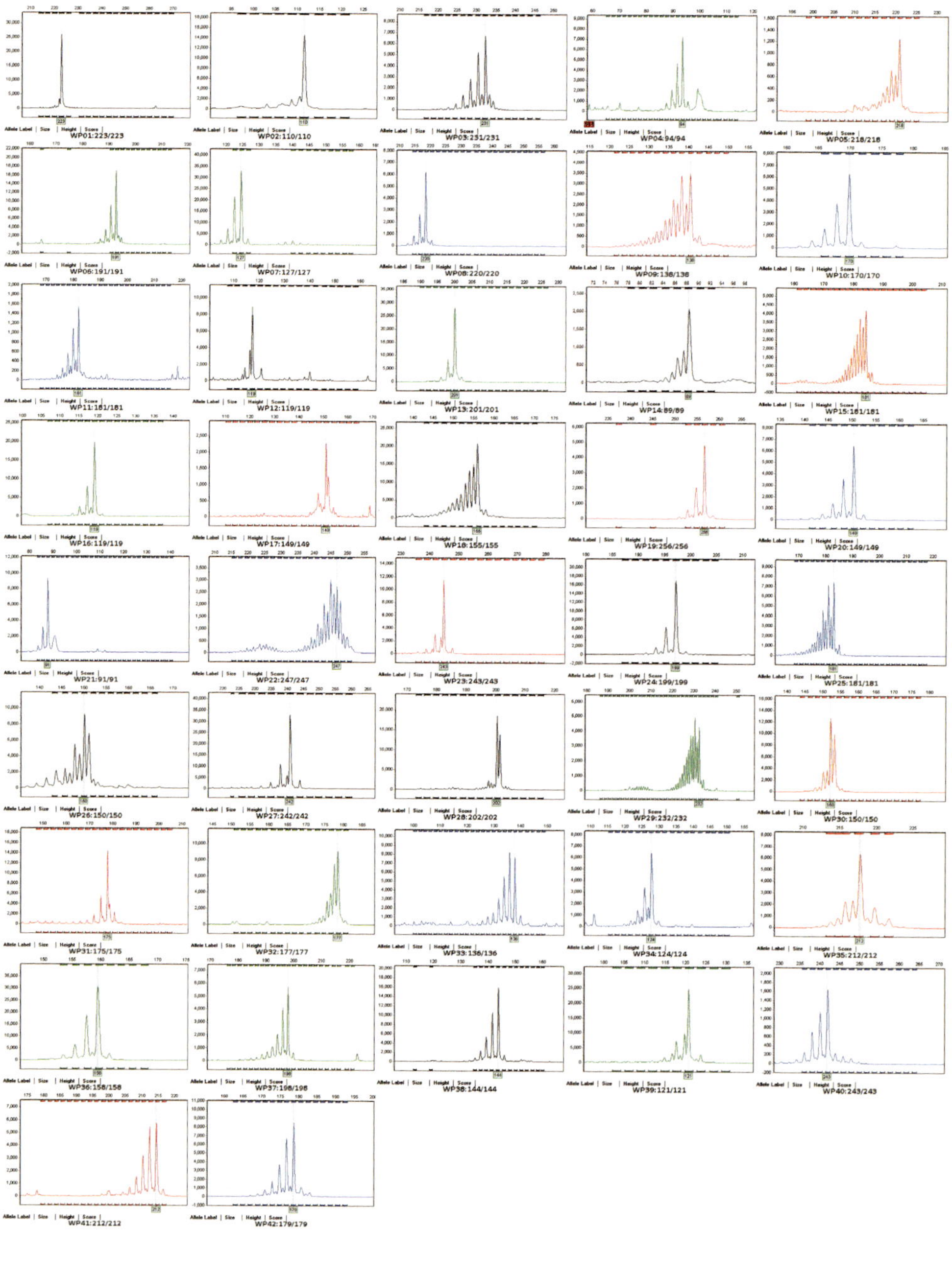

231. 安麦1132

审定编号： 豫审麦20180046

选育单位： 安阳市农业科学院

品种来源： 安0124/新乡9369

特征特性： 半冬性品种，全生育期229~232 d，平均比对照品种洛旱7号熟期略早。幼苗半匍匐，苗期叶片较长，分蘖力较强，冬季抗寒性好。春季起身拔节早，抽穗较早。株高71.6~81.7 cm，株型较紧凑，抗倒性较好。穗层整齐，熟相好。穗纺锤形，长芒，白壳，白粒，籽粒半角质，饱满度中等。亩穗数37.2万~40.3万，穗粒数33.7~35.0粒，千粒重36.9~40.7 g。中感条锈病、白粉病和纹枯病，高感叶锈病和赤霉病。2015年、2016年经检测：蛋白质含量11.92%、13.83%，容重814 g/L、798 g/L，湿面筋含量24.1%、28.4%，降落数值469 s、250 s，沉淀指数68 mL、55 mL，吸水量60 mL/100 g、56.6 mL/100 g，形成时间3.5 min、3 min，稳定时间4 min、2.7 min，弱化度86 F.U.、159 F.U.，出粉率72.4%、70.1%，硬度66 HI、54 HI。

产量表现： 2014—2015年度参加河南省小麦旱地组区域试验，平均亩产436 kg，比对照增产8.4%。2015—2016年度续试，平均亩产405 kg，比对照增产4.5%。2016—2017年度生产试验，平均亩产409.6 kg，比对照增产5.5%。

栽培技术要点： 适宜播种期10月上中旬，每亩适宜基本苗15万~20万。注意防治蚜虫、条锈病、叶锈病、白粉病、赤霉病和纹枯病等病虫害，注意控制株高。

适宜种植区域： 适宜河南省丘陵及旱肥地麦区种植。

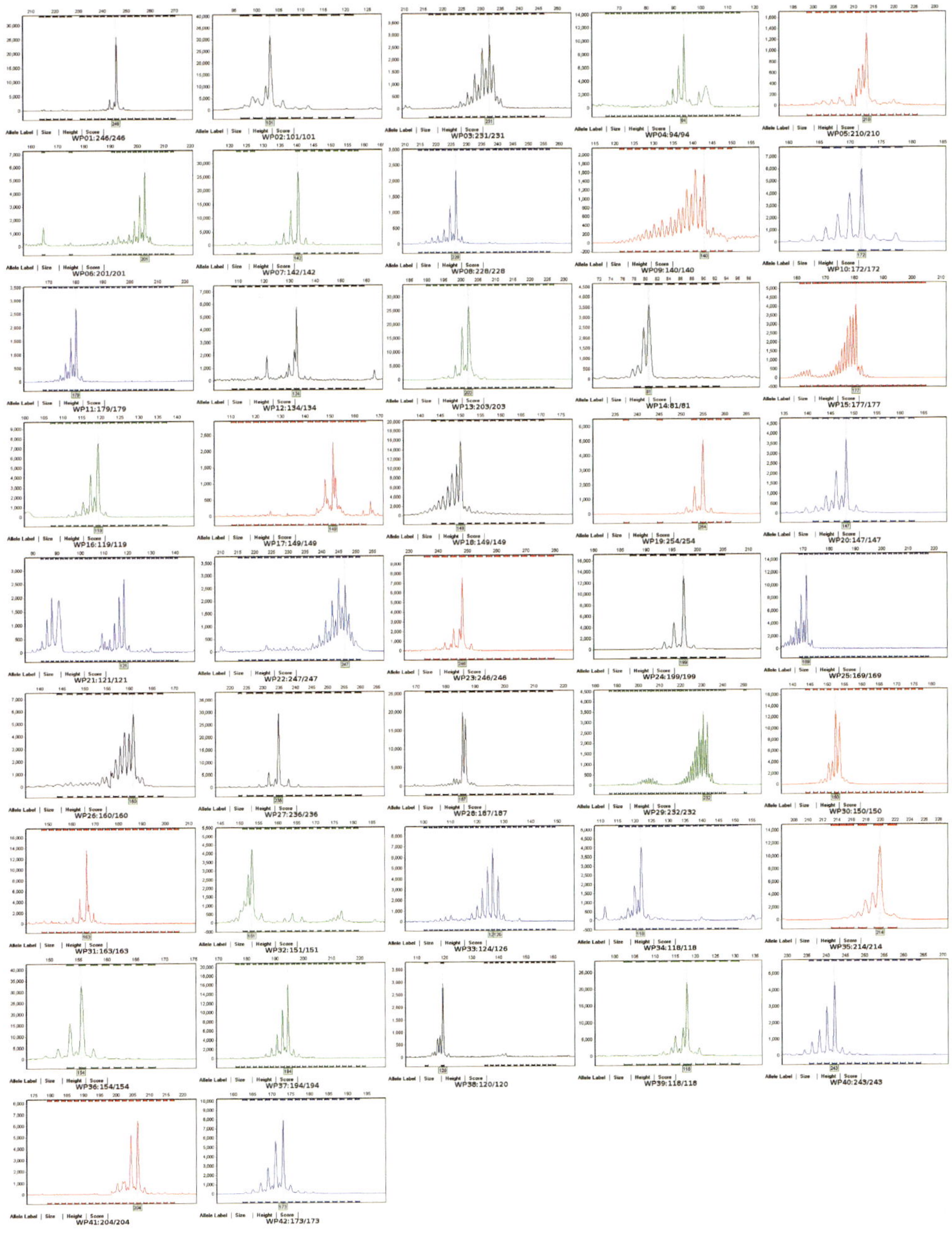

232. 新麦39

审定编号：豫审麦20180047

选育单位：河南省新乡市农业科学院

品种来源：邯6172//周麦18/百农AK58

特征特性：半冬性品种，全生育期231~233 d，平均比对照品种洛旱7号熟期略早。幼苗半匍匐，苗期叶片较宽，分蘖力强，冬季抗寒性好。春季起身拔节早，抽穗较早，株高66.3~76.1 cm，株型较紧凑，抗倒性较好。穗层整齐，熟相中等。穗长方形，长芒，白壳，白粒，籽粒半角质，饱满度较好。亩穗数32.7万~36.9万，穗粒数34.5~35.8粒，千粒重41.5~44.3 g。中抗条锈病，中感白粉病和纹枯病，高感叶锈病和赤霉病。2016年、2017年经检测：蛋白质含量15.32%、14.9%，容重785 g/L、807 g/L，湿面筋含量34.2%、30.1%，降落数值364 s、438 s，沉淀指数60 mL、60 mL，吸水量65.6 mL/100 g、56.9 mL/100 g，形成时间4.5 min、3.4 min，稳定时间4.6 min、2.3 min，弱化度84 F.U.、154 F.U.，出粉率68.2%、68.5%，硬度69 HI、69 HI，延伸性198 mm/148 mm，最大拉伸阻力261 EU、126 EU，拉伸面积72 cm^2/28 cm^2。

产量表现：2015—2016年度参加河南省小麦旱地组区域试验，平均亩产410.5 kg，比对照增产5.9%。2016—2017年度续试，平均亩产382.8 kg，比对照增产6.7%。2016—2017年度生产试验，平均亩产406.6 kg，比对照增产4.7%。

栽培技术要点：适宜播种期10月上中旬，每亩适宜基本苗15万~20万。注意防治蚜虫、叶锈病、白粉病、赤霉病和纹枯病等病虫害。

适宜种植区域：适宜河南省丘陵及旱肥地麦区种植。

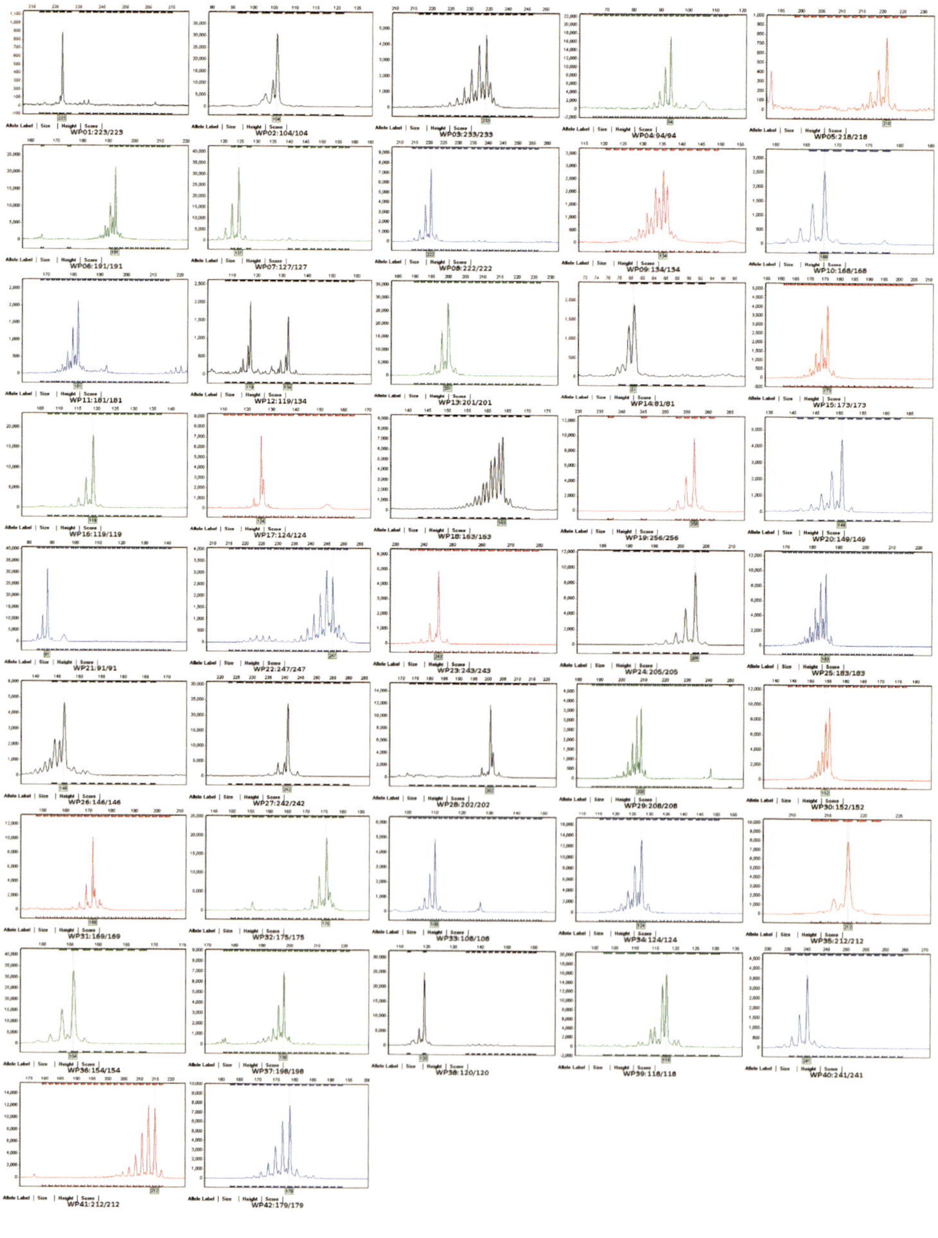

233. 怀川66号

审定编号：豫审麦20180048

选育单位：河南怀川种业有限责任公司、中粮（新乡）小麦有限公司

品种来源：豫麦49/小偃54 F3//澳白玉1号

特征特性：半冬性特殊用途类型小麦品种，全生育期227~229 d，平均与对照品种周黑麦1号熟期相当。幼苗半直立，苗期叶色浓绿，苗势较壮，分蘖力强，冬季抗寒性较好。春季起身拔节早，耐倒春寒能力较弱。株高70.0~81.4 cm，株型偏紧凑，抗倒性一般。旗叶偏大，穗层整齐，熟相好。穗纺锤形，结实性好，白粒，籽粒半角质，饱满度较好，面粉黄色。亩穗数33.0万~41.9万，穗粒数33.0~36.2粒，千粒重41.2~42.3 g。中感条锈病、叶锈病、白粉病和纹枯病，高感赤霉病。2015年、2016年经检测：蛋白质含量14.27%、13.91%，容重756 g/L、745 g/L，湿面筋含量30.2%、32.8%，降落数值516 s、375 s，沉淀指数80 mL、61 mL，吸水量62.2 mL/100 g、58.9 mL/100 g，形成时间5.5 min、4.4 min，稳定时间6.2 min、8 min，弱化度93 F.U.、92 F.U.，出粉率71.5%、71.3%，硬度68 HI、66 HI。

产量表现：2014—2015年度参加河南省特色麦组区域试验，平均亩产434.6 kg，比对照增产11.6%。2015—2016年度续试，平均亩产444.1 kg，比对照增产10.7%。2016—2017年度生产试验，平均亩产519.4 kg，比对照增产12.6%。

栽培技术要点：适宜播种期10月上中旬，每亩适宜基本苗16万~18万。注意防治蚜虫、条锈病、叶锈病、白粉病、赤霉病和纹枯病等病虫害，高水肥地块注意防止倒伏。

适宜种植区域：适宜作为特殊用途类型品种以订单农业形式在河南省（南部长江中下游麦区除外）早中茬地种植。

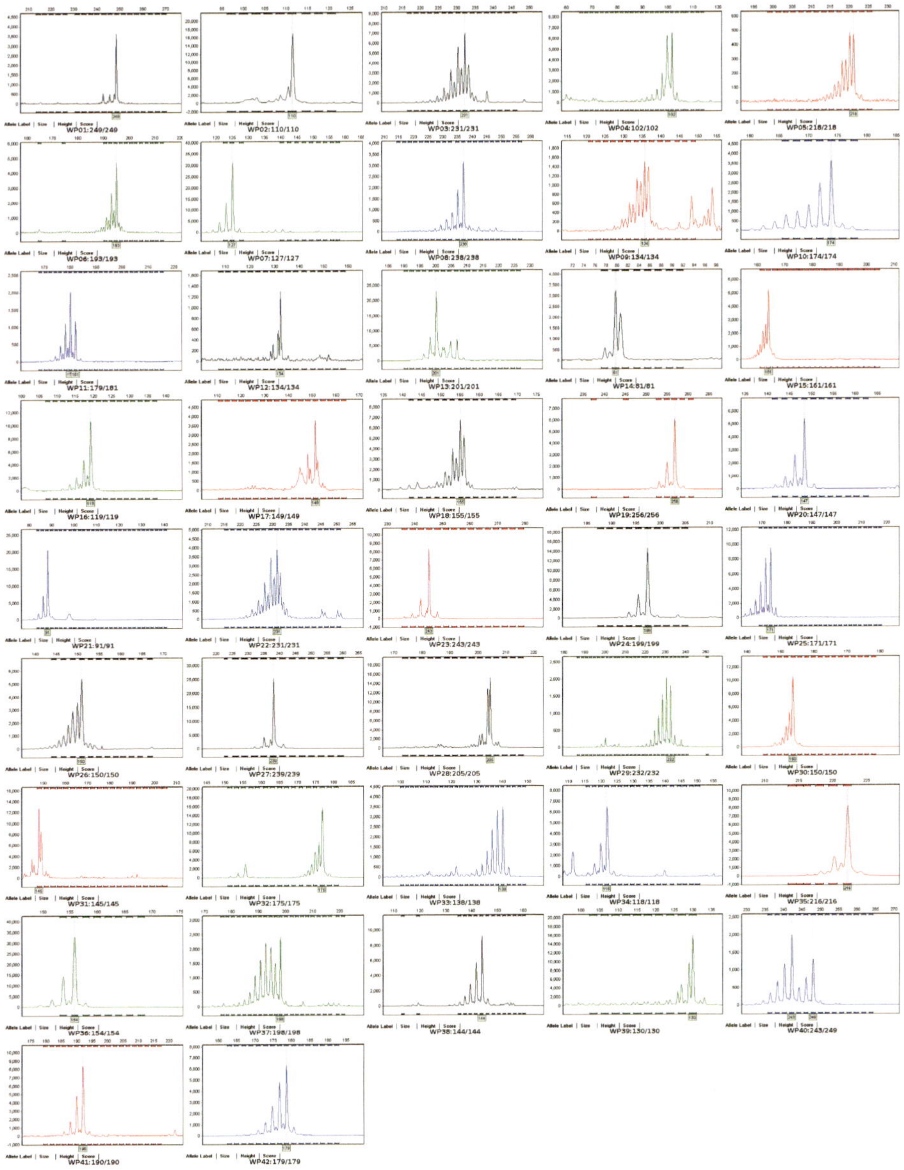

234. 宛麦202

审定编号：豫审麦20180049

选育单位：南阳市纯天然彩麦开发有限公司

品种来源：自育品系/中711//自育品系/蓝粒108

特征特性：半冬性特殊用途类型小麦品种，全生育期228~229 d，平均与对照品种周黑麦1号熟期相当。幼苗半匍匐，苗期叶片宽，叶青绿，苗势较壮，分蘖力较强。春季起身迟，发育慢，耐倒春寒能力一般。株高72.0~84.8 cm，株型松散，茎秆弹性一般，抗倒性一般。穗层整齐，熟相中等。穗纺锤形，籽粒半角质、墨绿色，饱满度较好。亩穗数30.6万~37.1万，穗粒数36.4~40.5粒，千粒重37.4~39.2 g。中感条锈病、白粉病和纹枯病，高感叶锈病和赤霉病。2015年、2016年经检测：蛋白质含量14.31%、15.07%，容重788 g/L、745 g/L，湿面筋含量30.2%、33.3%，降落数值385 s、159 s，沉淀指数77 mL、59 mL，吸水量59.5 mL/100 g、59.3 mL/100 g，形成时间3.2 min、3.8 min，稳定时间5.3 min、3.8 min，弱化度73 F.U.、158 F.U.，出粉率68%、72%，硬度67 HI、67 HI。

产量表现：2014—2015年度参加河南省特色麦组区域试验，平均亩产365.8 kg，比对照减产6.1%。2015—2016年度续试，平均亩产419.0 kg，比对照增产4.4%。2016—2017年度生产试验，平均亩产477.9 kg，比对照增产3.6%。

栽培技术要点：适宜播种期10月上中旬，每亩适宜基本苗16万~20万。注意防治蚜虫、条锈病、叶锈病、白粉病、赤霉病和纹枯病等病虫害，高水肥地块注意防止倒伏。

适宜种植区域：适宜作为特殊用途类型品种以订单农业形式在河南省（南部长江中下游麦区除外）早中茬地种植。

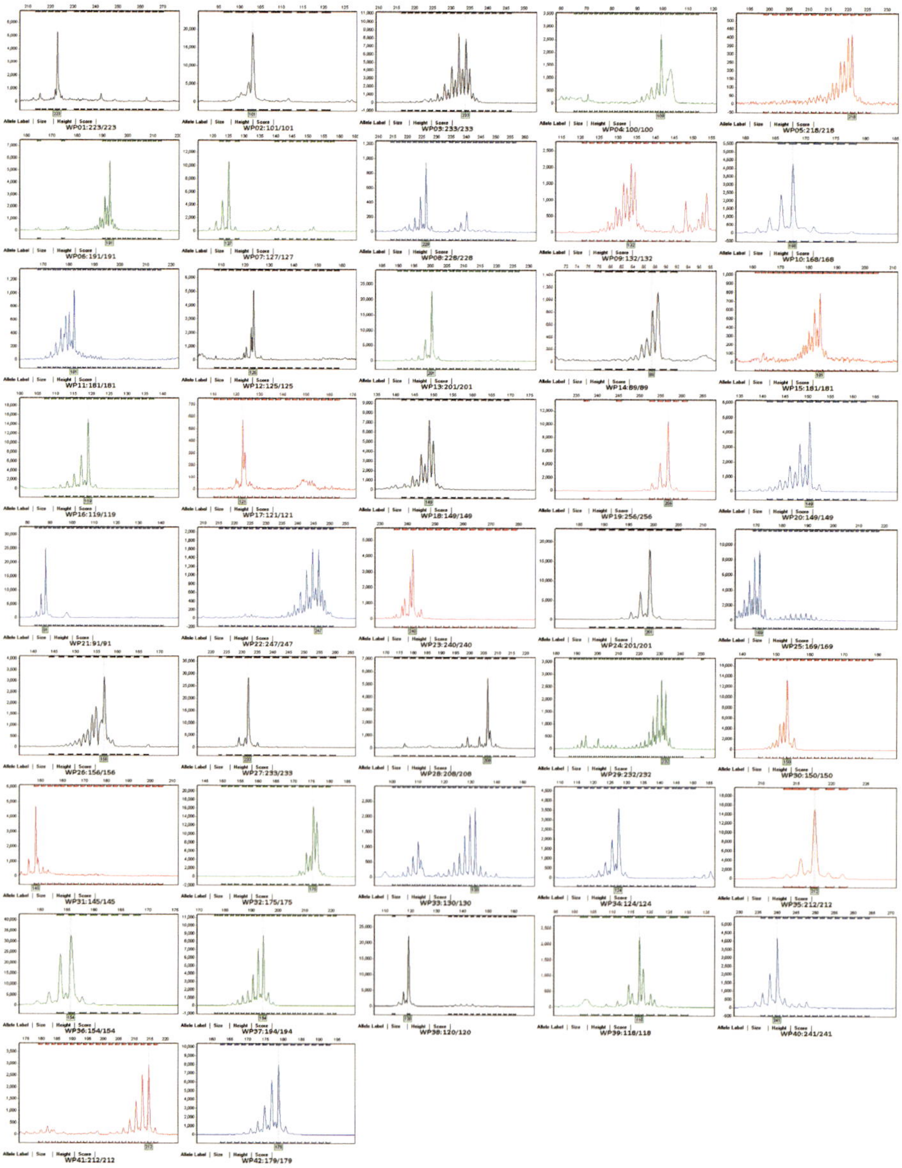

235. 中鼎原紫1号

审定编号：豫审麦20180052

选育单位：刘海富、李航、梁硕敏

品种来源：宛7107/高原青稞紫

特征特性：半冬性特殊用途类型小麦品种，全生育期231～233 d，平均比对照品种周黑麦1号晚熟4 d。幼苗半匍匐，苗期叶色浓绿，分蘖力一般，冬季抗寒性较好。春季起身迟，耐倒春寒能力一般。株高82~96.6 cm，株型较紧凑，抗倒性一般。叶片干尖多，穗层整齐，熟相一般，成熟偏晚。穗纺锤形，籽粒角质、深褐色，饱满度中等。亩穗数26.2万~29.6万，穗粒数40.5~43.5粒，千粒重39.6~42.1 g。中感叶锈病、白粉病和纹枯病、高感条锈病和赤霉病。2015年、2016年经检测：蛋白质含量14.65%、14.2%，容重764 g/L、771 g/L，湿面筋含量27.2%、27.8%，降落数值354 s、346 s，沉淀指数78 mL、56 mL，吸水量68.3 mL/100 g、67 mL/100 g，形成时间6.9 min、9.8 min，稳定时间9.9 min、12 min，弱化度73 F.U.、97 F.U.，出粉率68.7%、67.7%，硬度76 HI、76 HI。

产量表现：2014—2015年度参加河南省特色麦组区域试验，平均亩产386.2 kg，比对照减产0.9%。2015—2016年度续试，平均亩产399.5 kg，比对照减产0.4%。2016—2017年度生产试验，平均亩产415.3 kg，比对照减产10%。

栽培技术要点：适宜播种期10月上中旬，每亩适宜基本苗12万~15万。注意防治蚜虫、条锈病、叶锈病、白粉病、赤霉病和纹枯病等病虫害，高水肥地块注意防止倒伏。

适宜种植区域：适宜作为特殊用途类型品种以订单农业形式在河南省（南部长江中下游麦区除外）早中茬地种植。

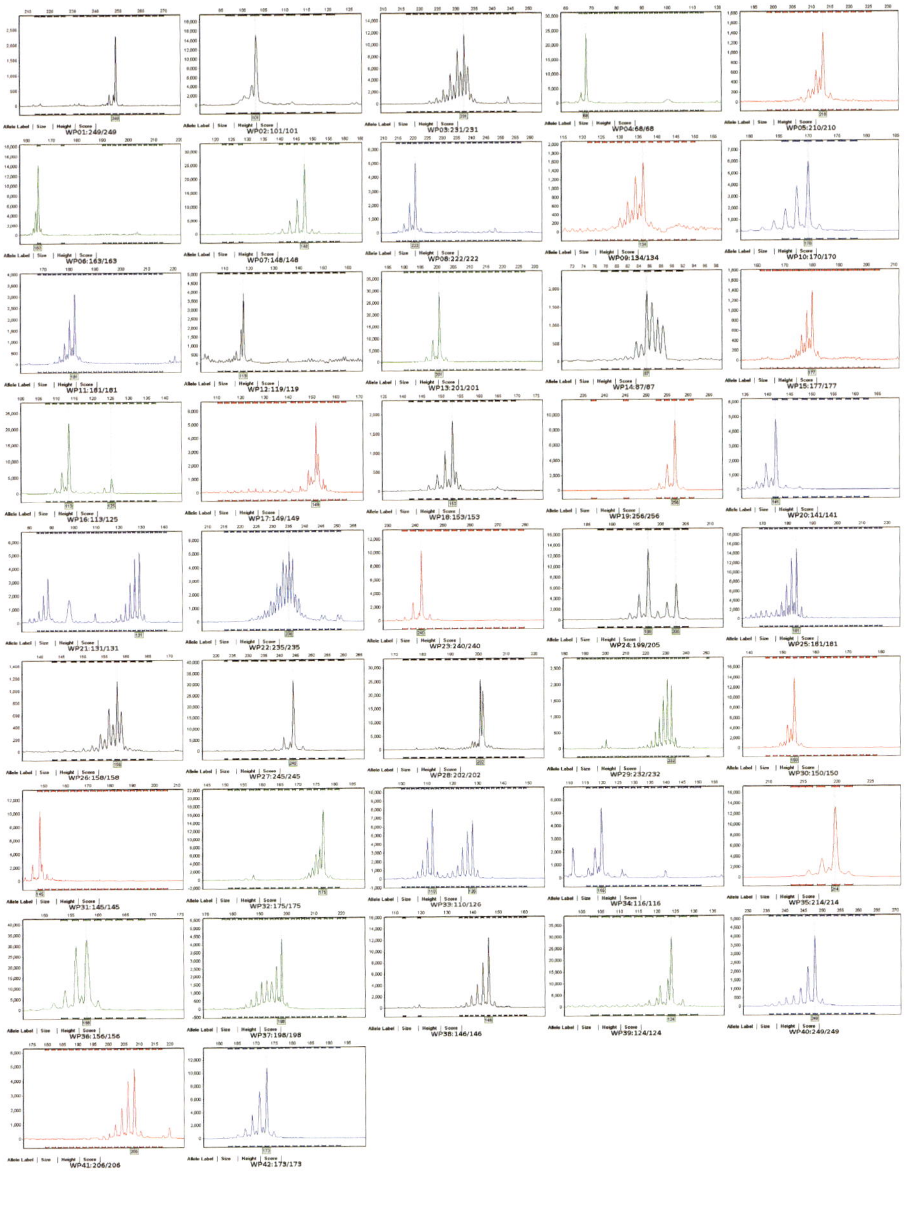

236. 百麦1811

审定编号：豫审麦20190016

选育单位：河南百农种业有限公司

品种来源：JD9756/周99343

特征特性：半冬性品种，全生育期216.2~231.5 d，平均熟期比对照品种周麦18早熟0.6 d。幼苗半直立，叶色浅绿，苗势壮，分蘖力较强，成穗率中等，冬季抗寒性较好。春季起身拔节早，两极分化快。株高74.7~84.0 cm，株型松散，抗倒性一般。旗叶较长，穗下节短，穗层不整齐，熟相好。穗长方形，长芒，白壳，白粒，籽粒半角质，饱满度一般。亩穗数35.8万~39.2万，穗粒数32.9~37.1粒，千粒重42.2~45.5 g。中感条锈病、叶锈病、白粉病和纹枯病，高感赤霉病。2017年、2018年经检测，蛋白质含量15.0%、14.4%，容重806 g/L、785 g/L，湿面筋含量32%、29.8%，吸水量55.7 mL/100 g、56.4 mL/100 g，稳定时间2.6 min、2.3 min，拉伸面积20 cm^2/23 cm^2，最大拉伸阻力108 EU、97 EU。

产量表现：2016—2017年度河南省冬水组区域试验，平均亩产555.1 kg，比对照品种周麦18增产8.9%。2017—2018年度续试，平均亩产442.2 kg，比对照品种周麦18增产4.2%。2017—2018年度生产试验，平均亩产453.6 kg，比对照品种周麦18增产4.9%。

栽培技术要点：适播种期10月上中旬，每亩适宜基本苗14万~16万。注意防治蚜虫、赤霉病、条锈病、叶锈病、白粉病和纹枯病等病虫害，注意预防倒春寒，高水肥地块注意防止倒伏。

适宜种植区域：适宜河南省（南部长江中下游麦区除外）早中茬地种植。

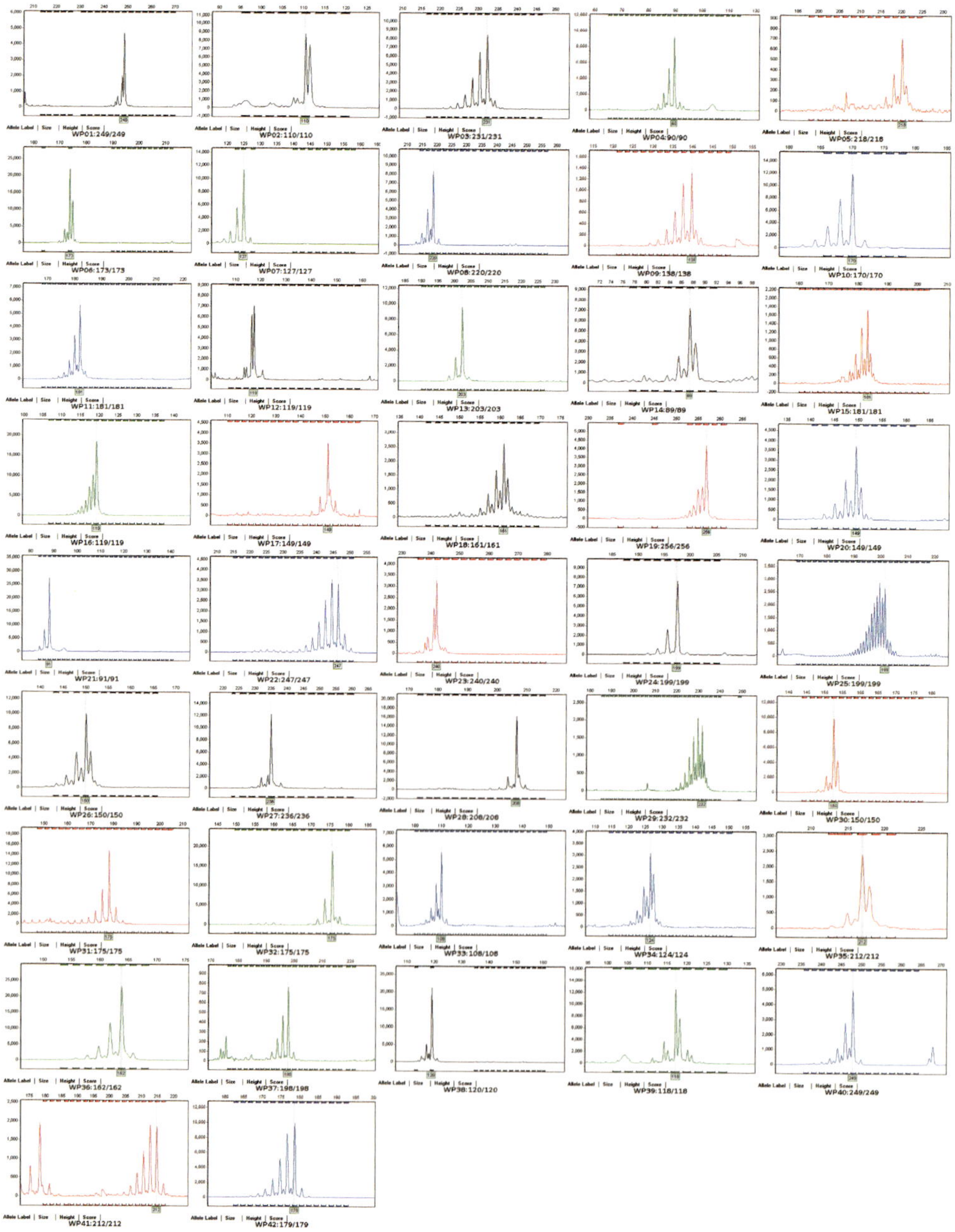

237. 百农219

审定编号：豫审麦20200013

选育单位：河南科技学院

品种来源：百农AK58/华育198

特征特性：半冬性品种，全生育期216.4~231.2 d，平均熟期比对照品种周麦18早熟0.6 d。幼苗半直立，叶色浅绿，苗势一般，分蘖力弱。春季起身拔节早，两极分化快，抽穗早，耐倒春寒能力较弱。株高76.4~81.0 cm，株型较紧凑，抗倒性中等。穗下节短，熟相好。穗纺锤形，长芒，白壳，白粒，籽粒半角质，饱满度较好。亩穗数38.2万~41.0万，穗粒数32.3~34.7粒，千粒重42.1~46.5 g。中感条锈病和白粉病，高感叶锈病、纹枯病和赤霉病。2017年、2018年经检测：蛋白质含量15%、14.8%，容重825 g/L、807 g/L，湿面筋含量28.2%、26.8%，吸水量57.5 mL/100 g、57.2 mL/100 g，稳定时间3.1 min、3.4 min，拉伸面积32 cm^2/31 cm^2，最大拉伸阻力166 EU、147 EU。

产量表现：2016—2017年度河南省冬水组区域试验，平均亩产526.7 kg，比对照品种周麦18增产3.5%。2017—2018年度续试，平均亩产441.3 kg，比对照品种周麦18增产5.3%。2018—2019年度生产试验，平均亩产592.8 kg，比对照品种周麦18增产3.9%。

栽培技术要点：适宜播种期10月上中旬，每亩适宜基本苗20万~22万。注意防治蚜虫、叶锈病、纹枯病、赤霉病、条锈病和白粉病等病虫害，注意预防倒春寒。

适宜种植区域：适宜河南省（南部长江中下游麦区除外）旱中茬地种植。

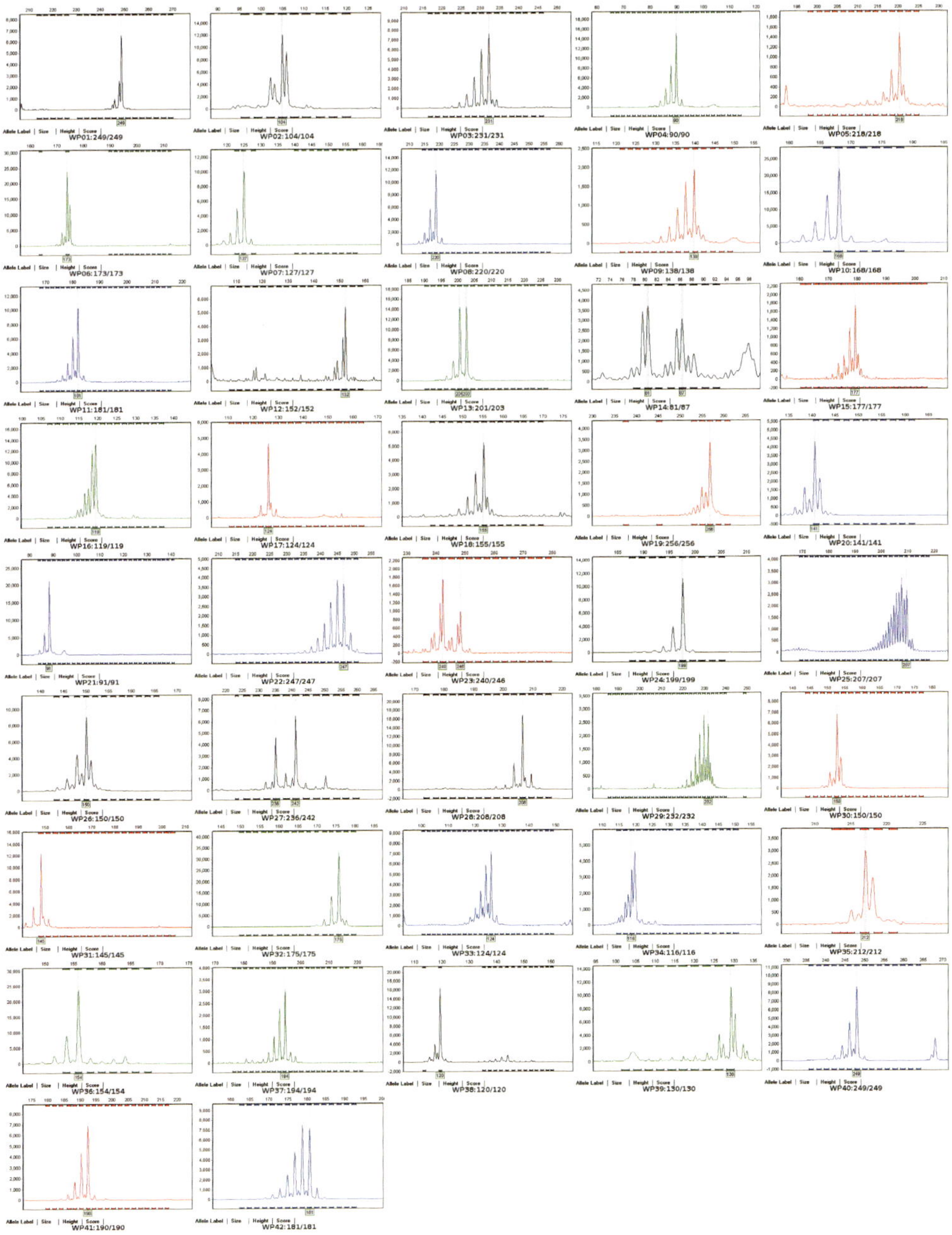

238. 菊城麦6号

审定编号： 豫审麦20200016

选育单位： 河南菊城农业科技有限公司

品种来源： 开麦18/周麦16

特征特性： 半冬性品种，全生育期216.7~231.1 d，平均熟期比对照品种周麦18早熟0.5 d。幼苗半直立，叶色深绿，苗势壮，分蘖力一般。春季起身拔节早，两极分化快，抽穗较晚，耐倒春寒能力一般。株高77.3~80.6 cm，株型偏松散，抗倒性中等。穗下节较长，穗层不整齐，熟相一般。穗纺锤形，长芒，白壳，白粒，籽粒半角质，饱满度较好。亩穗数36.5万~39.5万，穗粒数31.7~35.5粒，千粒重44.7~51.4 g。中抗条锈病，中感叶锈病和白粉病，高感纹枯病和赤霉病。2018年、2019年经检测：蛋白质含量15.1%、14.5%，容重733 g/L、788 g/L，湿面筋含量31.2%、29.6%，吸水量52.7 mL/100 g、54.5 mL/100 g，稳定时间2.3 min、2.1 min，拉伸面积51 cm^2/25 cm^2，最大拉伸阻力199 EU、118 EU。

产量表现： 2017—2018年度河南省冬水组区域试验，平均亩产445.5 kg，比对照品种周麦18增产6.3%。2018—2019年度续试，平均亩产598.5 kg，比对照品种周麦18增产3.8%。2018—2019年度生产试验，平均亩产588.3 kg，比对照品种周麦18增产3.1%。

栽培技术要点： 适宜播种期10月上中旬，每亩适宜基本苗16万~20万。注意防治蚜虫、纹枯病、赤霉病、叶锈病和白粉病等病虫害，注意预防倒春寒。

适宜种植区域： 适宜河南省（南部长江中下游麦区除外）早中茬地种植。

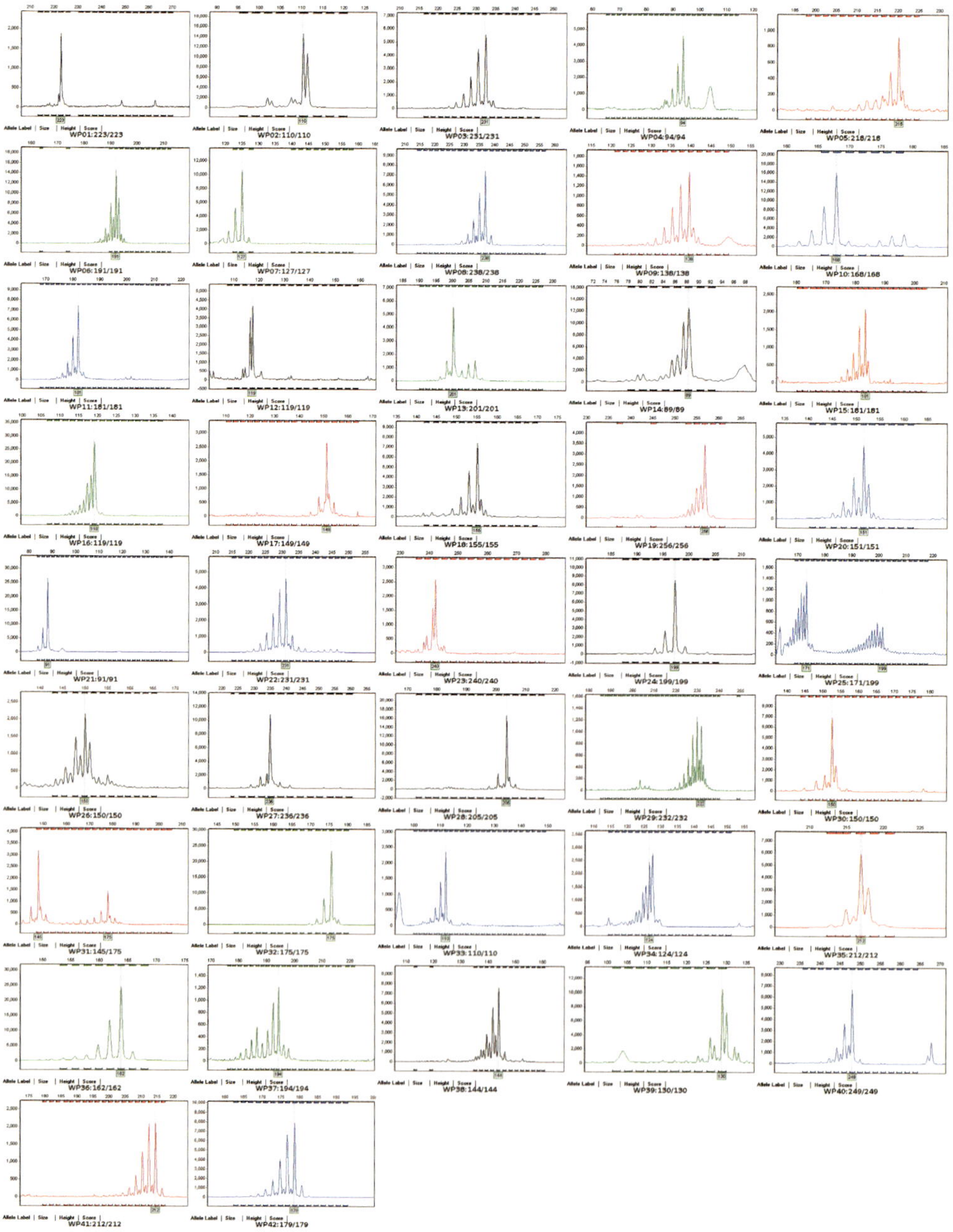

239. 联邦2号

审定编号：豫审麦20200045

选育单位：新乡市天宝农作物新品种研究所、河南联邦种业有限公司

品种来源：新原958/联邦1号

特征特性：半冬性品种，全生育期212.9~234.4 d，平均熟期比对照品种周麦18晚熟0.4 d。幼苗半匍匐，苗势壮，叶色深绿，分蘖力较强，冬季抗寒性较好。春季起身拔节较快，两极分化快，抽穗偏晚，耐倒春寒能力一般。株高70.0~73.1 cm，株型稍松散，抗倒性较好。旗叶上冲，穗层较厚，熟相一般。穗纺锤形，短芒，白壳，白粒，半角质，饱满度好，亩穗数36.4万~39.5万，穗粒数33.7~37.4粒，千粒重44.5~45.3 g。中抗条锈病，中感叶锈病、白粉病和纹枯病，高感赤霉病。2018年、2019年经检测：蛋白质含量14.4%、13.5%，容重796 g/L、785 g/L，湿面筋含量29.0%、27.8%，吸水率55.9%、56.9%，稳定时间2.3 min、2.5 min，拉伸面积20 cm^2/29 cm^2，最大拉伸阻力102 EU、147 EU。

产量表现：2017—2018年度河南炎黄小麦新品种测试联合体冬水组区域试验，平均亩产459.5 kg，比对照品种周麦18增产5.7%。2018—2019年度续试，平均亩产560.0 kg，比对照品种周麦18增产1.5%。2018—2019年度生产试验，平均亩产553.9 kg，比对照品种周麦18增产3%。

栽培技术要点：适宜播种期10月上中旬，每亩适宜基本苗18万~22万。注意防治蚜虫、赤霉病、叶锈病、白粉病和纹枯病等病虫害，注意预防倒春寒。

适宜种植区域：适宜河南省（南部长江中下游麦区除外）旱中茬地种植。

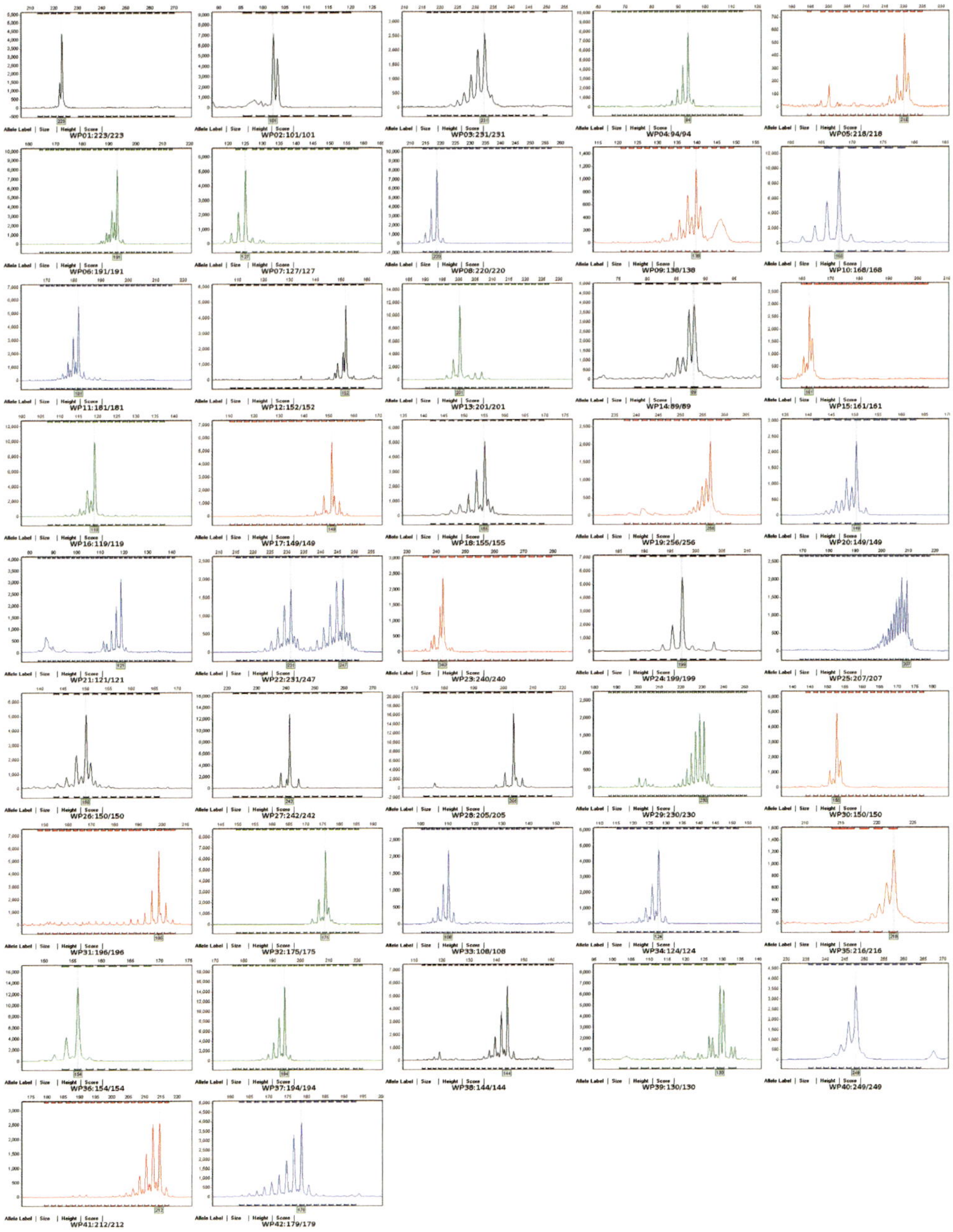

240. 丰舞981

审定编号：豫审麦2004021

选育单位：舞阳县种子公司

品种来源：豫麦57中系选

特征特性：半冬性大穗型中早熟品种。幼苗直立，长势健壮，分蘖力适中，抽穗早，亩成穗较多。株型松紧适中，株高73~78 cm，茎秆弹性好，较抗倒伏。旗叶上冲，前期长相清秀，后期有轻微早衰，穗层整齐，活秆成熟。中大穗，籽粒白色，饱满度好，黑胚率高。亩穗数37万~42万，穗粒数38~40粒，千粒重42 g左右。丰产稳产性好。

产量表现：2002—2003年度参加河南省高肥冬水组区域试验，比对照豫麦49增产4.15%。2003—2004年度参加省高冬Ⅱ组区域试验，平均亩产562.6 kg，比对照豫麦49增产2.7%。2003—2004年度参加河南省高冬Ⅱ组生产试验，平均亩产507 kg，比对照豫麦49增产5.6%。

栽培技术要点：播种期为10月5日至11月上旬，最佳播种期10月5—20日。播种量为高水肥地每亩6~7 kg，中水肥地7~9 kg为宜，随播种期推迟适当增加播种量。施足底肥，氮、磷、钾、锌肥和有机肥配合施用，氮肥分底肥和拔节末期两次施入，适当浇拔节水。注意搞好“一喷三防”，及时防治白粉病、条锈病和纹枯病。

适宜种植区域：适宜河南省各地早中茬高、中水肥地种植。

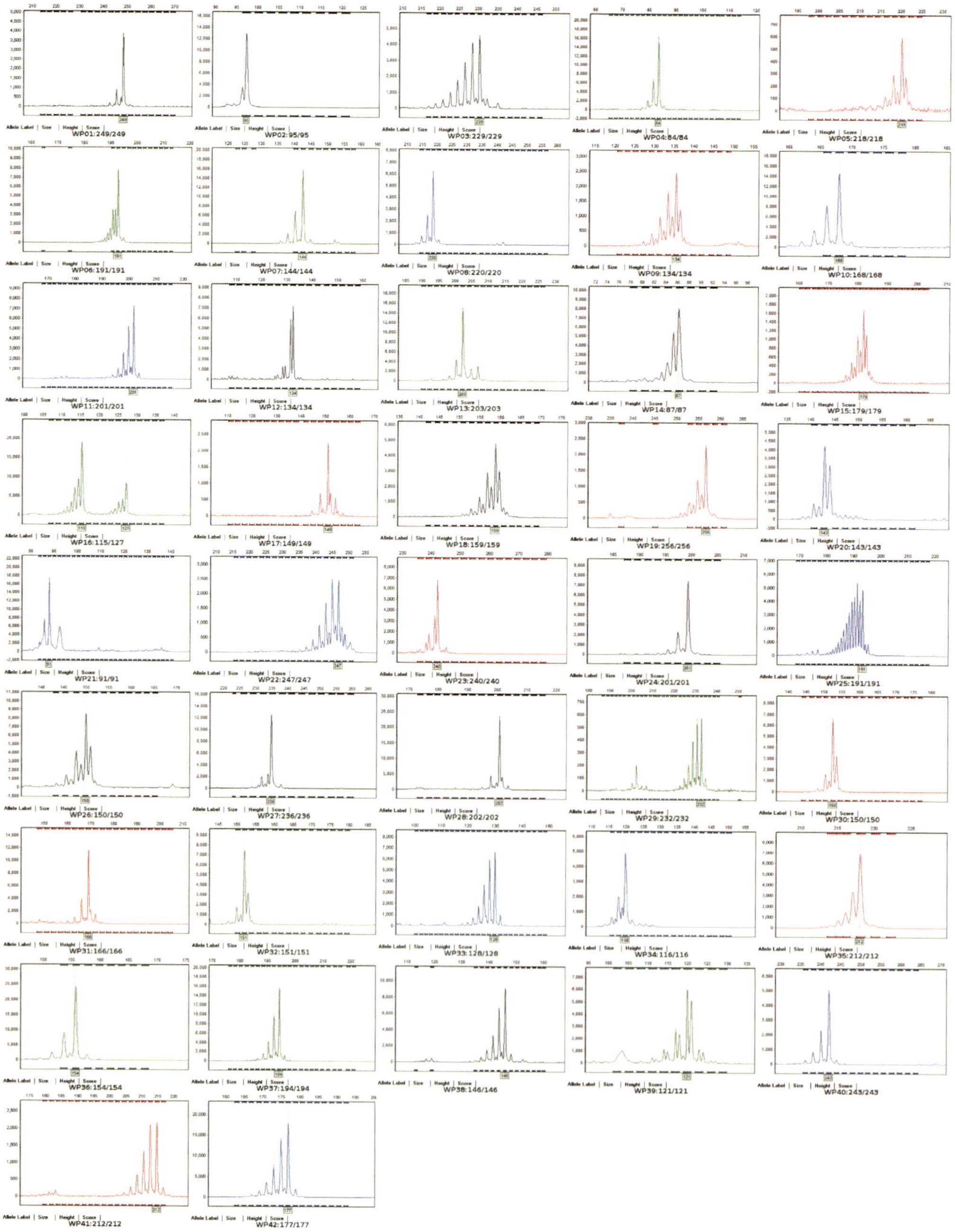

241. 温麦19

审定编号：豫审麦2004011

选育单位：温县农业科学研究所

品种来源：兰考4号/温2540

特征特性：半冬性中熟大穗型品种。幼苗健壮，浅绿色，大分蘖多，返青起身快，拔节利索。旗叶宽大上举，有干尖，茎秆粗壮，抗倒性强。穗层整齐，顶部有不育小穗，穗近方形，小穗排列密，穗粒数较多，后期灌浆快，籽粒饱满，白色，偏粉质。亩成穗36万~40万，穗粒数38~40粒，千粒重47 g。丰产、稳产性好，落黄好。

产量表现：2002—2003年参加河南省高肥冬水组区域试验，平均亩产533.0 kg，比对照豫麦49增产3.38%。2003—2004年度参加省高肥冬水Ⅱ组区域试验，平均亩产572.6 kg，比对照豫麦49增产4.52%。2003—2004年度参加省高肥冬水Ⅰ组生产试验，平均亩产497.5 kg，比对照豫麦49增产3.3%。

栽培技术要点：播种期为10月5—15日。亩播种量9~10 kg，基本苗15万、亩为宜。冬前与拔节末期，加强肥水管理，促多穗大穗。起身拔节期用井冈霉素、三唑酮防治纹枯病、白粉病。

适宜种植区域：适宜中国河南省大部及黄淮冬麦区高肥水旱中茬地种植。

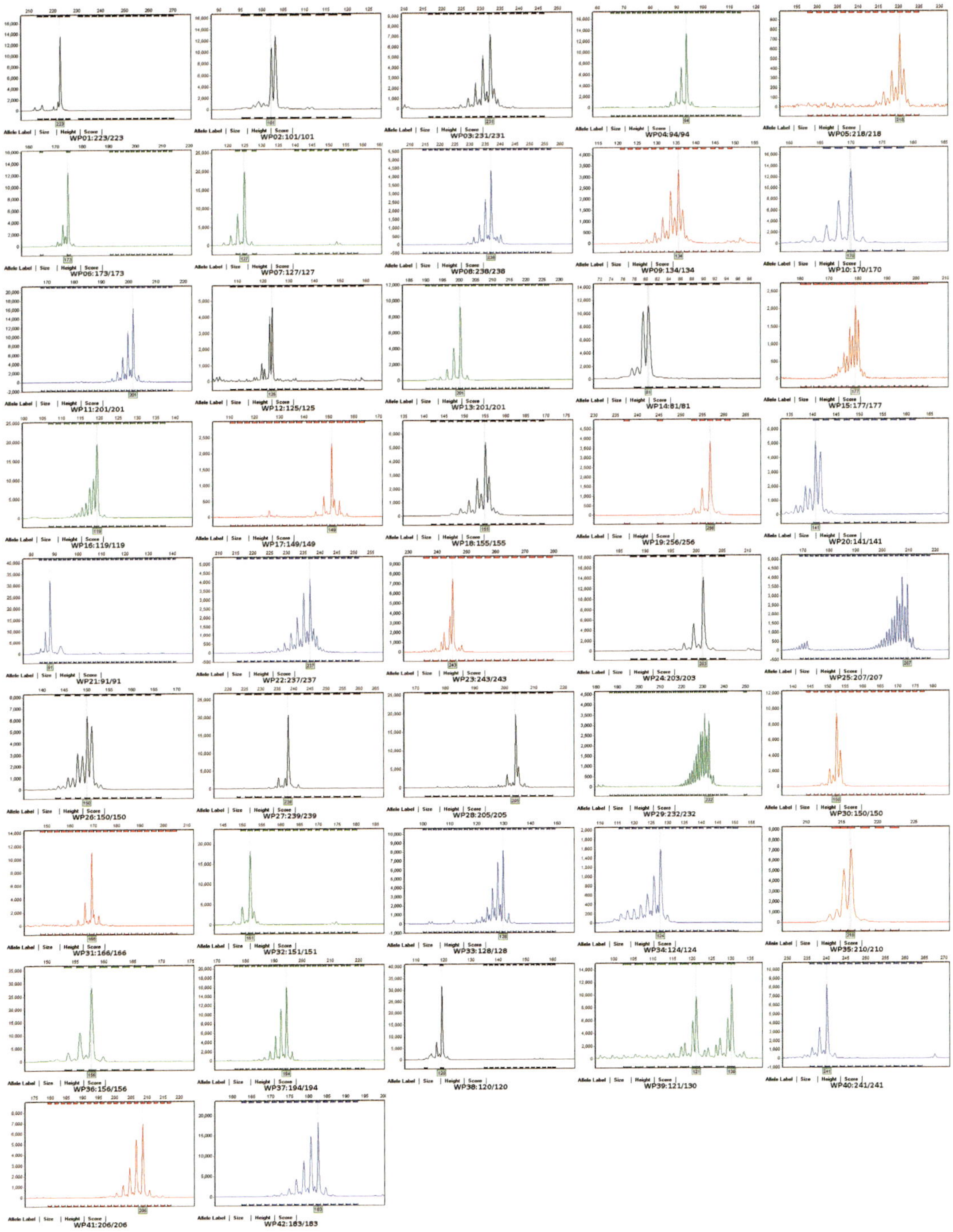

242. 中育8号

审定编号：豫审麦2003007

选育单位：中国农业科学院棉花研究所小麦研究室

品种来源：鲁麦15/93中6

特征特性：弱春性矮秆中熟品种。幼苗直立，长势壮，叶色黄绿，两极分化快，株型紧凑，株高70 cm，旗叶上举，穗层整齐，长相好，活秆成熟，抗倒伏。产量三要素协调。抗寒性一般。中抗叶枯病、条锈病、抗纹枯病、白粉病，中感叶锈病。容重804 g/L，粗蛋白（干基）13.79%，湿面筋27.2%，吸水率64.68%，稳定时间2.2 min，沉降值26.3 mL，降落值440 s。

产量表现：2001—2002年度参加河南省高肥冬水组区域试验，平均亩产492.2 kg，比对照豫麦49增产5.59%。2002—2003年度继试，平均亩产473.5 kg，比对照豫麦49减产2.18%。2002—2003年度参加河南省晚播组北片生产试验，平均亩产430.3 kg，比对照豫麦18增产2.43%。

栽培技术要点：播种期：黄河以北10月10日左右，黄河以南一般在10月20—25日，晚播可推迟至10月底。亩基本苗16万左右，随播种期推迟须适当增加播种量，亩基本苗最多不超过20万。播前应施足底肥，注意有机肥和氮磷钾配合使用。小麦起身前及时追肥，亩施尿素7~10 kg，灌好越冬、返青及灌浆水，及时防治病虫害。

适宜种植区域：适宜河南省中晚茬高肥水地种植。

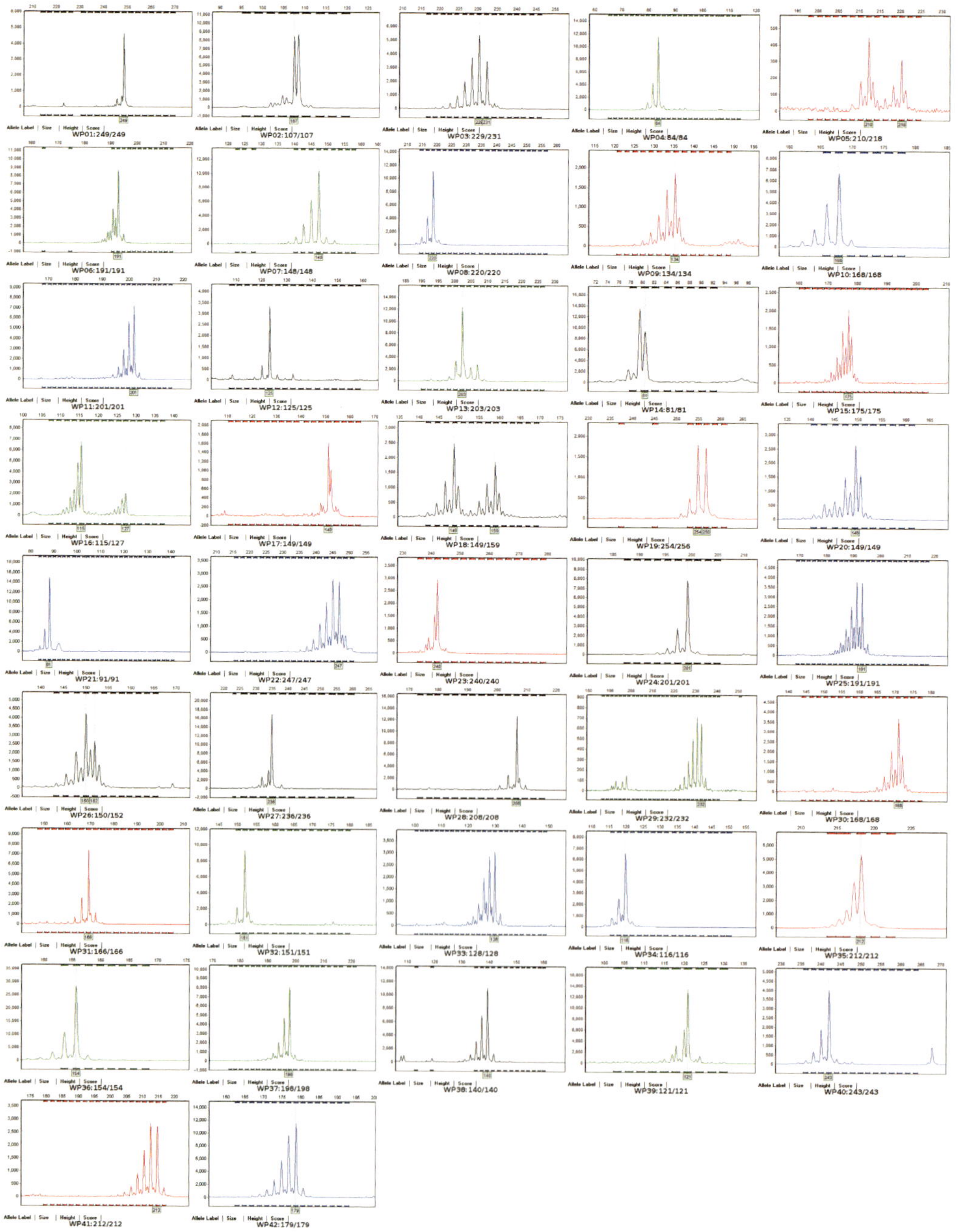

243. 众麦二号

审定编号：豫审麦2006020

选育单位：河南省天宁种业有限公司

品种来源：用漯麦四号经钴60γ射线辐射种子选育而成。

特征特性：弱春性多穗型中早熟品种，生育期219 d，比对照豫麦18晚熟1 d。幼苗半直立，苗期生长健壮，抗寒性中等。起身拔节慢，抽穗晚；分蘖力强，亩成穗数多。株型较松散，长相清秀，株高69 cm，较抗倒伏；旗叶短宽直立，干尖较明显，后期不耐高温，成熟落黄一般。穗层整齐，穗纺锤形，大穗，码密，结实性好，穗粒数多；籽粒偏粉质，黑胚率7%左右。产量构成的三要素为：亩成穗数40万左右，穗粒数35粒左右，千粒重35 g左右。

产量表现：2004—2005年度河南省高肥春水Ⅱ组区域试验，平均亩产466.9 kg，比对照品种豫麦18增产5.99%。2005—2006年度河南省春水Ⅱ组区域试验，平均亩产500.7 kg，比对照豫麦18增产6.14%，与新对照偃展4110平产。2005—2006年度河南省高肥春水Ⅱ组生产试验，平均亩产469.3 kg，比对照豫麦18增产6.8%。

栽培技术要点：最佳播种期10月10—15日，一般播种量10~12 kg。一般亩施氮14 kg，磷8 kg，钾8 kg，扬花期及以后结合防治蚜虫、白粉病、叶锈病喷2~3次叶面肥（磷酸二氢钾、尿素、硼肥）。

适宜种植区域：河南省中高肥力地块中晚茬种植（南部稻茬麦区除外）。

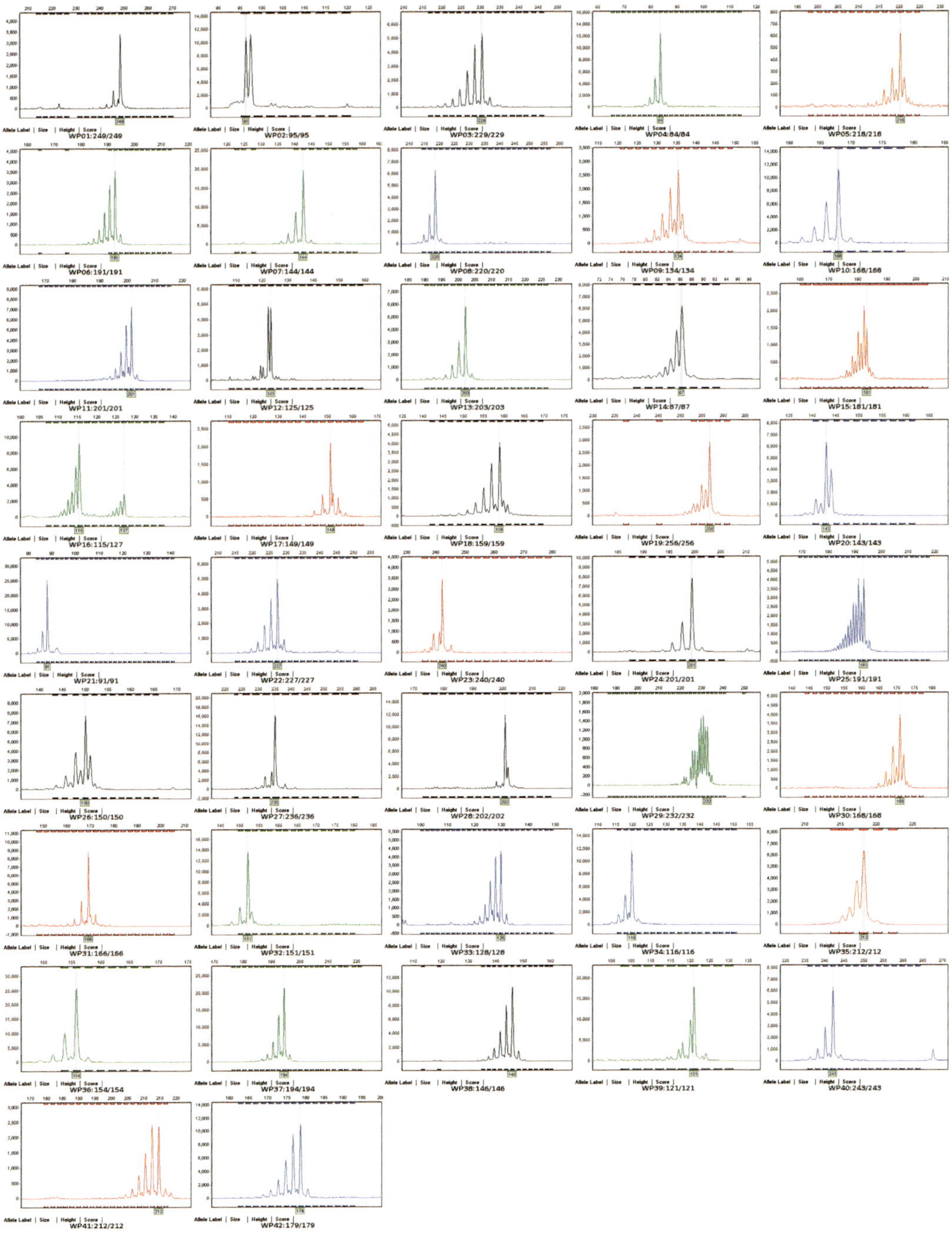

244. 洛麦1号

审定编号：豫审麦2002007

选育单位：洛阳市农科所

品种来源：Ta升不育株/周8832（早）//南阳756

特征特性：弱春性中晚熟偏弱筋品种，全生育期234 d。根系发达，生长健壮。株高80 cm左右，旗叶上冲微披，株型紧凑，穗层整齐，穗长10~11 cm，穗长方形，穗上部小穗排列较密，穗粒数35~38粒，长芒、白壳，粒卵圆形，白粒，粉质。千粒重42~45 g。中感白粉病和纹枯病，中抗条锈病、叶锈病和叶枯病。容重790 g/L，粗蛋白含量14.05%，湿面筋含量35.6%，沉降值22.5 mL，吸水率55.85%，形成时间2.1 min，稳定时间2.0 min。

产量表现：1997—1998年度参加河南省高肥春水组区域试验，平均亩产467.3 kg，比对照豫麦18号减产3.56%。1998—1999年度继试，平均亩产469.7 kg，比对照豫麦18号增产5.58%。1999—2000年度继续试验，平均亩产510.2 kg，比对照豫麦18号减产7.41%。2000—2001年度参加河南省晚播组北片生产试验，平均亩产457.9 kg，比对照豫麦18号增产1.18%。2001—2002年度列席河南省晚播早熟北片生产试验，平均亩产384.4 kg，比对照豫麦18号增产2.45%。

栽培技术要点：播种期：豫西为10月10—15日，豫东南为10月15—25日。亩播种量7~8 kg。精细整地，足墒下种，全部肥料作底肥一次施入，氮、磷、钾参考施量为尿素20 kg、过磷酸钙50 kg、氯化钾10 kg。田间管理重点是苗全苗壮，提高亩成穗数，中后期注意防治白粉病和蚜虫。

适宜种植区域：适宜在河南省东南部和西部中等肥力地区种植。

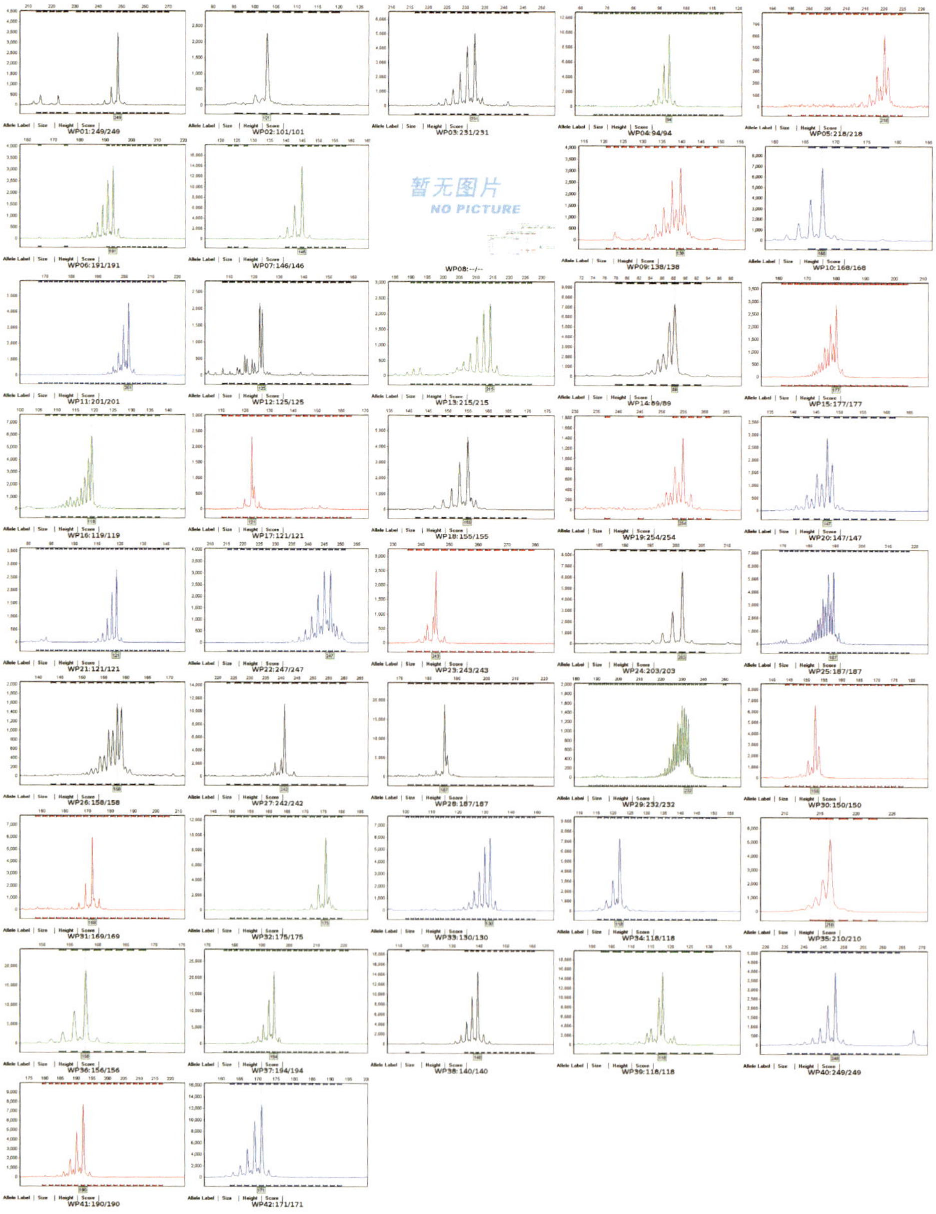

245. 平安11号

审定编号： 豫审麦2015010

选育单位： 河南平安种业有限公司

品种来源： 濮麦9号/开麦28//濮麦9号

特征特性： 半冬性中晚熟品种，全生育期230.5~233.4 d。幼苗半匍匐，叶片宽短，叶色浓绿。冬季抗寒能力强，分蘖力较强，春季起身略晚，两极分化快，抗倒春寒能力较弱。株型较紧凑，旗叶小、平展，株高74.3~80.1 cm，茎、秆、穗部有蜡质，茎秆弹性一般，抗倒性较弱。纺锤形穗，长芒，白壳，白粒，籽粒角质。耐后期高温，熟相一般。亩成穗数43.4万~45.0万，穗粒数34.1~35.6粒，千粒重39.1~42.7 g。中抗条锈病，中感叶锈病、白粉病和纹枯病，高感赤霉病。2013年、2014年经检测：蛋白质14.54%、14.53%，湿面筋31%、28.5%，容重783 g/L、778 g/L，白度74.2%、71.9%，沉淀指数60 mL、61 mL，硬度65 HI、62 HI，降落数值432 s、447 s，吸水量58.7 mL/100 g、61.2 mL/100 g，形成时间2.3 min、2.2 min，稳定时间1.9 min、1.9 min，弱化度123 F.U.、167 F.U.，出粉率72.3%、70.9%。

产量表现： 2012—2013年度河南省冬水A组区域试验，平均亩产519.3 kg，比对照品种周麦18增产5%。2013—2014年度河南省冬水C组区域试验，增产点率83.3%，平均亩产584.3 kg，比对照品种周麦18增产3.5%。2014—2015年度河南省冬水B组生产试验，平均亩产558.0 kg，比对照品种周麦18增产8.2%。

栽培技术要点： 播种期为10月5—20日，最佳播种期10月7—12日，高肥水亩播种量控制在7~9 kg，中低肥力播种量控制在8~10 kg，晚播适当加大播种量。精细整地，施足底肥，增施有机肥，根据土壤墒情浇好底墒水。拔节后，每亩追施尿素5~10 kg，结合化学除草进行化控，以降低株高，同时进行纹枯病的防治。灌浆期喷施磷酸二氢钾，后期及时防治病虫害。

适宜种植区域： 适宜河南省（南部稻麦两熟区域除外）早中茬中高肥力地种植。

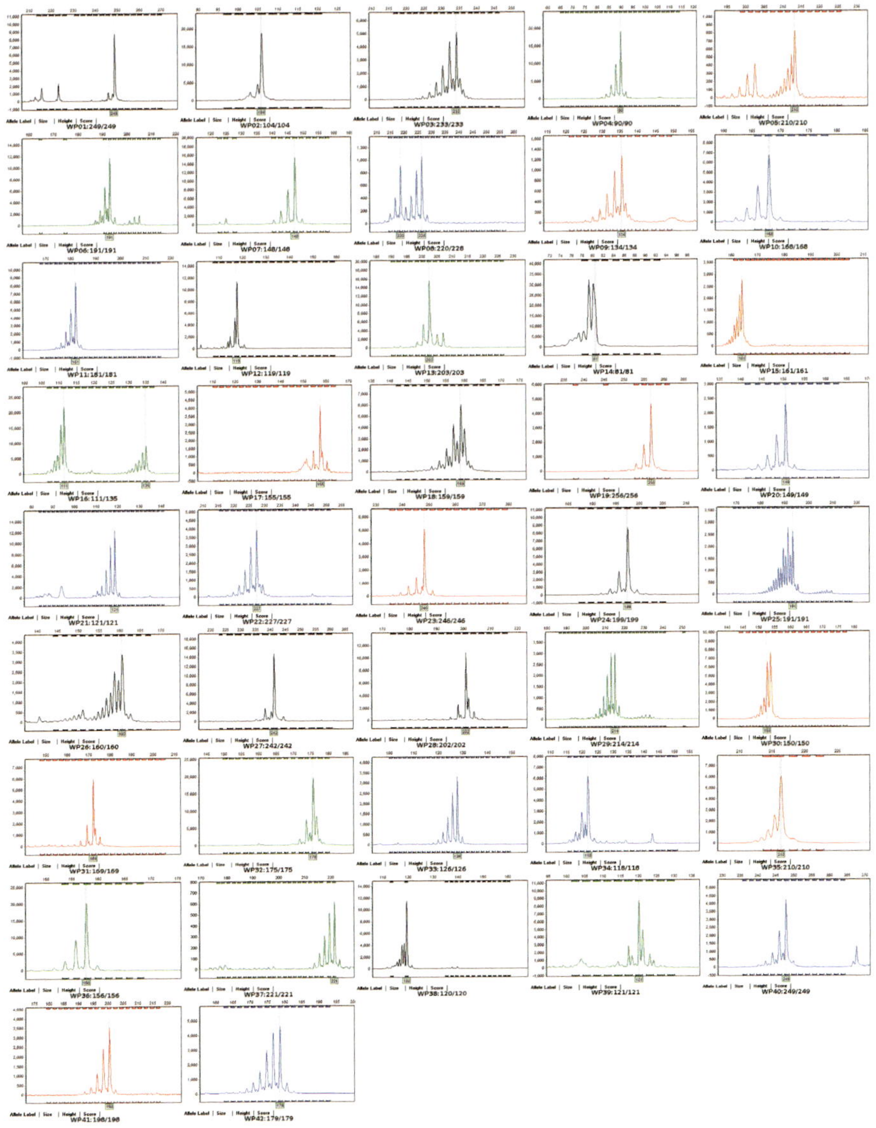

246. 泛麦803

审定编号：豫审麦2015013

选育单位：河南黄泛区地神种业有限公司

品种来源：邯6172/周麦16

特征特性：半冬性中熟品种，全生育期229.0~233.6 d。幼苗半匍匐，叶片宽短，叶色深绿。冬季抗寒性好，分蘖力一般，成穗率高，春季起身拔节早抽穗偏晚。株型较紧凑，旗叶上举，干尖，茎叶蜡质较重，穗下节短，穗层整齐，株高73.0~77.9 cm，茎秆弹性弱，抗倒性一般。近穗长方形，小穗排列较密，长芒，白壳，白粒，籽粒半角质，饱满度一般。根系活力好，耐后期高温，熟相好。亩成穗数40.8万~41.9万，穗粒数33.6~35.6粒，千粒重40.0~48.3 g。中感条锈病、叶锈病、白粉病和纹枯病，高感赤霉病。2013年、2014年经检测：蛋白质14.91%、13.72%，湿面筋32.3%、26%，容重754 g/L、761 g/L，白度74.3%、73%，沉淀指数58 mL、56 mL，硬度62 HI、64 HI，降落数值174 s、364 s，吸水量59.9 mL/100 g、62.8 mL/100 g，形成时间2.5 min、2.7 min，稳定时间2.6 min、1.1 min，弱化度194 F.U.、200 F.U.，出粉率69.2%、69.7%。

产量表现：2012—2013年度河南省冬水C组区域试验，平均增产点率84.6%，平均亩产500.2 kg，比对照品种周麦18增产1.9%。2013—2014年度河南省冬水C组区域试验，平均亩产583.1 kg，比对照品种周麦18增产3.2%。2014—2015年度河南省冬水A组生产试验，平均亩产546.3 kg，比对照品种周麦18增产7%。

栽培技术要点：10月上中旬播种，高肥水地块6~7 kg/亩，中低产地块8~10 kg/亩。如延期播种，以每推迟3 d增加0.5 kg播种量为宜。增施有机肥，一般底施尿素15 kg，过磷酸钙50 kg，氯化钾10 kg，拔节初期亩追施尿素10 kg。根据墒情浇好越冬水和孕穗水。注意防治白粉病、赤霉病。返青群体过大时，可在拔节前喷施壮丰安等强秆药剂，增强小麦生长后期的抗倒能力。做好“一喷三防”工作，分别于3月底和4月底用三唑酮+氧化乐果进行病虫害防治。

适宜种植区域：适宜河南省（南部稻麦两熟区域除外）旱中茬中高肥力地种植。

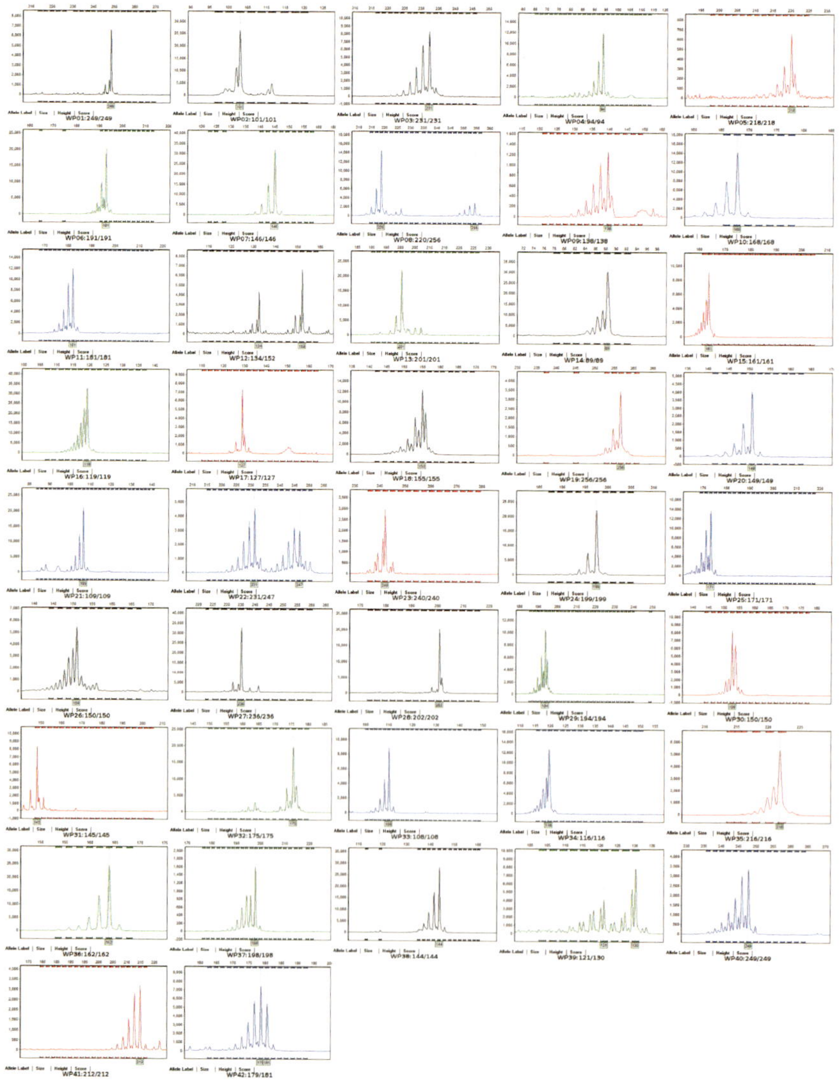

247. 正能2号

审定编号：豫审麦20180050

选育单位：刘海富、李航、梁硕敏

品种来源：达赖草/宛源50-2

特征特性：半冬性特殊用途类型小麦品种，全生育期228~229 d，平均与对照品种周黑麦1号熟期相当。幼苗半匍匐，苗势壮，分蘖力弱。春季起身拔节较迟，苗脚不利索，耐倒春寒能力一般。株高72.0~82.8 cm，株型松散，抗倒性一般。旗叶上举，下部叶片退化早，干尖明显，穗层整齐，熟相一般。穗纺锤形，籽粒半角质、深褐色，饱满度中等。亩穗数30.1万~37.5万，穗粒数36.7~40.1粒，千粒重32.5~35.3 g。中感条锈病、叶锈病、白粉病和纹枯病，高感赤霉病。2015年、2016年经检测：蛋白质含量14.62%、15.16%，容重732 g/L、746 g/L，湿面筋含量29.4%、30.5%，降落数值415 s、408 s，沉淀指数76 mL、54 mL，吸水量61.6 mL/100 g、59.1 mL/100 g，形成时间7 min、7.3 min，稳定时间5.3 min、7.1 min，弱化度112 F.U.、124 F.U.，出粉率68.6%、71.7%，硬度69 HI、70 HI。

产量表现：2014—2015年度参加河南省特色麦组区域试验，平均亩产386.3 kg，比对照减产0.8%。2015—2016年度续试，平均亩产388.5 kg，比对照减产3.2%。2016—2017年度生产试验，平均亩产455.1 kg，比对照减产1.3%。

栽培技术要点：适宜播种期10月上中旬，每亩适宜基本苗12万~15万。注意防治蚜虫、条锈病、叶锈病、白粉病、赤霉病和纹枯病等病虫害，高水肥地块注意防止倒伏。

适宜种植区域：适宜作为特殊用途类型品种以订单农业形式在河南省（南部长江中下游麦区除外）早中茬地种植。

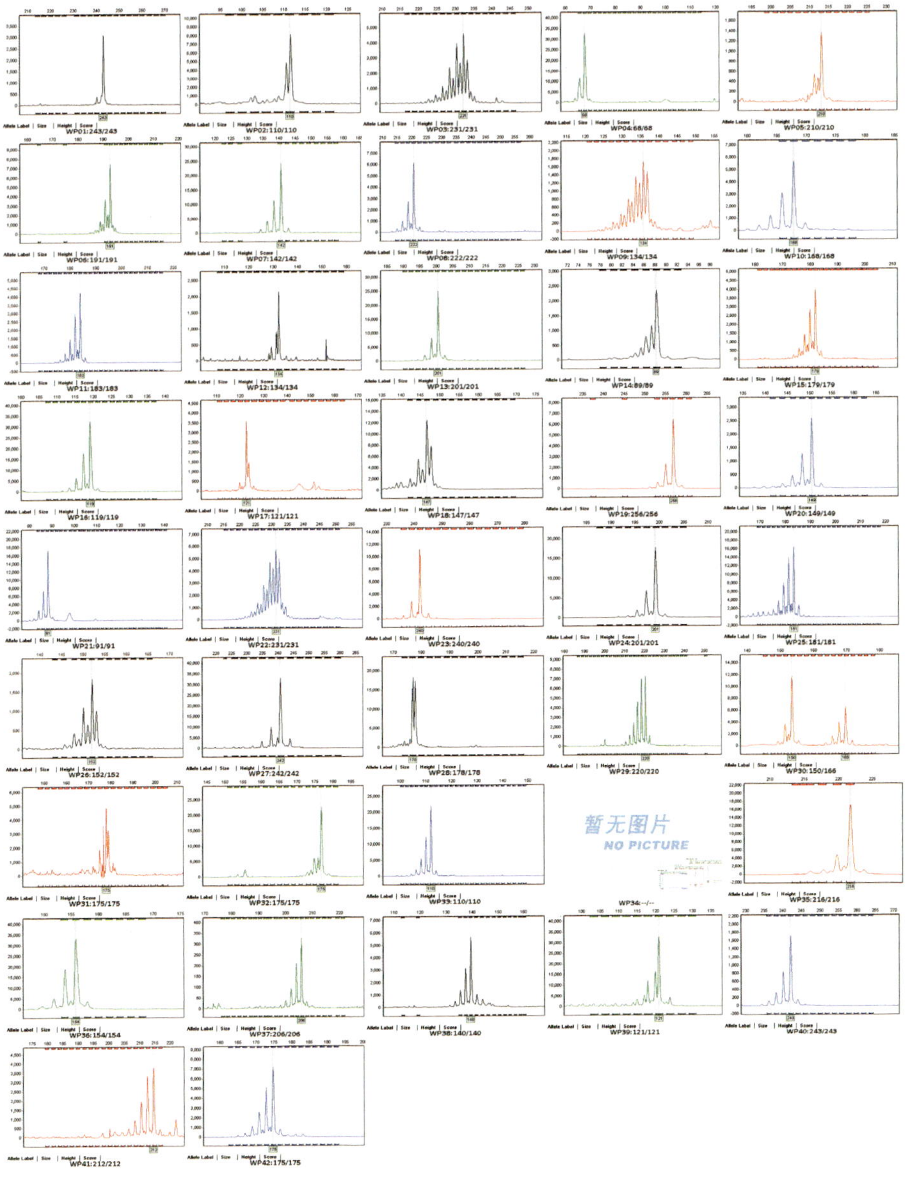

248. 有孚1号

审定编号：豫审麦20210113

选育单位：河南省同舟缘种子科技有限公司

品种来源：浚麦35/衡观35

特征特性：半冬性品种，全生育期212.2~230.7 d，平均熟期比对照品种周麦18早熟0.5 d。幼苗半匍匐，叶色浓绿，苗势壮，冬季抗寒性一般，分蘖力较强，成穗率较高。春季起身拔节早，两极分化快，抽穗较早。株高72.3~85.2 cm，株型紧凑，抗倒性较好。旗叶短宽，穗下节中等，穗层较整齐，熟相好。穗纺锤形，长芒，白壳，白粒，籽粒角质，饱满度好。亩穗数35.6万~38.5万，穗粒数31.1~33.6粒，千粒重50~53.5 g。中抗条锈病，中感叶锈病、纹枯病和白粉病，高感赤霉病。2018年、2019年经检测：蛋白质含量15.1%、14.6%，容重780 g/L、778 g/L，湿面筋含量35.4%、30.6%，吸水量59.2 mL/100 g、62 mL/100 g，稳定时间1.9 min、3.5 min，拉伸面积30 cm^2/30 cm^2，最大拉伸阻力110 EU、150 EU。

产量表现：2017—2018年度河南炎黄小麦新品种测试联合体冬水组区域试验，平均亩产451.0 kg，比对照品种周麦18增产3.7%。2018—2019年度续试，平均亩产570.7 kg，比对照品种周麦18增产2.9%。2019—2020年度生产试验，平均亩产561.4 kg，比对照品种周麦18增产4.4%。

栽培技术要点：适宜播种期10月上中旬，每亩适宜基本苗18万~22万。注意防治蚜虫、赤霉病、叶锈病、纹枯病和白粉病等病虫害，预防倒春寒。

适宜种植区域：适宜河南省（南部长江中下游麦区除外）高中水肥地块早中茬地种植。

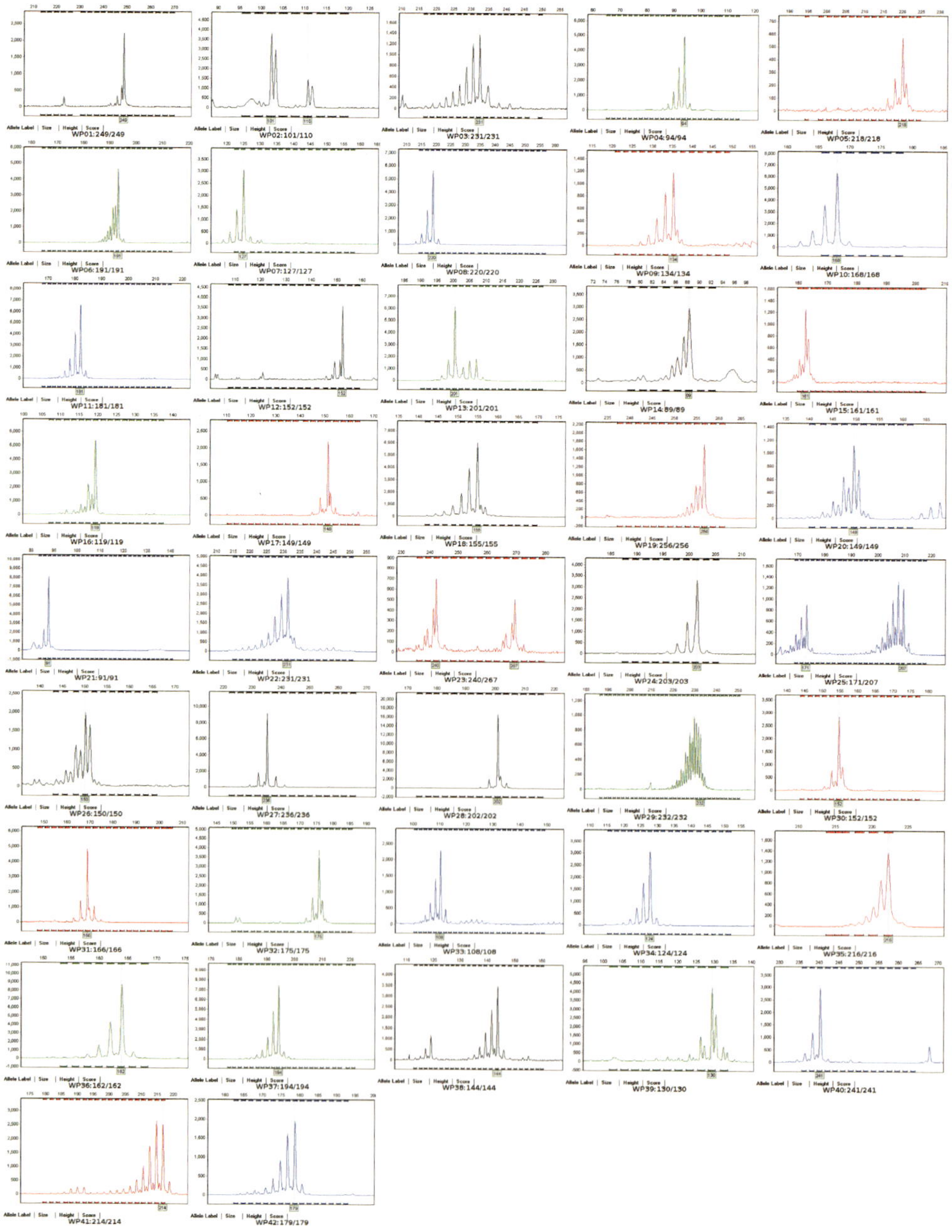

249. 郑麦179

审定编号：豫审麦20210048

选育单位：河南省作物分子育种研究院、河南中育分子育种研究院有限公司

品种来源：矮抗58/郑麦004

特征特性：半冬性品种，全生育期217.3~224.5 d，平均熟期比对照品种百农207早熟0.8 d。幼苗半直立，叶色深绿，苗势壮，冬季抗寒性较好，分蘖力中等，成穗率较高。春季起身拔节早，两极分化快，耐倒春寒能力一般。株高73.4~79.8 cm，株型较紧凑，抗倒性一般。穗下节短，熟相好。穗纺锤形，短芒，白壳，白粒，籽粒半角质，饱满度较好。亩穗数36.2万~40.1万，穗粒数36.4~38.2粒，千粒重41.7~42.9 g。中感条锈病、白粉病、纹枯病和赤霉病，高感叶锈病。2019年、2020年经检测：蛋白质含量13.4%、12.7%，容重816 g/L、834 g/L，湿面筋含量28.9%、29.4%，吸水量55.9 mL/100 g、58.4 mL/100 g，稳定时间2.6 min、3.7 min，拉伸面积39 cm^2/35 cm^2，最大拉伸阻力174 EU、180 EU。

产量表现：2018—2019年度河南省赤霉病组区域试验，平均亩产568.2 kg，比对照品种百农207增产4.3%。2019—2020年度续试，平均亩产486.8 kg，比对照品种百农207增产6.8%。2019—2020年度生产试验，平均亩产515.4 kg，比对照品种百农207增产4.3%。

栽培技术要点：适播种期10月上中旬，每亩适宜基本苗18万左右。注意防治蚜虫、叶锈病、条锈病、白粉病、纹枯病和赤霉病等病虫害，预防倒春寒，高水肥地块种植注意防止倒伏。

适宜种植区域：适宜河南省高中水肥地块早中茬地种植。

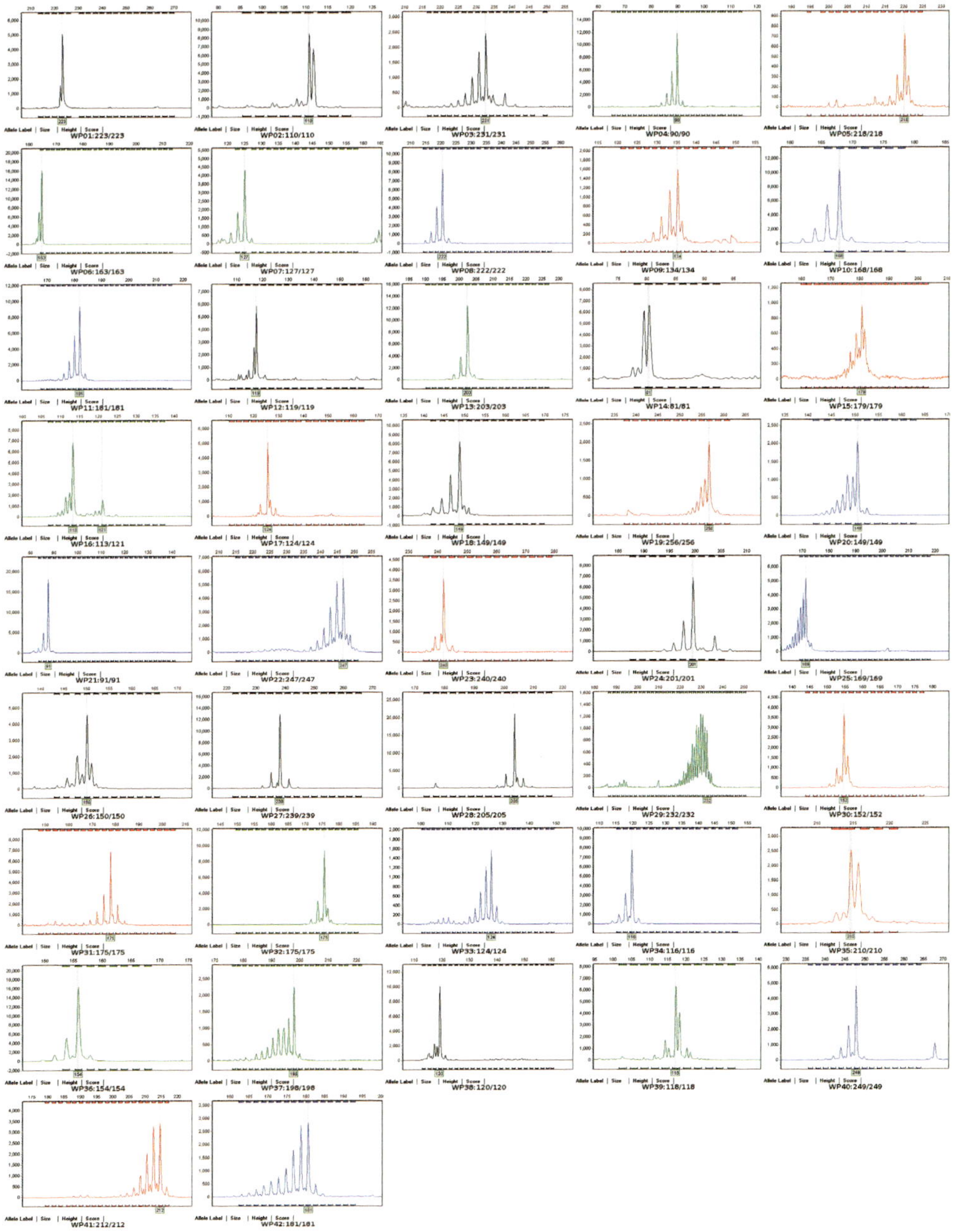

250. 豫园7号

审定编号：豫审麦20210088

选育单位：河南久园农业科技有限公司

品种来源：周麦18/03繁20-0-12-3-0

特征特性：半冬性品种，全生育期218.4~228.5 d，平均熟期比对照品种周麦18早熟0.5 d。幼苗半匍匐，叶色深绿，幼苗较壮，分蘖力强，成穗率较高。春季起身拔节稍早，两极分化快。株高73.8~76.8 cm，株型松散，抗倒性较好。旗叶中等、上冲，穗下节较长，穗层较厚，熟相好。穗纺锤形，长芒，白壳，白粒，籽粒半角质，饱满度好。亩穗数36.4万~44.7万，穗粒数32.7~34.3粒，千粒重42.2~46.4 g。中感条锈病、叶锈病、白粉病、纹枯病和赤霉病。2018年、2020年经检测：蛋白质含量12.8%、13.7%，容重788 g/L、810 g/L，湿面筋含量27.6%、33%，吸水量52.5 mL/100 g、55.5 mL/100 g，稳定时间2 min、2.6 min，拉伸面积46 cm^2/71 cm^2，最大拉伸阻力175 EU、309 EU。

产量表现：2017—2018年度河南省黄淮小麦品种试验联合体冬水组区域试验，平均亩产444.4 kg，比对照品种周麦18增产8.6%。2018—2019年度续试，平均亩产603.5 kg，比对照品种周麦18增产6.6%。2018—2019年度生产试验，平均亩产593.7 kg，比对照品种周麦18增产7.8%。

栽培技术要点：适宜播种期10月上中旬，每亩适宜基本苗14万~16万。注意防治蚜虫、条锈病、叶锈病、白粉病、纹枯病和赤霉病等病虫害，预防倒春寒。

适宜种植区域：适宜河南省（南部长江中下游麦区除外）高中水肥地块早中茬地种植。

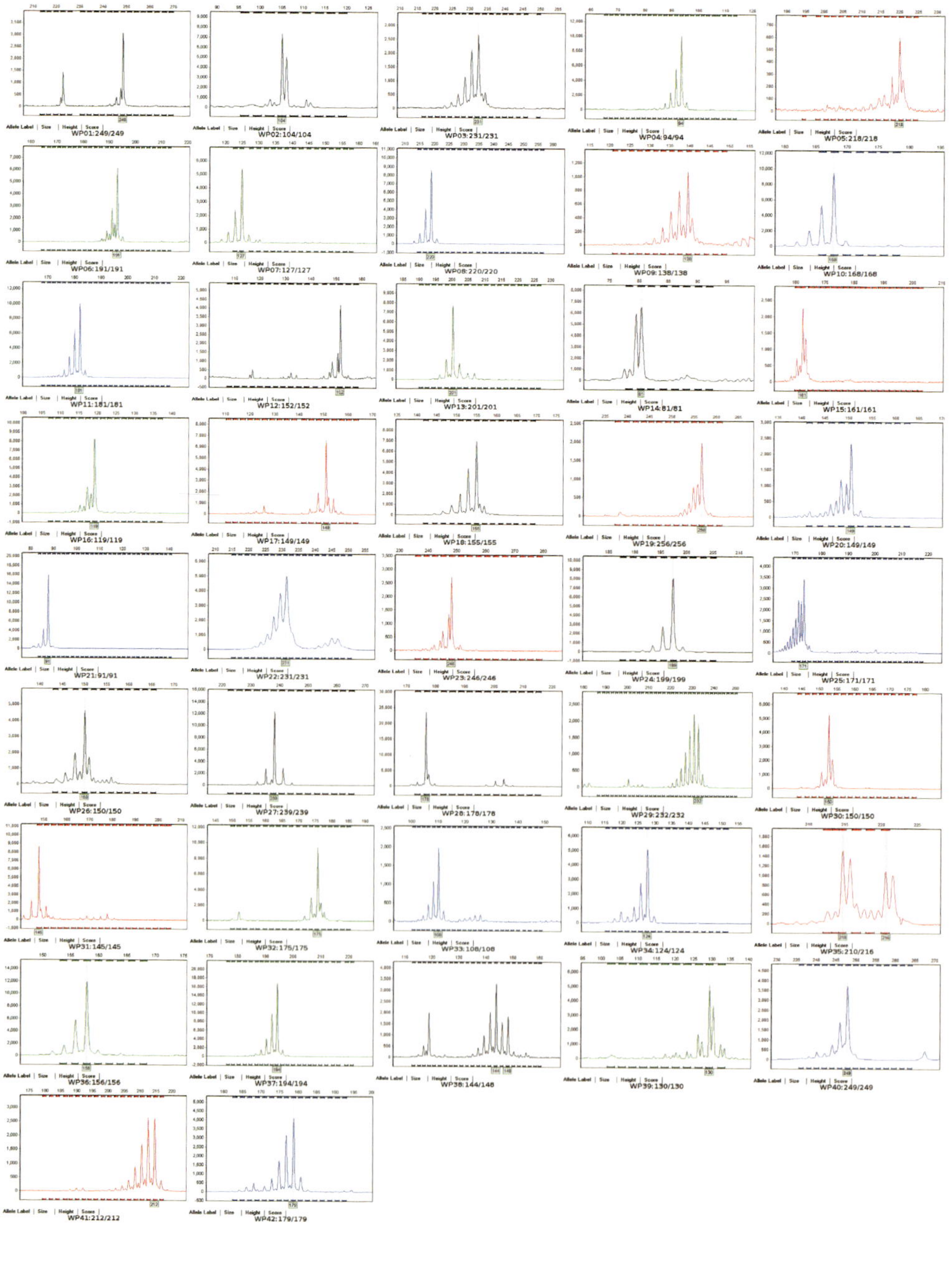

251. 温麦758

审定编号：豫审麦20210011

选育单位：河南怀川种业有限责任公司

品种来源：7249/2125

特征特性：半冬性品种，全生育期223.7~231.6 d，平均熟期比对照品种百农207早熟0.3 d。幼苗半直立，叶色浅绿，苗势壮，分蘖力较强，成穗率一般。春季起身拔节晚，两极分化快，耐倒春寒能力一般。株高77.5~80.5 cm，株型紧凑，抗倒性较好。旗叶斜举，穗下节长，穗层较整齐，熟相一般。穗纺锤形，长芒，白壳，白粒，籽粒半角质，饱满度一般。亩穗数37.4万~38.7万，穗粒数35.7~38.3粒，千粒重45.5~45.7 g。中感条锈病和白粉病，高感叶锈病、纹枯病和赤霉病。2019年、2020年经检测：蛋白质含量14.8%、14.6%，容重780 g/L、814 g/L，湿面筋含量30.2%、34.5%，吸水量60.7 mL/100 g、57.5 mL/100 g，稳定时间3.5 min、2.9 min，拉伸面积30 cm^2/35 cm^2，最大拉伸阻力149 EU、149 EU。

产量表现：2018—2019年度河南省冬水组区域试验，平均亩产604.5 kg，比对照品种百农207增产7.8%。2019—2020年度续试，平均亩产531.6 kg，比对照品种百农207增产7.9%。2019—2020年度生产试验，平均亩产567.4 kg，比对照品种百农207增产5.1%。

栽培技术要点：适宜播种期10月上中旬，每亩适宜基本苗18万~20万。注意防治蚜虫、叶锈病、纹枯病、赤霉病、条锈病和白粉病等病虫害，预防倒春寒。

适宜种植区域：适宜河南省（南部长江中下游麦区除外）高中水肥地块旱中茬地种植。

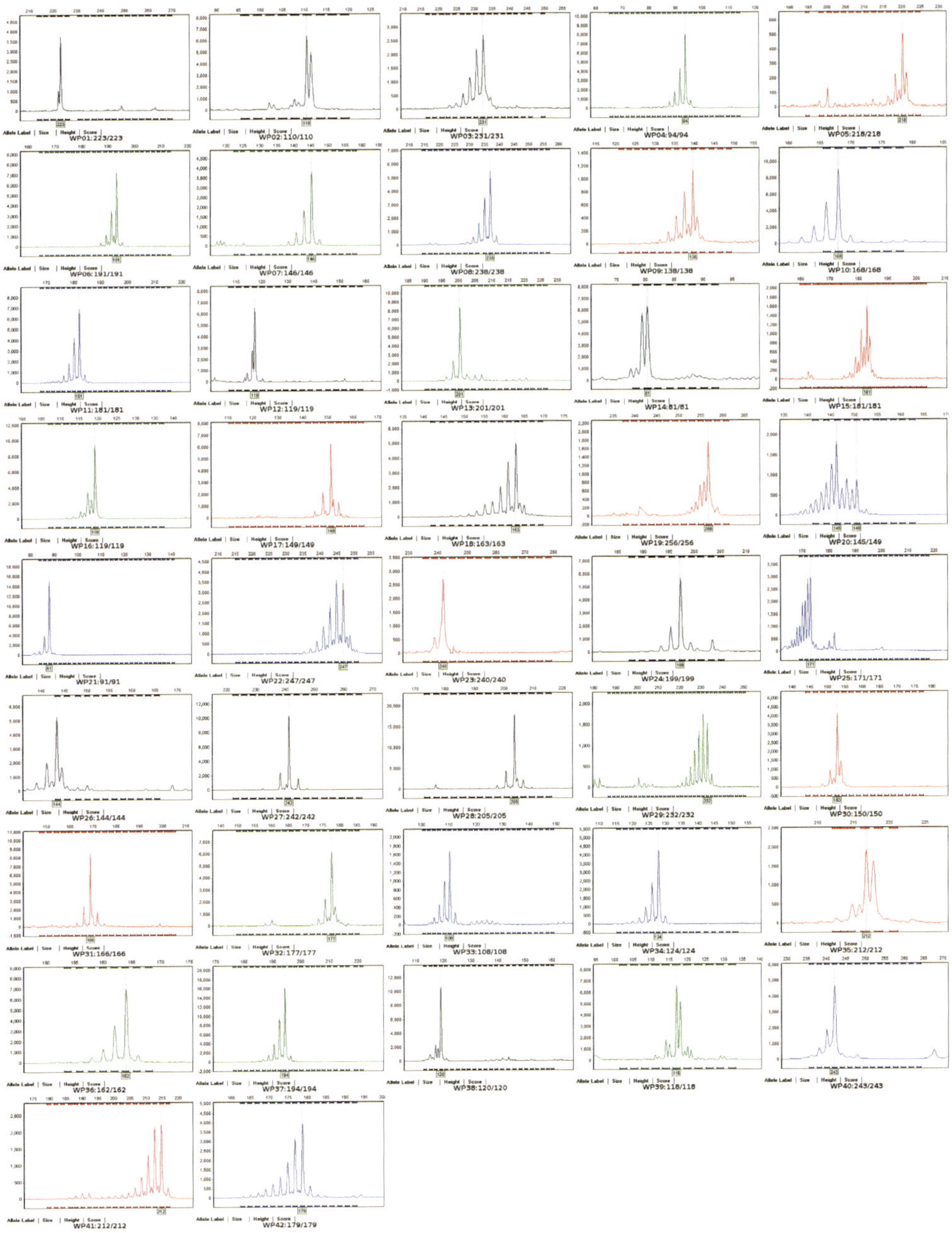

ICS 65.020.01
B 04

NY

中 华 人 民 共 和 国 农 业 行 业 标 准

NY/T 2859—2015

主要农作物品种真实性SSR分子标记检测　普通小麦

Variety genuineness testing of main crops with SSR markers-Wheat (*Triticum aestivum* L.)

2015-10-09 发布　　2015-12-01 实施

中华人民共和国农业部　发布

前　言

本标准按照GB/T1.1—2009给出的规则起草。

请注意本标准的某些内容有可能涉及专利。本标准的发布机构不应承担识别这些专利的责任。

本标准由农业部种子管理局提出。

本标准由全国农作物种子标准化技术委员会（SAC/TC 37）归口。

本标准起草单位：北京市农林科学院北京杂交小麦工程技术研究中心、全国农业技术推广服务中心、北京市种子管理站。

本标准主要起草人：赵昌平、支巨振、邱军、庞斌双、刘丽华、王立新、谷铁城、刘丰泽、吴明生、刘阳娜、张立平、张风廷、李宏博、赵海艳。

主要农作物品种真实性SSR分子标记检测　普通小麦

1　范围

本标准规定了利用SSR分子标记法进行普通小麦（*Triticum aestivum* L.）常规品种真实性检测的原则、检测方案、检测程序和结果报告。

本标准适用于普通小麦常规品种真实性验证和品种真实性身份鉴定，不适用于实质性派生品种（EDV）和转基因品种的鉴定。

2　规范性引用文件

下列文件对于本文件的应用是必不可少的。凡是注日期的引用文件，仅注日期的版本适用于本文件。凡是不注日期的引用文件，其最新版本（包括所有的修改单）适用于本文件。

GB/T 3543.1　农作物种子检验规程　总则

GB/T 3543.2　农作物种子检验规程　扦样

GB/T 3543.5　农作物种子检验规程　真实性和品种纯度鉴定

GB/T 6682　分析实验室用水规格和试验方法

3　术语和定义

下列术语和定义适用于本文件。

3.1

品种真实性验证　variety verification

与其对应品种名称的标准样品比较，检测证实供检样品品种名称与标注是否相符。

3.2

品种真实性身份鉴定　variety identification

经SSR分子标记检测并通过审定品种SSR指纹数据比对平台（见3.4）筛查比较，确定供检样品的真实品种名称。

3.3

标准样品　standard sample

国家指定机构保存的经认定代表品种特征特性的实物种子样品。

3.4

SSR 指纹数据比对平台　SSR fingerprint blast platform

采用SSR标记的标准化方法对品种标准样品的等位变异进行检测，并运用计算机数据库技术和网络信息技术所构建的审定品种分子数据信息的检索比对载体。

3.5

参照样品　reference control sample

用于校准供检样品SSR等位变异已定义扩增产物片段大小的样品。

3.6

引物　primer

一条互补结合在模板DNA链上的短单链，能提供3′-OH末端作为DNA合成的起始点，延伸合成模板DNA的互补链。

3.7

组合引物　panel

具有不同荧光颜色或相同荧光颜色而扩增片段大小不同、能够组合在一起进行电泳的一组荧光标记引物。

3.8

核心引物　core primer

以最少数量的引物最大限度地区分普通小麦品种的一套引物。

3.9

扩展引物　extended primer

辅助真实性检测的一套引物。

4　缩略语

下列缩略语适用于本文件。

bp：base pair　碱基对

CTAB：cetyltrimethylammonium bromide　十六烷基三甲基溴化铵

DNA：deoxyribonucleic acid　脱氧核糖核酸

dNTPs：deoxy—ribonucleoside triphosphates　脱氧核苷三磷酸

PAGE：polyacrylamide gelelectrophoresis　聚丙烯酰胺凝胶电泳

PCR：polymerase chain reaction　聚合酶链式反应

SDS：sodium dodecyl sulfate　十二烷基硫酸钠

SSR：simple sequence repeat　简单序列重复

*Taq*酶：*Taq*-DNA polymerase　耐热DNA聚合酶

5　总则

普通小麦的不同品种，其基因组存在着能够世代稳定遗传的简单重复序列（SSR）的重复次数差异。这种差异可以通过从抽取有代表性的供检样品中提取DNA，用SSR引物进行扩增和电泳，从而利用扩增片段大小不同而加以区分品种。

依据SSR标记检测原理，采用固定数目的SSR引物，通过与标准样品比较或与SSR指纹数据比对平台比对的方式，对品种真实性进行验证或身份鉴定。真实性验证依据规定数目引物的SSR位点差异数目而判定，品种真实性身份鉴定依据被检SSR位点无差异原则进行筛查、鉴定。

6　检测方案

6.1　总则

对于真实性鉴定，引物、检测平台、样品状况不同，其检测结果的准确度、精确度可能有所不同。应依据“适于检测目的”的原则，统筹考虑检测规模和检测能力，择定适宜的引物、检测平台、样品状况，制订相应的检测方案。

在严格控制条件下，合成选择的引物，按照确定的检测平台对供检样品按DNA提取、PCR扩增、电泳、数据分析的程序进行检测。

按规定要求填报检测结果，检验报告应注明检测方案所选择的影响检测结果的关键信息。

6.2　检测平台

6.2.1　电泳是检测的关键环节。对于品种真实性验证或身份鉴定，可选择采用变性PAGE垂直板电泳或毛细管电泳，如需要利用SSR指纹数据比对平台，则需要利用参照样品确定供检样品的指纹后再进行真实性身份鉴定。

6.2.2　对于供检样品量较大的，可将组织研磨仪、DNA自动提取、自动移液工作站、高通量PCR扩增仪、多引物组合的毛细管电泳进行组合，以提高检测的综合效率。

6.2.3　DNA提取、PCR扩增和电泳的技术条件要求，在适于检测目的和不影响检测质量的前提下，按照检测平台的要求允许对本标准的规定做适宜的局部改进。

6.3 引物

6.3.1 经对我国审定小麦品种进行SSR标记测试后，本文件遴选了42对SSR引物作为品种真实性验证和身份鉴定的检测引物，具体见表1和表2，并据此构建了已知品种的SSR指纹数据比对平台。表1为核心引物，编号为PM01~PM21，表2为扩展引物，编号为PM22~PM42，每组包含21对引物。

表1 核心引物信息

编号	引物名称	染色体（位置）	退火温度（℃）	引物序列（5′-3′）
PM01	cwm65	1A	65	F：TCATTGGTGTCATCCCTCGTGT R：GAATAATGCCTTGACCCTGGAC
PM02	barc80	1BL	65	F：GCGAATTAGCATCTGCATCTGTTTGAG R：CGGTCAACCAACTACTGCACAAC
PM03	efd72	1DL	60	F：CTCCTTGGAATCTCACCGAA R：TCCTTGGGAATATGCCTCCT
PM04	gwm294	2AL	55	F：GGATTGGAGTTAAGAGAGAACCG R：GCAGAGTGATCAATGCCAGA
PM05	gwm429	2BS	55	F：TTGTACATTAAGTTCCCATTA R：TTTAAGGACCTACATGACAC
PM06	gwm261	2DS	55	F：CTCCCTGTACGCCTAAGGC R：CTCGCGCTACTAGCCATTG
PM07	gwm155	3AL	55	F：CAATCATTTCCCCCTCCC R：AATCATTGGAAATCCATATGCC
PM08	gwm285	3BS	65	F：ATGACCCTTCTGCCAAACAC R：ATCGACCGGGATCTAGCC
PM09	gdm72	3DS	55	F：TGGTTTTCTCGAGCATTCAA R：TGCAACGATGAAGACCAGAA
PM10	gwm610	4AS	65	F：CTGCCTTCTCCATGGTTTGT R：AATGGCCAAAGGTTATGAAGG
PM11	ksum62	4B	60	F：GGAGAGGATAGGCACAGGAC R：GAGAGCAGAGGGAGCTATGG
PM12	barc91	4DL	55	F：TTCCCATAACGCCGATAGTA R：GCGTTTAATATTAGCTTCAAGATCAT
PM13	gwm304	5AS	55	F：AGGAAACAGAAATATCGCGG R：AGGACTGTGGGGAATGAATG
PM14	gwm67	5BL	60	F：ACCACACAAACAAGGTAAGCG R：CAACCCTCTTAATTTTGTTGGG
PM15	cfd29	5DL	65	F：GGTTGTCAGGCAGGATATTTG R：TATTGATAGATCAGGGCGCA
PM16	gwm459	6AS	55	F：AATTTCAAAAAGGAGAGAGA R：AACATGTGTTTTTAGCTATC
PM17	barc198	6BS	55	F：CGCTGAAAAGAAGTGCCGCATTATGA R：CGCTGCCTTTTCTGGATTGCTTGTCA
PM18	cfd76	6DL	65	F：GCAATTTCACACGCGACTTA R：CGCTCGACAACATGACACTT
PM19	cfa2028	7AS	55	F：TGGGTATGAAAGGCTGAAGG R：ATCGCGACTATTCAACGCTT
PM20	gwm333	7BS	60	F：GCCCGGTCATGTAAAACG R：TTTCAGTTTGCGTTAAGCTTTG
PM21	gwm437	7DL	55	F：GATCAAGACTTTTGTATCTCTC R：GATGTCCAACAGTTAGCTTA

注：表中21对引物主要参考美国农业部GrainGenes网站。

表2 扩展引物信息

编号	引物名称	染色体（位置）	退火温度（℃）	引物序列（5′-3′）
PM22	wmc312	1AS	55	F：TGTGCCCGCTGGTGCGAAG R：CCGACGCAGGTGAGCGAAG
PM23	barc240	1BL	55	F：AGAGGACGCTGAGAACTTTAGAGAA R：GCGATCTTTGTAATGCATGGTGAAC
PM24	gdm111	1DL	55	F：CACTCACCCCAAACCAAAGT R：GATGCAATCGGGTCGTTAGT
PM25	wmc522	2AS	55	F：AAAAATCTCACGAGTCGGGC R：CCCGAGCAGGAGCTACAAAT
PM26	cfd51	2DS	55	F：GGAGGCTTCTCTATGGGAGG R：TGCATCTTATCCTGTGCAGC
PM27	barc324	3AS	55	F：CCAATTCTGCCCATAGGTGA R：GAGGAAATAAGATTCAGCCAACTG
PM28	barc164	3BS	55	F：TGCAAACTAATCACCAGCGTAA R：CGCTTTCTAAAACTGTTCGGGATTTCTAA
PM29	cfd9	3DL	55	F：TTGCACGCACCTAAACTCTG R：CAAGTGTGAGCGTCGG
PM30	gwm161	3DS	55	F：GATCGAGTGATGGCAGATGG R：TGTGAATTACTTGGACGTGG
PM31	barc170	4AL	55	F：CGCTTGACTTTGAATGGCTGAACA R：CGCCCACTTTTTACCTAATCCTTTTGAA
PM32	gwm495	4BL	55	F：GAGAGCCTCGCGAAATATAGG R：TGCTTCTGGTGTTCCTTCG
PM33	wmc720	4DS	55	F：CACCATGGTTGGCAAGAGA R：CTGGTGATACTGCCGTGACA
PM34	gwm186	5AL	55	F：GCAGAGCCTGGTTCAAAAAG R：CGCCTCTAGCGAGAGCTATG
PM35	cfa2155	5AL	55	F：TTTGTTACAACCCAGGGGG R：TTGTGTGGCGAAAGAAACAG
PM36	cfd8	5DS	60	F：ACCACCGTCATGTCACTGAG R：GTGAAGACGACAAGACGCAA
PM37	gwm169	6AL	55	F：ACCACTGCAGAGAACACATACG R：GTGCTCTGCTCTAAGTGTGGG
PM38	barc345	6BL	55	F：CGCCAGACTGCTAGGATAATACTTT R：GCGGCTAGTGCTCCCTCATAAT
PM39	barc1121	6DL	60	F：GCGAGCAAACTGATCCCAAAAAG R：TATCGGTGAGTACGCCAAAAACA
PM40	cfa2123	7AS	60	F：CGGTCTTTGTTTGCTCTAAACC R：ACCGGCCATCTATGATGAAG
PM41	wmc476	7BS	55	F：TACCAACCACACCTGCGAGT R：CTAGATGAACCTTCGTGCGG
PM42	gwm44	7DS	65	F：GTTGAGCTTTTCAGTTCGGC R：ACTGGCATCCACTGAGCTG

注：表中21对引物主要参考美国农业部GrainGenes网站。

6.3.2 品种真实性验证允许采用序贯方式。先采用核心引物进行检测，若检测到可以判定不符结果的差异位点数的，可终止检测。若采用核心引物未达到可以判定不符结果的差异位点数的，则继续完成扩展引物的检测。

6.3.3 品种真实性身份鉴定是在已具备审定品种SSR指纹数据比对平台的前提下，通过构建供检样品的指纹，利用SSR指纹数据库比对平台能够筛查确定至具体品种。检测时可采用序贯方式，也可直接采用表1和表2的42对SSR引物进行检测，直至与SSR指纹数据比对平台比较后能够确定到具体品种为止。经比较后，仍与已知品种没有位点差异而无法得出结论的，允许采用其他能够区分的分子标记进行检测。

6.4 样品

6.4.1 供检样品为种子，重量应不低于50 g或不少于1 000粒。在种子生产基地取样，供检样品可为麦穗，数量应不低于30个麦穗（分别来自不同个体）。

注：在种子生产基地取样，供检样品可以为幼苗、叶片等组织或器官，这时注意其检测比对对象。幼苗、叶片的数量至少含有30个个体，采用混合样品检测的先单独提取DNA，再取等量DNA混合。

6.4.2 从供检样品中分取有代表性的试样，应符合GB/T 3543.2的规定。采用混合样或单个个体进行检测，混合样试样来源应至少含有30个个体，单个个体试样应至少含有30个个体。

6.5 检测条件

真实性鉴定应在有利于检测正确实施的控制条件下进行，包括但不限于下列条件：

——种子检验员熟悉所使用检测技术的知识和技能；

——所有仪器与使用的技术相适应，并已经过定期维护、验证和校准；

——使用适当等级的试剂和灭菌处理的耗材；

——使用校准检测结果评定的适宜参照样品。

7 仪器设备、试剂和溶液配制

7.1 仪器设备

7.1.1 DNA提取

高速冷冻离心机、水浴锅或干式恒温金属浴、紫外分光光度计或核酸浓度测定仪、组织研磨仪。

7.1.2 PCR扩增

PCR扩增仪或水浴PCR扩增装置。

7.1.3 电泳

7.1.3.1 毛细管电泳

遗传分析仪。

7.1.3.2 变性PAGE垂直板电泳

高压电泳仪、垂直板电泳槽及制胶附件、胶片观察灯、凝胶成像系统或数码相机。

7.1.4 其他器具

微量移液器、电子天平、高压灭菌锅、加热磁力搅拌器、冰箱、染色盒。

7.2 试剂

7.2.1 DNA提取

CTAB、三氯甲烷、异戊醇、异丙醇、乙二胺四乙酸二钠（EDTA-$Na_2 \cdot 2H_2O$）、三羟甲基氨基甲烷（Tris-base）、盐酸、氢氧化钠、氯化钠，β-巯基乙醇（3-Mercaptoethanol）、乙醇（70 ）。

7.2.2 PCR扩增

dNTPs、*Taq*酶、10×缓冲液、矿物油、ddH_2O、引物和Mg^{2+}。

7.2.3 电泳

7.2.3.1 毛细管电泳

与使用的遗传分析仪型号相匹配的分离胶、分子量内标、去离子甲酰胺、电泳缓冲液。

7.2.3.2 变性PAGE垂直板电泳

去离子甲酰胺（Formamide）、溴酚蓝（Brph Blue）、二甲苯青（FF）、甲叉双丙烯酰胺（Bisacrylamide）、丙烯酰胺（Acrylamide）、硼酸（Boric Acid）、尿素、亲和硅烷（Binding Silane）、疏水硅烷（Repel Si-lane）、DNA分子量标准、无水乙醇、四甲基乙二胺（TEMED）、过硫酸铵（APS）、冰醋酸、乙酸铵、

硝酸银、甲醛、氢氧化钠、三羟甲基氨基甲烷（Tris-base）、乙二胺四乙酸二钠（$EDTA\text{-}Na_2 \cdot 2H_2O$）。

7.3 溶液配制

DNA提取、PCR扩增、电泳、银染的溶液按照附录A规定的要求进行配制，所用试剂均为分析纯。

试剂配制所用水应符合GB/T 6682规定的一级水的要求，其中银染溶液的配制可以使用符合三级要求的水。

8 真实性检测程序

8.1 引物合成

根据真实性验证或身份鉴定的要求，采用序贯式方法，选定表1和表2的引物。选用变性PAGE垂直板电泳，只需合成普通引物。选用荧光毛细管电泳，需要在上游或下游引物的5′端或3′端标记与毛细管电泳仪发射和吸收波长相匹配的荧光染料。具体引物分组信息可参见附录B。

8.2 DNA提取

8.2.1 总则

DNA提取方法应保证提取的DNA数量和质量符合PCR扩增的要求，DNA无降解，溶液的紫外光吸光度OD_{260}与OD_{280}的比值宜介于1.8~2.0。

DNA提取可选8.2.2至8.2.4所列的任何一种方法。

8.2.2 CTAB法

取试样的胚、胚芽、幼苗或叶片200 mg~300 mg置于2.0 mL离心管，加液氨充分研磨，每管加入700 μL经65℃预热的CTAB提取液，充分混匀，65℃水浴60 min。其间多次轻缓颠倒混匀。每管加入等体积的三氯甲烷/异戊醇（24：1）混合液，充分混合后静置10 min，在12 000 r/min离心10 min。吸取上清液转移至新的离心管中，加入等体积预冷的异丙醇，轻轻颠倒混匀，−20℃放置30 min，4℃、12 000 r/min离心10 min。弃上清液，加入70 乙醇溶液洗涤2遍，自然条件下干燥，加入100 μL 1 × TE缓冲液充分溶解，检测浓度后4℃备用。

8.2.3 试剂盒法

选用适宜SSR标记法的商业试剂盒，并经验证合格后使用。DNA提取方法，按照试剂盒提供的使用说明进行操作。

8.2.4 SDS法

取试样的胚、胚芽、幼苗或叶片置于2.0 mL离心管，加液氮充分研磨，每管加入700 μL的SDS提取液，混匀。65℃水浴60 min，每管加入等体积的三氯甲烷/异戊醇（24：1）混合液，12 000 r/min离心10 min。吸取上清液转移至一新管，加入2倍体积预冷的无水乙醇，颠倒混匀，12 000 r/min离心10 min，弃上清液，用70%乙醇溶液洗涤2遍。自然条件下干燥后，加入TE级冲液，充分溶解，检测浓度后4℃备用。

8.3 PCR扩增

8.3.1 反应体系

PCR扩增反应体系的总体积和组分的终浓度参照表3进行配制，可以依据试验条件不同做相应调整。表3中的缓冲液若含有$MgCl_2$，不再加$MgCl_2$溶液，加等体积无菌水替代。

表3 PCR扩增反应体系

反应组分	原浓度	终浓度	推荐反应体积（10 μL）
ddH_2O	—	—	3.05
10 × Buffer（Mg^{2+}free）	10 ×	1 ×	1.0
$MgCl_2$	25 mmol/L	1.25 mmol/L	0.5
dNTPs	10 mmol/L	0.2 mmol/L	0.2
Tag酶	2 U/μL	0.05 U	0.25
primers	1.25 μmol/L	0.25 μmol/L	2.0
DNA	50 ng	15 ng/L	3.0

8.3.2　反应程序

反应程序中各反应参数可根据PCR扩增仪型号、酶、引物等不同而做适当的调整。通常采用下列反应程序：

a）预变性：94℃ 5 min；

b）扩增：94℃变性30 s，55~65℃（依据引物的退火温度改变）退火45 s，72℃延伸60 s，进行35次循环；

c）终延伸：72℃ 10 min。

扩增产物于4℃保存。

8.4　扩增产物分离

8.4.1　荧光毛细管电泳

8.4.1.1　由于小麦的SSR扩增片段大小范围较广，可以依据不同仪器选择采用不多于11重组合引物进行电泳。按照预先确定的组合引物，等体积取同一组合引物的不同荧光标记的扩增产物，充分混匀。从混合液中吸取1 μL，加入到遗传分析仪专用96孔上样板上。每孔再分别加入0.1 μL分子量内标和8.9 μL去离子甲酰胺，95℃变性5 min，取出立即置于冰上，冷却10 min以上，瞬时离心10 s后备用。

8.4.1.2　打开遗传分析仪，检查仪器工作状态和试剂状态。

8.4.1.3　将装有样品的96孔上样板放置于样品架基座上，将装有电极缓冲液的buffer板放置于buffer板架基座上，打开数据收集软件，按照遗传分析仪的使用手册进行操作。遗传分析仪将自动运行参数，并保存电泳原始数据。

8.4.2　变性PAGE垂直板电泳

8.4.2.1　制胶

沾洗涤灵用清水将玻璃板反复擦洗干净，再用双蒸水、75%乙醇分别擦洗2遍。玻璃板干燥后，将1 mL亲和硅烷工作液均匀涂在长玻璃板上，将1 mL疏水硅烷工作液均匀涂在带凹槽的短玻璃板上，玻璃板干燥后，将0.4 mm厚的塑料隔条整齐放在长玻璃板两侧，盖上凹槽短玻璃板，用夹子固定，用水平仪检测玻璃胶室是否水平。取80 mL 6%的聚丙烯酰胺变性凝胶溶液，加入60 μL的TEMED、180 μL 10%的过硫酸铵（过硫酸铵的用量与温度成反比，需根据温度调整用量），轻轻摇匀（勿产生大量气泡），将胶灌满玻璃胶室，在凹槽处将蟹鱼齿梳的平齐端插入胶液5~6 mm。胶聚合1.5 h后，轻轻拔出梳子，用清水洗干净备用。

注：为保证检测结果的准确性，建议玻璃板的规格为45 cm × 35 cm。

8.4.2.2　变性

取10 μL扩增产物，加入2 μL的6 × 加样缓冲液，混匀。95℃变性5 min，取出立即置于冰上，冷却10 min以上备用。

8.4.2.3　电泳

8.4.2.3.1　将胶板安装于电泳槽上，在电泳正极槽（下槽）加入600 mL的0.5 × TBE缓冲液，负极槽（上槽）加入600 mL的0.5 × TBE缓冲液，拔出样品梳，在1 800 V恒压预电泳10~20 min，用塑料滴管清除加样槽孔内的气泡和杂质，将样品梳插入胶中1~2 mm。每一个加样孔加入5 μL变性样品（见8.4.2.2），在1 800 V恒压下电泳。

8.4.2.3.2　电泳的适宜时间参考二甲苯青指示带移动的位置和扩增产物预期片段大小范围（见表C.1）加以确定。二甲苯青指示带在6 的变性聚丙烯酰胺凝胶电泳中移动的位置与230 bp扩增产物泳动的位置大致相当。扩增产物片段大小在（100 ± 30）bp、（150 ± 30）bp、（200 ± 30）bp、（250 ± 30）bp范围的，电泳参考时间分别为1.5 h、2.0 h、2.5 h、3.5 h。电泳结束后关闭电源，取下玻璃板并轻轻撬开，凝胶附着在长玻璃板上。

8.4.2.4　染色

将粘有凝胶的长玻璃板胶面向上浸入“固定/染色液”中，轻摇染色槽，使“固定/染色液”均匀覆盖胶板，染色5~10 min。将胶板移入水中漂洗30~60 s。再移入显影液中，轻摇显影槽，使显影液均匀覆盖胶板，待带型清晰，将胶板移入去离子水中漂洗5 min，晾干胶板，放在胶片观察灯上观察记录结果，用数码相机或凝胶成像系统拍照保存。

注：固定液/染色液、双蒸水和显影液的用量，可依据胶板数量和大小调整，以没过胶面为准。

8.5 数据分析

8.5.1 总则

8.5.1.1 电泳结果特别是毛细管电泳，需要通过规定程序进行数据分析降低误读率。在引物等位变异片段大小范围内（见表C.1），对于毛细管电泳，特异峰呈现为稳定的单峰型或连续峰型；对于变性PAGE垂直板电泳，特异谱带呈现稳定的单谱带或连续谱带。

注：当出现非纯合SSR位点时，毛细管电泳中会呈现2个单峰或2个连续峰，在变性PAGE垂直板电泳中会显示为稳定的2种单谱带或2种连续谱带。

8.5.1.2 对于毛细管电泳，由于不同引物扩增产物表现不同、引物不对称扩增、试验条件干扰等因素，可能出现不同状况的峰型，按照以峰高为主、兼顾峰型的原则依据下列规则进行甄别、过滤处置：

a）对于连带（pull-up）峰，即因某一位置某一颜色荧光的峰值较高而引起同一位置其他颜色荧光峰值升高的，应预先将其干扰消除后再进行分析；

b）对于（n+1）峰，即同一位置出现2个相距1 bp左右的峰，应视为单峰；

c）对于连续多峰，即峰高递增或峰高接近的相差一个重复序列的连续多个峰，应视为单峰，取其最右边的峰，峰高值为连续多个峰的叠加值；

d）对于高低峰，应通过设定一定阈值不予采集低于阅值的峰；

e）对于有2个及以上特异峰，应考虑是由非纯合SSR位点或混入杂株所致。

注：当存在非纯合SSR位点时，将会有2个特异峰，此时需要采集2个峰值。

8.5.1.3 对于变性PAGE垂直板电泳，位于相应等位变异扩增片段大小范围之外的谱带需要甄别是非特异性扩增还是新增的稀有等位变异。采用单个个体扩增的产物，出现3种及3种以上的多带则为非特异性扩增；采用混合样提取的，某些位点出现3种及3种以上的谱带或上下有弱带等情况出现时，则需要通过单个个体进行甄别。

8.5.1.4 采取混合样检测的，无论是毛细管电泳还是变性PAGE垂直板电泳，结果表明在引物位点出现异质性而无法识别特异谱带或特异峰的，应采用单个个体独立检测，试样至少含有30个个体。若样品在50 以上的SSR位点中呈现明显的异质性，可终止真实性检测。

8.5.2 数据分析和读取

8.5.2.1 毛细管电泳

导出电泳原始数据文件，采用数据分析软件对数据进行甄别。

a）设置参数：在数据分析软件中预先设置好panel、分子量内标、panel的相应引物的Bin（等位变异片段大小范围区间）；

b）导入原始数据文件：将电泳原始数据文件导入分析软件，选择panel、分子量内标、Bin、质量控制参数等进行分析；

c）甄别过滤处置数据：执行8.5.1的规定。

分析软件会对检测质量赋以颜色标志进行评分，绿色表示质量可靠无需干预，红色表示质量不过关或未落入Bin范围内，黄色表示有疑问需要查验原始图像进行确认。

数据比对采用8.5.3.1、8.5.3.2方式的，应分别通过同时进行试验的标准样品、参照样品（依据引物选择少量的对照），校准不同电泳板间的数据偏差后再读取扩增片段大小。甄别后的特异峰落入Bin范围内，直接读取扩增片段大小；若其峰大多不在Bin范围内，可将其整体平移尽量使峰落入Bin设置范围内后读取数据。

8.5.2.2 变性PAGE垂直板电泳

对甄别后的特异谱带（见8.5.1）进行读取。扩增片段大小的读取，统一采用两段式数据记录方式。纯合位点数据记录为X/X，非纯合位点数据记录为X/Y（其中X、Y分别为该位点2个等位基因扩增片段），小片段数据在前，大片段数据在后，缺失位点数据记录为0/0。

8.5.3 数据比对

8.5.3.1 采用与标准样品比较的，对甄别后的特异峰（见8.5.2.1）或特异谱带（见8.5.2.2），按照在同一电泳板上的供检样品与标准样品逐个位点进行两两比较，确定其位点差异。

8.5.3.2 采用毛细管电泳与SSR指纹数据比对平台比对的，按照数据导入模板的要求，将数据及其指纹截图上传到SSR指纹数据比对平台，进行逐个位点在线比对，核实确定相互间的指纹数据的异同。

8.5.3.3 采用PAGE垂直板电泳与SSR指纹数据比对平台比对的，按照数据导入模板的要求，将数据上传到

SSR指纹数据比对平台，进行逐个位点的两两比对，核实确定相互间的指纹数据的异同。

注：采用PAGE垂直板电泳与SSR指纹数据比对平台比对较为困难，建议作为参考使用，比对前采取以下措施：

a）读取扩增产物片段大小数据的，供检样品与参照样品（附录C和附录D）同时在同一电泳板上电泳；

b）电泳时间足够，符合8.4.2.3.2的要求；

c）供检样品存在扩增片段为一个基序差异的，按片段大小顺序重新电泳进行复核确定后读取。

8.5.4 数据记录

数据比对后，按照位点存在差异或相同、数据缺失、无法判定等情形，记录每个引物的位点状况。

9 结果计算与表示

统计位点差异记录的结果，计算差异位点数，核实差异位点的引物编号。

检测结果用供检样品和标准样品比较的位点差异数表示，检测结果的容许差距不能大于2个位点。对于在容许差距范围内且提出有异议的样品，可以按照GB/T 3543.5的规定进行田间小区种植鉴定。

10 结果报告

10.1 按照GB/T 3543.1的检验报告要求，对品种真实性验证或身份鉴定的检测结果进行填报。

10.2 对于真实性验证，选择下列方式之一进行填报：

a）通过____对引物，采用____电泳方法进行检测，与标准样品比较未能检测出位点差异。

d）通过____对引物，采用____电泳方法进行检测，与标准样品比较检测出差异位点数____个，差异位点的引物编号为________。

10.3 对于品种身份鉴定，采用下列方式进行填报：

通过______对引物，采用______电泳方法进行检测，经与SSR指纹数据比对平台筛查，供检样品属于______品种，或与____、____品种未能检测出位点差异。

10.4 属于下列情形之一的，需在检验报告中注明：

——供检样品低于6.4.1规定数量的；

——与SSR指纹数据比对平台进行数据比对的；

——供检样品遗传不稳定严重的位点（引物编号）清单；

——检测采用了其他SSR引物的名称及序列。

附录A
（规范性附录）
溶液配制

A.1 DNA提取

A.1.1 0.5 mol/L EDTA溶液

称取186.1 g $Na_2EDTA \cdot 2H_2O$溶于800 mL水中，加固体NaOH调pH至8.0，加水定容至1 000 mL，121℃高压灭菌20 min。

A.1.2 1 mol/L Tris–HCl溶液

称取60.55 g Tris碱溶于适量水中，加HCl调pH至8.0，加水定容至500 mL，121℃高压灭菌20 min。

A.1.3 5 mol/L NaCl溶液

称取146.1 g固体NaC1，加水定容至500 mL，121℃高压灭菌20 min。

A.1.4 CTAB提取液

量取280 mL的5 mol/L NaCl、20 mL的β-巯基乙醇（C_2H_6OS）、20 g的CTAB、100 mL的1 mol/L Tris-HCl和40 mL的0.5 mol/L EDTA，加水定容至1 000 mL，4℃贮存。

A.1.5 SDS提取液

量取100 mL的1 mol/L Tris-HCl、25 mL的0.5 mol/L EDTA.25 mL的5 mol/L NaCl和2.5 g的SDS混合，加水定容至500 mL。

A.1.6 5 mol/L KAC

称取49.67 g的KAC，用水溶解，冰乙酸调整pH至5.2，定容至100 mL，121℃高压灭菌20 min。

A.1.7 1×TE缓冲液

量取5 mL的1 mol/L Tris-HCl和1 mL的0.5 mol/L EDTA，加HCl调pH至8.0，加水定容至500 mL，121℃高压灭菌20 min。

A.2 PCR扩增

A.2.1 dNTP

用超纯水分别配制dATP、dGTP、dCTP、dTTP终浓度为100 mmol/L的储存液，分别用0.05 mol/L的Tris碱调整pH至7.0。各取80 μL混合，用超纯水480 μL定容至终浓度10 mmol/L each的工作液。

A.2.2 SSR引物

用1×TE分别配制上游引物、下游引物终浓度均为100 μmol/L的储存液，从100 μmol/L的储存液中吸取上下游引物各12.5 μL混合，再加入975 μL的1×TE混匀成1.25 μmol/L的工作液。

A.3 电泳

A.3.1 6×上样缓冲液

取98 mL去离子甲酰胺、2 mL的0.5 mol/L EDTA、0.25 g的溴酚蓝和0.25 g的二甲苯青混合摇匀，4℃备用。

A.3.2 0.5 mol/L EDTA溶液

称取18.61 g二水合乙二胺四乙酸二钠（$EDTA\text{-}Na_2 \cdot 2H_2O$）溶于水中，用NaOH颗粒将pH调至8.0，加水定容至100 mL。在121℃灭菌20 min。

A.3.3 10×TBE缓冲液

称取108 g的Tris碱、55 g的硼酸和40 mL的0.5 mol/L EDTA，加水定容至1 000 mL，121℃高压灭菌20 min。

A.3.4 6 变性PAGE胶

称取420 g的尿素、50 mL的10×TBE缓冲液、57 g的丙烯酰胺（C_3H_5NO）、3 g的甲叉双丙烯酰胺［（H_2C=CHCONH）$_2CH_2$］，加水定容至1 000 mL，过滤后备用。

A.3.5 亲和硅烷工作液

量取93 mL的75%乙醇、5 mL的冰醋酸和2 mL的亲和硅烷原液，混匀。

A.3.6 疏水硅烷工作液

量取25 mL的二甲基二氯硅烷（H_2Cl_2Si）、75 mL的三氯甲烷（$CHCl_3$）混匀。

A.3.7 10%过硫酸铺溶液

称取10 g的过硫酸钢［（NH_4）$_2S_2O_8$］溶于100 mL水中。分装后保存于冰箱冷冻室中备用。

A.3.8 0.5×TBE工作液

量取250 mL的10×TBE缓冲液，加水定容至5 000 mL。

A.4 银染

A.4.1 固定液/染色液

称取2 g的硝酸银（$AgNO_3$）、133 mL的75 乙醇、6 mL的99 乙酸，加水定容至1 000 mL。

A.4.2 NaOH显影液

称取20 g的氢氧化钠（NaOH），溶于1 000 mL的蒸馏水中。使用前加入6 mL的甲醛（CH_2O）溶液。

附录B
（资料性附录）
引物分组信息

42对SSR引物标记四色荧光的引物分组方案见表B.1。

表B.1　42对SSR引物标记四色英光的引物分组方案

引物级别	组别	英光标记（PET）	英光标记（FAM）	英光标记（VIC）	英光标记（NED）
核心引物	1	gwm67	gdm72	gwm437	gwm459
		barc91	cfd29	gwm610	gwm304
		cfd72	gwm429	gwm285	
	2	cfd76	bare198	gwm333	gwm294
		barc80	cfa2028	ksum62	gwm155
		cwm65			gwm261
扩展引物	3	cfd51	gwm161	wmc720	barc1121
		gdm111	wmc476	wmc522	gwm495
		barc324		cfa2123	efd9
	4	barc345	barc170	gwm186	cfd8
		barc164	cfa2155	gwm44	gwm169
			barc240	wmc312	

注1：每个组别的引物可以组合在一起电泳。

注2：英光染料PET、FAM、VIC、NED在此仅为示例。

附录C
（规范性附录）
等位变异扩增片段信息

表C.1列出了42对引物在已知小麦品种中扩增片段长度范围、主要等位变异扩增片段大小以及参照样品对应的等位变异信息。其中参照样品只是列举，考虑到在某一SSR位点多个品种存在相同的扩增片段大小，确认某一品种在该位点扩增片段大小与参照样品是相同的，该品种也可替代相应的参照样品。

表C.1　已知品种主要等位变异扩增片段信息

引物		等位变异扩增片段大小		参照样品名称
编号	名称	范围，bp	扩增片段，bp	
PM01	cwm65	220~252	252	扬辐麦2号
			249	济麦3号
			246	西农988
			243	皖麦38
			234	泽优1号
			231	靖麦8号
			223	中优9507
			220	沧麦119
PM02	barc80	97~119	119	泽优1号
			110	中优9507
			107	周麦17
			104	扬辐麦2号
			101	中麦175
			97	济麦3号
PM03	cfd72	215~239	239	廊研43号
			237	西科麦4号
			235	农大3659
			233	泽优1号
			231	中优9507
			229	温麦10号
			227	农大3432
			223	沧麦119
			221	静麦2号
			215	川农17
Pm04	gwm294	68~104	104	周麦17
			102	中优9507
			100	宝麦8号
			98	泽优1号
			96	靖麦8号
			94	中麦175

（续表）

引物		等位变异扩增片段大小		参照样品名称
编号	名称	范围，bp	扩增片段，bp	
Pm04	gwm294	68~104	90	豫麦48
			86	扬麦15
			84	济麦3号
			82	沧麦119
			68	扬辐麦2号
PM05	gwm429	198~223	223	长武134
			221	洛麦23
			219	扬辐麦2号
			217	宝麦8号
			212	川农16
			210	农大3659
			208	中优9507
			206	中麦175
			204	泽优1号
			202	西科麦4号
			200	农大3488
			198	靖麦8号
PM06	gwm261	162~203	203	沧麦119
			201	烟农19
			195	扬麦13
			193	衡95观26
			191	石新828
			189	中麦175
			173	苏徐2号
			162	中优9507
PM07	gwm155	127~152	152	中麦175
			150	农大3432
			148	廊研43号
			146	沧麦119
			144	中优9507
			142	泽优1号
			130	扬麦18
			127	周麦17
PM08	gwm285	218~258	258	中优9507
			256	中麦175
			253	农大3432
			251	农大211
			243	川农17
			241	扬麦18
			238	沧麦119

（续表）

引物		等位变异扩增片段大小		参照样品名称
编号	名称	范围，bp	扩增片段，bp	
PM08	gwm285	218~258	228	烟农19号
			224	丰优3号
			222	扬麦15
			220	扬辐麦2号
			218	像麦48
PM09	gdm72	130~146	146	中麦175
			142	宁麦5号
			140	烟农19号
			138	周麦17
			136	邯优3475
			134	中优9507
			132	农大211
			130	泽优1号
PM10	gwm610	166~176	176	云麦53
			174	济麦3号
			172	泽优1号
			170	扬辐麦2号
			168	中优9507
			166	云麦42
PM11	ksum62	179~205	205	云麦42
			203	扬辐麦2号
			201	宝麦8号
			189	中优9507
			183	泽优1号
			181	周麦17
			179	中麦175
PM12	barc91	116~152	152	泽优1号
			149	苏徐2号
			140	长武134
			137	晋麦54
			134	沧麦119
			131	扬麦13号
			128	中优9507
			125	周麦17
			122	中麦175
			119	扬麦15
			116	丰优3号
PM13	gwm304	197~225	225	烟农19号
			223	衡95观26
			221	西农988

（续表）

引物		等位变异扩增片段大小		参照样品名称
编号	名称	范围，bp	扩增片段，bp	
PM13	gwm304	197~225	219	扬麦20
			217	扬麦18
			215	长武134
			207	西科麦4号
			205	宝麦8号
			203	新麦13号
			201	泽优1号
			197	石家庄11号
PM14	gwm67	79~93	93	临旱6号
			89	沧麦119
			87	中优9507
			85	云麦42
			83	豫麦48
			81	中麦175
			79	泽优1号
PM15	cfd29	159~191	191	邯优3475
			187	农大3488
			185	新麦11号
			183	山农优麦2号
			181	周麦17
			179	泽优1号
			177	济麦3号
			175	苏徐2号
			173	中麦175
			171	宁麦5号
			159	中优9507
PM16	gwm459	124~152	152	温麦10
			146	临旱6号
			142	农大3432
			140	济麦3号
			138	扬麦13号
			130	云麦42
			124	川农17
PM17	barc198	109~161	161	宝麦8号
			155	长武134
			152	新麦13号
			149	泽优1号
			146	靖麦8号
			130	晋麦54
			127	扬麦13号

引物		等位变异扩增片段大小		参照样品名称
编号	名称	范围，bp	扩增片段，bp	
PM17	barc198	109~161	124	扬麦15
			121	中优9507
			109	阵中1号
PM18	cfd76	145~167	167	长4738
			163	济麦3号
			161	扬辐麦2号
			159	长武134
			157	温麦10号
			155	烟农19号
			153	川农17
			151	晋麦54
			149	泽优1号
			147	象麦48
			145	西农988
PM19	cfa2028	236~260	260	邯优3475
			258	川农16
			256	烟农19号
			254	中优9507
			252	农大211
			244	新麦11号
			236	泽优1号
PM20	gwm333	141~149	149	石新828
			147	泽优1号
			145	农大211
			143	中优9507
			141	宁麦5号
PM21	gwm437	90~133	133	扬麦15
			131	农大3659
			125	院麦38
			121	川农17
			119	温麦10号
			117	中麦175
			115	宁麦8号
			111	凤麦24
			109	中优9507
			107	邯优3475
			105	扬麦18
			103	泽优1号
			101	农大3488
			90	石新828

（续表）

引物		等位变异扩增片段大小		参照样品名称
编号	名称	范围，bp	扩增片段，bp	
PM22	wmc312	225~249	249	扬麦18
			247	豫农982
			243	邯优3475
			241	农大3659
			249	扬麦18
			247	豫农982
			243	邯优3475
			241	农大3659
			239	靖麦8号
			237	皖麦38
			235	长4738
			231	扬麦13号
			227	临旱6号
			225	淮麦19号
PM23	barc240	234~277	277	温麦10号
			268	农大3659
			265	石新828
			256	中育6号
			246	淮麦20号
			243	豫麦48
			240	邯优3475
			237	苏徐2号
			234	内麦8号
PM24	gdm111	197~207	207	云麦42
			205	新原958
			203	宁麦5号
			201	川农17
			199	周麦17
			197	廊研43号
PM25	wme522	169~213	213	邯优3475
			211	泽优1号
			207	豫农982
			199	武农148
			191	农大211
			187	农大3432
			183	临旱6号
			181	中麦175
			177	中育6号
			171	济麦2号
			169	扬麦15

（续表）

引物		等位变异扩增片段大小		参照样品名称
编号	名称	范围，bp	扩增片段，bp	
PM26	cfd51	144~164	164	长武134
			160	皖麦38
			158	新麦11号
			156	豫农982
			152	丰优3号
			150	京冬20
			146	农大3659
			144	扬麦13号
PM27	barc324	227~255	255	晋太170
			251	云麦42
			245	豫农035
			242	中麦175
			239	泽优1号
			236	临旱6号
			233	苏徐2号
			227	农大211
PM28	barc164	175~211	211	川农16
			205	安麦1号
			202	周麦17
			190	靖麦8号
			187	烟农19号
			181	丰优3号
			178	农大3488
			175	济麦22号
PM29	cfd9	194~240	240	中麦175
			238	廊研43号
			236	石新828
			232	周麦17
			230	温麦10号
			228	扬辐麦2号
			226	同舟麦916
			224	西农988
			222	宁麦8号
			220	扬麦15
			218	邯优3475
			216	中优9507
			212	豫农48
			208	泽优1号
			204	扬麦13号
			194	农大3488

（续表）

引物		等位变异扩增片段大小		参照样品名称
编号	名称	范围，bp	扩增片段，bp	
PM30	gwm161	150~174	174	扬麦13号
			170	丰优3号
			168	扬麦18
			166	凤麦24
			154	豫农48
			152	廊研43号
			150	济麦3号
PM31	barc170	145~196	196	苏徐2号
			190	晋麦54
			187	周麦19
			184	泽优1号
			181	西科麦4号
			175	豫农982
			172	廊研43号
			169	山农优麦2号
			166	周麦17
			163	沧麦119
			157	农大3659
			154	扬麦18
			145	周麦16
PM32	gwm495	151~179	179	烟农19号
			177	云麦42
			175	豫农982
			163	廊研43号
			161	中育6号
			159	农大3488
			155	温麦10号
			151	新麦13号
PM33	wmc720	98~144	144	靖麦8号
			142	川农16
			138	长武134
			130	川农17
			128	洛麦23
			126	中麦175
			124	安麦1号
			116	石新828
			114	西农928
			112	轮选987
			110	豫农48
			108	临旱6号
			98	藁优9415

（续表）

引物		等位变异扩增片段大小		参照样品名称
编号	名称	范围，bp	扩增片段，bp	
PM34	gwm186	112~145	145	太10604
			140	徐州24号
			134	陇鉴301
			130	新麦18号
			124	许农5号
			118	富麦2008
			116	新麦16号
			112	济麦19号
PM35	cfa2155	208~216	216	农大3432
			214	豫农48
			212	丰优3号
			210	济麦3号
			208	静麦2号
PM36	cfd8	152~162	162	宁麦5号
			158	廊研43号
			156	农大3659
			154	云麦42
			152	扬麦18
PM37	gwm169	176~221	221	靖麦8号
			219	西科麦4号
			204	新麦11号
			198	临旱6号
			196	扬麦18
			194	温麦10号
			192	农大3488
			190	石家庄11号
			186	豫农982
			176	中育10号
PM38	barc345	120~154	154	中麦175
			148	武农148
			146	扬麦18
			144	济麦3号
			140	山农优麦2号
			138	石新828
			120	豫农982
PM39	barc1121	102~130	130	豫农982
			127	西科麦4号
			124	农大3488
			121	山农优麦2号
			118	农大3432
			109	长6878
			102	运9805

（续表）

引物		等位变异扩增片段大小		参照样品名称
编号	名称	范围，bp	扩增片段，bp	
PM40	cfa2123	241~254	254	徐州24号
			249	农大3659
			247	西科麦4号
			245	苏徐2号
			243	中育6号
			241	中麦175
PM41	wmc476	178~215	215	太10604
			213	济麦3号
			209	丰优3号
			205	农大3432
			200	农大3659
			198	川农17
			190	豫农48
			178	京411
PM42	gwm44	163~189	189	济麦3号
			187	温麦10号
			183	烟农19号
			181	宁麦5号
			179	泽优1号
			177	农大3488
			175	武农148
			173	农大3659
			171	邯优3475
			163	陇中1号

附录D
（资料性附录）
参照样品名单

参照样品名单见表D.1。

表D.1　参照样品名单

序号	品种名称	序号	品种名称	序号	品种名称	序号	品种名称
1	太10604	21	晋太170	41	石新828	61	扬麦18
2	洛麦23	22	京411	42	苏徐2号	62	扬麦20
3	安麦1号	23	京冬20	43	太10604	63	豫麦48
4	宝麦8号	24	靖麦8号	44	同舟麦916	64	豫农035
5	沧麦119	25	静麦2号	45	皖麦38	65	豫农982
6	川农16	26	廊研43号	46	温麦10	66	云麦42
7	川农17	27	临旱6号	47	汶农6号	67	云麦53
8	丰优3号	28	陇鉴301	48	武农148	68	运9805
9	凤麦24	29	陇中1号	49	西科麦4号	69	泽优1号
10	富麦2008	30	轮选987	50	西农928	70	长4738
11	藁优9415	31	周麦19	51	新麦11号	71	长6878
12	邯优3475	32	内麦8号	52	新麦13号	72	长武134
13	衡95观26	33	宁麦5号	53	新麦16号	73	中麦175
14	淮麦19号	34	宁麦8号	54	新原958	74	中优9507
15	淮麦20号	35	农大211	55	徐州24号	75	中育10号
16	济麦19号	36	农大3432	56	许农5号	76	中育6号
17	济麦22号	37	农大3488	57	烟农19号	77	周麦16
18	济麦2号	38	农大3659	58	扬辐麦2号	78	周麦17
19	济麦3号	39	山农优麦2号	59	扬麦13号		
20	晋麦54	40	石家庄11号	60	扬麦15		

注：表中的参照样品均为审定小麦品种。